人工智能

是什么？为什么？怎么做？

张恩德 编著

清華大學出版社
北京

内容简介

本书介绍了人工智能发展过程中涌现出的思想以及经典技术。本书共12章，内容结构大致可以分为4部分：第一部分（第1～3章），这部分为基础知识，简单介绍人工智能发展的历史与现状（第1章），数据编码技术（第2章）以及人工智能需要用到的数学知识（第3章）；第二部分（第4～7章），经典人工智能，主要介绍经典人工智能算法（第4章），计算机博弈（第5章），逻辑与知识（第6章），智能体机器人技术（第7章）；第三部分（第8～10章），机器学习技术，主要介绍回归算法（第8章）、分类算法（第9章）以及无监督学习典型算法（第10章）；第四部分（第11、12章），主要介绍神经网络概念（第11章）以及深度学习技术（第12章）。

本书是一本介绍人工智能技术的初级读物，并不需要读者有深厚的计算机和数学基础，可以作为高等院校任何专业（不局限于计算机相关专业）的人工智能课程教材。

图书在版编目(CIP)数据

人工智能：是什么？为什么？怎么做？/张恩德编著. —北京：清华大学出版社，2024.3
ISBN 978-7-302-65447-6

Ⅰ.①人… Ⅱ.①张… Ⅲ.①人工智能 Ⅳ.①TP18

中国国家版本馆CIP数据核字(2024)第020954号

责任编辑：白立军
封面设计：刘　键
责任校对：王勤勤
责任印制：沈　露

出版发行：清华大学出版社
网　　址：https://www.tup.com.cn，https://www.wqxuetang.com
地　　址：北京清华大学学研大厦A座　　**邮　　编**：100084
社 总 机：010-83470000　　**邮　　购**：010-62786544
投稿与读者服务：010-62776969，c-service@tup.tsinghua.edu.cn
质量反馈：010-62772015，zhiliang@tup.tsinghua.edu.cn
课件下载：https://www.tup.com.cn，010-83470236
印 装 者：三河市龙大印装有限公司
经　　销：全国新华书店
开　　本：185mm×260mm　　**印　　张**：29.75　　**字　　数**：721千字
版　　次：2024年3月第1版　　**印　　次**：2024年3月第1次印刷
定　　价：99.80元

产品编号：084493-01

前 言

光在不同的介质中传播时会发生折射，例如光从空气中射入水中时就会折射。那么，为什么会发生折射？又是怎样折射的？法国科学家费马在1662年提出：光传播的路径是光程取极值的路径，该原理又名“费马最短时间原理”，可以形象地描述为，光线传播的路径是用时最短的路径。

这个现象大家当然都知道。但是笔者从小就很好奇，既然光是没有意识的，又怎么知道走这样一条路径所需时间最短呢？虽然笔者那时候已经知道了波粒二象性以及光子的概念，但是光如何知道怎么走最快？难道是有一些光子能够超光速，一次性把所有可能的路径都探究一遍，找到最快的路径，然后回去告诉其他光子，走这条路径最快？同样的道理，笔者对如下现象也很好奇：闪电总是击中地面的凸起物，例如大树、高楼等，但是，闪电是从高空中来的，它到地面任何一个地方的机会应该均等，为什么它偏偏会击中凸起物呢？难道在它还没到地面之前，就知道这里有凸起物？

笔者曾经以为可能永远不会知道答案了，直到读到了费曼的著作《QED：光和物质的奇妙理论》。这个困惑很多年的问题，终于得到了一个清晰明了的解释。

这样一本书，本来是作为物理专业研究生的讲义，但是费曼的这本书，高中生都能看懂。

这些和本书有什么关系？答案是没关系。本书既不讲量子，也不讲光，笔者也没有费曼的水平，可以说是天差地别。但是本书的写作目标和风格，受到《QED：光和物质的奇妙理论》的强烈影响（当然，本书远远达不到《QED：光和物质的奇妙理论》的水平），因此，笔者希望能做到两点：第一，把事情讲清楚，而不是把书写成字典；第二，写书就像作者对读者说话一样。

这两点都不容易。就拿第一点来说，难道没有书把人工智能讲清楚吗？有，而且很多，但是，这种清楚是需要读者具备一定的基础知识，然后花不菲的时间和精力才能搞清楚的。部分书籍像字典一样，把数学公式放上去之后，就不再解释了，好像数学公式自己会说话，秘密全在公式里面，看明白公式，就什么都明白了，当然，事实不是这样。作为一本人工智能方面的图书，数学公式当然是必不可少的，但是，本书力争对每一个公式的来龙去脉都讲解清楚，希望读者不要被公式吓倒。

至于第二点，写书就好像在对读者说话，对于专业类书籍比较少见，流行的教材编排方式是先给一些定义，其间会列出一些公式，然后有几个例题，这种感觉太威严了。费曼写的教材读起来就很亲切，如沐春风。亲切总比绷着脸说话要好。

笔者希望这本书高中生也能看懂。本书的读者人群是那些对人工智能感兴趣，但是对数学和计算机知识掌握不多的人。如果大家有导数的概念，知道矩阵的乘法，会用程序写出“Hello World!”，那么，你就可以阅读本书。甚至，即使你不懂导数，不会编程，也希望你能看下去，只要略过公式和程序部分，相信你会知道人工智能这座大厦都有什么，你会对大多数人工智能知识有个宏观的了解。

人工智能发展这么多年，涉及的知识庞杂，本书无法全部覆盖。本书内容结构大致可以分为4部分：

第一部分，基础知识，第1～3章。

第二部分，经典人工智能，第4～7章。

第三部分，机器学习技术，第8～10章。

第四部分，神经网络与深度学习，第11、12章。

本书的插图大多是笔者自己使用工具软件绘制，或者使用程序生成，部分图片来自网络，如有侵权之处，请联系清华大学出版社和笔者。

本书的所有程序均经过运行测试，部分程序参考自网络和其他书籍，能够找到来源的，都标明了来源。有一些在网络流传较久，但是无法确定来源的，例如“斑马难题”程序，没有标注来源。

本书后面列出了一些参考资料，在写书过程中，实际的参考资料要比这多得多，例如最短路径算法，不过很多书籍中都提到了这种算法，因此，没有单独列出参考资料，这样的情况还有很多。

书中不可避免地会涉及大量的外国人名翻译，人名的翻译虽有标准，但是也多有差异(即使如牛顿、爱因斯坦之类人物，也有伊萨克·牛顿/艾萨克·牛顿、阿尔伯特·爱因斯坦/艾尔伯塔·爱因斯坦等诸多不同翻译)，为了保持行文流畅，本书中将大部分外国人名都翻译为中文，并在本书的后面列出了中外文人名翻译对照表。对于少量只在局部出现的外国人物名字以原文出现，并未进行翻译。当然，对于一些耳熟能详的人物，本书直接使用其对应的中文名，并没有给出他们的外文原名，相信以下这些人物不会引起读者混淆，按照在本书中出现的顺序，他们是：柏拉图、华盛顿、牛顿、爱因斯坦、欧几里得、莎士比亚、梵高、欧拉、高斯、达尔文、阿基米德、苏格拉底、亚里士多德、马克·吐温、哥白尼等。为了纪念图灵、冯·诺依曼、香农在人工智能领域的贡献，本书专门介绍了他们三位。

笔者水平有限，编著此书，诚惶诚恐，一直不敢付梓，虽历时五年，一改再改，但错误之处在所难免，若蒙读者不吝赐教，将不胜感激。

张恩德

2024年1月

目 录

第一部分 基础知识

第二部分　经典人工智能

第三部分 机器学习技术

第四部分 神经网络与深度学习

第一部分

基础知识

第1章 人工智能

以你现在的速度你只能逗留原地。如果你要抵达另一个地方，你必须以双倍于现在的速度奔跑！

——卡罗尔[①]

1.1 Artificial

从哪儿说起呢？就从“人工智能”这个名字开始讲起吧。人工智能，英文是 Artificial Intelligence，这个翻译非常准确（有些翻译并不准确，本书就能看到几个）。当然，翻译准确，原文不一定好，也许英文的命名就不贴切。先说一下“人工”，英文是 Artificial，什么叫人工呢，如图 1.1 所示。

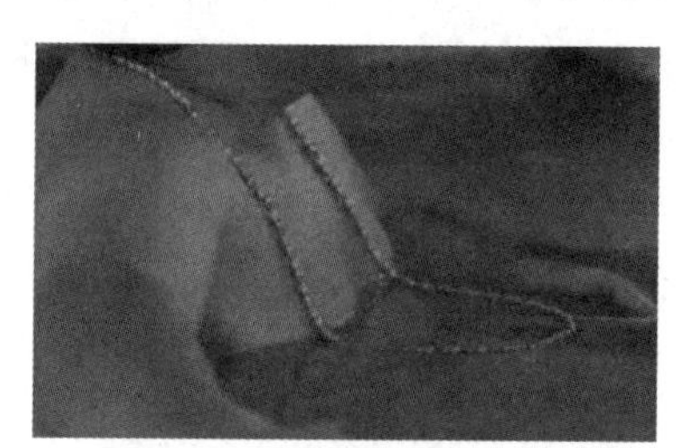

图 1.1 Artificial（人工）
（图片来源：电视剧《人见人爱》截图）

“大金链子水上漂”，这个金链子就是人工的。“人工”一词在中英文中都有一个共同的意思：人造的，假的，赝品的。无论是在中文还是英文中，这个词都略带有贬义的成分。当然，在“人工智能”这一词语中，人工并不是贬义。人工智能其实就是人造的智能，意思是用计算机模拟人的智能。

说完“人工”，再说“智能”。什么是智能？不知道。注意，智能不同于聪明，如果你说一个人聪明，那么当然可以说这个人有智能，但是如果你说一个人不聪明，很笨，却不能说这个人没有智能。智能好像是人类专有的一种能力。“什么是智能”这个问题，如果你问 100 个心理学家，也许会有 101 个答案。更不要去问哲学家这个问题，首先，哲学家不会直接给你答案；其次，哲学家会让你选修他的课程，然后从柏拉图讲到哥德尔。

美国发展学家 Howard Gardner 在 1983 年出版的《智力的结构》中提出了一种多元智能理论，被认为比较好地描述了人类的智能，这些多元智能包括以下 8 部分。

（1）语言智能：听说读写能力。表现为能够流利清晰地描述事件、表达想法，与人交流，能够阅读和写作等。

---

① 这句话来自卡罗尔的书《爱丽丝漫游奇境》，为书中红桃皇后所说。书中描述了一个充满神奇的妙地。虽然是一本小说，但原作者是一个英国数学家。赵元任先生首先将这部英文小说翻译为中文《阿丽思漫游奇境记》，赵先生在译者序中说：“我相信这书的文学价值，比起莎士比亚最正经的书亦比得上。”人工智能也是一个奇境，欢迎大家来到人工智能的世界。

(2) 音乐和节奏智能：感受、辨别、记忆、改变和表达音乐的能力，具体表现为个人对音乐美感反映出的包含节奏、音准、音色和旋律在内的感知度，以及通过作曲、演奏和歌唱等表达音乐的能力。

(3) 逻辑数学智能：运算和推理的能力，表现为对事物间各种关系(例如类比、对比、因果和逻辑等关系)的敏感，以及通过数理运算和逻辑推理等进行思维的能力。

(4) 空间智能：感受、辨别、记忆、改变物体的空间关系并借此表达思想和情感的能力。表现为对线条、形状、结构、色彩和空间关系的敏感，以及通过平面图形和立体造型将它们表现出来的能力。

(5) 运动智能：运用四肢和躯干的能力。表现为能够较好地控制自己的身体，对事件能够做出恰当的身体反应，以及擅于利用身体语言表达自己的思想和情感的能力。

(6) 自知和内省的智能：认识洞察和反省自身的能力，表现为能够正确地意识和评价自身的情感、动机、欲望、个性、意志，并在正确的自我意识和自我评价的基础上形成自尊、自律和自制的能力。

(7) 人际关系智能：与人相处和交往的能力，表现为觉察、体验他人情绪、情感和意图，并据此做出适宜反应的能力。

(8) 自然观察智能：辨别环境(包括自然环境，也包括人造环境)、适应环境的能力。

2016 年，Gardner 还拓展了多元智能的描述，认为人类还有一种智能，叫作“教学和传递知识”的智能。

人类一般都具有这些智能，例如，人们可能五音不全，不会唱歌不会作曲，但是大家都会听歌，都有喜欢的戏剧或歌曲，那么他也有音乐智能。

对于现有的机器来说，它们在某几方面也许达到了一定程度的智能，但是并没有任何一个机器具备了上述全部智能。

图 1.2 虽然替代人类工作，但是不属于人工智能

了解了“人工”和“智能”概念之后，是不是就能够定义“人工智能”是什么？并不是。人工智能的初衷是希望利用机器替代人类工作。但是这种替代很早就出现了，如图 1.2 所示，要说替代人工作，挖掘机好像是功不可没，不过好像没人把挖掘机看成是人工智能。有人说，应该是替代人进行脑力工作，那也有，计算器的计算能力远超人类，计算是标准的脑力替代，但是人们也不认为计算器具有智能。那么满足什么条件的替代才叫人工智能呢？

1.2 图灵测试

神级人物之图灵

图灵(Alan Mathison Turing，1912—1954 年)，英国数学家、逻辑学家、密码学家。本书中的第一位神级人物，被称为“计算机之父”，见图 1.3。

图 1.3 新版 50 元英镑上的图灵

1937 年，图灵发表论文《论数学计算在决断难题中的应用》，在论文里描述了一种可以辅助数学研究的机器，后来被称为“图灵机”（现代计算机的基础），这个图灵机模型为现代计算机的逻辑工作方式奠定了基础，图灵也因此被称为“计算机之父”。

1939 年 9 月，图灵受命破译德国 Enigma 加密机，他主持设计了密码破解机 Bombe，并成功运行，对盟国在第二次世界大战中胜利帮助巨大。

图灵对于人工智能的发展有诸多贡献，他提出了一种用于判定机器是否具有智能的试验方法，即图灵测试。

图灵后期的研究主要集中于军事上（破解密码）。图灵生前虽然提出了图灵机的概念，但是，计算机并没有流行，不为大众所知。因此，图灵在生前得到的关注不多。

图灵还擅长长跑，1948 年，图灵曾打算代表英国参加在伦敦举行的奥运会马拉松项目。在那次比赛上，冠军的成绩是 2 小时 34 分 51.6 秒（Delfo Cabrera，阿根廷），而图灵曾跑出了 2 小时 46 分 3 秒的好成绩。据英国《泰晤士报》报道，图灵的最好成绩在当年（1947 年）足以排名世界前三。

图灵生前并不为大众所知，可能因为他年纪轻轻就去世，也可能因为他做的工作很多是保密的（破译敌军的密码）。他去世后的若干年，才慢慢得到了迟来的赞誉。在 2021 年版 50 元英镑纸币上，出现图灵的头像，计算机领域最高奖——图灵奖——以他命名，因为计算机领域没有诺贝尔奖，因此图灵奖的地位相当于诺贝尔奖。

图灵贡献如此巨大，以至于网络也有很多传言，例如，传说苹果公司的 Logo，也就那个被咬了一口的苹果，是为了纪念图灵，因为图灵吃了毒苹果而死亡（《乔布斯传》曾对此辟谣，这个 Logo 之所以在苹果上画了一个缺口，是为了不让人们误解——这不是一个樱桃）。

1956，图灵被发现死于家中的床上，床头还放着一个被咬了一口的泡过氰化物的苹果。警方调查后认为是氰化物中毒，调查结论为自杀。

当时，图灵年仅 41 岁。

参考资料：文献[2-5]

图灵给出了人工智能的一个测试标准——图灵测试。图灵在 1950 年发表的论文[1]中提出了图灵测试的概念。图 1.4(a)是图灵测试的示意图。图灵测试表述如下：如果把一台机器放到一个屋子内，并且与人类展开对话，而不能被人类辨别出其机器身份，那么称这台机器具有智能。当然这种对话不一定是说话方式，而是一种机器方式，例如键盘输入和屏幕输出。图灵测试无法量化，需要人来做裁判，因为不同的人的判断标准不一样。图灵在1952年还解释过，如果70%的人都判断不出来屋子里面是人还是机器，那么就可以认为这台机器具有智能。注意，这个标准是和人类是否更像，而不是是否比人类更强。

举一个例子，图灵测试中，如果问对方996×699等于多少，如果对方比较快地给出答案，很可能判断对方是机器而不是人，因为这个口算比较难。但是如果问对方996×996等于多少，对方较快回答992016，对方是人还是机器？这就很难说，为什么？因为这个数有速算技巧（$996=1000-4, 996^2=1000^2-2\times1000\times4+4^2$），口算即可得到答案，所以有一些人能够快速给出答案。虽然996×699也有速算技巧（$996\times699=996\times(700-1)$），但是还是比较难算。这里可以看出，图灵测试的标准是很主观的。

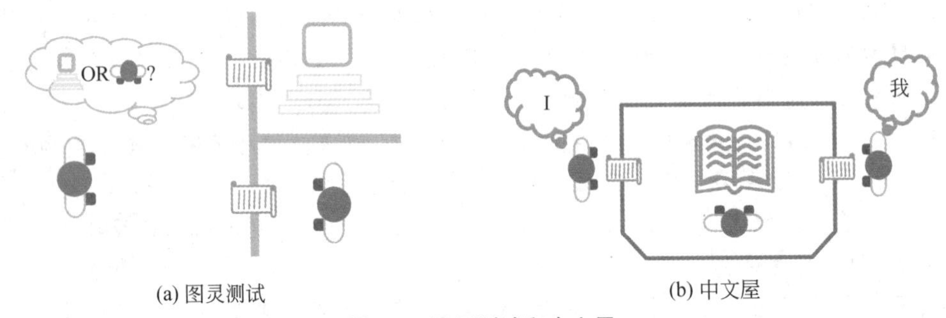

(a) 图灵测试

(b) 中文屋

图1.4 图灵测试和中文屋

中国作家刘慈欣的科幻小说《三体》讲了外星人（三体人）攻打地球的故事。三体人科技比人类发达很多，对地球人拥有碾压式的优势，但是很长时间内，三体人并没有打败地球人，为什么？因为三体人不会欺骗。所以按照图灵测试的标准，三体人应该通过不了图灵测试，不符合人类的智能。

从这个角度来说，ChatGPT反倒是通过了图灵测试。因为ChatGPT在回答问题上也偶尔会出错，当它一本正经地胡说八道的时候，你会发现ChatGPT和人类很像。

和“图灵测试”对比，美国哲学家赛尔于20世纪80年代初提出过一个“中文屋”思想实验，如图1.4(b)所示。想象一位只会英语的人身处一间房间之中，这间房间除了有一个小窗口以外，全部都是封闭的。他随身带着一本写有中文翻译程序的书，房间里还有足够的稿纸、铅笔和橱柜。写着中文的纸片通过小窗口被送入房间中。根据赛尔的说法，房间中的人可以使用他的书来翻译这些文字并用中文回复，虽然他完全不会中文。赛尔认为通过这个过程，房间里的人可以让房间外的人以为他懂中文。赛尔创造“中文屋”思想实验来反驳计算机和其他人工智能能够真正思考的观点。房间里的人不会说中文，他不能够用中文思考，但因为他拥有某些特定的工具，他甚至可以让以中文为母语的人以为他会中文。事实上，计算机就是这样，它们无法真正地理解接收到的信息，但它们可以运行一个程序，处理信息，然后给人以智能的印象。赛尔认为这样的机器在本质上是没有智能的。“图灵测试”和“中文屋”其实是相似的思想实验，但是表达了截然相反的观点。

事实上，人工智能领域也吸引了很多哲学家进行研究。不只是计算机专业的人，很多哲学家、数学家、社会学家等多个领域的人都在研究人工智能。人工智能技术的影响力也渗透到了材料学、医学、生物学等各个领域。

构造人工智能这一想法如此深邃，通过学习人工智能，也会加强对人类智能本身的理解。

1.3 人类智能

“华盛顿砍了樱桃树”“牛顿被苹果砸到”“爱因斯坦和小板凳”，这些故事为什么能广泛流传？事实上，这些故事很可能都是人造的，但是，为什么人类还是愿意相信并且传播它们？人类到底智能吗？

人工智能之所以如此难描述，因为其实对于人类智能本身，也并没有太好的研究结果。《人类简史》[6]一书中的提到一个观点：人类受叙事方式影响极大，爱听故事。人类之所以能够发展到今天，精神世界的虚拟概念起了巨大的作用。国家、宗教、公司这些概念，对人类的发展起到了巨大的作用，正因为这些虚拟的概念，才使得人类从众多动物中脱颖而出。例如IBM公司(少有的存活超过百年的大公司)，到底是什么？如果说IBM公司指的是公司的产品，该公司今天的产品和过去的产品早就不一样了；如果说是IBM公司是指它的员工，可公司的员工早就换了很多批了；如果IBM公司是指它的办公室或工厂厂房，这个公司已经搬过好几次家，地点也和最初不一样了。古代哲学家普鲁塔克提出一个哲学概念，“忒休斯之船”。忒休斯是一位传说中的雅典国王，他有一艘可以在海上航行几百年的船，归功于不间断地维修和替换部件，只要一块木板腐烂了，它就会被替换掉，以此类推，直到所有的功能部件都不是最开始的那些了。问题是，最终产生的这艘船是原来的忒休斯之船，还是一艘完全不同的船？如果不是原来的船，那么在什么时候它不再是原来的船了？哲学家霍布斯后来对此概念进行了延伸，如果用忒休斯之船上取下来的老部件重新建造一艘新的船，那么这两艘船中，哪艘才是真正的忒休斯之船？

为什么人类相信虚拟概念，目前还不知道原因，也许这就是人类智能的特点。动物应该不会理解这样的虚拟概念，一头奶牛不会祈祷人们去相信佛教，虽然这对于奶牛有很大的好处(佛教不杀生)。人工智能也不理解虚拟概念，机器知道的只是执行指令。

也许世界本身就是虚拟的，人类的各种思想不过是脑电波的各种信号，那么，又凭什么认为我们生活的世界是真实的？

美国科学家普特南于1981年提出了“缸中之脑”思想实验[7]：

“一个人(想象一下那是您自己)在睡觉的时候，神不知鬼不觉地被一个邪恶科学家施行了手术，他的大脑(您的大脑)被从身体中取出，放入一个缸中，缸里盛有维持脑存活需要的营养液。脑的神经末梢和一台超级计算机相连，这台计算机使大脑的主人保持一切完好的幻觉。对于他来说，似乎人、物体、天空还都存在，但实际上，此人(您)体验到的一切都是计算机传输到神经末梢的电子脉冲的结果。这台计算机非常聪明，此人要是抬起手，计算机发出的反馈能让他“看到”并“感到”手正在抬起。不仅如此，邪恶科学家还可通过改变程序使受害者“体验到”(即幻觉到)邪恶科学家所希望的任何情景或环境。他还可以消除这次脑手术的痕迹，从而使受害者觉得自己一直是处于这种环境。受害者甚至还会以为他正在读书，对，就是现在在读这本《人工智能：是什么？为什么？怎么做？》，读的就是这样一个有趣但荒诞的故事，一个邪恶科学家把人脑从人体中取出放到一个有营养液的缸中，神经末梢连到一台超级计算机”。

图 1.5 是“缸中之脑”思想实验的一个示意图，你觉得你在驾船出海，可是你怎么知道这是不是大脑受到电信号的刺激？

图 1.5 缸中之脑

这个思想实验是如此迷人，衍生出一系列讨论，是好多科幻电影的灵感来源。例如电影《黑客帝国》，就是“缸中之脑”思想的电影化。“缸中之脑”的特点是不能被证伪。大家可以想一下，如何证明你现在生活在真实世界中，而不是受“缸中之脑”控制的？

中国的庄子也有类似的思想实验，庄周梦蝶，到底是人做梦变成了蝴蝶，还是蝴蝶梦见自己变成了人？

1.4 一次会议

既然人类爱听故事，那么就索性多讲几个故事。人工智能发展中的故事还真挺多，这里从一次会议讲起。

一次会议，是指 1956 年在达特茅斯学院召开的一个持续两个月的夏季讨论班，现在一般称这次讨论班为达特茅斯会议。这次会议开启了人工智能学科，也就是在这次会议上，出现了 Artificial Intelligence 这个术语(虽然有人考证，该术语之前就出现过，但是在这次会议之后，这个术语才得到大众承认)，这次会议被公认为人工智能研究的开始，1956 年，也就成为人工智能的元年。

对于这次会议，现在给予多高的评价都不为过，但是在当时，参会的人员并不知道自己创造了历史，“当时只道是寻常”，人们以为这只是一次普通的暑期研讨班，也就是几个研究人员在暑假的时候，一起头脑风暴，会议持续了大概两个月(有人中途参加，也有人中途退出，目前也不知道到底有多少人参与，一般认为主要人物有十多个)。在当时，参会人员的主力还是年轻小将，例如会议的召集者麦卡锡和明斯基当年都是 29 岁，在当时还没有那么大的影响力。当然，这次会议也有大佬，例如香农、司马贺等人。会议上，大家的学术争议也很多，当时也并没有达成一致意见。另外，由于并没有形成什么完整的会议纪要，所有的资料都来自部分参会人员后来的回忆(主要来自所罗门诺夫)。若干年后，人们才意识到这次会议创造了历史。2006 年，在达特茅斯会议 50 周年之际，部分当时参会人物还特意重聚(见图1.6,图1.6(a)为开会时部分参会人员拍照留念,图1.6(b)为50周年纪念会议拍照留念)。

(a) 达特茅斯会议部分参会人员合影(1956年)

(b) AI@50大会纪念(2006年)

图1.6 达特茅斯会议

(图片来自网络)

1956年9月,IRE(也就是现在的IEEE)在麻省理工学院召开了信息论年会,麦卡锡对一个多月前的达特茅斯会议做了一个总结。在当事人的回忆中,很多人都觉得9月开的IRE信息论年会干货更多,但是也许这些干货是暑期那次头脑风暴的结果。后来的人工智能技术,很多都能在这次达特茅斯会议上找到源头。

出道即巅峰。在达特茅斯会议上,纽厄尔和司马贺公布了一款程序"逻辑理论家"(Logic Theorist),这个程序可以证明怀特海和罗素的《数学原理》一书中命题逻辑部分的一个很大子集。这次会议之后,在问题求解,包括机器博弈、定理证明等方面取得了一系列让人震惊的成果。受这些成果鼓舞,人们相信人工智能很快就能解决诸多问题。例如,在达特茅斯会议之后不久,司马贺预言,10年内计算机能打败最优秀的棋手,虽然最后这个预言迟到了30年。

人工智能之后的发展并不是一帆风顺。1973年,英国爵士莱特希尔对人工智能的研究状况做了详尽调查,调查报告中提到"人工智能研究没有带来任何重要影响",人工智能来到了第一次寒冬;在20世纪七八十年代,人工智能领域的专家系统、模式识别、自然语言理解等各种不同的领域,开拓出广阔的应用前景,到20世纪80年代达到顶峰,日本提出了全世界瞩目的第五代计算机计划(人工智能计算机,后来失败)[8],其后各种人工智能技术因为迟迟没有达到人类的预期,又被冷落到无人问津,人工智能遭遇了第二次寒冬,以至于在这个时候,谁一提到"人工智能",就被认为是个骗子,搞人工智能的专家学者纷纷转行。

科学的发展总是起起落落,柳暗花明又一村,今天人工智能又迎来了春天,资本涌入,从业者年薪百万的新闻层出不穷,岂止是春天,简直是人工智能的盛夏。

在这些起起落落的发展中,以两场棋局最具代表性。

1.5 两场棋局

为什么要讲下棋的故事?因为在人们心中,下棋是人类智能的代表。如果机器在下棋领域把人类打败了,那机器一定有智能,因此,一直有人尝试制造下棋机器人。

图1.7是土耳其下棋机器人。土耳其机器人在18世纪制造，能下棋，并且打败了很多人类高手，深受人们欢迎，每到一个地方都引起了轰动。不过后来人们发现，所谓机器人，其实是有个下棋高手控制，至于这个下棋高手藏在哪，人们就不知道了。所以，这其实不是人工智能，而是魔术。不过这个故事也证明人们对于制造下棋机器人的渴望。

图1.7 土耳其下棋机器人

（图片来源：Inanimate Reason（1784年版），作者：Karl Gottlieb von Windisch）

事实上，好多计算机先驱，包括巴贝奇、图灵、冯·诺依曼、香农等人，都研究过下棋机器。巴贝奇是18世纪的科学家，制造过机械式计算机。受限于当时的技术条件，他只能使用机械装置设计了一台能够进行四则运算、比较大小和开平方等运算，以及能够进行简单控制的计算机（帕斯卡更早的时候制作了一台机械式计算器，不过只能手动做加减法，算是计算器，不算计算机；莱布尼茨改进了帕斯卡的计算器，不过依然没有控制功能）。

后世的人们说，李卫公之巧，天下无双，这当然是有所指的。从年轻时开始，他就发明了各种器具。比方说，他发明过开平方的机器，那东西是一个木头盒子，上面立了好几排木杆，密密麻麻，这一点像个烤羊肉串的机器。一侧上又有一根木头摇把，这一点又像个老式的留声机。你把右起第二根木杆按下去，就表示要开2的平方。转一下摇把，翘起一根木杆，表示2的平方根是1。摇两下，立起四根木杆，表示2的平方根是1.4。再摇一下，又立起一根木杆，表示2的平方根是1.41。千万不能摇第四下，否则那机器就会哗啦一下碎成碎片。这是因为这台机器是糟朽的木片做的，假如是硬木做的，起码要到求出六位有效数字后才会垮。他曾经扛着这台机器到处跑，寻求资助，但是有钱的人说，我要知道平方根干什么？一些木匠、泥水匠倒有兴趣，因为不知道平方根盖房子的时候有困难，但是他们没有钱。直到老了之后，卫公才有机会把这发明做好了，把木杆换成了铁连枷，把摇把做到一丈长，由五六条大汉摇动，并且把机器做到小房子那么大，这回再怎么摇也不会垮掉，因为它结实无比。这个发明做好之后，立刻就被太宗皇帝买去了。这是因为在开平方的过程中，铁连枷挥得十分有力，不但打麦子绰绰有余，人挨一下子也受不了。而且摇出的全是无理数，谁也不知怎么躲。太宗皇帝管这台机器叫卫公神机车，装备了部队，打死了好多人，有一些死在根号2下，有些死在根号3下。不管被根号几打死，都是脑浆迸裂。”

——王小波《红佛夜奔》

1.5.1 Deep Blue 与卡斯帕罗夫

在人机对弈领域，真正有标志性影响的是两场棋局。第一场发生在1997年5月11日，IBM的计算机程序“深蓝”(Deep Blue)在正常时限的比赛中击败了卡斯帕罗夫(当时排名世界第一的国际象棋棋手)，标志着人工智能进入了一个新的时代(见图1.8(a))。在计算机看来，下棋就是一种局面的搜索。在当前棋局下，如果下了某一步棋子，会有很多种后继可能的走法出现，每一种都会形成一个新的局面，计算机下棋就是在这些以后可能出现的所有局面中找出最可能赢的那一个。1997年的“深蓝”可搜寻并估计随后的12步棋，而一名人类国际象棋好手大约可估计随后的10步棋。在比赛之后，卡斯帕罗夫回忆，第二局是关键，机器的表现超出他的想象力，它经常放弃短期利益，表现出非常人类化的危险。换句话说，在下棋方面，这台机器通过了图灵测试。

这次人机大战轰动一时，报纸电视上长篇累牍报道这件事情。虽然在国际象棋领域，机器战胜了人类，但是，在棋类领域还有一个顶峰——围棋——等待机器去战胜。在世纪之交的时候，人们普遍的看法是，要再过50年，也就是2050年左右，机器才能在围棋领域战胜人类顶尖高手。而这个预言，提前30多年实现了。

1.5.2 AlphaGo 与李世石

2016年，Deepmind公司的AlphaGo在围棋领域战胜了人类顶尖高手李世石，是人工智能领域另一场重要的棋局(见图1.8(b))。因为距离现在时间更近，而且互联网更加发达，所以这场棋局的影响更大，传播更远。围棋一直被认为是棋类领域最后的堡垒。事实上，在“深蓝”战胜卡斯帕罗夫之前，人们已经意识到在国际象棋领域，计算机一定会取得胜利，所以那次胜利有“水到渠成”的意思。但是在AlphaGo和李世石对弈之前，包括围棋领域和计算机领域专业人士，都认为AlphaGo不能战胜人类。围棋的局面实在太多了，围棋有19×19=361个落子点，每个点有黑子、白子、无子3种可能，共有3^{361}种可能，这个数目如此巨大，计算机无法搜索出较好的局面。但是最终的结果表明，机器战胜了人类，并且从此之后，可以宣布，在棋类领域，机器完全胜过人类。

(a) 机器在国际象棋领域战胜卡斯帕罗夫
(图中双手抱头者为卡斯帕罗夫，图片来自网络)

(b) 机器在围棋中战胜李世石
(图中右侧为李世石，左侧为AlphaGo代为执子者黄士杰(AlphaGo本身不能执子，只能计算)，图片来自网络)

图1.8 两场棋局

这两场棋局的标志性意义不在于技术上有多强，更大的意义是使得整个社会都意识到人工智能超强的能力，这是人工智能领域最好的宣传。也是在AlphaGo战胜李世石之后，人工智能才开始获得广泛的关注。

这两场棋局更能吸引大众的眼光。但是从专业的角度来看，另一场不太被公众关注的棋局更有代表性意义。

2017年年末，Deepmind又发布了AlphaGo的升级版本，AlphaGo Zero（简称AlphaZero）。AlphaZero不仅在围棋上战胜了AlphaGo（100：0取胜），而且击败了国际象棋软件Stockfish8。在国际象棋领域，大家此前都认为Stockfish8已趋于完美，它的代码中有无数人类精心构造的算法技巧，有几百年来人类国际象棋经验的总结，还有每秒7000万次的计算能力。相较之下，AlphaZero每秒只能计算8万次，而且写程序的时候完全没有教它任何国际象棋规则，它连基本的起手下法都不会。AlphaZero完全是运用最新的人工智能技术，不断和自己下棋，就这样自学了国际象棋。虽然如此，在AlphaZero和Stockfish8的100场比赛中，AlphaZero赢了28场，平了72场，一场未败。那么，AlphaZero从零开始学习国际象棋，用了多久才发展出天才般的棋力？答案是三天。千百年来，国际象棋一直被认为是人类智慧的一个绝佳展示平台。但是只花了三天，完全没有任何人类的指导，AlphaZero就从一无所知变成了打遍天下无敌手的国际象棋大师。

机器战胜人类固然抓人眼球，但是背后的技术，才是学习人工智能最应该关注的，为了实现人工智能，不同的研究人员发展出了不同的技术学派。

1.6 三门学派

人们在成人之后，就不再相信武侠故事，也知道现实世界没有什么武林。但是有人的地方就有江湖，今天的学术界就特别像武侠小说中的武林。原因如下：

首先，科研人员给人的感觉和武林人士一样，他们都不食人间烟火。看武侠小说，大家可能偶尔会纳闷，剑侠天天行走江湖，哪里来的那么多钱，靠什么生活。科研人员给人的感觉也是一样。

其次，在当今社会，除了少数行业，很难找到像武林中这样的师承关系了，而科研人员之间依然有师承关系。武林中的师承关系代表江湖门派，那么科研人员之间的师承关系就代表了学术学派。在科研界，一说到物理学界的哥本哈根学派、数学界的布尔巴基学派，大家都知道都有什么样的学术观点。

再次，学术界偶尔有像牛顿、爱因斯坦那样的不世出天才横空出世，开宗立派，睥睨武林，笑傲江湖，像极了武林中总有神秘高手，写成了《九阴真经》《葵花宝典》等武林秘籍，指导武林发展数百年。

最后，学术界的竞争其实最激烈，因为学术界“只认第一，不认第二”。在其他行业，你做一个产品，我也做一个产品，哪怕后者是山寨的，也可能获得超额收益。而科学是不承认第二的，即使你今天真的是独立发现万有引力，也没人会承认你和牛顿一样伟大。

科学只认第一，不认第二。既然都想争第一，必然有纷争。当然，学术界其实既有纷争，也有合作，但是互相合作的故事不吸引人，纷争的故事才有戏剧性。这里，讲一下人工智能领域学派纷争的故事（主要参考文献[9-11]）。

1.6.1 无可奈何花落去——符号主义

在人工智能的早期研究中，符号主义学派在这个领域是占有统治地位的。

符号主义学派一直在不断发展中，早期重点解决的问题是利用知识去做复杂的推理、运算和判断等。这些技术在一些公理的基础上，通过一些谓词逻辑，根据规则，进行演绎运算，进而建立智能，这些想法颇具欧几里得《几何原理》的哲学思想。这个时候的人工智能技术在数理推理、逻辑证明等都取得了不错的成果。但是后来发现仅仅依靠推理能够解决的问题很少，研究重点就转变为如何获取知识、表示知识和利用知识，进入到"知识期"，这段时期人们已经意识到，以当时的条件，实现通用人工智能是不可能的，因此，研究的重点变为利用某些领域的知识，构建"知识系统"，其中"专家系统"是这段时期比较典型的科研成果，例如，由费根鲍姆和莱德伯格等人合作主导开发的DENDRAL，根据化学专家的专业知识和质谱仪相关知识，能够根据给定的有机化合物的分子式和质谱图，从几千种可能的分子结构中挑选正确的那个，而"MYCIN"专家系统利用医学领域的知识，可以辅助医生做简单的辅助诊断。再后来发现世界上的知识好像是无穷无尽的，符号学派的研究重点转化为如何让机器自己学习、发现知识，这个时候，机器学习又成为研究前沿。

符号主义学派早期是人工智能领域的研究主流，达特茅斯会议的参会者几乎都可以算是这个学派的人物。但是这个学派内部也有派系，例如，司马贺和纽厄尔两个人是亦师亦友的关系（二人共同获得了1975年的图灵奖，而在此之前，图灵奖都只颁发给一个人），他们算是一派；麦卡锡和明斯基一直是好朋友，他们是达特茅斯会议的实际召集人（名义召集人是香农），他们是一派。在会议期间，司马贺和纽厄尔就不赞成"人工智能"这个名字，他们希望起的名字是"复杂信息处理"，而且这次会议公认比较有实际结果的是他们发布的程序"逻辑理论家"，他们认为这次会议没有太多干货，只待了一周就离开了。在这次会议之后，这两派的交流也不多，他们之间的交流主要通过他们的弟子（研究生）进行。他们的研究思想相近，交流却不多，不得不说是学术界的遗憾。

早期人工智能的发展，符号主义学派功不可没。这个领域也出现了若干图灵奖的获奖者，包括明斯基、麦卡锡、司马贺和纽厄尔（他们都参加了1956年的达特茅斯会议）以及费根鲍姆等。

无可奈何花落去。不得不说，今天的人工智能的大热和符号派没有太大关系。这是因为人类的智能是如何形成的，人们还不得而知，智能只有少部分能够被形式化，试图通过公理系统推演出一切智能，这条路暂时失败了。1986年，美国哲学家John Haugeland的*Artificial Intelligence: The Very Idea*一书中将"用原始人工智能的逻辑方法解决小领域范围的问题"称为"有效的老式人工智能"（Good Old-Fashioned Artificial Intelligence，GOFAI）。这个定义很快就为学界所广泛接受，所以很多后来出版的书中为了划清界限，在出版的书籍中，纷纷加上了"现代的""新的"等字样，例如，目前人工智能最为广泛应用的教材——《人工智能：一种现代方法》一书就特意强调了"现代方法"一词（该书是本书的参考书之一，不要被它的书名所蒙蔽，这本书主要讲的还是GOFAI）。

> "三闾大学校长高松年是位老科学家。这'老'字的位置非常为难，可以形容科学，也可以形容科学家。不幸的是，科学家跟科学不大相同：科学家像酒，愈老愈可贵，而科学像女人，老了便不值钱。"
>
> ——钱钟书《围城》

1.6.2 似曾相识燕归来——连接主义

当前，站在人工智能舞台中央的是连接主义学派。但是在早期，连接主义学派可被符号主义学派打得找不到北。连接主义学派的发展，也上演了一幕似曾相识燕归来的故事。

连接主义可以追溯到更早的时候，1943年。生物学家麦卡洛克和一个穷人家的天才皮茨共同提出了M-P神经元模型，试图应用莱布尼茨的机械大脑设想来建立一个大脑思维模型，他们在1943年发表了论文《神经活动中内在思想的逻辑演算》，首次提出了神经网络的概念。值得注意的是，这篇论文早期是为了研究生物大脑学的，试图通过神经元之间与、或、非等基本逻辑，来解释大脑的工作模型。但是大脑的模型如此复杂，这个模型并不能解释大脑的工作，在生物大脑学研究上并未得到推广。但是，这个模型为机器模拟大脑打开一扇门，它的出现推动了神经网络技术的出现，人工智能中连接主义的哲学思想也发源于此。

大家都爱听故事，提出神经元模型的皮茨的故事就非常传奇。皮茨12岁就读完了罗素的巨著《数学原理》，并且发现了其中的几处错误，和罗素通信并得到罗素的赞许。皮茨是如此天才，以至于控制论之父维纳称赞皮茨，“毫无疑问他是我见过的全世界最厉害、最杰出的科学家”。皮茨和维纳也共同工作了一段时间。因为皮茨在中间沟通，麦卡洛克和维纳一度关系不错，但是因为家庭原因（八卦故事，网上可查），麦卡洛克与维纳关系决裂，麦卡洛克是皮茨的早期导师与伯乐，皮茨站在麦卡洛克这一边；再加上后来根据青蛙的蛙眼实验证明，大脑的工作不是通过神经元互相之间简单的各种运算完成，M-P神经元模型不能解释大脑工作原理（至少是不完整的）。因此，皮茨在抑郁症中去世，年仅46岁。皮茨去世几个月后，麦卡洛克也在医院过世了。

神经网络这一生物学想法，在人工智能领域被广泛地借鉴。例如，明斯基的博士论文题目就是关于神经网络①。而神经网络真正得到应用是在1957年，康奈尔大学的实验心理学家罗森布拉特在一台IBM-704计算机上模拟实现了一种他发明的“感知机”(Perceptron)神经网络模型。这个模型把M-P神经元平铺排列在一起，就可以不依靠人工编程，仅仅靠学习完成一些简单的视觉处理和模式识别方面的任务。这种连接主义思想其实已经独立于“图灵机”，成为另外一种体系结构。罗森布拉特还制造了世界第一台硬件感知机MARK-Ⅰ，其输入端是20×20的感光单元矩阵，将光信号转换为电信号，再通过物理连线与后面的字母分类的神经元层连接。经过训练后，确实能够成功识别出多个字母。罗森布拉特1962年出版的图书②，也成为连接主义学派一本重要的图书。

但是这个时候，由于种种原因（文献[11]介绍了其中一个原因，网络也有各种解读），明斯基和罗森布拉特的矛盾公开化了，甚至在一次会议上已经公开争吵。明斯基和派珀特于1969年出版了《感知机》一书③。书中通过数学方法证明了单层感知机处理线性可分的问题是可行的，但是也仅仅能够解决线性可分问题。这本书直接指出了单层感知机存在的问题，

① 他的论文题目为 *Theory of Neural-Analog Reinforcement Systems and its Application to the Brain-Model Problem*，中文名为《神经-模拟强化系统的理论及其在大脑模型问题上的应用》。

② 这本书是 *Principles of Neurodynamics: Perceptrons and the Theory of Brain Mechanisms*，中文名为《神经动力学原理：感知机和大脑机制的理论》。

③ *Perceptrons: An Introduction to Computational Geometry*，中文名为《感知机：计算几何学介绍》。

甚至不能解决计算机科学领域一个非常简单的问题——异或(XOR)问题。同时,这本书中也提到了,多层感知机虽然理论上有可能解决非线性可分问题,但是实际上不具备可行性,因为每增加一个新的层,新引入的连接数会急剧膨胀,研究两层乃至更多层的感知机是没有价值的。在1969年,明斯基获得了图灵奖,不再是1956年组织达特茅斯会议的初出茅庐者。在学术界,权威人士的影响力巨大,书中提到的问题以当时的技术条件确实无法解决,因此,神经网络技术被打入冷宫,得不到经费,很多研究人员纷纷转方向。

这次纷争,是学术圈阴暗面的一次爆发,也是人工智能历史上最大的一次纷争,罗森布拉特于1971年他生日当天,“意外”落水,很多人相信他死于自杀。

IEEE于2004年设立了罗森布拉特奖(Frank Rosenblatt Award),奖励神经网络领域的杰出人员,以纪念罗森布拉特。

不过还有人在坚持神经网络方面的研究,1982年,物理学家霍普菲尔德发明了Hopfield神经网络,能够求解非常复杂的旅行商售货问题;1986年,深度学习之父辛顿等人提出了一种适用于多层感知器的反向传播算法,这意味着多层神经网络可以进行训练了。但是受限于计算能力和数据数量,神经网络效果一直不算太好,利用当时的计算机也难以实现大规模神经网络。所以,这一波算是小高潮,并没有引起太多人的注意。以至于后来的深度学习网络,虽然本质上就是多层神经网络,但是涉及神经网络的项目都很难申请到经费,因此研究人员才对这类技术起了一个新的名字:深度学习。

似曾相识燕归来,随着计算机硬件能力的提升和互联网带来的海量数据,连接主义学派的技术越来越获得人们的关注,连接主义的发展进入到了加速阶段,深度学习技术在图像识别上大杀四方,在AlphaGo中大放异彩,在ChatGPT中引起全世界的轰动。这一学派终于站到了舞台的中央,以至于人们今天一提到人工智能,首先想到的就是深度学习。

2018年,图灵奖被授予辛顿、本吉奥、杨立昆,这三位是连接主义学派的代表性人物。

1.6.3 小园香径独徘徊——行为主义

虽然符号主义学派和行为主义学派在人工智能领域都取得了不错的研究成果,但是离大众期待的人工智能还很远。大众期待的人工智能,应该像人一样。这里的像人一样,不只是计算能力上,最好外表上、行为上也表现得像人类一样。这不就是机器人吗?

机器人的英文是Robot,这个词最初来自捷克语。1920年,捷克作家凯佩克发表了科幻剧本《罗萨姆的万能机器人》。在剧本中,凯佩克把捷克语“Robota”写成了“Robot”(“Robota”是奴隶,所以“Robot”的原意也是奴隶)。1950年,麻省理工学院戏剧小组在波士顿的一个剧场重演了这个剧本,在这次表演前,维纳来到了舞台中央,他对观众说:“凯佩克的戏剧预测了不远的将来,要求我们像理解人类一样理解机器人,否则我们会变成他们的奴隶,而不是相反”。同时,他拿出一个感光机器人(一个能够追逐光跑的小车),当场演示。虽然现在看来,这只是一个感光传感器控制电机的小车,但是在维纳那个时代,在昏暗的剧场中央,有一个能够自动追光运行的小车,舞台效果可想而知。

虽然有人更早做出了更好的小车,但是影响力远不如这次,因为维纳名气太大。维纳被称为神童,十岁时维纳的照片出现在《纽约世界报》的头版(原因只是因为他是神童),标题是《全世界最杰出的男孩》(*The Most Remarkable Boy in the World*)(互联网上现在还能找到这张照片)，他18岁哈佛博士毕业。维纳最重要的贡献就是提出了“控制论”，被称为控制论之父。1948年，维纳出版了《控制论：或关于在动物和机器中控制和通信的科学》(*Cybernetics or Control and Communication in the Animal and the Machine*)。

Cybernetics被翻译为“控制论”，是词不达意的翻译之一。Cybernetics最早引入中国的时候被翻译为“机械大脑论”。但是受当时的影响，苏联科学家认为《控制论》中宣扬的“人类与机器的行为可在理论上统一”“自学习”“自复制”“可进化”等观点是反对唯物主义的，在西方，控制论将动物与机器相提并论，已引起了包括宗教人士在内等人的不满。因此，引入中国的时候被翻译为“控制论”。

王飞跃老师这样评价“控制论”这个翻译，他说：“‘机械大脑论’这个名字其实至少能表述Cybernetics原文75%的含义，但是‘控制论’似乎只能传递原意的25%”[12]。

行为主义学派把一个研究对象作为一个开放系统，一个系统从系统外部探知的变化即为行为。如果环境对系统的作用称为“输入”，系统对环境的影响称为“输出”，可以通过分析输出对输入的响应关系了解系统的属性。这种方法既适用于动物，也适用于机器及其他系统。这种“输入-输出”方法，现在也被经常称为“感知-行为”方法。这个系统关心的不是单独一次输入后产生的动作，而是对全部输入能够做出合乎期望的预期动作。控制论的另一个先驱阿什比说道：“判断机器是否有资格成为大脑的关键指标，并不是这台机器是否具有思维能力，更重要的是它是否能做出某些行为”。

行为主义中还有一个观点，认为人工智能应该和人类智能一样，依靠进化、通过遗传过程中的随机变异和对环境适应情况的自然选择，逐代筛选出更快速、更健壮、更聪明的个体。既然需要变异，那么首先就需要能够自我复制，冯·诺依曼曾经与维纳共同研究过机器生命。冯·诺依曼于20世纪40年代在伊利诺伊大学做过关于自我复制机器的一系列报告，报告讲述了自己的研究成果，后来结集出版①，总体上概述了机器应该如何从基本的部件中构造出与自身相同的另一台机器。根据冯·诺依曼定义的自我复制机架构，自我复制机应该有两部分，一部分是“描述器”，描述机器本身的信息，一部分是“通用构造器”，用来根据“描述器”的描述来制造。这个思想提出的时候，人类还没有发现DNA的结构，而人类遗传的过程，也可以把DNA视为“描述器”。自我复制机这个思想很深刻，早期在编程领域流行一种比赛，即编写程序，其唯一的功能是自我复制，即程序的输出就是这个程序本身。

这些理论的发展也带动了机器人学，虽然直到今天，还没有听说哪个机器人达到和人类一样的水平了。不过在20世纪，人们一直相信，这样的机器人能够被制造出来。20世纪八九十年代，布鲁克斯提出了“无表征智能”的概念，利用行为主义学派的思想，成功地设计出了若干能够自主移动的机器人，今天广为使用的扫地机器人，就是这类机器人的实际应用。

这一派涉及的学科更多，不只是计算机科学，还涉及控制学、机械学、材料学以及声、光、电等一系列细分学科。因此，这一学派和前两个学派几乎没有纷争，反而合作较多。事实上，实现人工智能，绝不是计算机、控制等一两个学科的事，它需要来自不同学科的技术，任

---

① *Theory of Self-Reproducing Automata*，中文名为《自我复制自动机理论》。

何学科的人，都可以为人工智能贡献力量。

行为主义学派其实可以追溯到更早。图灵在1948年的文章《智能机器》(这篇文章当时未公开发表，1992年出版图灵论文集时才公开出现)中即提出了智能的研究方向有两个，分别是 embodied intelligence(嵌体智能)和 disembodied intelligence(离体智能)[①]。

2020年，帝国理工大学研究人员在 *Nature Machine Learning* 上发表新研究，定义术语"物理人工智能"(Physical AI，以下简称 PAI)，并提出通过整合学科来缩小机器人与人类之间的差距，以帮助未来的研究人员创建具有与智能生物体相关的功能，例如，能够进行身体控制、具有自我意识和感知能力的"逼真"机器人。

类人机器人的研究虽然没有取得让人眼前一亮的成果，但是，类人人工智能的研究一直在进行。

> 现在的科技还不能造出和人一样的机器人。虽然人类在进化过程中保留了很多缺点，但是，优点更多。例如，一个人一天消耗的能量也就几千卡路里，能耗大概相当于100多千瓦时的灯泡。但是，如果要造出一个和人形状一样的机器人，能够做和人类一样的活动，例如下围棋，那么即使他身体里有一个小汽车大小的高能电池，也仅仅能支持几分钟。

这三个学派，其实并没有那么严格区分，科研的圈子很小，大家平时的交流很多，研究人员也比较少在公开场合谈论它们。学术纷争历史上并不少见，例如牛顿和莱布尼茨的微积分第一人之争。但是，也正是因为他们太伟大了，这些纷争就像"房间里的大象"，谁也不愿挑明，讳而不言。事实上，科学家是人不是神，无论什么样的学术纷争，并不影响这些科学家的伟大。科学研究的特点之一就是不断试错，既然试错，肯定有不同的方向，因此，学术纷争不可避免。明斯基在2006年的AI@50大会的总结报告上说："当下太多人工智能研究只想做那些最流行的东西，也是发表那些成果的结果，我认为人工智能之所以能成为科学，是因为之前的学者不仅发表哪些成功的结果，也发表了那些失败了的。"

人工智能的发展，走过很多弯路，这些失败的尝试，一样伟大。

> 一曲新词酒一杯，去年天气旧亭台。夕阳西下几时回？
> 无可奈何花落去，似曾相识燕归来。小园香径独徘徊。
>
> ——晏殊《浣溪沙》

1.7　五个阶段

回顾完历史，可以看一看现状了。现在的人工智能发展到哪个阶段了？

说现在到哪个阶段，需要知道一共有几个阶段。关于人工智能的发展，大概有五个阶段：记忆和计算、感知和认知、分析和推理、发明和创造、具有意识的机器[②]。当然，不同的阶

---

① embodied intelligence 一般翻译为"具身智能"，disembodied intelligence 这个单词没有标准的翻译。嵌体智能和离体智能这两个中文词汇为本书作者的翻译。

② 这五个阶段，受洪小文博士在2019年6月13日的演讲《人工智能的突破和数字化转型的未来》启发，具体每个阶段的内容有所不同。

段之间并没有明显的界限。图 1.9 是机器实现人工智能的不同阶段，可以称为机器智能的金字塔。

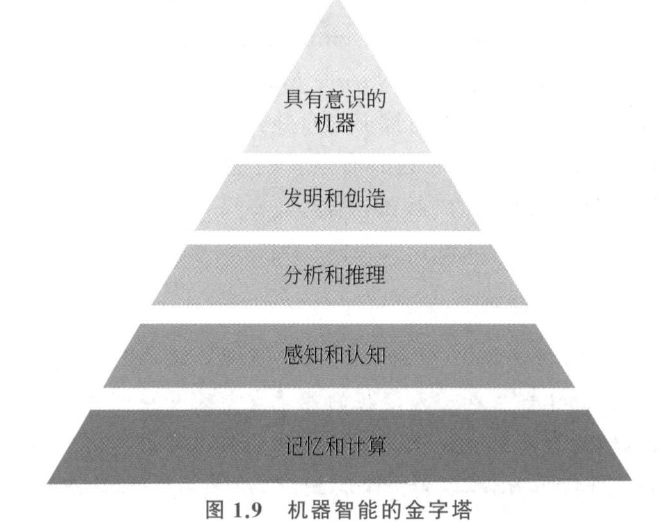

图 1.9 机器智能的金字塔

1.7.1 记忆和计算

对于机器智能的最低要求就是记忆和计算，也是人工智能实现的第一个阶段。对于人类智能，图 1.9 的金字塔应该重绘，意识、感知和认知应该作为人类智能金字塔的塔基，毕竟这些是人类的生物本能，而记忆和计算，却需要专门的学习。在人工智能领域，有个著名的莫拉维克悖论(Moravec's paradox)：对于机器来说，困难的问题是易解的，简单的问题是难解的。认出人脸、主动避障，在人类看来很容易的事情，对于机器却非常难实现；而计算、记忆，对于人类来说并不容易，机器却很容易做到。

即使最挑剔的人也会认为，在记忆和计算方面，机器已经完全超过人类了。如果大家需要什么知识，首先想到的是去网络搜索一下。大部分人可能就记住四五个电话号码，计算机能记住多少个？要看有多大的存储空间，理论上，一台普通家用计算机都能够记住全人类所有的电话号码。至于计算，不用说什么超级计算机，就是十几元钱的计算器，在算数方面都碾压人类。

1.7.2 感知和认知

第二个阶段，是感知和认知。这个阶段也是当前人工智能的技术前沿。

感知，主要表现在对视觉和声音等客观世界信号的感知。视觉包括静态视觉(图像)和动态视觉(视频)。在图像识别方面，计算机已经不输人类了，事实上在很多测试中，计算机在图像识别方面胜过人类。大家不要觉得识别一个图片很容易，好像几岁小孩都能做到，但是实际上对于计算机来说，识别图像很难。第 2 章会讲解图像在计算机内部的编码，让计算机从一张图片里面认出都有什么东西，是非常困难的一个过程。在动态视觉上，就是从视频中认出目标，例如，YOLO(You Only Look Once)技术能够对视频流中的对象进行实时检测，也就是说，能够从视频流中识别出目标物体。而 SAM 模型(Segment Anything Model)

可以快速识别图像和视频中的所有物体，并智能地将其分割成不同的形状和板块，用户可以点击其中的任意物品进行单独处理，实现“一键抠图”。

需要感知的信号，除了视觉信号，还有听觉信号。在很多应用中，语音识别是一个入口，例如，你可以直接唤醒手机拨打电话、查询天气、购买外卖，或者在家里实现控制灯具、洗衣机、电视等家用电器，动动嘴就能洗衣服、开关灯、看电视、选节目，想象空间很大。在语音领域，另外一个重要的应用就是不同语言之间的实时翻译，人类语言的巴别塔终于要被人工智能跨越了。

对于语言的理解属于认知方面①。一般认为认知比感知要难一些，小孩子能够轻易认出图片的内容，但是翻译一门语言却需要艰难的学习。在对语言理解方面，就目前技术看来，ChatGPT 是最接近实现通用人工智能的工具，它几乎可以回答人类问的所有问题，并且大多数回答都内容准确、逻辑清晰。它可以通过图灵测试，比人类的知识多很多，更重要的是，它还在不断的进化，很多人甚至认为，这一工具的发明，宣布人类进入了奇点(Singularity)时刻。

除了感知和认知之外，还有一些前沿人工智能技术，既比记忆和计算高级，但又不算是发明和创造，例如智能预测。说到智能预测，很多人非常感兴趣，例如预测一下明天股市是涨是跌(事实上，在量化投资领域，确实有很多人在做这件事情)。人工智能技术的预测可远不止预测股票或天气。例如人工智能制药，很多制药公司尝试使用人工智能技术来研发新药。人工智能合成新材料，传统方法周期长、费用高、风险大，实验室“诞生”一个新材料平均需要 10 年，从实验室“走进”生产车间需要再用 20 年。而借助人工智能，新材料的研发和应用周期有望缩短一半以上；在生命科学领域，代表性的工作是蛋白质折叠预测。2020 年 11 月 30 日举办的国际蛋白质结构预测竞赛(CASP，有“蛋白质奥林匹克竞赛”之称)，AlphaFold 2 击败了其余的参会选手，能够精确地基于氨基酸序列预测蛋白质的 3D 结构。其准确性可以与使用冷冻电子显微镜、核磁共振或 X 射线晶体学等实验技术解析的 3D 结构相媲美。科学家 Andriy Kryshtafovych 在 CASP 大会上感叹道，“I wasn't sure that I would live long enough to see this”(英文版的“活久见”)。进化生物学家 Andrei Lupas 对于 AlphaFold 2 取得的成果表示，“这将改变医学，这将改变研究，这将改变生物工程，这将改变所有一切。”

“蛋白质折叠”是一种令人难以置信的分子折叠形式，科学界以外很少有人讨论，但却是一个非常重要的问题。大多数生物过程都围绕蛋白质，而蛋白质的形状决定了其功能。只有当知道蛋白质如何折叠时，才能知晓蛋白质的作用。例如，胰岛素如何控制血液中的糖水平以及抗体如何对抗冠状病毒，都由蛋白质的结构来决定。理解蛋白质的折叠方式可以帮助研究人员走进科学和医学研究的新纪元。研究蛋白质折叠既重要又困难，人工智能技术对此的帮助难以估量。

---

① 有些研究者认为人类之所以能够开口说话，是因为 20 万年前的一次基因突变(FOXP2 基因)，当然，也有研究者认为人类能够产生语言有更复杂的因素，并不是简单的一个基因突变。但是也许正是这个语言能力让人类获得了与其他动物完全不同的能力，使人类合作和知识的传承积累成为可能，人类才成为万物之灵。传统认为是因为人类能制造工具，才使得人类与其他动物区别开来，事实上，很多事实表明，有一些动物(如猴子)，也可以制作工具。但是语言，确实是人类独有。

1.7.3 分析和推理

人工智能的第三个发展阶段是分析和推理，这是人工智能技术的另外一个研究热点。感知阶段是“是什么”阶段，而分析与推理，是解决“为什么”。举一个例子，假设有一组关于学生与体育成绩的数据，数据中包括五个属性，分别是学生姓名、学号、身高、体重、体育成绩。人类很容易知道，学生的姓名和学号对于体育成绩没有影响，但是身高和体重会对体育成绩产生影响，这些常识机器并不知道。虽然20世纪50年代人工智能就能够证明《数学原理》中的若干子命题，中国数学家吴文俊也在“机器自动证明”方面取得了世界级的成果。但是这些都是证明数学定理，数学是逻辑自洽的，机器能够发现其中的逻辑性，而人工智能要解决的是生活中的实际问题，生活中的很多问题并不存在完整的逻辑链，因此，在这方面还有很长的路要走。

1.7.4 发明和创造

人工智能的第四个发展阶段是发明和创造，目前的人工智能技术还未达到这个水平，但是已经向这个方向迈进了。人工智能能够看图写出有意境的古诗，能够撰写莎士比亚风格的文章，能够绘出具有梵高风格的图画，但是，这些本质上都是深度学习技术经过大量数据训练的结果，并不是机器有意识地发明或创造。当然并不是说机器不可以看很多资料（数据），而是说机器在阅读了很多资料之后，能够有意识地创造，就像人类所做的那样。如果人工智能到了这一阶段，会不会有一个天才机器人，能够自动发现“相对论”这样的改变人类文明的理论？

如果机器真的能做到这种程度，那这样的人工智能岂不是和人类一样？还不是，因为这时候的机器还没有人类所独有的意识。

1.7.5 具有意识的机器

第五个阶段，具有意识的机器。

有了意识，人工智能就能理解人类，这种理解不只是语言方面，而且需要理解人类的各种约定俗成的内在规则。理解人类对于机器来说并不是容易的事情。

假设这样一个场景，你对别人说：“给我倒一杯水”，对方回答：“你没长手啊”。

相信大家都知道对方的潜台词是什么，这也是人类语言的特点，虽然没有直接回答，但是其实回答了对方；虽然不是问句，但其实很可能是问了一个问题。

狄拉克通过不了图灵测试

杨振宁在1997年1月17日香港的“科学工作有没有风格”演讲中（演讲词后来以《美与物理学》为题目公开发表），讲到了狄拉克的一则轶事。狄拉克有次在普林斯顿演讲，在提问阶段，有一个学生说：“狄拉克教授，我没明白那个方程式三是怎么从方程式二演化出来的。”狄拉克没有回答，场面一度陷入尴尬，主持人说：“狄拉克教授，请您回答他的问题。”狄拉克说：“他只做了一个陈述，他没有问问题。”

人工智能面临的一个挑战就是理解人类社会，以及支配其中的许多约定俗成的规则。人类很容易理解对话中的潜在含义，即使这种对话看起来驴唇不对马嘴，例如，心理学家、语言学家平克设计了一段简短对话，如下所示。

男方:“我要离开你。”

女方:“她是谁?”

这个对话很容易理解,如果不理解,是因为你看过的爱情电影或者爱情小说太少了。

当然,如果你不理解这个对话,也可能你和狄拉克一样是天才。狄拉克当然一点也不愚蠢,相反,他31岁即获诺贝尔奖,思想深邃,以天才著称。狄拉克从数学角度出发,为量子力学的发展奠定了基础,他的思想超前同时代物理学家很远,很多理论在提出时不被人接受,后来被证明是正确的。狄拉克同时也以言简意赅、沉默寡言著称。所以,“狄拉克通过不了图灵测试”。从这里也看出,图灵测试是一种无法量化的主观标准。

图灵测试并不是一个好的标准,无法量化,主观性太强。但是没有图灵测试,人工智能的定义会更加混乱。虽然现在已经有各种各样的人工智能被定义出来,但是图灵测试依然是衡量人工智能的“金标准”。

在要求对方倒水的事件中,如果对方是人类,这没什么奇怪的,只是对方不愿意倒水而已;但是如果对方是个机器人,那不得了,这说明机器人知道抗拒,它有自我意识了。

自我意识是一个比较奇妙的存在,只有具有自我意识的人才会想到“缸中之脑”这样的思想实验。普通人都认为自己肯定是有意识的,但是没人能说清楚意识是什么。清醒的时候和睡觉的时候,都是同一个躯体,为什么睡着了就没有意识了?意识是一种生命活动吗?可是睡着的时候肯定是有生命活动的。做梦的时候有意识吗?如果说做梦是潜意识,可是连意识是什么都不知道,又怎么来描述潜意识呢?一个梦游的人有意识吗?这个人的行为是自主可控的吗?梦游的人犯罪了需要伏法吗?

人类的意识是需要依托身体的,否则无法解释为什么喝断片了会无意识,被麻醉了会无意识,但是过一段时间身体恢复又会有意识了。但是意识存在于身体的哪部分呢?看起来是存在于大脑之中,因为一个人经历过换肤、换肾甚至换心手术,这个人还是他自己,但是如果换了大脑,那么这个人可能就不是他自己了。现在主流的神经科学家认为,人们意识的不同是因为每个人大脑中的神经细胞的连接不同。如果某一天科技发展了,人类可以更换神经细胞了,那么,如果一个人的神经细胞因为老化或者受损被逐一更换,那么换完之后,这个人还是他自己吗?如果不是他自己的话,从更换哪个神经细胞开始,这个人开始不是他自己了;如果这个人还是他自己的话,那么岂不意味着人类可以实现永生了?

如果真的有办法设计有意识的机器,那么意识应该算是什么呢?放到哪里了?根据人类的特点,身躯算硬件,意识算软件。同样,机器的意识应该就是软件了,软件是很容易进行复制的。假设有这样一个“意识软件”,它被复制到另外一个配置一样的机器上,既然两个机器硬件软件都一样,它们的意识是一样的吗?如果它们的意识是一样的话,那么这就不算意识,毕竟意识都是自我的,但是如果它们的意识不一样的话,软件不过是0、1代码,可以精确复制,一模一样的母本和副本又怎么会有不一样的意识呢?对于本书这里提出的悖论,人类目前依然没有准备好。

当然,机器如果可以自我复制,那么它们很可能会把自己优秀的地方复制下去,而抛弃自己身上的缺点,这样机器就能进化了。机器的进化速度可要远远超过人类,毕竟,人类的进化要靠自然选择,在进化的时候,人类可没办法指定基因。

如果人工智能技术一直发展下去,会不会达到“奇点时刻”?

1.8 Singularity

Singularity，中文译为“奇点”。

奇点这个词在不同的学科有不同的意义，在数学中，奇点指在该点上，某条曲线或某个曲面以无限快的速度变化；在天体物理学中，奇点表示最初宇宙大爆炸时刻的状态；在人工智能领域，奇点时刻是指机器文明替代人类文明的时刻。

介绍完人工智能的过去、现在，也该讲一下人工智能的未来了。

人工智能未来会发展成什么样？答案是：不知道。美国未来学家库兹韦尔于 2005 年出版《奇点临近》一书，指出人类文明会在 2045 年被人工智能文明所代替。大家不要觉得库兹韦尔是疯人呓语，他获得过总统勋章，是谷歌公司的高级研究员，历史上他的很多预言都被验证是正确的。而且人类文明的发展是线性的（其实是阶梯形的），而人工智能是以指数形式发展的，机器文明的进化速度要远远超过人类文明。

奇点到底会不会来临？答案依然是：不知道。其实即使机器文明不会替代人类文明，但是机器替代人类工作的趋势是越来越明显了，而且，这种替代和历史不一样之处在于，人工智能替代的工作是脑力工作，也就是大众认为的“体面的”工作。

科幻小说家阿西莫夫提出了一个关于机器人的三定律：

定律一：不能伤害人；

定律二：在第一条的基础上听从人类命令；

定律三：在前两条的基础上，保护自己。

这三条定律至今还被认为是机器人应该遵守的。第二条相当于规定了不能发明杀人机器人（如果有人命令机器人杀人，虽然第二条要求机器人服从，但是因为第二条受制于第一条，所以，这条命令无效）。

机器人三定律最重要的一条是要求机器人不能伤害人类。机器人伤害人类了吗？那得看如何定义伤害，如果说机器人把谁打伤、杀害，很少听说机器人主动伤害人类。但是机器人打败了卡斯帕罗夫，战胜了李世石，伤害了他们吗？伤害了，大家可以去查一下卡斯帕罗夫、李世石在失败后的表现，卡斯帕罗夫赛后怀疑 IBM 公司作弊了（可是他已经是世界第一了），李世石 1∶4 输给 AlphaGo，只有在唯一的一盘胜利之后才面露喜色，其他场比赛后都神情沉重。有人说他们是专业人士，那机器人伤害普通人了吗？伤害了，无形的伤害。机器人替代了很多人类的工作，引起了失业。马克思说，资本家榨取工人的剩余价值，对工人进行了残酷剥削。这种情况工人们会联合起来反抗资本家，这是因为工人有具体反抗对象。但是机器人造成的失业如何反抗？这时候，资本家不是剥削你，只是不雇用你，反抗对象又是谁呢？那么国家层面立法禁止人工智能的发展，可行吗？中国禁止了，美国会加大投入，中美都禁止了，欧洲会加大投入。目前国际、国内巨头公司都在加强对人工智能的研究，谁也不愿意把这个领域拱手相让，谁也不想在这场新的工业革命领域落后。但是潘多拉的魔盒一旦打开，就再也关不上了。

如果人工智能真的是一场革命的话，会让这个世界变得更好吗？

答案是肯定的。

但是不是现在。

回顾历史，每次工业革命都给后人带来了巨大红利，但是给当时的人们带来的是巨大的痛苦。

第一次工业革命带来的结果是：人类生活得更好了，寿命更长了。但是这是站在当下，回顾历史的结果。后来人认为这次工业革命给人类带来巨大的好处，这是因为后来人吃到了红利。在工业革命初期，它给社会带来巨大的负面作用。因为在任何一次革命的初期，只有少数人能够受益，工业革命的初期，给社会带来了巨大的动荡，当时诅咒它的人比欢呼它的人要多得多。在工业革命开始后的很长一段时间里，小作坊纷纷破产，很多人从中产阶级沦落到赤贫阶级。工业革命的发源地英国贫富分化严重，英国作家狄更斯的小说对那时候的生活有清晰的写照，他在小说《双城记》里面写道，“这是最好的时代，也是最坏的时代”，但是看完小说，你会发现，“这是最坏的时代”。也正是那个时代，世界出现了空前的工人运动，马克思主义从此诞生。

第二次工业革命以电力的广泛使用为代表。以美国为例，在第二次工业革命开始时，大部分美国人的生活变得更差了。按可比价格算，美国历史上最大的富豪是洛克菲勒、卡耐基、范德比尔特等人，他们最大的共同点就是都出现在那个时代。在第二次工业革命时代，贫富差距十分严重，美国历史上的工人运动不多，但是大多数都出现在那个年代。

我们现在处在第三次工业革命——信息革命中。同样，这次受益者也只是少数。中国人整体的失落感并没有那么强，是因为中国太特殊了。信息革命伴随着中国改革开放，大部分中国人都能够从改革开放中受益。但是从世界范围来看，大多数人都没有从这次工业革命中获益，相反，人们的失落感日益严重。国外很多人的生活比 20 世纪 80 年代更差了，工作的压力更大，工资却很少增长。2016 年，特朗普当选美国总统，世界震惊、不解，其实这根本就不是意外，这是那些被信息革命、全球化忘记的“沉默的大多数”在用选票反抗。皮凯蒂、克鲁格曼等经济学家都曾在公开场合评论过这种现象，自 20 世纪 70 年代以来，普通工人的工资实际上一直没有任何变化。斯蒂格利茨在 2011 年的 *Vanity Fair* 杂志上写道“近几十年来所有的所有增长果实——甚至更多——都被那些顶层人士所瓜分。”

事实可能比这些人说的还严重，图 1.10 记录了美国从 1914—2019 年顶层 1%和底层 50%的人群税前国民收入占比变化情况。

图 1.10 中，横轴为年份，纵轴为收入占比，图中较粗的那条曲线（两头高，中间低）为 1%富人的收入占比情况，另一条曲线为 50%人群收入占比情况，可以看到目前 1%的富人收入之和要比 50%的底层民众的收入之和还要高很多，少数人掌握了大量财富。如果从收入占比来看，今天的贫富差距已经回到了 20 世纪 20 年代左右（但是比那时候要好一点），穷人和富人最平等的年代是 20 世纪七八十年代（第二次工业革命的红利），自那以后，富人的收入占比越来越高，穷人的状况恶化了。也正是从 20 世纪七八十年代开始，计算机和互联网开始走进千家万户，新的工业革命开始了。

本章的题注来自卡罗尔的小说《爱丽丝漫游奇境记》。书中红桃皇后说，必须非常努力奔跑，才能保持在原地，这句话即“红桃皇后定律”，也是“内卷”的最好解释。韩愈也说过：学如逆水行舟，不进则退。当人工智能这个洪流来临的时候，作为个体，当然有权利无动于衷，不过无动于衷的结果就是被时代抛弃。历史的发展就是这样，被时代抛弃的那些“打工人”不是手艺不到家，而是因为行业消失了。那么这个问题有解吗？从历史的经验看来，没

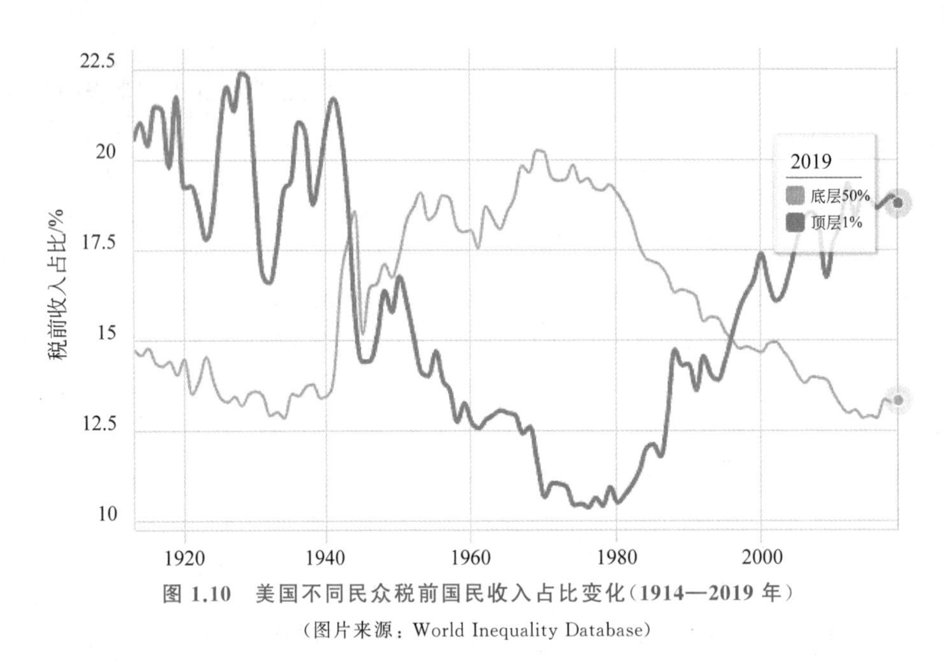

图 1.10　美国不同民众税前国民收入占比变化（1914—2019 年）

（图片来源：World Inequality Database）

有，唯一的解决方法就是时间，长期的发展会抹平不同行业的差别。但是，长期有多长呢？凯恩斯说：长远看来，我们都死了（In the long run we are all dead）。

怎么办？不知道。但是有一点可以肯定，面对可能要到来的人工智能革命，无论什么行业的人，掌握一点人工智能技术总是好的。“站在风口上，猪都会飞”，顺势而为，人工智能目前就在风口上。

在人类文明方面，不知道人工智能的未来是什么样，那么在技术方面呢？人工智能的技术会如何发展？人工智能技术有没有终极解决方案？答案仍然是：不知道。目前人工智能所引起的广泛关注，是随着深度学习技术的发展而来的，在某种意义上，今天很多地方提到的人工智能技术，其实说的就是深度学习技术。那么深度学习技术会不会是终极解决方案？不知道。虽然从目前来看，它是最接近的，但不是唯一的，还需要时间的验证，人工智能的发展历史一次次告诉我们，当初以为不可能的方法，也许正是答案。故此，本书也会介绍不同的技术路线。

图灵测试的论文发表在 *Computing Machinery and Intelligence* 中，这篇论文的最后一句话非常优美，把它放在这里，作为本书正式内容的开始：

We can see only a short distance ahead, but we can see plenty there that needs to be done.

这句话有很多中文翻译，我的理解是这样：

我们能够预见的事情太少了，眼前的事就够我们忙活的了。

第2章　编　　码

一阴一阳之谓道。

——《易传系辞·上传》①

"人工智能"一词，经常与另外一词"大数据"同时出现，好像有了人工智能和大数据，人类就能改变世界。

先讲一下大数据这个名字。大数据，英文是"big data"。其实更早以前，在研究大量数据的时候，人们更习惯用一个词，"massive data"，研究人员把它翻译成另外一个词"海量数据"。

《智能时代》一书中解释，大数据之所以命名为 big data，而没有命名为 large data 和 vast data，是因为 big 是相对的大，是抽象意义上的大，而 large 和 vast 常常用于形容体量的大小。大数据的"大"，除了数据量大以外，还有其他特征，包括大量(vast)、及时性(velocity)和多样性(variety)[1]。

数据的英文是 data。大家可能不会注意到，其实 data 本身就是复数形式，data 的单数形式是 datum。但是因为 data 太常用了，所以现在不管是单数还是复数，人们越来越倾向于使用 data 来表示。

《辞海》(第 7 版，陈至立主编，上海辞书出版社)对于数据的定义是：描述事物的数字、字符、图形、声音等的表示形式。数据常指用于计算机处理的信息素材。全国 GDP 数字、一个商场一天的营业额、奥运会开幕式的录像，这些都是数据。数据是信息的载体，数据和信息并不一样，这个区别，直到香农提出信息论之后，人们才认识到(第 3 章介绍信息论)。

那么，数据在计算机中是如何被编码和表示的呢？要讲到数据如何被表示，先从现代计算机的体系结构——冯·诺依曼体系结构说起。

2.1　冯·诺依曼体系结构

神级人物之冯·诺依曼

约翰·冯·诺依曼(John von Neumann，1903—1957 年)，美籍匈牙利数学家、计算机科学家、物理学家，被称为"计算机之父"(图灵也享有这样一个称呼)，"博弈论之父"。图 2.1 所示为冯·诺依曼站在冯·诺依曼体系计算机旁。

① 计算机数据编码的核心即为二进制。中国很早就使用阴、阳两种符号来代表世间万物。

图 2.1 冯·诺依曼

冯·诺依曼于 1932 年出版了《量子力学的数学基础》一书，运用希尔伯特空间，提出一种可以把海森堡和薛定谔的两种相互竞争的理论都涵盖进去的理论。

冯·诺依曼也被称为“博弈论之父”，1944 年他与摩根斯特恩合著的《博弈论与经济行为》是博弈论学科的奠基性著作。萨缪尔森在本书出版 50 年后回忆评论道：“从此以后，经济学领域就发生了翻天覆地的变化”。

冯·诺依曼提出了世界上第一个通用存储程序计算机的设计方案，后来被称为“冯·诺依曼体系结构”，因此，他被称为“计算机之父”(这个设计方案，其实是很多人思想的结晶)。

他还提出了元胞自动机，也是人工智能的一个小分支，在物理、化学、社会学、生态学、军事科学中都得到了应用。元胞自动机是一种等价于“图灵机”的机器设想，但是其实现复杂，在实际应用中并未得到推广。有趣的是，因为有冯·诺依曼体系结构存在，元胞自动机这种冯·诺依曼提出的另外一种计算结构只能被称为“非冯·诺依曼结构”，虽然它是冯·诺依曼提出的。

冯·诺依曼晚年也是“曼哈顿计划”的重要科学家。冯·诺依曼临终时，“国防部长、国防部副部长、陆海空三军司令以及所有军界要员聚在他的病榻前，聆听他的最后的建议和非凡的洞见”。[2]

如果只用一个词来形容冯·诺依曼，那就是天才。

科学界从来就不缺少天才，但是冯·诺依曼不一样。很早的时候，笔者就听过这样的故事：冯·诺依曼 6 岁时就能心算 8 位数除法，能够用希腊语与父亲开玩笑；8 岁时掌握微积分，读一页布达佩斯的电话簿，就能倒背如流，他妈妈工作停下来，他会问，妈妈，你在算什么。

笔者一直以为这只是个传言，写本书时为了调查清楚，查找了一些文献[2-7]。《谁得到了爱因斯坦的办公室》这本书里确实写了这样的故事，只不过这本书的原文是“6 岁心算两个 8 位数的除法，用希腊语和他爸爸开玩笑，8 岁学习微积分……有一次他妈妈干活停下来，他问妈妈：‘你在计算什么’”。

《囚徒的困境》也讲述了冯·诺依曼是神童的故事，只不过里面只记载了他 6 岁能用希腊语和爸爸开玩笑，能够在客人面前展示天才的一面，能很快地背下来电话簿，这本书也介绍了冯·诺依曼能够毫不费劲地心算 8 位数的除法(不过书中没有说他 6 岁时就能够做到)。这本书里还记载了另外一个故事，1954 年，一个物理学家拿着一份洲际弹道导弹项目去请教冯·诺依曼，这份计划有好几百页厚，历经八个月才制订出来。冯·诺依曼开始翻阅，先是从头快速翻到中间，又从最后一页往前快速翻阅，并在纸上写下了几个数据。最后他说：“这计划不行。”物理学家很失望，但不甘心，精疲力竭地继续忙活了两个月，终于承认这个计划确实行不通。

《天才的拓荒者》里面的说法是，“对于 8 位数与 8 位数的乘法计算，他并不比其他数学家强多少。但是他是令人惊叹的解决问题的能手和杰出的概念拓展者”，此书也记载了很多冯·诺依曼超强的计算能力，例如，兰德公司的科学家想询问他的计算机是否可以完善,以解决某一个特定的、目前计算机无力应付的问题,兰德的工作人员在黑板上有写有画地解释了两个小时,冯·诺依曼两三分钟后说:“不用计算机,答案我有了。”

网上还流传了这样一个故事,别人问冯·诺依曼一个问题:两地相距32km,两人各以每小时16km的速度相向而行,一只苍蝇以每小时24km从一个人飞向另一个人,遇到另一个人后返回到第一个人,如此往复,直到两个人相遇,问苍蝇飞了多少千米。冯·诺依曼左右倒了一下脚,立即给出答案,提问者失望地说,你以前听说过这个巧招,冯·诺依曼纳闷地说:“我只是做了个无穷数列的加法”(故事的细节不同,但是大致都一样)。笔者一直以为这个故事是假的,冯·诺依曼这么聪明,应该不会用无穷级数求和。《天才的拓荒者》里面也说了这个故事,而且书中说“值得一提的是,后来人们用这件事和冯·诺依曼开玩笑时,冯·诺依曼说:‘实际上那道题里的数字并不那么简单’”。

冯·诺依曼的传奇故事还很多,这里不想写太多关于他的计算能力和惊人的记忆力。他的天才主要表现在进入任何一个新的学科后,总能抓住这个学科的本质,很快,对于这个学科的了解就超过了绝大多数人。维格纳回忆冯·诺依曼时说道,当冯·诺依曼讲解难题的时候,就像“玻璃的外表面,非常光滑流畅”,他能清楚地给外行讲解清楚狄拉克的理论,“解释狄拉克的理论并不容易”[4]。维格纳和冯·诺依曼同校,比冯·诺依曼大一个年级,小1岁的冯·诺依曼教维格纳集合论。维格纳说,他意识到与冯·诺依曼相比,他只能成为一个二流的数学家,因此只能改行搞物理了(维格纳很谦虚,他的数学非常好,著有《群论及其在原子谱量子力学方面的应用》等书,维格纳的计算能力让费曼也惊叹不已,而费曼本身就以天才著称)。在维格纳获得诺贝尔奖后的一次访问时,他被问及匈牙利如何在同时代培育出那么多天才(同时代的匈牙利天才包括冯·卡门、埃尔德什、波利亚以及七八个诺奖获得者),维格纳回答:我没明白你的问题,天才只有一个——冯·诺依曼。同时代的贝特说,冯·诺依曼的聪明才智暗示有一个新的、超乎人类的物种存在。“原子能之父”费米曾向曼哈顿计划的同事这样形容冯·诺依曼的心算能力:“他的心算速度是我的十倍,而我的心算速度已经是你的十倍了”。

在普林斯顿,有这样一个说法,普林斯顿有两种人,一种是冯·诺依曼,一种是其他人。如果知道普林斯顿的其他人是什么样的人物,就知道这是什么样的一个评价了。冯·诺依曼和爱因斯坦是普林斯顿的同事(他们办公室相邻)。冯·诺依曼是公认的天才,这个在他的朋友、同事的回忆里几乎都有记载,但是作为同事,爱因斯坦并没有得到这样的评价。

和别的天才不一样,冯·诺依曼并没有“伤仲永”,很多科学家在30岁以后就失去了创造力,冯·诺依曼一直到晚年都表现出了惊人的聪明。为了开发原子弹,“曼哈顿计划”聚集了一批天才,在采访维格纳的时候问道:“50年代早中期美国的科学和核政策真的主要是冯·诺依曼制定的吗?”维格纳回答:“也不全都是,不过一旦冯·诺依曼分析了一个问题,该怎么办就一清二楚了”。[2]

维格纳曾有一段话来描述冯·诺依曼:

“我在我的一生中认识过许许多多聪慧过人者。我认识普朗克、冯·劳厄和海森堡。保罗·狄拉克是我的妹夫;席拉德和特勒属于我最亲密的朋友之列;爱因斯坦也是我的一名好朋友;此外,我还认识很多杰出的年轻科学家。但他们所有那些人当中,没有一个人的头脑像冯·诺依曼那样敏锐和快捷。我曾常常在那些人在场的情况下指出这一点,而不曾有任何人表示过异议……”

这段话在中文互联网上出现了很多次，但是找不到原始出处(这也是互联网很难作为可靠信息源的原因，本书关于冯·诺依曼的故事全部来源于公开出版物[2-7])。因为这段话有浓重的翻译腔，所以笔者把这段话翻译成英文，果然找到了英文原文：

"I have known a great many intelligent people in my life. I knew Planck, von Laue and Heisenberg. Paul Dirac was my brother in law; Leo Szilard and Edward Teller have been among my closest friends; and Albert Einstein was a good friend, too. But none of them had a mind as quick and acute as Jansci von Neumann. I have often remarked this in the presence of those men and no one ever disputed me…"

可惜，我并没有找到这段英文的原始出处。由于本书不是专门的冯·诺依曼传记，因此，抱歉没法给出这段引文原始出处(这段话看起来是真的，狄拉克确实是维格纳的妹夫)。

冯·诺依曼是天才，但不是全才。他怎么也学不好钢琴，他的体育、音乐、书法的成绩都很低(相对的，图灵擅长长跑，香农会玩杂耍)。冯·诺依曼也经常会丢三落四(也许他只记住他想记住的)。

1957 年，冯·诺依曼辞世。生前，他的身体一直很好，可是后来被检查出来患癌症，很可能与他参与了"曼哈顿计划"，接触到大量核辐射有关。

他去世时只有 54 岁。

后　记

写冯·诺依曼的故事，有两个原以为。

第一个原以为，笔者原以为会很快写完冯·诺依曼的故事，大概一两个小时，毕竟很早就对他的故事如数家珍，最后写半页就差不多了。但是在写作过程中，笔者发现所知道的那些传说都来自网络。网络信息越多，得到真实信息越不容易。为保证故事的真实性，本书参考了几本公开出版书籍，但是参考的书籍越多，写的内容也就越多(实际上，最初的版本比这多得多，这里删除了很多传奇故事)。冯·诺依曼的故事比图灵和香农的故事要难写得多，因为冯·诺依曼天才得不真实。科学界从来不缺少天才，但是没有人像冯·诺依曼这样，得到包括普林斯顿同事、同时代的诺奖得主、曼哈顿工程同事一致的认同。

第二个原以为，笔者原以为在写作过程中，会对很多互联网谣言辟谣，毕竟关于冯·诺依曼的网络传言太夸张了。但是写作过程中，笔者只能对少数故事辟谣，其中，《天才的拓荒者》更可靠一些(这本书出版较早，英文版于 1992 年出版，那时候互联网还没有这么发达，而且作者采访了冯·诺依曼身边的人，很多人那时都健在)。书中说道，"冯·诺依曼心算 8 位数乘以 8 位数不比其他数学家聪明"(这本书里专门辟谣这个故事，说明这个关于冯·诺依曼的谣言很早就流行了)，这本书也记载了"冯·诺依曼有一次心算 5 位数乘以 5 位数，但是结果错了，虽然很接近。"书中记载了另外一个故事，"冯·诺依曼告诉普林斯顿的同事，他 6 岁的时候就用希腊语和父亲交流，其他人不知所云。但是冯·诺依曼其他家庭成员对此进行了否认"。所以，关于 6 岁心算 8 位数除法以及 6 岁用希腊语和爸爸交流，可能是谣言。

原以为写冯·诺依曼的小传是讲故事，结果变成了考据。但是，也许正是因为冯·诺依曼太过聪明，什么问题都能一下子看到本质，导致他"只"被称为计算机之父和博弈论之父，而聪明程度没有那么夸张的爱因斯坦，思考却更深入，因此提出了伟大的理论。在这点上，冯·诺依曼浪费了自己的天才。笔者原先以为这只是笔者个人的惋惜，后来发现戴森也有这样的遗憾(本书 7.5 节有介绍)。

现代计算机的体系结构都是基于冯·诺依曼体系结构[①]，如图2.2所示，这个结构有一些要点，其中的两个要点为：

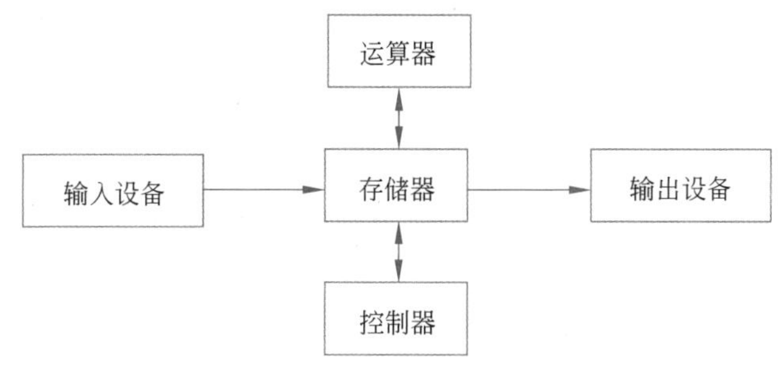

图2.2 简化版的冯·诺依曼体系结构

(1) 计算机由存储器、运算器、控制器、输入设备、输出设备五个部件组成，指令和数据不加区别混合存储在存储器中；

(2) 计算机内部使用二进制。

图2.2是冯·诺依曼体系结构的简化版本，它可以解释现代计算机的基本工作原理。

冯·诺依曼体系结构是一个设计概念。如果把它和真正的计算机进行对应，大致上，存储器相当于计算机的内存，运算器和控制器合起来相当于计算机的CPU，输入设备相当于鼠标、键盘、麦克风等各种向计算机输入数据的设备，输出设备相当于计算机的显示器、打印机、耳机、音箱等。硬盘既是输入设备又是输出设备(这里注意，硬盘虽然用来存储数据，但是硬盘并不对应冯·诺依曼体系结构中的存储器，存储器是直接和CPU打交道的)，主板上的各种连接就相当于部件之间的连线。

计算机运行过程的本质就是计算，这里的计算不仅仅是加减乘除数值计算，看电影、听歌，对于计算机来说也是计算，是对视频文件和声音文件的解码运算，打游戏涉及的计算就更多了，是对游戏画面的解析以及敌我双方战斗力等各种数值的计算。

计算机的运行过程有一个形象但不严格的类比。计算机的运行过程好比炒菜，各种食材相当于数据，装菜的盘子相当于存储器，炒菜的锅相当于CPU，炒菜的过程是：盘子中待炒的食材→在锅内翻炒→炒好后放入盘子中。在冯·诺依曼体系结构中，需要计算的数据放在存储器中(食材放在盘子中)，计算的时候，控制器进行控制，把数据从存储器读到运算器中，在运算器中进行运算(锅中炒菜)，运行的结果送到存储器中(炒好的菜不一定放到原来的盘子中，运行结果也不一定送回原来的存储单元)。如果需要把运算结果保存，那么可以把存储器中的运行结果传送到输出设备中。

计算机需要解决的问题虽然很复杂，但是其实可以把这些复杂问题分解为很多简单的操作步骤(每一个操作步骤可以视为一条指令)。对于计算机来说，大部分指令都是这样的：从存储器读数据送入运算器，运算器进行运算，结果回送到存储器。

这个体系结构非常简单，但是，由于计算机的运行速度实在太快了，所以计算能力非常强大。假设一个单核CPU的主频是3.0GHz，可以认为每秒钟产生3G(30多亿)个脉冲信

① 细分起来，现代计算机还有哈佛结构，哈佛结构是一种将指令与数据分开存储的设计概念，但是本质上并没有突破冯·诺依曼结构的设计。

号，经过若干个信号，可以进行一次内存读写，经过若干个内存读写，可以完成一次指令的运行（与具体指令有关）。也就是说 CPU 一秒钟可以进行上亿次的运算（实际的 CPU 运行机制非常复杂，CPU 的架构、核心单元数目、指令集、是否有特殊优化技术，这些都会影响 CPU 的运算性能）。

冯·诺依曼体系结构的这个要点，体现了冯·诺依曼的特点，简单、高效、实用，这些特点经常被大家忽视。想象一下，如果冯·诺依曼体系结构像汽车一样复杂，那么在 IT 界，也就不会有摩尔定律①了。另外，正是因为这个体系结构如此简单，也保证了每一步运行出错的可能性非常小，试想一下，如果每一次运算都要经过很多步骤，那么出错的概率必然会大大增加。用户可能遇到过计算机崩溃的时候，但是，那几乎都是程序本身的问题，现代计算机非常可靠，平均无故障时间高达 50000 小时。

如果说冯·诺依曼体系结构的第一个要点体现了其个人的特点，一下子深入到问题的本质，简单、高效；那么该结构的另一个要点，使用二进制，却是众望所归。因为不管是谁设计计算机，最终的选择都会使用二进制。

二进制不仅能表示数字，用来进行计算，而且能表示各种“象”。换句话说，可以用二进制给事物编码。

二进制其实在中国很早就有应用，例如中国古代的八卦。

中国古代很早就利用两个符号阳爻（⚊）和阴爻（⚋）的组合表示客观事物（《易经》称之为“象”）。在伏羲八卦中，使用三个爻，例如，用三个阳爻代表乾卦（☰），用来表示天用三个阴爻代表坤卦（☷），用来表示地……在文王六十四卦中，使用了六个爻，能表示的事物更多了，例如，六十四卦中的第一卦叫乾为天，象曰：天行健，君子以自强不息。

一般认为二进制数学体系是莱布尼茨发明的，后来英国人布尔提出了布尔代数，丰富了二进制体系。网上流传莱布尼茨受中国周易的启发而发明了二进制，没有证据表明这是事实。事实是莱布尼茨早在 1679 年就写出了他的二进制数学体系，后来他接触到中国的周易体系，意识到了周易体系中的图和二进制之间的很多等价关系。当然，他也盛赞了中国这种几千年前的二进制体系[8]。

计算机中为什么要使用二进制？好处非常多，最大的好处就是在工程上易于实现且不易出错。本质上，二进制就是两个符号，用两个状态就可以表示，在工程上，可以用连接或断开（或高/低电压）两种易区分的状态分别表示 1 和 0。假设有一台十进制的计算机，就需要识别出十种状态信号，如何区别这十个信号呢？用 1V 电压表示 1，2V 电压表示 2？如果测得电压是 1.5V，那么又表示多少呢？实际上，综合考虑成本、效率、可靠性等，二进制都是最优的选择。

二进制只有两个符号，0 和 1。为了表示方便，单独的一个 0 或者 1 叫作 1 位，也叫 1 比特（bit，一个比特相当于八卦中一个爻），1 位数据表示的数据量太少（只能表示两种事物或状态），用起来很不方便，因此，计算机中表示数据的基本单位是字节（Byte），8 比特为一字节（1B）。一字节能表示 $2^8=256$ 种不同的事物，也不算大，在具体使用时，1KB＝1024B，

① 摩尔定律有很多描述方法，其中一种为：集成电路上可容纳的晶体管数目，约每隔 18 个月便会增加一倍，性能也将提升一倍。

1MB=1024KB,1GB=1024MB 等。

另外还需要注意的是,不只是计算机中的数字使用二进制,计算机中所有的数据都使用二进制。文字、图片、歌曲、视频这些数据,当然使用二进制,计算机程序也使用二进制,计算机只认识 0、1 两个符号组成的二进制串。

2.2 数字的编码

2.2.1 数字系统

既然计算机使用二进制符号,而人类生活使用十进制。那么,就需要有一个机制,进行二进制数字和十进制数字之间的转换。

选择十进制是人类进化的结果,因为人类有十个手指,大部分人类社会都使用十进制。但是,这并不是一个必然结果,除了十进制,生活中还有其他进制。例如,1 英尺等于 12 英寸(现在还在使用这种十二进制),钟表走一圈是 12 小时,古代中国 1 斤等于 16 两。

在数字体系中,最重要的概念是位权。不同的位上有不同的权,例如:

$$23.56=2\times 10^{1}+3\times 10^{0}+5\times 10^{-1}+6\times 10^{-2}$$

有了位权的概念,一个二进制数转化为十进制数就非常方便了,例如,二进制数字 101.011 转换为十进制可得

$$101.011=1\times 2^{2}+0\times 2^{1}+1\times 2^{0}+0\times 2^{-1}+1\times 2^{-2}+1\times 2^{-3}=5.375$$

不是所有的数字系统都有位权的概念。例如,罗马数字表示 88 是 LXXXVⅢ,其中 L 表示 50,X 表示 10,V 表示 5,Ⅰ表示 1。可以想象,使用这种数字系统,即使进行简单的加减法运算,也不是容易的一件事。

位权的发明需要用到数字 0。对于中国古代什么时候把 0 视为数字还有争议,一方面,中国很早的时候就使用算筹进行计算,需要有 0 的存在。另一方面,1970 年,甘肃居延肩水金关遗址出土了万余枚简牍,年代是西汉晚年至东汉早年,其中一枚木简,简首题有“第三”,下面分十二栏记录了如下一些数字:“负十五、负十三、负十一、负九、负七、负五、负三、负一、得二、得四、得六、得八。”很明显这是一个等差数列,但是如果按照现在的计数方法,负三、负一之后应该是得一、得三,而不是得二、得四。因此,至少在汉代,数字 0 还没有得到广泛应用(但是那时候有负数的概念了)。

十进制数转换成二进制数稍微麻烦一点,具体步骤可以参考 2.9.1 节。

需要知道的是,任何一个十进制正整数,都有唯一的一个二进制正整数与之对应,但是对于一个十进制小数,大部分时候无法精确地转换为一个二进制小数。不过,虽然不能精确地转换,但是由于实际应用的精度要求不会无限高,因此实际应用时并不会造成障碍。

还需要强调的是,不是把十进制数转换为二进制数,就完成对数据的编码了。在表示十进制数字的时候,基本的符号有 12 个而不是 10 个(其中,0~9 十个符号表示数字,小数点符号(.)表示小数,负号符号(—)表示数字为负),至于其他的符号,例如分数符号等,在满足精度要求的情况下,经过运算可以转换成用这 12 个符号表示。

而计算机中只有两种符号,1 和 0,如何只使用这两种符号对数字进行编码呢?

2.2.2 整数的编码

如果是一个正整数，编码非常简单，因为任何一个十进制正整数都唯一对应一个二进制正整数。假设以 4 字节表示一个整数，那么整数 5 可以编码为如下的二进制串：

00000000 00000000 00000000 00000101

当然，更大的整数需要更长的字节，对于 4 字节来说，如果全部用来表示正整数，那么一共可以表示 2^{32} 个正整数，最小的是 0，最大的是 $2^{32}-1$。

可是，在实际应用中，不止有正数，还有负数。在日常使用的十进制数字中，使用负数符号(－)表示负数，但是二进制只有两个符号，怎么来表示负数？

办法是可以使用某一位(最高位)来表示符号，这一位被称为符号位，例如对于 5，表示方法还是和上面一样，但是，最高位的 0/1 就不是用来表示数字了，而是表示这是一个正数/负数。按照这种想法，－5 可以表示成如下这种形式。

$$\underbrace{1}_{\text{符号位}}\ \underbrace{0000000\ 00000000\ 00000000\ 00000101}_{\text{数值}}$$

这里拿出 1 位(最高位)来表示符号，其余的 31 位来表示数值。这种表示方法叫原码。

计算机真正表示数字不是原码，因为原码有各种缺陷，简单举个例子，在实际运算中，5＋(－5)＝0，如果用原码方式表示，那么上面两个二进制串相加，结果如下。

$$\underbrace{1}_{\text{符号位}}\ \underbrace{0000000\ 00000000\ 00000000\ 00001010}_{\text{数值}}$$

这个数按照原码表示，相当于十进制中的－10(符号位是 1，表示负数，数值的 31 位对应于十进制的 10，因此是－10)，5＋(－5)不等于 0，显然不符合人们的期望。在实际应用中，使用补码表示一个负数，如何得到一个负数的补码参见 2.9.3 节。－5 的补码形式如下所示。

$$\underbrace{1}_{\text{符号位}}\ \underbrace{1111111\ 11111111\ 11111111\ 11111011}_{\text{数值}}$$

验证一下，如果用补码，5＋(－5)的结果等于 0。

2.2.3 实数的编码

实数，也就是带有小数的数字，在计算机中称为浮点(floating point)数。

学过编程语言，或者在看某些芯片的性能介绍时，都会接触到浮点数这个名词。为什么会有这样一个奇怪的名字？

要说浮点数，先从定点(fixed point)数说起。什么叫定点数，在日常表示十进制实数的时候，专门有一个小数点符号，来表示整数和小数的分隔。但是二进制符号中只有 0 和 1，表示小数，首先想到的就是用固定位数来分别表示整数部分和小数部分。例如，如果用 4 字节来表示一个实数，可以把最高位当成符号位，然后使用 16 位用来表示整数部分，剩余的 15 位用来表示小数部分，这种表示方法叫定点数，也就是小数点的位置固定下来。例如，23.56 如果转换为二进制小数，它的值如下(无法精确转换，取二进制小数点后 19 位)。

$$23.56_{(10)}=10111.1000\ 1111\ 0101\ 1100\ 001_{(2)}$$

如果用定点数表示，可以写成：

0 000000000000010111 100011110101110

符号位 整数部分(表示23) 小数部分(表示0.56)

这样表示的缺点很多，有的实数整数部分很大，而小数部分很小，例如 1000000000000.1，这样整数部分不够，而小数部分又浪费了；有的正相反，如 0.00000000001，整数部分很少，而小数部分却需要更多的位数表示。因此，人们提出浮点编码表示实数的方法。

所谓浮点，就是小数点的位置不是固定的，是浮动的。浮点数编码一般使用 IEEE-754 标准。

和十进制一样，任何一个二进制小数 n 可以写成科学计数法形式，如下所示。

$$n=(-1)^s \times f \times 2^e$$

因此，要表示 n，只需要表示三部分，分别为 s、f 和 e 的值。

如果使用 4 字节表示一个实数，那么 s、f 和 e 的长度如下。

s(1 位)	e(8 位)	f(23 位)

其中，s 为符号位(sign)，e 为阶码(exponent)，f 为尾数(fraction)。

s 部分比较简单，正数为 0，负数为 1。e 和 f 分别有各自的表示方式。本章 2.9.4 节有一个具体例子，讲解如何对一个实数进行编码。

在实数编码中，需要注意：

(1) IEEE-754 的标准规定了短浮点数(32 位)、长浮点数(64 位)、扩展精度浮点数(80 位)的编码标准，用以表示不同范围、不同精度的实数。

(2) 大部分实数都不能精确表示。因为任意两个实数之间都有无穷多个实数，而 4 字节(32 比特)实际能表示的符号只有 2^{32} 个(这个值大概是 42.9 亿)，也就是说，大部分实数其实是以一定精度来近似表示的。

(3) 虽然都是数，但是整数和实数的表示是如此的不同。大家现在会明白为什么在学习一些编程语言中，会把整数和浮点数定义为两种不同的数据类型。

实数为什么不能精确编码?

实数不能精确编码，是因为实数有无穷个。有人说，整数也有无穷个，为什么整数能精确编码？这是因为：第一，整数能够精确编码，这是理论上的，如果有一个特别大的整数，大到超过计算机存储、计算极限，那也不能编码，虽然这么大的数，在实际应用中是遇不到的；第二，虽然整数有无穷个，但是限定范围后，整数就是有限个(例如，1 到 100 亿之间的整数个数是有限的)，但是实数即使限定范围，仍然有无穷个(0～1 有无穷多个实数)，整数的无穷和实数的无穷不一样，可以认为，实数要比整数更无穷。

一个有趣的问题，全体整数和全体偶数哪个多？可能很多人知道，一样多。虽然看起来好像偶数只是整数的一半，但是实际上，它们都有无穷多个，因为可以找到一个映射方式，你拿出一个整数，我总有一个偶数和你对应，这就表明，整数的集合和偶数的集合有同样多的元素，或者说，它们有相同的“势”(cardinality)。

整数和有理数哪个多？还是一样多，这个答案可能很多人会感到困惑，其实，任何一个有理数都能够用分数表示，还是可以找到一个映射方式一一对应，因此，整数集合和有理数集合具有相同的势。

有理数和无理数哪个多？无理数多，因为找不到一个映射方式一一对应，实际上，无理数和有理数就不是一个量级，无理数比有理数多得多，虽然都是无穷集合，但是它们的势是不一样的。

集合论之父康托尔发现了这个事实，整数集合的势（称之为“阿列夫 0”）和实数集合的势（称之为“阿列夫 1”）在无穷这方面，不是一个量级的。但是他认为不存在一个无穷集合，它的势比阿列夫 0 大，比阿列夫 1 小，这个就是连续统假设。康托尔晚年受精神分裂困扰，一直没能证明这个假设。希尔伯特在 1900 年的国际数学家大会上提出了 23 个著名问题，连续统假设是第一个。

在数轴上，任何一个区域，都只有有限个整数，不管这个区域多大；但是任何一个区域，都有无穷多个实数，不管这个区域多小。整数和实数是连续型数据和离散型数据的代表，也可以这么说，计算机只能近似编码连续数据，可以精确编码离散数据。

最常见的离散数据，就是我们每天都要用到的——文字。

2.3 文字的编码

文字的编码要比数字的编码容易进行，因为不同于实数有无穷多个，文字符号只有有限多个。

文字符号个数有限，意味着这样一个事实，理论上所有文字作品是有限个，作家只不过从这些作品当中选择出一个。

当然，这里有个假设，即所有的文字作品篇幅有限，这个假设很合理，《红楼梦》算是鸿篇巨制，前 80 回大概 60 多万字，里面用了不到 5000 字。把这个放大，假设一篇小说不超过 1000 万字，里面用到的字符不超过 10 万个，那么所有的小说用到的字符最多只有 $100000^{10000000}$ 个，这是一个有限的数。

当然，理论上是有限多个和实际上你会不断读到新的小说是两回事，在很多领域，你经常能看到，理论上是这样，实际上又是那样。

文字编码的思想非常简单，就是制定一些标准。标准规定任何一个文字符号，对应于一个特定的二进制串。英文符号比较少，大小写字母共 52 个，数字符号 10 个，加上一些标点符号，一共一百多个，因此，一字节就可以表示（一字节可以表示 $2^8=128$ 个符号）。在英文中，这样的标准叫 ASCII（American Standard Code for Information Interchange，美国标准信息交换码），一般都以表格的方式呈现，因此，也称为 ASCII 表，它规定了任何一个英文中出现的字符，如何以二进制串的形式编码。例如，ASCII 表规定大写字母 A 对应的二进制为 0100 0001。

汉字符号要多一些，但是，汉字的数量级也只在几万左右，具体有多少个汉字，并没有权威说法。一般认为，常用汉字 3500 个，这些汉字已经能够覆盖现代主流文本 99%以上。《汉语大字典》（1990 版）收字 60370 个，就已经非常多了。大部分受过高等教育的人，识字水平在 5000 个左右，阅读和写作毫无障碍。2 字节（$2^{16}=65536$）可以表示 65536 个符号，完全可为汉字编码。事实上，早期即用 2 字节为汉字进行二进制编码（简称 GB2312 码）。后来，为了表示更多的汉字，中国又制定了GBK编码标准，同时，在使用繁体中文的地区，一般使用BIG5编码标准。这些标准，具体编码规定不一，但是核心思想是一样的，就是为每一个汉字符号，规定一个对应的二进制串。

如果各个国家对本国的文字只采用本国的标准编码，那么在国际交流上肯定有诸多不便，因此，为了给全世界的文字统一编码，国际上一般通用Unicode编码标准。Unicode是一种变长标准(1～4字节)，它使用一些特殊表示方法，例如，对全英文符号，只需要一个字节编码即可，对于汉字，可以使用2或者3字节，事实上，全世界所有的文字符号有限，因此Unicode最长为4字节，4字节(32比特)可以表示的符号大概有2^{32}(约为42.9亿)个，全世界的文字符号肯定没有这么多。

一般的，人们会把一个汉字对应于一个英语单词，不过，从信息编码的角度来看，一个汉字应该对应于一个英文字母。只不过汉字这个系统，绝大多数的单字拿出来都有意义，而英文只有少数几个字母单独使用有意义，例如，英文字母I表示"我"。

假设用1万个汉字编码事物，汉字都就相当于1万个"基"(base)的符号系统(二进制只有0、1两个基，所以二进制表示事物会很长)，因此，如果编码超过1万个事物，单个汉字就不够了。所以基础的东西用单字表示，例如"手""脚"，新生事物要编码至少有两个汉字，例如"手机""电脑"。现在大家使用的汉语，大部分是双音节词了。

开一下脑洞，两个汉字能够表示的事物是1万×1万=1亿，假设一直有新生事物需要表示，那么未来的某一天为新的事物命名只能用三个字了。当然，对于英文这个只有26个基的符号系统来说，未来的发展趋势就是英文单词越来越长了。

中文到底是以"字"为基本表示单元，还是以"词"为基本表示单元，多多少少会影响计算机对于中文的处理。在中文的自然语言处理中，早先的做法都是先进行"分词"，也就是把句子分成一个一个的"词"，不过，随着计算能力的增强，也有部分研究人员发现，以"字"为表示单元进行处理，效果有时超过了以"词"为表示单元[9]。

2.4 图像的编码

图像作为一种复杂的数据类型，它的编码方式使用了"矩阵"(所以，大家看到的图片大都是方的)。矩阵中的每一个元素表示图像中的一个像素(pixel)。例如，有一张1920×1080像素的图像，编码这个图像需要一个1920行、1080列的矩阵，矩阵中每个元素的值对应于该点的颜色。

像素作为一个在计算机时代才出现的新词，拜智能手机所赐，大部人都不陌生。"手机照相4000万像素"，大家都能理解这句话背后的意思。像素，其实就是图像上一个一个的点，如果仔细观察电视机的图像，会发现它们有一个一个的方格。之所以看起来计算机或手机的图像不会出现一个一个的方格，是因为它们的像素点实在是太小了。假设手机屏幕的像素是1920×1080，在手机屏幕这么小的空间，有1920×1080(=2073600)个像素点。一般表示图像的清晰程度用像素密度ppi(pixels per inch)来表示，即每英寸像素点的个数，通常如果达到300ppi，正常的人眼就分辨不出来像素和像素之间的区别了。现在大部分的手机都超过 300ppi(事实上，如果像素密度大于 50ppi，在 20cm 以外观看，几乎就不会有“锯齿”或者“马赛克”现象)。

计算机中的图像，主要有灰度图像和彩色图像。

灰度图像，即日常说的黑白图像。虽然称为黑白图像，但是它们并非只有黑色和白色，实际上，图像中大部分都是灰色的，只不过是不同程度的灰。真正的只有黑色和白色两种颜色的图像叫作单色图像，这样的图像日常应用较少(二维码是一种单色图像)。

二维码能扫光吗？

几乎每人每天都要扫描几次二维码，大家知道，二维码需要保持唯一性。那么，天天这么扫，会有一天把所有的二维码都扫光吗？

答案是会，但是需要很久。

二维码也是一种图像，规定了规格之后，二维码图片就是有限的数据。只要是有限的，就总有用完的一天。仔细观察就会发现，二维码其实是一个一个小方块，现在的二维码有多个官方版本，最小的是 21×21 方块的，有 25×25 方块的……最大是 177×177 方块的。注意，二维码的单位不是像素(一个像素太小了，人眼或者机器识别不出单个像素)。

以 $25\times25(=625)$ 方块为例，这些方块不是全部用来表示数据，有一些用来定位(二维码有三个角和另一个角不一样，这样可以任意角度扫描)，还有用于纠错的方块。理论上可用的方块有 478 个。每个方块有黑色或白色两种选择，所以理论上，可用产生 2^{478} 个不同的值(快速估算一下，这个数大概是 10^{143})，这是一个非常巨大的数字，假设 70 亿人，每人一天用 100 个，一年也用不到($7\times10^9\times10^2\times365\approx2\times10^{14}$)个二维码，那么按照这个速度可以用 10^{128} 年。据科学家估计，太阳的寿命是 100 亿(10^{10})年，换句话说，即使太阳系毁灭多少亿次，二维码也扫不光。

二进制到十进制的快速估算

这里的快速估算是指对非常大的二进制数而言，例如，2^{1000} 换成十进制大约是多少？

有个快速估算方法：二进制的指数乘 0.3，即十进制的指数。例如，$2^{500}\approx10^{150}$，$2^{1000}\approx10^{300}$。原因如下。

例如，估计 2^{500} 大概是 10 的 x 次方，则

$$10^x=2^{500}$$

两边取对数(以 10 为底)，得

$$x=500\times\lg2=500\times0.3=150$$

这里 $\lg2\approx0.3$，因此，2^{500} 大概是 10 的 150 次方($2^{500}\approx3.27\times10^{150}$，而 $2^{1000}\approx1.07\times10^{301}$，虽然差了一些，lg2 更准确的估值大概是 0.301)。

快速估算是一项非常重要的技能，费米盛赞冯·诺依曼的心算能力，其实费米有非常强的实际问题快速估算能力。费米被称为“原子能之父”，在一次原子弹爆炸试验中，当原子弹引爆成功时，费米躲在距离爆炸中心十几千米的掩体后面。爆炸几十秒后，爆炸的气浪到达费米所在地，他事先准备好一些碎纸片，从高处洒落这些碎纸片，纸片被气浪吹走，他根据纸片飞行的距离估算了核爆炸的“当量数”，后来证明这个结果和仪器测量值十分接近[10]。费米还在芝加哥大学的课堂上提出过这样一个问题：“芝加哥有多少个钢琴调音师？”求职者经常在招聘面试的时候被问到这个问题。

灰度图像中每一个像素点都用一字节(8 比特)来表示,用来表示灰度(黑的程度),可以这样理解,一个像素点有 256(=2^8)种黑,如果是纯黑色,就用 0 来表示,如果是纯白色,就用 255 来表示。图 2.3 显示了一张灰度图片(如图 2.3(a)左下角的数字 9),将该图片每个像素的值显示出来的情况,图 2.3(b)为图 2.3(a)的局部放大图,可以看出,黑色对应值为 0,白色对应值为 255,中间少量灰色过渡部分的值介于 0~255。

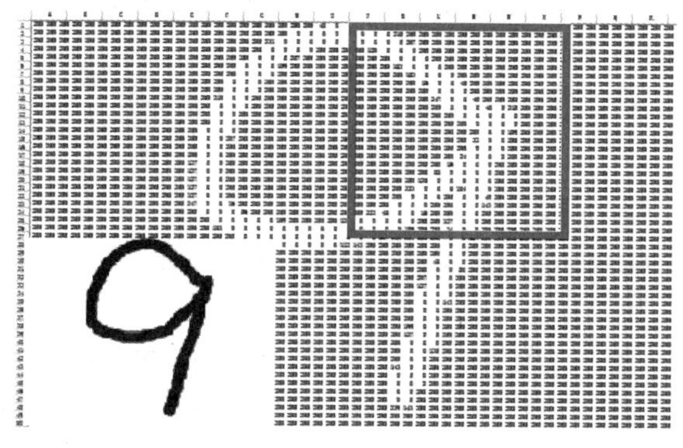

(a) 手写数字及Excel打开后截图

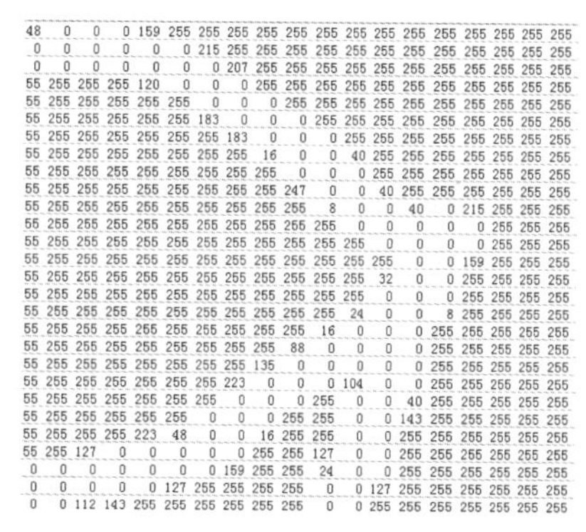

48	0	0	0	159	255	255	255	255	255	255	255	255	255	255	255	255	255	255
0	0	0	0	0	0	215	255	255	255	255	255	255	255	255	255	255	255	255
0	0	0	0	0	0	0	207	255	255	255	255	255	255	255	255	255	255	255
55	255	255	255	120	0	0	0	255	255	255	255	255	255	255	255	255	255	255
55	255	255	255	255	255	0	0	0	255	255	255	255	255	255	255	255	255	255
55	255	255	255	255	255	183	0	0	0	255	255	255	255	255	255	255	255	255
55	255	255	255	255	255	255	183	0	0	0	255	255	255	255	255	255	255	255
55	255	255	255	255	255	255	255	16	0	0	40	255	255	255	255	255	255	255
55	255	255	255	255	255	255	255	255	0	0	0	255	255	255	255	255	255	255
55	255	255	255	255	255	255	255	255	247	0	0	40	255	255	255	255	255	255
55	255	255	255	255	255	255	255	255	255	8	0	0	40	0	215	255	255	255
55	255	255	255	255	255	255	255	255	255	255	0	0	0	0	0	255	255	255
55	255	255	255	255	255	255	255	255	255	255	255	0	0	0	0	255	255	255
55	255	255	255	255	255	255	255	255	255	255	255	255	0	0	159	255	255	255
55	255	255	255	255	255	255	255	255	255	255	255	32	0	0	255	255	255	255
55	255	255	255	255	255	255	255	255	255	255	255	0	0	0	255	255	255	255
55	255	255	255	255	255	255	255	255	255	255	24	0	0	8	255	255	255	255
55	255	255	255	255	255	255	255	255	255	16	0	0	0	255	255	255	255	255
55	255	255	255	255	255	255	255	255	88	0	0	0	0	255	255	255	255	255
55	255	255	255	255	255	255	255	135	0	0	0	0	0	255	255	255	255	255
55	255	255	255	255	255	255	223	0	0	0	104	0	0	255	255	255	255	255
55	255	255	255	255	255	255	0	0	0	255	0	0	40	255	255	255	255	255
55	255	255	255	255	255	0	0	0	255	255	0	0	143	255	255	255	255	255
55	255	255	255	223	48	0	0	16	255	255	0	0	255	255	255	255	255	255
55	255	127	0	0	0	0	0	255	255	127	0	0	255	255	255	255	255	255
0	0	0	0	0	0	0	159	255	255	24	0	0	255	255	255	255	255	255
0	0	0	0	0	127	255	255	255	255	0	0	127	255	255	255	255	255	255
0	0	112	143	255	255	255	255	255	255	0	0	255	255	255	255	255	255	255

(b) 图(a)中方框部分局部放大

图 2.3 灰度图像在计算机内部的编码

(编码文件由程序 2.2 生成)

计算机内部大部分图片都是彩色图像,彩色图像和灰度图像的编码思想一致,只不过在表示彩色图像的时候,每一个像素点不再表示灰度,而是表示一种颜色。颜色用 3 字节来表示,这 3 字节分别表示图像中的红色部分(0~255,可以理解为 256 种红)、绿色部分(0~255)、蓝色部分(0~255),人眼看到的计算机中的所有的颜色,其实是这 3 种颜色的叠加结果。这种方式可以表示 256×256×256(=2^{24}=16777216)种颜色。

在表示彩色图像的时候,"矩阵"中每个元素有 3 个值,更高维的矩阵叫作"张量"(tensor),三维张量可以想象成立体的矩阵。

这 3 种颜色中的每一种也称为一个通道(channel),在分析图像数据的时候,也有红色通道、绿色通道、蓝色通道的说法。2.9 节中的程序 2.3,把 3 个通道提取出来,并在 Excel 文件中显示(和图 2.3 类似)。

人眼能够看到世界,其实是光信号刺激到神经细胞的一种刺激反射。

颜色视觉是一种复杂的物理-心理现象,颜色的不同,主要是不同波长的光线作用于视网膜后在人脑引起的主观印象。换句话说,你看到的颜色其实只是自己的感觉,和别人看到同一个东西的感觉并不一定一致。

能够感受光信号刺激的细胞称为视细胞,主要有两种,视杆细胞和视锥细胞。视杆细胞是能够感受弱光刺激的细胞,对光线的强弱反应非常敏感,对不同颜色光波反应不敏感。视锥细胞有三种类型,对于不同的光谱吸收峰值不同,第一类的吸收峰值在 420nm 处,第二类在 531nm 处,第三类在 558nm 处,差不多正好相当于蓝、绿、红三色光的波长,分别称为蓝视锥、绿视锥、红视锥,人类感觉到到各种颜色,其实是各种频率的光的刺激的综合结果。因此,R(Red,红色)、G(Green,绿色)、B(Blue,蓝色)3 种颜色称为 3 原色。

虽然光是电磁波信号，是连续值。但是人看到颜色，其实是大脑综合作用的结果，或者说，是大脑的一种反应。计算机无法编码世间所有颜色，但是，人类在看图像的时候会“脑补”，因此，在使用这种方式编码的时候，绝大多数人并没有感觉到不便。

除了使用 RGB 三原色方法表示图像之外，有些图像编码使用 CMYK 方式，有的图像还加上 alpha 值、brightness 等参数。但是，RGB 编码方法是主流编码方法，在绝大多数处理图像数据场景，了解 RGB 编码方法就足够了。

2.5 声音的编码

声音由振动产生，既然是振动，就可以用波来描述。所以有时候声音也称为“声波”，只要能够把波形描述出来，就可以编码声音。

波是连续数据，而计算机只能表示离散数据。为了复原波形，可以使用“采样”的方法，即每隔固定的周期，记录一下波形数据的值，这样，就可以把连续的波形信号变成离散的信号序列。图 2.4 显示了对于一个波形函数，使用不同的采样周期进行采样的效果。

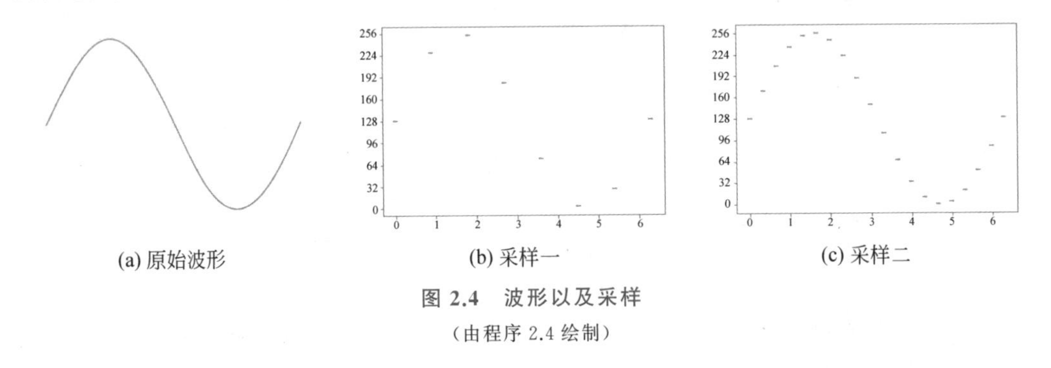

(a) 原始波形　(b) 采样一　(c) 采样二

图 2.4　波形以及采样

（由程序 2.4 绘制）

在图 2.4 中，图 2.4(c)比图 2.4(b)更好地还原了波形，因为其采样频率更高。那么，是不是采样频率越大(或者说采样周期越小)就越好？

答案是不需要。美国电信工程师奈奎斯特于 1928 年提出了采样定理(1948 年香农对这一定理加以明确地说明并正式作为定理引用，因此也有一些文献中称为香农采样定理)。

奈奎斯特采样定理的核心内容是：如果采样频率大于信号中最高频率的 2 倍，即可以完整地还原出原始波形。

人耳能听到的声音频率范围是 20Hz～20kHz，所以，只要采样频率大于最高频率的 2 倍，即采样频率大于 40kHz，那么就可以完全还原声音信号。事实上，在计算机中，常用的高保真采样频率是 44.1kHz，这样的采样频率只会丢失人耳感受不到的高频声音信号，称为高保真信号，因此，采样频率不需要无限的高(所以蝙蝠不会喜欢人类的计算机)。

事实上，44.1kHz 是一个上限。一般来说，大部分乐器的声音频率要比人嗓的声音频率高，如果一个音频信号记录音乐会的声音数据，需要更高的采样频率，如果只需要记录人类的说话声音，例如评书、相声，那么即使采样频率低一些，听起来也没有什么问题。

有了采样的概念之后，还需要量化的概念。量化，即将声音采样点的幅度变成二进制数据，常用的量化精度有 8 位、12 位和 16 位。例如，8 位量化即将波形的振幅分为 2^8(＝256)

个值，最大的振幅值量化为255，最小的值为0。这样，一个波形数据就可以编码在计算机中了。

为什么CD音频采用的采样频率是44.1kHz?[①]

早期录像机有两种制式，美国、日本的NTSC制式和欧洲的PAL制式，即60Hz时525行和50Hz时625行。因此，可以找到一个频率，该频率是两者的公倍数，并且也适合用于采样率。

在60Hz视频中，有35条消隐线，每帧490条线或每场245条线，因此采样率如下：

$$60\times245\times3=44.1(\mathrm{kHz})$$

在50Hz视频中，有37行消隐，每帧留588行活动行，或每场294行，因此采样率如下：

$$50\times294\times3=44.1(\mathrm{kHz})$$

这样，44.1kHz的采样率成为CD的采样率。尽管CD没有视频电路，但用于制作CD母版的设备是基于视频的，因此得到了这样的采样率。

中文网站有更清楚的介绍，不过更长，就不在这里摘录了。感兴趣的读者搜索“为什么是44.1kHz”可以得到更详细的答案。

2.6 视频的编码

视频其实是图像和声音的组合。

早期胶片电影实际上一秒钟连续播放24张图片(24帧)，因为人眼的视觉错觉，好像看到的是连续动作(实际上，只要每秒看到10帧以上连续内容的图片，大脑就会以为看到的是连续动作)。

视频文件中的图像和声音其实是分别单独编码的。事实上，完全可以将一个视频文件做成两个文件，一个编码图像，一个编码声音，播放视频的时候，只要两者能够时刻保持同步，看起来就没有任何问题(早期播放电影就是画面和声音分别播放的，但是那时候同步做得不好，以至于画面和声音经常不匹配，从而闹笑话)。只不过两个文件对于用户不方便，所以将两者放到一个文件中了，使用专业软件可以将图像数据和声音数据分别提取出来。

图像编码和声音编码并不难，核心问题是直接编码数据量太大。在这些数据中，有很多是冗余的，需要有合适的压缩算法。在图像文件中，应用最多的压缩格式是JPEG(joint photographic experts group)格式，这种格式能够将数据量压缩到很小，通常这个压缩比能达到10∶1(压缩后的大小只有原始大小的1/10)，甚至40∶1。视频文件数据编码的冗余问题更突出，因为视频文件相当于连续图像文件的播放，图像文件本身已经很大了，如果不进行压缩，视频文件会庞大无比。而且，视频文件的特点是，大部分帧的内容都是相关的，真

---

① 来自Henning Schulzrinne的个人主页，原文为英文，中文为本书作者翻译。搜索关键字“Henning Schulzrinne”“Columbia University”可以进入其主页。

正变化的部分很少。事实上，各种不同的视频文件的编码格式，例如 H.264、MPEG4 等，使用了不同的压缩算法。

2.7 数据的组织

计算机中的数据不止数字、文本、声音、图像、视频这些基本数据类型，还有更多。这里没有介绍其他类型数据的编码。一方面，其他数据类型一般是不同软件专用的，例如机械设计、建筑设计的 CAD 文件，办公使用的 Office 文件，这些数据当然有自己的编码格式，但是其编码格式并没有向公众公开；另一方面，一般只需要掌握这五种基本类型数据的编码方式即可完成人工智能的任务，因为其他类型的数据是上述基本类型数据的组合。

如何将不同数据组织起来需要专门的技术。无组织的基本数据也称为无结构数据或非结构化数据。在计算机中，为了方便存储和查询等各种处理，将上述数据按照一定方式合理地组织到一起，可以形成结构化数据。

例如，描述一本书的书名、作者、出版社等是文本数据；价格、页码等是数字数据；封面图片是图像数据等。如果将一个图书馆中所有的图书数据组织起来，可以将这些数据放到表格中，例如，表格中的每一行表示一本书，对应的书名、作者、价格等作为属性。同样，图书馆的读者数据也可以由表格描述。这些表格数据是典型的结构化数据，可以使用结构化查询语言 SQL(Structured Query Language)进程查询。

除了结构化数据和非结构化数据，还有一种数据叫作半结构化数据，它既不像结构化数据那么规整，也不像非结构化数据那样散乱。半结构化数据大多都会有一个数据模式(schema)，这个模式规定了数据的组织方式。不同的半结构化数据有不同的数据模式。

典型的半结构化数据有 XML(eXtensible Markup Language)格式。XML 是一种格式整齐、易于使用、方便扩展的标记语言，以纯文本格式存储，这种方法提供了独立于软件和硬件的存储方式，方便数据交互和共享。XML 文档的语法比较简单，在 XML 文件中，有一些字符是作为数据出现，用于存储真正需要的数据；有一些字符起到标记作用，如"</"">"等，用于标记文档的存储布局和逻辑结构。

图 2.5 给出了一个无结构、结构化、半结构化数据的示例。

鲁迅，是一名作家，出生地是绍兴。他还有一个朋友，这个朋友的名字是闰土，闰土也是绍兴人，闰土是一个农民……

(a)无结构数据

ID	名字	职业	籍贯
person1	鲁迅	作家	绍兴
person2	闰土	农民	绍兴
⋮	⋮	⋮	⋮

(b)结构化数据

```
<?xml version="1.0" encoding="UTF-8"?>
<personlist>
    <person>
    <name>鲁迅</name>
    <occupation>作家</occupation>
    <birthplace>绍兴</birthplace>
    </person>
    <person>
    <name>闰土</name>
    <occupation>农民</occupation>
    <birthplace>绍兴</birthplace>
    </person>
   …
</personlist>
```

(c) 半结构化数据

图 2.5 无结构、结构化、半结构数据示例

这里的结构、非结构是专门针对数据的组织形式来说的。文本、声音、视频,这些都是典型的非结构数据,虽然声音具有时间结构、图像具有空间结构、视频兼具时空结构,但是它们并没有以特定的方式组织起来,依然是非结构数据。

从数据到信息

有了数据,并不表示就有了信息(下一章介绍信息是什么)。例如,有这样一个关于铁人王进喜的故事(相关照片见图 2.6)。

(a)

(b)

图 2.6 铁人王进喜

(图片来源:文献[11])

"1964 年的《人民画报》刊登了一张王进喜的照片(图 2.6(a)),日本人根据穿戴判断出油田位置在东北,根据背景井架密度推断出油田产量,根据握手柄方式推断出油井直径。然后在大庆油田的招标中一举中标。"

如果这个故事是事实,那就是从数据到信息的典型例子,数据客观存在,能否得到信息,是需要分析的。

但是这个故事到这里并没有结束。

就怕有心人,这个信息在网上流传一段时间之后,有人检索了 1964 年的《中国画报》《人民画报》,并没有找到王进喜的照片,只在 1966 年 04 期的《人民画报》上,出现了王进喜的照片,内容是王进喜探望北郊幼儿园(图 2.6(b))。而 1984 年,大庆油田才第一次出现日本产石油机械。当然,这是另外一个故事[11]。

考虑到包括 ChatGPT 在内的大量人工智能应用的训练数据都来自互联网,而互联网本身有很多数据就是不可信的,如果不加条件地信任人工智能产品,那会是灾难性的。

2.8 More Is Different

本章的整体内容都很简单。需要说明的是,数据的编码,尤其是数字和文本,是一个计算机系统应该提供的基本功能。在实际使用中,计算机会自动将这些数据符号转换为二进制,一般并不需要用户参与。本书希望为人工智能"祛魅",希望大家对人工智能感兴趣,其实人工智能也没有那么神秘。不过大家如果觉得人工智能如此简单,好像数据就那么回事,这样的理解也不正确。

本小节题目的英文原名是 More Is Different,是安德森在 *Science* 杂志上发表的一篇文章的标题[12]。这篇文章在物理学领域非常重要,在凝聚态物理中被奉为经典,很多金融学、社会学、计算机科学领域的人也会仔细研读这篇文章。安德森说,物理学已经相当成功地对于基本粒子进行了分类,描述了它们的个别行为和相互关系,达到了原子的尺度。但是当一大堆原子集中到一起的时候，情况一下子就变得完全不同了（这也是为什么化学是一门独立的科学，而不是物理的一个分支）。

这样的哲学概念叫顿悟（emergence，很多资料也将其翻译为涌现），是指一堆受简单相互作用支配的单体，最后表现出完全不同于那些简单相互作用、也很难从那些简单作用中预测到的整体行为。换句话说，即马克思提出的“量变引起质变”。单个数据很简单，但是数据量大到一定程度，数据之间的关系并不只是简单数据的总和。单个原子表现了量子效应，组合在一起却遵守牛顿力学；单只蚂蚁能做的事情好像非常简单，但是一群蚂蚁在行为上的表现就不可思议；单个细胞只是水、蛋白质等有机物的组合，但是多个细胞组合到一起就变成复杂的生物了。对单个数据的处理方法，在规模数据上很可能就无效了，因为数据到了一定的规模，就会有一些规律，整体上也会显示出一种魔力。所以，有人称数据是 21 世纪的石油，这句话并不是毫无道理。人工智能领域的各种大模型，其本质也是学习的数据量大到一定程度后的顿悟。

More Is Different 这篇文章在网上有完整的中译本，也有很多讨论，这篇文章对于理解人工智能会有很多帮助。*More Is Different* 的结尾很精彩，借花献佛，把它放在此处，作为本章的结尾。

“在文章结尾，我借用经济学中的两个例子，来说明我想传达的观点。马克思说，量变会引起质变；不过，20 世纪 20 年代巴黎的一场对话总结得更清楚：

菲兹杰拉德：富人不同于我们。

海明威：是的，他们有更多的钱。”

2.9 怎么做

2.9.1 二—十进制转换

十进制整数转换为二进制整数，使用除 2 取余法。具体办法就是对一个十进制数，依次除以 2，一直除到商为零为止。每次除得的余数都记录下来（除以 2 的余数只能是 0 或者 1），按照从后往前的顺序把上述余数排列起来即可。

例如，十进制的 23，若想转换为二进制数，方法如下。

23÷2=11　余 1

11÷2=5　余 1

5÷2=2　余 1

2÷2=1　余 0

1÷2=0　余 1

此时商为 0，再继续除下去没有意义，因为以后的商和余数都为 0。把上面的余数按照从后往前的顺序排列起来，得到 23 对应的二进制数为 10111。

十进制小数转换为二进制小数，使用乘 2 取整法（这里的小数指纯小数，即整数部分为零的小数，如果整数部分不为零，将整数部分按照除 2 取余法计算，小数部分按照乘 2 取整法计算）。

乘 2 取整法对于一个十进制纯小数，依次乘以 2，每次乘得一个积，然后将此积的整数部分记录下来(此积的整数部分只能是0或者1),并将整数部分去掉,变成一个纯小数,继续乘以2,一直乘到结果为0或者满足精度为止,最后按照从前往后的顺序把上述整数部分排列起来即可。

例如,十进制纯小数0.56,若想转换为二进制小数,方法如下。

0.56×2=1.12 取整数部分1,得0.12
0.12×2=0.24 取整数部分0,得0.24
0.24×2=0.48 取整数部分0,得0.48
0.48×2=0.96 取整数部分0,得0.96
0.96×2=1.92 取整数部分1,得0.92
0.92×2=1.84 取整数部分1,得0.84
0.84×2=1.68 取整数部分1,得0.68
0.68×2=1.36 取整数部分1,得0.36
⋮

可以看出,这个过程可以一直进行下去,永远也不会得到0,因此,这里得到十进制纯小数0.56近似的二进制表示0.10001111。

这里也可以看出,除了特殊的十进制小数(例如0.5、0.25、0.125等2的负整数次幂形式的小数以及它们的和),大部分十进制小数都不会精确对应一个二进制小数。

2.9.2 十六进制

在计算中,除了使用二进制之外,常见的进制还有十六进制。

注意,计算机中只有二进制,并没有其他进制。但是二进制有一个问题,就是表示一个数据会很长,例如,一个4字节的数据有32比特,就需要显示32个0或1的组合。为了方便人类的阅读使用,人们使用了十六进制。

之所以使用十六进制,是因为十六进制和二进制的转换非常简单,看到一个十六进制数,可以马上就知道对应的二进制数是什么,反之亦然。因此,十六进制其实是为了人们阅读方便,给人用的。

表示十六进制数字需要16个符号,除了0～9这10个符号之外,人们又借用了A、B、C、D、E、F六个符号,注意,这六个符号在十六进制中用来表示数字,作用和0～9一样,A、B、C、D、E、F的大小分别相当于十进制中的10、11、12、13、14、15。

十六进制和二进制的对应关系很简单,就是十六进制的一个符号对应二进制的4比特(如果不足4比特,对于整数在前面用0补齐,对于小数在后面用0补齐,在一个整数的前面或者小数的后面加上0,并不影响原值)。

具体的对应关系如表2.1所示。

表2.1 二进制数与十六进制数对应关系

二进制数	十六进制数	二进制数	十六进制数	二进制数	十六进制数	二进制数	十六进制数
0000	0	0100	4	1000	8	1100	C
0001	1	0101	5	1001	9	1101	D
0010	2	0110	6	1010	A	1110	E
0011	3	0111	7	1011	B	1111	F

例如，对应表 2.1，可以得出：

$$0100\ 0001\ 1011\ 1100\ 0111\ 1010\ 1110\ 0001_{(\text{二进制})} \overset{\text{对应于}}{\Leftrightarrow} 41BC7AE1_{(\text{十六进制})}$$

大家可以看到，十六进制数比二进制数更短，读起来更方便。

2.9.3 补码

注意，只有负数才有补码，正数的原码、反码、补码相同，也就无所谓原码、反码、补码的称谓了。如何求得一个负数的补码？方法如下。

先求得此数的原码，然后将原码的每一个比特位（除了符号位之外）求反（0 变为 1，1 变为 0）得到反码，然后将反码加 1，得到对应的补码，以整数 −5 为例。

−5 的原码：

10000000 00000000 00000000 00000101

将原码对应每一个比特位取反（符号位不变），得 −5 的反码：

11111111 11111111 11111111 11111010

将反码 +1，得到 −5 的补码：

11111111 11111111 11111111 11111011

2.9.4 浮点数编码

这里以 4 字节编码为例介绍一下 IEEE-754 标准。

首先，将二进制小数 n 写成科学记数法形式，如下所示。

$$n = (-1)^s \times f \times 2^e$$

以 23.56 为例。首先，23.56 转换为对应的二进制如下（无法精确转换，取二进制小数点后 19 位）。

$$23.56_{(10)} = 10111.1000\ 1111\ 0101\ 1100\ 001_{(2)}$$

现在小数点的位置在第 5 位之后，将小数点左移到第 1 个比特位为 1 的数字后面（注意，这种移动是总能做到的，可以左移或右移）。移动后如下。

$$10111.1000\ 1111\ 0101\ 1100\ 001_{(2)} = 1.\underline{0111\ 1000\ 1111\ 0101\ 1100\ 001}_{(2)} \times 2^4$$

然后将整数部分的 1 省略，现在需要表示阶码(4)和尾码(0111 1000 1111 0101 1100 001)。

如果使用 4 字节表示一个实数，那么 s、f 和 e 的长度如下。

s(1 位)	e(8 位)	f(23 位)

s 部分比较简单，正数为 0，负数为 1，23.56 是一个正数，这里 s 为 0。

在科学记数法中，指数 e 可能为正数或负数（小数点左移为正，右移为负，因为此处左移 4 位，因此 e 为 +4），因此，引入 Bias（32 位和 64 位的 Bias 不一样，在 32 位表示中，Bias 为 127），e 的十进制数为 Bias+e=127+4=131，所以，e 的二进制数为 10000011。

因此，23.56 在计算机内部如果以 IEEE-754 标准表示，具体的编码如下。

$$\underbrace{0}_{\text{符号位}}\ \underbrace{10000011}_{\text{阶码}}\ \underbrace{01111000111101011100001}_{\text{尾码}}$$

如果想表示 −23.56，只是符号位改为 1 即可，其他位置编码不变，编码如下。

$$\underbrace{1}_{\text{符号位}}\ \underbrace{10000011}_{\text{阶码}}\ \underbrace{01111000111101011100001}_{\text{尾码}}$$

2.9.5　数字的编码

程序 2.1　浮点数在 C 语言中的编码显示

```
1    #include <stdio.h>
2
3    int main()
4    {
5        float f=23.56;
6        int * p=(int * )&f;
7        printf(" %.2f 的十六进制形式是: %p\n",f, * p);
8
9        f=-23.56;
10       printf("%.2f 的十六进制形式是: %p\n",f, * p);
11       return 0;
12   }
```

程序 2.1 为一个 C 语言程序，显示了 C 语言中浮点数的编码，如果想显示整数的编码，程序只需要稍加修改即可。

程序的运行结果如图 2.7 所示。对照 2.9.2 节和 2.9.4 节，可以看出浮点数是如何编码的。

图 2.7　程序 2.1 运行结果

2.9.6　图像的编码

程序 2.2　灰度图像的编码

```
1    from PIL import Image
2    import numpy as np
3
4    im = Image.open(r".\data\pic.bmp").convert('L')
5    size=(50,50)
6    new = im.resize((size))           #重新设定大小
7    indata=np.array(new)
8    np.savetxt(r".\data\pic.csv", (indata),fmt='%3d',newline='\n')
9    new.show()
```

程序 2.3　彩色图像的编码

```
1    #把彩色图片的三通道分别存储到 csv 文件中
2    im = Image.open(r".\data\rgb.bmp")
3    size=(150,50)
4    im = im.resize((size))             #重新设定大小
5    r,g,b=im.split()
6    r=np.asarray(r, dtype='int32')
7    g=np.asarray(g, dtype='int32')
```

```
8     b=np.asarray(b, dtype='int32')
9
10    np.savetxt(r".\data\r.csv", r,fmt='%3d',newline='\n')
11    np.savetxt(r".\data\g.csv", g,fmt='%3d',newline='\n')
12    np.savetxt(r".\data\b.csv", b,fmt='%3d',newline='\n')
```

程序 2.2 与程序 2.3 的运行都需要一个图片数据，并且放置到正确的目录上。程序 2.3 单独运行的时候，需要加上两行语句（和程序 2.2 的 1、2 行一样），为了节省篇幅，本书中很多程序都没有加上程序头部的 import 语句，这样的编译错误很容易发现，大家自行添加即可。

程序 2.2 运行后会生成一个 CSV 文件，打开该文件后的效果如图 2.3 所示。

程序 2.3 运行后会生成三个 CSV 文件，分别记录了图片的红色通道、绿色通道和蓝色通道编码，大家自行运行程序观察，这里就不再对文件显示效果进行截图了。

2.9.7 声音的编码

程序 2.4 图 2.4 的绘制

```
1     import matplotlib.pyplot as plt
2     import numpy as np
3     x1=np.linspace(0,6.29,50)          #0~2*PI
4     plt.plot(x1,np.sin(x1))
5     plt.axis('off')
6     plt.show()
7
8     x2=np.linspace(0,6.29,8)
9     plt.scatter(x2,128*np.sin(x2)+128,marker='_')
10    plt.yticks(range(0,288,32))
11    plt.show()
12
13    x3=np.linspace(0,6.29,20)
14    plt.scatter(x3,128*np.sin(x3)+128,marker='_')
15    plt.yticks(range(0,288,32))
16    plt.show()
```

程序 2.4 非常简单，运行该程序会生成三个图像，如图 2.4 所示。希望大家通过这个程序，掌握 Python 程序绘图方法。

程序 2.4 使用 matplotlib 包画图。Python 画图是在离散的点上插值实现连续曲线的效果，plot 函数即能实现这个效果，本例在 0～6.29（约为 2π）均匀生成 50 个点（程序第 3 行），然后在程序第 4 行调用 plot 函数绘制图像，效果如图 2.4(a)。注意，Python 的 numpy 中使用的是向量计算，也就是向量 $\boldsymbol{x}_1$ 有 50 个元素，np.sin(x1)会对应生成这 50 个元素的正弦值。

如果不想绘制曲线，只想绘制散点图，可用 scatter 函数，程序第 9 行和第 14 行，绘制对应的散点图，生成的图像如图 2.4(b)和图 2.4(c)所示。

使用计算机画图是一个非常重要的技能，在 Python 中实现也比较方便，除非特殊情况，以后在本书中不再解释 matplotlib 相关程序。

第3章 数 学

一种科学只有在成功地运用数学时，才算达到了真正完善的地步。

——马克思[①]

杨振宁曾在《20世纪数学与物理的分与合》演讲时说："现今只有两类数学著作。一类是你看完了第一页就不想看下去了，另一类是你看完了第一句话就不想看下去了"。

这句话杨振宁曾多次讲过，每次讲到这句话都引起哄堂大笑（看来大家感同身受）。此话事出有因，1969年，杨振宁察觉物理上的规范场理论和数学上的纤维丛理论可能有关系，就把著名拓扑学家 Norman E. Steenrod 的 *The Topology of Fibre Bundles* 一书拿来读，结果是一无所获。原因是该书从头至尾都是定义、定理、推论式的纯粹抽象演绎，生动活泼的实际背景淹没在形式逻辑的海洋之中，使人摸不着头脑。杨振宁说："看了以后完全不懂"。

当然不是杨振宁数学不好，没有任何人（包括专业的数学家）会嘲笑杨振宁的数学能力，英国数学家阿蒂亚爵士认为，杨-米尔斯理论实际上是数学科学大统一的核心，事实上，数学领域的最高奖（菲尔兹奖）有几个获奖者都和研究杨振宁提出的规范场方程有关。

杨振宁的这句话还在 *Mathematical Intelligencer* 一文中公开发表了。有一些数学家当然表示反对，认为数学书本来就应该如此，但是更多数学家对此是表示支持的。杨振宁也说："我相信会有许多数学家支持我，因为数学毕竟要让更多的人来欣赏，才会产生更大的效果"。

杨振宁尚且如此，就更不要说普通人了。大家学习的数学当然不会有杨振宁的那么深奥。不过，对于大多数人接触到的数学书籍，也有两种，一种是没看懂的，另一种是看懂了，但是不知道这些数学能做什么。

虽然按照惯例，本书会解释人工智能中一些名词的意思，对于"数学"一词，本书可不敢解释。好在"数学"是如此基础的一个词语，大家都知道它指代的是什么。

数学号称科学之母，不过，每个人对待数学的态度，其实是很矛盾的。一方面，一提到数学，大家都会觉得很难；另一方面，大部分人在考试的时候，都能得到不错的分数。而对数学的作用，大家有时高估，有时低估，高估时觉得数学无所不能，低估时觉得学完数学不知道有什么用，毕竟去菜市场买菜不需要微积分（连乘方、开方都不需要）。

本书会给大家复习一下高等数学、概率、线性代数里面的一些知识。同时，给一些有用有趣的例子，看看数学到底能做什么。毕竟，数学不只是用来考试的。

---

① 这句话摘自 Paul Lafargue 的《忆马克思》，这句话作为本章的题注很合适。事实上，没有数学，也就没有计算机科学，更别提人工智能了。

3.1 高等数学

高等数学其实是沿袭了苏联的叫法。在高等数学这门课中，大家学习到的内容主要是微积分知识，微积分是很多学科必用的基础工具，从这个角度来说，其实它是“初等”的(elementary)。

大家在学习微积分的时候，都是从微分开始的，然后再学习积分，事实上，从微积分的发展历史上来看，积分比微分要更早出现。积分法的起源是“测量图形的大小”，求面积、体积，都是积分的一种。微积分公式中积分符号∫也是取自拉丁语中“和”的单词 Summa 的首字母 S(莱布尼茨提出并使用)。积分原本就是“和”的意思，大家在学习积分的时候，也是从无数个无穷小量的和开始。计算机在求和的时候，天然就有优势，求和对计算机是很容易的一件事情。微分出现就晚了很多，虽然大家都是从微分开始学起。这里，先复习微分中最基本概念——导数。

3.1.1 导数

要讲导数，可以从函数(function，function 还有功能、方法的意思)说起。在计算机中，函数可以视为一种映射计算，有一种输入，就对应一种输出。例如，在机器翻译中，输入 artificial intelligence，经过某一个函数(方法)的计算，就可能会输出“人工智能”。图 3.1 也表示一个函数，输入一张图片，函数最可能的计算结果是鸟，当然，这个函数也可能有另外一个计算结果——树枝。计算机中的函数拓展了数学中函数的概念，这个函数可能没有解析表达式，只是一段程序。

图 3.2 列出了一些常见函数的导数。如果大家看到这些公式毫无压力，那么放心，本章中剩余的公式比这些公式还简单①。

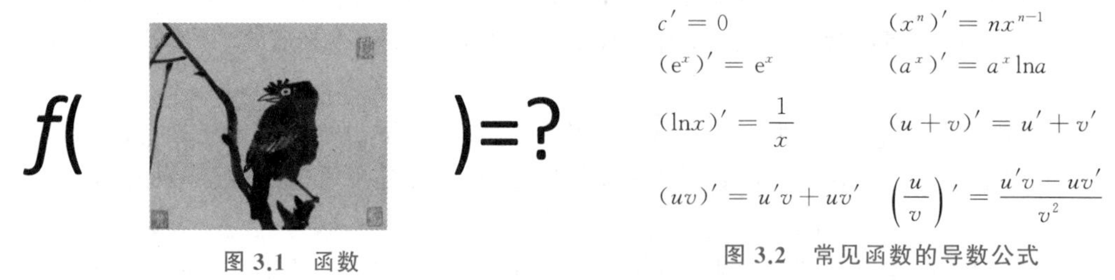

f(
)=?
$c' = 0$
$(x^n)' = nx^{n-1}$
$(e^x)' = e^x$
$(a^x)' = a^x \ln a$
$(\ln x)' = \frac{1}{x}$
$(u+v)' = u' + v'$
$(uv)' = u'v + uv'$
$\left(\frac{u}{v}\right)' = \frac{u'v - uv'}{v^2}$

图 3.1 函数

(图片来源：“八大山人”朱耷作品(局部))

图 3.2 常见函数的导数公式

复合函数求导是高等数学比较基础的知识，需要用到链式法则。这个法则，也是一个非常重要的法则。图 3.3 是复合函数的导数公式，图中，$y=f(u)$，$u=g(x)$，y 是 u 的函数，u 是 x 的函数。则 y 对于 x 的求导法则如下。

---

① “一本书上每多一个公式，就会减少一半读者。”很多人说这句话是霍金说的，笔者比较怀疑这是他的原话，不过霍金是个有趣的人，他又是著名的科普书作家，因此，这句话很符合他的风格。减少一半是指数衰减，指数衰减很可怕，本书有上百个公式，全世界才 70 亿人。真的要是这样的话，恐怕本书一个读者也没有了。作为一本讲解人工智能的书，公式必不可少，大家不要害怕公式，仔细研读之后，会发现公式比文字更简洁，更有力量。不过本章虽然是介绍数学，公式并不多，大量公式要到机器学习部分才出现。

$$\frac{dy}{dx}=\frac{dy}{du}\frac{du}{dx}$$

对于多元复合函数的链式法则，需要用到偏导数的概念。图 3.4 是一个多元复合函数求偏导数的例子，其中，$z=f(u,v)$，$u=g(x,y)$，$v=h(x,y)$，图 3.4 中只画出 z 对 x 的偏导数。大家可以先记住这个图像，以后学习神经网络，会发现它们长得很像。

$$\frac{\partial z}{\partial x}=\frac{\partial z}{\partial u}\frac{\partial u}{\partial x}+\frac{\partial z}{\partial v}\frac{\partial v}{\partial x}$$

$$\frac{\partial z}{\partial y}=\frac{\partial z}{\partial u}\frac{\partial u}{\partial y}+\frac{\partial z}{\partial v}\frac{\partial v}{\partial y}$$

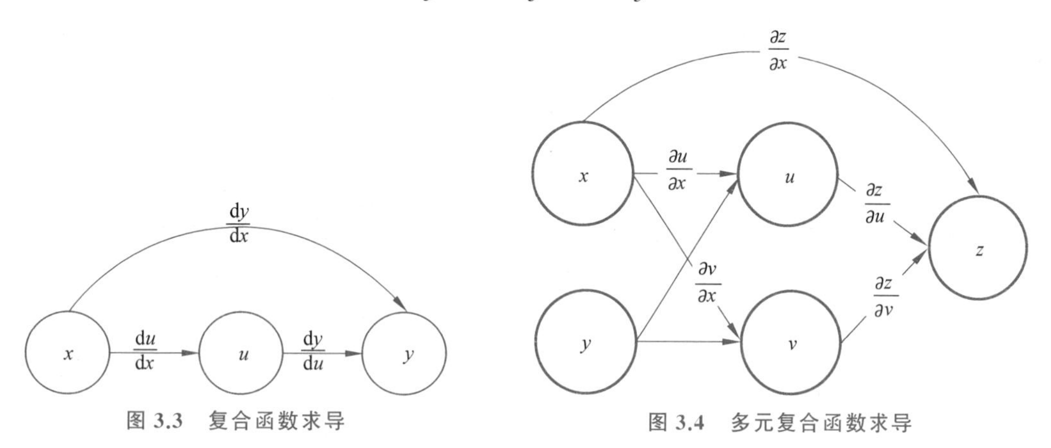

图 3.3　复合函数求导

图 3.4　多元复合函数求导

3.1.2　Sigmoid()函数

Sigmoid()函数是本书中出现次数最多的一个函数，因此，这里单独介绍一下这个函数，Sigmoid()函数的解析式如式(3.1)所示。

$$\text{Sigmoid}(x)=\frac{1}{1+e^{-x}} \tag{3.1}$$

图 3.5 是函数 Sigmoid()的图像。四个图中 x 的取值范围分别是(−1,1)、(−5,5)、(−10,10)和(−100,100)。

画出一个函数的图像是一项非常重要的技能，在人工智能学习中，有很多问题是很抽象的，如果能够画出图来，对大家理解问题非常有帮助，希望大家掌握这种技能。3.5.1 节介绍了如何使用程序绘图。

Sigmoid()函数在很多地方写作 σ 函数，有些地方写作 S 函数。记 Sigmoid()函数为 S 函数，那么它的导数如下：

$$S'=S\cdot(1-S)$$

Sigmoid()函数看起来平平无奇，事实上，它有非常多的优点。首先，这个函数能够把整个实数域的值平滑地映射到(0,1)，正好和概率的区间一致(虽然概率的值域是[0,1]，但是在实际解决问题的时候，概率值很难取到 0 或者 1)；其次，这个函数的导数和自身有相同的形式，也就是，如果需要用到该函数的导数，并不用真正去计算。不用计算在实际应用中是一个非常好的优点，无论在理论推导还是实际应用方面。

这个函数以后会多次出现。

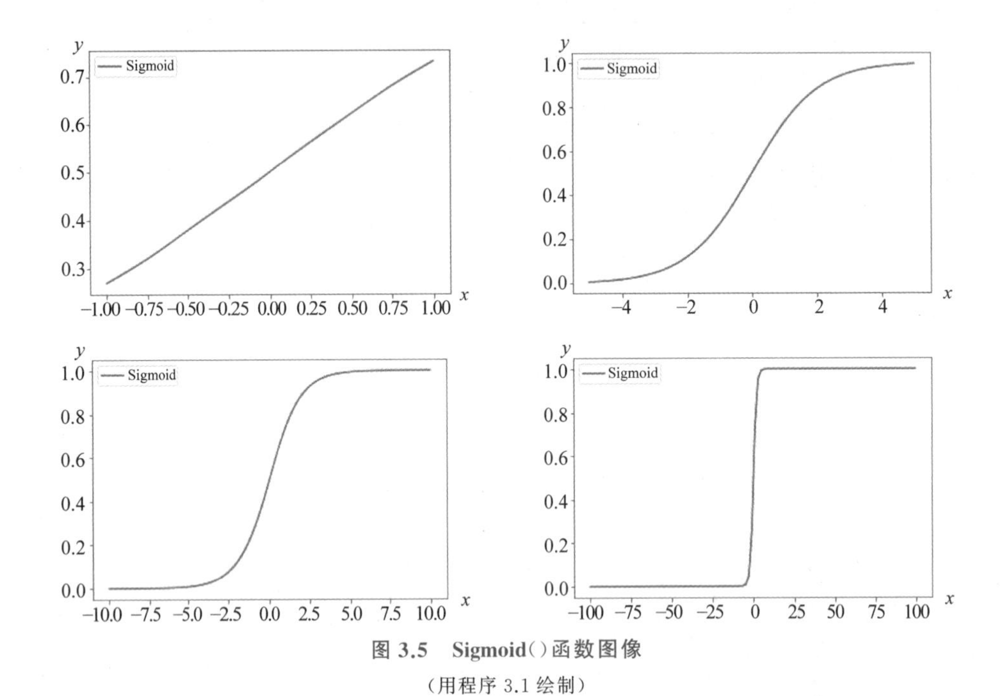

图 3.5 Sigmoid()函数图像

（用程序 3.1 绘制）

3.1.3 梯度下降算法

1. 基本概念

如果说 Sigmoid()函数是本书出现最多的函数，那么梯度下降（gradient descent）算法就是本书中出现最多的一个算法，这是一个非常基础且重要的算法。

所谓梯度，是一个向量，表示某一函数在该点处的方向导数沿着该方向最大，即函数在该点处沿着梯度的方向变化最快，变化率最大。简单地说，梯度即为某点所有方向导数中最大的那个，对于一元函数来说，梯度即为导数。之所以叫下降，因为在求函数最优化的算法里面，一般都习惯求函数的最小值，另外，虽然有梯度提升（gradient boosting）算法，思想上和梯度下降是一致的。图 3.6 是梯度下降算法示意图。

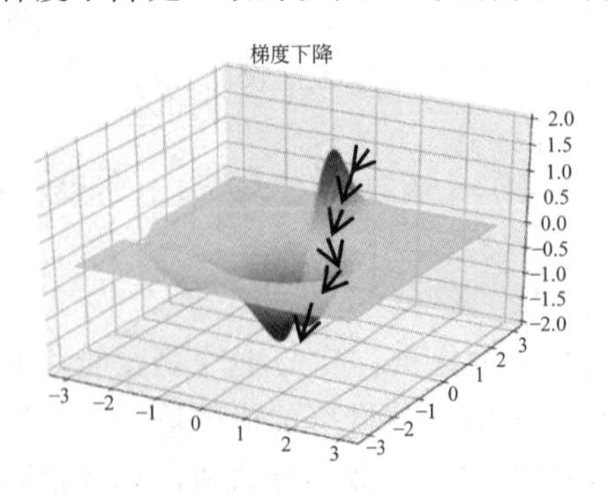

(a) 梯度下降路径

(程序3.2绘制，箭头为手动添加)

(b) 生活中的梯度下降

(图片来自网络，搜索"jasna ski"可得)

图 3.6 梯度下降算法示意图

梯度下降法的基本思想可以类比为找到山谷的过程(其实上山道理也是一样的,但是习惯上,所有的讲解都是讲如何下山,如果是爬山,目标就是如何找到最高峰)。假设这样一个场景:一个人在滑雪,需要最快地到达山谷(找到山的最低点)。但是在山上视野比较狭小,只能看到当前一小块区域,因此,下山的滑雪路径就无法确定,他必须利用自己周围的信息(局部信息)去找到下山的路径。这个时候,他就可以利用梯度下降算法来帮助自己下山。具体来说,以他当前所处的位置为基准,寻找这个位置最陡峭的地方(回忆梯度的概念,梯度就是所有方向导数中最大的那个),然后朝着这个方向滑下去。每走一段距离,都反复采用同一个方法,直到抵达山谷。

梯度下降的算法如下。

算法 1　梯度下降算法

输入:函数 $J(\theta)$,学习率 η

输出:argmin θ[①]

对于 θ 赋一个初值(可以随机给定);

循环:

按照如下公式改变 θ 的值,使得目标函数按照梯度下降的方向进行减少:

$$\theta \leftarrow \theta - \eta \frac{\partial J(\theta)}{\partial \theta}$$

当结果满足收敛条件的时候,停止循环。

该算法非常简单,也很容易理解。设学习率是 0.5,随机化初始值是 10,也就是初始滑雪者处于 10 这个位置,假设求得此处的梯度为 2,那么滑雪者就应该向梯度方向移动 0.5×2 个距离单位,此时滑雪者新的位置是 10－0.5×2(＝9),完成一次循环迭代;此时滑雪者的位置是 9,如果此处的梯度是 3,假设学习率还是 0.5,那么滑雪者就应该向梯度方向移动 0.5×3个距离单位,此时滑雪者新的位置是 9－0.5×3(＝7.5),完成一次新的循环迭代;以此类推……

在算法中,η 为学习率或步长,人为指定,过大会导致震荡即不收敛,若过小收敛速度会很慢。下面给出几个梯度下降的例子。

2. 求 $y=x^x$ 的最小值($x>0$)

读到此处,可以暂停一下,自己思考这个最小值是多少。

这个函数看起来很普通,当 x 趋近于正无穷的时候,y 趋近于正无穷;当 x 趋近于 0 的时候,y 趋近于 1;当 x 趋近于 1 的时候,y 趋近于 1。看起来它的最小值是 1。

但是它的最小值却不是 1,因为如果 $x=1/2$,容易计算 $y=\sqrt{2}/2$,这个数约等于 0.7,因此判断 1 不是它的最小值,画出它的图像,如图 3.7 所示。

它的梯度(一元函数,梯度即导数)如下。

$$y' = (1+\ln x) \cdot x^x$$

① 在数学公式中,min θ 表示求出 θ 的最小值,argmin θ 表示求出当 θ 为何值时,目标函数取得最小值。

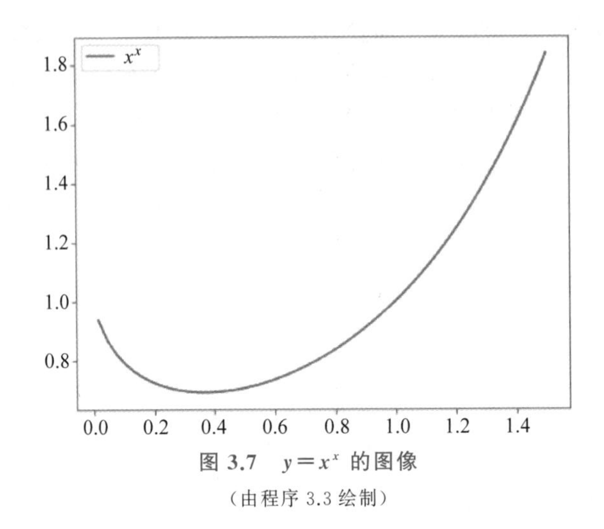

图 3.7　$y=x^x$ 的图像

（由程序 3.3 绘制）

当然，这个题目很简单，令 $y'=0$，最后可以得出结论，当 $x=1/\mathrm{e}$ 的时候，y 取得最小值。可以对照式(3.1)，自己编程，利用梯度下降算法求出 x 的值，验证一下，是不是 $x=1/\mathrm{e}$。在本章的 3.5 节有对应的程序(程序 3.3)。

这道题目可以通过求方程 $y'=0$ 的根得到，下面看一个不容易求根的例子。

3. 局部最优与全局最优

求下列函数的最小值。

$$y=x^4+0.86\times x^3-12.83\times x^2-9.41x+32$$

这个函数的梯度为

$$y'=4\times x^3+3\times 0.8\times x^2-2\times 12.83\times x-9.41$$

该导数是一个三次函数，这里 $y'=0$ 的根可不容易求。

该函数的图像如图 3.8 所示。图 3.8 中的图像有两个极小值，一个在(−3，−2)，一个在(2，3)，这两个极小值叫局部最优值，所有局部最优值中最优的那个，叫作全局最优值。如果初始值选在 2 附近，利用梯度下降算法可以得到一个全局最优的结果，如果初始值选在 −2

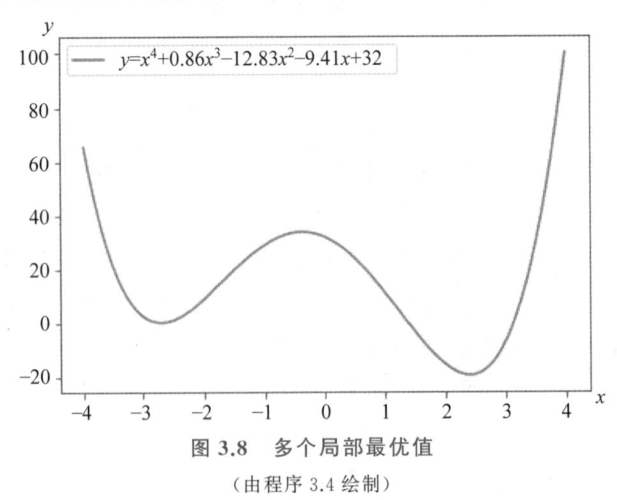

图 3.8　多个局部最优值

（由程序 3.4 绘制）

附近，那么可能只得到一个局部最优值。所以，在梯度下降算法中，如果初始值设置不好，很有可能只能得到局部最优值。

图3.8的函数是作者设计的，因为函数图形能够画出，所以很容易通过观察看出答案。事实上，对于生活中的大多数例子，都无法画出图形，无法知道解空间的概况，换句话说，面对一个问题，眼前是一片迷雾，根本不知道全局最优在哪里。很多问题都只能得到一个局部最优解（在人工智能领域，很多时候，能够得到一个局部最优解就已经很不错了）。

对于图3.8的函数，第3.5节中程序3.4显示如何得到不同局部最优值。

除了这种明显的山谷会陷入局部最优之外，还有很多情况，梯度下降也不会收敛，例如在图3.9中，函数有一个"平原"[①]。程序3.5给出了这个函数的梯度下降算法，事实上，如果初始值选在0附近，算法很可能在0附近就收敛。同样，如果试图通过调整学习率来跳出平原，结果也会出现震荡。

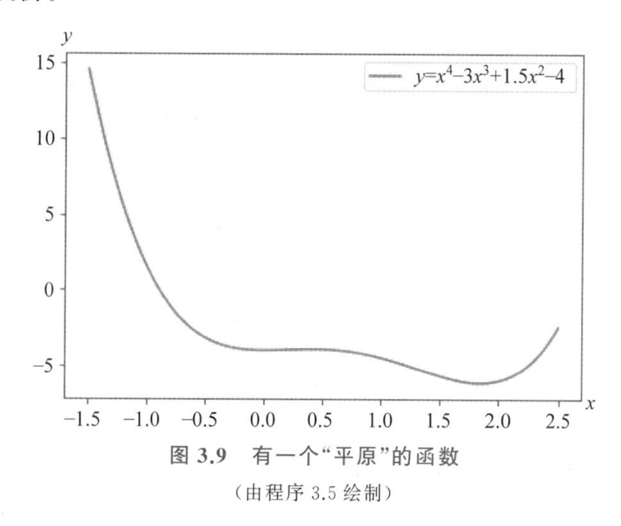

图3.9 有一个"平原"的函数

（由程序3.5绘制）

大家可以把梯度下降理解为滑雪过程，那么，局部最优即是陷入一个山谷，那么，有没有可能跳出山谷？

一个合理的想法就是增大学习率，增大学习率就相当于步子变大了，那么就有可能跳出山谷。这个想法是很有道理，但是实际应用的时候要注意，学习率的控制其实也不是一个简单的事。仔细想一下，学习率的作用是为了控制步长，如果步长太大，就容易引起震荡，最终结果不收敛，事实上，程序3.4和程序3.5都表明通过控制步长来跳出局部最优并不容易。

学习率在迭代过程中并不是非要保持不变，可以想象一下，很可能开始的时候，离最优值比较远，学习率可以大一些，随着迭代的进行，越来越接近目标，学习率可以小一些。事实上，梯度下降有很多改进算法，包括AdaGrad、RMSprop，都是让学习率动态变化，在本书第12章深度学习部分，会对梯度下降优化算法进一步深入介绍。

在梯度下降算法中，初始值与学习率都会影响最后结果。那么有没有办法能够得到一个好的初始值和学习率呢？原则上没有。当然，如果你对问题很熟的话，可以选择比较合适的初始值和学习率。绝大多数时候，都需要多试几次，例如，可以多试几个初始值，防止掉入

---

① 不同于图3.8中的"多谷"函数（图3.8以π、$\sqrt{2}$、e等特殊值为根，在纸上设计出来的），"平原"函数更难设计。实际上，图3.9是试出来的，图3.9看起来在0附近比较平，但不是真正的"平原"。

局部最优的坑里。

人工智能不是只为了解决简单问题的。很多问题没有可供使用的函数解析式，甚至很多时候，把问题形式化描述出来都算成功了。人工智能需要面对一个不确定的世界。

高等数学只是一个基本的工具，因为它只描述了一个确定性的世界。而真实生活，则面临一系列不确定。概率是解决不确定性最重要的一个工具。

3.2 概率论

在今天的人工智能技术中，有很多技术都是基于概率与统计知识。2018 年，萨金特在世界科技创新论坛上说："人工智能首先是一些很华丽的辞藻。人工智能其实就是统计学，只不过用了一个很华丽的辞藻"。这里不评价这句话，但是这句话从侧面说明了概率是学习人工智能的一块基石。

虽然本节标题叫概率论，但是这里不会讲解各种概率分布，并且把它们画出来，然后说一下各种分布的应用场景。这种训练，相信大家在学习概率过程中遇到过。本书介绍几个概率的有趣应用。

3.2.1 合取谬误

概率思维并不符合人类的直觉。

举一个例子（这个例子由卡尼曼提出[1]）。先不要看答案，自己快速给出一个选择。

琳达，31 岁，单身，一位直率又聪明的女士，主修哲学。在学生时代，她就对歧视问题和社会公正问题较为关心，还参加了反核示威游行。

快速回答，请问琳达更有可能是下面哪种情况？

1. 琳达是银行出纳。
2. 琳达是银行出纳，同时她还积极参与女权运动。

如果你选择 2，那么你和大多数人的选择一样，虽然这个选择是错误的。事实上，答案 2 是答案 1 的子集（还有很多银行出纳不参与女权运动），所以，1 是比 2 是更好的答案。很多人的选择是 2，这是人类智能的一个特点（但不一定是优点），喜欢过度诠释，因为 2 看起来更合理，有理有据。

下面再看一个经典概率问题，"星期二男孩"。

3.2.2 星期二男孩

招聘的时候，考官都喜欢问应聘者几个智力问题。假设你在应聘的时候，面试官问你这样一个问题："邻居家有两个孩子，已知一个是男孩，求另外一个孩子也是男孩的概率"。你的答案应该是多少？

当然，这里面有个双方都认可的假设，就是生男孩和生女孩的概率是相同的，都是二分之一（虽然统计结果表明这不是事实，但是不影响这里认可这个假设）。

"既然生男生女的概率一样，那么一个孩子是男孩，不会影响另一个孩子吧，所以，这道题的答案应该是 1/2"。

这是个错误答案，为什么？这涉及概率中最重要的一个概念，样本空间。邻居家有两个孩子，那么样本空间一共四个，应该是这样的：

老大：男孩 老二：男孩	老大：男孩 老二：女孩	老大：女孩 老二：男孩	老大：女孩 老二：女孩

问题中邻居家有两个孩子，当其中一个是男孩的时候，样本空间已经缩小了，变成了前三项（灰色底纹）。因此，如果问到另一个也是男孩的概率，那么其实是在这三个样本空间中选，答案是 1/3。

如果面试官接着问这样一个问题："邻居家有两个孩子，已知老大是男孩，求另外一个孩子也是男孩的概率"。这个时候的答案就是 1/2 了。

如果面试官接着问："邻居家有两个孩子，已知一个是男孩且出生在星期二，求另外一个孩子也是男孩的概率"。

男孩的概率和出生在星期几有什么关系？无论星期几生小孩，概率也是一样的。如果你这样想，先不要着急求得答案，希望你能停下来，自己想一想。

答案在表 3.1。

表 3.1　星期二男孩

老大 老二	周一	周二	周三	周四	周五	周六	周日	Mon.	Tues.	Wed.	Thur.	Fri.	Sat.	Sun.
周一														
周二														
周三														
周四														
周五														
周六														
周日														
Mon.														
Tues.														
Wed.														
Thur.														
Fri.														
Sat.														
Sun.														

这是一个流行的题目（笔者没有找到最初题目出自哪里），事实上，如果去网络搜索"星期二男孩"，会得到很多搜索结果，也有很多解释方法，这里依然使用样本空间的方法去解释。表 3.1 中，汉字周一、周二等表示男孩，英文缩写 Mon.、Tues.等表示女孩。星期二出生

的小孩的样本空间为表3.1中的浅灰色阴影部分，一共27个。这里面一共有13个样本是两个都是男孩(图中深灰色阴影部分)，因此，最后的答案是13/27。

合取谬误和星期二男孩都反映了人类智能的局限，对于很多反直觉的概率不能很好地分辨。计算机在这方面就好得多，计算机擅长计算。因为计算机超强的计算能力，可以使用其进行概率模拟仿真，即蒙特卡罗模拟。

3.2.3 蒙特卡罗算法

计算机强大的计算能力表现在很多方面，其中的一方面就是能够进行随机模拟，随机模拟的意思是利用计算机随机地生成一些数据，模拟实际情况，这种模拟方法被称为蒙特卡罗算法。蒙特卡罗算法首先应用在“曼哈顿计划”中，由成员乌拉姆和冯·诺依曼首先提出。如今这个方法已经遍地开花，在很多地方得到了应用(货真价实的“很多”，包括金融、天体物理、气象学、地质统计学、保险业、生物学等几乎所有的日常生活以及科技一系列领域内都应用到了蒙特卡罗模拟算法，当然，这些应用也是计算机发展的必然结果)。

蒙特卡罗算法比较简单。主要包括三个步骤：

(1) 构造整个模拟问题的实际过程。

(2) 分析模拟过程的概率分布情况，生成符合条件的随机变量。

(3) 多次模拟，得到结果的估计量。

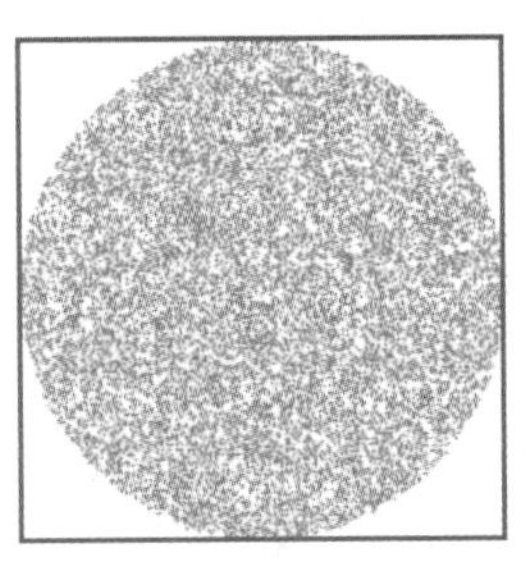

图3.10 蒙特卡罗求 π
(由程序3.6绘制)

这里有一个简单的例子，利用蒙特卡罗算法求 π 的值。

蒙特卡罗求 π 的想法简单直接，如图3.10所示。在一个正方形框内按照均匀分布随机生成若干个点(一般要生成很多个，依照结果的精度而定，假设有 total 个)，假设正方形框内有一个内接圆，这样，就有一些点落在圆的内部(个数为 count)，其他点落在圆的外部。落在圆内部的点的个数 count 和总的点的个数 total 之比就应该等于它们的面积之比。简单分析可以得到，$\pi = 4 \times \text{count}/\text{total}$。

本章程序3.6给出了图3.10的绘制方法以及蒙特卡罗求 π 的过程。

虽然简单，但是蒙特卡罗算法却有着巨大的实用价值，例如，AlphaGo 即利用了蒙特卡罗树模拟可能的落子方法，在后面的博弈中会简单介绍。

3.2.4 三门问题

求 π 的问题比较简单，不用蒙特卡罗方法，大家也知道 π 的值。下面给出另外一个问题，这个问题困扰了很多人。

三门问题：假设你参加一个综艺节目，面前有三扇关闭的门，你只有一次打开门的机会。其中一扇门后面有一辆汽车，打开该扇门可赢得该汽车，另外两扇门后面则各藏有一只山羊，选中它们只能得到山羊。你的目标是获得一辆汽车。你选了一个门之后，先不要打开，主持人此时会在另外两扇门中打开一扇，露出门后面的羊。

这时候主持人问你，现在是否还要坚持自己原来的选择。图3.11是三门问题的示意图。

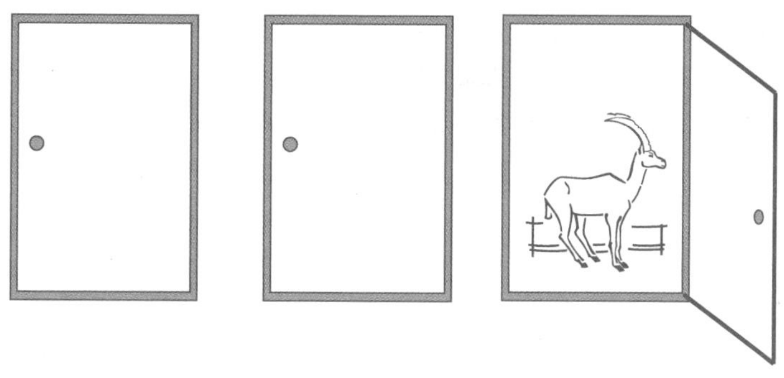

图 3.11　三门问题

这个问题困扰了很多人，据说著名数学家埃尔德什也出过错。乍一看，主持人打开了一扇门，还剩两扇门未开，这个时候哪个门的后面藏有小汽车的概率应该都一样，都是 1/2，所以换不换都一样。而且考虑到塞勒提出的禀赋效应①，如果你换了，结果还错了，那么这种后悔程度会更大。大多数人的选择是"不换"。

不过，这道题目的正确答案是：换。

可以这么想，你选择了一扇门，那么选中小汽车的概率就是 1/3，而剩下这两扇门加在一起，里面有小汽车的概率就是 2/3，现在主持人把一扇门打开了，相当于主持人替你把这 2/3 里面不是汽车的那一个选项去掉了。也就是你换了的话，概率是 2/3，不换的话，概率是 1/3。

如果这个解释还不太清楚的话，举另外一个例子。假设双色球中头奖的概率是 1700 万分之一，现在有 1700 万张彩票，里面有一个一等奖，你选对了就是一等奖，选不中就没奖，你只能开奖一次。你买了一张彩票，如果头脑正常的话，你不会认为你买的这张彩票是一等奖（事实上，大多数人都知道，这张是头奖的概率是 1/17000000）。好，这个时候，有个菩萨来帮助你——菩萨也要走个流程，她不会直接告诉你答案——她翻开一张彩票，告诉你这张不对，又翻开另外一张，告诉你这张也不是……一共翻开了 16999998 张，告诉你翻开的这些都不是一等奖。现在就剩 2 张了，一张是你手中的，一张还没有翻开，这两张肯定有一张是一等奖，你说，有奖的是哪张？谁都不会傻到相信先前手中这张正好中奖，合理的想法是马上就换菩萨剩下的那张。这个时候再分析就很清楚了，你手中的彩票中一等奖的概率是 1/17000000，而剩下的所有的彩票中一等奖的概率是 16999999/17000000，但是这堆彩票中已经有 16999998 张被翻开了，剩下的那张几乎就是一等奖了。

理解这道题目的关键就是主持人的做法，你选择了一扇门之后，还剩下两扇门，主持人从这两扇门中选择打开一扇门，注意，主持人的选择不是任意的，他只会打开后面是山羊的那扇门。

如果你还是不相信这个推理过程，那么，请参见 3.5 节部分程序 3.7。

现在能找到的三门问题的最早出处，来自美国的电视游戏节目 Let's Make a Deal。问题来自该节目的主持人蒙提·霍尔，所以三门问题也叫蒙提·霍尔问题。

① 禀赋效应是指个人一旦拥有某项物品，那么对该物品价值的评价要比未拥有之前大大提高。

文献[2]记载很多人在这个问题上出错。这是一个非常易错的题目，不管对于普通读者还是专业人士。美国有个节目叫 Ask Mailyn(去问玛丽莲)，这个节目的主持人 Mailyn 在美国 *Parade* 杂志上给出了这个题目的正确结果。但是一万多名读者给杂志写信，断言 Mailyn 搞错了，其中一千多名读者具有博士学位。在这个题目上出错的甚至包括埃尔德什。

不管埃尔德什正确或者错误，丝毫不影响他在数学上的地位。另外，如果他真的在这个问题上错误了，会使普通人对于数学有更多信心。

埃尔德什是数学大师(匈牙利天才之一)，被誉为20世纪的欧拉，1984年沃尔夫奖获得者(与中国著名数学家陈省身同年得奖)。埃尔德什十分高产，发表论文数量在数学界排名第一(欧拉排第二，也许这就是为什么埃尔德什被称为20世纪的欧拉)，他十分乐于合作，乐于提携后代(著名华裔数学家陶哲轩即曾被埃尔德什提携)，因此很多人和埃尔德什合作过。这个特点也使得埃尔德什在学术网络领域有个专门的词，“埃尔德什数”，在11.7节会介绍这个数字。

3.2.5 信息论

为信息论做出贡献的人很多，其中，香农奠定了信息论的理论基础。

神级人物之香农

克劳德·艾尔伍德·香农(Claude Elwood Shannon，1916—2001年)，美国信息学家、数学家、信息论之父。见图3.12。

图3.12 香农

香农对人类的贡献有很多，1948年，香农发表论文 *A Mathematical Theory of Communication*(《通信的数学原理》)，最早提出了信息熵的概念，用于衡量信息的不确定性，提出了信息是可以度量的。可以说，没有信息论，就没有现代通信技术，互联网、手机等现代产品也不会这么快地出现。

香农硕士论文的题目是 *A Symbolic Analysis of Relay and Switching Circuits*(《继电器与开关电路的符号分析》)，这篇论文发表于1938年。尽管这个时候，晶体管还未出现，现代电子计算机还在萌芽阶段。他把布尔代数的“真”与“假”和电路系统的“开”与“关”对应起来，并用1和0表示。于是他用布尔代数分析并优化开关电路，这就奠定了数字电路的理论基础。哈佛大学的 Howard Gardner 教授说，“这可能是20世纪最重要、最著名的一篇硕士论文”。

和其他的天才人物一样，香农的研究方向也是多种多样，1940年香农在 MIT 获得数学博士学位，而他的博士论文却是关于人类遗传学的，题目是 *An Algebra for Theoretical Genetics*(《理论遗传学的代数学》)。

如果说用“天才”一词来形容冯·诺依曼，那么形容香农可以用一个词“低调”。

香农被低估了，他并不为大众所熟知，就他的贡献而言，他应该比现在的名气更大。早期他的中文名字一度被翻译为“仙农”(虽然这个名字也很好听)。

《财富公式》一书中这样描写香农[5]："贝尔实验室和MIT有很多人将香农和爱因斯坦相提并论，而其他人也则认为这种对比是不公平的——对香农不公平。"

文献[5]说："香农的影响巨大怎么强调也不为过，就好比字母表的发明对于文学产生的巨大影响一样"。

香农不为大众所知，很可能与他自己低调的性格有关。在1948年发表了信息论之后，香农声名鹊起，但是他发表了一篇四段的文章，善意地敦促世界其他地方放弃他的"潮流"。正如他所说，"(信息理论)可能膨胀出的重要性已超出其实际成就。"(实际情况是重要性远远超过大家的想象，人类迎来了轰轰烈烈的信息时代)。

上面的最后一段话来自网络，未找到出处，但是依照香农的性格，这个很可能是真的。第1章介绍了达特茅斯会议，这个会议的由来其实是这样的。20世纪50年代的时候，香农已经对机器与智能很感兴趣了，于是他把明斯基和麦卡锡招到自己的手下实习打工。研究过程中，研究组的人员(一种说法是麦卡锡，另一种说法是一个研究生Jerry Rayna)建议香农汇编一个论文集，把机器模拟智能的论文汇编在一起。香农觉得机器模拟智能这个名称太高调了，低调地把它改成*Automata Studies*(《自动机研究》)，但是因为这个名字实在不吸引人，大量的文章都和图灵机以及智能没什么关系(可见书名的重要性)，这次论文汇编没有起到预想的作用。所以在1956年夏，以香农为名义召集人，麦卡锡和明斯基为实际召集人，召开了达特茅斯会议。这次会议起名字时就吸取了教训，叫作Summer Research Project on Artificial Intelligence。

另外一件事也可以证明香农的低调，香农信息论的奠基性论文最开始叫*A Mathematical Theory of Communication*，后来论文集结集出版之后，才改成了*The Mathematical Theory of Communication*。稍微懂英语都知道A和The的区别，就这个论文的意义来说，就应该用The，用A确实很低调。

在三个神级人物里，香农是最长寿的，不过香农在20世纪50年代以后，就渐渐离开了学术界，隐居起来。以至于很多人以为他已经去世了，江湖上只留下他的传说。1985年，离开学术界30年的香农参加了在英国举办的一次国际信息理论探讨会。香农的出现引爆了会场，大家排队要签名，研讨会主席Robert McEliece回忆说："那个画面，就好像牛顿他老人家忽然出现在现代物理学会议上。"

香农晚年对杂耍很感兴趣，真正字面意义的杂耍(图3.12中香农在骑独轮车)。香农家里最显著的地方，摆着杂耍学博士证书(Doctor of Juggling，但是美国并没有这样一个学位，所以很可能是香农的恶作剧)。在前文提到的1985年国际信息理论探讨会上，香农在演讲时，为了怕大家无聊，居然拿出三个手抛球开始玩杂耍。

香农晚年患上了阿尔茨海默病，2001年辞世。

主要资料：文献[3-7]

本书的神级人物只写这三个人。当然，人工智能领域，涉及的传奇人物众多，但是这三个人，称之为神级人物是当之无愧的。

这三个人关系也很好，图灵是英国人，在美国和冯·诺依曼一起工作过，冯·诺依曼还试图说服图灵到美国工作。图灵在美国访问贝尔实验室期间和香农交流得很好，香农去英国期间和图灵也交流得很好，那时候图灵正好在研究会下棋的机器，香农也很感兴趣。香农和冯·诺依曼也交流密切，就是冯·诺依曼说服香农使用"熵"这个词来衡量信息。

1. 信息熵

严格说来，信息论不算是基础数学的一部分，介绍信息论，也不能说是对于数学的复习。但是，信息的度量是以概率的形式描述的，因此，把信息论的介绍，放到了概率一节。

事实上，信息(information)这个词很难定义，都知道今天是信息时代，但是对于信息，仍然没有一个严格的定义。香农在提出信息论的时候就说过，信息的定义本身不重要，更重要的是，信息能做什么。所谓信息，不过是对一些不确定性的度量。

伟大的思想都是相似的，图灵测试也是这样——重点不是它是什么，而是它能做什么。

信息是有价值的。假设今天是星期一，甲、乙两个人分别说了如下话语。

甲：明天是星期二。

乙：明天会下大雨。

大部分人的直觉都是第二句话的价值比较大，也就是信息量比较大。因为，是否下雨是个不确定的事件。而第一句话，对于绝大多数人来说，毫无信息量，因为今天周一，明天必然周二。换句话说，也就是甲这句话没有消除任何不确定性，因此，信息量为零。

这里说了信息量，大家不觉得违和，好像信息能够度量。这个就是香农的天才之处，对于信息这样一个抽象的概念，提出了度量的方法。

香农指出，信息和长度、质量这些物理属性一样，是种可以测量的东西，信息的单位是比特(bit)。香农用“熵”来度量信息，所以有的时候信息也称为信息熵。

物理学中的熵

如果大家有一些热力学的知识，会知道熵这个概念来自物理中的热力学，在热力学中，熵是分子热运动“杂乱程度”的度量，在平衡状态下熵值最大，这时分子处于最无序状态。

热力学定律提出，宇宙中的熵有逐渐增大的趋势。如果从概率角度来看，是因为无序的状态总是远大于有序的状态。例如，一个玻璃杯子，从高空坠落硬质地面，绝大多数时候都要摔碎，因为杯子保持完整只有一个状态，而摔碎成什么样子则几乎有无限种状态(虽然从原子个数角度来看，状态是有限的，但是可以认为是无限种状态)。换句话说，虽然会摔碎，但是即使初始值完全一样，它们摔碎的结果(包括碎片个数、大小等)也不可能一样。

1824 年，法国工程师卡诺提出了卡诺定理，说明热机的最大热效率只和其高温热源和低温热源的温度有关。克劳修斯和开尔文在热力学第一定律建立以后重新审视了卡诺定理，意识到卡诺定理必须依据一个新的定理，即热力学第二定律。他们分别于 1850 年和 1851 年提出了克劳修斯表述和开尔文表述。克劳修斯的表述是这样的：不可能把热量从低温物体传向高温物体而不引起其他变化。开尔文的表述是这样的：不可能制成一种循环动作的热机，从单一热源取热，使之完全变为功而不引起其他变化。这两种表述在理念上是等价的。

1854年,克劳修斯首先引进了熵的概念,这是表示封闭体系杂乱程度的一个量。热力学第二定律也可以表述为:孤立系统的熵永不自动减少,熵在可逆过程中不变,在不可逆过程中增加。1877年,玻尔兹曼用下面的关系式来表示系统无序性的大小:$S \propto \ln\Omega$。1900年,普朗克引进了比例系数k,将上式写为$S=k\ln\Omega$,k为玻尔兹曼常量,S是宏观系统熵值,是分子运动或排列混乱程度的衡量尺度,Ω是可能的微观态数,Ω越大,系统就越混乱无序。

热力学第二定律是一个非常奇特的定律,在物理上,只有它可以定义时间。因为它是唯一区分过去和未来的基本物理定律,熵增的方向即是时间前进的方向,其他的物理定律在时间上都是可逆的,文献[9]写道:为什么第二定律能区分过去和未来,而其他定律不能,也许这是物理学中最大的谜团。

一条信息到底有多大?其实就是对其不确定性的度量。假设某一事情X包含N种情况,每种情况以x_i表示,$p(x_i)$代表每种情况发生的概率,那么这件事情的信息(不确定性)可以用式(3.2)度量。

$$H(X)=-\sum_{1}^{N}p(x_i)\log_2 p(x_i) \tag{3.2}$$

信息熵的表示符号一般都用H,一般认为H是Heat(热量)这个单词的首字母,熵的英文是entropy,也有些资料使用I(Information)表示信息的度量。

为什么式(3.2)前面有一个莫名其妙的负号?因为概率都是小于或等于1的,以2为底进行对数运算的时候,结果是负数,因此前面有个负号,保证结果是个正数。

如何理解香农熵的定义?这里给出一个例子,假设你要猜硬币,那么正常情况下,正面向上的概率$p_1=1/2$,反面向上的概率$p_2=1/2$,此时的信息熵是$-(p_1\times\log_2 p_1+p_2\times\log_2 p_2)=1$。

这时那个好心的菩萨又来了,她告诉你其实这枚硬币做过手脚,如果此时你猜硬币,你最好猜正面向上,因为这枚硬币正面向上的概率是$p_1=0.9$,反面向上的概率$p_2=0.1$。那么此时信息熵是$-(p_1\times\log_2 p_1+p_2\times\log_2 p_2)=0.469$。

正常的猜硬币游戏,信息熵是1比特,这是因为不确定性最高,而菩萨过来,帮你消除了不确定性,信息熵也就从1比特降到了0.469比特(菩萨帮你消除了0.531比特不确定性)。

当然,如果更进一步,令硬币投掷结果肯定是正面向上,即$p_1=1$,$p_2=0$,此时由式(3.2)计算可知,最后的信息熵是0,也就是没有任何不确定性。当然,在解决实际问题的时候,肯定发生和肯定不发生都极为罕见。

2. 香农三大定律

1)香农第一定律

香农第一定律,又称无失真信源编码定律。无失真,即不损失信息。信源编码,即把数据用某种形式编码。这个定律给信息编码指明了一个方向。

有这样一个例子能够说明信息和编码的关系。小仲马的法文版 *La Dame aux Camélias*、林纾先生翻译的古文版《巴黎茶花女遗事》和王振孙先生翻译的白话文版《茶花女》这三本书,哪本的信息量更大一点?

答案应该是一样大，因为它们讲述了同样一个故事，换句话说，它们消除的不确定性是一样的。在香农提出信息论之前，人们总把信息和信息编码弄混淆。实际上，一个信息可能有多种编码，例如，可以把法文、古文和白话文视为是描写同一个故事的不同的编码。不管用什么方式编码，这段内容的信息量是固定的，假设这段内容的信息熵是 H，用比特来表示。编码的总长度是 L 比特，香农第一定律告诉我们 $L \geqslant H$，也就是无论怎么编码，最好的结果也是编码的比特数等于信息的比特数，在大部分情况下，L 都会大于 H，也就是编码大多数情况下都有冗余。

林纾版的《巴黎茶花女遗事》，从出版信息查到的字数有 5.3 万余字，上海译文出版社(1993 年版)的《茶花女》(王振孙翻译)标记的字数是 29.6 万字。很明显，白话文的编码冗余要远远超过文言文。

但是冗余不一定是坏事，编码有冗余证明其容错性比较好。白话文删除一些文字，很多时候依然能看懂，但是文言文删除一些字，可能对意思影响就很大了。另外，冗余的信息在传送的时候，可靠性要更好。“重要的事情说三遍”，就是一种冗余，虽然有冗余，但是可靠性提高了。冗余还有一个好处，对于人类来说，冗余的信息也更容易让人明白，所以，如果本书有些地方啰唆(有冗余)，那么实际上是为了让读者更容易理解。杨振宁所诟病的那些看不懂的书，可以认为那些书使用了更精简的编码。

既然编码的比特数总要大于或等于信息的比特数，有没有办法让编码的比特数接近信息的比特数呢？其实，这样的事情能够做到，请见下面的例子。

编码一章介绍过八卦，也就是八个卦象，它们的编码如下。

乾(☰)、坎(☵)、艮(☶)、震(☳)、巽(☴)、离(☲)、坤(☷)、兑(☱)

假设阳爻是 1，阴爻是 0，换成对应的二进制如下。

111、010、100、001、110、101、000、011

这个是正常的编码，每个卦象的编码长度是 3 比特。

这样编码的假设是各个卦象出现的概率相等，用香农熵公式计算一下，信息熵也是 3 比特($L=H$)。现在假设这八个卦象出现的概率不等，分别是 1/2，1/4，1/8，1/16，1/32，1/64，1/128，1/128，那么，计算可得熵为 1.984 比特，刚才的编码还能使用，但是每个卦象需要 3 比特($L>H$)，如果换成如下的编码(一种霍夫曼编码)：

0、10、110、1110、11110、111110、1111110、1111111

平均编码长度是 1.984 比特。虽然最后一个卦象“兑”的编码变为 1111111，很长，但是因为它出现的概率也很小，所以，平均的编码长度很小。在概率角度上，和香农熵是一致的($L=H$)。

但是，这样编码的代价就是编码会很复杂，在这个例子中，这种编码就比正常八卦的编码要复杂得多。这种编码的实质就是使新的编码的概率分布与数据的概率分布一致，从而使新的编码单个符号所含的信息量达到最大。香农第一定律是一个存在性定律，并没有给出具体的编码方法。

这个定律有很多意义，它为信息压缩指明了方向。现在上网看到的图片其实都是经过压缩的，香农第一定律指出了无损压缩的极限。当然，如果有的时候达到了香农极限，仍然不能让编码变小，可以丢失一些信息。例如，有些图片的细节不太重要，那么可以把部分信息丢失，这种压缩叫有损压缩，本章后面会介绍一种简单的图片有损压缩方法。

2）香农第二定律

香农第二定律，也叫有噪声信道编码定律。噪声，就是表示在信息传输过程中和信息无关的信号；信道，即传输信息的通道。

在无线信息传输中，使用的信道就是一定频段的电磁波。空间充满了电磁波，包括宇宙射线、各种电器设备、雷电、太阳黑子等都可能产生电磁波，这些都是噪声。通信系统中，一般把信号（S）和噪声（N）之间的比值称为信噪比。香农第二定律指出了一个信道所能传递的信息的上限。式(3.3)给出了这个信道容量上限。

$$C = B \times \log_2\left(1 + \frac{S}{N}\right) \tag{3.3}$$

式(3.3)中，B 代表信道宽度，也就是常说的带宽。假如带宽是 1000Hz，信噪比是63∶1，那么信道的容量就是 $1000 \times \log_2(1+63/1) = 8000$(b/s)。

可以看到，要想在单位时间内传递更多的信息，有两个方法，第一个方法是提高带宽，也就是式(3.3)中的 B。第二个方法是提高信噪比，也就是 S/N 一项。

理论上，5G 要比 4G 快得多，一个重要的原因就是 5G 比 4G 的带宽大很多（还有其他技术保证 5G 比 4G 快）。5G 提高带宽的一个重要手段就是提高频率，当然，频率提高，问题也来了，频率越高，波长越短，能够传输的距离也越短。例如大家收听的广播电台，使用的电磁波是长波，它的频率很低，所以能够传得很远，所以大家打开收音机就能听到很远地方发送的广播，而高频的电磁波无论是传输距离还是绕过障碍物的能力都非常有限，所以 5G 要建更多的基站。

信噪比的提升是比较困难的，因为噪声无处不在。通常情况下，有线上网都要比无线上网更快，原因当然有很多，其中一个重要原因就是有线上网的噪声更少，信噪比更高。一般来说，距离无线信号发射器（例如无线路由器）越近，通信效果越好，因为距离发射器越远，信噪比越低（空间中充满电磁波噪声）；而一般来说，有线传输随着距离变远，信噪比也会降低，不过相比无线信号要好很多，这也是为什么一般距离变远之后，有线传输要比无线传输效果好很多。

香农第二定律对于通信系统的指导意义非常强。在香农提出信息论之前，人们就已经实现了无线通信（马可尼在 20 世纪初就实现了跨大西洋无线通信），人们也知道无线通信的用处非常大，但是一直不能够大规模应用，当时的人们总觉得是工艺或功率等问题，总期待把工艺做得更精巧，或者通过提高功率等方式来实现无线通信。这种没有理论指导去试的方法，当然很难成功。有了香农第二定律之后，人们才知道了努力的方向。

3）香农第三定律

香农第三定律，也叫保真度准则下的信源编码定律，这个名字比第一定律和第二定律复杂。香农第一定律给出了信息进行编码的极限值（即无损压缩的极限值），香农第二定律定义了信道传输的极限，香农第三定律讲的是总能够找到一种行之有效的编码方法，让信息的传输率无限接近信道的容量而不出错。设 $R(D)$ 为一离散无记忆信源的信息率失真函数，并且有有限的失真测度 D，那么只要码长足够长，一定存在一种编码，使得编码的平均失真度小于 D。

这个定律同样非常重要，在实际中，任何信道都不是完美的。人们将信号从一个地方传递到另一个地方时，信号会不可避免地受到噪声干扰，信号1也许会变为0，0也许会变为1。香农证明了，只要加入足够的冗余，任何信息都可以通过不完美信道传输。香农对这个冗余进行了量化，信息在通过非完美信道传输时，所需冗余量大约等于信息受到干扰的熵。

在香农提出信息论之前，人们一直受困于如何克服通信中的噪声。一个正常的想法就是提高信号发送能量，让信号的强度远远超过噪声，如果通信系统只有一个信号传输，这没问题，但是通信系统会有多条信号同时传输，这就好比一个屋子里好多人在说话，为了让别人听清，就提高自己的声音，结果大家都得提高声音——信号内卷了起来。

香农给出了一个洞见，克服噪声的正确办法，是增加信息的冗余度。

举一个简单的例子，假设传输的所有信号都是由以下四个碱基符号组成：A、C、G、T。数字传输系统只能传送0、1两个数据，因此，对这四个符号编码如下。

A：00　　C：01　　G：10　　T：11

如果想传输的信号是ACG，那么实际传送的数据是000110。但是因为噪声的存在，传输的数据变成了000111，那么接收到的消息就变成了ACT，信息没有正确传输。

香农给出的洞见是给编码增加一些冗余度。例如，在对符号进行二进制编码的时候，可以编码如下。

A：00000　　C：00111　　G：11100　　T：11011

这样，如果接收到的数据是10000，也容易知道其实发送的数据是信号A。

虽然香农在实践中并没有发现这样做的编码方式，也没有发现将压缩代码和防错代码结合起来的方法，但他证明了这样的编码一定存在。

信息论告诉我们，信息是不确定性的度量，更进一步，通过学习香农三大定律，可以知道熵衡量的其实是数据的最优压缩，也是衡量将数据存储到硬盘上需要的最少比特数，或者说通过有限带宽传输数据的最短时间。香农定律说明无论怎样努力，都无法超越香农熵这一根本限制。

早期的通信系统通过模拟信号传播数据（早期的电话），如今的通信系统几乎都数字化，这些系统从香农理论中受益良多。今天看到这个香农的结论，觉得是很自然的，但是在那个时代，并非如此，在当时，人们仍然在模拟技术上纷纷押注。

香农的理论对于通信系统非常重要，极大地避免了人们走弯路，这些定律告诉人们什么事情是不可能做到的。对于香农的信息论，可以这样类比：人们在了解了热力学定律之后，就不会试图去制作永动机。

3.3 线性代数

如果说微积分、概率还符合大家对数学的认知，还能找到一个应用场景或者和生活中的现象对应起来，那么线性代数经常让人一头雾水，莫名其妙。

这是因为，第一，线性代数"很简单"，这里的简单是指不需要太多其他的数学基础就可以学习线性代数。如果一个初中生来学习线性代数，不会有任何障碍，因为学习线性代数所需要的知识并未超过初中学习范围；第二，学完了不知道能做什么，线性代数的核心是向量和矩阵的各种运算，向量和矩阵就是一堆数的集合，对于这些数的集合的操作有什么用处？

而且，线性代数的名字也很古怪，线性代数的英文是 linear algebra。Algebra 一词即“代数”，最初来自阿拉伯语 al-jabr，al 为冠词，jabr 意为恢复或还原(解方程的时候，移项就是一种还原)。

大家很早就接触过代数，对这个词比较熟悉，那么什么是线性(linear)？线性这个词，生活中很常见，例如线性增长、线性组合。那么，到底什么是线性，什么又是非线性？

对于线性代数里面的线性，主要是要满足指线性映射，线性映射需要满足一些条件。假设在某维空间中有两个向量 $\boldsymbol{u}$ 和 $\boldsymbol{v}$，如果有映射 f 满足如下两个条件。

可加性：$f(\boldsymbol{u}+\boldsymbol{v})=f(\boldsymbol{u})+f(\boldsymbol{v})$

齐次性：$f(\lambda\boldsymbol{u})=\lambda f(\boldsymbol{u})$

就表示 f 是线性映射。

> “线性”的概念在数学中其实也是混淆的，主要是因为线性代数还是一门较新的科学。按照以前大家学习的数学，线性大概就是类似 $y=kx+b$ 形式函数，在平面上的图形是一条直线。
>
> 事实上，在 $y=kx+b$ 中，如果 $b\neq0$ 的时候，它不满足齐次性，换句话说，按照线性映射的定义，这个方程不是线性的。
>
> 所以在描述“线性”一词的时候，需要知道它所在的场合。

在实际应用中，更关心可加性。说两种事物是线性关系，其实是说它们是不会互相影响的独立关系，而非线性则是会相互影响的关系，而正是这种相互影响，使得整体不再是简单地等于部分之和，而可能出现不同于“线性叠加”的增益或亏损。

举两个例子，第一个例子，如果人一只眼睛的视觉能力是 1 的话，那么两只眼睛加起来的视觉能力是多少？不是 2，而是 6～10 倍，也就是说它们之间不是 1+1 的线性关系。

第二个例子，工厂里有两个工人，甲每天能生产 100 个产品，乙每天能生产 120 个产品，那么甲、乙共同生产，一天能生产多少个产品？如果是线性组合的话，他们一天能生产 220 个，这里的线性组合就是你干你的，我干我的，互不影响；但是实际上，有人的地方就有江湖，两个人共同生产，就有很多问题，可能互相帮助，生产的数量就大于 220 个，也可能互相拆台，生产的数量就小于 220 个，这样，他们之间就是非线性的关系。

生活中线性的情景多还是非线性的情景多？肯定是非线性的情景多。事物在一起，不可避免地要互相产生作用。第 2 章最后的 More Is Different，就是因为事物组合在一起，它们之间是非线性的。

但是线性代数还是非常有用的，首先，如果事物之间产生的作用不多，可以在一定程度上，用线性关系替代非线性关系；其次，可以设计模型，利用线性关系之间的运算实现非线性关系。

人工智能科学中，线性代数是基本的工具。大家不用害怕，线性代数并不难(毕竟，初中基础即可学会)。

3.3.1 向量

先从向量的名字说起。

向量的英文是 vector，不同学科看待向量的方式不同。例如，物理学中把向量翻译成矢量(也是译自 vector)。

数学中的向量更强调空间的概念,也就是向量是描述空间的工具。

在人工智能科学中,向量是这样一个含义：向量是一个有序的数组,是某组基(base)生成的空间中的点的坐标。这句话很重要,如果大家目前不能理解这句话,没关系,学完本书之后就会知道它的意义。基是线性空间一个基本的概念,例如,三维空间中的一组基,$x=(1,0,0)$、$y=(0,1,0)$和 $z=(0,0,1)$,三维空间中的点(3,4,5)可以表示该点在这组基中的坐标,其值是这组基的线性组合,$3x+4y+5z$。注意,三维空间中的基不止这一组,事实上,只要有三个三维向量是一组线性无关的向量,它们就组成了一组三维空间中的基,因此,有无穷组基(回忆一下,坐标变换就是从一组基变换到另外一组基)。

另外,在计算机领域中的一些资料默认以列向量描述数据。知道了这点能够解决阅读其他资料中的一些困惑,例如遇到这种写法,$(x_1,x_2,\cdots,x_n)^{\mathrm{T}}$ 或者$(x_1,x_2,\cdots,x_n)$.T,这里的上标 T 或者.T 表示转置,表示有一个列向量,但是列向量写起来占空间,就像下面的 $\boldsymbol{a}$、$\boldsymbol{b}$、$\boldsymbol{c}$ 三个列向量：

$$\boldsymbol{a}=\begin{bmatrix}1\\2\\3\end{bmatrix},\quad \boldsymbol{b}=\begin{bmatrix}4\\5\\6\end{bmatrix},\quad \boldsymbol{c}=\begin{bmatrix}7\\8\\9\end{bmatrix}$$

如果想用一行来写,那么可以写成 $\boldsymbol{a}=(1,2,3)^{\mathrm{T}}$,$\boldsymbol{b}=(4,5,6)^{\mathrm{T}}$,$\boldsymbol{c}=(7,8,9)^{\mathrm{T}}$。

向量可以进行运算。计算这三个向量的线性组合 $\boldsymbol{d}=1\boldsymbol{a}+4\boldsymbol{b}-7\boldsymbol{c}$,得到结果 $\boldsymbol{d}=(-32,-34,-36)^{\mathrm{T}}$。

3.3.2 矩阵

矩阵是向量的组合,它几乎是线性代数的核心。在很多人眼中,矩阵比向量还莫名其妙。事实上,矩阵已经成为很多行业的重要工具,例如,海森堡即以矩阵描述量子力学,也称矩阵力学。工程中使用矩阵的例子更是数不胜数,机械、建筑、电器、管理等领域都用到了矩阵。

当然计算机用得更多。矩阵在计算机中的应用,至少有两个意义。

第一,矩阵用来描述数据。作为向量的组合,向量描述一个数据在某一个空间中的一个点(向量的值是该点的坐标),那么矩阵就是这些点的集合。

第二,矩阵作为一种变换。矩阵的运算,可以视为是不同空间的转换。

这两个意义并不是独立的,可以互相包含。这两个意义都非常抽象。这里,试着简单说明一下,只有在大家学习了更多的内容之后,才能更深刻地理解这两个意义。

作为数据的描述：在第 2 章中,介绍过结构化数据和非结构化数据,结构化数据最典型的就是表格。表格数据天然就是矩阵,很方便使用矩阵进行描述,还有图像数据,也天然就是矩阵,这个在数据编码中已经见过了。

作为一种变换：矩阵有多种运算,矩阵的乘法即一种变换,在一个矩阵的帮助下,将一个空间中的数据转换为另一个空间中的数据,注意,这种转换是不可交换的,矩阵的乘法也是不可交换的。

关于矩阵的运算有很多,这里简单介绍其中两个比较重要的,第一是矩阵的特征值和特征向量,第二是矩阵的各种分解。

大家接触特征值和特征向量，基本都是从下面的例子开始的，设 $\boldsymbol{A}$ 是 n 阶方阵，如果数 λ 和 n 维非零列向量 $\boldsymbol{x}$ 使关系式 $\boldsymbol{Ax}=\lambda\boldsymbol{x}$ 成立，那么这样的数 λ 称为矩阵 $\boldsymbol{A}$ 的特征值，非零向量 $\boldsymbol{x}$ 称为 $\boldsymbol{A}$ 的对应于特征值 λ 的特征向量。通过求解方程 $(\boldsymbol{A}-\lambda\boldsymbol{E})\boldsymbol{x}=0$，计算出矩阵 $\boldsymbol{A}$ 的特征值与特征向量。

矩阵作为一种运算，能够把一个向量进行旋转和缩放，向量是有方向的量。对于大部分向量来说，一个矩阵乘以一个向量，基本都会把这个向量进行旋转，旋转到不同的方向，但是对于某些向量，一个矩阵乘以这个向量并不会改变这些向量的方向，只是对向量进行了缩放，那么，这些向量就是该矩阵的特征向量，缩放的倍数就是特征值。

特征值和特征向量的求法体现了矩阵作为一种变换，对一个向量的变换（向量乘以矩阵）相当于这个向量乘以某一个数。

另外，特征值和特征向量更像是一个矩阵内在固有的属性。好比一个音叉，就能发出固定频率的声音，稍微用锉刀锉一下，这个固定频率就变化了，发出的声音也会不一样。特征值和特征向量也是，矩阵里面的某一项数值稍微更改一点，对应的特征值和特征向量也会变化。特征值和特征向量描述了矩阵这组数据本身的特点，本书后面介绍奇异值分解（3.3.5 节）以及主成分分析（10.2.1 节），都利用了特征值和特征向量的特点。

> 特征值和特征向量，英文是 eigen value 和 eigen vector。这两个词的翻译不是特别好，起码在计算机领域，因为另一个英文 feature 也翻译为特征。
>
> eigen 的含义是本征的、固有的。feature 的含义是特色、特点。
>
> eigen value 和 eigen vector 更好的翻译是本征值和本征向量，事实上，确实有一些地方是这么翻译的。

矩阵分解是将一个矩阵变换为更容易处理的几个矩阵。矩阵的分解有很多种，LU 分解、QR 分解法。计算机中使用较多的有奇异值分解（Singular Value Decomposition，SVD）和非负矩阵分解（Nonnegative Matrix Factorization，NMF）等。

本小节虽然没有什么公式，但是内容并不简单。目前学习线性代数有两条路线：第一条是从行列式开始，过渡到向量、线性相关、矩阵的相关知识及运算；第二条是从线性空间讲起，空间是如何扩张生成的（span），以及空间投影、几个基本子空间等。

本书不同于前两条路线，这里介绍了矩阵以及矩阵运算的意义。理解矩阵各种运算的意义并不容易，本节内容比较抽象，大家需要慢慢体会。如果大家学习完本书全部内容再回看此处，印象会更深刻。

3.3.3 维数

1. 高维数据

维数是大家常见的一个词，在物理学、数学、人工智能科学中，维数有不同的含义。不过它们的很多思想是相通的。

人类生活在三维空间，这是物理学上维数的概念。物理学中有一种超弦理论（superstring theory），认为宇宙有十维空间（也有说十一维或者更高维的），只是其他维都蜷缩起来，人类感觉不到而已。

物理空间的维数可以以自由度来理解。二维三维的区别巨大，维数的增加可不得了。人们很容易打死一只蟑螂，因为它只会在一个面上爬行，相当于它的自由度只有二维，所以很容易就被打死，与之对应，徒手抓住一只蝴蝶却不容易，因为蝴蝶是三维的。高维生物对低维生物天然有优势，所以有“降维式打击”一词。

笔者从没有见过南方的蟑螂，据说会飞，第一次见到的人都吓得惊慌失措。笔者如果第一次见到应该也会如此。毕竟，从二维生物变化到三维，这是一种升维现象，可不是速度快了一点，个头大了一点那么简单。

数学中的维数则是另外一种定义：在一定的前提下描述一个数学对象所需的参数个数。在数学中，维数可以是小数，例如，科赫曲线就是1.26维[11]。

计算机中的维数一般用在描述数据的时候，数据的维数就是描述这种数据所需要的属性数。一般来说，描述一种数据需要很多属性，因此计算机中的数据大部分都是高维数据。

表格数据就是一种高维数据，假设一个表格描述了学生的基本信息，包括学号、姓名、学院、身高、体重、体育成绩六列，那么就可以视为是一个六维数据，这六列（六个属性）相当于六个坐标轴，每个学生是这六维空间中的一个点。对应的值是学生在这六维空间的坐标，描述了这个学生的信息。如果一个应用，只需要身高、体重、体育成绩三列，那么，可以称之为在这三列上的投影（借鉴数学中的投影概念）。

图像数据也是高维数据。有一堆28×28像素的灰度图片（假设有60000张，每张都是28×28像素的），那么，这些图片是多少维的？可以认为是28×28＝784维的数据，一张图片可以理解为把所有像素排列成一行，共784列，每个像素的值（0～255）就是该维上的坐标，一张图片就是这784维空间中的一个点。60000张图片，相当于60000个点分布在这784维空间中。

2. 词嵌入

文本作为另外一种基本类型数据，也是一种高维数据。

为什么文本是高维数据呢？这就涉及对于文本数据的表示。文本是文字字符的组合，文本在计算机中就是字符串。

用字符串表示单个文本固然没问题，单个文本可以查找单词、统计词频等。但是如果有多个文本，那么问题就来了，这些字符串之间没法进行运算，或者说，没法计算多个文本之间的关系。毕竟，计算机（computer）遇到问题，只会算（compute）。

如果想处理多个文本数据，可以对文本数据做一个“嵌入”（embedding）。什么叫嵌入，就是先建立一个坐标系，然后看看文本在这个坐标系中的坐标是什么。

假设汉字一共有10000个，且每个汉字是一维坐标轴，那么就形成了10000维的空间。《红楼梦》这部鸿篇巨制，里面出现的不同的汉字不到7000个，假设某个字出现n次（$n\geqslant 0$），那么在这个汉字对应的坐标值就记为n，这样，《红楼梦》的文本就嵌入到这10000维空间中。同理，《西游记》《水浒传》《三国演义》都可以通过同样的方法嵌入到这10000维的空间中。既然它们都是10000维空间中的数据，就可以相互运算了。

一个简单例子，有下面三句话。

我只讲三句话。

刚才是第一句。

我的话讲完了。

这三句话可以视为三个文本，其中出现了14个不同的汉字。假设对这三句话做一个文本嵌入，如表3.2所示。

表3.2 词嵌入的简单例子

文本＼汉字	我	只	讲	三	句	话	刚	才	是	第	一	的	完	了
A	1	1	1	1	1	1	0	0	0	0	0	0	0	0
B	0	0	0	0	1	0	1	1	1	1	1	0	0	0
C	1	0	1	0	0	1	0	0	0	0	0	1	1	1

A、B、C分别表示上述三句话，它们分别表示嵌入在14维空间中的一个点，如果还有一句话，只用了上述14个字，那么可以认为这句话是14维空间中的另一个点。例如，“刚才的三句话是我讲的”，大家可以试一下，如何嵌入到这个空间中。

这当然只是一个示意例子，实际应用中，要考虑的非常多。比如，这里的嵌入以字为基本单位，一般来说，主流的自然语言处理方法还是以词为基本单位，那么，也可以以词为单位进行嵌入，汉语中的词很多，这样维数就更高了。另外，有一些如语气词、助词，例如“的”“了”等，它们通常不表示实际意义，可以去掉（自然语言处理中，这样的词叫停用词，stop word）。

还有，用该词出现的次数（词频）表示会造成一些词的值特别大，例如“我”字，有实际意义，但是出现的地方又很多，会造成在这一维上的数据特别大，这样的词会给计算结果造成很大的影响，有很多方法可以解决这个问题，例如，可以使用TF-IDF来代替词出现的次数。

TF-IDF是信息检索领域非常重要的一个发明。TF是Term Frequency（词频）的缩写，它表示一个词出现的频率，IDF是Inverse Document Frequency（逆文本频率指数）的缩写，表示一个词的重要性。

例如，检索词是：“间皮瘤律师”（mesothelioma lawyer）。

TF就是词语出现的次数除以文本的长度，例如某文本有1000个词，间皮瘤和律师分别出现10次和30次，那么，这两个词的词频分别是0.01和0.03。

IDF体现了词语的重要性，计算公式是 $\log(|D|/(1+|D_w|))$，其中 $|D|$ 是文章的总数，$|D_w|$ 是含有某词的文章的个数，分母加上1是为了防止被0除。事实上，“律师”一词虽然比较专业，但是毕竟是一个常见词，而“间皮瘤”这一词汇，几乎很少有人听过，所以，一篇文章如果包含这一词，那么这篇文章对于这个词的相关性一定很强。如果一共有1000000篇文章，其中有9篇出现“间皮瘤”一词，而有999篇文章出现了“律师”一词，那么，“间皮瘤”的IDF为 $\log(1000000/10)=11.513$，“律师”的IDF为 $\log(1000000/1000)=6.908$。

选择“间皮瘤”这一词，是因为马丁内斯的《混乱的猴子》一书写道[12]：

"2011 年左右，全球关键词竞价产生的最贵英文单词是 mesothelioma（间皮瘤）。多亏了一系列针对前雇主的集团诉讼和不菲的胜诉佣金，这个词的报价被抬到了每次点击 90 美元。"

注意，这仅仅是用户点击的价格，也就是只要点击了这个词对应的广告网页，即使用户不去看医生，不去找律师，广告主也要付给谷歌公司 90 美元点击费（另一本关于谷歌的图书，《谷歌的故事》[13] 里面也谈到了这件事，不过在这本书里面，这个价格是 30 美元）。

将字或者词以向量表示（或者叫词嵌入）是一个非常重要的想法，它几乎是当今世界文本处理的核心，无论是搜索引擎还是 ChatGPT 大模型，都离不开这个想法。词嵌入之后，字或者词就不再是一个一个的 ASCII 码或者 GBK 码之类的编码了，它们是一个一个向量。它们之间不再是孤立的，而是互相之间有联系的，其中最重要的一个联系就是文本和文本之间可以计算距离。

3.3.4 距离

距离的含义很丰富。距离可以表示空间，例如，沈阳到重庆的距离有 2000 多千米；也可以表示时间，例如，距离我们上一次见面已经过了四年了；甚至可以表示抽象的含义。

计算机里的距离也有丰富的含义。如果用两个坐标表示空间中的两个点，计算它们之间的距离就是空间距离；两篇文章内容是否相似，也有距离的概念；机器学习里面会介绍误差函数，所谓误差函数就是你的计算结果和真实结果不一样，它们之间有差距，因此，这里也有距离的概念。因此，距离既可以用于表示两个点之间的差距，也可以用于表示两个抽象概念之间的相似性。距离其实是衡量两点之间的最短路径值，可以理解为是在当前距离计算规则下，从一点到另外一点需要的最少路程。

距离的计算，也有的资料叫作相似度的计算，只不过两者含义正好相反，距离越大，相似度越小。

距离的含义很丰富，描述方法、计算方法也很多，这里介绍几个常见的距离。

1. 欧氏距离

欧氏距离（欧几里得距离，Euclidean distance）是最常见的距离，设两点的坐标分别为 (x_1, y_1)，(x_2, y_2)，则两点之间的欧氏距离 $d=\sqrt{(x_1-x_2)^2+(y_1-y_2)^2}$。

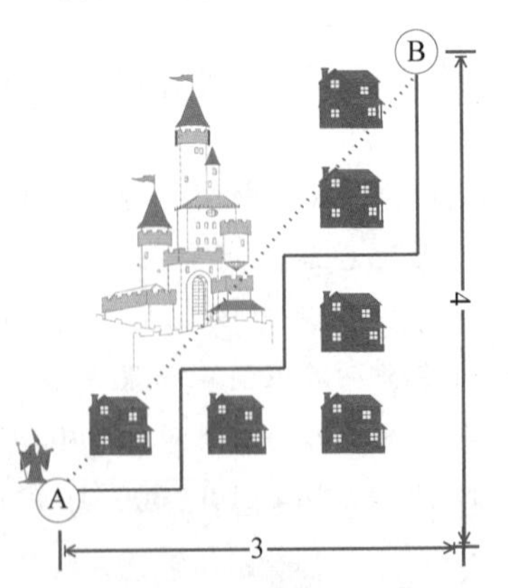

图 3.13　欧氏距离与曼哈顿距离

对应的，如果为 n 维空间，两个点的坐标分别为 $(a_1, a_2, \cdots, a_n)$ 和 $(b_1, b_2, \cdots, b_n)$，那么，这两个点之间的欧氏距离 $d=\sqrt{(a_1-b_1)^2+(a_2-b_2)^2+\cdots+(a_n-b_n)^2}$。

在图 3.13 中，假设横向距离为 3，纵向距离为 4，那么从 A 点到 B 点的欧氏距离如图中 A 与 B 的虚线所示，图 3.13 中，如果巫师想要从 A 到 B，那么至少需要飞行 5 个单位。

但是，巫师是会飞的，普通人要想从 A 到 B，只能从地面行走，这样，图中的建筑物对于人们来说，就是阻碍，因此，在度量距离的时候，除了欧氏距离之外，还有曼哈顿距离。

2. 曼哈顿距离

曼哈顿距离(Manhattan distance)形象地描述了街区之间的可达距离，有时也叫街区距离。设两点的坐标分别为(x_1, y_1)，(x_2, y_2)，则两点之间的欧氏距离 $d=|x_1-x_2|+|y_1-y_2|$。在图3.13中，普通人要想从A点到B点，那么需要走的曼哈顿距离是7，图中的实折线为一个曼哈顿距离，从A到B有很多路径可走，但是曼哈顿距离是7，也就是说，在曼哈顿距离规则下，无论走哪条路径，至少都要走7个单位才能从A到B。

图3.13给出了欧氏距离和曼哈顿距离的示意图。

3. 范数

在任意两点之间的距离中，有一类距离是最特殊的，就是点到原点的距离。点到原点的距离，也称之为这个点的长度，有时也叫作这个点的模，在线性代数中，更愿意称之为向量的范数(norm)。

范数是数学中的一种基本概念，它常常被用来度量某个向量空间(或矩阵)中的每个向量的长度或大小。最常用的范数就是 p-范数。如果向量 $\boldsymbol{x}=(x_1, x_2, \cdots, x_n)$，可用式(3.4)计算向量 $\boldsymbol{x}$ 的范数。

$$\|x\|_p=(|x_1|^p+|x_2|^p+\cdots+|x_n|^p)^{\frac{1}{p}} \tag{3.4}$$

当 $p=2$ 的时候，即向量的2-范数：

$$\|x\|_2=(|x_1|^2+|x_2|^2+\cdots+|x_n|^2)^{\frac{1}{2}}$$

即变为了该向量坐标与原点之间的欧氏距离。2-范数是最常用的一种范数，因此，如果不加说明，一般说到范数都是指2-范数，同时写成$\|x\|$。

当 $p=1$ 的时候，即向量的1-范数：

$$|x|_1=|x_1|+|x_2|+\cdots+|x_n|$$

即变为了该向量坐标与原点之间的曼哈顿距离。

当 $p=\infty$的时候，即向量的∞-范数。这个时候的两点之间的距离也称为切比雪夫距离(Chebyshev distance)，无穷范数在实际计算的时候，通常是取所有项的最大值，例如，假设两个向量为$(a_1, a_2, \cdots, a_n)$和$(b_1, b_2, \cdots, b_n)$，则这两个向量表示的两个点之间的切比雪夫距离为

$$\|d\|_\infty=\max(|a_1-b_1|, |a_2-b_2|, \cdots, |a_n-b_n|)$$

4. 余弦距离

前面介绍过，相似度和距离其实是一种东西，描述两个事物之间的相似程度(越相似距离越小)。因此，更多时候，把这种度量方法称之为余弦相似度。

余弦相似度借用了三角函数中余弦定理的概念。两向量 $\boldsymbol{a}$ 和 $\boldsymbol{b}$ 之间的余弦相似度计算公式为

$$\cos(\theta)=\frac{\boldsymbol{a}\cdot\boldsymbol{b}}{\|\boldsymbol{a}\|\cdot\|\boldsymbol{b}\|} \tag{3.5}$$

如图 3.14 中，二维空间中有两个向量 $\boldsymbol{a}$ 坐标为(x_1,y_1)和 $\boldsymbol{b}$ 坐标为(x_2,y_2)，那么利用式(3.4)，向量 $\boldsymbol{a}$ 和向量 $\boldsymbol{b}$ 的夹角的余弦计算结果为

$$\cos(\theta)=\frac{\boldsymbol{a}\cdot\boldsymbol{b}}{\|\boldsymbol{a}\|\cdot\|\boldsymbol{b}\|}=\frac{(x_1,y_1)\cdot(x_2,y_2)}{\sqrt{x_1{}^2+y_1{}^2}\cdot\sqrt{x_2{}^2+y_2{}^2}}=\frac{x_1x_2+y_1y_2}{\sqrt{x_1{}^2+y_1{}^2}\cdot\sqrt{x_2{}^2+y_2{}^2}}$$

θ 表示两个向量之间的夹角。注意，在 0°～90°，余弦函数是一个减函数，因此，余弦值越接近于 1，表示两个向量之间的夹角越接近 0°，两个向量越相似；当两个向量正交时(90°)，余弦值为 0，表示两个向量毫不相关。

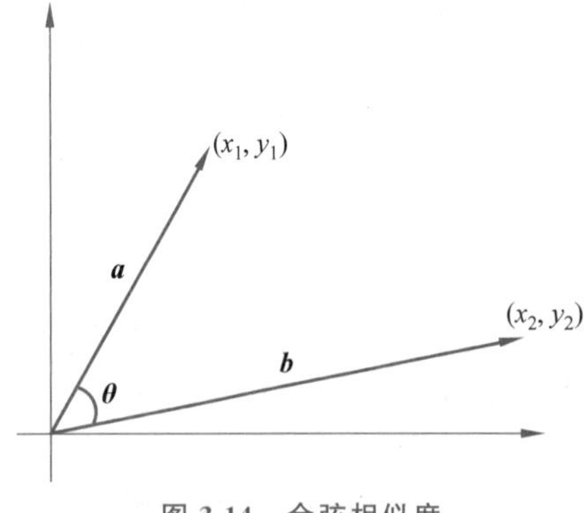

图 3.14　余弦相似度

和欧氏距离不同，余弦距离衡量的是向量之间的夹角，更加关注方向上的差异，而欧氏距离衡量的是空间各点的绝对距离，跟各个点所在的位置坐标直接相关。如果保持 $\boldsymbol{a}$ 点位置不变，$\boldsymbol{b}$ 点朝原方向远离坐标轴原点，那么这个时候余弦距离保持不变(因为夹角没有发生变化)，而 $\boldsymbol{a}$、$\boldsymbol{b}$ 两点的距离显然在发生改变，这就是余弦距离和欧氏距离之间的不同之处。余弦距离衡量的是相对的距离，在文本分析中应用较多，因为文本之间的距离其实不是绝对距离，因此，余弦距离在这里更合适。

下面举一个简单的例子，是读者-书籍的评分表。数据见表 3.3。

表 3.3　读者-书籍评分表示例

读者	《集体智慧编程》	《白夜行》	《解忧杂货铺》	《统计学习方法》
赵	5	1	2	4
钱	0	2	0	0
孙	1	0	0	2
李	0	5	4	0

表 3.3 是一个读者-书籍之间的评分表，1 为最低分，5 为最高分，0 表示读者未对该书籍进行评分。这里可以看到，有了线性代数的帮助，抽象的事物之间也可以进行距离的计算。

欧氏距离：最基础的距离。例如，计算《集体智慧编程》与《统计学习方法》两本书之间的欧氏距离，可以这样计算，$\sqrt{(5-4)^2+(0-0)^2+(1-2)^2+(0-0)^2}\approx1.414$。

如果需要计算《集体智慧编程》与《白夜行》两本书之间的欧氏距离，可以这样计算，$\sqrt{(5-1)^2+(0-2)^2+(1-0)^2+(0-5)^2}\approx6.782$。

余弦距离：根据式(3.5)，《集体智慧编程》与《统计学习方法》之间的距离为

$$\frac{5\times4+0\times0+1\times2+0\times0}{\sqrt{5^2+0^2+1^2+0^2}\times\sqrt{4^2+0^2+2^2+0^2}}=\frac{22}{5.099\times4.472}\approx0.965$$

如果需要计算相似度，可以这么计算：相似度$=1/(1+$距离$)$(分母加上 1 是为了防止被 0 除)。

5. 距离三要素

要想称之为距离，需要满足三个要素：①非负性；②对称性；③三角不等式。

要素①表示距离应该是一个大于或等于0的数，这个很容易理解；

要素②表示从A到B的距离应该和从B到A的距离一样；

要素③表示空间中的三个点，A、B、C，用Dist(XY)表示X到Y的距离，那么，Dist(AB)+Dist(BC)≥Dist(AC)，直观上的理解，就是三角形的两边之和应该大于或等于第三边(三点共线可以得到等于号)。

但是，有些计算方法不满足这三个条件，有时人们也称之为距离，例如，KL距离。

6. KL散度

KL散度(Kullback-Leibler divergence)之所以很多时候也称之为KL距离，是因为它所做的事情就是衡量两个概率分布之间的相似程度，由S. Kullback和R. A. Leibler二人于1951年提出。

KL散度也叫相对熵(relative entropy)，这是香农信息熵的推广。在计算机中对数据进行处理的时候，事实上不知道数据的真实分布(可能永远也无法知道)，只能对数据做一个近似的估计，这个近似估计的概率分布 q 和真实概率分布 p 之间的差异程度，可以用KL散度来表示。

回忆式(3.2)中信息熵的定义，KL散度的定义为

$$D_{\mathrm{KL}}(p \,||\, q) = -\sum_{1}^{N} p(x_i) \cdot \log_2 q(x_i)) - \left(-\sum_{1}^{N} p(x_i) \log_2 p(x_i)\right) \tag{3.6}$$

式(3.6)定义表示以 p 为基准，估计 q 与实际情况 p 的差值，公式表示成一个减法的形式，被减数表示 p 与 q 的交叉熵，减数表示 p 的信息熵，可以证明，KL散度都是非负值，交叉熵的值一定大于或等于信息熵的值(可以理解为估计所得结果的不确定性一定大于或等于真实结果的不确定性)。关于交叉熵，在机器学习部分还会详细介绍。式(3.6)通常也简写为式(3.7)。

$$D_{\mathrm{KL}}(p \,||\, q) = -\sum_{1}^{N} p(x_i) \cdot \frac{\log_2 p(x_i)}{\log_2 q(x_i)} \tag{3.7}$$

式(3.7)中的值越小，表示概率 q 和概率 p 之间越接近，那么估计的概率分布与真实的概率分布之间也就越接近。

根据距离定义的三个要素，式(3.6)并不满足要素②，这个散度不是对称的，因为 q 到 p 的KL散度和 p 到 q 的KL散度显然不相等，同样，KL散度也不符合要素③，因此，称之为KL散度，而不是KL距离(但是因为KL散度其实起到了衡量距离的作用，因此有些资料也称之为KL距离)。

如果想让KL散度对称，可以用JS散度，$D_{\mathrm{JS}}(p||q)=1/2D_{\mathrm{KL}}(p||q)+1/2D_{\mathrm{KL}}(q||p)$。

7. 其他距离

计算机内衡量距离的方法还有很多，例如下面4种。

(1) 马氏距离(Mahalanobis distance)，排除了量纲干扰的欧氏距离，在统计中常用。

(2) 编辑距离(edit distance)，计算从一个文本串变化到另外一个文本串的距离，这些变化包括增加一个字符、删除一个字符以及整个字符串移动一位等操作，在 DNA 测序中常用。

(3) 杰卡德相关系数(Jaccard similarity coefficient)，$J(A,B)=|A\cap B|/|A\cup B|$，衡量两个数据集之间交集与并集的比值(少见的公式比文字直观的方法)。

(4) 皮尔逊相关系数(Pearson correlation coefficient)，变量之间线性相关程度的量，常用于统计中。

这些距离(或相似度)都从不同角度度量了两个事物之间的相似程度。以上这些距离，这里并不希望大家把公式记住，更希望大家理解每种距离的含义，能够理解这些公式背后的原理，知道各种距离都是从哪种角度来看待事物之间的关系的。

3.3.5 奇异值分解

本小节给出使用矩阵解决具体问题的一个例子。

前文介绍过，矩阵的特征值和特征向量对于矩阵非常重要，但是，只有方阵才能计算特征值和特征向量。而奇异值分解，可以用于任意矩阵(非方阵也可以)。

任何一个矩阵 **A**，假设它是一个 $m\times n$ 的矩阵，矩阵的秩为 r，不失一般性，假设 $m>n$，即 $r\leqslant n<m$，一定可以进行奇异值分解。

图 3.15 是一个奇异值分解的示例。该图较为复杂，包含很多信息。

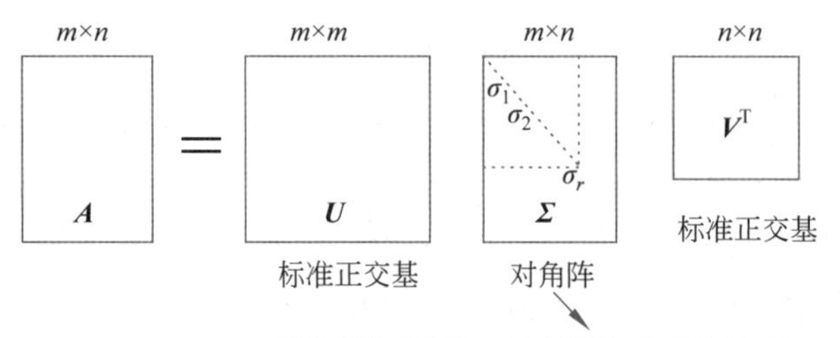

图 3.15　奇异值分解示例

奇异值分解把 **A** 分解为三个矩阵的乘积，分别是 $\boldsymbol{U}$、$\boldsymbol{\Sigma}$ 和 $\boldsymbol{V}^{\mathrm{T}}$ 矩阵，把一个矩阵变成三个，乍一看好像是更复杂了，其实不是，因为这三个矩阵都有非常好的性质。

$\boldsymbol{U}$ 是一个方阵，其中的向量组成了一组标准正交基。

标准正交基是一个非常重要的概念。基的概念前文介绍过，什么是标准正交基？先说一下何为正交，如果两个向量的内积为 0，就是正交。正交在空间上的意义就是互相垂直，例如，在三维空间中，x 轴、y 轴和 z 轴上的向量是两两正交的，它们是两两垂直的，可以想象一下高维空间中的正交，两两垂直的样子。正交还有进一层的引申意思，两个向量正交，也就是两个向量毫无关系。例如大家熟悉的力的正交分解法，就是将力分解为互不作用的两部分。

注意，基也可以不是正交的，像大家熟知的 x 轴、y 轴作为基，就是正交的，两个基之间有个夹角也可以，只要夹角不是 0°或 180°就可以。用线性代数语言，就是线性无关的一组向量可以组成一组基。

利用基的线性组合，可以扩张生成(span)一个空间所有的点。基是正交的当然可以，但即使不是正交的基，也可以通过它们的线性组合生成空间中所有的点。例如，假设有一辆车，可以前进后退，在方向盘的控制下，可以旋转 45°，那么这里就有两个不正交的基(两个夹角为 45°的基)，这个车可以开到平面上任何一个位置。

标准的意思是说每个向量的长度是 1。m 维的标准正交基可以视为是 m 维空间的坐标轴，由这 m 个标准正交基可以生成 m 维空间中任意向量。或者换句话说，任何一个 m 维的向量，都是这个标准正交基中的一个线性组合。

当 $m=2$ 时是二维空间，即一个平面，这个空间中常见的一组标准正交基就是$(1,0)^{\mathrm{T}}$和$(0,1)^{\mathrm{T}}$。当然，这是最简单也最方便的一组标准正交基，还有其他的标准正交基，例如，$(\sqrt{2}/2,\sqrt{2}/2)^{\mathrm{T}}$ 和$(\sqrt{2}/\sqrt{2},-\sqrt{2}/2)^{\mathrm{T}}$ 也是一组二维空间中的标准正交基。

和 $\boldsymbol{U}$ 一样，$\boldsymbol{V}^{\mathrm{T}}$ 中的向量也是一组标准正交基。

$\boldsymbol{\Sigma}$ 矩阵是一个对角阵，也就是说这个矩阵只有对角线上有值，其他的位置都是 0。对角线上的值叫作奇异值。记对角线上的值为 σ_i，每个非零 σ_i 的值依次是 $\sqrt{\lambda_i}$，其中，λ_i 是 $\boldsymbol{A}\times\boldsymbol{A}^{\mathrm{T}}$ 矩阵的非零特征值(按照从大到小排序)。注意，$\boldsymbol{A}\times\boldsymbol{A}^{\mathrm{T}}$ 是一个方阵，因此可以计算特征值。

奇异值分解在很多算法中都得到了应用，例如，在图片压缩、大规模推荐算法中都有奇异值分解的身影。

下面给出一种基于奇异值分解的图片压缩方法。众所周知，图片的编码是像素矩阵，在对矩阵进行奇异值分解之后，可以保留前几个大的奇异值，然后重构矩阵，就可以用少量数据来尽可能描述原始信息(本书 10.2.2 主成分分析一节会给出原因)。

图 3.16 是四张图片。其中，图 3.16(a)是原始照片，其余的三张是经过了奇异值分解之后，分别保留了前 1/10、前 1/100 和 1/1000 的奇异值，然后重构后的图片。注意，奇异值的结果在矩阵 $\boldsymbol{\Sigma}$ 中已经按照从大到小的顺序排序了。因此，所谓的前 1/10，也就是所有的奇异值中最大的 1/10，只需要计算前 1/10 即可，后面的数据相当于不要了，图 3.16 显示结果

(a) 原始图片

(b) 1/10 奇异值

(c) 1% 奇异值

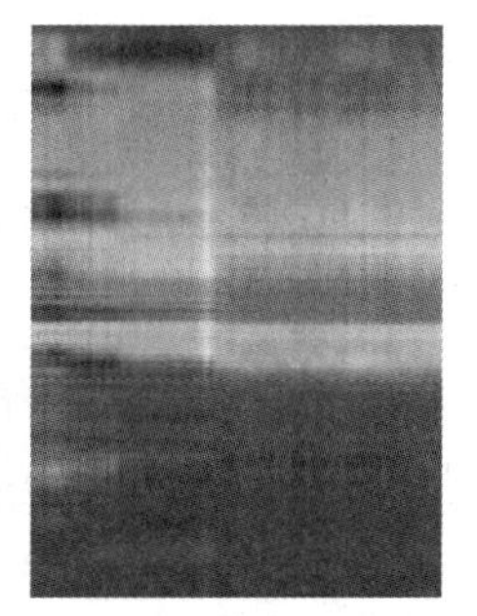
(d) 1‰ 奇异值

图 3.16　取不同比例奇异值的图片效果

(图(a)由作者拍摄，图(b)、(c)、(d)由程序 3.8 生成)

也可以看出，对于这张图片，保留 1/10 的奇异值即能够大致看出图片的效果（虽然细节还有些模糊）。

利用奇异值分解进行图片压缩的程序见程序 3.8。

利用矩阵特征值进行数据处理的应用中，不只在数据压缩中，在推荐系统、主成分分析等算法中都有重要的应用。

3.4 Concrete Mathematics

介绍了以上这些数学知识，对于学习人工智能知识是不是就足够了？

答案是不够。

如果不够的话，还需要学习哪些数学知识？

答案是很多。

既然很多，能不能整理一个最小集，学习完最小集里面的数学知识，就可以完全不用担心人工智能需要用到的数学了？

答案是不能。

人类的数学知识当然是有限的，理论上，有限的东西总会在有限的时间内学完。但是，这个时间应该会超过人的寿命。实际上，现在的学科已经划分得非常细了，两个数学家不知道彼此在研究什么，这是非常正常的一件事情。埃尔德什在三门问题上弄错了，这个对数学家来说是一个很正常的事，数学家也不是什么数学知识都知道，数学家也不一定擅长计算，这些刻板的印象都是外人强加于数学家的错觉与偏见。这个道理就和好多计算机专业的学生被别人叫去修理电脑一样，虽然他们并不一定擅长。

很多人都会遇到这样的问题，学习到的数学知识很多时候用不上。例如，《离散数学》课程会介绍群、环、域、理想这些概念，其中理想的定义如下。

对于环$(R,+,\cdot)$，已知$(R,+)$是阿贝尔群，R 为集合，$+$、$\cdot$ 为二元运算。R 的子集 I 称为 R 的一个右理想，若 I 满足：

$(I,+)$构成$(R,+)$的子群。

$\forall i \in I, r \in R, i \cdot r \in I$。

如果 I 既是 R 的右理想又是 R 的左理想，那么 I 是 R 的理想。

如果读者不知道，或者不懂上面一段话是什么，读者并不孤独，学了这门课的 90%的人两年之后也会忘记（虽然没有统计过，但是这个比例提高到 99%应该也没有问题，考虑到更多人没有学过离散数学，不懂这个定义的比例在人群中超过 99.99%应该没问题）。群、环、域、理想定义了代数系统，不是说这些东西不好或者不重要，只是如果只介绍了概念，又不讲这个东西是干什么的，大部分人不会对数学建立好感。

另外，在应用的过程中，人又总会发现自己的数学储备知识不够。机器学习中有流形学习（manifold learning）的概念，为了搞清楚流形是什么（流形是黎曼研究微分几何学时引进的概念，拓扑学中常用），需要去阅读拓扑学相关的知识。

本小节的标题来自美国斯坦福大学为计算机专业开设的一门课程，同时几位教授也把课程内容整理为一本著作 *Concrete Mathematics*：*A Foundation for Computer Science*。

本书的三位作者都是大师，作者之一高德纳在36岁获得了图灵奖。这本书的前言[14]就对当时计算机需要的数学进行了评论，“由于学院和大学中的‘近世数学’以及类似的模糊的、费脑筋的无用的内容削弱了数学技巧”，高德纳在编写 *The Art of Computer Programming* 第一卷时发现，“在当时那些数学工具里得不到他所需要的完整的组成部分。他需要的数学是完全不同于他在大学中主修的数学”，“抽象数学是一门极好的学科，它没有任何错误：它是优美的，具有普遍意义的和有用的。但是抽象数学的追随者误入歧途，因为抽象数学的余下部分是次要的内容，且不再有值得注意的价值。一般化的目标非常流行，而一代数学家变得不乐于研究特殊项目的妙处，不喜欢接受解定量问题的挑战，或者意识不到技巧的价值。”

这个评价和杨振宁先生对于数学书的评价是一致的。

杨振宁在《曙光集》中谈及物理研究和教学时候说道[15]，“很多学生在学习中形成了一种印象，以为物理学就是一些演算。演算是物理学的一部分，但不是最重要的部分。”这句话对学习计算机也一样有意义。

所以如果本书再列举更多的数学知识，并不一定会对解决问题有实际帮助。事实上，学会微积分、概率、线性代数的基本知识对于大家学习人工智能就已经足够了，将来如果涉及具体的数学知识时候再去学习就可以了。

本节标题的英文原名为“Concrete Mathematics”。不过也有人称之为“混凝土数学”，Concrete 一词在英文中既有“具体的”含义，又可以表示“混凝土”。所以在 Concrete Mathematics 一书的序言中，作者开了个玩笑，听到这门课的具体讲课内容后，所有土木建筑专业的学生都离开了课堂。

事实上，起名为 concrete 有这样一层含义，具体数学是介于连续数学与离散数学之间的数学，concrete 是 continuous（连续的）和 discrete（离散的）组合。传统数学一般都是研究连续变量，而第2章中介绍过，计算机只能表示离散变量。因此，具体数学试图将两者联系起来。

混凝土数学也是计算机的行话（暗语、切口、黑话、自黑话语），任何行业都有行话。说行话，会让人有种找到组织的感觉。拜《智取威虎山》所赐，“天王盖地虎，宝塔镇河妖”，这一本来用于东北土匪之间的行话，变得全国皆知。

数学难懂，这不单纯是数学家的问题。纯数学家（不同于那些应用数学家）面对的唯一问题是所断定的结论是否有逻辑结果上的必然性（necessary logical consequence），而不是这些假定的公理以及推演出的结论是否为真。罗素说过：“纯数学是一门我们不知道自己在说什么，也不知道我们所说是否为真的科学”。

这种研究当然具有重大的意义，它丰富了其他科学家的工具库。例如，非欧几何开始提出的时候，在人们直观上的空间并不为真，当时也很难说清楚它们对什么为真（正因为它们与人们直观感觉不一致，因此，这些几何逻辑上一致的证明并不容易）。黎曼几何是非欧几何的一种，黎曼几何的提出在最开始的时候并没有引起大众的注意，大家认为它只是一个逻辑一致的思维产物，直到后来发现它是相对论的基础工具。类似的例子太多了，更多的数学就意味着更多的工具。

爱因斯坦在晚年出版的《自述》（*Autobiographical Notes*）里说道[15]：

我作为一个学生，并不懂得获取物理学基本原理的深奥知识的方法是与最复杂的数学方法紧密相连的。在许多年独立的科学工作以后，我才渐渐明白了这一点。

这句话也写入了杨振宁先生的《曙光集》，显然，杨先生赞成这样的想法。杨先生一方面吐槽数学书的晦涩，另一方面又认为数学重要，这里面并没有任何矛盾。杨先生对于物理学的研究也保持一贯的思想，物理研究能够解释物理现象最重要，然后是用数学语言描述这些现象。

所以，对于数学知识而言，先要有一定的数学基础，遇到具体问题的时候，再去学习具体的数学。一方面，数学是重要的工具，数学理论需要有人研究；但是另一方面，也需要有人把这些研究成果介绍给大众。如何利用好这些工具，和如何发明这些工具一样重要。

杨先生的治学方法对于人工智能的学习和研究有非常强的指导意义。人工智能和物理一样，一方面，既需要非常扎实的数学知识；另一方面，又需要解决现实的问题。

在人工智能中，解决现实问题的具体方法称为算法。

3.5 怎么做

3.5.1 绘制曲线和曲面图

1. 平面曲线图

程序 3.1 绘制 Sigmoid()函数曲线

```
1   import numpy as np
2   import matplotlib.pyplot as plt
3
4   def sigmoid(x):
5   return 1.0 / (1.0 + np.exp(-x))
6
7   x = np.linspace(-5, 5, 100)        #x 在-5~5 均匀取 100 个点
8   y = sigmoid(x)
9
10  plt.plot(x,y,label="Sigmoid",color = "blue")
11  plt.legend()
12  plt.show()
```

程序 3.1 是一个基本的曲线图绘制程序，更改第 7 行，可以生成不同范围内 Sigmoid()函数的曲线图，例如，直接运行程序 3.1，可以生成图 3.5(b)，将第 7 行改为 x = np.linspace(−1,1,100)并运行，可以生成图 3.5(a)。

2. 三维曲面图

程序 3.2 绘制三维梯度下降算法示意图

```
1   import numpy as np
2   import matplotlib.pyplot as plt
3   from mpl_toolkits.mplot3d import Axes3D
4
```

```
5     fig = plt.figure(figsize=(12,8))
6     ax = Axes3D(fig)
7     x = np.arange(-3,3,0.05)
8     y = np.arange(-3,3,0.05)
9
10    x,y = np.meshgrid(x,y)           #对 x,y 数据执行网格化
11    z1 = np.exp(-x**2-y**2)
12    z2 = np.exp(-(5 * x-1)**2-(y-1)**2)
13    z3 = np.exp(-(x+2)**2-(3 * y+ 2)**2)
14    z = -(z1-z2+0.5 * z3) * 2
15    ax.plot_surface(x,y,z)           #x,y,z 二维矩阵
16    rstride=1,                       #retride(row)指定行的跨度
17    cstride=1,                       #retride(column)指定列的跨度
18    cmap='rainbow')                  #设置颜色映射
19    ax.set_zlim(-2,2)                #设置 z 轴范围
20    plt.title('梯度下降',fontproperties = 'SimHei',fontsize = 20)
21    plt.show()
```

程序 3.2 是一个三维曲面图的绘制程序。绘制三维曲面图需要引入一个绘制三维图像的包(程序第 3 行)。这个程序也比较简单,这里面的每一行语句几乎就是描述性质。

3.5.2 梯度下降算法

1. 求解 $y=x^x$ 的最小值

程序 3.3 求解 $y=x^x$ 的最小值

```
1     #画出函数 y=x^x 的图像
2     x = np.linspace(0,2,100)
3     y=x**x
4     plt.plot(x,y,'r-')
5     plt.show()
6
7     #使用梯度下降法求得最小值
8     theta=1
9     learning_rate=0.1
10
11    for i in range(200):
12        theta = theta-learning_rate * ((math.log(theta)+ 1) * (theta * * theta))
13        print(i,theta,1/theta)
```

程序 3.3 实际是求当 x 取多少时,y 取得最小值(程序 3.4、程序 3.5 也是)。这里的 theta 就相当于算法 3.1 中的 θ,初始值设置为 1,learning_rate 相当于算法 3.1 中的 η,为学习率。程序 11 行到 12 行对应算法 3.1 梯度下降算法的 3、4 行,程序运行 200 次,表示迭代 200 次,运行结果大概迭代到 50 多次,就可以看到结果收敛到了一个比较稳定的值;迭代 174 次,程序稳定收敛。大家在学习这个程序的时候,如果能和算法 3.1 对应起来,会有更好的效果。

下面给出程序运行结果的部分截图(运行结果 200 行,这里只截取了运行结果的第 50 行上下部分和 170 行上下部分)。

```
⋮
47 0.3679301090867416 2.717907491947728
48 0.3679205760865427 2.7179779142463043
49 0.3679128365884524 2.71803509024775
50 0.367906553204035 2.7180815108922953
51 0.3679014520017437 2.718119198929556
⋮
172 0.36787944117144256 2.7182818284590433
173 0.3678794411714425 2.7182818284590438
174 0.36787944117144245 2.718281828459044
175 0.36787944117144245 2.718281828459044
176 0.36787944117144245 2.718281828459044
⋮
```

2. 多个局部最优值的梯度下降

程序 3.4 多个局部最优值的梯度下降

```
1    def f(x):
2        return x**4 + 0.86 * x**3 -12.83 * x**2 - 9.41 * x + 32
3    x=np.linspace(-4,4,100)
4    y=f(x)
5    plt.plot(x,y,label="y=x^4 + 0.86x^3 -12.83x^2 - 9.41x + 32")
6    plt.legend()
7    plt.show()
8
9    theta=2               #初始值选在 x=2
10   lr=0.01               #学习率为 0.01
11   for i in range(100):
12       theta=theta-lr * (4 * theta**3 + 2.58 * theta**2 - 25.66 * theta - 9.41)
13       print(i,theta)
14   print("最小值为",f(theta))
```

程序 3.4 很简单，1、2 行定义函数，3～7 行绘图，9～14 行为梯度下降算法。如果运行起来也没什么问题，很快就收敛到结果。这是因为选取了比较正确的初始值，得到一个最小值为－19.42。

现在看看，如果选择了不好的初始值，结果会怎样。假设程序的第 9 行改成如下语句，其他不变。

```
9    theta=-2          #初始值选在 x=-2
```

最后的结果也收敛了，但是收敛到了另一个值，计算结果最小值为 0.093。

可以看到，如果选择了不同的初始值，会收敛到不同的局部最优。

如果有人觉得，可以通过调大学习率跳出局部最优，这里试一下，例如，将程序 3.4 的第 10 行改为 lr＝0.1，程序大概在迭代 5、6 次以后就会出现运行错误：OverflowError：(34，'Result too large')。

同样，如果选择将初始值改为－2，学习率改为 0.1（把程序 3.4 的第 9 行和第 10 行改为如下语句，其他不变。

```
9    theta=-2          #初始值选在 x=-2
10   lr=0.1            #学习率为 0.1
```

程序大概在迭代5、6次以后就会出错，出现运行错误：OverflowError：(34,'Result too large')。试图以大一点的学习率跳出局部最优失败。大家可以试着修改不同的学习率，事实上，这个程序很难通过调整学习率跳出局部最优(学习率为0.01、0.02、0.03、0.04的时候收敛到局部最优，当学习率为0.05的时候，结果开始振荡不收敛)。

3. "平原"函数的梯度下降

程序3.5 带有"平原"的函数的梯度下降

```
1    def f(x):
2        return x**4 -3 * x**3 +1.5 * x**2 - 0 * x -4.0
3    x=np.linspace(-1.5,2.5,100)
4    y=f(x)
5    plt.plot(x,y,label="y=x^4 -3x^3 +1.5x^2 -4")
6    plt.legend()
7    plt.show()
8
9    theta=1.5                    #初始值选在 x=1.5
10   lr=0.1                       #学习率为 0.1
11   for i in range(20):
12       theta=theta-lr * (4 * theta**3 + -9 * theta**2 + 3 * theta)
13       print(i,theta)
14   print("最小值为",f(theta))
```

运行程序3.5,10多行即收敛，因为这里选择了正确的初始值与学习率。

如果选择了不好的初始值和学习率，结果会怎样？假设程序的第9行和第10行改成如下所示语句，其他不变。

```
9    theta=0.1            #如果初始值选在 0 附近,例如 x=0.1,那么可能陷入平原
10   lr=0.1               #学习率为 0.1
```

那么当程序迭代1000次，计算结果如下所示。

```
⋮
995 8.498839922001057e-156
996 5.949187945400739e-156
997 4.164431561780517e-156
998 2.915102093246362e-156
999 2.0405714652724533e-156
最小值为 -4.0
```

8.498839922001057e−156即$8.498839922001057\times10^{-156}$。数据编码中介绍过，浮点数的表示是近似值，因此，这个数其实就是代表结果为0，可以看到结果在$x=0$处收敛，最小值是−4.0，这是一个错误的结果。

为什么会这样？观察这个函数可以看到，这个函数在$x=0$附近非常平缓，相当于这里有一个"平原"，梯度几乎为0，因此，如果学习率小的话，怎么走都走不出这个平原。那么，是不是把学习率改大就可以了？可以试一下，将学习率改大。如果运行程序3.5，会发现很难通过调整学习率得到最优值。

3.5.3 蒙特卡罗算法

1. 蒙特卡罗求 PI

程序 3.6 蒙特卡罗求 PI

```
1    import matplotlib.pyplot as plt
2    import numpy as np
3    from random import random
4
5    line=np.linspace(0,1,20)
6    ones=np.linspace(1,1,20)
7    zeros=np.linspace(0,0,20)
8    xlist=[]
9    ylist=[]
10
11   #循环 total 次,求 PI 的值
12   total=10000
13   count=0
14   for i in range(total):
15       x=random()
16       y=random()
17       if x * x+ y * y<1 * 1:                #半径为 1
18           count = count + 1
19           xlist.append(x)
20           ylist.append(y)
21   print("pi=",count/total * 4)
22
23   plt.scatter(xlist,ylist,s=0.1)        #绘制扇形
24   plt.plot(line,ones,c='black')         #绘制四个边框
25   plt.plot(line,zeros,c='black')
26   plt.plot(ones,line,c='black')
27   plt.plot(zeros,line,c='black')
28   plt.axis('off')
29   plt.axis('equal')
30   plt.show()
```

程序 3.6 非常简单，几乎不需要解释。这个程序只能生成 1/4 圆，和图 3.10 稍微有不同，大家可以考虑修改程序的哪些地方可以画出图 3.10。注意，为了画出仿真图，这里把模拟次数设计得比较少(程序 12 行，total 的值表示模拟生成点的总数)。实际运行的时候，为了得到更高的精度，可以更改该值，设置模拟仿真的次数。

2. 蒙特卡罗求三门问题

程序 3.7 蒙特卡罗求三门问题

```
1    from random import choice
2
3    def stay():
```

```
4       doors = ['car','goat','goat']  #设置三扇门,其中两扇门后面是山羊,一扇门后
                                        是汽车
5       choose = choice(doors)          #随机选择一扇门
6       if choose == 'car':
7           return 'win'
8       else:
9           return 'lose'
10
11  def switch():
12      doors = ['car', 'goat', 'goat']
13      choose = choice(doors)
14      doors.remove(choose)            #移除选择的门
15      doors.remove('goat')            #移除山羊前面的门
16      if doors == ['car']:
17          return 'win'
18      else:
19          return 'lose'
20
21  total = 100000
22  count_switch = 0
23  win_switch = 0
24  count_stay = 0
25  win_stay = 0
26  for i in range(total):
27      choose = choice([1,2])          #随机选择换门还是不换门,蒙特卡罗模拟
28      if choose == 1:
29          count_switch + = 1
30          if switch() == 'win':
31              win_switch + = 1
32      else:
33          count_stay + = 1
34          if stay() == 'win':
35              win_stay + = 1
36
37  print('换门次数:',count_switch)
38  print('换门后得到汽车次数:',win_switch)
39  print('不换门次数:',count_stay)
40  print('不换门后得到汽车次数:',win_stay)
```

程序 3.7 定义了两个函数 stay(3～9 行)和 switch(11～19 行),分别表示换和不换,然后,模拟 100000 次(26～35 行),最后几行输出运行结果。

下面是程序的运行结果(因为随机模拟,每次运行结果可能不一样)。

```
换门次数: 49773
换门后得到汽车次数: 33185
不换门次数: 50227
不换门后得到汽车次数: 16731
```

3.5.4 奇异值分解

程序 3.8 是使用奇异值分解算法进行压缩的程序,其基本原理在 3.3.5 节中介绍,就是

使用图片矩阵中奇异值的前 k%个值，然后对图片进行重构。

程序 3.8　奇异值分解进行图片压缩

```
1    import numpy as np
2    from PIL import Image
3
4    pic=Image.open("campus.bmp",'r')
5    imageArray=np.array(pic)
6    print(imageArray.shape)
7
8    #将三个通道分离
9    R=imageArray[:,:,0]
10   G=imageArray[:,:,1]
11   B=imageArray[:,:,2]
12
13   #矩阵压缩的具体实现算法
14   def imageCompress(channel,ratio):
15       U,sigma,V=np.linalg.svd(channel)        #奇异值分解
16       m=U.shape[0]
17       n=V.shape[0]
18       reChannel=np.zeros((m,n))               #初始化全零的矩阵 reChannel
19       for k in range(len(sigma)):             #取满足 ratio 的前 k 个奇异值的和,
                                                 #作为新的通道值
20           reChannel=reChannel+ sigma[k] * np.dot(U[:,k].reshape(m,1),
             V[k,:].reshape(1,n))
21           if float(k)/len(sigma)>ratio:
22               reChannel[reChannel<0]=0
23               reChannel[reChannel>255]=255
24               break
25       return np.rint(reChannel).astype('uint8')
26
27   #重建
28   for r in [0.001,0.005,0.01,0.02,0.03,0.04,0.05,0.1,0.2,0.3,0.4,0.5]:
29       newR=imageCompress(R,r)
30       newG=imageCompress(G,r)
31       newB=imageCompress(B,r)
32
33       newImage=np.stack((newR,newG,newB),2)
34       Image.fromarray(newImage).save('{}'.format(r)+ 'img.jpg')
```

程序 3.8 使用奇异值分解方法进行图片的重构压缩。程序 13～25 行是关键函数，该函数接收一个图像通道(即 RGB 三种颜色中的一种)和一个比率作为参数，按照给定比率的奇异值，重构该通道的像素值。

程序 28～34 行将各个通道进行压缩，33 行将三个通道合起来变为一个图片，34 行将新生成图片保存起来。该程序会生成若干图片，部分图片见图 3.16。

第二部分

经典人工智能

第4章 算 法

很多我曾经认为永远回答不了的组合问题已经被解决，这些突破是因为算法的改进，而不是处理器性能的提升。

——高德纳[①]

“算法”一词非常形象，看到这个词，大家就大概知道算法是什么。

按照本书惯例，从算法这个名字说起。什么叫算法？这个词和人工智能一样，没有公认定义，大致上，人们把算法视为是解决问题的方法。一些教科书将算法比做食谱——一组精确步骤，用户可以完全不动脑子地照章执行。

算法的英文单词是 algorithm，和代数的英文单词 algebra 非常像，事实上，这两个单词确实有很大关系，都来自阿拉伯语，Algebra 是古时候的一本书，Algorithm 是该书作者的名字，一般被翻译为花剌子模（彭罗斯的《皇帝新脑》一书中介绍：algorithm 早先的拼法是 algorism，似乎是由于和算术（arithmetic）相关联，不过现在统一的拼法是 algorithm）。

算法已经主导了人们的生活，这句话虽然夸张，但是却也部分反映了事实。图 4.1 显示了两个常见的手机应用，其实背后都有算法在支撑。

(a) App为用户推荐视频

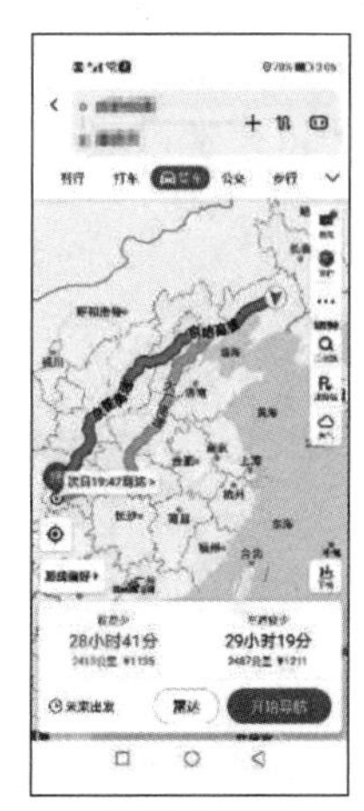

(b) 导航规划

图 4.1 生活处处是算法（手机截图）

① 这句话来自 *The Art of Computer Programming* 第四卷（2009 年出版）前言，原文是：Many combinatorial questions that I once thought would never be answered have now been resolved，and these breakthroughs are due mainly to improvements in algorithms rather than to improvements in processor speeds，上述中文为本书作者翻译。

算法不只活跃在网络世界，在现实生活也影响我们。算法正在帮助设计建筑；算法正在加速金融市场上的交易，研究如何在极短的时间内赚钱；算法可以生成音乐，制作电影；算法在为外卖骑手计算最有效的路线。看短视频的时候，经常刚看完一个，系统就会给你推荐几个你可能喜欢的，“时间从指尖溜走”。为什么？原因非常简单，推荐算法在研究用户。“困在算法里的人”，不止你我。

当然，算法并不总是在作恶，它的出现也为人们解决了很多实际问题。和人工智能一样，你喜欢或不喜欢，它就在这里，人们逃离不开。下面开始认识算法。

4.1 算法概述

计算机是以程序的方式解决问题。现代计算机都是采用冯·诺依曼体系结构，计算机只能执行一条一条的指令，因此，一个算法过程要能够分拆成计算机可以一步一步执行的步骤。如果大家翻开一本算法书，上面大概会写着，算法一般应该有以下 5 个特性。

(1) 确切性：算法的每一个步骤必须有确切的定义。

(2) 有穷性：一个算法必须保证执行有限步之后结束。

(3) 输入：0 个或多个输入，以刻画运算对象的初始情况。

(4) 输出：1 个或多个输出，以反映对输入数据加工后的结果。

(5) 可行性：任何计算步骤都是可以被分解为基本的可执行的操作步骤。

这里面每个特性都比较容易懂，不再过多展开阐述。以确切性为例，算法的每一个步骤必须有确切的定义，因为计算机运行算法的本质就是执行指令，而计算机指令只能是确切无误的。如果说算法像菜谱，一步一步按照菜谱指导就能做出菜来，那么确切性就是食材应该放多少，火的温度是多高，炒菜的时间是多长。如果大家看过菜谱就知道，菜谱里经常说放食盐少许，酱油适量，这个就没有确切性，少许是多少？如果换成放食盐 1g，那么就有确切性了(严格说来，还要说明食盐的品牌，批次才行，换句话说，每一条语句都不能有歧义)。

一提到算法，很多人就会觉得很难。其实大可不必，很多算法其实是很简单的。从一个简单的例子，熊瞎子扒苞米讲起，如图 4.2 所示。

图 4.2 熊瞎子扒苞米

有个歇后语叫“熊瞎子扒苞米，扒一穗扔一穗”。是因为人们觉得熊瞎子一次只能拿一穗苞米。假设有一个熊瞎子想从一垄苞米地中挑出最大的一穗(它手中最多只能拿一穗)，怎么做？如果这个熊瞎子懂算法，它就会这么做：先把第一穗扒下来，放在手中，沿着垄向前走，遇到第二穗，把第二穗和手中这穗比一下，如果第二穗更大，那么留下第二穗，把第一穗扔掉，否则什么也不做，继续往前走，每走到新的一穗前面都进行同样的操作，一直走到头。

很容易看出，这样走了一遍之后，熊瞎子手中苞米肯定是最大的。这么简单的过程，其实就是一个遍历算法，这个算法可以求出一组数据中的最大值。

再看看另一个生活中可能会用到的算法——波斯公主选婿。

波斯公主要选驸马，候选男子100名，公主没有见过其中任何一个，须从这100个人中选出一个人做驸马。100名候选人按顺序逐一从公主面前经过。每一个男子过来时，公主要么选他做驸马，要么不选。如果选他，其他人遣散回家，如果不选，则这名淘汰，轮到下一个。规则是，公主不可以后悔重来。如果前99人公主都看不中，她就必须选择第100名男子为驸马，无论公主多么不情愿。公主的最佳选择是什么？

这个题目没有最优解，谁也不知道最好的选择在哪？不过科学家发现，有个“37%法则”（37%≈1/e，e为自然对数的底），就是淘汰掉最初的37名男子，记下最中意的一名，后续男子中只要中意程度超过那个人，就选为驸马，不再继续选择下去。如果一直没出现更好的人选，就选第100名，无论多么不情愿。这样，会以37%的概率选择出最优的结果，虽然这个概率还不到一半（50%）。

波斯公主选婿这一类问题，根据解决问题的不同，它有很多不同的名字，例如秘书问题、古戈尔游戏、未婚妻问题或苏丹聘金问题等。这类问题表面和熊瞎子扒苞米很类似，但是它不像熊瞎子扒苞米那样总会找到最好的结果。这是因为熊瞎子在扒苞米过程中，手中总有一个“备胎”，因此，造成了算法也不一样。

波斯公主选婿在生活中更具实际意义。让人失望的是，生活中绝大多数时候，错过了就没了，这种情况是一个常态。其实无论找工作也好，找对象也好，买房子也好，都是一个波斯公主选婿问题，人们举棋不定，害怕过早选定，也害怕错过眼前人，后面再也不会有更好的了。

熊瞎子扒苞米和波斯公主选婿的算法很简单，当然，算法不可能都这么简单。算法包含的内容非常广泛，包括动态规划、贪心算法、分支界限法等。一些算法书籍超过千页，但是即使这样厚重的书，也不可能包括全部的算法。本章介绍几个人工智能经典算法，先从一个简单的例子开始。

4.2 笨AI与聪明AI

现在有两个能猜透人类心思的AI程序，或者叫作机器人（更广义的机器人可以看作是一个智能体（agent），有物理实体的机器人和软件组成的没有物理实体的智能体，都属于机器人）。

这里的猜透心思是指，你在心里面想一个数字（1～1000），不告诉机器人这个数字是什么，它能通过提示（提示只有三种：猜大了、猜小了或者猜对了），判断出你心里想的是什么数字。

第一个AI，可以叫它笨AI，因为它的想法十分简单，就是从数字1开始，一个一个去试。把它的核心算法写在下面(具体程序请参见程序 4.1)。

算法 1：笨 AI

```
令猜测的数字 guess=1;
循环:
    询问用户是否猜测正确;
    如果不正确,guess 加 1;
    如果正确,跳出循环。
```

这个算法和熊瞎子扒苞米是一类算法，都是逐个去试，只不过在试的过程中采取的动作不一样。可以看出，算法是可以解决一类问题的。

熊瞎子是否有更好的办法去找到最大的苞米？没有。聪明如人类，面对熊瞎子的限制条件，也只能一个个去试。如果苞米已经按照从大到小的顺序排好了，那么，熊瞎子只要去拿第一穗就行，但是实际情况是，苞米大小排列无序，必须把所有的数据都查看一遍之后，才能判断出哪个是最大的。

但是，若希望能够猜测用户内心所想数字，最坏的情况是要试遍所有的 1000 个数字。是不是可以设计一个更好的办法？换句话说，是不是有更简单的一个算法？对于这个问题，答案是肯定的。

最坏情况下，笨 AI 要猜测 1000 次，因为笨 AI 是从数字 1 开始猜的，那么，何不从 1000 的一半，也就是 500 开始猜起呢？这样，无论猜大了还是猜小了，最多都只需要再猜测 500 次。更进一步，何不每次猜测都从中间开始呢，这样不是能够大大减少猜测次数吗？事实上，这样的想法就是聪明 AI 的算法，见算法 2(具体程序请参见程序 4.2)。

算法 2：聪明 AI

```
令猜测上限 upper=1000,下限 lower=1
循环:
    令猜测的数字 guess=(upper+lower)/2;
    询问用户是否猜测正确;
    如果猜小了,lower=guess;
    如果猜大了,upper=guess;
    如果正确,跳出循环。
```

理解这个算法可以参见图 4.3。

图 4.3 是一棵二叉树。树是计算机中一种典型的数据结构(计算机中的数据结构，即表示计算机中的数据按照何种方式组织起来)，图 4.3 只画出树的一部分。画这样一棵树是为了方便理解，不代表编程的时候需要真正画一棵树。假设用户心目中所猜的数字是 666，第一次聪明 AI 猜测 500，提示猜小了；第二次猜 750，提示猜大了；第三次猜 625，提示猜小了……这样一直猜下去，直到最终猜出结果。事实上，最多 10 次，聪明 AI 就能猜出结果(事实上，这棵树最多有 10 层，因为$\log_2 1000<10$)。

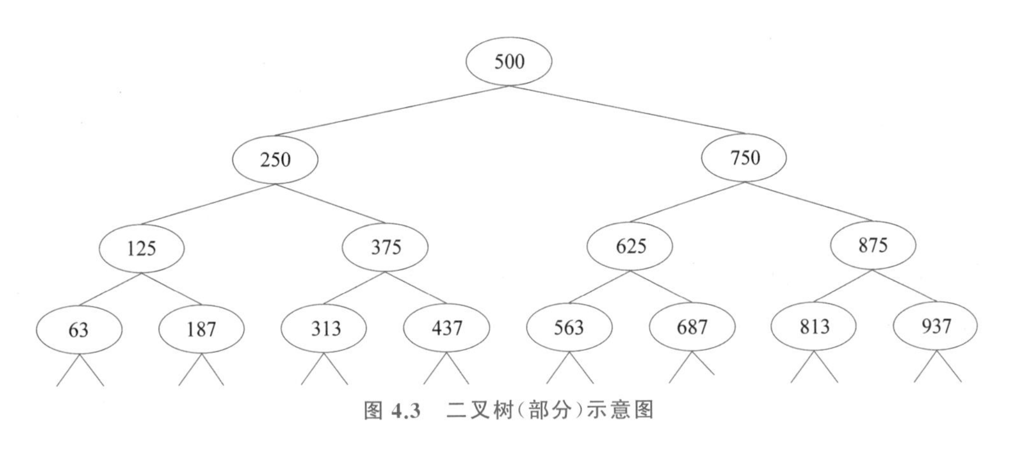

图 4.3　二叉树（部分）示意图

这个算法叫二分查找，也叫折半查找。

有这样一个不太好笑的笑话，不过放在此处倒是很适合。图书馆自习的时候，一同学背着一堆书进入阅览室，结果警报响了，保安让同学看看是哪本书把警报弄响了，同学把书倒出来，一本一本的测。保安见状急了，把书分成两份，第一份过了一下，响了。又把这一份分成两份接着测，三回就找到了，保安看着同学，眼神中包含着××、××与××。

这两个算法，直观上看，聪明 AI 要比笨 AI 表现好，因为同样的问题，聪明 AI 用更少的步骤就可以完成。如何评价一个算法的优劣？算法复杂度能够衡量算法的性能。

4.3　算法复杂度

4.3.1　大 O 表示法

算法复杂度是评价算法的指标，它包括空间复杂度以及时间复杂度。注意，只有针对同一个问题的不同算法才能比较优劣。

先看看空间复杂度，空间复杂度即运行一个算法所需要的空间，这里的空间指运行完一个程序所需要的内存大小。硬件按照摩尔定律方式发展，会越来越便宜，内存会越来越大，而人的时间却不会增加，因此，很多算法更看重时间复杂度，如果有可能，尽量使用空间换时间，希望算法运行得更快一点。当然，在一些特殊情况下，例如一些嵌入式系统，内存有限，那么有时候也要考虑算法空间复杂度，另外，在很多搜索算法中，搜索空间都非常庞大，这个时候空间复杂度也很重要。

再看看时间复杂度。时间复杂度衡量算法时间性能，算法运行越快，性能就越好。在程序中，一个算法运行的时间与算法中语句的执行次数成正比例，哪个算法中语句执行次数多，它花费时间就多，而程序中执行次数多的往往是循环语句，因此在衡量算法性能的时候，主要关注循环语句。

为了表示方便，这里引入大 O 表示法，记为 O(…)。实际上，在表示算法复杂度的时候，还有 Ω 标准、Θ 标准等，但是一般情况下，使用大 O 表示法即可以描述算法的复杂度。

什么叫大 O 表示法？这里大 O 是个上界，即表示在数据规模为 n 的情况下，用不超过 O 这一规模的时间就可以运行结束。需要注意的是，大 O 是一个上界，而不是最小上界，即考虑了所有情况中最差的情况。

参见如下程序，看一看大 O 表示法如何度量算法的复杂度。

```
for(i=1;i<=n;i++)
{
    printf("hello world\n");
}
```

这个程序非常简单，在屏幕上输出 n 个 hello world。这个程序要执行多少次？

分析如下：

首先是语句 $i=1$，执行了 1 次；

然后是语句 $i\leqslant n$，每次循环的时候都需要判断，要执行 n 次；

然后是语句 $i++$，每次循环都要执行，需要执行 n 次；

然后是语句 printf 那行，每次循环都要执行，执行 n 次。

把一个算法中的语句执行次数称为语句频度或时间频度，记为 $T(n)$，n 表示问题规模，显然，随着 n 的增大，$T(n)$也会变大。上述程序要执行 $3n+1$ 次，那么语句频度是 $T(3n+1)$。如果循环里面有 5 个语句的话，语句频度是 $T(7n+1)$。$T(n)$表示法和具体语句有关，有些麻烦。其实，复杂度更关心主要矛盾，也就是程序运行频度的数量级，如果用大 O 表示法来表示这个算法的复杂度，那么算法的复杂度就是 $O(n)$。如果把程序中的 $i\leqslant n$ 改成 $i\leqslant n/2$，可以看出，执行时间大概要少一半，但是，这并没有改变数量级，仍然是 $O(n)$。这样的复杂度是 n 的一次函数，也称这样的算法复杂度是线性复杂度。

如下所示是一个复杂度更高的程序。

```
for(i=1;i<=n;i++)
{
    for(j=1;j<=n;j++)
    {
        printf("hello world\n");
    }
}
```

数一数这个程序执行多少次：

外层循环，$i=1$，执行 1 次；

然后 $i\leqslant n$，每次外循环的时候都要判断，要执行 n 次；

然后是语句 $i++$，每次循环都要执行，需要执行 n 次；

　　然后是内循环，$j=1$ 语句，因为是内循环，所以这条语句要执行 n 次；

　　然后是语句 $j\leqslant n$，需要判断 n 的平方次；

　　然后是语句 $j++$，同样需要 n 方次；

　　然后是 printf 语句，n 方次。

因此，这样一段程序，频度是 $T(3n^2+3n+1)$，用大 O 表示法，复杂度是 $O(n^2)$，这里可以看出来，只考虑主要矛盾。同样，把内循环或者外循环的 n 改成 $n+3$ 或者 $2n$，运行时间肯定不一样了，但是，这并没有改变算法的复杂度，算法的复杂度仍然是 $O(n^2)$。这个算法的复杂度是 n 的二次函数，也称这样的算法复杂度是平方复杂度。

同理，如果复杂度是 n 的三次方，称为立方复杂度。无论是线性复杂度还是平方复杂度、立方复杂度，或者更高阶的，只要是 n 的幂函数，都统称为多项式(polynomial)复杂度，如果一个问题使用多项式复杂度的算法能解决，即认为题目在多项式时间可解。

在算法复杂度分析领域，有个圣杯，即判断 P=NP 是否成立。这个问题需要用很长的篇幅来解释，简单地说，所有可以在多项式时间内求解的判定问题构成 P 类问题；所有的非确定性多项式时间可解的判定问题构成 NP(Non-deterministic Polynomial)类问题，即不能够确定问题能否在多项式时间内解决，但是确定能在多项式时间内验证某个解是否有效的问题。能否证明 NP 问题都可以等同于 P 问题，是当今数学、计算机科学的一大难题。

美国克雷(Clay)数学研究所在公元 2000 年提出的七个重要的数学难题，称为千禧难题，解决任意一个，奖励 100 万美元，这七个问题如下所示。

(1) P=NP?

(2) 霍奇(Hodge)猜想。

(3) 庞加莱(Poincare)猜想。

(4) 黎曼(Riemann)猜想。

(5) 杨-米尔斯(Yang-Mills)存在性和质量缺口。

(6) 纳维叶-斯托克斯(Navier-Stokes)方程的存在性与光滑性。

(7) 贝赫(Birch)和斯维纳通-戴尔(Swinnerton-Dyer)猜想。

截至 2020 年，只有庞加莱猜想被俄罗斯数学家佩雷尔曼证明。顺便说一下，佩雷尔曼拒绝了 100 万美元奖金，也拒绝领取菲尔兹奖。

大家可能注意到，“P=NP?”排在千禧难题第一个。

需要注意的是，很多人都有这样的误解，以为算法复杂度是用来衡量算法运行有多快的。实际上，算法复杂度更重要的作用是描述当问题规模变大的时候，算法的运算规模如何变化。这句加黑的字体，大家要慢慢体会。

4.3.2 常见复杂度

有了大 O 表示法，就可以比较一些常见的算法复杂度了，如表 4.1 所示。

表 4.1 常见的算法复杂度

大 O 表示法	复杂度	大 O 表示法	复杂度
$O(1)$	常数(与数据规模无关)	$O(n^2)$	平方复杂度
$O(n)$	线性(与数据规模成比例)	$O(n^3)$	立方复杂度
$O(\log n)$	对数复杂度	$O(2^n)$	指数复杂度
$O(n\log n)$	线性对数复杂度	$O(n!)$	组合复杂度

1. 常数复杂度

$O(1)$复杂度也称为常数复杂度。常数复杂度意味着解决一个问题的时候，复杂度不随

着问题规模 n 的增大而增加，无论数据量多少，解决问题的时间都差不多。还有这好事？这个真的有。

举个例子，大家都知道福布斯富豪排行榜（因为这个排行榜上不排笔者，所以笔者也不关心它，并不知道这个榜上到底排多少人），如果要找到福布斯排行榜上最富有的 10 个人，和排行榜多少人有没有关系？没关系，拿到排行榜，只读数据前 10 项就可以，无论福布斯排行榜有 100 个人还是有 1000 个人，运行时间一样。假设福布斯排行榜有 80 亿人（这回笔者终于上榜了！），那么，找出最富有的 10 个人的时间变得更长了吗？没有，依然只需要读出数据前 10 项。也就是说，在这样的问题中，算法的复杂度不随问题规模增大而增加，这样的算法就是常数时间算法。这样的算法当然是最好的，只不过，能用这样的算法解决的问题很少。

下面再举一个例子。工厂从供货商购买一批零件，共有 n 件。以往的经验是供货商的零件合格的概率是 90%。如果工厂想知道此次购买的零件是不是全部合格，那么工厂应该怎么做？

当然，如果工厂测试了全部零件，那肯定知道结果，但是，这样做的代价太大。因此，在保证一定出错概率的情况下，可以通过测试部分零件来判断是否全部合格。在测试过程中，可以认为这些测试过程都是独立的，因此，测试 i 个零件，全部合格的概率就是 0.9^i，假设可以容忍的出错概率是 1/1000(0.001)，那么，只需要满足 $0.9^i<0.001$ 即可，这个最小的 i 是 66，也就是说，只需要测试 66 个零件，就可以满足条件。注意，66 这个数字和零件总个数无关，无论是 1 万个零件还是 10 万个零件，都只需要测试 66 个。这也意味着在出错容忍率是千分之一的时候，接收到一批零件，工厂需要测试 66 个，如果全部合格，就可以接收，否则就不接收。因为和规模无关，这个算法的复杂度是 $O(1)$，为常数复杂度。注意，$O(1)$ 中的 1 不是表示运行 1 次，再次回忆大 O 表示法的意义，大 O 表示法不是衡量算法运行的快慢，而是描述问题规模变大时，算法运行规模的变化。

显然，绝大多数问题都不能使用 $O(1)$ 复杂度算法解决。

2. 线性复杂度和对数复杂度

$O(n)$ 和 $O(\log n)$ 分别是线性复杂度和对数复杂度。

> 很多人初次接触对数复杂度都会有一个疑问，对数的底到底是多少，是 2？是 10？还是自然常数 e？答案是哪个底不重要，换底公式告诉人们，无论以哪一个为底，对数之间都只是相差一个常数倍，而大 O 表示法更关心数量级上的差别，因此，无论选择哪一个为底都可以。不过因为计算机使用二进制，在计算机领域，一般都愿意选择以 2 为底。

解决同样一个问题，$O(n)$ 和 $O(\log n)$ 这两个复杂度的算法，哪个更好？答案是 $O(\log n)$。笨 AI 和聪明 AI 就分别对应着线性复杂度和对数复杂度。这两个算法的复杂度都会随着问题规模的增加而增加，虽然都在增加，但是增加的速度不一样。例如，问题规模变为 1000000，也就是从 1～1000000 中猜出用户心目中的数字，那么笨 AI 最差情况可能需要猜测一百万次，但是聪明 AI 最差情况只需要 20 次（回忆图 4.3 中的二叉树，如果数字是 1000000，树深最多 20 层，$\log_2 1000000<20$）。

对数函数虽然是增函数，但容易被人忽略了这种增长是非常缓慢的。因为当自变量 n 趋近于正无穷，$\log n$ 也趋近于正无穷，所以会给人错觉，觉得 $\log n$ 很大。事实上，对数函数的增长是非常平缓的，假设以 10 为底的对数 $\log_{10} n$，当自变量 n 从 10 亿变化到 100 亿，横坐标增加了 90 亿，那么这个对数函数的纵坐标增加了多少？1！横坐标增加 90 亿，纵坐标才增加 1。可以想象这是多么平的一条线。

在学习微积分的时候，不知道大家有没有注意过，$(x^n)'=nx^{n-1}$，x^3 的导数为 x 的 2 次方，x^2 的导数为 x 的 1 次方，x 的导数为 x 的 0 次方，类推下去应该是 x 的 0 次方的导数是 x 的 -1 次方，但是事实上不是，对数函数 $\ln x$ 的导数才是 x 的 -1 次方，之后又正常了，x^{-1} 的导数为 x 的 -2 次方。从某种角度来说，对数函数替代了常数 $y=c$ 那条直线。

对数复杂度变化是很慢的。线性复杂度意味着在算法执行过程中，所有的数据都要被访问一次，熊瞎子扒苞米就是典型的线性复杂度，每个苞米都被看一次。而对数复杂度，意味着在算法执行过程中，有很多数据不需要被访问也可得到最终的结果。

3. 线性对数、平方、立方复杂度

$O(n\log n)$、$O(n^2)$ 分别是线性对数复杂度和平方复杂度。平方复杂度意味着在算法执行过程中，数据大概要被访问到 n^2（不是 $2n$）次，一般来说，如果有二重循环嵌套，算法一般都是平方复杂度的。排序算法就是典型的平方复杂度，也就是说要正确排序，数据大概被访问 n^2 次。以典型的冒泡法为例，每次外循环，只能把最大（或者最小）的数找出来，下一轮外循环，只能把第二大或者第二小的数据找出来。当然，经过计算机科学家的不断努力，发明了很多排序算法，将算法复杂度从 $O(n^2)$ 提高到了 $O(n\log n)$。表 4.2 列出了常见排序算法的复杂度。

表 4.2 常见排序算法的复杂度函数

排序算法	时间复杂度函数		
	平均情况	最坏情况	最好情况
插入排序	$O(n^2)$	$O(n^2)$	$O(n)$
冒泡排序	$O(n^2)$	$O(n^2)$	$O(n)$
快速排序	$O(n\log n)$	$O(n^2)$	$O(n\log n)$
选择排序	$O(n^2)$	$O(n^2)$	$O(n^2)$
堆排序	$O(n\log n)$	$O(n\log n)$	$O(n\log n)$
归并排序	$O(n\log n)$	$O(n\log n)$	$O(n\log n)$

$O(n^3)$ 表示立方阶复杂度，可以想象，当数据量是 100 万规模时，计算量大概是 100 万的立方，这个计算量就非常大了。非常遗憾的是，矩阵的一些运算，包括求逆矩阵、矩阵的奇异值分解都是 n 的立方级别。也就是说，这样的算法需要运算量极大。更高次方复杂度，例如 4 次方、5 次方，虽然都是多项式复杂度，但是实际应用的时候，计算量也是非常大的。

4. 指数复杂度、组合爆炸

在问题规模变大的时候，比多项式复杂度增长更快的是指数复杂度，并且快得多。

大家都听过指数增长，不过可能没有那么直观的认识。一张普通的 A4 纸，厚度大概是 0.1mm，假设这张纸可以任意对折，那么对折 100 次之后，这张纸会有多厚？按照上一章的快速估算法，$2^{100} \approx 10^{30}$，0.1mm 的纸折叠 100 次大约厚 10^{26} m，这个厚度超过 100 亿光年了，按照现在人们对于宇宙的认识，宇宙大爆炸是 137 亿年前，那么折 100 次，这张纸的厚度大概就能到宇宙尽头了，再折一次，宇宙放不下它了。

指数复杂度一般就被认为很难解了，但是它还不是最难的，比指数复杂度高的还有排列组合问题，例如 $O(n!)$，阶乘的数量级是 n 的 n 次方。计算机领域有这样一个词，叫组合爆炸，就是表示这种题目很难解决，如果一个题目是组合爆炸的，那么通常都不会有比较好的算法来解决，只能得到不太好的次优解。

为了更好地理解组合爆炸的概念，这里有个例子（这个例子改编自伍尔德里奇的《人工智能全传》[3]，原书中的四个人是约翰、保罗、乔治和林戈，他们是 Beatles 乐队成员）①：

四个有神奇本领的人为你工作：唐僧、孙悟空、猪八戒、沙和尚。现在有个项目，需要三个人完成。但是非常遗憾，孙悟空和猪八戒不愿意合作。

能够组建一支合适的队伍完成项目吗？

答案很简单，可以选择唐僧、孙悟空、沙和尚三人组队，或者选择唐僧、猪八戒、沙和尚三人组队。

如果加上进一步的限制，唐僧和孙悟空两人也不愿意合作，那么还有答案吗？有，选择唐僧、猪八戒、沙和尚三人组队。

如果再加上一个限制，唐僧和猪八戒两人也不愿意合作，还有答案吗？显然，这次就没法选择三个人组队了。

这个问题之所以这么简单，是因为人数太少，如果变成如下问题。

有一个 n 个人的集合（上述例子 $n=4$），以及一个禁止组队的限制列表（上述例子中孙悟空和猪八戒不能合作等限制），能否得到一个包含 m 个人的团队（上述例子中 $m=3$），使得所有禁止组队的条件都能满足？

这个是一个典型的排列组合问题。显然，可以列出所有 m 个成员的组合，然后依次去对比这些组合的名单是否满足限制条件，这个问题好像编程很容易求解。

但是，随着人数的增多，问题就来了。4 个人中选择 3 个人，很简单，如果是 10 人中选择 5 个人呢？那就是 $C_{10}^{5}=252$。那如果是 100 人中选择 50 人呢？大家都知道 C_{100}^{50} 这个数很大，大概是 10^{29}。假设一台计算机一秒可以评测 10^{10} 种可能性——看起来挺多的，

① 原书中暗藏了一个梗。Beatles 乐队在西方世界几乎家喻户晓，他们四人之间的关系也有很多人知道，约翰·列侬和保罗·麦卡特尼这对音乐天才曾经关系非常好，*Hey Jude* 这首歌即保罗为约翰的儿子所写。但是后来，二人发生龃龉，直到约翰·列侬遇刺身亡，二人终未有机会言和。这个例子中说约翰和保罗不能组队，不知道这四人的关系，当然不会对理解组合爆炸问题有任何影响，但是会浪费原书作者的精心设计。这里改为中国人更熟知的《西游记》中的四个人物关系。

但是一年也只能评测 3.2×10^{17} 种可能，如果评测完，需要 3×10^{11} 年，超过太阳的寿命了。

所以，理论上这个组队问题有解，只要有足够的时间总会得到正确的答案，但是实践上，这个解决方法毫无意义。

随着问题规模增加，不同复杂度的算法解决问题所需要的时间也变得差异巨大。表 4.3 列举了每秒运行 10^9 次的计算机在不同问题规模下的运行时间。

表 4.3 多项式复杂度(n^3)和指数复杂度(2^n)运行时间对比

复杂度	$n=10$	$n=25$	$n=50$	$n=100$
n^3	0.000001 秒	0.00002 秒	0.0001 秒	0.001 秒
2^n	0.000001 秒	0.03 秒	13 天	40 万亿年

当然，很难解决绝不是放弃解决，找不到最优解的时候，找到一个可行的解也差强人意。生活中的很多问题都是非常复杂的问题，常规算法很难解决。而人工智能技术就是解决这样的问题的。

4.4 如何描述问题

4.4.1 树

树是一种计算机中常见的数据结构。在聪明 AI 中，大家见识了二叉树这一特殊的树，二叉树很容易推广到多叉树(或者说，二叉树是树的一个特例)。计算机中用到树的地方太多了，这里简单介绍一下这种结构。计算机中树结构的抽象表示如图 4.4 所示。

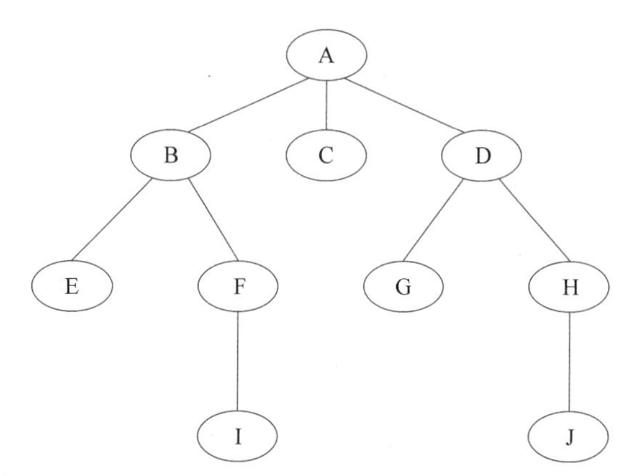

图 4.4 一个简单的树结构

图 4.4 是一个简单的树结构，其中，A 称为根节点，它是 B、C、D 节点的父节点(对应的 B、C、D 节点为 A 节点的孩子节点，或简称子节点)，E、I、C、G、J 称为叶子节点，因为这些节点没有孩子节点。B、F、D、H 这些既有父亲节点也有孩子节点的，称为中间节点。除了父节点和子节点，具有相同父节点的节点互相为兄弟节点。A 节点是所有其他节点的祖先节

点，E节点是A节点和B节点的后代节点。以上这些称呼，与日常生活中的家谱树的称呼相同。

4.4.2 用树描述问题

1. 八数码问题

有了树的定义之后，就可以用其描述难题的解空间了。这里举几个典型的难题。

第一个难题是八数码问题。这个问题一看就懂，但是解起来很困难。八数码问题和中国传统游戏华容道问题类似，是一个游戏。八数码问题如图4.5所示。

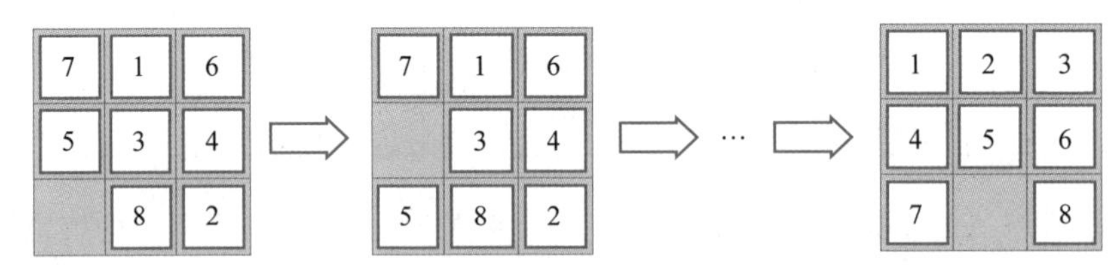

图4.5 八数码问题

八数码问题是一个棋盘，上面有八个棋子，要求从任意一个初始状态（图4.5左侧），每次移动一个棋子，最后移动到目标状态（图4.5最右侧），这个问题一直为人工智能研究领域所关注，几乎所有介绍人工智能的书籍都会涉及这个问题。因为这个问题理解起来很容易，但是解起来又很难，$M(M=n^2-1)$数码问题可能的布局状态是$(n\times n)!$，但是只有其中的一半是合法的（也就是在所有的状态中，有一半的初始状态，无论如何移动，是永远也到不了终局状态的）。

八数码问题如何转换为树结构呢？事实上，每走一步棋子，都相当于来到了一个新的状态，就有新的步骤可以走，这样的移动方式，看起来和树结构其实是一样的，一个八数码问题的走法解空间树如图4.6所示。

根据开局状态的不同，走到终局的步数也不一样，平均起来，八数码平均需要移动22步才能走到终局（和开局状态有关），相当于一棵走法树有22层那么深，每个局面可能的走法不同，例如，空位在角落，只有两种走法；空位在中心，有四种走法，八数码的平均走法是2.67种，也就是相当于树的平均分支有2.67个，那么计算起来，这棵树会有2.67^{22}（≈24亿）个可能的布局状态。

2. 汉诺塔问题

第二个难题是汉诺塔问题，汉诺塔游戏示意图见图4.7。

汉诺塔游戏的目标是把塔上的全部圆盘从A塔移动到C塔上，移动中间过程可以借助B塔，要求是：①一次只能移动一个圆盘；②大的圆盘不能放到小的圆盘之上。

这个游戏看起来规则很简单，但是要是完成这个游戏并不容易，图4.7有3个圆盘，最少需要7次移动才能完成目标，如果有n个圆盘，至少需要移动2^n-1次才能完成。

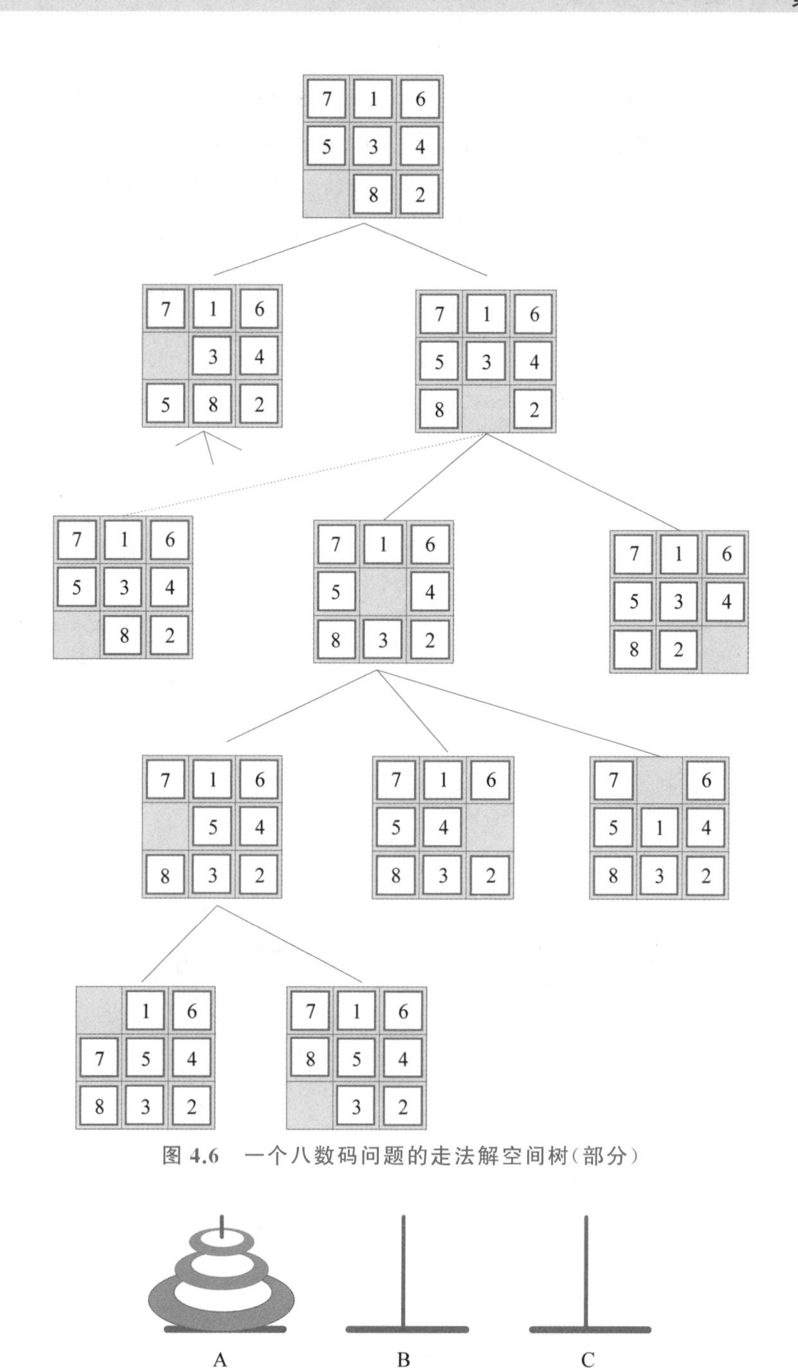

图 4.6　一个八数码问题的走法解空间树(部分)

图 4.7　汉诺塔游戏

汉诺塔的故事来源于古印度,在贝拿勒斯(印度北部)的圣庙里,一块黄铜板上插着三根宝石针。印度教的主神梵天在创造世界的时候,其中一根针上从下到上地穿好了由大到小排列的 64 片金片,这就是所谓的汉诺塔。不论白天黑夜,总有一个僧侣按照规则移动金片,当所有的金片都从梵天穿好的那根针移到另外一根针上时,世界就将在一声霹雳中消灭,而梵塔、庙宇和众生也都将同归于尽。

人类对于非常大的数字通常没有概念，64 个圆盘需要移动 $2^{64}-1$ 次才能完成，这个数字大概是 1.8×10^{19}，假设一秒钟可以移动一次，那么一年可以移动 3.2×10^{7} 次，移动完这么多次需要 5000 多亿年，再一次和太阳的寿命(100 亿年)比较，看来，这个“灰飞烟灭”名副其实。

汉诺塔问题好像和树毫不相干，事实上，可以把汉诺塔的所有移动步骤变成一个树形结构(只不过随着节点增多，这棵树会非常庞大)。图 4.8 是汉诺塔问题的解空间树。

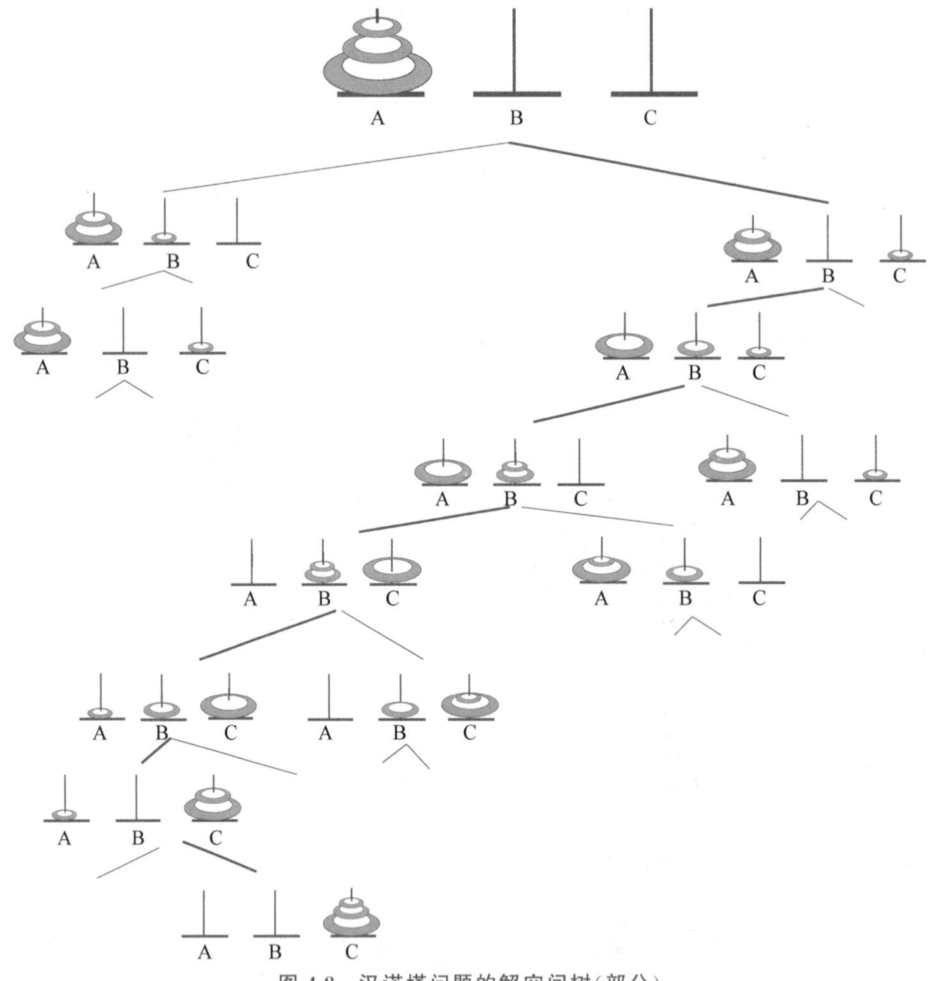

图 4.8　汉诺塔问题的解空间树(部分)

图 4.8 只是树的一部分，有些可能的移动这里并未画出，树的最下面一层是目标状态，从根节点到叶子节点的路线即为一个解。

当然，汉诺塔问题常见的解法还是借助递归程序完成。递归也是在遍历树结构的时候一个非常重要的手段，因此，这里介绍一下递归的概念。

4.4.3　递归

递归是程序设计语言中的一个重要概念，在算法中应用也很广。早期的一些编程语言并不支持递归，不过现代主流高级编程语言都支持递归。

递归从程序设计角度来说，即是函数自己调用自己（或者 A 函数调用 B 函数，而 B 函数又调用 A 函数）。可以想象，函数自己调用自己，在函数执行过程中，又会继续调用自己，因此，递归函数一定有一个终结点，表示不能再继续调用下去了，这个终结点又叫作递归函数的出口。

举个递归调用简单的例子，求一个阶乘的值，例如 4!。

阶乘可以由如下的递归函数计算。

$$f(n)=\begin{cases}1, & 若\ n=0\\ n\times f(n-1), & 其他\end{cases}$$

这是一个递归过程，例如计算 4!可以按照图 4.9 所示方法。

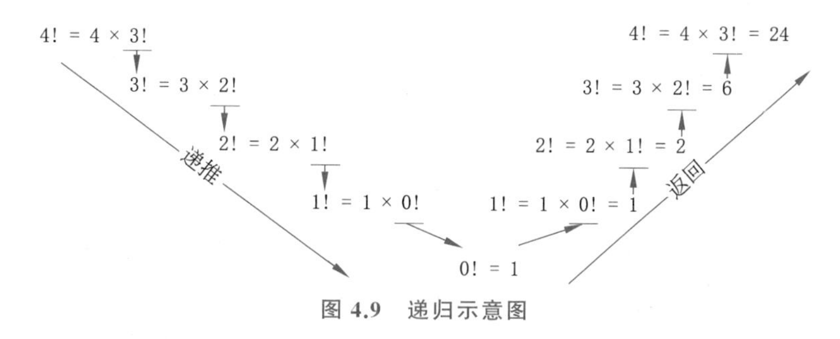

图 4.9　递归示意图

这个程序也很容易写出来，程序 4.3 是阶乘问题的递归函数。

计算阶乘非常简单，事实上，如果计算阶乘使用递归，那还真是“杀鸡用牛刀”。但是汉诺塔问题是指数级别的复杂度，普通编程解决这个问题会非常麻烦，用递归方法会简单很多，可以这么考虑。

步骤一：假设有一个方法（先不用管这个方法是什么），能够把上面的 $n-1$ 个圆盘，从 A 塔中间经过 C 塔移动到 B 塔。

此时状态：A 塔上只有一个圆盘（最大的圆盘），B 塔上有 $n-1$ 个圆盘，C 塔上没有圆盘；

步骤二：将 A 塔上的圆盘直接移动到 C 塔上。

此时状态：A 塔上没有圆盘，B 塔上有 $n-1$ 个圆盘，C 塔上有一个圆盘（最大的圆盘）；

步骤三：用步骤一同样的方法，将 B 塔上的 $n-1$ 个圆盘经过 A 塔移动到 C 塔。

此时达到目标状态。

在步骤一中，假设有一个方法，那么这个方法是什么呢？大家根本不用管它，因为使用递归函数，$n-1$ 个圆盘是这个方法，$n-2$ 个圆盘也是这个方法……因为递归会一直调用下去，直到只有一个圆盘，直接从 A 塔移动到 C 塔即可（这个是递归调用的出口）。所以，这个方法自然就出来了。

程序 4.4 是汉诺塔问题的详细递归程序。

递归不只是一种编程技巧，也是一种算法思想。例如对一棵树结构，树的一个分支和整棵树有相同的形式，很多时候，使用递归遍历树会很方便。

4.4.4　图

图也是计算机中常见的一种结构。把现实问题抽象成图，最早可以追溯到欧拉。

18世纪初，为了解决“哥尼斯堡七桥问题”，欧拉提出了图的概念，这种思想也开辟了一门新的学科，图论(Graph Theory)。图4.10是哥尼斯堡七桥问题的示意图。

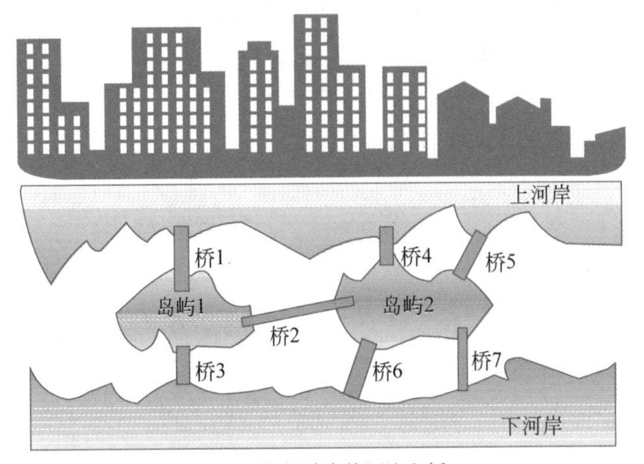

(a) 哥尼斯堡城中的河流和桥

(b) 哥尼斯堡桥的图

图4.10 哥尼斯堡七桥问题

和树结构的定义类似，在图4.10(b)中，A、B、C、D叫作节点(node，也有资料叫作vertex)，1、2、3、4、5、6、7七条连线叫作边(edge，也有资料叫作link)。和树结构不同的是，在图中没有父子关系，只有邻居关系，如果两个节点之间有边，则互称这两个节点为邻居。一个节点连边的个数称为这个节点的度(degree)，图4.10(b)中节点C的度为5，其余节点的度均为3。如果边带有权重(这个权重可能表示两点之间的距离，或者两个节点之间的紧密程度等)，这样的图叫作带权图。如果图中的边是带有方向的，叫作有向图。

哥尼斯堡七桥问题如下：在图4.10(a)示意的地图中，中间的白色区域为一条河流，一个人可以在灰色的陆地或者桥上行走，请问这个人能否在仅经过每座桥一次的情况下遍历七座桥？

1736年，欧拉解决了哥尼斯堡七桥问题。首先，图4.10(a)中的示意地图可以抽象成图4.10(b)中的图结构，其中四个节点A、B、C、D分别表示岛屿1、上河岸、岛屿2、下河岸，七条边分别对应哥尼斯堡的七座桥。可以看到，在解决七桥问题的时候，图4.10(b)抛弃了岛屿和陆地的绝对位置、桥的长度宽度等一系列对解决问题没有帮助的量，只保留了关键节点和路径的拓扑结构，这样的结构对问题进行了更简洁、清晰、准确地描述。

对于哥尼斯堡七桥问题的答案是：不能。能否一次性、无重复地通过七座桥和绘画中的一笔画是一样的，能够一笔画出来的路线也称为欧拉回路①。欧拉发现，是否能够一笔画和节点的度数的奇偶性有关，如果一个节点的度是偶数，则称该节点是偶节点；如果一个节点的度是奇数，则称该节点是奇节点。只有当一个节点的度是偶数，才能保证有一条直线进来，又有一条直线出去。当然，如果是起笔和终笔，那么这两个点的度可以是奇数。欧拉不

① 一笔画有两种，一种是终点和起点一致，另一种是终点和起点不一致。严格来说，起点和终点一致的叫欧拉回路，起点和终点不一致的叫欧拉通路。这也是后文判决条件中为什么会有0个奇节点(欧拉回路)或2个奇节点(欧拉通路)。

仅解决了哥尼斯堡七桥问题，还把这个问题推广到一般情况，如果一个图形有欧拉回路，那么必须满足如下两个条件。

（1）图形必须是连通的；

（2）只有 0 个或者 2 个奇节点。

而哥尼斯堡的拓扑图中，所有的节点都是奇节点，显然不满足条件。

哥尼斯堡原属于东普鲁士，现在叫加里宁格勒，是俄罗斯的一块飞地，使用必应搜索该地并截图，如图 4.11 所示。

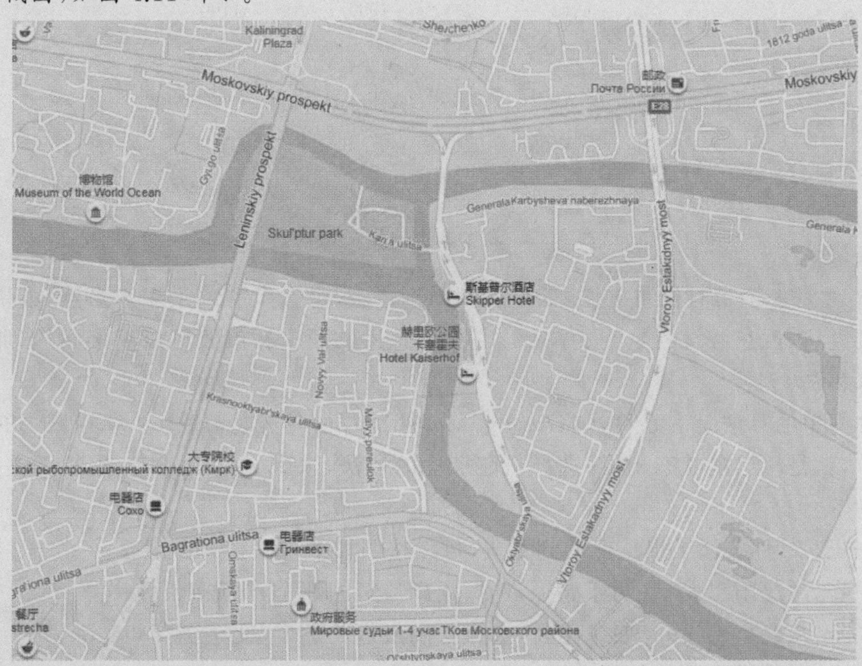

图 4.11　加里宁格勒（原哥尼斯堡）的七座桥

（图片来源：必应地图搜索截图）

奇怪的是，这个地图里面也有七座桥，但是它的左侧岛有三座桥，右侧岛有五座桥，和常见的资料对比正好是左右相反的（欧拉的原文中有个手绘地图，左侧岛有五座桥，右侧岛有三座桥，一般资料中，哥尼斯堡七桥问题中都是左侧岛有五座桥，右侧岛有三个桥）。

可能在欧拉时代，桥的布局和现在不一致，毕竟已经过去将近 300 年了。本书使用了现在的地图，因此，你看到本书的图也和其他资料不一样（左右是镜像的），不过这个差别对问题理解并无任何影响。

在欧拉之后，图论这门学科也慢慢发展起来，很多待解决问题都可以使用图来进行抽象。

4.4.5　用图描述问题

1. 最短路径问题

图 4.12 标记了中国几个城市，是一个带权图，图中的权重表示两个城市之间的空间距

离（图中标注距离为介绍算法使用，不代表实际值）。

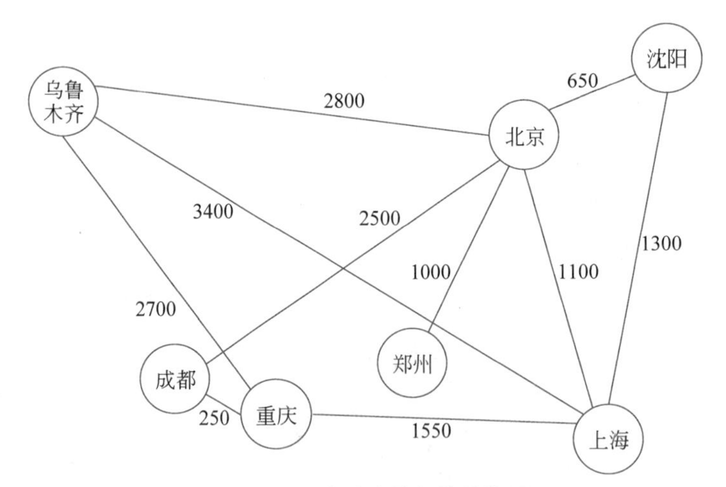

图 4.12　几个城市的拓扑结构图

图 4.12 是一个带有权重的图，如果从沈阳到重庆，怎么走距离最短？当然，最快的肯定是坐飞机直达，现在假设的是，只有图 4.12 中有连边的两个城市才可以直接到达，那么这个问题怎么解决？

一种简单的算法是贪心算法（Greedy Algorithm，也叫贪婪算法）。贪心算法的核心思想很简单，就是从当前状态出发，选择当前最优的解法，来到下一个状态，重复下去，直到找到问题的解。

以图 4.12 为例，如果想从沈阳到重庆，可以按照如下步骤选择路径。

第一步，从沈阳出发，有两条路径，选择距离最短的那个，沈阳到北京；

第二步，从北京出发，有四条路径，选择距离最短的那个，北京到郑州；

第三步，郑州没有其他邻居节点，回溯到北京；

第四步，再次从北京出发，选择没有访问过的距离最少的那个，北京到上海；

第五步，从上海出发，可以直接到重庆，问题解决。

这样，这条路线一共走过的距离就是 650＋1000＋1000＋1100＋1550＝5300（km）。

但是明显可以看到，如果从沈阳出发，直接到上海，然后到重庆，这样走过的距离是 1300＋1550＝2850（km），显然，比贪心算法找到的路径更优。

为什么会差这么多？这个算法中，第一步，从沈阳到北京；第二步，从北京到郑州；第四步，从北京到上海；为什么不直接从沈阳到上海？这里认为沈阳直接到上海更好，是因为站在了“上帝视角”，能看到全局的情况。而机器只能按照规则去计算，当机器考察沈阳这个节点的时候，它并不知道全局情况以及将来会通过上海到达重庆，它只知道目前的情况是沈阳有两条连边，按照规则选择距离最短的那个。同样，机器访问到北京这个节点的时候，它也不知道通往郑州是一个死胡同，所以它还会访问郑州，然后再回溯到北京。

贪心算法虽然很多时候并不能给出某个问题的最优解法，但是它实现简单，而且效率较高，不需要遍历所有节点就能够给出一个解法，所以，一般可以把贪心算法作为基线（baseline）标准。

这个问题有更好的解法，后面会介绍寻找最短路径的最常见的算法——迪杰斯特拉

(Dijkstra)算法(4.6.1节)。

> 最短路径有一个纯物理解法。把地图画在一个木板上,在所有城市的位置钉钉子,有边相连的两个城市就用一条线连接起来,把线的连接处(也就是所有钉子的地方)固定,把起点城市和终点城市的线拿起来拉紧,这时候大部分线都是松弛的,只有一条线是绷紧的,这条绷紧的线所经过的钉子处就是最短路径。

除了最短路径问题,在图论中还有一个问题非常引人注目,这就是旅行商售货问题(Traveling Salesman Problem,TSP)。

2. 旅行商售货问题

旅行商售货问题描述为:给定一组城市以及每座城市与其他城市之间的旅行成本,有一个旅行商从某个城市出发,最终要回到出发的城市,目标是遍历每一座城市,并且需要找到一条路径,只经历每座城市一次且旅行成本最低。

和最短路径不一样,旅行商售货问题假设任意两个城市都可直接到达,旅行成本和距离成正比,旅行商从某个城市出发,应该按照什么顺序来走访每一座城市呢?

随着城市的增多,可能的路线也爆炸式增多,假定有 n 座城市,选定第一座城市,还有 $n-1$ 座城市可供旅行,继续选定一座,还有 $n-2$ 座城市可供选择……理论上一共有 $n!$ 条路线。这是一个典型的组合爆炸问题。TSP问题就是要从所有的组合中找出最优的那个。

TSP问题意义重大,首先它的判定是一个NP完全问题①。NP完全问题是一类问题,TSP是其中最具代表性的一个,因为科学家已经证明所有的NP问题都在一个等价类中[4],解决一个NP问题,即可以解决所有的NP问题。换句话说,如果在多项式时间内解决了TSP问题,就相当于解决了千禧难题中的P=NP?问题(目前大部分的科学家都认为P≠NP)。如果你能高效准确地解决旅行商售货问题,你就能解决前文提到的组队问题,同时,你也能解决所有的NP问题。当然,旅行商售货问题至今没有完美的解决方案。

旅行商售货问题不仅理论意义重大,还有很多实际应用,例如,它在电路板自动钻孔、快递自动分拣、库房货物摆放等场景都有广泛的用途,这些应用都很直观。还有不那么直观的,例如空间站观测,因为空间站上的空间望远镜需要观测不同的星系,而它调整一次角度和方位都会消耗巨大的能量。如何选择观测顺序把所有的目标行星都观测到,同时损耗的能量最小,就是一个TSP问题。

还有一些更抽象的问题,虽然更不直观,其实也是旅行商售货问题,例如,知道基因变异的顺序对于理解生物的起源有重要意义。假设现在有若干的基因片段,可以计算出这些基因片段之间的相似程度。此时,如果把每个基因片段看作一座城市,把基因片段之间的相似度看作是距离,那么,求解出从一个基因片段出发,经历所有基因,达到另一个基因的最短路径,就可以帮助人们找到这些基因片段在变异过程中的时间顺序。

> TSP问题是个有趣的问题,受关注程度超过想象[5]。
> 1962年,宝洁公司就悬赏1万美元,希望有人能解决33座城市的TSP问题。注意,

① TSP问题是NP-hard问题,TSP问题的判定是NP完全问题,注意二者的区别。

这里不是解决TSP问题，是解决33座城市的TSP问题。33并不是一个很大的数目，因此，相对于这个问题规模，这算是巨额奖金。为了方便大家了解1962年1万美元的购买力，可以参考如下事实，1975年，美国总统克林顿花了不到2万美元购买了他的第一套房子。

另外，前文介绍过可以用钉子和线这种物理方法解决最短路径问题，这个想法很早就有，笔者以为是独创，结果在阅读文献[5]的时候，发现早有人使用钉子和绳子来标记旅行商路线，叫作钉绳法。不只是钉绳法，除了常规方法之外，人们还想到了各种让人大开眼界的方法解决TSP问题。

DNA方法：1994年，阿德曼在*Science*杂志上发表文章，内容是他领导一个小组设法驱使试管中的DNA分子来完成计算。他用DNA单链代表每座城市及城市之间的道路，并顺序编码，通过7天时间的系列生化反应，DNA电脑自动找出了解决问题的唯一答案，即只经过每座城市一次且顺序最短的DNA分子链[6]。

细菌方法：2009年，Baumgardner J.等人培养细菌，利用荧光方法使体内DNA满足路径条件的细菌菌落发光。虽然，他们只解决了三座城市，但是细菌的生长是指数级的，如果真的能解决NP问题，该方法是个好思路[7]。

变形虫方法：2009年，Aono M.等人在*New Generation Comp*.上发表文章，介绍利用变形虫会避开光源的特性，构建特殊的环境模拟TSP问题，培养变形虫适应环境解决问题[8]。

生物方法：Emil Menzel培养猩猩，Brett Gibson培养鸽子，还有其他研究人员培养猴猴、大鼠等，使得这些生物能够走出TSP路线[5]。

还有光学方法、量子计算机方法，当然了，还有钉绳法。

在数学中，人们把费马大定理称作是一只会下蛋的金鸡，是因为在解决费马猜想的过程中，人们发明了各种各样的数学工具(1994年，怀尔斯杀死了这只金鸡，他证明了费马猜想，费马猜想也正式变为了费马大定理)。TSP问题也可以称得上是这样的一只金鸡。

树和图可以描述问题的解空间，在树和图构建起来之后，通过搜索它们就能找到问题的解。下面就来看看如何搜索树和图。

4.5 无指导信息搜索

对树或者图的搜索分为无指导信息搜索以及有指导信息搜索，这里先介绍无指导信息搜索。无指导信息搜索主要有两种方法，一种是深度优先搜索(Depth First Search，DFS)，另一种是宽度优先搜索(Breadth First Search，BFS)。

4.5.1 深度优先搜索

树的深度优先搜索就是沿着某一个分支一直搜索下去，直到找到目标状态或者搜索完整棵树。如果某一搜索路径已经到达了叶子节点，还没有找到目标状态，可以进行回溯。回溯即如果遇到不可解的节点，就回到路径中最近的父节点上，查看此节点是否还有其他的子节点可以扩展搜索，如果有，则继续向叶节点方向搜索；如果没有，可以进一步回溯到更高一层的父节点。

如果不加上深度限制，计算机有可能会沿着一条路径一直搜索下去。因此，在深度优先搜索中可以加上深度限制，这种方法叫作有限深度搜索(Depth-Limited Search，DLS)，如果搜索到达一定深度时还没有找到结果，那么就换一条路径。

在深度优先搜索的算法中，可以使用两个表结构，open 表和 closed 表。open 表用来记录哪些节点是待访问节点，一般使用堆栈(First In Last Out，FILO)数据结构；closed 表记录哪些节点已经被访问过了。深度优先搜索算法如下。

算法3：深度优先搜索

1. open 表=[开始状态]，closed 表=[]
2. 当 open 表不为空的时候，进行循环：
3. 从 open 表中删除第一个元素 S，将 S 放入到 closed 表中
4. 如果元素 S==目标状态，算法结束，返回搜索成功
5. 扩展 S 的直接后代，检查这些后代节点是否在 open 表或者 closed 表中出现，将没有出现过的后代节点按照 FILO 的顺序放入 open 表中
6. 如果循环结束，还没有找到目标，返回搜索失败

以图4.4中的树结构为例，假设目标状态是 G 节点，带回溯的深度优先搜索的过程如下。

开始状态：open=[A]，closed=[]。

第一次循环：open=[B,C,D]，closed=[A]。

第二次循环：open=[E,F,C,D]，closed=[A,B]。

第三次循环：open=[F,C,D]，closed=[A,B,E]。

第四次循环：open=[I,C,D]，closed=[A,B,E,F]。

第五次循环：open=[C,D]，closed=[A,B,E,F,I]。

第六次循环：open=[D]，closed=[A,B,E,F,I,C]。

第七次循环：open=[G,H]，closed=[A,B,E,F,I,C,D]。

第八次循环：open=[H]，closed=[A,B,E,F,I,C,D,G]，S=G，找到目标，算法结束。

在算法中，open 表使用了堆栈的结构，保证每次新生成的待访问节点都放到 open 表的最前面，这样就保证了搜索会以深度优先的顺序进行。

这里有一个实际的例子。以三数码问题(八数码问题的简化版本)为例，看一下深度优先搜索如何解决这个问题。假设对于一个三数码问题，初始状态和目标状态如图4.13所示。

图4.13 三数码问题示意

无论对于八数码问题和三数码问题，在设计算法时都假设通过移动空格来完成目标。理论上，空格有四种移动方法，{上、下、左、右}，当然，对于空格的不同位置，有一些移动方法是行不通的，例如，对于图 4.13 中的初始状态，空格只能上移或者左移。

完成目标之前，并没有办法知道按照哪个顺序移动是最好的，这种搜索是盲目的。因此，可以按照一定的顺序，这里按照上、下、左、右的顺序来生成搜索树，并进行深度优先搜索，深度优先的搜索树如图 4.14 所示。

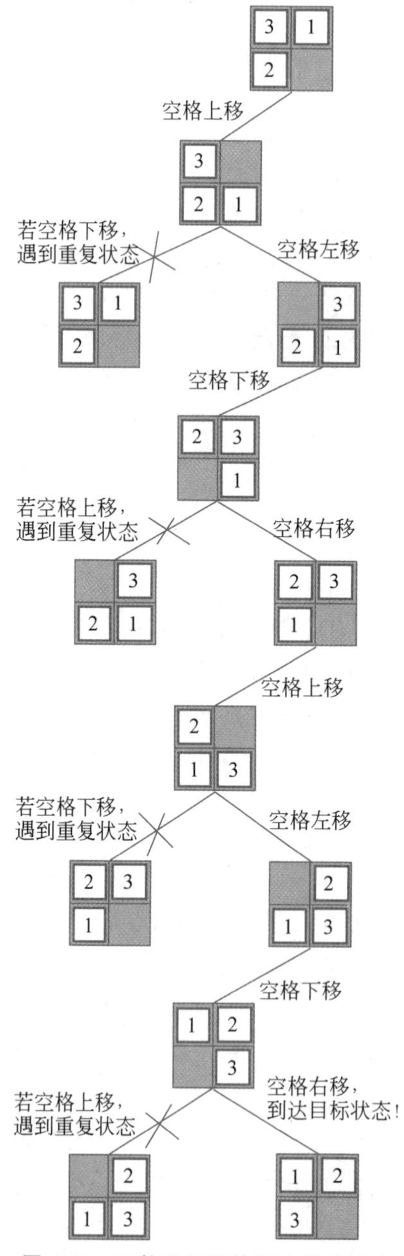

图 4.14　三数码问题的深度优先搜索

图 4.14 是三数码问题的深度优先搜索，经过八次移动从初始状态移动到目标状态。注

意，如果在移动的过程中遇到重复状态(已经搜索过的状态)，那么就不能继续移动了，图4.14中有叉号的分支，就是会遇到先前的重复状态，避免进入重复状态是搜索的基本要求。

4.5.2 宽度优先搜索

除了深度优先搜索之外，还可以对树进行宽度优先搜索。宽度优先搜索即按照层次进行搜索。

在宽度优先搜索的算法中，也可以使用open表和closed表。

算法4：宽度优先搜索

1. open表=[开始状态]，closed表=[]
2. 当open表不为空的时候，进行循环：
3. 从open表中删除第一个元素S，将S放入到closed表中
4. 如果元素S==目标状态，算法结束，返回搜索成功
5. 扩展S的直接后代，检查这些后代节点是否在open表或者closed表中出现，将没有出现过的后代节点按照FIFO的顺序放入到open表中
6. 如果循环结束，还没有找到目标，返回搜索失败

以图4.4为例，假设目标状态是G节点，宽度优先搜索的过程如下。

开始状态：open=[A]，closed=[]。

第一次循环：open=[B,C,D]，closed=[A]。

第二次循环：open=[C,D,E,F]，closed=[A,B]。

第三次循环：open=[D,E,F]，closed=[A,B,C]。

第四次循环：open=[E,F,G,H]，closed=[A,B,C,D]。

第五次循环：open=[F,G,H]，closed=[A,B,C,D,E]。

第六次循环：open=[G,H,I]，closed=[A,B,C,D,E,F]。

第七次循环：open=[H,I]，closed=[A,B,C,D,E,F,G]，S=G，找到目标，算法结束。

同样，在宽度优先搜索中，open表使用了队列(First In First Out，FIFO)数据结构，这样每次扩展的待访问节点都会放到open表的最后，因此，实现了按照宽度进行搜索。

对于三数码问题，对于相同的初始状态，仍然按照空格上、下、左、右的顺序生成解空间树，宽度优先搜索的过程如图4.15所示。

图4.15是三数码问题的宽度优先搜索，注意，在这个算法搜索过程中，虽然从图中看只用了4层就到了目标状态，但是在搜索过程中，因为是宽度优先，因此要搜索8个状态才能找到问题的解。但是一旦搜索到这个解法之后，只需要4步就能够移动到目标状态。

计算机中的文件存储结构即为典型的树状结构，文件是叶子节点，文件夹是中间节点。回忆一下，如果你想找到一个文件，但是不知道具体放在哪个文件夹中，需要怎么做？可以先打开第一个文件夹，看看是否找到；如果没有，继续深入；如果这一分支文件夹找到最后也没找到，回溯到上一层继续搜索。程序4.5是一个使用深度优先和宽度优先搜索电脑文件的例子。

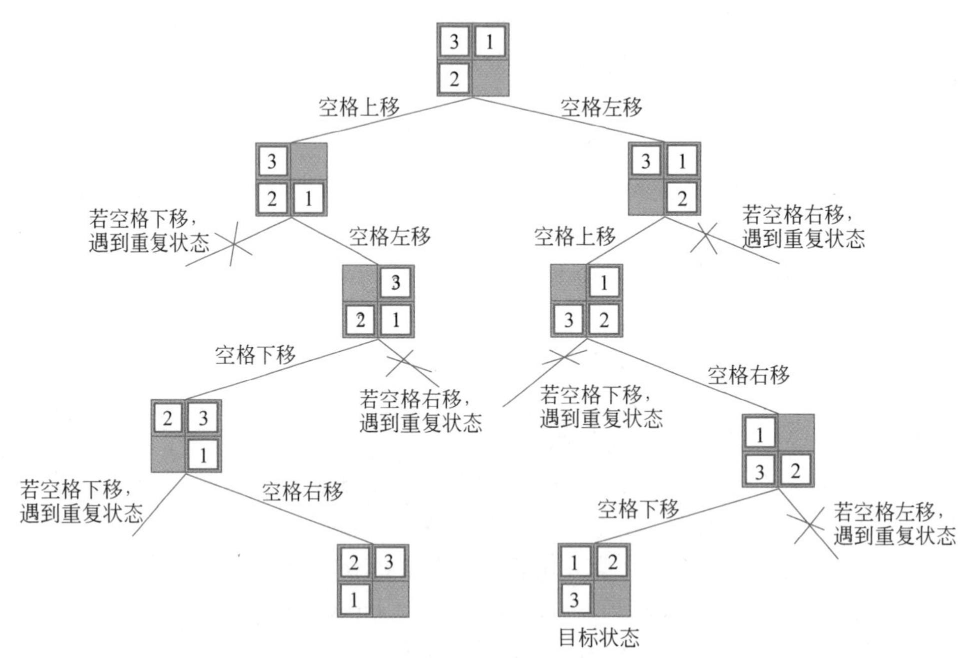

图 4.15 三数码问题的宽度优先搜索

4.5.3 搜索评价

在众多搜索算法中需要对不同的搜索算法进行评估，下面给出了搜索算法的评估指标。

(1) 完备性。

当问题存在一个解，并且搜索算法可以保证找到这个解的时候，就说这个算法是完备的。例如，不带回溯的深度优先就不保证能找到问题的解，因此是不完备的。

(2) 最优性。

如果搜索算法能够找到所有解决方案中代价最低的路径，则认为该算法具有最优性。在解决三数码问题时，深度优先搜索和宽度优先搜索都找到了问题的解，它们都是完备的，但是，宽度优先找到的解只需要 4 步就能到达目标状态，这个解也是所有可能的移动中最少需要的步数，因此，这里深度优先搜索不是最优的，宽度优先搜索是最优的。

需要注意的是，算法具有最优性表示该算法能够找到问题的最优解，而是不说这个算法是最优的，比别的算法更好。

(3) 时间复杂度。

时间复杂度前文已有提及，即能用多长时间找到问题的解。在树的搜索算法中，一般用搜索期间生成(扩展)的节点数量来衡量时间复杂度。

(4) 空间复杂度。

和一般的算法不太关注空间复杂度不同，树的搜索算法中可能会需要保存搜索状态，因此需要更多的内存，使用内存数量来衡量空间复杂度。

在树的搜索算法中，复杂度一般使用以下三个参数来表示。

① b：分支因子，即节点的后继数；

② d：最浅深度，即从初始状态到目标状态的最少步数；

③ m：状态空间中任意路径的最大长度。

有了上述4个指标，下面可以比较一下深度优先搜索和宽度优先搜索的性能指标。表4.4是各个指标的比较情况。

表4.4 深度优先搜索和宽度优先搜索性能比较[9]

性能指标	深度优先	宽度优先	性能指标	深度优先	宽度优先
完备性	否	是	时间复杂度	$O(b^m)$	$O(b^d)$
最优性	否	是	空间复杂度	$O(bm)$	$O(b^d)$

从表4.4可以看出，在大多数情况下，宽度优先搜索都要优于深度优先搜索，但是宽度优先搜索需要更多的空间（内存）。

4.6 有指导信息搜索

无指导信息搜索虽然能解决问题，但是看起来不智能。在搜索过程中，如果算法能够利用一些信息寻找正确的搜索方向以加速搜索，这样的算法看起来就更智能一些。

4.6.1 迪杰斯特拉算法

迪杰斯特拉算法在搜索过程中，会从距离最短的节点开始搜索，因此，它是贪心算法的一个变种。在4.4.5节中，本书介绍了一个使用贪心算法的方案。在该方案中，出现了一个问题，当算法走到某个节点的时候，有时候会发现其实有一条更好的路线可以更快地到达这个节点（沈阳—北京—上海，其实可以用沈阳—上海替代）。迪杰斯特拉算法可以解决这个问题。

迪杰斯特拉算法可以实现单源节点到其他所有节点的最短路径的计算，已经被证明具有完备性和最优性。关于迪杰斯特拉算法，有很多解释方法，它们的核心思想都一样，一个比较容易理解的算法步骤如下。

算法5：迪杰斯特拉算法

（1）定义两个节点集，一个存储待遍历的节点，记为open；另一个存储遍历过的节点，记为closed。初始时，closed只包含源节点，记为closed={v_init}，open包含所有其余节点，即open={其余节点}，同时记录下这些open中的节点与v_init的距离，如果无连边，记为无穷大。

（2）从集合open中选择距离v_init最近的节点n，把n加入到closed中，记录下该路径。同时，从open中移除节点n。

（3）以n为新的节点，修改v_init到open中各节点的距离，若发现从源节点到某节点的距离更近，修改这个距离，同时，记录下这个新的路径。

（4）重复步骤(2)、(3)，直到所有节点都包含在closed中。

下面结合图4.12中的图，介绍一下算法的迭代过程。

初始化，closed={沈阳(0)}，open={重庆(∞①)，北京(650)，上海(1300)，成都(∞)，乌

① ∞表示无穷大，在实际编程的时候，可以用一个特别大的数来替代，例如，本例中可以用99999替代。

鲁木齐(∞)，郑州(∞)}，括号内数字为起始点到各个城市的距离，没有连边用∞表示。

第1次迭代，选择open中距离最近的节点，北京，将其加入到closed中，同时从open中移除该节点，并更新open中各节点的距离。例如，成都到沈阳之前的距离是无穷大，但是北京加入之后，距离更新为650+2500=3150，同样，乌鲁木齐更新为3450。此时，closed={沈阳(0)，北京(650)}，open={重庆(∞)，上海(1300)，成都(3150)，乌鲁木齐(3450)，郑州(1650)}。

第2次迭代，选择open中距离最近的节点，将上海加入到closed中，同时更新open中各节点的距离。此次需要更新到重庆的距离，此时closed={沈阳(0)，北京(650)，上海(1300)}，open={重庆(2850)，成都(3150)，乌鲁木齐(3450)，郑州(1650)}。

第3次迭代，选择open中距离最近的节点，将郑州加入到closed中，同时更新open中各节点的距离。此步骤无城市更改，此时closed={沈阳(0)，北京(650)，上海(1300)，郑州(1650)}，open={重庆(2850)，成都(3150)，乌鲁木齐(3450)}。

第4次迭代，选择open中距离最近的节点，将重庆加入到closed中，同时更新open中各节点的距离。此次更新到成都的距离。此时closed={沈阳(0)，北京(650)，上海(1300)，郑州(1650)，重庆(2850) }，open={成都(3100)，乌鲁木齐(3450)}。

第5次迭代，选择open中距离最近的节点，将成都加入到closed中，同时更新open中各节点的距离。此次无城市更改，此时closed={沈阳(0)，北京(650)，上海(1300)，郑州(1650)，重庆(2850)，成都(3100)}，open={乌鲁木齐(3450)}。

第6次迭代，选择open中距离最近的节点，将乌鲁木齐加入到closed中，同时更新open中各节点的距离。此次无城市更改，此时closed={沈阳(0)，北京(650)，上海(1300)，郑州(1650)，重庆(2850)，成都(3100)，乌鲁木齐(3450)}，open={ }。

此时，open表为空，算法结束，计算出沈阳到各城市的最短路径。

程序4.6有迪杰斯特拉算法的实现程序。

严格来说，迪杰斯特拉算法还不能算是有指导信息的搜索算法，这种搜索算法也叫一致代价搜索，它介于无指导信息搜索和有指导信息搜索之间。那么，什么样的搜索才算是有指导信息搜索呢？

4.6.2 启发式

没有任何信息指导的搜索都属于蛮力解法，只是靠蛮力搜索当然算不上智能。给搜索加上一些指导信息，让搜索变得更聪明，那才算有智能。

怎么让搜索聪明起来？问题的解空间树(或图)可能非常庞大，但是，在这棵树中会有一些明显不满足条件的解，因此避免搜索重复状态就是方法之一。在图4.6中，有一条分支是用虚线连接的，因为它会进入一个已经搜索过的状态，所以这样的分支肯定是不应该进行搜索的。但是，仅仅禁止这样的分支搜索并没有改变太多。真正要解决的问题是如果有多个分支，优先搜索哪个，或者说，如果能有一些指导信息可以告诉算法最终的解在哪个分支就好了。

这些指导信息称为启发式(heuristic)信息。启发式一词来自希腊语“heuriskein”，意为“发现”。启发式算法如此直观，很难说清楚到底是谁发明了它。这一想法可以追溯到匈牙利数学家波利亚，他在著作《怎样解题》中，运用形式化观察和实验的方法来寻求解题的过程。20世纪50年代，IBM的塞缪尔第一次在人工智能中使用启发式算法设计了一个跳棋程序。

1984年，珀尔出版了 *Heuristic* 一书，这本书从正式的数学角度专门描述了这个主题。

很难通俗地解释清楚“启发式”到底是什么（你可以去网上搜索一下，反正笔者已经搜索过了，并没有理想的答案）。在不同的领域，启发式一词也有不同的含义。例如，在教育学领域，有一种教学方法叫“启发式教学”，大概含义就是和“填鸭式教学”相反，主动启发学生的思维，调动学生学习的主动性和积极性。

在心理学领域也有启发式一词，是指人们在进行决策和判断的时候，通过一种走捷径的方式来作出决定，例如，在心理学关于不确定启发式的经典论文中就举了这样一个例子[10]，在判断一对夫妻是否会离婚时，你可能会回忆自己认识的人当中是否有相似的夫妻，如果回忆到的夫妻多数都离婚了，那么你会判断眼前这对夫妻同样会离婚。但是，显然这种可得性启发式会导致系统性偏差出现。

虽然很难直接定义启发式是什么，但是启发式的想法很直接，就是借用一些经验、技巧、知识来优先搜索一些解决问题的更好路径。

在八数码问题中，如果想从当前局面走到目标局面，那么会有一些走法看起来更好，例如，可以计算当前局面和目标局面之间的距离，如果某个走法和终局的距离最小，那么该走法就比盲目搜索效果要好。

启发式算法有很多个，其中最为典型的就是 A* 搜索算法。

4.6.3 A* 搜索算法

A* 算法由美国 SRI 人工智能研究中心的 Nils Nilsson 以及他的同事共同开发，现在被视为计算机科学中的基础算法之一，在实践中也有广泛应用，例如导航系统、路径规划等。

A* 算法是一个典型的启发式算法，它的启发函数 $f(n)$ 由两部分构成，$g(n)$ 和 $h(n)$，其启发式函数为

$$f(n)=g(n)+h(n)$$

其中，$g(n)$ 表示从初始状态出发，到达当前状态已经花费的代价；$h(n)$ 表示从当前状态出发，到达目标状态的估计代价。

算法6：A* 算法

A* 算法的步骤如下

1. open 表=[开始状态]，closed 表=[]
2. 当 open 表不为空的时候，进行循环：
3. 　　从 open 表取出启发函数 $f(n)$ 中值最小的元素 S，将 S 放入到 closed 表中
4. 　　如果 S==目标状态，算法结束，返回搜索成功
5. 　　扩展 S 的直接后代，检查这些后代节点是否在 open 表或者 closed 表中出现，可能会有如下情况

　　　　如果它在 closed 表中出现过，说明这个状态已经被访问过，忽略它

　　　　如果它未在 closed 表中出现过，那么有如下两种情况

　　　　　　情况1：如果它未在 open 表中出现过，计算这些节点的启发函数值，将新的状态和启发值放入到 open 表中

情况 2：如果它在 open 表中出现过，比较该状态的新的 $g(n)$ 值和 open 表中的旧的 $g(n)$ 值，如果新的 $g(n)$ 值表明这是一条更好的路径，将 open 表中的旧状态替换为新的路径

6. 如果循环结束，还没有找到目标，返回搜索失败

人们已经证明，A^* 算法是完备的，也是最优的，它的缺点就是其空间复杂度较高。尽管 A^* 算法很惊艳，但是这个算法依赖于使用特定的启发式函数，启发式函数设计得越好，算法的效果越好。在八数码问题的求解中，可以计算“不在位”的数目，这里的不在位表示当前局面有多少个棋子不在正确的位置上。在图 4.16 中最开始的局面中，1、2、5、8、6 不在目标局

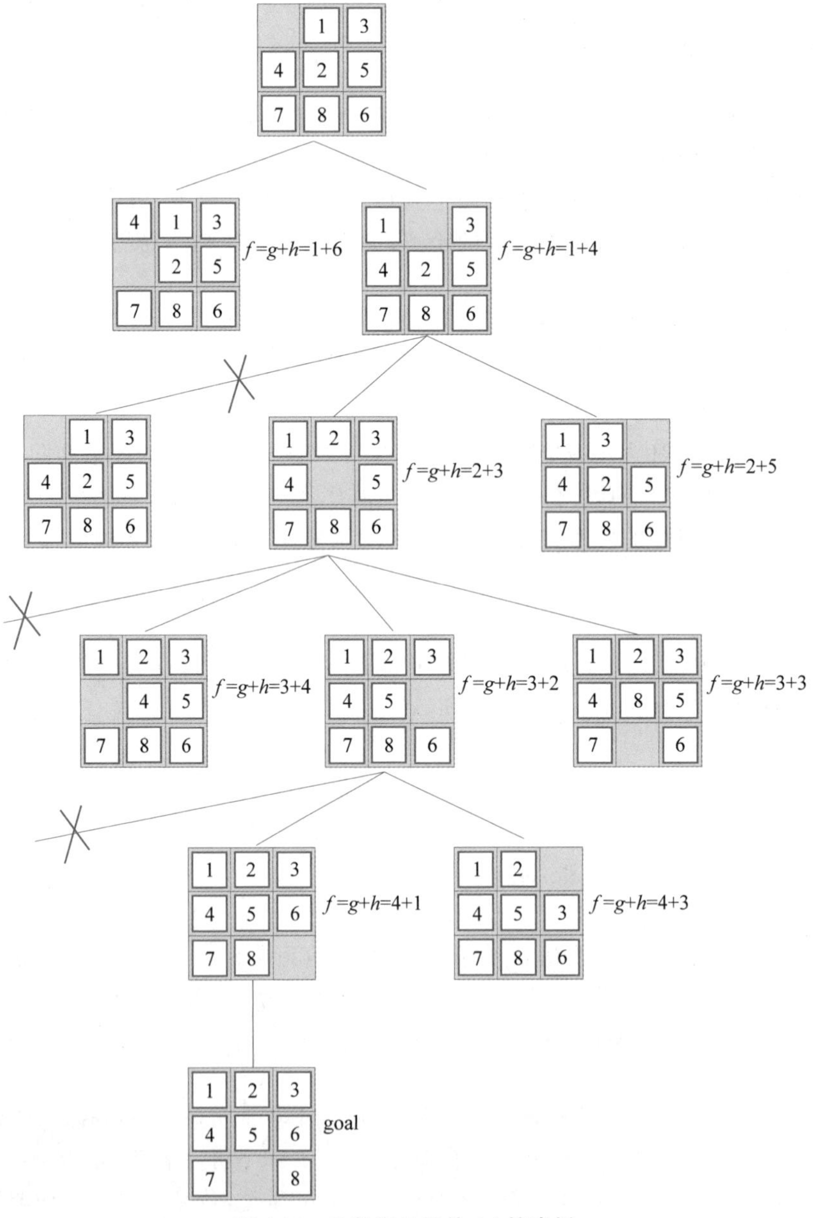

图 4.16 八数码问题的 A^* 搜索树

面正确的位置上，因此，这个不在位距离应该是5。还可以计算曼哈顿距离，在八数码问题中，一个棋子的曼哈顿距离衡量了该棋子在无阻碍情况下，最少移动多少步可以到目标位置。在4.16最开始的局面中，1、2、5、8、6都只需要走一步就能够到达目标局面，因此，该初始局面的曼哈顿距离也是5。一般来说，对于八数码问题，曼哈顿距离要比不在位距离的启发效果更好，但是显然曼哈顿距离的计算要更复杂，如果计算这个启发式函数本身就需要很长时间的话，可能带来的益处就不那么明显了，另外，如果启发值设计得过于精巧，从而会使算法找不到全局最优解，从而陷入局部最优。

如何设计好的启发式函数，A^*算法并没有给出答案，也很难有通用的答案。

图4.16显示了解决八数码问题的一个A^*搜索树，其中，$g(n)$使用了移动次数，在八数码问题中，这个值和树的层数是一致的(假设树根是第0层)，$h(n)$使用了不在位距离。图中画叉的路径表示该子节点的局面已经出现过，不应该重复搜索。

根据具体问题，如果想控制g和h不同的比例，可以使用如下启发式函数。

$$f(n)=\alpha g(n)+\beta h(n)$$

通过调整不同的α和β值来控制两个启发值之间的比例。

程序4.7有八数码问题的程序实现。

4.7 路径无关搜索

在前面的搜索问题中，人们不仅对目标状态感兴趣，而且对于从初始状态到达目标状态的路径也感兴趣，到达目标的路径就是问题的解，例如，八数码问题需要知道每一步怎样移动棋子。然而在许多问题中到达目标的路径是无关紧要的，人们只关注目标本身，例如，前文介绍的TSP问题以及地图着色问题、八皇后问题等。

4.7.1 最优化搜索

在一些问题中，如果只关心问题的最优解决结果，那么可以使用最优化搜索。例如，在第3章介绍的使用梯度下降算法求函数最小值，就是一种典型的最优化搜索。这里介绍一些其他的搜索算法。

1. 爬山搜索

爬山搜索(Hill Climbing Search)是一种非常简单的迭代搜索算法，它的想法就是一种贪心最佳搜索，即只考虑当前状态下，下一步最佳的搜索方向。与贪心算法不同，爬山搜索是不能够进行回溯的，它在搜索过程中，总是沿着当前最优的方向进行。

基本的梯度下降算法是一种典型的爬山搜索算法。事实上，前面已经介绍过这种算法的缺点了，就是很容易陷入局部最优解。

通用的爬山算法是在当前局面下随机生成一些方向，然后按照这些方向中最优的搜索方向进行(在梯度下降算法中，根据当前位置的梯度指导前进方向)。

算法7：爬山算法

1. 初始化一些随机变量，作为爬山起点

2. 循环：

在这些随机变量的小邻域内，随机生成一些扰动值，如果新的值好于旧的值，则使用新值更新旧值。直到达到某个条件，循环终止，算法结束

程序 4.8 有爬山算法示例程序。

2. 模拟退火

模拟退火(simulated annealing)算法是为了避免算法陷入局部最优的一种改进算法，它会随机地扩展搜索空间。

退火是一种金属冶炼技术，它首先将金属加热至熔融状态，然后逐渐冷却，以使物体达到低能量的结晶态(这种状态下金属原子分布较为均匀)，但是如果金属冷却得太快，在形成晶体的过程中可能会充满气泡和孔隙，导致金属很脆。如果控制得当，会得到良好性能的金属。

模拟退火算法的思路比较简单：从某一个高温状态出发，计算初始解，然后以预设的邻域函数产生一个扰动量，从而得到新的状态，比较新旧状态的能量，如果新状态能量小于旧状态，那么状态发生转换；如果新状态能量大于旧状态，那么以一定的概率发生转换。当状态稳定之后，可以看作达到了当前最优解，进行降温迭代，最终达到低温下的稳定状态。

在迭代过程中，开始温度较高的时候，可以设置较大的搜索步长，由于这个时候需要跳出局部最优，因此可能会接受比较差的解。随着温度的降低，接受较差解的可能性越来越低，这个时候只需要将搜索步长变小即可。

那么这个概率是多少呢？在新状态比旧状态还差的情况下，模拟退火算法接受解的概率公式(Metropolis 准则)为

$$p = e^{-\frac{\Delta E}{T}}$$

其中，$\Delta E = E_{new} - E_{old}$。

算法 8：模拟退火算法

1. 初始化一些值，初始状态以及初始的高温、终止的低温、降温速率等
2. 循环：

在当前状态下，随机生成一些当前状态附近扰动值
如果新的值好于旧的值，则使用新值更新旧值
如果旧值好于新值，以 Metropolis 准则为标准，按照一定概率接受新值
按照设定的条件降温
降温后，如果达到终止条件，循环终止，算法结束

如果从算法思想上看，模拟退火算法和爬山算法很类似，不过它可以接受比当前状态更差的结果，有可能跳出局部最优。程序 4.9 有模拟退火算法示例。

4.7.2 约束满足问题

地图着色问题是一种典型的约束满足问题。关于地图着色有一个著名的定理，叫“四色

定理”。四色定理可以简单地理解为，在地图上只需要使用四种颜色就可以使有公共边界的地区分隔开。这个定理表面上看十分简单，但是证明起来却非常困难。在1852年有人提出了“四色猜想”之后，100多年间很多人都试图去证明，但是没有一个成功。一直到1976年，在美国伊利诺斯大学的两台不同的电子计算机上，学者用了1200个小时，作了100多亿个判断，最终证明了这个猜想。但是，一些数学家认为这个证明无法给出令人信服的思考过程，因此，依然有人希望能够使用数学方法证明它，所以他们仍然把其叫作“四色猜想”(被证明的猜想才能叫作定理)。

这里给出一个简单的例子，看看在只有少量区域的地图上如何着色。

地图着色是一个典型的约束满足搜索，在搜索过程中要记录已经搜索过的节点的状态，并且判断当前节点和以前节点的冲突情况。

对于图4.17这样一个简单模型的例子，算法执行步骤如下所示。

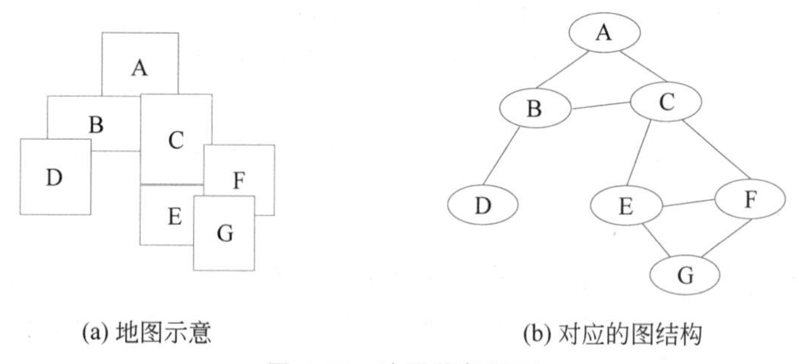

(a) 地图示意　　(b) 对应的图结构

图4.17　地图着色问题

初始化颜色库library和已染色列表painted，library中有多种颜色，painted列表标记了已染色节点，初始化为空。依次遍历以下节点。

A：扫描painted列表，为空，从library中任意选择一种颜色(绿色)，修改painted列表，painted＝{A＝绿色}。

B：扫描painted列表，和A冲突，painted列表无颜色可选，从library中选择一种新颜色(蓝色)，修改painted列表，painted＝{A＝绿色，B＝蓝色}。

C：扫描painted列表，和A、B冲突，painted列表无颜色可选，从library中选择一种新颜色(红色)，修改painted列表，painted＝{A＝绿色，B＝蓝色，C＝红色}。

D：扫描painted列表，和B冲突，选择除蓝色之外的颜色(绿色)，painted＝{A＝绿色，B＝蓝色，C＝红色，D＝绿色}。

E：扫描painted列表，和C冲突，选择除红色外的一种颜色(绿色)，painted＝{A＝绿色，B＝蓝色，C＝红色，D＝绿色，E＝绿色}。

F：扫描painted列表，和C、E冲突，选择另外一种颜色(蓝色)，painted＝{A＝绿色，B＝蓝色，C＝红色，D＝绿色，E＝绿色，F＝蓝色}。

G：扫描painted列表，和E、F冲突，选择另外一种颜色(红色)，painted＝{A＝绿色，B＝蓝色，C＝红色，D＝绿色，E＝绿色，F＝蓝色，G＝红色}。

遍历结束，得到染色列表painted。

注意，使用这个算法进行涂色，用到的颜色可能超过4种。在遍历的时候，优先遍历度数较大的节点会避免使用过多的颜色。

4.7.3 对抗搜索

还有一种搜索，目标确定并且对路径感兴趣，但是搜索过程是一个对抗的过程，例如下棋。下棋的过程其实也可以组成一个博弈树，但是这种搜索中有个对手，对方的落子决定了你的下一步落子，这种搜索过程是动态变化的，这种搜索叫对抗搜索。只要双方存在博弈，就有对抗搜索。

各种棋类游戏就是典型的对抗搜索，机器下棋在人工智能领域地位很重要，因此，本书在下一章专门介绍计算机博弈。

4.8 遗传算法

人工智能还有一大类算法，人们称之为仿生算法，也有人称之为演化算法或演化计算，包括遗传算法、粒子群算法、蚁群算法、鱼群算法、细菌群算法等，这些算法中以遗传算法最为典型。

遗传算法模拟大家熟悉的进化论中的自然选择和遗传学中的 DNA 遗传过程，是典型的通过模拟自然进化选择过程的最优解的方法。

遗传算法的发明者是霍兰德，他是世界上第一个计算机科学博士。这个说法来自米歇尔《复杂》一书[11]，米歇尔是霍兰德的学生，这个说法应该有很高的可信度。

霍兰德在阅读费舍尔的《自然选择的遗传学理论》(*The Genetical Theory of Natural Selection*)一书之后，被达尔文的进化论所吸引。因为霍兰德是计算机博士，所以他从计算机角度来思考进化论和计算机之间的关系，发明了遗传算法。从此事也可以看出跨界对于科技发展的重要性。

费舍尔在统计学和遗传学作出了突出贡献，他推广了回归分析；建立了时间序列统计分析思想的基础；开创随机对照试验(今天制药行业的标准)；开创方差分析和协方差分析；极大似然估计也是他提出来的，他是现代统计学的奠基人。机器学习算法中有很多地方会涉及费舍尔的理论。

遗传算法几乎全盘模拟了自然界的遗传过程。首先，自然界的遗传过程从一个种群(population)开始，种群中的每一个个体都有一定的适应度(fitness)和自己的 DNA 编码，父母双方结合后，DNA 进行交叉(crossover)重组，产生下一代，这期间 DNA 还会以一定的概率发生变异(mutation)，适应度越高的 DNA 序列越有可能被遗传下来。如此不断地产生下一代，下一代再经过类似的过程继续产生下一代，经过若干代之后(计算机上表现为若干次循环迭代)，末代群体中可能就会有最优(或者接近最优)的个体出现。

写成算法的形式如下所示。

算法 9：遗传算法

1. 生成一个种群，含有若干 DNA 序列
2. 循环迭代，每一次迭代中：
3. 　　首先以某种概率从种群中选择若干个体(适应度越高，被选择的概率越大)

4.　　对这些被选择的个体进行交叉重组

5.　　对产生的 DNA 以一个较小的概率进行变异操作

6.　　按照以上操作产生新种群后，进入下一次迭代，直到达到某一条件，循环终止

遗传算法的思想和进化论非常相似，大家很容易理解，但是其中有一些细节需要注意，例如，如何产生种群、如何交叉重组等一系列问题，都需要解决。这里以 7 个城市的旅行商售货问题为例，说明一下遗传算法中的各种细节。表 4.5 中和图 4.12 中的城市一致，这里给出这 7 个城市的经纬度坐标。

表 4.5　中国部分城市经纬度(按从北向南顺序)

城市名称	经度	纬度	城市编号
沈阳市	123.4291	41.79677	1
呼和浩特市	111.752	40.84149	2
北京市	116.4053	39.90499	3
郑州市	113.6654	34.75798	4
上海市	121.4726	31.23171	5
成都市	104.0657	30.65946	6
重庆市	106.505	29.53316	7

可供旅行商选择的部分旅行售货路线如图 4.18 所示。

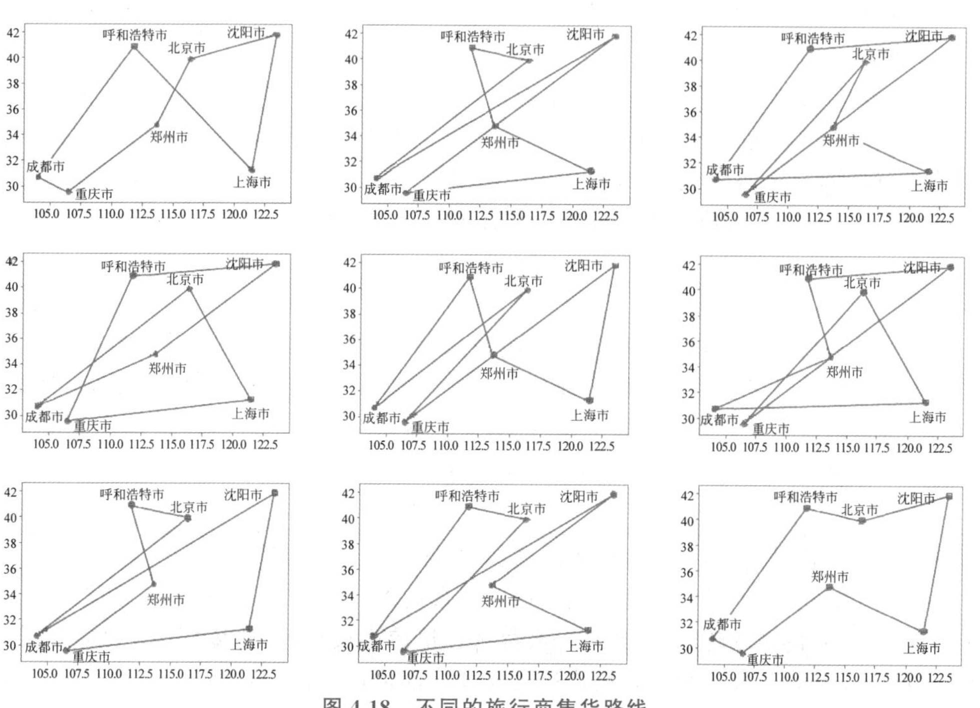

图 4.18　不同的旅行商售货路线

(由程序 4.10 生成)

图 4.18 中给出遍历 7 个不同城市的旅行商售货部分路线。注意，理论上 7 个城市会有

7!条路线，但是有些路线绘制起来是一样的。例如图 4.18 右下角，从沈阳出发和从北京出发，都有可能绘制出该路线；另外，顺时针和逆时针路线的绘制也一致，所以，一共可以绘制 6!/2=360 种不同的旅行商售货路线。

下面给出遗传算法几个关键的技术点。

1）编码

遗传算法的第一步就是产生一个种群，什么是种群？又如何产生？种群就是若干个“DNA”序列，当然，在算法中，不太可能使用 A、T、G、C 这样真正的生物体内的碱基来描述问题，下面给出一些编码方法。

(1) 二进制编码：对数据编码，最简单的思路就是把问题编码为二进制串。二进制编码有很多优点，它很容易模拟生命 DNA 序列中的编码，编码简单，计算容易，非常适合计算机操作(计算机本身即以二进制为基础)。但是，这种编码也有很多缺点，它虽然简单，但是会很长，人类理解起来很不方便；这种编码还有一个天然缺陷，就是相邻的数据可能编码距离会很远，例如，数字 15 的二进制码是 01111，数字 16 的二进制码是 10000，15 和 16 是连续的两个数，但是它们的二进制却变化很大。

(2) 浮点数编码：用浮点数对 DNA 编码，思路是将个体的每个基因用某一范围内的一个浮点数来表示，这里的一个基因可以想象成解空间的一个值。在浮点数编码方法中，需要保证基因值在给定的区间限制范围内，算法中所使用的交叉重组、变异等遗传算子也需要保证其运算结果所产生的新个体的基因值也在这个区间限制范围内。

(3) 其他编码：根据具体问题，对问题进行编码形成种群，在 7 城市旅行商售货问题中，初始种群的编码就是不同的旅行路线序列，例如图 4.18 中，最上面一行的三条旅行路线的编码分别是[1,3,4,7,6,2,5]、[1,6,3,2,4,5,7]、[1,2,6,5,4,3,7]。

有了编码之后，就可以生成一定规模的种群了。显然，种群规模越大，越有可能得到最优解。但是种群规模越大，计算量会大大增加，影响算法效率。所以，到底如何选择种群数量，要根据问题规模和求解精度来定。

在程序 4.10 中，假设第一步生成的种群有 10 个个体(即 10 个不同的旅行路线序列，图 4.18 给出了 9 个可能的旅行路线)。

2）适应度

在每一次迭代的时候，要根据适应度函数来确定被选中的个体。“物竞天择，适者生存”，适应度函数指导了群体的进化方向。对于不同的问题，因为求解目标不一样，并没有统一的适应度函数。对于旅行商售货问题，因为目标就是求最短的旅行距离，因此，这里的适应度函数可以根据距离定义，距离越短，适应度越高。

3）选择

在每一次迭代过程中，要选择适应度高的个体，作为下一代的父本母本。

需要说明的是，并不是每次都要选择适应度最高的，而是以一定概率选择父本母本(适应度越高，被选中的概率越高)。如果每次都选择适应度最高的，遗传算法就变成了确定性的优化算法，这种优化算法很可能快速地收敛到局部最优解，而错失了全局最优；如果每个个体被选择的概率相等，那就是完全随机方法了，很可能很长时间也不收敛。其实在自然界中，生物进化过程中那些胜出的群体，也不是因为每次都选择最优的个体，那些在某一时刻看起来不优秀的基因，也许经过若干次遗传之后，变得非常重要。

选择原则上是适应度越高的个体被选中的概率越高，只要满足这种原则，选择的方法有很多种。选择的过程中，可以有两个阶段。

第一个阶段，给不同的个体分配概率，常用的方法有适应度比例方法（fitness proportional model）和基于等级方法（rank-based model）。适应度比例方法的思想就是适应度越高，被选中的概率就越高，这个概率的计算公式为

$$p_i = \frac{f_i}{\sum f_i}$$

式中，p_i 为该个体的选中概率，f_i 为该个体的适应度值。

基于等级方法是先将个体按照适应度从高到低排序，然后再按某种事先设计好的方式进行概率分配。例如，排序后可以保留适应度最高的前 50%的个体。

第二阶段，通过某种方式按照个体的被选中概率选择个体。这个阶段也有很多方法，例如轮盘赌方法（roulette wheel selection）和锦标赛方法（tournament selection）。

使用轮盘赌方法，在第一阶段，每个个体已经有了一个选中概率，按照这些概率设计一个轮盘，概率越大，轮盘的区域角度越大，被选中的概率也就越大。下面以一个例子说明这种选择的过程，假设有 10 个个体，它们的适应度值和被选择概率区间如表 4.6 所示。

表 4.6　轮盘赌选择概率

个体	1	2	3	4	5	6	7	8	9	10
适应度	4.0	3.5	3.3	3.1	3.0	2.9	2.7	2.6	2.5	2.4
选中概率	0.13	0.12	0.11	0.10	0.10	0.10	0.09	0.09	0.08	0.08
累加概率	0.13	0.25	0.36	0.46	0.56	0.66	0.75	0.84	0.92	1
选中区间	[0,0.13]	(0.13,0.25]	(0.25,0.36]	(0.36,0.46]	(0.46,0.56]	(0.56,0.66]	(0.66,0.75]	(0.75,0.84]	(0.84,0.92]	(0.92,1]

在轮盘赌方法中会进行多次选择，每次产生一个在 0 和 1 之间均匀分布的随机数。例如，某次生成的随机数为 0.9，落在个体 9 的选中区间，那么就选中个体 9。每个个体所占据的选中区间大小和概率呈正相关关系，因此，区间越宽，被选中的可能性也越大。但是这种方法并不保证适应度高的一定被选中，例如，在 NBA 选秀中，战绩最差的球队获得状元签的概率最大，但是很多年的实际选秀结果都不是战绩最差的获得了状元。

在锦标赛方法中，从种群中选中 k 个个体，将其中适应度最高的个体保存到下一代。反复执行这一过程，直到个体数目满足预先设定的标准。这个方法和奥运会一些项目的比赛类似，例如，奥运会百米比赛中会进行小组比赛，选择出成绩好的运动员，然后进行半决赛继续选择，最后进行决赛。同样，世界杯也是先进行小组赛，然后淘汰赛、半决赛、决赛等，而被分配到哪个小组一般由抽签决定，因此，弱队也有机会小组出线。

选择的方法有很多种，以上只列出了常见的方法，只要保证了适者生存的原则，选择的方法多种多样。在程序 4.10 中，每次的选择操作按照如下顺序进行。将种群按照适应度排序，其中适应度最高的 5 个保持不动，然后按照轮盘赌的方法选择出另外 5 个，组成新一代的种群，以进行下一次迭代。注意，种群中可能会有重复的个体，这也是适者生存，某种 DNA 适应度越高，种群中该 DNA 个体比例也越高。

4）交叉

新一代种群产生后，就可以利用这一代的种群进行交叉重组产生下一代了。交叉的结

果产生了新的个体，这个个体可能继承了上一代的优秀基因，也可能继承了上一代不优秀的基因，但是随着迭代的进行，会形成一种趋势，即新一代种群总要比上一代适应度更高。交叉也有很多种方法，包括单点交叉、多点交叉等。

单点交叉即在DNA编码序列中随机设置一个交叉点，然后在该点交换父本和母本的部分染色体。

多点交叉包括两点交叉和更多点交叉。即在DNA编码序列中随机设置多个交叉点，然后再进行基因互换。

注意，在交叉的过程中，有些问题需要进行交叉修正，以保证交叉结果仍然在解空间中，例如，在旅行商售货问题中，假设父本和母本分别是如下两个个体。

父本：1,|3,5,6,|7,4,2

母本：3,|4,5,1,|6,7,2

其中对父本和母本双竖线中间部分进行交叉，得到新的个体如下所示。

二代甲：1,|4,5,1,|7,4,2

二代乙：3,|3,5,6,|6,7,2

这两个二代都不满足旅行商售货条件(在旅行商售货问题中，一个个体是一个旅行路线，一个城市只能出现一次)，需要进行修正。修正可以采用的方法为，交换结果是哪一个匹配过来的，就对它进行修正。例如，在二代甲中，4这个城市出现了两次，第一个4是由3交换得到的，因此，把这个4改为3，同理，把二代甲中的第一个1改为6，因此，二代甲和二代乙应分别修正为

修正后二代甲：1,3,5,6,7,4,2

修正后二代乙：3,4,5,1,6,7,2

5）变异

在生物进化过程中，除了交叉重组会产生新的基因之外，还有一种产生新基因的方法，即基因变异，在单性生殖生物中，基因变异是生物适应环境的最主要手段。

不同的问题可以使用不同的变异方法，在实现变异过程中，需要设置变异率，也就是DNA编码以多大的概率进行变异，这个参数一般人为设定，根据问题的不同可以设置不同的值。在旅行商售货问题中，变异的方法很简单，就是以一定的概率交换该路线中的两个城市。

以上步骤就是一个遗传算法的全部过程，程序4.10是遗传算法解决旅行商售货问题的示例程序，大家可以把前文的说明和程序对应起来，看看遗传算法是如何工作的。

遗传算法虽然步骤较多，但是每步都符合进化论的思想。遗传算法的效果出乎意料的好，而且能够解决很多实际问题。

使用遗传算法绘制蒙娜丽莎是一个有趣且精美的例子。这个例子的目标是一张图片，而通过一些基础图形颜色不断进化，即可生成最终的目标图片。这里面既有遗传算法的思想，也隐含了生成对抗网络(GAN)的思想(这个例子不知道最早是谁提出的，笔者找到的最早提出者是Roger Johansson，搜索"Roger Johansson Mona Lisa"可以得到对应程序)。本书封面即由该算法生成(用遗传算法生成朱耷的《孤禽》)。

在很多时候，遗传算法的收敛速度较慢，需要进化很多次后才能找到一个最优解(不一

定能找到全局最优解，很多时候是局部最优解，不过考虑到一些问题的难度，找到一个局部最优解已经很不错了）。遗传算法有很多变种，都是在上面的某一个或某几个步骤调优，能够更快地使算法收敛。但是无论是哪一个变种，思想上是一致的。

在算法中，理解算法的思想非常重要。大家要分清问题和算法的区别，汉诺塔、八数码、旅行商售货以及后文涉及的自然语言处理、图像识别等，它们是问题，是需要被解决的；而迪杰斯特拉算法、A* 算法、爬山算法、模拟退火算法、遗传算法等是算法，是解决问题的工具。一般来说，问题和工具有一定的适配性，但是有的时候，一个问题可以用多个算法解决，一个算法也可以解决多个问题。但是不是所有算法都有通用性，例如协同过滤算法，就专门用来解决系统推荐问题。

4.9 推荐算法

推荐算法可能是最容易引起争议的一个算法了。

有一种说法，很多互联网公司的产品其实不是它们的 App，而是用户。更进一步，其实是用户的注意力和时间，也就是所谓的流量。很多人都意识到好多时间浪费在各种 App 上面，但是人们还是很容易被吸引，这是因为很多互联网公司使用了各种推荐算法，专门吸引人们的注意力。事实上，推荐算法造成的“信息茧房”已经成为一个困扰很多用户的问题了。

推荐算法是很多公司的独门绝技，外人不得而知，但是推荐算法有一些原则上的东西是通用的。目前应用比较成熟和广泛使用的推荐算法是基于协同过滤（Collaborative Filtering）思想的算法。

协同过滤推荐算法的核心，即根据物品相似度或者用户相似度进行推荐，例如，两个用户喜欢的书籍都很类似（可以直观理解为品味相似），那么，如果有一本书，甲看过而乙没看过，算法大概会把这本书推荐给乙。同理，如果两个商品类似，当用户购买一个商品之后，系统也可能为用户推荐类似的商品。

推荐算法更严格的叫法应该是推荐系统，因为它是一个复杂的系统工程。这里以一个简单例子介绍推荐算法的核心理念。

表 4.7 是一个用户-书籍打分情况的表格，最高为 5 颗星，最低为 1 颗星，如果为 0，则表示该用户没有给对应的书籍打分。

表 4.7 用户-书籍评分数据

用户	《集体智慧编程》	《白夜行》	《解忧杂货铺》	《统计学习方法》	《少年 PI 的奇幻漂流》	《金色梦乡》	《万万没想到》	《机器学习实战》	《智识分子》	《学会提问》	《鱼翅与花椒》
赵	5	1	2	4	0	0	1	4	2	0	0
钱	0	2	0	0	0	0	0	0	0	0	1
孙	1	0	0	2	0	0	5	0	3	3	0
李	0	5	4	0	0	0	1	0	1	0	0
周	0	0	0	0	0	0	2	0	0	1	0
吴	4	2	4	4	0	0	4	4	4	3	0

续表

用户	《集体智慧编程》	《白夜行》	《解忧杂货铺》	《统计学习方法》	《少年 PI 的奇幻漂流》	《金色梦乡》	《万万没想到》	《机器学习实战》	《智识分子》	《学会提问》	《鱼翅与花椒》
郑	0	3	0	1	4	0	4	0	3	0	5
王	0	2	0	0	5	1	5	0	4	1	0
冯	2	0	0	0	0	0	4	0	5	0	0
陈	5	5	4	0	0	0	3	4	3	2	0
储	0	4	5	0	5	4	0	0	0	0	4
卫	0	5	0	1	4	4	1	1	0	1	4

需要注意的是，这个表中的数据是笔者精挑细选的，选择了对讲解有利的数据，所以看起来结果是合理的。事实上如果只有这么少量的数据，其实是无法进行推荐的。只有在数据量增大到一定程度的时候，数据之间的内在联系才会显现出来，进而可以进行推荐。

协同过滤的核心即根据相似性进行推荐，那么，怎么定义相似？本书在 3.3.4 节介绍了距离的计算，所谓相似就是距离较近。但是不同于时间、空间这些具有物理度量单位的情况，如何计算两本书或者两个用户之间的距离？在表 4.7 中，一个用户可以用一个行向量表示，一本书籍可以用一个列向量表示，既然有了向量，就可以利用向量计算距离。这里可以看到，用户的距离是由书籍来定义，同样，书籍的距离也可以由用户来定义。因此，当表格里用户和书籍的数量越多，就越准确地反映了大多数用户与书籍之间的喜爱程度，对于距离的计算也就更准确，从这里也可以看出，为什么互联网公司会孜孜不倦地搜集用户的数据。

有了相似度，协同过滤推荐算法的核心其实很简单，就是利用该顾客已经看过的书籍的评分情况，对于该用户所有未阅读过的书籍进行评分，如果评分高的话，就把书籍推荐给他。假设读者未读过图书 B_x，希望根据已经读过的书籍 B_1，B_2，B_3，以及对应的评分情况为 $Score_1$，$Score_2$，$Score_3$，评估 B_x 对于某个读者的分数。根据列表中已有的数据，计算这三本书与 B_x 的相似度分别为 Sim_1，Sim_2，Sim_3，对应的乘积之和 $S_1=(Score_1\times Sim_1+Score_2\times Sim_2+Score_3\times Sim_3)$，数值越大得分越高；不过也要考虑读者已经读过的书籍的情况（否则读过的书籍越多，分数越大），所以还要除以 $S_2=(Sim_1+Sim_2+Sim_3)$，算是加上一个惩罚项。B_x 最后的推荐分数是 $\frac{S_1}{S_2}\Rightarrow S_1/S_2$。

这些只是推荐算法的简单介绍，实际上，真正的推荐系统要解决的问题很多，例如，如何解决冷启动(cold start)问题，新系统没有多少数据怎么办？如何解决数据稀疏问题，表 4.7 是一个人造的表，真正的系统会有几千万用户和几千万书籍，但是估计大多数用户看的书只有几十本，而很多书籍的读者可能只有几百人，那么，这样一个表格几乎全部为 0，又怎么处理？诸多问题都需要专门的技巧来解决。因此，推荐算法更准确的说法是推荐系统，毕竟只靠一个算法是解决不了推荐问题的。

程序 4.11 是一个简单的例子，帮助大家了解推荐算法的主要思想。

4.10 Alchemy and Artificial Intelligence

Alchemy 是炼金术的意思。炼金术不是算法，是魔法。

在当今社会，用炼金术形容一门学科，是对这门学科的一种侮辱。人工智能就受过这种侮辱。在 1965 年，Hubert Dreyfus 受兰德公司委托撰写了一份关于人工智能进展的报告，他以兰德公司顾问的身份，发表了编号为 P-3244 的《炼金术与人工智能》(*Alchemy and Artificial Intelligence*)的研究报告[12]。在这份报告里，他对当时的人工智能研究提出了批评，表示由于当时新闻媒体的宣传和人工智能科学家的乐观主张，人们错误地以为高度智能的人造物已经或即将被科学家开发出来，而这个并不是事实，因此需要对人工智能的研究现状进行重新评估。这篇报告提出了人工智能领域的下列问题：在博弈、问题求解、语言翻译和学习、模式识别这四个当时比较活跃，而且被公认为是人类智能才能胜任的领域中，人工智能研究都遇到了比较大的困难；其他问题包括国际象棋中的组合爆炸、启发式方法在机器定理证明中的停滞、10 年来投入了 1600 万美元的机器翻译面临的上下文歧义问题、模式识别只能做到识别手写的莫尔斯电码和英文字母的水平。

Dreyfus 的报告虽然言辞激烈，但是因为他是一名没有受过计算机相关专业训练的哲学家，因此，对人工智能研究领域的影响并不是十分巨大，大多数领域内的专家对此报告的态度是置之不理。真正给人工智能带来寒冬的是 1973 年莱特希尔爵士对于人工智能研究现状和前景的评估[13]。不同于 Dreyfus，莱特希尔是英国剑桥大学的卢卡斯教授①，因此，莱特希尔这份客观的报告直接宣告了人工智能第一次寒冬的来临。

莱特希尔在报告中明确指出，组合爆炸是人工智能领域无法解决的关键问题之一。在当时，阻碍人工智能技术的最大障碍就是组合爆炸问题。事实上，人们今天也无法解决组合爆炸问题，不过在今天，组合爆炸不再像猛兽一样，横亘在人工智能研究人员面前了。

本章的题注来自《计算机程序设计艺术》，作者高德纳说道，一些组合爆炸问题已经可以求解。事实上，在 20 世纪 90 年代初，人们开始意识到，解决 NP 完全问题的算法在进步，使得这个 NP 完全问题不再是一个不可逾越的障碍。前文介绍过，NP 完全问题是一系列问题，解决了其中的一个，就解决了所有的 NP 完全问题。在所有的 NP 完全问题中，最基础的是 SAT(Satisfiability Problems，可满足性问题)，到了 90 年代末期，SAT 求解器已经高效到在编程过程中随时可以调用，它已经到了可以解决工业级规模问题的程度。

当然，这并不是说 NP 完全问题已经被解决了，总会有一些个别案例让现有算法屈服，但是，科学家面对这些问题的时候不再是束手无策。这个革命性的成就不像 Deep Blue 战胜卡斯帕罗夫和 AlphaGo 战胜李世石一样，它是悄无声息的突破，是众多科学家一点一点取得的进步。这种润物细无声的突破，意义更为重大。毕竟，人们更关心人工智能的直接结果：计算机能不能识图，能不能下棋？今天，重新阅读《炼金术与人工智能》，在这份报告中提到的博弈、问题求解、语言翻译和学习、模式识别这四个研究领域，人工智能技术都取得了丰硕的成果，尤其在人机博弈领域，机器已经彻底战胜人类了。欢迎阅读下一章，博弈。

---

① 卢卡斯教授在同一时间只能授予一人，卢卡斯教授的前任包括牛顿、巴贝奇、狄拉克等人，莱特希尔的继任卢卡斯教授是霍金。

4.11 怎么做

4.11.1 算法入门

程序 4.1 笨 AI

```
1    print('主人您好,请在心里默想一个数字,在 1 至 1000 之间,我来猜它是多少')
2    i=1
3    while True:
4        print('主人您猜的数字是 %d 吗? 如果我猜小了,请输入 1,如果我猜大了,请输入 2,
     如果我猜对了,请输入 3'%i)
5        guide=eval(input())
6        if(guide==1):
7            i=i+1
8        if(guide==2):
9            i=i-1
10       if(guide==3):
11           print('主人,您猜的是不是',i,'?')
12           break
```

程序 4.1 非常简单,采取的办法就是逐个去试。

程序 4.2 聪明 AI

```
1    print('主人您好,请在心里默想一个数字,在 1 至 1000 之间,我来猜它是多少')
2    step=1
3    upperlimit=1000
4    lowerlimit=1
5    while True:
6        print('第%d 步:'%step)
7        guess=int((upperlimit+ lowerlimit)/2)
8        print('主人您猜的数字是%d 吗? 如果我猜小了,请输入 1,如果我猜大了,请输入 2,如
     果我猜对了,请输入 3'%guess)
9        guide=eval(input())
10       if(guide==1):
11           lowerlimit=guess
12       if(guide==2):
13           upperlimit=guess
14       if(guide==3):
15           print('主人,你猜的是不是%d? 一共用了%d 步! '%(guess,step))
16           break
17       step+=1
```

程序 4.2 是一个典型的二分查找的程序,这个程序也不算太难。不过建议大部分读者自己认真写一下这个程序(注意,这个程序有漏洞)。

《编程珠玑》一书第 4 章中提及过 100 多名专业程序员使用两个小时的充足时间编写一个简单的二分查找程序,结果发现 90%的人编出的代码都有漏洞,这本书也提到,第一个二分查找程序在 1946 年已经公布,但是到了 1962 年才出现第一个没有漏洞的二分查找程序,期间经历了 16 年的时间。

程序 4.2 本身是有漏洞的，它无法猜出 1000 这个数字。改正这个漏洞很容易，但是会让程序变得有点奇怪，不那么好懂，因此，这里选择了一个方便大家理解的写法。

4.11.2　递归算法

程序 **4.3**　计算阶乘

```
1    def fac(n):
2        if n==0:
3            return 1
4        else:
5            return n * fac(n-1)
6
7    print(fac(4))
```

可以把程序 4.3 和图 4.9 对照一下，弄清楚递归是如何运行的。

程序 **4.4**　汉诺塔

```
1    def hanoi(n,frm,via,to):
2        if n==1:
3            print("from", frm, "to", to)
4            return
5        else:
6            hanoi(n-1,frm,to,via)
7            print("from", frm, "to", to)
8            hanoi(n-1,via,frm,to)
9
10   hanoi(3,'A','B','C')
```

程序 4.4 的运行结果如下所示。

```
from A to C
from A to B
from C to B
from A to C
from B to A
from B to C
from A to C
```

4.11.3　无指导信息搜索

程序 **4.5**　深度优先和宽度优先遍历文件夹

```
1    import os
2    path = r'C:\Windows\PLA'
3
4    def depth_first(path):          #深度优先遍历文件夹
5        for i in os.listdir(path):
6            child = os.path.join(path, i)
7            if os.path.isdir(child):
8                depth_first(child)
9            else:
```

```
10                  print(child)
11
12    print("深度优先遍历顺序：")
13    print(depth_first(path))
14
15    def breadth_first(path, file_list=[]):          #广度优先遍历文件夹
16        file_list.append(path)
17        while len(file_list) > 0:
18            tmp = file_list.pop(0)
19            for i in os.listdir(tmp):
20                child = os.path.join(tmp, i)
21                if os.path.isdir(child):
22                    print(child)
23                    file_list.append(child)
24                else:
25                    print(child)
26
27    print("宽度优先遍历顺序：")
28    print(breadth_first(path))
```

程序 4.5 分别使用深度优先和宽度优先遍历文件夹，程序第 2 行为待遍历的文件夹，可以修改这个目录。对照自己电脑中的文件夹，看一下深度优先和宽度优先的遍历顺序。

4.11.4 有指导信息搜索

1. 迪杰斯特拉算法

程序 4.6　迪杰斯特拉算法

```
1     import heapq
2
3     def dijkstra(graph, s):
4         opn = []                                      #open 表
5         heapq.heappush(opn, (0, s))                   #初始化 open 表
6         closed = set()                                #算法中 closed 表分为三个(closed,
                                                        #distance,parent),closed 表示是
                                                        #否被访问过
7         distance = {n: 99999 for n in vertices}       #用来存储距离,99999 表示无穷大
8         distance[start] = 0
9         parent = {s: None}                            #parent 用来记录路径
10
11          while len(opn) > 0:
12            minvalue = heapq.heappop(opn)             #heappop()函数能够找出 open 表中的
                                                        #最小值
13            dist = minvalue[0]
14            vertex = minvalue[1]
15            closed.add(s)
16            nodes = graph[vertex].keys()
17            for n in nodes:
18                if n not in closed:
```

```
19                  if dist + graph[vertex][n] < distance[n]:#如果有更好的路径,更
                                                              #改对应的值
20                      heapq.heappush(opn, (dist + graph[vertex][n], n))
21                      parent[n] = vertex
22                      distance[n] = dist + graph[vertex][n]
23      return parent, distance
24
25  def print_path(parents, start, end):
26      path = [end]
27      while True:
28          key = parents[path[0]]
29          path.insert(0, key)
30          if key == start:
31              break
32      return path
33
34  vertices = ('沈阳', '重庆', '北京', '上海', '成都', '乌鲁木齐', '郑州')
35  graph = {   "沈阳": {"北京": 650, "上海": 1300},
36              "北京": {"沈阳": 650, "上海": 1100, "乌鲁木齐": 2800, "成都": 2500,
                "郑州":1000},
37               "上海": {"沈阳": 1300, "北京": 1100, "重庆": 1550, "乌鲁木齐":
                 3400},
38              "成都": {"北京": 2500, "重庆": 250},
39              "乌鲁木齐": {"北京": 2800, "上海": 3400, "重庆": 2700},
40              "重庆": {"成都": 250, "上海": 1550, "乌鲁木齐": 2700},
41              "郑州": {"北京": 1000}}
42  start = "沈阳"
43  end = "重庆"
44
45  parents, distances = dijkstra(graph, start)
46  print("沈阳到各个城市的最短距离是: ",distances)
47  path = print_path(parents, start, end)
48  print("从 %s 到 %s 的最短路径是: %s" % (start, end, " -> ".join(path)))
```

程序 4.6 使用的数据如图 4.12 所示,运行后的输出结果如下。

```
沈阳到各个城市的最短距离是: {'沈阳': 0, '重庆': 2850, '北京': 650, '上海': 1300, '成
都': 3100, '乌鲁木齐': 3450, '郑州': 1650}
从沈阳到重庆的最短路径是: 沈阳 ->上海 ->重庆
```

迪杰斯特拉算法的核心即维护两个表,一个是 open 表,表示待访问节点,一个是 closed 表,表示已经访问的节点,在程序 4.6 中,为了表示方便,closed 表使用了 3 个数据结构,其中集合结构 closed 用来记录节点是否被访问过,distance 用来存储节点到其他城市的最小距离(这里 99999 表示算法中的无穷大,因为所有距离加起来也没有这么大),而 parent 结构用来记录每个节点的上一个节点(父节点),这样,通过这个结构就可以找到从源到目的地的最短路径。

2. A* 算法

程序 4.7 用 A* 算法解决八数码问题

```
1     init_state = [[4, 5, 7],[6, 3, 2],[0, 1, 8]]
2     goal_state = [[1, 2, 3],[4, 5, 6],[7, 0, 8]]
3
4     def GetSpace(state):
5         for x in range(3):
6             for y in range(3):
7                 if state[x][y] == 0:
8                     return x, y
9
10    def CopyState(state):
11        s = []
12        for i in state:
13            s.append(i[:])
14        return s
15
16    def MoveUp(state):
17        s = CopyState(state)
18        x, y = GetSpace(s)
19        s[x][y], s[x - 1][y] = s[x - 1][y], s[x][y]
20        return s
21    def MoveDown(state):
22        s = CopyState(state)
23        x, y = GetSpace(s)
24        s[x][y], s[x + 1][y] = s[x + 1][y], s[x][y]
25        return s
26    def MoveLeft(state):
27        s = CopyState(state)
28        x, y = GetSpace(s)
29        s[x][y], s[x][y - 1] = s[x][y - 1], s[x][y]
30        return s
31    def MoveRight(state):
32        s = CopyState(state)
33        x, y = GetSpace(s)
34        s[x][y], s[x][y + 1] = s[x][y + 1], s[x][y]
35        return s
36
37    def GetPossibleActions(state):
38        acts = []
39        x, y = GetSpace(state)
40        if y > 0:acts.append(MoveLeft)
41        if x > 0:acts.append(MoveUp)
42        if y < 2: acts.append(MoveRight)
43        if x < 2: acts.append(MoveDown)
44        return acts
45
46    def GetMPDistance(state):          #计算当前 state 距离终局的不在位距离
```

```
47         dist = 0
48         for i in range(3):
49             for j in range(3):
50                 if state[i][j] != goal_state[i][j]:
51                     dist = dist + 1
52         return dist
53
54     def Start(state):
55         return
56
57     class Node:
58         state = None
59         step = 0                                            #g 值
60         value = -1                                          #f 值
61         action = Start
62         parent = None
63         def __init__(self, state, step, action, parent): #构造函数
64             self.state = state
65             self.step = step
66             self.action = action
67             self.parent = parent
68             self.value = step+ GetMPDistance (state)       #f=g+h,更改此处可以使
                                                               #用不同的距离
69
70     def GetMinIndex(queue):
71         index = 0
72         for i in range(len(queue)):
73             node = queue[i]
74             if node.value < queue[index].value:
75                 index = i
76         return index
77
78     def Hash(state):          #哈希,把状态映射为一个数,判断状态是否已经搜索过
79         value = 0
80         for i in state:
81             for j in i:
82                 value = value * 10 + j
83         return value
84
85     def AStar(init, goal):
86         queue = [Node(init, 0, Start, None)]               #open 队列
87         closed = {}                                        #访问过的状态表
88         count = 0                                          #搜索过的节点个数
89
90         while queue:
91             index = GetMinIndex(queue)                     #找到最小的启发值
92             node = queue[index]
93             closed[Hash(node.state)] = True
94             count += 1
95             if node.state == goal:
```

```
96                 return node, count
97             del queue[index]
98
99             for act in GetPossibleActions(node.state):#扩展 open 列表
100                neighbour = Node(act(node.state), node.step + 1, act, node)
101                if Hash(neighbour.state) not in closed:
102                    queue.append(neighbour)
103        return None, count
104
105    def reverse(node):
106        if node.parent == None:
107            return node, node
108        head, tail = reverse(node.parent)
109        tail.parent, node.parent = node, None
110        return head, node
111
112    def PrintState(state):
113        for i in state:
114            print(i)
115
116    node, count = AStar(init_state, goal_state)
117    if node == None:
118        print("无法从初始状态移动到目标状态!")
119    else:
120        print("搜索成功,一共搜索了", count, "个节点。")
121        node, rear = reverse(node)
122        count = 0
123        while node:
124            print("第", count +1, "步: ", node.action.__name__, "启发值为:
               ", count, "+", node.value - count)
125            PrintState(node.state)
126            node = node.parent
127            count += 1
```

程序4.7比较长，主要的原因是程序中绝大部分都用类描述八数码问题的棋盘以及走子方法，核心的语句只有20多行(函数AStar，程序第85～103行)。

写程序的时候，可以把棋子的移动当作是空格的移动，这样，只需要考虑空格一个位置，程序写起来就方便多了。程序4.7的第1～2行分别描述了起始状态以及目标状态，第4～8行(函数GetSpace)用来找到空格所在的位置。第10～35行用来移动空格，每次移动空格的时候，都要保存原来的状态，程序第10～14行用来拷贝原来状态，并对这个状态上、下、左、右移动，形成新的状态。程序第37～44行(函数GetPossibleActions)用来计算当前状态下空格可走的操作。程序第48～55行(GetMPDistance)计算当前状态和目标状态的不在位距离。

程序第57～68行定义了一个类，用来描述节点，state表示当前状态，step表示从树根到当前状态走了多少层，相当于启发式函数 $f=g+h$ 中的 g 值，value相当于 f 值，action用来记录该节点的操作步骤(开始为Start，由第54～55行函数定义，以后的操作为上下左右)，parent记录当前节点的父节点。__init__构造函数初始化属性值，第68行相当于计算

当前节点的 $g+h$ 值，也就是启发值。

程序第 70～76 行（函数 GetMinIndex()），用来找到启发值最小的那个状态。函数 Hash()用来将任何一个状态映射为一个整数，这样，判断状态是否被访问过时，只需要判断这个整数是否出现过即可。

函数 AStar()是 A* 算法的核心内容，即维护 open 表（程序中的 queue，open 是 python 的一个系统函数，因此这里用 queue）以及 closed 表，每次循环的时候，都从 open 表中找到启发值最小的状态进行搜索，并将该状态存入 closed 表，如果找到目标，搜索结束，否则将该状态从 open 表删除。在当前状态下，通过寻找所有可以走的状态，扩展 open 表，如果这个状态没有被搜索过，则将新的状态放入到 open 表中，进行下一次循环。

程序第 105～114 行是打印最后结果，最后的路径记录了从叶子节点到根节点的路径，因此需要把这个路径逆过来。

程序第 116～127 行调用 A* 算法，并打印出从初始状态到目标状态的移动顺序。

4.11.5 路径无关搜索

1. 爬山算法

这里的爬山算法求函数的最小值，这个函数在第 3 章出现过，为

$$y=x^4-0.86\times x^3-12.83\times x^2-9.41x+32$$

这个函数有两个“山谷”，函数图形如图 3.8 所示。

程序 4.8 爬山算法求函数极值

```
1     import numpy as np
2     import math
3
4     def f(x):
5         y=x**4 + 0.86 * x**3 -12.83 * x**2 - 9.41 * x + 32
6         return y
7
8     def hillclimbing(objective, bounds, loops, step):
9         x = bounds[:, 0] + np.random.rand() * 10     #10 为 bounds 的上界减去下界，
                                                      #生成一个在-5~5 的随机数
10        goal = objective(x)
11        for i in range(loops):
12            current_x = x + np.random.randn() * step
13            current_y = objective(current_x)
14            if current_y <= goal:
15                x, goal = current_x, current_y
16        return [x, goal]
17
18    bounds = np.asarray([[-5.0, 5.0]])
19    loops = 1000
20    step = 0.01
21    best, score = hillclimbing(f, bounds, loops, step)     #运行多次，会有不同的
                                                            #结果，两个最优值
22    print('x=',best, 'y=',score)
```

这个程序比较简单，很容易对应到前文算法的每一步，注意，每次运行都会输出一个最

优的 x 和 y，但是多次运行会有两个不同的结果，因为这个函数有两个“山谷”，不同的结果表明这个程序有可能陷入局部最优。

某次运行的结果为

x= [2.41485611] y= [-19.42480069]

另外一次程序运行的结果为

x= [-2.69890601] y= [0.09299197]

2. 模拟退火

程序 4.9　模拟退火算法求函数极值

```
8     T=100
9     Tmin=1
10    x=np.random.uniform(low=-4,high=4)      #随机生成一个初始 x
11    k=50
12    t=0
13    while T>=Tmin:
14        for i in range(k):
15            oldy=f(x)
16            newx=x+np.random.uniform(low=-0.01,high=0.01) * T     #生成一个扰
                                                                     #动邻域
17            if newx>=0 and newx<=100:
18                newy=f(newx)
19                deltaE=newy-oldy
20                if deltaE<0:
21                    x=newx
22                else:
23                    p=math.exp(-deltaE/T)
24                    r=np.random.uniform(low=0,high=1)
25                    if r<p:
26                        x=newx
27        t= t+1
28        T=1000/(1+t)
29    print(x,f(x))
```

程序 4.9 和程序 4.8 一样，也是求函数极值，程序 4.9 前 7 行和程序 4.8 完全一致，这里省略。因为模拟退火算法会有一个邻域扰动，因此它可能会跳出局部最优。

4.11.6 遗传算法

程序 4.10　使用遗传算法解决 TSP 问题

```
1    import numpy as np
2    import matplotlib.pyplot as plt
3    import random
4    import operator
5    import pandas as pd
6    plt.rcParams['font.sans-serif'] = ['SimHei']
7
8    data = pd.read_csv(r'../data/chapter4/citytsp.csv', header=None).values
```

```
9     citys_longitude_latitude = data[:, 1:]
10    city_names = data[:, 0]
11    cityList=citys_longitude_latitude.tolist()
12
13    def tsp_distance(cityList):                        #计算整个路线长度
14        distance = 0.0
15        for i in range(-1, len(cityList) - 1):
16            index1, index2 = i, i+1
17            city1, city2 = cityList[index1], cityList[index2]
18            distance += ((city1[0] - city2[0]) ** 2 + (city1[1] - city2[1]) ** 2)**
              0.5
19        return distance
20
21    def generatePath(cities):                          #用来生成种群的路线
22        path = random.sample(cities, len(cities))
23        return path
24
25    def plot_route(cities):                            #绘制旅行路线
26        x = [i[0] for i in cities]
27        y = [i[1] for i in cities]
28        x1=[x[0],x[-1]]
29        y1=[y[0],y[-1]]
30        plt.plot(x, y, 'b', x1, y1, 'b')
31        plt.scatter (x, y, c='r')
32        j=citys_longitude_latitude[:,0]
33        k=citys_longitude_latitude[:,1]
34        for i, txt in enumerate(city_names):
35            plt.annotate(txt, (j[i], k[i]),horizontalalignment='center',
              fontsize=15,)
36        plt.show()
37        return
38
39    def initialPopulation(cities, populationSize):     #初始化种群
40        population = [generatePath(cities) for i in range(0, populationSize)]
41        return population
42
43    def path_fitness(cities):                          #计算适应度
44        total_dis = tsp_distance(cities)
45        fitness= 0.0
46        if fitness == 0:
47            fitness = 1 / float(total_dis)     #使用 TSP 距离倒数作为适应度
48        return fitness
49
50    def rankPathes(population):                        #对种群排序,用来进行选择父代
51        fitnessResults = {}
52        for i in range(len(population)):
53            fitnessResults[i] = path_fitness(population[i])
54        return sorted(fitnessResults.items(), key = operator.itemgetter(1),
          reverse = True)
55
```

```
56  def selection(pop, eliteSize):          #选择,使用轮盘方法
57      df = pd.DataFrame(np.array(pop), columns=["Index","Fitness"])
58      df['cumulative_sum'] = df.Fitness.cumsum()
59      df['cum_percentage'] = 100 * df.cumulative_sum/df.Fitness.sum()
        #轮盘赌选择方法
60      selected_values = [pop[i][0] for i in range(eliteSize)]
61      for i in range(len(pop) - eliteSize):
62          pick = 100 * random.random()
63          for i in range(0, len(pop)):
64              if pick <= df.iat[i,3]:
65                  selected_values.append(pop[i][0])
66                  break
67      return selected_values
68
69  def make_crossover_pool(population, selected_values):
    #从种群中选出了 selected_values 中的数据,有重复的
70      crossover_pool = [population[selected_values[i]] for i in range(len
        (selected_values))]
71      return crossover_pool
72
73  def cross_over(father, mother):           #交叉
74      generation_1= int(random.random() * len(father))#随机选父代的几个长度
75      generation_2 = int(random.random() * len(mother))#随机选母代的几个长度
76      cut_start = min(generation_1, generation_2)
77      cut_end = max(generation_1, generation_2)
78      #选择 start, end 这一段中的若干长度作为第一个父代
79      child_parent1 = [father[i] for i in range(cut_start, cut_end)]
80      #选择剩下的路径节点
81      child_parent2 = [i for i in mother if i not in child_parent1]
82      child = child_parent1 + child_parent2
83      return child
84
85  def make_nextgen_population(my_crossover_pool, eliteSize):
    #生成下一代种群(无变异)
86      ln = len(my_crossover_pool) - eliteSize
87      pl = random.sample(my_crossover_pool, len(my_crossover_pool))
88      children1 = [my_crossover_pool[i] for i in range(eliteSize)]
        #pool 池中的前精英数目个
89      children2 = [cross_over(pl[i], pl[len(my_crossover_pool)-i-1]) for i
        in range(ln)]      #pool 中的后几个(全长减去精英池长度)
90      children = children1+ children2
91      return children
92
93  def mutation(population, mutation_rate):    #变异,变异率为 mutation_rate
94      for route in population:
95              for exchanged in range(len(route)):
96                  if(random.random() < mutation_rate):
                    #以 mutation_rate 概率进行突变
97                      exchanged_with = int(random.random() * len(route))
98                      city1 = route[exchanged]
```

```
99                    city2 = route[exchanged_with]
100                    route[exchanged] = city2
101                    route[exchanged_with] = city1
102        return population
103
104    def get_next_gen(existing_gen, eliteSize, mutat_rate):
    #生成下一代种群(有变异)
105        pop = rankPathes(existing_gen)
106        selected_values = selection(pop, eliteSize)
107        my_crossover_pool = make_crossover_pool(existing_gen, selected_values)
108        children = make_nextgen_population(my_crossover_pool, eliteSize)
109        next_gen = mutation(children, mutat_rate)
110        return next_gen
111
112    def GA(city_names, cities, init_population_size, eliteSize, mutation_
    rate, generations):#主函数
113        population = initialPopulation(cities,init_population_size)
114        print("初始距离: ",1 / rankPathes(population)[0][1])
115        for i in range(generations):
116            population = get_next_gen(population, eliteSize, mutation_rate)
            #有变异方法
117            #population = make_nextgen_population(population, eliteSize)
            #无变异
118        print("最终距离: ",1 / rankPathes(population)[0][1])
119        optimal_route_id = rankPathes(population)[0][0]
120        optimal_route = population[optimal_route_id]
121        plot_route(optimal_route)
122        return optimal_route
123
124    GA(city_names,cityList, init_population_size=10, eliteSize=5, mutation_
    rate=0.01, generations=500)
```

遗传算法解决 TSP 问题程序内容较多,要理解这个程序,需要对照本章 4.8 节内容。程序 4.10 的函数与遗传算法的对应关系如下。

generatePath()与 initialPopulation()函数用来生成初始种群;

tsp_distance()与 path_fitness()函数用来计算不同路线的适应度;

rankPathes()与 selection()函数用来选择下一代的父本;

make_crossover_pool()与 cross_over()函数用来进行交叉操作;

mutation()函数用来进行变异操作;

make_nextgen_population()函数可以生成下一代种群(无变异操作);

get_next_gen()函数也可以用来生成下一代种群(有变异操作);

plot_route()函数用来绘制旅行路线。

GA()函数为主函数,程序第 113 行初始化种群,第 115~117 行进行迭代。注意,这里面列举了两种不同的生成下一代种群的方法,第 116 行使用有变异操作函数生成下一代种群,第 117 行为无变异操作的函数。

在实际运行过程中,如果使用有变异的 get_next_gen()函数,多次运行输出的结果一

致，总能得到最优结果（遗传算法不保证一定能得到最优结果）；但是如果使用无变异的make_nextgen_population()，每次运行结果不一样，但是大部分都得不到最优路线。

图4.19显示了使用make_nextgen_population()函数（无变异操作）得到的几个不同的路线结果，这里选择一些运行结果，在这些结果中，最右侧的结果是最优路线，使用get_next_gen()函数，每次都会稳定地输出最右侧的最优路线，但是，使用无变异函数多次运行，很多时候都不能得到最优结果（虽然有变异的操作也不能保证得到最优结果，但是在该例中，因为题目简单，每次都会得到最优结果，而无变异操作经常得不到最优结果）。

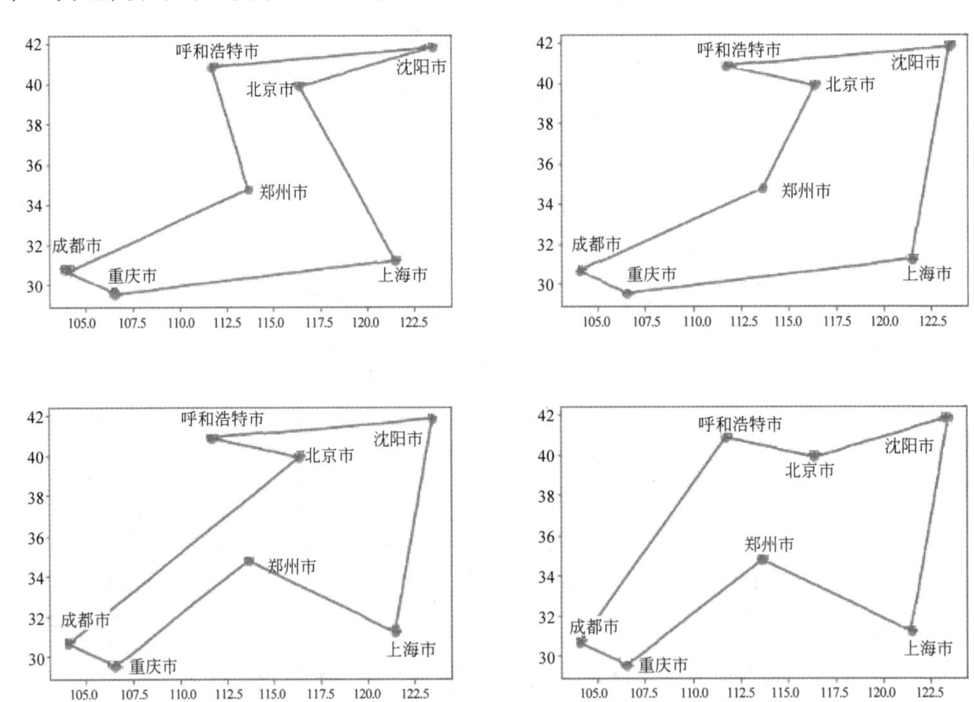

图4.19 使用无变异操作函数计算求得的TSP路线

（由程序4.10生成）

4.11.7 推荐算法

程序4.11 推荐算法简单示意

```
1    import numpy as np
2
3    scoreData = np.mat([
4    [5,1,2,4,0,0,1,4,2,0,0],
5    [0,2,0,0,0,0,0,0,0,0,1],
6    [1,0,0,2,0,0,5,0,3,3,0],
7    [0,5,4,0,0,0,1,0,1,0,0],
8    [0,0,0,0,0,0,2,0,0,1,0],
9    [4,2,4,4,0,0,4,4,4,3,0],
10   [0,3,0,1,4,0,4,0,3,0,5],
11   [0,2,0,0,5,1,5,0,4,1,0],
12   [2,0,0,0,0,0,4,0,5,0,0],
```

```
13    [5,5,4,0,0,0,3,4,3,2,0],
14    [0,4,5,0,5,4,0,0,0,0,4],
15    [0,5,0,1,4,4,1,1,0,1,4]
16    ])#数据载入
17    bookList=['集体智慧编程','白夜行','解忧杂货铺','统计学习方法','少年 PI 的奇幻
18              漂流','金色梦乡','万万没想到','机器学习实战','智识分子','学会提问',
              '鱼翅与花椒']
19    peopleList=['赵','钱','孙','李','周','吴','郑','王','冯','陈','储','卫']
20
21    def ecludSim(vec1, vec2):              #欧氏相似度
22        return 1.0/(1.0+np.linalg.norm(vec1-vec2))
23
24    def pearsSim(vec1,vec2):               #皮尔逊相关系数
25        return 0.5+0.5*np.corrcoef(vec1,vec2,rowvar=0)[0][1]
26
27    def cosSim(vec1, vec2):                #余弦相似度
28        dotProd = float(np.dot(vec1.T, vec2))
29        normProd = np.linalg.norm(vec1) * np.linalg.norm(vec2)
30        return 0.5+0.5*(dotProd/normProd)
31
32    def simpleRecommendation(scoreData,userIndex,itemIndex):    #简单推荐算法
33        n=np.shape(scoreData)[1]           #获取图书的总个数
34        simSumScore=0                      #分子
35        simSum=0                           #分母
36        for i in range(n):                 #遍历所有图书,进行打分
37            userScore=scoreData[userIndex,i]
38            if userScore==0 or i==itemIndex:#如果是未读的图书,或是本次需要比较
                                              #的图书,跳过
39                continue
40            sim=cosSim(scoreData[:,i],scoreData[:,itemIndex])
      #余弦相似度,也可以使用其他相似度
41            simSumScore=simSumScore+userScore*sim
42            simSum=float(simSum+sim)
43        if simSum==0:
44            return 0
45        return simSumScore/simSum
46
47    n = np.shape(scoreData)[1]
48    userIndex = 11                         #推荐目标用户
49    for i in range(n):
50        userScore = scoreData[11, i]
51        if userScore != 0:
52            continue
53        print("书名:{},评分:{:.3f}".format(bookList[i], simpleRecommendation
          (scoreData, userIndex, i)))
```

程序 4.11 给出了推荐算法的一个简单示意。所用的用户-图书数据为表 4.7 中数据。函数 simpleRecommendation()是本书给出算法的实现。当然,实际应用中的推荐系统要复杂得多,例如奇异值分解(SVD)、非负矩阵分解(Nonnegative Matrix Factorization,NMF)等一系列技巧都会应用到推荐系统中。

第5章 博 弈

知己知彼，百战不殆。

——孙武[①]

按照本书惯例，还是从博弈这个名字说起。博弈，中文原意就是下棋。但是今天博弈这个词引申的含义非常广，现在一般说到博弈，都是指在双方或者多方指定的规则下，选择合适的行为或者策略，从中获取各自最优的收益。一般用于描述运筹学、管理学、经济学等学科中的博弈行为。

博弈又分为零和博弈、正和博弈、负和博弈。零和博弈就是在双方博弈过程中，一方输掉的正是另一方所赢得的。例如，零和博弈过程中，你输了5元，那对手就赢了5元，棋类游戏就是最典型的零和博弈。在博弈过程中，如果加入增量，输赢之和大于零，就属于正和博弈，人们所说的"双赢"就是一种正和博弈(正和博弈也可能一方赢一方输，例如，一方输了5元，另一方赢了7元，也是一种正和博弈)。类似的，如果输赢之和小于0，就是负和博弈。

另外，按照博弈双方掌握信息的情况，博弈也可以分为完全信息博弈和不完全信息博弈。所谓完全信息博弈是指在博弈过程中，博弈双方均知道对方的博弈动作、策略等相关信息，例如双方下棋；不完全信息是指在博弈过程中，至少有部分信息是博弈对方不知道的，打扑克、打麻将就是典型的不完全信息博弈，因为并不知道对方手中有什么牌。

本章主要介绍计算机博弈，就是学习如何让计算机下棋。让计算机下棋一直是很多天才的梦想，事实上，如果以人机对弈为主线写一部人工智能的发展史，和本书第1章的内容应该有很大重合。计算机的博弈水平一直随着人工智能技术的发展而进步。人工智能最近一次大热，也是AlphaGo战胜人类围棋顶尖高手，从那时候开始，人工智能才从学术界走向大众。机器在围棋上打败人类之后，可以认为棋类问题已经被人工智能解决了。

本章从最简单的棋类游戏——井字棋开始。

5.1 棋类游戏框架

井字棋，英文叫作tic-tac-toe，规则是在3×3的棋盘上，双方轮流下棋，谁能够首先把横线、竖线或者斜线连成一排，谁就赢了。图5.1是一个井字棋游戏示例。井字棋的规则如此之简单，大家很快就能上手下棋。那么，如何编写一个下棋程序呢？

一个下棋程序需要有一个数据结构描述棋局的状态，这个数据结构一般是一个一维数

---

① 这句话来自《孙子兵法·谋攻篇》。博弈是不见硝烟的战争。博弈胜利的关键在于不仅要知道自己的想法，而且要知道对方的想法。

图 5.1　井字棋

（井字棋有个必赢的走法，但是本书不会剧透给你）

组或者二维数组（香农很早就提出用二维数组表示棋局局面）。对于井字棋来说，只需要一个 3×3 的二维数组即可（或者有 9 个元素的一维数组也可以），这个数组中每个元素的值分别代表当前局面下每个空格的状态。数组中每个元素的取值有三种，例如，可以用－1 表示一个（X）玩家的棋子落子在对应的位置上，用 1 表示另一个（O）玩家，用 0 表示当前位置还没有落子。例如，图 5.1 中的棋局局面对应的数组是[0,－1,－1][－1,1,1][0,0,1]。

其实中国象棋和围棋在维护棋局局面方面，原理上和井字棋是一样的。围棋和井字棋一样，只有黑白两种棋子，有一个 19×19 的数组就可以描述围棋的棋局局面。中国象棋比较复杂，需要一个 9×10 的数组表示整个棋盘，因为中国象棋棋子的种类多一些，双方一共有 32 个子，其中又包括车、马、炮等不同的棋子，因此数组元素的可能值有 33 个（16 个表示红方，16 个表示黑方，1 个表示无子）。在真正实现棋类游戏的时候，很多程序使用位数组来表示，加快运行速度。

当然，大家见到的棋类游戏软件都是图形界面的，这些软件中维护棋局局面的依然是数组，只不过在软件开发过程中，背景是棋盘图片，每个棋子也是图片，双方数组的元素值也和相应的棋子图片对应。双方每落一个子之后，都要刷新一下这个局面，对于图形界面，就是把棋子图片显示到正确的位置上。

另外，一个下棋程序还需要能够判断棋局的胜负。任何棋类游戏都有一个胜负规则，谁先满足了这个规则，就可以认为他胜利了。井字棋的规则最简单，任何一方只要有三个子连成一行、一列或者对角线，就可以认为该方胜利。围棋的胜负判定是数“气”，中国象棋是判断主帅是否被杀（象棋还要判断是否处于“将军”局面），其他的棋类游戏各有各的判定方法。

下棋的核心就是要选择正确的位置落子。对于人类来说，落子决定是由人做出来的，因此程序写起来简单。例如，井字棋在设计程序的时候，只要考虑对应位置上有无棋子即可。但是其他棋类，例如象棋，还要考虑合理的走法，“马走日、象走田”，围棋有“禁着点”，程序只要保证人类下棋应该遵守这些规则就可以。机器的落子方法是本章的核心，后文将会介绍。

有了以上基本概念之后，下棋程序就是双方轮流落子了。当然，不管这个程序是人机对弈还是人人对弈，写法都比较简单，双方轮流落子，每次落子之后，都刷新一下局面，判断是否一方胜利，如果没有判断出胜、负、平局状态，另一方接着落子即可……循环一直进行，直到能够判断出胜、负、平局状态。

程序 5.1 是一个井字棋游戏的框架，这个框架提供了人机博弈的界面，这里机器落子是随机的，这个框架中机器能下棋，但是没有棋力。如果人类和这个程序下棋，应该能做到百战百胜。

怎么才能让机器也有棋力呢？

5.2 对抗搜索

5.2.1 博弈树

所有的下棋程序都可以用一棵树表示，称之为博弈树，下棋程序就是在这棵树上进行搜索。博弈树描述了下棋的每个步骤。图 5.2 是井字棋的博弈树（部分）。

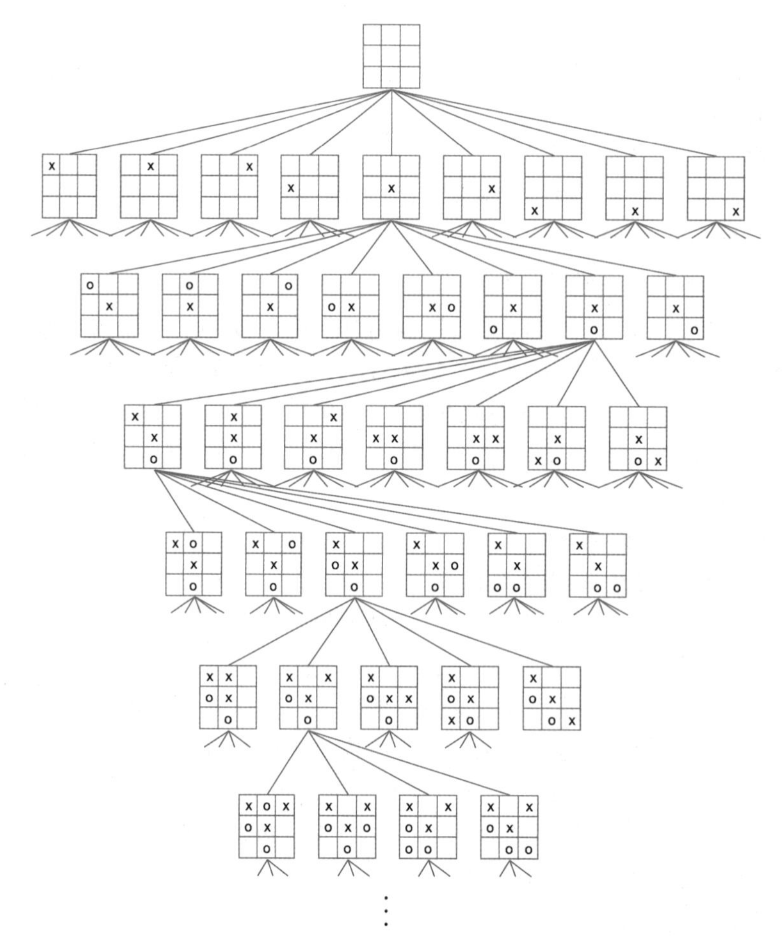

图 5.2 井字棋的博弈树（部分）

图 5.2 中，第零层（最上层）是开局状态，假设第一步是 X 落子，X 可能的落子点有 9 个，这样第一层就有 9 个可能的棋局；然后第二步是 O 落子，O 此时落子的可能位置有 8 个（因为某一个位置已经被 X 落子了），因此，第一层每个棋局后续都有 8 种可能（也可以说这棵树中第一层的每个节点都有 8 个孩子节点），图中只选取一个局面绘制其孩子节点，假设第一步 X 落到棋盘最中间的位置，随后 O 的 8 种可能落子位置如图中第二层所示；交替进行，现在下到第三步，X 落子，以此类推，一直到博弈结束。

理论上，这棵树应该有 9!（=362880）个节点。但是实际上，这里面很多节点是相同的（也就是棋局是重复的），另外，很多时候棋局没有到最后一层可能就判出胜负（例如在倒数第二层的最后一个节点,此时 X 玩家已经赢了,这个节点就不应该有后续节点),实际的博弈树节点会少一些。

井字棋是一个非常简单的游戏,因为与更复杂的棋类游戏相比,该游戏的最大走棋步数非常少(双方加起来最多只能走 9 步)。因此,井字棋游戏非常适合计算机博弈入门。

本章的目标就是搜索这棵博弈树,找到下棋的最佳方案。

理论上,任何一种棋类游戏均可以创建一棵博弈树,并且,如果能够搜索整棵博弈树,一定会找到一种必胜的走法。然而实际上,很多棋类游戏的博弈树太庞大,根本无法完全搜索,即使是复杂如围棋,也有一个必胜的走法,只不过这个必胜走法可能永远不会被人类发现。

博弈树的想法十分自然,如果有下棋经验就会知道,下棋过程中经常要考虑,如果对方这么走,自己应该那样走,如果对方继续走这步,自己应该怎样应对。实际上,这样的思考过程就是一棵博弈树。

5.2.2 静态估值

在设计棋类游戏的时候,也有启发式的想法,一个最简单的启发式就是给每一个棋局状态打分(也叫估值),分数越高,表明该棋局越容易胜利。然后搜索分数最大的分支,现在的关键就是,如何去打分?

假设现在井字棋到了图 5.3 这一局面,X 刚刚落子完毕,此时轮到 O 落子,O 有 5 种选择(图 5.3 中的 5 个孩子节点)。

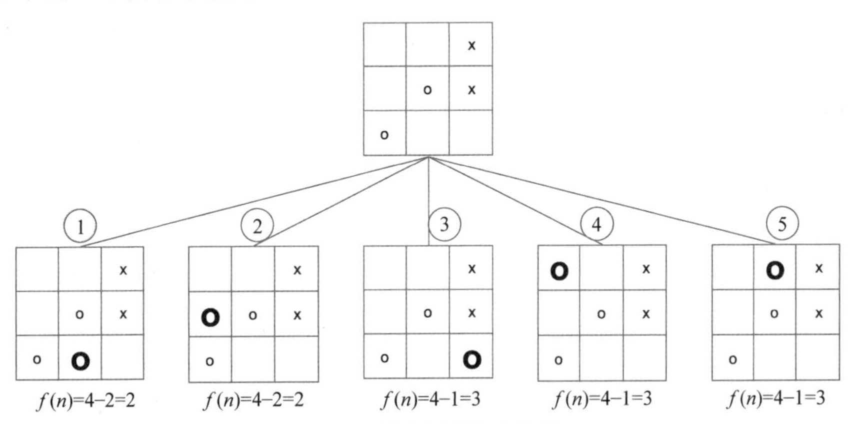

图 5.3 博弈树的静态估值

因为在 X 落子之后,只有 5 个空位,那么 O 的落子,只能落在剩余的 5 个空位上(粗体的 O 表示这一步的落子)。在这 5 个分支中,选择哪个分支最好呢?

在这棵树中,可以使用一个静态的估值函数,来评估下一步走棋的优良程度值。井字棋中一个可能的静态估值函数 $f(n)$ 为

$$f(n)=\text{自己可能获胜的位置数}-\text{对方可能获胜的位置数}$$

例如,在分支①中,O 如果落子在这个位置,那么,第一列、第二列、第三行、主对角线都可能使自己获胜,自己可能获胜的位置数是 4,故而分值是 4,而第一行和第三列有可能使得对方获胜,对方可能获胜的位置数为 2,因此,这个局面的估值分数是 $4-2=2$。利用这个估

值函数可以得到下一步走棋的分数，该估值函数的值越高，意味越有可能使玩家获胜。这样，在搜索的时候沿着估值高的分支前进，获胜的可能性就大一些。

静态估值函数虽然可以得到一个分数，但是这个估值函数存在一些问题。例如，这里有三种走棋方案的估值函数值等于3（③、④、⑤分支），但是只有一种方案能够使O玩家获胜（分支③）。因为虽然有另外两种方案（分支④和分支⑤），但是O玩家如果走分支④或分支⑤，那么玩家X在随后的走棋中马上就可获胜。因此，虽然静态估值函数有用，但是只靠静态估值函数是远远不够的。

在博弈这种对抗搜索中，minimax算法（极小极大算法）是最基础的算法。

5.2.3 minimax算法

普通人和高手下棋的一个重要区别就是普通人在下棋的时候只关注自己，只想着自己快走几步并杀掉对方，而不太关注对方的用意，这样很容易陷入对方的圈套，反而输掉棋局。

换句话说，在下棋的时候，你不光要考虑自己怎么走的，还要考虑对方为什么这么走，而不能把对方当成一个笨蛋。

那么，如何能做到既关注自己又关注对方？冯·诺依曼和摩根斯特恩在《博弈论与经济行为》一书中提出了minimax算法[1]。事实上，minimax算法并不是专门为人机对弈所设计，它能够解决博弈论中的很多问题。不过这个算法在人机对弈中发挥了巨大的作用，所有的棋类设计软件都能看到它的身影。

minimax算法是在轮流行动游戏中，选择最优行动的一种方法。轮流行动游戏是指一个玩家与另一玩家相互对抗，具有相同且相互排斥的目标，也就是说是一个零和博弈。在已给定的游戏状态下，每个玩家都知道下一步可能的行动方案，因此对于每一次行动，玩家都可以考察随后的所有行动。下棋就是标准的轮流行动游戏。

双人游戏轮流走棋，玩家会在走棋时选择对己方最有利而对对方最不利的走法。如何做到“损人利己”？原则非常简单，对于自己走棋，选择最大评估值的那个分支，如果是对方走棋，选择最小的评估值分支。因为双方交替走棋，因此，算法交替地在博弈树中寻求最大评估值和最小评估值。

在博弈树中的每一个节点都可以保存一个值，这个值即为评估值。该值用来定义对应行动在帮助玩家获胜方面的优良程度，前文介绍的静态函数估值即是计算该值的一种方法。

在设计人工智能棋类游戏中，节点评估值对于计算机下棋落子位置有指导性作用，该值越大，获胜的可能性越大。事实上，不只是人机对弈，人人对弈的双方其实也都有一个评估值，只不过对人类来说，这个评估值是隐性的，下棋的时候人们可能不会注意。对于计算机来说，需要有一个显性的评估值。

图5.4给出了在一个特定的井字棋棋局的残局博弈树中，minimax算法的运行过程。

图5.4是一棵博弈树的一部分，图中的树共有4层，根节点所在的那层为MAX层，这一层所有的节点都是MAX节点，也就是说，这一层的每个节点的评估值是其所有孩子节点的评估值的最大值；图中标记MIN的那两层的节点为MIN节点，这两层中每一个节点的评估值是其所有孩子节点的评估值的最小值。这里的终局状态有三个可能的评估值：−1表示玩家X赢，0表示平局，1表示玩家O赢。

现在棋局走到根节点这个局面，O玩家和X玩家各走了三个子（根节点状态），下一步

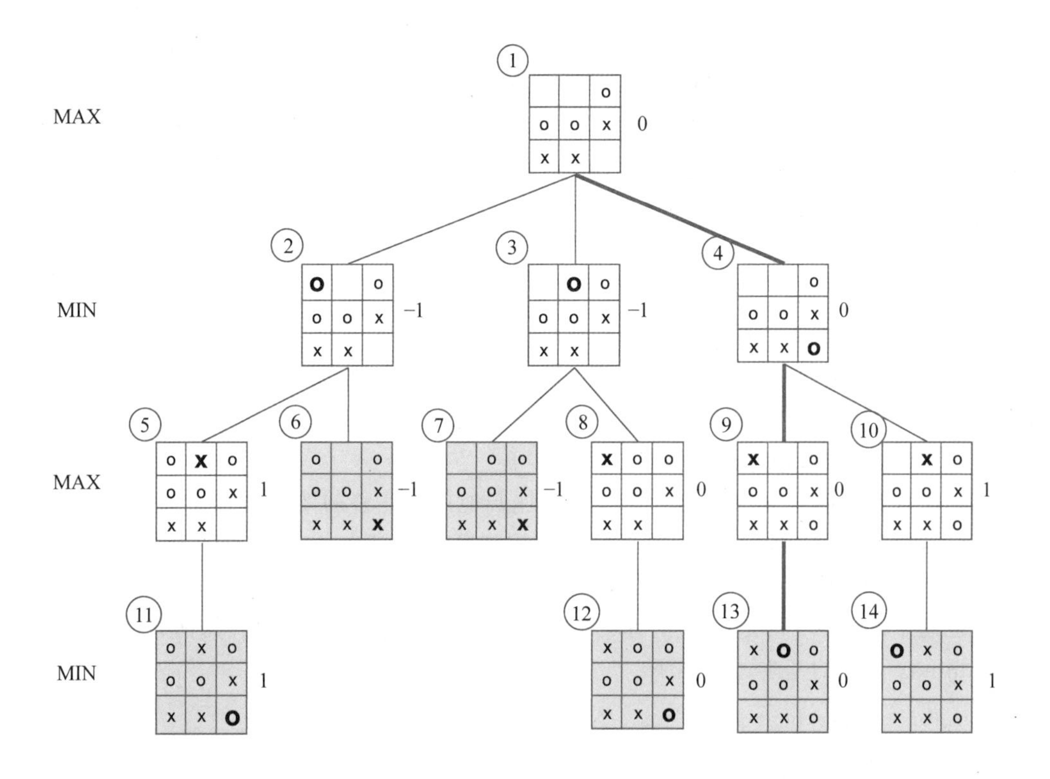

树的左侧：MAX层　该层节点都为MAX节点　　节点的左上角数字：局面ID　　节点的右侧数值：评估值
　　　　　MIN层　该层节点都为MIN节点

灰色底纹节点：终局节点（1：O玩家胜利　-1：X玩家胜利　0：平局）　　粗体的O或者X：此次落子

图 5.4　minimax 算法示例

轮到 O 玩家走棋。minimax 算法可以帮助 O 玩家找到最优的下棋路径，这个算法需要计算当前节点的评估值，如果当前节点是 MAX 节点，那么就取所有孩子的最大评估值；如果是 MIN 节点，就取所有孩子节点的最小评估值。

在图 5.4 中，灰色的节点为叶子节点，表示终局，也就是达到了胜、平、负三种状态之一，在井字棋中，只有这个时候才能得到评估值。在图 5.4 这棵博弈树中，O 玩家最后根节点的评估值是 0（也就是说，O 玩家最好的结果就是平局）。看看这个 0 是怎么得到的，对于根节点局面①来说，它是一个 MAX 节点，因此，它会取它三个孩子节点的最大评估值（分别是 −1，−1，0），结果是 0，来自局面④。局面④的评估值 0 是怎么得到的？这一层是 MIN 层，所以它会取它的两个孩子节点评估值（0 和 1）的最小值，得到 0。同理，局面⑨在一个 MAX 层，所以它会取所有的孩子节点的最大值，因为只有一个孩子节点，所以它的评估值为 0。局面⑬是一个终局局面，也就是在这个局面下，双方平局，因此，局面⑬的估值是 0。其他局面也通过同样的过程得到评估值。从这个过程可以看出，minimax 算法非常适合使用递归程序来实现。

根据 minimax 算法，对于当前局面来说，O 玩家最好的结果就是平局，走棋方式如黑色粗线所示，即按照局面①→④→⑨→⑬走棋，这样的走法对于 O 玩家来说是最优的。如果不这么走，O 玩家很可能的结局就是输掉比赛。

对于 O 玩家来说，当然希望能够赢棋，下到估值为 1 的局面，也就是局面⑪和⑭。但是别忘了博弈是双方进行的，O 玩家想要下到这些状态，X 玩家可不会同意，以最左侧的分支为例，如果 O 玩家走到局面②（也就是落子在最左上角），那么 X 玩家马上会落到最右下角位置，局面⑥，从而 X 取得胜利。因此，对于 O 玩家来说，是走不到局面⑪的。对手不是白痴，不会让你轻易胜利。

对于井字棋游戏来说，因为博弈树不会很深，最深的层数才是 9，所以可以搜索完整的博弈树。但是对于大部分棋类来说，都需要建立一棵庞大的博弈树，这样的博弈树是不可能搜索到全部局面节点的。在大多数棋类游戏中，包括国际象棋和中国象棋等，对于搜索都限制了一定的深度，例如从当前局面出发，只搜索下面 10 层的博弈树。这里搜索 10 层相当于人们平时说的下棋能看到后面多少步，例如，专业棋手能看到十步到二十步棋，一般的高手能看到三步到五步棋，普通人下棋只能走一步看一步。

博弈树太深意味着无法到达叶子节点。递归地搜索完整的博弈树是一个费时且费空间的过程。这意味着虽然 minimax 算法能够应用到简单的游戏中（例如井字棋游戏），但对于很多其他棋类来说应用起来却很困难，因为其他棋类游戏的博弈树太复杂而且难以搜索完全。这也是早期电脑下不过人类的原因之一，因为没有办法搜索那么大的博弈树。

minimax 算法的基本过程如下。

```
minimax(player,board)
    if judge(player,board)==end
        return
    for 当前局面之后的每一个局面
        if(player==computer)
            return max_score
        if(player==human)
              return min_score
```

在这个函数中，player、board 分别指当前玩家和当前局面，judge 用于评估当前局面的胜负情况。

对于如何得到每个局面的最大值和最小值，可以使用递归调用，因为在不同的层上（MAX 层和 MIN 层）需要分别计算极大值和极小值，因此，需要有两个函数 player_computer(board)和 player_human(board)。

以下是 player_computer()函数。

```
player_computer(board)
    if judge(board)==end
        return
    for every empty entry
        new_board=board
        mark entry in new_board as player_computer
        value=player_human(new_board)
        if value>max
            max = value
    return max
```

以下是 player_human()函数。

```
player_human(board)
    if judge(board)==end
        return
    for every empty entry
        new_board=board
        mark entry in new_board as player_human
        value=player_computer(board)
        if value<min
            min = value
    return min
```

注意，这两个函数互相递归调用，你中有我，我中有你。在这两个递归函数中，都模拟了其后所有可能的走棋局面（mark entry in new_board as player_computer/ player_human 这一行的功能），然后计算极大值或极小值。那么，有没有办法使用一个函数就完成上述两个函数的功能呢？答案就是使用 negamax 算法。

5.2.4 negamax 算法

minimax 算法在解决简单棋类问题中用处很大，但是在编程实现过程中，需要检查哪一方要取极大值而哪一方要取极小值，以执行不同的动作。高德纳等人于 1975 年提出了 negamax（负极大值）算法[2]。negamax 算法消除了 minimax 双方的差别，简洁优雅。使用 negamax 算法时，博弈双方都取极大值即可，这样，minimax 算法中的两个递归函数就可以写到一个递归函数里面了。negamax 算法其实和 minimax 算法本质上是一样的，它的核心思想在于：父节点的值是各子节点的负数的极大值，计算公式为

$$\max(a,b) = -\min(-a, -b)$$

在井字棋的设计中，可以把一个玩家用−1 表示，另一个用 1 表示，这样，negamax 算法的递归函数可以写为

score = − negamax(board,(player * (−1)))（参见程序 5.2 的第 10 行）

虽然写法不一样，但是本质上，minimax 和 negamax 算法是一样的。negamax 算法虽然把两个递归函数整合到一个函数中，但是因为它和 minimax 算法使用了同样的思想，并没有解决博弈树太庞大、无法搜索的问题，为了让算法能够搜索更深的层次，人们提出了 alpha-beta 剪枝算法。

5.2.5 alpha-beta 剪枝

minimax 算法以及 negamax 算法是棋类游戏中的基本算法（因为这两个算法本质上是一致的，因此，后文不区分这二者，认为它们是一个算法），然而对于大部分棋类游戏，minimax 算法只能搜索有限的深度，因此，有学者提出了一种技术，付出很小的代价即可加深搜索的层次。这种技术在计算机内部经常使用，叫作剪枝。

剪枝在生活中常见，即对于一棵树木，剪去不必要的枝干。计算机的剪枝也是在树这种数据结构上进行。在博弈树上剪枝，就是在对博弈树进行搜索的过程中，如果发现哪个节点分支结果不好，那么就不再搜索该节点以及它的子孙后代，从而达到减少搜索量的作用，那些不被搜索的分支就好像被剪掉一样，因此被称为剪枝。不同的算法有不同的剪枝方法，对于 minimax 算法来说，因为要寻找某一个节点的 max/min 评估值，经过合理的算法设计，

可以提前发现一些节点走棋效果不好，那么就可以进行剪枝，提前终止搜索。在 minimax 算法中，这种有效的剪枝算法叫作 alpha-beta 剪枝。

alpha-beta 剪枝的基本思想是识别出不利于玩家的节点，然后将它们从博弈树中除去。博弈树中被剪枝的分支所在的层越高，最小化博弈树搜索范围的效果越明显。

在 alpha-beta 剪枝算法的具体实行过程中，需要计算并维护 alpha 和 beta 两个变量，按照深度优先搜索博弈树。变量 alpha 定义了能够用来实现极大化目标的最好走棋方案（即对己方来说最好的走棋方案），变量 beta 定义了能够用来实现极小化目标的最好走棋方案（即对对手来说最好的走棋方案），alpha 表示 max 值的下界（也就是所有可能的 max 值中最小的那个），beta 表示 min 值的上界（也就是所有可能的 min 值中最大的那个）。当搜索博弈树时，如果 alpha 大于或等于 beta，则在这样的分支上对手的走棋方案会把己方推向不利的境地，此时，应避免在这样的分支上进行更多的计算。

如果大家觉得上面的一段话比较绕，在 5.5 节有个简单例子，大家跟踪完这个例子，就会明白 alpha-beta 剪枝是如何工作的了。

5.3 其他棋类游戏

5.3.1 人机博弈小史

1928 年，冯·诺依曼利用 Brouwer 不动点定理证明了博弈论的第一个深刻定理，指出在所谓的零和、完全信息博弈中，存在一种策略可以使参赛双方的最大损失极小化，这就是 minimax 一词的由来。1944 年，冯·诺依曼和摩根斯特恩共著的划时代巨著《博弈论与经济行为》奠定了博弈论这门学科的基础和理论体系。

1950 年，香农在 *Programming a Computer for Playing Chess* 论文中[3]，使用 minimax 算法进行棋类游戏设计，他在论文中也提出了使用数组表示棋类游戏局面的做法。

20 世纪 50 年代中期，塞缪尔创建了一个跳棋游戏。很难说清楚谁首先发明了启发式算法，但是塞缪尔是第一个将启发式应用到人工智能程序中的，塞缪尔的跳棋程序也是第一个真正意义上的机器学习程序：他的程序自学了如何下跳棋。

1956 年，麦卡锡提出了 alpha-beta 剪枝算法，这个算法至今在各种棋类游戏中都可以看到。1997 年，IBM 公司制造的 DeepBlue 便使用了 alpha-beta 剪枝算法。

1975 年，高德纳等人提出了 negamax 算法，可以使用一个递归函数完成 minimax 算法中需要两个递归函数的工作。

minimax 算法可以说是博弈游戏的基础，在所有的棋类游戏中，都需要进行博弈树搜索，无论是井字棋，还是 1997 年战胜卡斯帕罗夫的 DeepBlue，抑或 2016 年战胜李世石的 AlphaGo，minimax 算法（或改进的 minimax 算法）随处可见。和 minimax 算法一样，alpha-beta 剪枝几乎在所有的棋类游戏中都会出现。

事实上，一棵真正完全的博弈树很难构建起来，大部分棋类游戏只能构建部分博弈树，然后在这棵部分博弈树上搜索最优的走法。这棵部分博弈树的根节点即当前的棋局局面，树的深度即博弈双方未来可能走法的步数，树的叶子节点要提供一个局面评估值。假设一棵博弈树的树深 20 层，未剪枝的博弈树就表明了双方在之后 20 步内的可能走法，叶子节点表明 20 步之后那个棋局的评估分数。

在真正的下棋过程中，要想得到某一个局面的评估值是非常困难的。假设你看到马路旁边有人下象棋，过去看一眼，如何判断双方谁占优？一般主要还是看双方主力（主要是车、马、炮这些“大子”）的剩余情况和位置，但是这种判断很多时候是不准确的。除非下棋已经到了很容易分出胜负的地步，否则只凭着当前局面就得出估值函数，会很不准确。然而到了很容易分出胜负的时候，就说明这个博弈树已经很深了，而程序很难搜索到如此深的博弈树。

只凭着带 alpha-beta 剪枝的 minimax 算法，在大多数时候，都不能设计一个棋力高超的计算机棋类游戏，否则，各种棋类游戏早就被攻破了。要想实现能下棋的人工智能，需要更多的技巧。

5.3.2　棋类软件设计技巧

那么，自己开发一个棋类游戏，需要的技巧有哪些？

针对不同的棋类游戏，当然各自有各自的技巧，事实上，很少有人掌握这些棋类的全部技巧。如果让围棋大师去下象棋，估计会比大部分普通人好。但是，围棋大师在象棋比赛中下不过专业棋手，这个一点也不让人奇怪。

虽然不同的棋类游戏有不同的技巧，但是，在开发棋类游戏中，还是有一些公用技巧的。这些公用技巧包括以下 4 种。

（1）开局库。“好的开始是成功的一半”。在不同的游戏当中，好的开局对于赢棋都非常重要。事实上，在开局过程中，已经形成了一些公认的定式。几乎所有的棋类游戏都有成熟的开局定式，例如在围棋中，有三连星、中国流、秀策流等开局定式，象棋有中炮开局、飞象开局、起马开局等，跳棋、国际象棋也都有各自经过验证的开局定式，这些棋局经过人们成百上千年的经验总结，大部分都得到了时间的验证。

（2）残局库。“编筐织篓，全在收口”。有开局库就有残局库。对于一些吃子类的游戏，例如中国象棋、国际象棋，下到后面的时候棋子越来越少，会形成很多经典的残局库。以象棋为例，有名字的残局就有好几百个（“七星聚会”“野马操田”“蚯蚓降龙”“千里独行”等，它们都有炫酷的名字）。残局看起来变幻莫测，但其实有固定套路。一般人很难记住那么多棋谱，但是对于计算机来说很容易。Lewis Stiller 曾在国际象棋方面构建了多达 6 个棋子的完整残局数据库[4]，不要小看 6 个棋子，只剩 6 个棋子的残局局面超过 60 亿个。所以那个时代在下国际象棋的时候，如果只剩 6 个子，人类是赢不了计算机的。当然现在任何棋类，人类对计算机都没有优势了。

（3）棋局估值函数。棋局估值函数是棋类游戏中最难设计的部分，除了像井字棋这种游戏很容易得到棋局的估值函数（很容易就知道胜、平、负的状态）之外，大部分棋类游戏对于一个棋局的估值都很难得到。要想得到估值函数，需要评估的东西太多了。例如对于中国象棋来说，己方的将帅或者一个重要的棋子有危险吗？有一个子被吃掉了吗？如果被吃掉了，这个棋子的价值有多大？一般来说，兵（卒）的价值要小于马和炮，马和炮的价值要小于车；兵（卒）是否过河，它们的价值也不一样。不止要看棋子是什么，棋子的位置也很重要，它们的移动空间有多大，是否受到被吃掉的威胁，它们是否能够吃掉对方的哪些子。如果评估值计算准确，对于搜索算法就具有非常强的指导作用。同样，如果估值函数设计不好，那么搜索算法再好，也可能走上错误的棋局。

(4) 搜索算法。如果说开局库、残局库以及棋局估值函数需要棋类专家进行指导，那么，搜索算法设计得好不好，就是计算机专家的事了。因此，本章侧重点也在博弈树中的搜索算法。随着棋类游戏复杂程度的提高，人们又提出了包括主变搜索(principal variation search)、渴望搜索(aspiration search)等在内的多种算法。近年来随着深度神经网络技术的发展，越来越多的棋局也利用神经网络优化搜索算法。尤其是 AlphaGo 战胜人类顶尖高手之后，深度学习已经成为棋类游戏中的主流技术。

5.3.3 AlphaGo 简介

在围棋上战胜了人类之后，人工智能终于得到了人类的认可，因为围棋太难了。在国际象棋中，博弈树的平均分支是 35 个，然而在围棋中，典型的分支是 300 个。在国际象棋中，走 4 步棋大约要评价 35^4 (≈150 万)个棋局，而围棋大约需要 300^4 (≈81 亿)个棋局。事实上围棋的变化多，计算 4 步棋几乎没有什么棋力。

围棋的棋盘和井字棋很类似，19×19 的棋盘可以用一个二维数组表示，每个单元可以取黑子、白子、空位三个值。实际上，围棋棋盘还需要维护其他的属性，以支持棋局的分析和随后的落子方法的生成。这些属性包括连接的棋子、“气”的信息，以及禁入点或者棋子死掉的情形等。

这里没有具体介绍实现 AlphaGo 的细节(网络上可以找到一些相关算法，关键词是“AlphaGo 原理”“蒙特卡罗搜索树”“强化学习”等)，因为复现 AlphaGo 不是一个简单的工作，AlphaGo 团队只在 *Nature* 上发表了相关论文，但是并没有公开代码。另外，还需要提醒大家一下，即使真的实现了 AlphaGo，没有对应的数据资源，也无法达到 AlphaGo 的棋力；更进一步，即使实现了 AlphaGo 并且有了对应的数据资源，其训练代价也不是一般人能够承受的。根据 DeepMind 成员介绍[5]，分布式版本(AlphaGo distributed)使用了 1202 个 CPU 和 176 个 GPU。这些只是硬件成本，还不算电力成本，在网上搜索的结果是，据估算，每下一盘棋，AlphaGo 的电力成本就要 3000 美元，这还只是一盘棋。根据网上的报道，如果想要复现 AlphaGo 的升级版 AlphaZero，需要成本 3500 万美元①。

当然，这些只是从网络上找到的估算，并没有实际准确的数据。但是，复现 AlphaGo 不便宜，肯定是一个事实。

虽然不会复现 AlphaGo 实现的细节，但是这里还是要根据 AlphaGo 团队发表在 *Nature* 上的文献[5]，简单介绍一下 AlphaGo 的实现过程。

对于围棋的棋局来说，既然不能做到搜索所有的状态之后再做出决策，问题的关键就在于减少搜索空间。首先想到的方法就是模仿高手下棋，这其实可以看作是一个学习的过程。围棋传承了上千年，留下了很多棋谱和对弈数据，计算机就可以通过这些数据进行学习。据报道，AlphaGo 每天会和自己进行数百万盘棋的对弈。减少搜索空间的另一个方法是进行模拟与胜率评估。通过对每盘棋局状态的评估分析，可以得出在当前状态下哪种落子策略最可靠。

---

① 搜索“AlphaGo 成本”可以得到 AlphaGo 运行成本的报道。

AlphaGo系统的核心在于它的走子算法，对于AlphaGo系统来说，走子的核心算法为在蒙特卡罗搜索树上引入三个深度网络，即两个策略网络(policy network)，包括有监督学习策略网络和强化学习策略网络，再加上局面评估网络，并利用监督学习方法和强化学习方法训练这三个网络。

有监督学习策略网络是通过学习人类对弈棋局，模拟在给定当前棋局局面时，棋手会如何落子，这是纯粹地学习人类下棋经验。AlphaGo通过人类对弈棋局来学习这些落子策略。也就是说，有监督策略学习到的是像人一样下一步落子。

强化学习策略网络是通过AlphaGo自己和自己下棋来学习的，是在有监督学习落子策略基础上的改进模型。强化学习策略的初始参数是有监督学习落子策略学习到的参数，以其作为学习起点，然后通过自己和自己下棋，学习到更好的落子策略，它的学习目标不像有监督学习落子策略那样只是学习下一步怎么走，强化学习是要两个AlphaGo不断地对弈落子，直到决出某盘棋局的胜负，然后根据胜负情况调整强化学习策略的参数，使得其能够通过前后联系的当前棋局及对应落子情况学习到赢棋的策略。它的学习目标是赢得整盘棋，而不是像有监督学习策略那样仅仅预测一步落子。

局面评估网络也是一个深度学习网络结构，只不过它不是学习怎么落子，而是给定某个棋局盘面，学习从这个盘面出发，最后能够赢棋的胜率有多高，它的作用和前面讲到的评估值计算是一致的。评估网络输入的是某个棋局盘面，通过学习计算出一个分值，这个分值越高，代表从这个局面出发，赢棋的可能性越大。

因此，如果把蒙特卡罗搜索树视为井字棋的博弈树，把评估网络视为井字棋的局面评估值，把两个策略网络视为minimax或者alpha-beta算法的搜索过程，那么，AlphaGo和井字棋的下棋方法在道理上是相通的。

5.4 Game Theory

Game Theory的中文名字是博弈论，这个词直译过来是“游戏理论”，翻译成“博弈论”是神来之笔，“信”“达”“雅”俱全。

博弈论之父是冯·诺依曼，但是提到博弈论，大家更耳熟能详的是约翰·纳什，而一提到纳什，大家又都会想到“囚徒困境”。

需要指出的是，囚徒困境最开始并不是纳什提出的。纳什最大的贡献是提出了纳什均衡(Nash equilibrium)的概念和均衡存在定理。纳什均衡表示这样一种状态：在博弈过程中，如果达到了纳什均衡，则单方面改变当前状态，对该方来说不会比当前更优。

囚徒困境是美国兰德公司的Merrill Flood和Melvin Dresher最早提出的一种困境[7]，后来由Albert Tucker形象化地描述出来。这个问题可以描述成下述形式。

一个犯罪团伙的两个人被警察抓住，在审问过程中，两个人被分别关起来，互相不能沟通。警方分别告诉二人，由于证据不足，本着“坦白从宽，抗拒从严”，如果双方都坦白认罪，那么每个人都会坐牢八年；如果一个人坦白认罪，而另一人拒绝认罪，那么坦白认罪的会立刻释放，拒绝认罪的一方会坐牢十年；如果二人都不认罪，则会因为证据不足，每人都坐牢一年。

看起来，如果双方都拒绝认罪，每人都只坐牢一年。但是因为双方不能沟通，于是，每个囚徒都面临两种选择，然而，不管同伙选择什么，每个囚徒的最优选择是坦白。

假设你是囚徒 A，你现在不知道 B 会怎么选，所以你必须考虑 B 做出的选择可能给你带来的后果。

假如 B 选择了拒不认罪，那么你现在做哪个选择更划算呢？如果你也拒绝认罪，那你坐一年牢；如果你坦白认罪，那么你可以不坐牢。所以如果 B 拒不认罪，你应该坦白更划算。

假如 B 选择了坦白认罪，那你怎么选？如果你选择拒绝认罪，那你要坐十年牢；如果你选择坦白认罪，那你要被关八年。看起来，还是坦白认罪更划算。于是，无论 B 做哪个选择，你选择坦白认罪都更划算。于是，坦白认罪便是 A 唯一理性的选择。同样的道理，B 也会如此选择。

明明是双方可以只坐一年牢，但是博弈的结果却是双方都选择坦白认罪，都坐牢八年。这个就是困境，这个结果也是一个纳什均衡点。

不过，博弈论的基础是假设博弈方都是理性的，也就是都争取自己的利益最大化。但是实际中，人们的行动不一定都是理性的（卡尼曼《思考，快与慢》），利他主义在很多地方都存在（道金斯《自私的基因》），另外，在多方博弈中有合作也有竞争，纳什均衡点很难找到，而且，随着博弈的进行，这个过程是动态的，因此，实际的博弈问题很难解决。

博弈问题在历史上一直存在，中国悠久的历史上有丰富的博弈案例，春秋时期晋楚争霸是博弈，夹在晋楚之间的小国如何自保，晋国、楚国两个大国如何拉拢小国？战国时期围魏救赵是博弈，齐、魏、赵三国如何联合或斗争才能取得最大收益？三国时期赤壁之战也是博弈，联合抗魏到底对吴、蜀是不是最优选择？

图 5.5 弱者占优的博弈

在今天的经济、国防、外交中，博弈更是无处不见。市场上有多家公司生产相同产品，如何定价实现收益最大？国家和国家之间的“修昔底德陷阱”怎样避免？这些都是现实生活中博弈的实际例子。如果深刻理解了博弈论，那么弱者也可以占据优势。图 5.5 就是一个示例。

图 5.5 中，一头大象和一头黄牛被关在一个笼子里面。大象和黄牛都发现，如果踩一下图中最左上角的按钮，那么在右下角就会出现新鲜食物。大象对黄牛当然是占据优势地位，只要大象想吃食物，那么黄牛只能在一边干看着。但是，现在左上角的按钮跟右下角的食物有一定距离，踩下按钮后，需要经过一段时间才能从按钮处走到食物处。假设双方都是理性的，那么，现在谁会踩按钮？

黄牛当然不会，因为如果它踩按钮，那么大象就会蹲守在食物处，自己走过去也吃不到，所以它没有动力。大象则不然，大象踩下按钮之后，黄牛会蹲守在食物处先吃食物，等大象从按钮走到食物处，黄牛再把没吃完的食物让给大象。所以，博弈的最后结果就是，大象踩下按钮，然后奔向食物，吃一点黄牛剩下的，然后再回去踩按钮，哼哧哼哧地来回奔波。而黄牛只需要安安静静地待在食物旁边，等着吃新鲜食物就可以了。

虽然大象和黄牛的模型有很多隐喻，但是这只是一个简单模型，实际的博弈过程参与方更多,过程更复杂。如果仅靠理论分析,参数众多,很难计算出博弈结果。纳什只是提出了会有均衡点,但是没有提出计算纳什均衡的通用方法。实际上纳什均衡很难计算,寻找有效的算法计算纳什均衡仍然是当今一个研究课题。有了计算机的帮助,可以使用计算机模拟博弈的过程。例如,文献[8]使用计算机模拟了一群人的博弈行为,发现了一个有趣的现象:在一个密闭的房间里只有一个出口,此时如果发生意外,大家会争先恐后地冲向门口,准备逃出,这种情况很可能大家都挤在门口出不去,造成更大的伤害,但是如果在门口前一米处放一个障碍物,反倒可以加速人群的疏散。在这个多方博弈过程中,加上障碍反而会起到加速作用,这也是一个出人意料的发现。

纳什的一生非常传奇,中年患有精神分裂,在爱人的照顾下又逐渐康复(电影《美丽心灵》记载了这段故事)。纳什在20世纪50年代提出了纳什均衡的概念,即博弈参与方在纳什均衡点会保持不动,因为任何改变都会比现状更差,他同时证明了博弈论的一个伟大结果,即每个有限博弈至少有一个纳什均衡。当然,有的时候博弈也可能会存在多个纳什均衡。

传说中纳什只用写了27页的博士论文就拿到了诺贝尔奖,这个并不是事实[9],纳什在博弈领域做了一系列工作,不止是那篇博士论文。令人感到奇怪的是,纳什本人和他身边的人都没太把博弈论当回事。纳什本质上是个数学家,早期为人工智能领域做出贡献的学者有很多是数学家,图灵、冯·诺依曼、香农都是数学家(他们拿的都是数学学位)。数学,以其严密的逻辑性和解决实际问题的知识性,受到人们的关注。在人工智能领域,人们也一直希望利用各种逻辑和知识实现人工智能。欢迎阅读下一章,知识。

5.5 怎么做

5.5.1 棋类游戏框架

程序5.1从零开始,介绍如何写一个棋类游戏的框架。

程序5.1 一个棋类游戏的框架

```
1    def draw_board(board):
2        ls=[' ']*10
3        for i in range(9):
4            if board[i]==1:
5                ls[i]='O'
6            if board[i]==-1:
7                ls[i]='X'
8        print('|-----|-----|-----|')
9        print('|  %s  |  %s  |  %s  |'%(ls[0],ls[1],ls[2]))
10       print('|-----|-----|-----|')
11       print('|  %s  |  %s  |  %s  |'%(ls[3],ls[4],ls[5]))
12       print('|-----|-----|-----|')
13       print('|  %s  |  %s  |  %s  |'%(ls[6],ls[7],ls[8]))
14       print('|-----|-----|-----|')
```

```
15          print()
16
17      def judge(board):
18          cb=[[0,1,2],[3,4,5],[6,7,8],[0,3,6],[1,4,7],[2,5,8],[0,4,8],[2,4,6]];
19
20          for i in range(8):
21              if(board[cb[i][0]]!=0 and board[cb[i][0]] == board[cb[i][1]] and
                board[cb[i][0]] == board[cb[i][2]]):
22                  return board[cb[i][2]]
23
24          return 0
25
26      def human(board):
27          pos=int(input("请输入对应的棋盘编号,从左上到右下依次是 1~9: "))
28
29          while(board[pos-1])!=0:
30              pos=int(input("这个位置有子了,请正确落子:"))
31
32          board[pos-1]=-1
33
34      def random_move(board):
35          choice=[]
36          for i in range(9):
37              if board[i]==0:
38                  choice.append(i)
39          board[random.choice(choice)]=1
40
41      def play():
42          print("欢迎您和 OmegaGo 下棋!")
43          board=[0]*9        #-1,人类,0,此处为空,1,计算机
44
45          player=int(input("谁先落子? 1是人类先手,2是机器人先手: "))
46
47          for i in range(9):
48              if judge(board)!=0:
49                  break
50              if (i+ player)%2==0:
51                  random_move(board)
                    #如果想使用 negamax 算法,需要将本行改为 negamax_move(board),如果
                    #想使用 alphabeta 剪枝算法,需要将本行改为 alphabeta_move(board)
52              else:
53                  draw_board(board)
54                  human(board)
55
56          result=judge(board)
57          draw_board(board)
58          if result==0:
59              print("平局")
60          if result==1:
61              print("Omega 赢了!")
```

```
62        if result==-1:
63            print("人类赢了")
64
65    play()
```

所谓棋类游戏的框架,就是写一个能和人类下棋的游戏。运行程序 5.1 就会发现,它虽然能和人类下棋,却没有任何计算能力,棋力很弱,只能随机落子。

程序 5.1 中用一个一维的 board 数组(Python 里面的 list 数据结构)来表示棋局的局面。board 数组共有 9 个元素,分别表示井字棋的 9 个位置,数组里面的元素有 3 种可能的值,分别是 0、−1、1,0 代表这个位置为空,可以下棋;−1 在这里代表人类在这个位置落子,棋面上显示字母 X;1 在这里面代表电脑在这个位置落子,用字母 O 来显示。函数 draw_board 用来画棋盘(第 1~15 行)。注意,每下一次棋,board 数组里面的数字就变了,需要调用一下 draw_board(board)函数,相当于把界面刷新一次。

棋类游戏框架还有一个重要的功能就是要能够分出胜负,一旦分出胜负,游戏也就结束了。程序 5.1 中的 judeg 函数(第 17~24 行)用来判断游戏是否结束。每次下一个棋子(计算机或人类)之后,都要判断一下当前的棋局。井字棋游戏非常简单,判断胜负的标准也很简单,对于井字棋来说,一共有 8 种局面表示能够赢棋(三行、三列、两个对角线),如果这些位置的值相等的话,那么程序就结束了。具体来说,如果这些位置的值都等于−1,那么人类赢了;都等于 1,计算机赢了。不属于上面的情况,谁也没赢,继续下。

在计算机落子方面,因为程序 5.1 只是一个下棋的框架,因此,这里有一个计算机随机落子的函数 random_move()(第 34~39 行),就是在没有子的位置随机选择一个,非常简单。

play()函数模拟人机对弈过程(第 41~63 行),这个函数也很简单,for 循环是函数的核心,模拟人机对弈的过程,计算机和人类轮流下,如果有一方胜利,退出循环。如果是计算机先手,计算机就随机先下一个子,然后轮到人类,然后轮到计算机,以此类推。第 65 行调用 play()函数,运行整个程序。

计算机现在只会随机落子,还不会下棋,没有棋力。程序 5.2 能够让电脑思考,完成下棋。

5.5.2 negamax 算法

minimax 算法和 negamax 算法本质上是一种算法,因此,这里只实现了 negamax 算法。

程序 5.2 negamax 算法

```
1     #negamax 算法(negamax 算法,本质上和 minimax 算法是一样的)
2     def negamax(board,player):
3         if(judge(board)!=0):
4             return (judge(board) * player)          #分出胜负,返回
5         pos=False
6         value=-2       #-2 表示一个不可能的值(因为在博弈树中,最大值是 1,最小值是-1)
7         for i in range(0,9):
8             if(board[i]==0):
9                 board[i]=player       #如果为空,放入一子(看 player 情况,决定放入谁)
10                score=-negamax(board,(player * (-1)))                      #递归调用
11                if(score>value):
```

```
12                  value=score #value 是 score 得到的最大分
13                  pos=True     #标记一下 pos 已经被改变了
14              board[i]=0       #把 board 还原为 0,进入下一次循环,寻找下一个位置
15      if(pos==False):
16          return 0             #没有改变 pos,则无处落子
17      return value
18
19  def negamax_move(board):
20      pos=-1           #此处的 pos 表示落子位置,注意,与 minimax()函数中的 pos 区别
21      value=-2                 #一个不可能的值
22      for i in range(0,9):
23          if(board[i]==0):
24              board[i]=1       #计算机先落子
25              score=-negamax(board, -1)  #调用 minimax()函数,这是一个递归函数
26              if(score>value):
27                  value=score
28                  pos=i
29              board[i]=0       #恢复原状,试探下一次落子
30      board[pos]=1
```

如果大家想使用 negamax 算法，只需要在程序 5.1 中的第 51 行调用 negamax_move 函数即可（在程序 5.1 中有对应的注释），别的行不需要任何更改。这个时候，计算机的棋力变强了，大家可以试一下。人类这个时候就很难打败计算机了，大多数时候是平局。

5.5.3 alpha-beta 剪枝算法

1. alpha-beta 剪枝示例

图 5.6 中是一棵博弈树[①]。其中，方框表示极大值节点，圆圈表示极小值节点。假设这里的搜索深度是 4 层（根节点是第 0 层），可以先使用 minimax 算法计算一下，图 5.6 的根节点的估值函数应该是 3。

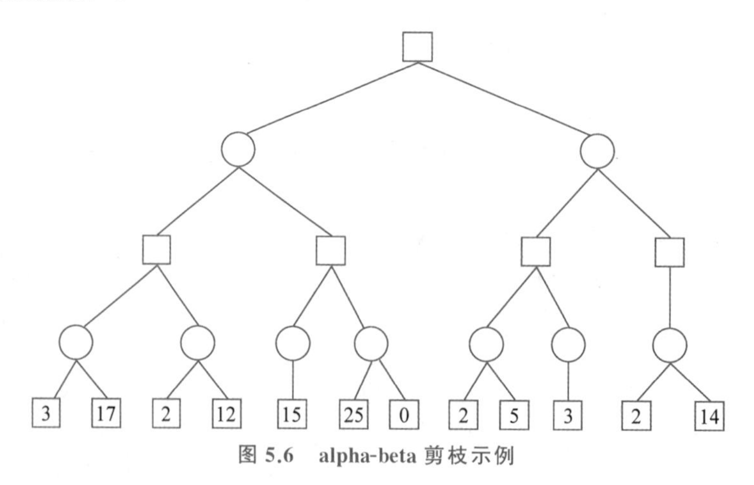

图 5.6 alpha-beta 剪枝示例

① 数据来自 UCLA 官方网站～rosen 主页，本书的讲解内容也主要参考该网页，有增加和修改。

剪枝开始的时候，把 α 设置为负无穷，把 β 设置为正无穷(真正编程的时候，可以把 α 设置为一个较小的数，例如 -1000，β 设置为 1000，只要在具体的棋局所能产生的所有评估值之外即可)。开始时的局面如图 5.7 所示。

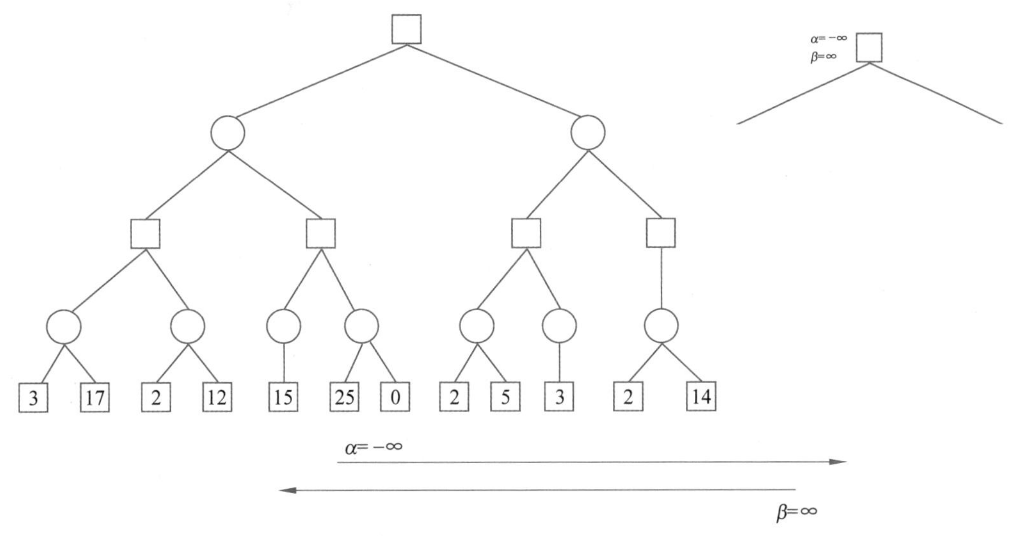

图 5.7 alpha-beta 剪枝第一步

现在 α 小于 β，继续按照深度优先搜索，将 α、β 值向下传，如图 5.8 所示。

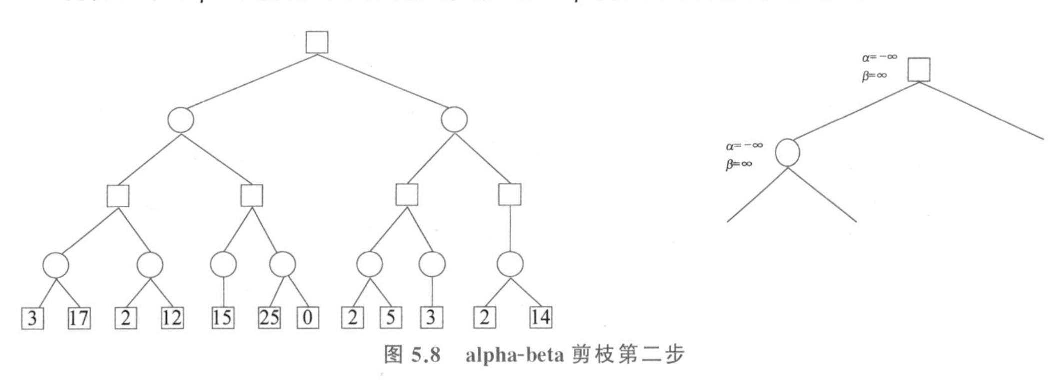

图 5.8 alpha-beta 剪枝第二步

还没有到第 4 层，继续搜索，如图 5.9 所示。

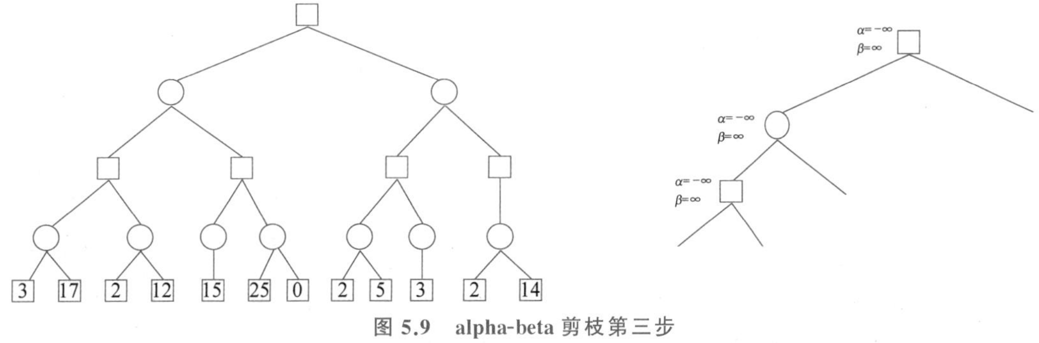

图 5.9 alpha-beta 剪枝第三步

仍然继续搜索，如图 5.10 所示。

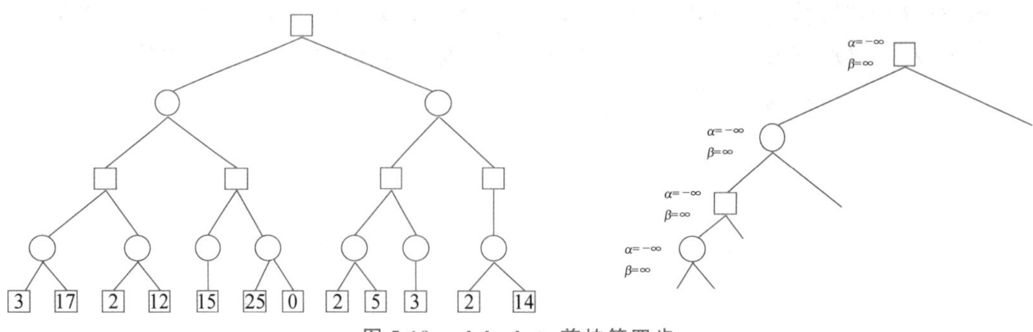

图 5.10　alpha-beta 剪枝第四步

这个时候到第 4 层了。得到了第一个局面的评估函数，值为 3。如图 5.11 所示。

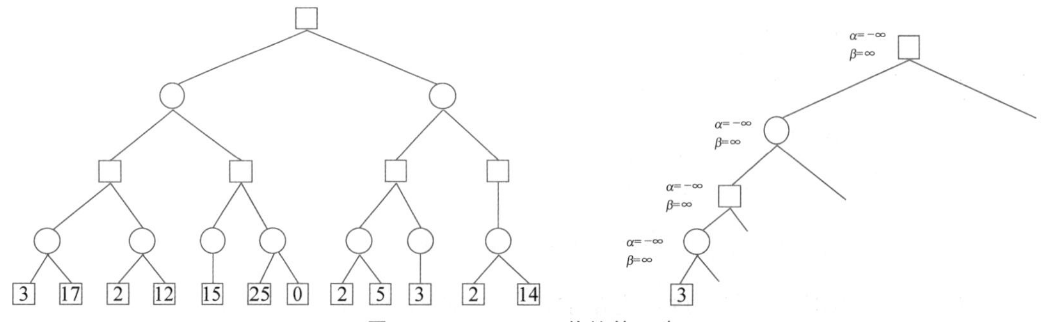

图 5.11　alpha-beta 剪枝第五步

因为现在已经走到第 4 层了，所以可以开始计算第 3 层 MIN 节点的评估值了，向上回溯一层，来到上层的 MIN 节点。因为这个节点是 MIN 节点，而且这个节点已经知道有一个孩子节点的值是 3，因此，这个节点的实际评估值肯定是小于或等于 3 的，这个时候，把 β 设置为 3。注意此时更上层的 α 和 β 值没有改变，只有在一层一层向上回溯的过程中，α 和 β 的值才会改变。现在的 α 和 β 值的情形如图 5.12 所示。

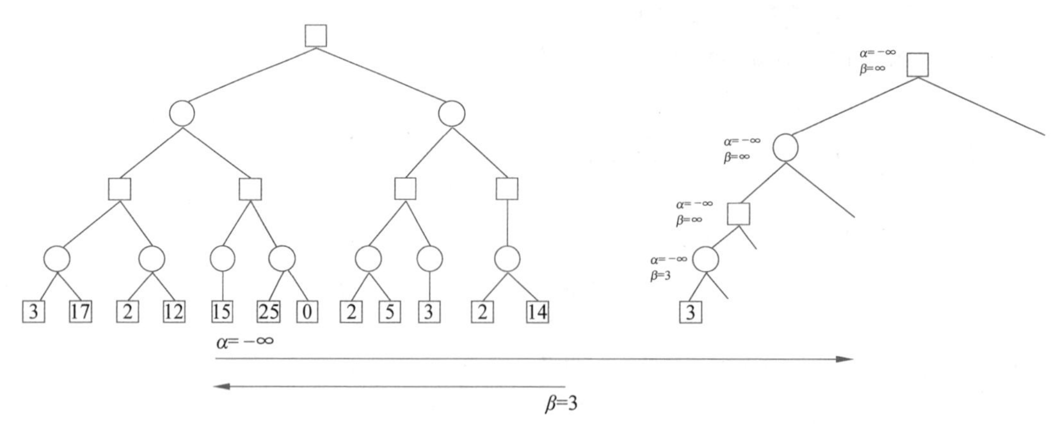

图 5.12　alpha-beta 剪枝第六步

继续搜索，得到了 MIN 节点的另一个孩子节点评估值是 17。由于当前是 MIN 节点，17 比 3 大，那么这个 MIN 节点的值就应该是 3，此时的状态如图 5.13 所示。

由于这个节点所有的孩子节点都已经搜索完毕，回溯到上一层节点。上一层节点是

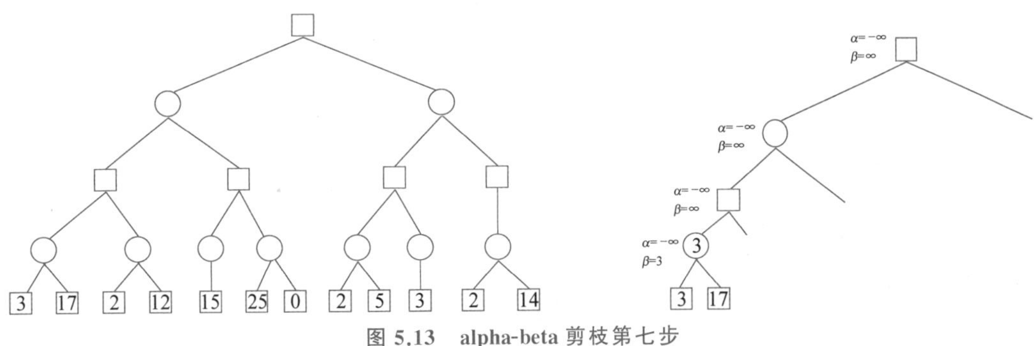

图 5.13　alpha-beta 剪枝第七步

MAX 节点，因此可以知道这个节点的值肯定要大于或等于 3(因为该节点已经有一个孩子节点的评估值是 3)，所以 α 设置为 3。注意向上回溯的时候，β 的值(相对于原值)没有改变，因为 MAX 节点只能控制下界。另外要注意，α 和 β 的值从上往下传的时候直接传递下来就行，从下往上回溯的时候，需要根据具体情况更改。现在的 α 和 β 值以及这时候的搜索状态如图 5.14 所示。

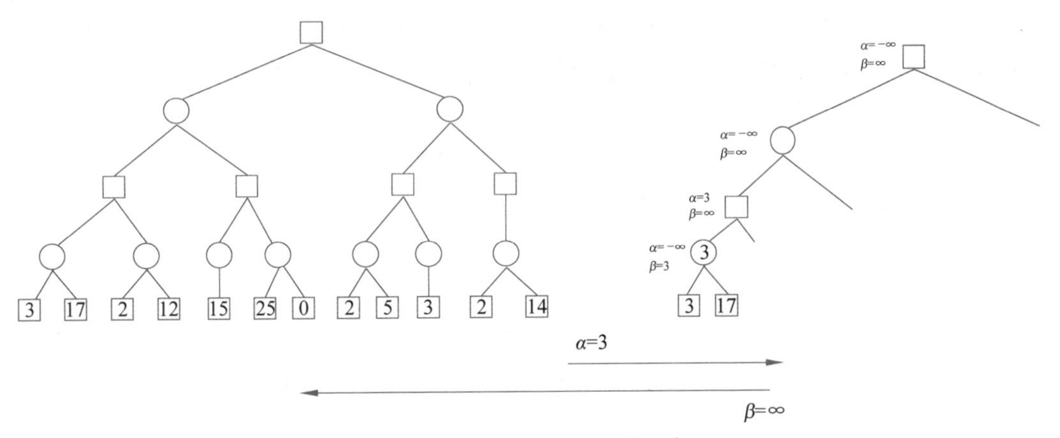

图 5.14　alpha-beta 剪枝第八步

向下继续搜索，将 α 和 β 的值向下传递，如图 5.15 所示。

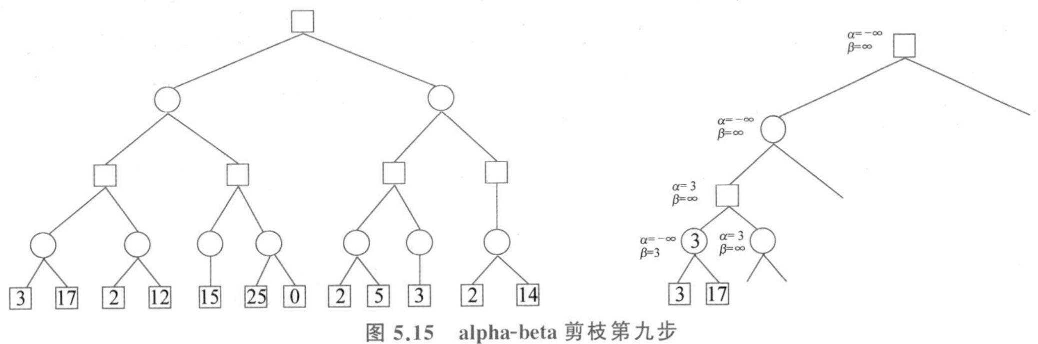

图 5.15　alpha-beta 剪枝第九步

此时还无法得到这个节点的估值，因此继续深度优先搜索，得到当前节点的第一个孩子节点的值，为 2，由于当前节点是一个最小值节点，因此，把 β 的值设置为 2，此时 α、β 以及搜索情况如图 5.16 所示。

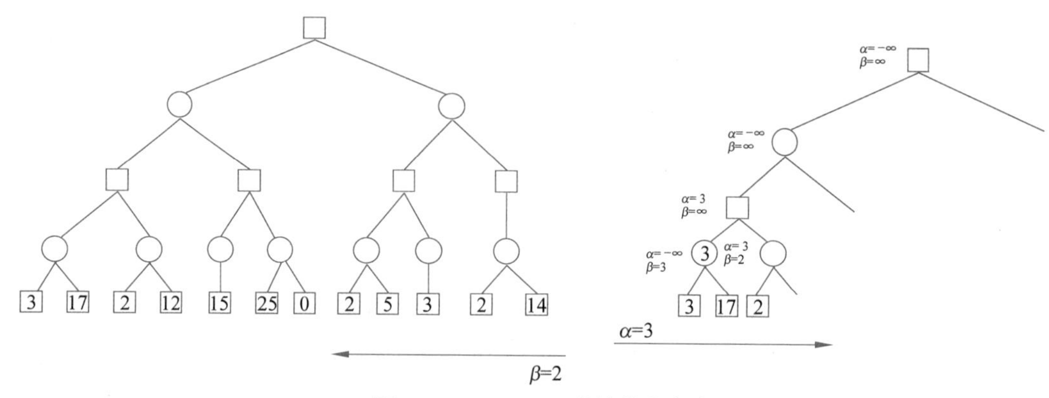

图 5.16　alpha-beta 剪枝第十步

这个时候，α 大于 β。如果继续搜索下去，就相当于要找一个比 3 大并且比 2 小的值，这当然是不可能的，所以以后的节点就不用搜索了，可以进行剪枝。剪枝的意思是无论这个节点还有多少个孩子，都不用继续搜索了。事实上，这里不知道这些节点的具体值，可能是 100 也可能是－100，可能是任何值，但是这些值没有任何意义，因为如果 α 大于 β，也就意味着在这个棋局中对手占优，无论己方怎么走都不会好过已经搜索过的局面。剪枝之后，相当于搜索完所有的孩子节点。因此，把当前的 MIN 节点的评估值设置为 2，此时搜索状态如图 5.17 所示。

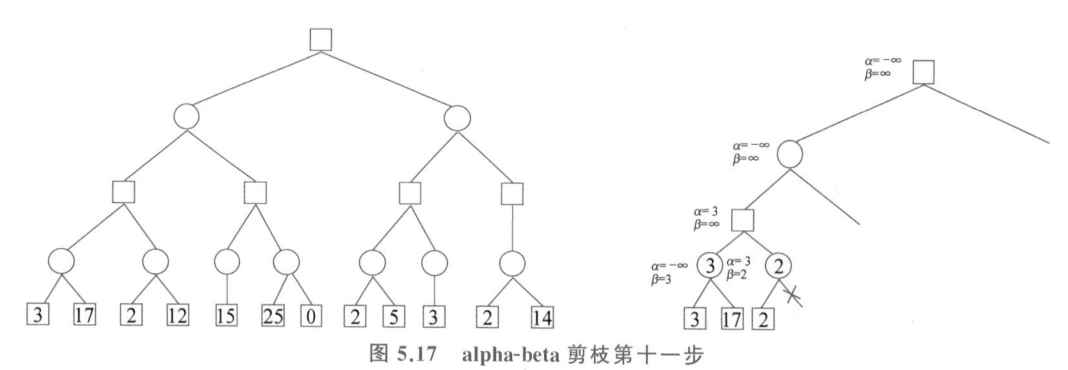

图 5.17　alpha-beta 剪枝第十一步

因为这层已经搜索完毕，向上回溯一层，回溯到第 2 层（方框节点，MAX 节点），这个节点的 α 值已经是 3 了，它比 2 这个值还要严格（记住 α 是所有最大值的下界，下界越大，剪枝能力越强），所以 α 的值不会更改。由于所有的孩子节点都已经遍历完毕，因此，把该 MAX 节点设置为 3，此时的搜索状态如图 5.18 所示。

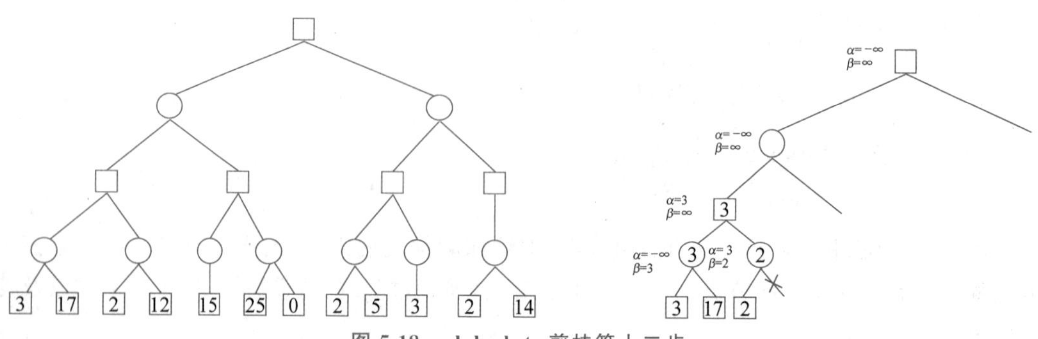

图 5.18　alpha-beta 剪枝第十二步

继续向上回溯，也就是第 1 层的第 1 个 MIN 节点，因为此时已经知道该节点的第 1 个孩子的值是 3，可以得知这个 MIN 节点的值一定是小于或等于 3 的，因此把 β 的值设置为 3，此时 α 的值小于 β 的值，不需要剪枝，现在的搜索情况如图 5.19 所示。

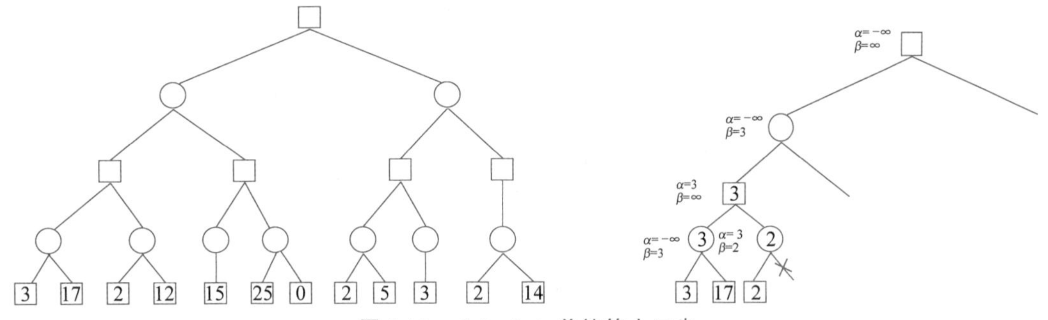

图 5.19　alpha-beta 剪枝第十三步

继续深度优先向下搜索，把 α 和 β 值向下传递，如图 5.20 所示。

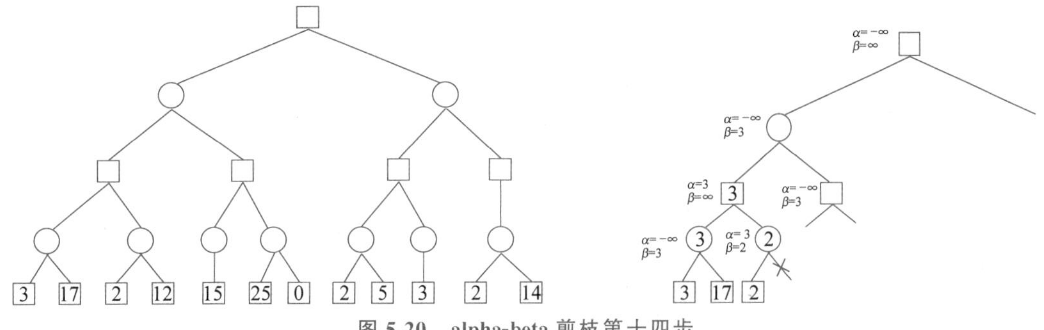

图 5.20　alpha-beta 剪枝第十四步

没有搜索到第 4 层，继续深度优先搜索其第 1 个孩子节点，把 α 和 β 的值传递到这个节点，此时搜索状态如图 5.21 所示。

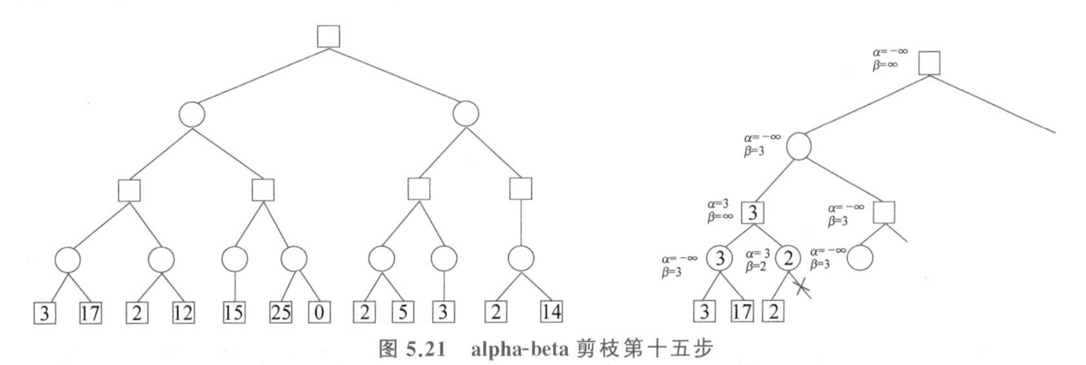

图 5.21　alpha-beta 剪枝第十五步

继续深度优先搜索，搜索到第 4 层，得到其第一个孩子节点的评估值为 15，如图 5.22 所示。

此时，该 MIN 节点的第一个孩子节点的评估值 15，因为 15 大于 3，所以不更改 β 的值（记住 β 的值是所有最小值的上界，越小剪枝能力越强）。因为该节点只有一个孩子节点，得到该 MIN 节点的评估值为 15（只有一个节点，直接得到该节点的极小值，注意，不要把评估值和 α、β 的值搞混了），如图 5.23 所示。

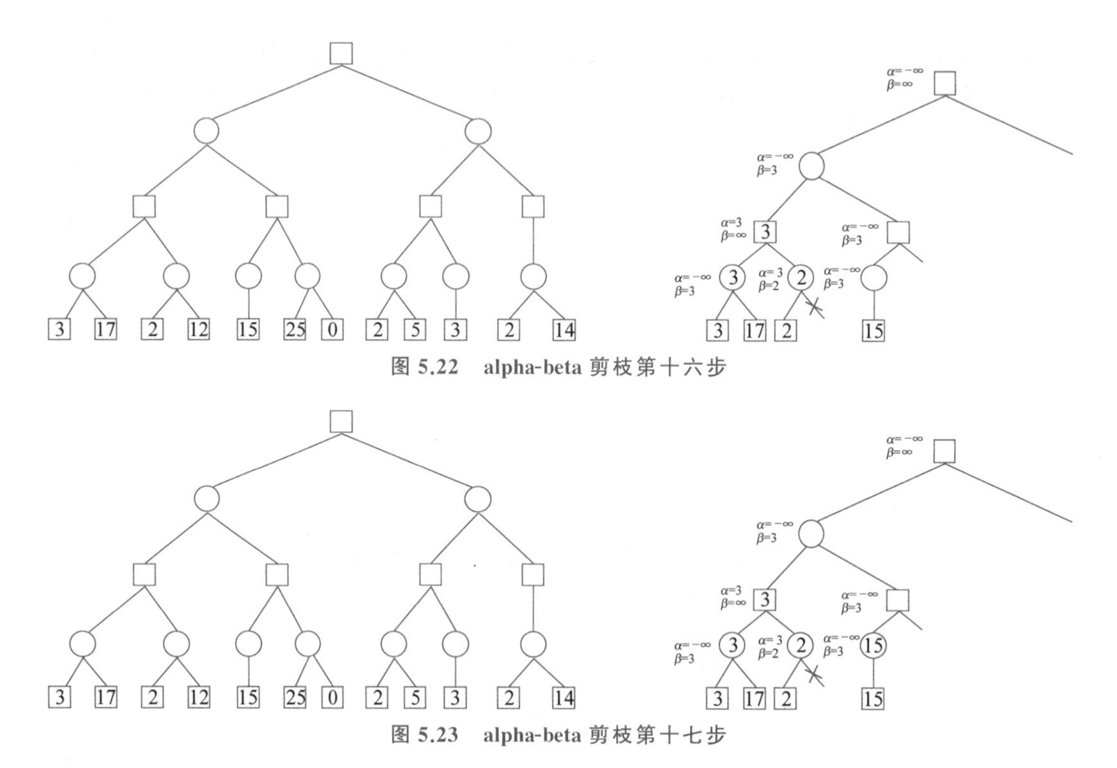

图 5.22　alpha-beta 剪枝第十六步

图 5.23　alpha-beta 剪枝第十七步

因为没有别的孩子节点，向上回溯到上一层的 MAX 节点。此时已经知道该 MAX 节点的评估值一定大于或等于 15，所以把该 MAX 节点的 α 的值设置为 15。这个时候，α 的值又一次的大于 β 的值，进行剪枝，和前文所述一样，意味着后续节点都不必再搜索了，得到该 MAX 节点的评估值为 15，此时的搜索情况如图 5.24 所示。

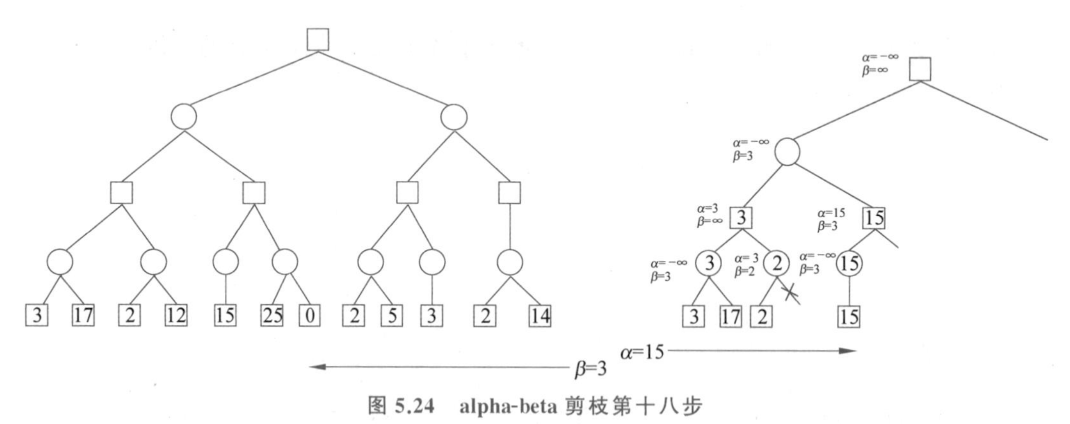

图 5.24　alpha-beta 剪枝第十八步

现在第 1 层的 MIN 节点已经遍历完所有的孩子节点，因此得到该 MIN 节点的评估值是 3。这是一个 MIN 节点，因为此时它的另一个孩子节点的评估值是 15，大于当前 β 值，不需要更改该节点的 β 值。此时搜索状态如图 5.25 所示。

现在，该 MIN 节点已经搜索完所有孩子节点，向上回溯，回到根节点（第 0 层的 MAX 节点），因为这个节点是 MAX 节点，所以把 α 的值设置为 3，也就意味着这个节点的评估值至少要大于或等于 3（但是具体是多少还未知，因为还没有搜索到它的其他孩子节点），此时搜索状况如图 5.26 所示。

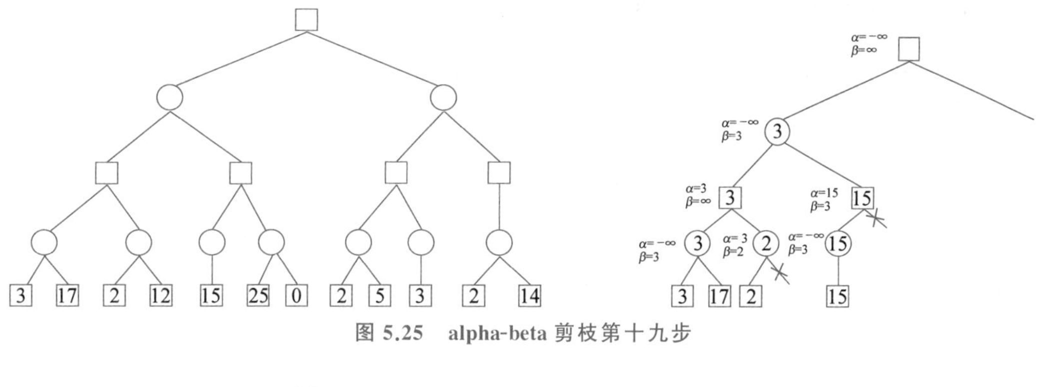

图 5.25 alpha-beta 剪枝第十九步

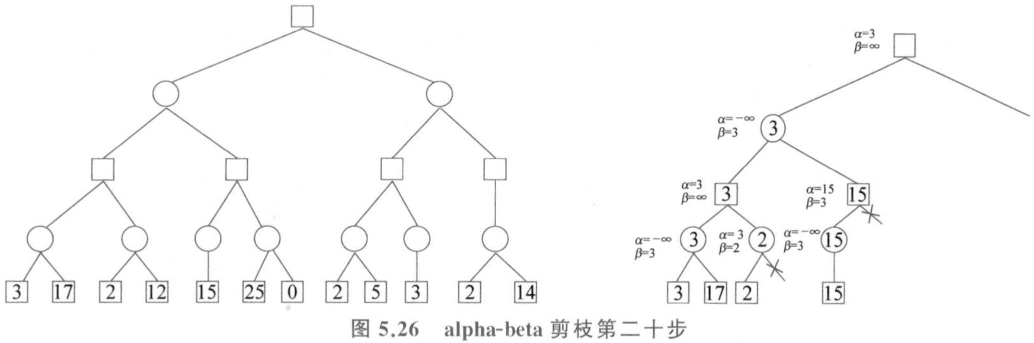

图 5.26 alpha-beta 剪枝第二十步

继续深度优先搜索,将该节点的 α 和 β 值向下传递到根节点的右孩子,如图 5.27 所示。

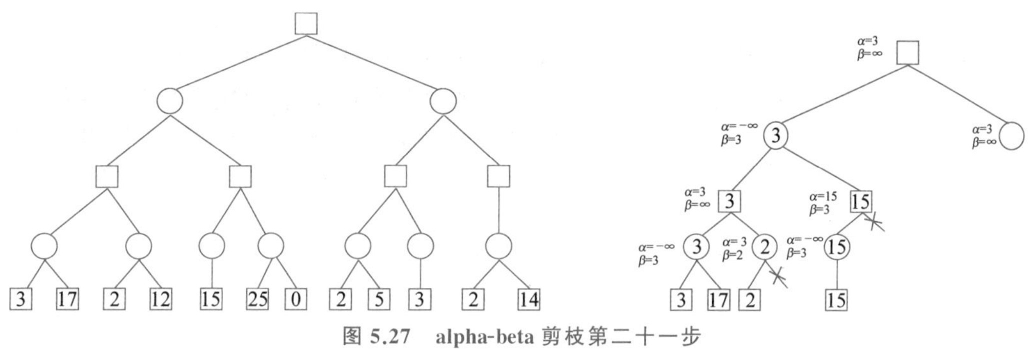

图 5.27 alpha-beta 剪枝第二十一步

继续向下搜索,传递 α 和 β 的值,如图 5.28 所示。

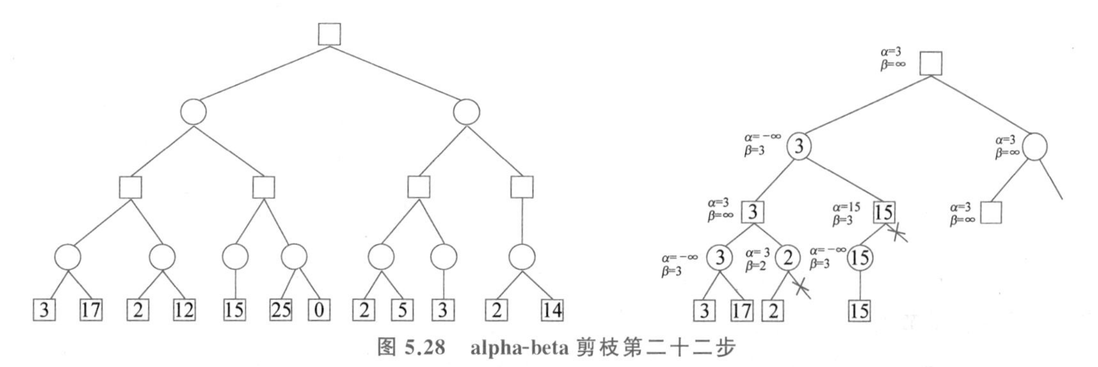

图 5.28 alpha-beta 剪枝第二十二步

还没有到第 4 层，继续向下传递 α 和 β 的值，如图 5.29 所示。

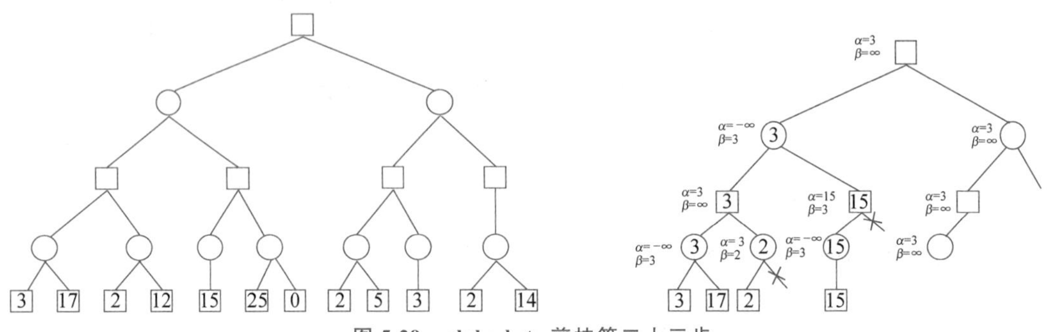

图 5.29 alpha-beta 剪枝第二十三步

继续向下，到达目标第 4 层，搜索到节点的评估值是 2，如图 5.30 所示。

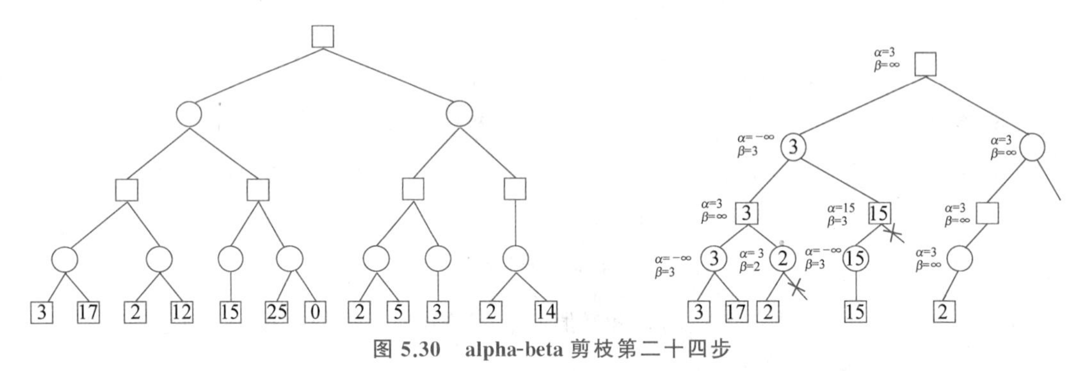

图 5.30 alpha-beta 剪枝第二十四步

因此，此时第 3 层的 MIN 节点的评估值最多是 2，故应该将该 MIN 节点的 β 值设置为 2，此时 α 再一次大于 β，说明这个时候需要剪枝。剪枝即意味着该 MIN 节点的所有其他孩子就不需要搜索了，把该 MIN 节点的评估值设置为 2，此时的遍历状态和 α、β 值如图 5.31 所示。

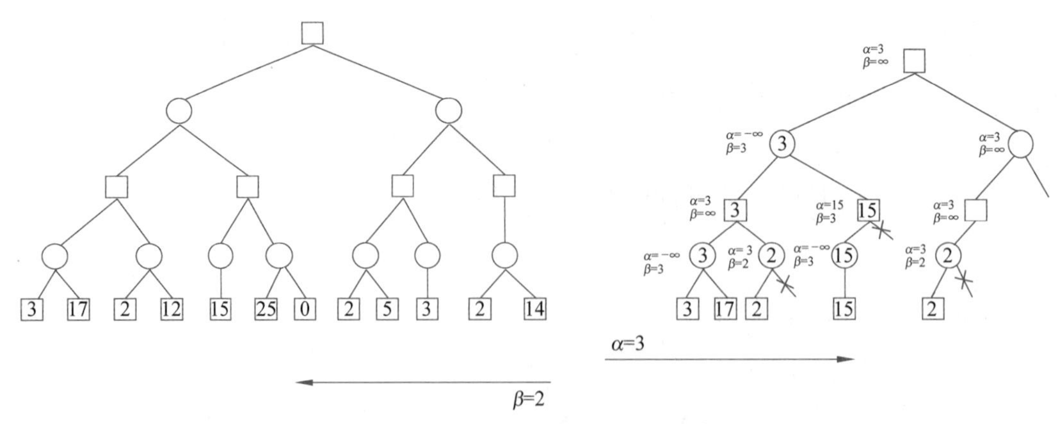

图 5.31 alpha-beta 剪枝第二十五步

因为已经剪枝了所有其他的孩子节点（相当于搜索完毕），回溯到上一层 MAX 节点。由于该 MAX 节点的第 1 个孩子的评估值为 2，没有大于该 MAX 节点的 α 值，因此，α 值不需要修改，继续遍历该节点的第 2 个孩子，把 α 和 β 值传递下去。此时状态如图 5.32 所示。

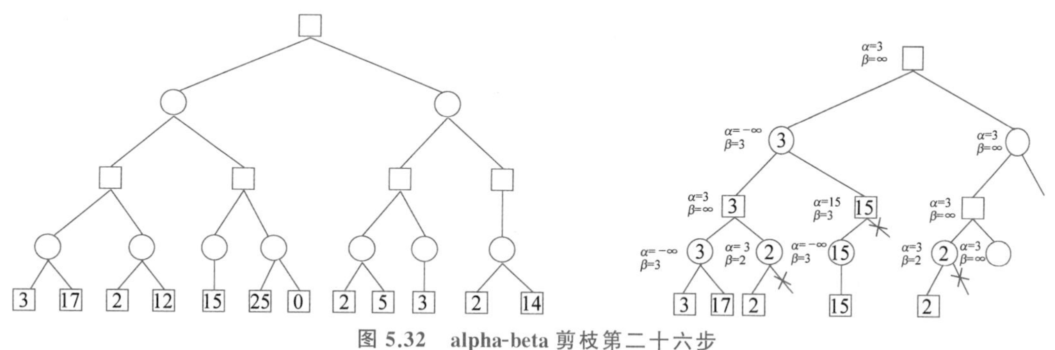

图 5.32　alpha-beta 剪枝第二十六步

没有到第 4 层，继续搜索到新的节点的评估值为 3，如图 5.33 所示。

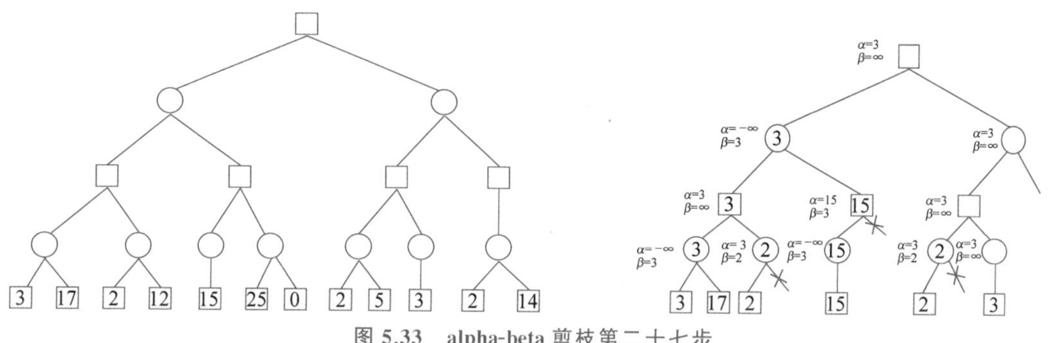

图 5.33　alpha-beta 剪枝第二十七步

此时的状态就意味着该 MIN 节点的评估值一定小于或等于 3，把 β 值设置为 3，现在出现一个状况，也就是该 MIN 节点的 α 和 β 值都等于 3，这个时候是否应该剪枝呢？答案是应该，因为 α 和 β 相等意味着后续不可能有棋局比当前下法更好了，只会更差，因此，这里进行剪枝操作。不过该 MIN 节点只有一个孩子节点，因此，该剪枝操作没有剪去更多的分支。因为已经遍历完所有孩子节点，将该 MIN 节点的评估值设置为 3，此时的搜索状态和当前 MIN 节点的 α、β 值如图 5.34 所示。

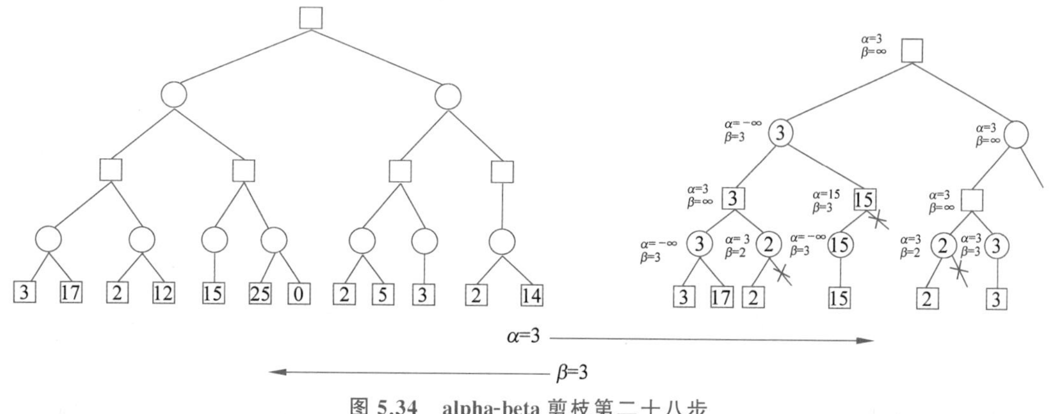

图 5.34　alpha-beta 剪枝第二十八步

继续向上回溯到 MAX 节点，此时该 MAX 节点已经遍历了所有的孩子节点，得到该 MAX 节点的评估值是 3，该值并不会改变该 MAX 节点的 α 值，此时的搜索状态如图 5.35 所示。

继续向上回溯到上一层的 MIN 节点，因为该节点是 MIN 节点，而它的第 1 个孩子的评

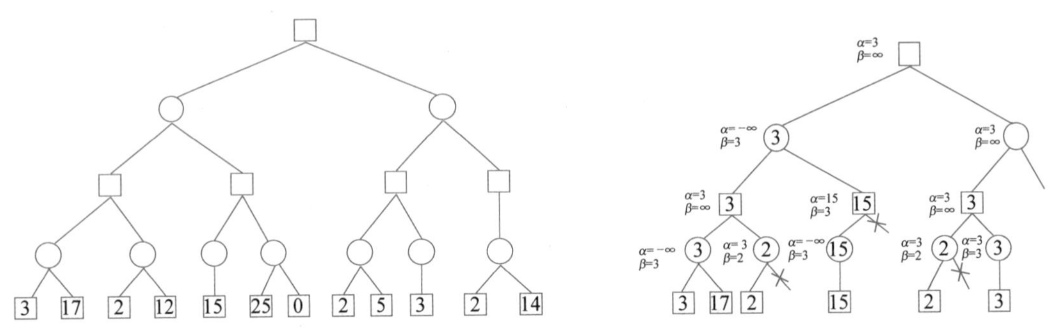
图 5.35　alpha-beta 剪枝第二十九步

估值是 3，也就是说该 MIN 节点的评估值一定小于或等于 3，因此，把该节点的 β 值改为 3。这个时候又遇到刚才的状态，α 和 β 值相等，需要进行剪枝，剪枝后，相当于搜索完该节点的所有孩子节点，该 MIN 节点的评估值是 3，此时搜索状态和 α、β 值如图 5.36 所示。

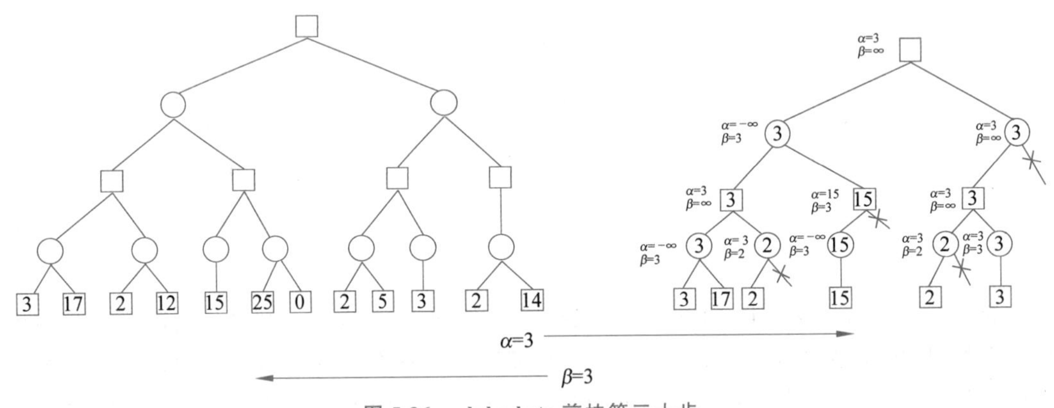

图 5.36　alpha-beta 剪枝第三十步

因为该 MIN 节点的所有孩子节点已经遍历完毕，向上回溯到根节点，根节点是一个 MAX 节点，可以得到根节点的评估值是 3。

这个 3 来自树的最左支，即图中粗线的那一支，是最优走法，如图 5.37 所示。

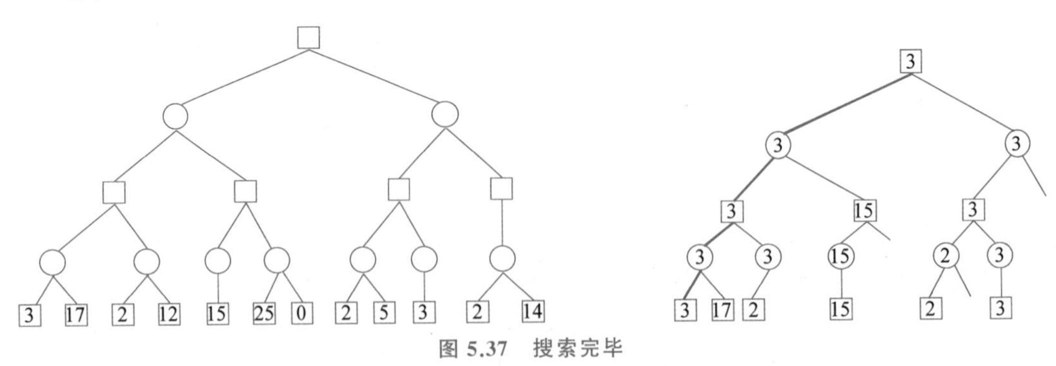
图 5.37　搜索完毕

这样，这棵博弈树就搜索完毕，从图中右侧可以看出，使用 alpha-beta 剪枝后，只搜索了 6 个叶子节点，在这个图的左侧示意图中，叶子节点一共有 12 个，少搜索了 6 个。这棵树是一个示意树，实际运行过程中，因为被剪枝掉的节点根本没有搜索过，所以不知道被剪掉的有多少个节点，也不知道具体少搜索了多少个棋局。根据西洋跳棋以及国际象棋的经验，在相同计算能力的情况下，含有 alpha-beta 剪枝算法大部分时候会比单纯的 minimax 算法能够搜索的博弈树层数深一倍。

alpha-beta 的剪枝实现和 minimax 很类似，就是在 minimax 程序的基础上，维护 α 和 β 两个变量，并确定什么时候应该进行剪枝。

2. alpha-beta 剪枝程序

程序 5.3 alpha-beta 剪枝算法

```
1   #alphabeta 剪枝算法
2   def have_place(board):
3       for i in range(9):
4           if board[i]==0:
5               return True
6       return False
7
8   def alphabeta(board, player, next_player, alpha, beta):
9       if judge(board) != 0:
10          return judge(board)
11      elif not have_place(board):
12          return 0
13      for i in range(9):
14          if board[i] == 0:
15              board[i] = player
16              val = alphabeta(board, next_player, player, alpha, beta)
17              board[i] = 0
18              if player == 1:       #当前玩家是 O,是 MAX 玩家(记号是 1)
19                  if val > alpha:
20                      alpha = val
21                  if alpha >= beta:
22                      return beta   #直接返回当前的最大可能取值 beta, 进行剪枝
23              else:                 #当前玩家是 X,是 MIN 玩家(记号是-1)
24                  if val < beta:
25                      beta = val
26                  if beta <= alpha:
27                      return alpha #直接返回当前的最小可能取值 alpha, 进行剪枝
28      if player == 1:
29          score = alpha
30      else:
31          score = beta
32      return score
33
34  def alphabeta_move(board):
35      value = -2              #-2 表示一个不可能的值,本程序估值结果只在[-1,0,1]中
36      pos = -1
37      for i in range(0,9):
38          if board[i] == 0:
```

```
39                board[i] = 1
40                score = alpha_beta_valuation(board, -1, 1, -100, 100)
41                board[i] = 0
42                if score > value:
43                    value = score
44                    pos = i
45        board[pos]=1
```

如果想使用 alpha-beta 剪枝算法，只需要将程序 5.1 中的第 51 行改为 alphabeta_move(board)即可(在程序 5.1 中有注释)，别的行不需要任何更改。计算机仍然保持很强的棋力，并且，因为进行了剪枝，所以速度要比 minimax 算法快很多。

第6章 知 识

知识就是力量。

——培根[1]

20世纪70年代,人们发现只靠算法无法实现像人类一样智能的人工智能。人类的智能当然多种多样,但是,具有逻辑性、能够进行推理,一般被认为是人类独有的。

有意识的推理、认知、解决问题,是人们生活中常见的过程。现在的科学并未深入理解人类的思考过程,但是如果能够将这种思维过程符号化,那么就可以用机器来模拟人类的思维过程,这样不就实现了人类的智能吗?

这种表示方法如果真的能实现,有诸多好处。首先,它看起来更像是真的人工智能,因为它模拟了人类的思维过程(虽然事实上人们并不知道自己是如何思维的);其次,这种方法的每一步都是可控制的,机器如果执行了某种操作,那么人类知道机器要做什么,这样,对于那种能够替代人类文明的"奇点"机器人就不会那么畏惧;最后,这种方法是可解释的,在这种工作方式下,机器人为什么会做出这样的操作是能够跟踪和解释的。可解释性一般并不为大众所看重,觉得机器人能够完成目标就行了,其实,可解释性在人工智能领域非常重要。就像虽然大多数人并不关心自己怎么来的,但是科学家依然一直在孜孜不倦地研究人类起源一样,人类的起源虽然是过去,但是解释清楚人类为什么进化到今天的样子一样非常重要。

当然,这种构建人类智能的想法在今天并没有实现,但是在研究过程中,人们提出了各种技术,这些技术在多个领域依然发挥着重要作用。

6.1 逻辑

逻辑是指合理或理性的思维或理解方式。逻辑学就是指研究思维的规律和规则的科学。

作为一种知识,逻辑非常简单,大部分人都能做到无师自通。不像其他知识,例如编程语言、微积分之类,如果没有人教,普通人很难自己发明。但是学习完本书的逻辑知识,大家普遍会很有自信,"就这?""不用你说我也知道"。

---

① 这句话并不是培根的原话,是《培根论人生》的序言,人们将序言的两句话"人类统治万物的权力是深藏在知识和技术之中的"和"人的知识和人的力量是合于一体的"两句话凝缩为这样一句名言。不过,培根的思想就是"知识就是力量",人们都把这句话归结为培根所说。这句话家喻户晓,深入人心。

6.1.1 命题逻辑

本书中的逻辑学专指数理逻辑，数理逻辑从命题开始研究。命题是一个陈述，可以为真，也可以为假。例如，“银杏树是珍稀树种”就是一个命题。这个命题在过去可能是正确的，在今天可能就是错误的。但是，在计算机中，任何一个命题都应该有一个确定的值，或者是真，或者是假，不能是模糊二义的。

下面给出一些句子，大家看一下它们是否是命题，如果是命题的话，是真命题还是假命题。

① 太阳从西方升起；

② $x+y=0$；

③ 2045 年，机器文明会取代人类文明。

①是一个命题，但是显然是假命题。②不是一个命题，因为 x、y 取不同的值时，这个结果可能为真，也可能为假；③是一个命题，但是需要等到 2045 年才知道这个命题是真是假。

像③这样的命题今天无法知道真假，但是也是命题。例如“任何一个大于 4 的偶数总可以表示成两个质数之和”(哥德巴赫猜想)就是一个命题，虽然今天人们不知道其真假。

以上的命题都是单个命题，单个命题叫作原子命题，即不可再分的命题。这些命题中，任何一个陈述分开后都不再是命题，例如，命题 1 分成“太阳”和“从西方升起”都不再是陈述了，所以也就不是命题了。

在命题逻辑中，使用逻辑连接词将多个原子命题组合在一起，构成了复合命题。最典型的复合命题有三种，在数理逻辑中，分别叫作合取(conjunction，符号为 ∧)、析取(disjunction，符号为 ∨)和否定(negation，符号为¬)[①]。这些逻辑运算分别对应于编程语言中的与、或、非运算。

合取逻辑对应于自然语言或者符号语言中的“并且”关系，例如，“有钱且有闲的人更容易去旅游”，这句话中“有钱”和“有闲”，就是二者都需要满足的条件。

析取逻辑表示两个命题的“或者”关系，两个命题有一个为真，结果就为真，例如，“彩票中奖或本书销量百万，我请你吃饭”，这里面隐含的逻辑关系就是二者满足一个即可。

否定逻辑也容易理解，一般对应于自然语言中表示否定的陈述，例如，“1 加 1 等于 2”，它的否定逻辑是“1 加 1 不等于 2”；“今天下雨了”，这句话的否定逻辑是“今天没有下雨”。合取、析取、否定的真值表分别如表 6.1、表 6.2 和表 6.3 所示。

表 6.1 命题 P 和 Q 的合取真值表

P	Q	P∧Q
真	真	真
真	假	假
假	真	假
假	假	假

表 6.2 命题 P 和 Q 的析取真值表

P	Q	P∨Q
真	真	真
真	假	真
假	真	真
假	假	假

表 6.3 命题 P 否定逻辑真值表

P	¬P
真	假
假	真

① 逻辑与、逻辑或、逻辑非在有些书籍使用的符号是 &&、||、~或者是 and、or、not。

真值表还有另外一种形式，如表 6.4 所示。数理逻辑中，有一种异或(XOR)逻辑，它的真值表也可以写成如下形式。

表 6.4 异或逻辑真值表

P \ Q	0	1
0	0	1
1	1	0

在表格中，0 表示假，1 表示真。异或逻辑也有很多应用，例如在汇编语言中，XOR 指令可以快速将数据清零(XOR AX，AX 语句可以快速将 AX 寄存器清零)；另外，大家观察这个真值表，发现其数据分布有个特点，即无法用一条直线将 0 和 1 分开(0 在直线一侧，1 在直线另一侧)，在数据分类问题中，异或逻辑的真值表分布是验证分类器效果的基本问题，称为异或问题。在本书 9.7.2 一节，会有异或问题的分类算法介绍。

除了上述三种命题逻辑之外，在数理逻辑中，还有一种重要的逻辑运算，叫逻辑蕴含。记作 P→Q，这种逻辑运算对应的自然语言中的逻辑有很多，例如“P 蕴含 Q”“如果 P，则 Q”“如果 P，那么 Q”“P 是 Q 的充分条件”等。

“如果你学会人工智能，你对人类智能的认知也会更深”，就是一个蕴含逻辑，在这个逻辑运算中，P 叫作前件，Q 叫作后件。

注意，在逻辑学中，即使 P 和 Q 毫无关系，也可以有蕴含逻辑，例如，“如果 3 和 4 之间还有个整数，那么地球是方的”。令 P 表示“3 和 4 之间还有个整数”，Q 表示“地球是方的”，显然，P 和 Q 没有任何关系，但是在逻辑运算中，这两个命题是可以进行运算的。蕴含逻辑的真值表如表 6.5 所示。

表 6.5 命题 P 和 Q 的蕴含逻辑真值表

P	Q	P→Q	P	Q	P→Q
真	真	真	假	真	真
真	假	假	假	假	真

注意表 6.5 的真值情况，前件为假的话，逻辑结果永真，因此，笔者可以放心地说：“如果我成为世界首富，那么我会给本书的每位读者一艘游艇。”

请相信笔者是真诚的，并且，这个许诺逻辑上是永真的。

这样的话阿基米德也说过，“给我一个支点，我能撬起地球”。

关于蕴含逻辑运算，大部分人接触不多，表 6.6 列举了蕴含逻辑的一些演绎规则。

表 6.6 蕴含逻辑的一些演绎规则

规则	知 识	事实(或知识)	结 论
1	如果 A 那么 B	A	B
2	如果 A 那么 B	非 B	非 A
3	如果 A 那么 B	如果 B 那么 C	如果 A 那么 C

表 6.6 中的演绎规则如果应用到实际语言中，如下所示。

规则 1，“如果今天下雨，那么我就宅在家”。事实是“今天下雨”，结论是“我今天宅在家”。

规则 2，现在有的知识是"如果一种生物是昆虫，那么它应该有六条腿"。事实是"蜘蛛有八条腿"，结论就是"蜘蛛不是昆虫"。

这个逻辑解决了笔者一直以来的认知错误，笔者原本一直以为蜘蛛是昆虫。事实上，蜘蛛的分类是这样的，蜘蛛是节肢动物门—蛛形纲—蜘蛛目。昆虫隶属于节肢动物门—六足亚门—昆虫纲。

规则 3，第一个知识是"如果一个动物属于熊猫亚科，那么它就吃竹子"。第二个知识是"如果竹子作为一种食物，那么它是有营养的"。结论就是"熊猫吃的是有营养的"。

除了两个命题之间的直接运算之外，多个命题也可以进行逻辑运算。下面列举一个编程中常见的例子。

判断某一年份是否是闰年的方法为：对于非整百年份，如果该年份能被四整除就是闰年；对于整百年份，那么这个年份需要能被四百整除才是闰年。

这句话的自然语言描述稍显啰唆，但是大家都能明白其中的含义。计算机需要用逻辑语言才能计算，如果换成符号语言，这里涉及三个基本命题，可以表示成如下符号。

P：年份是整百年（¬P：年份不是整百年）；

Q：年份能被四整除；

R：年份能被四百整除；

那么，计算某一年份是闰年的真值的逻辑运算为：$(\neg P \land Q) \lor (P \land R)$。

注意，在这个逻辑运算中，P 表示年份能被一百整除，R 表示年份能被四百整除，显然，如果满足了命题 R，那么命题 P 一定被满足，因此 $P \land R$ 的逻辑真值和 R 一致，因此，这个逻辑运算可以简写为：$(\neg P \land Q) \lor (R)$。

在编程语言中，P、Q、R 都很容易得到，假设年份的值为一个整数变量 year，大部分编程语言 P、Q、R 都可以通过如下语句得到。

P：year%100==0

Q：year%4==0

R：year%400==0

判断一个年份是否是闰年的逻辑，写成对应程序语言的形式如下。

Python 语言：(!P and Q) or (P and R)

C、C++、Java 语言：(!P&&Q) || (P&&R)

在命题逻辑中，有些逻辑是等价的。例如：

$P \land Q$ 等价于表达式 $\neg(\neg P \lor \neg Q)$；

$P \to Q$ 等价于表达式 $\neg P \lor Q$。

换句话说，其实只要有否定与析取（或者否定与合取）逻辑就可以表达出其他全部谓词逻辑。但是实际应用中，这样必然会使的谓词逻辑变得很长，不方便人们理解，因此，大多数时候，都会使用否定、合取、析取逻辑这三种基本逻辑运算，蕴含逻辑和异或逻辑等其他逻辑，可以使用三种基本的逻辑运算替代。

有了命题和复合命题，就可以完成基本的逻辑运算，但是如果想要逻辑有更强的功能，需要引入一阶逻辑的概念。

6.1.2 一阶逻辑

“熊猫吃竹子”，所有人都会觉得这是一个正常的句子，但是用逻辑学语言来描述同一件事情的时候，这句话需要变成这样：“不管是哪种生物，只要它属于熊猫亚科，它就吃竹子”。

为什么会这样？只要考虑这样一点就会明白，“熊猫”这个词实际上是用来表示什么？这里当然不是指某只特定的熊猫。但是，并不存在“任意的熊猫”这一物种，不管你怎么统计，都是一只只特定的熊猫。所以，“熊猫”一词表示的是被称为“熊猫”的动物种类。

不过种类是抽象的概念，是一个集合，你不能说种类吃竹子，毕竟吃竹子的是种类中一个个具体的生物，因此，从逻辑上看来，“熊猫吃竹子”其实是一种省略的语法。不能说这个句子有毛病，但是在逻辑学中，如果把它进行深层构造，就应该变成上面提到的语句：“不管是哪种生物，只要它属于熊猫亚科，它就吃竹子”。

如果你说上面有点抠字眼了，那么，请看这样一句话，“别看熊猫表面憨厚，它可会攻击人类”。大家也知道这句话在逻辑上的问题所在，因为不是所有的熊猫都攻击人类，这句话的深层含义其实应该是，“存在这样的熊猫，它会攻击人类”。

这是因为，所有的熊猫都吃竹子，而有些熊猫会攻击人类。因此，在深层逻辑中，需要引入量词，用来表示到底是全体还是部分。

当然，生活中不会这么说话(包括在本书中)，人类有这样的智能，能够区分出一句话的深层含义。

> 你说甲生疮。甲是中国人，你就是说中国人生疮了。既然中国人生疮，你是中国人，就是你也生疮了。你既然也生疮，你就和甲一样。而你只说甲生疮，则竟无自知之明，你的话还有什么价值？倘你没有生疮，是说诳也。卖国贼是说诳的，所以你是卖国贼。我骂卖国贼，所以我是爱国者。爱国者的话是最有价值的，所以我的话是不错的，我的话既然不错，你就是卖国贼无疑了！
>
> ——鲁迅《辩论的灵魂》
>
> 鲁迅 100 年前的讽刺，用在今天也毫不过时。

引入量词，能够避免偷换概念，将一般当作特殊。见下面这个例子。

P：所有人都终将死亡。

Q：苏格拉底是人。

R：苏格拉底终将死亡。

这个就是逻辑学中著名的三段论[①](三段论由亚里士多德系统整理，最初是为了区分特

---

① 亚里士多德是柏拉图的学生，柏拉图是苏格拉底的学生。中国人忌讳说长辈死亡之类的词语，笔者在最开始接触三段论的时候一直有个疑惑，为什么亚里士多德会拿苏格拉底举例。当时觉得可能的原因有两个：一种可能是亚里士多德最开始用的例子不是苏格拉底，后人使用苏格拉底这个例子；另一种可能是原文的死亡可能和中文的死亡含义不同。后来发现这二者兼有，亚里士多德关于三段论的原文根本没有提到苏格拉底。能够查到的最早提出这个例子的人是 1843 年的 John Stuart Mill，另外在这个逻辑中“死亡”所用的词是“mortal”，这个三段论的原文是“All men are mortal, Socrates is a man, therefore Socrates is mortal”，mortal 一词有“凡人，不能永生的，终将死亡的”的意思。

殊(particulars)与一般(universals)之间的关系)。

如果写成前述的命题逻辑,应该是如下形式。

$$(P \land Q) \rightarrow R$$

三段论的逻辑是真的,但是这个逻辑公式$(P \land Q) \rightarrow R$并不是永真的。因此,需要加上量词,形成一阶逻辑。

常用的量词有两种,分别是全称量词(universal quantifier),符号为∀(看起来像Any首字母A的倒写);存在量词(existential quantifier),符号为∃(看起来像Exist首字母E的反转)。

既然有量词,就需要有变量。变量x的取值范围称为论域。有了量词和论域,量词的真值情况如表6.7所示。

表6.7 含有量词的逻辑真值表

命题	何时为真	何时为假
$\forall xP(x)$	对论域中每一个x,$P(x)$都为真	论域中有一个x,使得$P(x)$为假
$\exists xP(x)$	论域中有一个x,使得$P(x)$为真	对论域中每一个x,$P(x)$都为假

引入量词之后,可以使用一阶逻辑对数学命题进行形式化描述,并且这种描述是无歧义的,例如下面一句话。

质数是无穷的。

这句话,其实可以理解为两种意思。第一种,“质数是无穷大的”,如果按照这种解释,那么,这个命题可以描述为如下形式(对于任意一个自然数x,总存在一个y,y大于x且y是质数)。

$$(\forall x)(\exists y)(y>x \land Pr(y))$$

第二种,“质数有无穷多个”,对于这种理解,这个命题可以写成如下形式(对于任意一个质数x,总存在一个y,y大于x且y也是质数)。

$$(\forall x)(Pr(x))(\exists y)(y>x \land Pr(y))$$

除了可以对数学命题进行形式化描述,对于自然语言,也可以使用一阶逻辑进行形式化描述。例如,前文中苏格拉底的例子,三句话可以用如下逻辑符号表示。

$$(\forall x)\mathrm{Man}(x) \rightarrow \mathrm{Mortal}(x)$$

$$\mathrm{Man}(\mathrm{Socrates})$$

$$\mathrm{Mortal}(\mathrm{Socrates})$$

下面再看一个复杂一点的例子(这个例子来自文献[1],无修改)。

《爱丽丝漫游奇境记》的作者是个数学家,下面以他的《符号逻辑》中的例子说明怎样用量词表示各种类型的词句。

考虑下面这些语句,其中头两句称为前提,第三句称为结论。作为一个整体它们被称为一个论证。

“所有的狮子都是凶猛的”。

“有些狮子不喝咖啡”。

“有些凶猛的动物不喝咖啡。”

令 $P(x)$、$Q(x)$和 $R(x)$分别为语句“x 是狮子”“x 是凶猛的”“x 喝咖啡”。假定所有的动物为论域，用量词及 $P(x)$、$Q(x)$和 $R(x)$表示上面这些语句。

可以将这些句子表示为

$$(\forall x)(P(x) \rightarrow Q(x))$$

$$(\exists x)(P(x) \wedge \neg R(x))$$

$$(\exists x)(Q(x) \wedge \neg R(x))$$

注意，第二句不能表示为$(\exists x)(P(x) \rightarrow \neg R(x))$。原因是 $P(x) \rightarrow \neg R(x)$在 x 不是狮子时总是成真，所以只要有一只不是狮子的动物，$(\exists x)(P(x) \rightarrow \neg R(x))$就成真，即使所有的狮子都喝咖啡它也成真。同样，第三句也不能写成$(\exists x)(Q(x) \rightarrow \neg R(x))$。

6.1.3 高阶逻辑

除了命题逻辑（也有人将命题逻辑称为零阶逻辑）和一阶逻辑之外，还有高阶逻辑。高阶逻辑包括二阶逻辑以及更高阶逻辑。一阶逻辑允许将变量进行量化，但是不允许对谓词进行量化。二阶逻辑允许对一阶关系和谓词进行量化。由于二阶逻辑的复杂性，应用并不广泛，事实上，二阶逻辑在计算机中已经很少使用了。

另外，有些研究人员在一阶逻辑的基础上研究模态逻辑，模态逻辑研究如“可能”“或许”“可以”“一定”“必然”等限定的句子的逻辑。

此外，在命题逻辑中，还有其他逻辑运算，例如等价逻辑（$P \equiv Q$）等；在一阶逻辑的量词中，还有存在且唯一量词（$\exists !$）。

各种逻辑之间可以进行推演，但本书并不希望大家陷入“逻辑符号的陷阱”中，只要理解前文讲到的基本命题逻辑和一阶逻辑，已经能够解决本书中所遇到的各种逻辑问题了。

> 也许逻辑中最有趣的部分就是悖论了。
>
> 有一种悖论就是逻辑矛盾。最著名的应该就是“罗素悖论”——“理发师为所有不给自己刮脸的人刮脸”。那么当这个理发师胡子长了之后，他能不能给他自己刮脸呢？如果他不给自己刮脸，他就属于“不给自己刮脸的人”，他就要给自己刮脸，而如果他给自己刮脸呢？他又属于“给自己刮脸的人”，他就不该给自己刮脸。
>
> 还有一种悖论是陈述正确，结论为假。“从湖中舀出一小勺水，湖依然是湖。从剩下的湖水中舀出一小勺水，湖依然是湖”。但是当这个过程反复进行下去，早晚湖水会干涸的，那么，它怎么还会是湖呢？
>
> 还有一种悖论是单个逻辑都没问题，但是组合起来有矛盾。“如果苹果和香蕉在一起，我选择香蕉；如果香蕉和草莓在一起，我选择草莓；如果草莓和苹果在一起，我选择苹果”，现在，如果苹果、香蕉、草莓都在一起，怎么选呢？
>
> 悖论的意义重大，正是在修补悖论的过程中，很多新的知识被提出了。正是修补“罗素悖论”，人类才建立了今天的集合论知识；而哥德尔定理的证明，也恰当地用到了悖论。

6.1.4 逻辑推理

有了逻辑的基本知识之后，就可以看一看如何利用逻辑来进行推理了。

逻辑推理如果溯源的话，应该追溯到亚里士多德的三段论。当然，现在的逻辑推理主要是由美国哲学家皮尔斯总结的三个推理模式，即归纳(induction)、演绎(deduction)、立假说(abduction)[2]。

皮尔斯于1860年引入“abduction”这一概念，这个词的英文原意为“绑架”，这个词的翻译也有多种，在哲学上被翻译为“外展”。在逻辑推理中，有的资料翻译为溯因推理，有的翻译为不明推理。abduction这个词很难用一个汉语词解释，一方面，这个词的英文形式和归纳、演绎一样，都是以duction为结尾；另一方面，“绑架”逻辑意味着“强盗”逻辑，“不讲道理”的逻辑，这种推理很重要，可以拓展知识的疆界。

皮尔斯是伟大的哲学家，他生前默默无闻，只发表了两篇文章。虽然现在提到实用主义哲学，都会提到美国著名哲学家杜威(胡适的老师)，但是也有很多人认为，皮尔斯才是实用主义哲学之父。

这里，以一个例子简单介绍一下什么是归纳推理、演绎推理以及立假说推理。

大前提：作家都写书($\forall x$ Writer(x)→Writing_books(x))。

小前提1：鲁迅是作家(Writer(鲁迅))。

小前提2：莫言是作家(Writer(莫言))。

结论1：鲁迅写书Writing_books(鲁迅)。

结论2：莫言写书Writing_books(莫言)。

归纳推理：(小前提1＋结论1) AND (小前提2＋结论2)⇒大前提。

这个推理过程可以这样理解，很多个小前提都成立，可以归纳出大前提。例如，鲁迅写书，莫言写书，可以推理出结论，作家都写书(不完全归纳)。

演绎推理：大前提＋小前提1⇒结论1。

在大前提成立的情况下，某个小前提成立，就可推理出对应的结论。例如，已知作家都写书，鲁迅是作家，那么，他一定写书。

立假说推理：大前提＋结论1⇒小前提1。

这种推理是推出一个假说(或者叫找到原因，溯因)，作家都写书，现在鲁迅写了一本书，那么，鲁迅是作家。

注意，归纳和立假说都有可能会得出错误的推理，例如，在归纳错误中，最典型的例子就是你知道的所有天鹅都是白色的，从而归纳出天鹅都是白色的，但是事实上可能会出现黑天鹅，推翻你的归纳结果；同样，立假说也有可能出现错误，你发现作家都写书，某个人写了一本书，但是他不一定是作家。

在使用全称量词修饰大前提的情况下，演绎推理是准确的。演绎推理能推出正确的结论，但是如果什么结论都是正确的话，虽然不会犯错误，也很难得到新知识。归纳和立假说推理虽然有可能会犯错误，但是这样的推理能够创造新的知识，突破传统知识的框架。

以上推理就是人类推理的特点，如何将归纳、演绎、立假说这三种推理方法机械化、自动化，变成计算机能够处理的方式，一直是早期人工智能研究的一个中心课题。

推理结构的定式化都是属于形式逻辑的，也就是前文的命题逻辑、一阶逻辑。由于演绎推理的结果都是正确的，计算机的推理规则基本采取肯定前件式(modus ponens)，即经典的三段论推理。具体的过程如下。

(1) 将目标问题的相关信息以一阶逻辑表达式的有限集合(简写为K)来表示；

(2) 在解决问题的时候,检查过程 p(用于回答问题或采取行动)能否通过有限集合 K,并运用肯定前件推出结论(记为 $K \vdash p$)。

最后的符号 $K \vdash p$ 表示 p 是由 K 推导出来的,等同于说明 p 是 K 的逻辑结果。K 可以称为公理,p 称为定理,推导出这个结果的过程称为定理证明。当然,很多时候并不是直接计算 $K \vdash p$,可能由一些其他方法,例如反证法,如果通过某种方法,得出 $K \land \neg p = \text{False}$,而 K 是公理,是永真的,那么就可以得出 p 为真,因此得出结论 $K \vdash p$。

当然,就像很多理论上美妙的事情,终究有一个失望的结局。基于知识的人工智能的实际应用非常有限。下面的示例,称为尼克松菱形(Nixon diamond)。

贵格会教徒通常是和平主义者,尼克松是一名贵格会教徒;
共和党通常不是和平主义者,尼克松是一名共和党员。
(Quakers are usually pacifists and Nixon is a Quaker. Republicans are usually not pacifists and Nixon is a Republican.)

如果你从历史角度上看这件事,这是事实;但是如果你从逻辑去解释这件事,你就会陷入矛盾。在这样的问题面前,逻辑推理毫无办法,但是这样的事实比比皆是:

万般皆下品,唯有读书高; 坑灰未冷山东乱,刘项原来不读书。
金钱不是万能的; 有钱能使鬼推磨。

也许在生活中,可以以"具体问题具体分析"来搪塞这样的矛盾,可是计算机就不行了,它需要用程序来解决具体问题。下面举几个例子,看看如何用计算机程序实现逻辑推理。

6.1.5 逻辑编程

1. 逻辑编程语言

1) Poglog 语言

在对逻辑问题进行编程的时候,Prolog 语言是首选语言,Prolog 是 Programming in Logic 的缩写,它创建在逻辑学的理论基础之上,十分适合逻辑编程。日本在 20 世纪 80 年代提出的第五代计算机研究计划中,把 Prolog 列为核心语言。但是前文介绍过,这个计划最终失败了。

作为一门语言,Prolog 是一种描述型语言,只需要把问题描述好,然后计算机就可以运行找到答案。一些逻辑难题,只要把对应的规则用 Prolog 语言描述出来,计算机即可自动求解。

Prolog 程序中没有 if、case、for 这样的控制流程语句,虽然它也有别的流程控制语句,但是与大家熟知的高级语言并不相同,例如 C、Java、Python 等。除了逻辑问题之外,它的限制很多,不符合大部分人的编程习惯。Prolog 作为一种小众语言,一直没有流行起来。但是,它并没有消亡,至今仍有很多人在使用它。

2) Lisp 语言

如果你习惯了其他编程语言,Lisp 语言看起来非常奇怪,因为在 Lisp 语言中,所有(程序(看(起来(都(是(这样的))))))。所以,Lisp 语言的缩写应该是"Lots of Inane Silly Parentheses",直译过来是"许多愚蠢的无意义的傻括号",也许更贴切的译法是"傻了吧唧一堆括号”。

当然上面是开玩笑，Lisp是List Processing的缩写，它是由麦卡锡于20世纪50年代发明的(达特茅斯会议同期)，比Prolog更早。70年后的今天，Lisp语言仍然具有旺盛的生命力。Lisp语言抽象程度非常高，与人类自然语言相差非常大。相比较之下，今天流行的高级语言与人类自然语言相似度更高，更符合大家的思维习惯，因此，Lisp也始终没有广泛地流行起来。

3）其他高级语言

虽然不是专门为人工智能设计，但是其他高级语言也能够完成逻辑编程。实际上，不同编程语言的解决问题能力几乎是一致的。如果硬要类比的话，Lisp语言的思想是丘奇的λ算子，而以C语言为代表的高级语言的思想是图灵机，这也是为什么Lisp语言看起来更像是函数运算，而C语言和计算机硬件语言对应度更高。人们已经证明，在数学上λ算子和图灵机的表达能力是一致的。当然，表达能力一致不代表编程效率一致(这里的编程效率既包括开发效率，也包括运行效率)。

本书中的编程示例几乎都使用了Python语言，因为这是群众基础较好的一门语言。而且，编程语言会有正反馈，使用的用户越多，解决编程问题就越方便。

在使用高级语言开发的时候，有一点需要注意，虽然编程语言很像人类语言，但是机器其实并不理解高级语言。就像我们使用while表示一个循环，但是如果把这个关键字换成stop，对于机器而言没有任何不同，就是换了一个符号。当然，没人愿意使用这样的助记符。

每个使用高级语言编程的人都应该知道这样一个事实：正因为高级语言设计成人类容易理解的样子，反而增加了误解，以为机器也能理解这些语言，事实并非如此。

2. 逻辑编程例子

在美国拉什莫尔山上(Mount Rushmore)有四个小伙伴一起玩，他们分别是杰弗逊、林肯、华盛顿、罗斯福。有人发现山上的一棵樱桃树被砍了，于是警察询问了四个人，得到如下答案。

① 杰弗逊说是林肯砍的；

② 林肯说是罗斯福砍的；

③ 华盛顿说他没砍；

④ 罗斯福也说他没砍。

已知他们四人中只有一个人说了真话，判断是谁砍了樱桃树(本书1.3节有这个题目的答案)。6.5节程序6.1也给出了答案。

如果你觉得拉什莫尔山这个逻辑问题太简单，动动脑就可以推理出来，那么再看这个题目(这个题目称为斑马难题[①]，有不同的版本，本书选择1962年刊登在*Life International*的版本)。

5个不同国家且工作各不相同的人分别住在一条街上的5所房子里，每所房子的颜色

① 这个题目据说是爱因斯坦小时候提出的，这里表示严重怀疑。爱因斯坦小时候并不以反应迅捷著称，否则也不会有“爱因斯坦和小板凳”的故事了。

不同，每个人都有自己养的不同的宠物，喜欢喝不同的饮料，抽不同的香烟。根据以下提示，你能知道哪个房子里的人养斑马(zebra)，哪个房子里的人喜欢喝热水吗？

(1) 有五座房子。

(2) 英国人住在红房子里。

(3) 西班牙人养狗。

(4) 住在绿房子里的人喝咖啡。

(5) 乌克兰人喝茶。

(6) 绿房子就在乳白色房子的右边。

(7) 抽 Old Gold(烟名)的人养蜗牛。

(8) 抽 Kools(烟名)的住在黄房子里。

(9) 住在中间的房子里的人喝牛奶。

(10) 挪威人住在第一座房子里。

(11) 抽 Chesterfields(烟名)的人住在养狐狸的人旁边。

(12) 抽 Kools(烟名)的人住在养马的人旁边。

(13) 抽 Lucky Strike(烟名)的人喝橙汁。

(14) 日本人抽 Parliaments(烟名)。

(15) 挪威人住在蓝房子隔壁。

注意，各种香烟的品牌这里没有翻译，另外，条件(12)中，养的马并不是斑马(英文中马是 horse，斑马是 zebra，不会有这个混淆)。感兴趣的读者可以用笔和纸手动推理一下。

在 6.5 节有这个谜题的对应程序(程序 6.2)。

这样的逻辑题目有非常多，无论是“谁带了什么颜色的帽子”还是“需要试几次能开锁”，这种单纯的逻辑题目固然有趣，有些还很难。但是，它们更像是一种思维游戏，人们对人工智能的期待绝不只是这些。

单纯使用逻辑虽然能够解决一些逻辑问题(即使是很复杂的逻辑问题)，但是在解决实际问题的时候，人们已经知道单纯依靠逻辑是不行的，逻辑还要和知识结合起来。于是，研究人员提出了专家系统。

6.2 专家系统

6.2.1 专家系统概述

纯粹的逻辑在人工智能中用处不多，逻辑要和知识结合起来才有力量。谁最有知识，当然是领域专家，因此，专家系统诞生了。

在莱特希尔报告之后，人工智能度过了一段寒冬。不少研究人员认为人工智能领域此前的问题是过度关注搜索和解决问题，而忽略了其中起决定性作用的力量：知识。在 20 世纪 80 年代，基于知识的专家系统是人工智能研究的主要焦点(和今天的深度学习一样火热)。

其实早在 1965 年，世界第一个专家系统 DENDRAL 就诞生了。DENDRAL 由美国斯坦福大学的费根鲍姆和莱德博格开发，是一个化学专家系统，能根据化合物的分子式和质谱数据推断化合物的分子结构。DENDRAL 利用的知识主要是物质的质谱数据。

专家系统中的“专家”一词经常给人错觉，好像具有相当水平的人才算专家，毕竟莱德博格是诺贝尔化学奖获得者。事实上，针对不同的领域，需要不同的知识，只要具有专业领域知识的人就是专家，办公秘书、建筑工人都在自己的专业领域内具有专业知识，都算是专家。

有了专家的知识之后，就可以根据这些知识构建专家系统，根据构建方式的不同，专家系统可以分为基于规则的专家系统和基于框架的专家系统等。

6.2.2 专家系统构建

1. 基于规则的专家系统

基于规则的专家系统（rule-based expert system）也叫作产生式系统（production system），产生式一词来自数学家波斯特。1936 年，波斯特与图灵几乎同时提出了理想的计算机器“图灵机”，定义了可计算函数的概念。波斯特系统是一组符号演算系统，称为产生式规则。

图 6.1 是一个典型的基于规则的专家系统的例子。

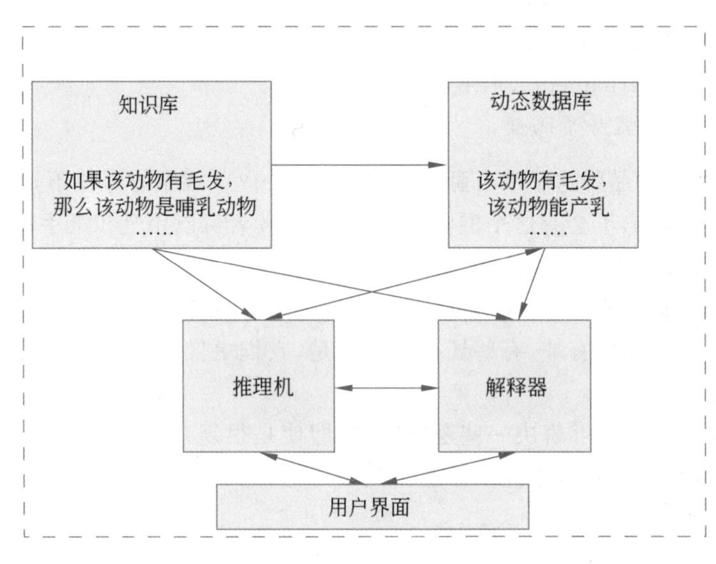

图 6.1 基于规则的专家系统

从图 6.1 中可见，一个基于规则的专家系统中一般有如下模块。

(1) 知识库：用于存储某领域内的专业知识，包括事实、可行的操作与规则等。基于规则的专家系统中的知识一般以一些规则出现，被称为知识表述。很多时候，规则会以“如果……那么……”(IF…THEN…)的形式出现。

(2) 动态数据库：存储学习到的知识、推理结果或者固定结论等数据，它所存放的数据随着系统的运行而产生、变化和撤销，所以称为“动态”数据库，有些资料也称为上下文数据库、工作存储器。

(3) 推理机：用于记忆专家系统所采用的规则和控制策略的程序，使得整个专家系统能够根据知识进行推理和导出结论，而不是简单地搜索出现成的答案。

(4) 解释器：对系统的推理提供解释。

(5) 用户界面：用户可以通过该界面与专家系统进行交互。

有了以上模块，专家系统就能够利用已有的知识进行推理了。在专家系统推理过程中，通常要解决3个问题：匹配、冲突解决和操作。

(1) 匹配。在已有信息和当前知识库中的规则进行匹配的过程中，如果有规则能够和已有信息完全匹配，则称这些规则为触发规则。当按照该规则去执行时，称为启用规则。注意，被触发的规则不一定会被启用，因为可能有多条规则同时满足条件，这就需要在冲突解决部分解决这个问题。在复杂情况下，已有信息和当前知识库中的规则也可以进行模糊匹配。

(2) 冲突解决。当有多条规则被已有信息触发时，就需要系统决定先使用哪一条规则。解决冲突没有固定的规律，例如，可以根据规则中的逻辑判断，是否有一个规则的结论是另一个规则的子集；也可以由用户在用户界面进行选择，到底是需要更多的结果，还是需要更精确但是有可能丢失部分答案的结果；或者可以借助专家的知识，在知识库中有多条可以被相同信息触发的规则时，对规则进行排序。当然，排序也有可能有多个指标，例如根据结论的专一性排序、根据运行过程中的上下文排序等。

(3) 操作。操作就是执行规则的部分操作，经过操作以后，修改动态数据库以进行进一步的推理。这里的推理分为正向推理和反向推理。

这里以*LISP*一书中给出的动物识别专家库的经典例子(只摘录部分规则)[3]说明一个基于规则的专家系统是如何运行的。有如下规则：

① IF 该动物有毛发，THEN 该动物是哺乳动物。

② IF 该动物能产乳，THEN 该动物是哺乳动物。

③ IF 该动物有羽毛，THEN 该动物是鸟。

④ IF 该动物会飞 AND 会生蛋，THEN 该动物是鸟。

⑤ IF 该动物吃肉，THEN 该动物是食肉动物。

⑥ IF 该动物有锋利牙齿 AND 有爪 AND 眼向前方，THEN 该动物是食肉动物。

⑦ IF 该动物是哺乳动物 AND 有蹄，THEN 该动物是有蹄类动物。

⑧ IF 该动物是哺乳动物 AND 反刍，THEN 该动物是有蹄类动物。

⑨ IF 该动物是哺乳动物 AND 食肉动物 AND 皮毛黄褐色 AND 有暗斑点，THEN 该动物是豹。

⑩ IF 该动物是哺乳动物 AND 食肉动物 AND 皮毛黄褐色 AND 有暗色条纹，THEN 该动物是虎。

⑪ IF 该动物是有蹄类动物 AND 脖子长 AND 腿长 AND 有暗斑点，THEN 该动物是长颈鹿。

⑫ IF 该动物是有蹄类动物 AND 有黑色条纹，THEN 该动物是斑马。

大家可以看到，这些规则非常简单，在上述12条规则中，每个规则都由两部分构成。其中，IF 部分被称为条件(前件、前项)，THEN 部分被称为结论(后件、后项)。规则中的条件和结论都可以使用逻辑运算或者更复杂的语句将它们连接起来。例如，有如下规则。

IF 该动物能飞并且能产卵，THEN 该动物是鸟类或昆虫。

在这条规则中，IF 部分使用了逻辑与操作，THEN 部分使用了逻辑或操作。

有了规则之后，就能够使用这些规则进行推理了，先看看如何使用这些规则进行正向推理。

假设有一条信息是该动物有毛发，能产乳，能反刍，并且有黑色条纹。即信息是[“毛发”，“产乳”，“反刍”，“黑色条纹”]。推理步骤如下。

第一步，读取第一个信息，该动物有毛发，会触发规则①，动态数据库里面会增加“该动物是哺乳动物”信息。

第二步，读取第二个信息，该动物能产乳，会触发规则②，动态数据库里面会增加“该动物是哺乳动物”信息。因为已经有了该条信息，所以结果不变。

第三步，读取第三个信息，该动物能反刍，再加上“该动物是哺乳动物”信息，会触发规则⑧，动态数据库里面会增加“该动物是有蹄类动物”信息。

第四步，读取第四个信息，该动物有黑色条纹，再加上“该动物是有蹄类动物”信息，会触发规则⑫，动态数据库里面会增加“该动物是斑马”信息。

至此，并无新的信息，没有规则可以进一步触发，因此，最终判断该动物是斑马。

以上的推理过程称为正向推理，这是一个从数据到结论的过程。由用户提供信息，例如用户告诉系统该动物是否吃肉、是否有黑色条纹等，推理机会根据用户提供的信息，应用规则尽可能地触发新的规则。然后，推理机将触发规则以后获得的新信息添加到动态数据库中，继续查看是否有新的规则被触发，然后不断重复这个过程，直到无法触发新的规则为止。

6.5 节程序 6.3 有该推理的实现过程。

还有一种推理是反向推理，即从希望建立的结论开始，反向推理出数据。

例如，用户想知道目标动物“斑马”是否是“有蹄类动物”。反向推理过程如下。

第一步：推理机试图去寻求一个“该动物是有蹄类动物”的结论，会触发规则⑦（“该动物是哺乳动物且该动物有蹄”）和规则⑧（“该动物是哺乳动物且该动物反刍”），推理机会发现，这两个规则只要有一个为真，那么推理结果即为真。现在假设以推理机去验证规则⑦是否为真[①]。

第二步：观察规则⑦的前件，“该动物是哺乳动物”和“该动物有蹄”，二者同时为真，那么结果才能为真，因此，“该动物是哺乳动物”和“该动物有蹄”为推理子目标。

第三步：观察“该动物是哺乳动物”这个子目标是否为真，在知识库中会找到规则①（“该动物有毛发”）和规则②（“该动物能产乳”），同样，规则①和规则②只要有一个满足条件，该推理子目标结果即为真，假设将推理规则①当作子目标。

第四步：推理机以“该动物有毛发”为目标进行查找，但是知识库中并不存在这样的规则。面对这种情况，推理机有两种选择，一种是与用户进行交互，询问用户“该动物是否有毛发”；另一种是启动另外一个子目标，推理规则②。假设现在询问用户，用户的回答可以是

---

① 这条规则的英文原文是：If the animal is a mammal and it has hoofs then it is an ungulate。“hoofs”和“ungulate”分别翻译为“蹄子”和“有蹄类动物”，所以，虽然汉语中人们马上可以看出“有蹄”和“有蹄类动物”的相似之处，觉得规则⑦是一条无用规则。但是从英文角度来说，这种直接联系并不明显。

“没有”、“有”或者“不知道”。

如果用户回答“没有”，那么规则①不满足，回溯，规则⑦也不满足，结论为假，即该动物不是有蹄类动物。

如果用户回答“有”，那么规则①为真，此时需要推理“有蹄”是否为真。而“有蹄”无法触发任何规则，因此需要和用户交互，询问用户“是否有蹄”。

如果用户回答“不知道”，那么推理机回溯到推理规则②子目标，判断其是否为真。

第五步：推理机将规则②（“该动物能产乳”）作为子目标，“产乳”也无法触发任何规则，因此需要和用户交互。询问用户“是否能产乳”，此时用户也有三个答案，分别是“没有”、“有”或者“不知道”，每个答案会触发不同的推理。假设用户回答“有”，规则②满足，“该动物是哺乳动物”的信息被添加到动态数据库。

第六步：推理机已经完成了第二步的两个子目标中的一个，下一个子目标需要判断“该动物有蹄”是否为真，此时，“有蹄”无法触发任何规则，因此需要和用户交互。询问用户“是否有蹄”，此时用户的回答也有三个，分别是“没有”、“有”或者“不知道”。无论选择哪一个，推理机都会进行进一步推理。

假设用户回答“有”，该事实被加入动态数据库，此时规则⑦的两个条件都为真，因此可以得出结论，斑马是“有蹄类动物”。

从这个例子可以看出，在推理过程中，专家系统需要和用户进行交互，用户答案的不同会引起推理方向的不同。在今天看来，这些规则其实就是一些IF语句，推理过程也是一些条件语句。因此，这时候的人工智能也被诟病为一堆IFs(IF的复数)。

这个例子只有少数知识，如果知识增多，就需要设计算法进行匹配，大多数基于规则的专家系统的推理算法都基于Rete算法。Rete(Rete是拉丁文，对应英文是net)算法是一种前向规则快速匹配算法，其匹配速度与规则数目无关。Rete算法通过形成一个Rete网络进行模式匹配。Rete算法是一种启发式算法，不同规则之间往往含有相同的模式，因此，一些知识可以被共享，匹配效率也会随之提高。Rete算法的资料较多，很容易在网络搜索到。

一般来说，基于规则的专家系统中的规则独立性更强，它们之间的联系也不明显，因此，在描述彼此关系不密切的知识方面具有一定的优势，例如，化学反应就符合这样的特点。但是，如果知识之间的关联性较强，那么基于框架的专家系统更适合。

关于IF，这里有两个笑话。第一个笑话是这样的，有位妻子和程序员丈夫说：“去买十个包子回来。”妻子顿了一下，又说：“如果看到卖西瓜的，买一个。”过了一会儿，丈夫拿了一个包子回来，妻子非常奇怪，就问：“你怎么就买一个？”丈夫说：“因为我看到卖西瓜的了。”

第一个笑话据说只有程序员能懂，但是大多数人都知道笑点在哪。

第二个笑话来自一张漫画，内容是一些人买了一个机器人，他们对机器人充满敬畏，非常好奇里面是什么，打开来一看，原来是成千上万个模块，每个模块上都写着：IF-ELSE。

第二个笑话的笑点在哪？实际上，第二个不算笑话，或者说这个故事出现在正确的语境才能算是笑话。那么这个语境是什么？其实，这样一个笑话是在人工智能技术寒冬时，讽刺当时人工智能现状的。因为实际生活中面临的可能情况太多，不可能把全部的条件语句都写完，因此，起初研究人员试图用数理逻辑来自动生成可能的条件语句。但是，试图使用一堆IFs来制造人工智能的想法暂时失败了。因为目前看来，数理逻辑既不可能推演出全部的条件，又不可能穷举所有的条件。

2. 基于框架的专家系统

框架理论由明斯基于1970年提出，其理论基础是人们对于现实世界中事物的认识是以一种框架结构存储在头脑中。明斯基认为，当一个人遇到新的情况时(或其看待问题的观点发生实质性的变化)，他会从记忆中选择一种结构，即“框架”，按照需要改变其细节，可以用其拟合真实情况。

例如，大家一想到“动物”这一事物，首先就会对它有一个大概描述，想象一个动物一定有头，有脚，有身体，会做各种动作。尽管人们可能对某一动物还不太熟悉，但是当一个人遇到某一种动物时，就会自动地为动物的各个具体的属性进行赋值，例如，头的形状、脚的个数、身体的大小形状等。一个小孩即使从没见过蜈蚣，在第一次看到蜈蚣时，也会对这个动物有了解，并自动地填充已有的知识框架：蜈蚣的头很小，有很多脚，身体是细长线状的，会爬行。

同样，如果旧的知识遇到新的情况，那么人类也会为旧框架加上新的知识。一般来说，只要有过住宾馆的经验，大部分人都不会在住进新的宾馆时感觉惊慌失措。住宾馆时，人们会期望看到床、浴室、衣柜、电视等家具。但是每个房间的细节是不同的，例如窗帘的颜色和电视的品牌。通常来说，人们不需要为宾馆构建一个新的框架，只需要在这个框架内增加知识即可。如果一个人以前住过的宾馆全部提供拖鞋，来到一个新的宾馆时，发现该宾馆并没有提供拖鞋，那么只需要在框架内增加一条知识——“有些宾馆不提供拖鞋”，就可以了。

框架表示法是一种结构化的描述知识的方法，已经在很多系统中得到了应用。一个框架由若干个槽组成，每一个槽又可以根据实际情况划分为若干方面。

如果大家知道面向对象编程方法，那么很容易理解框架是什么。框架即相当于面向对象编程中的类(只包含属性，不包含方法)。每个槽相当于一个属性。方面是对属性的进一步描述。

和面向对象编程类似，框架也可以聚合(has-a)、继承(is-a)，这些思想和面向对象编程的聚合和继承一致。图6.2是一个蜈蚣的框架描述示例。

图6.2的框架描述中既包含了聚集(图中实线部分)，又包含了继承。这种聚集和继承与面向对象编程中的组合和继承思想类似，用框架结构可以使用更少的规则描述更多的事物。基于框架的专家系统还能解决基于规则的专家系统中存在的一些矛盾，例如，在基于规则的专家系统中，假如有一条规则是这样的：

如果一只动物是鸟，那么它有两条腿。

如果你遇到一只受伤的鸟，它只有一条腿，那么这条规则不仅失效，而且在这个具体案例上是错误的。基于框架的专家系统可以避免这样的错误。在基于框架的专家系统中，可以使用继承完成这条规则：一只鸟默认有两条腿，但是在继承的过程中，可以更改腿的

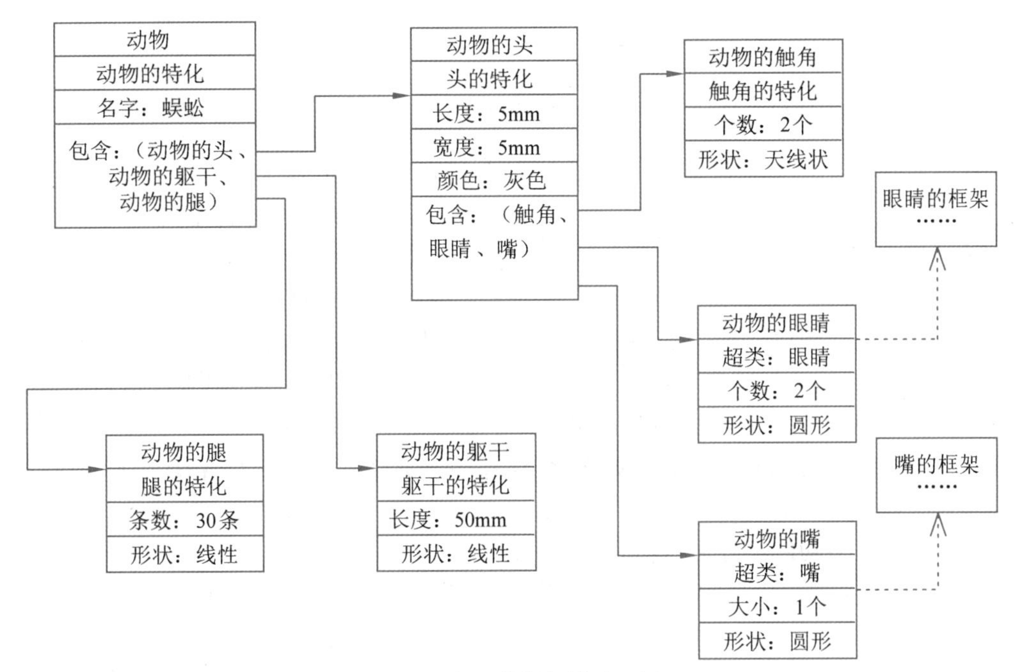

图 6.2 蜈蚣的框架描述示例

条数。

虽然基于框架的专家系统在抽象程度上更高，但是目前并没有有影响力的专家系统是基于框架的。框架进一步抽象，可以抽象为本体(ontology)。本体这一词来自哲学领域，在计算机领域，它可以在语义层次上描述知识，看成描述某个学科领域知识的一个通用概念模型。本体这一概念比较抽象，而且不同资料可能从不同层面来描述本体这一概念。所以，本体基本上属于一种"只可意会不可言传"的术语。例如，当你看到一张机器人的图片，或者一个机器人站在你面前，都会让你知道这是一个"实体"。这样，这张机器人的图片或者站在你面前的机器人，都是符号(图像、语言等客观世界的实物)到"本体"这个概念的某种映射。

3. 其他模型专家系统

除了基于规则和框架的专家系统之外，人们还提出了其他方式构建专家系统，例如基于模型的专家系统、基于语义网的专家系统等。

(1) 基于模型的专家系统又包含基于神经网络的专家系统、基于概率模型的专家系统等。

(2) 基于语义网的专家系统的核心是语义网(semantic web)。语义网有很多变种，但是都具有表示个体对象、对象类别以及对象间关系的能力。语义网概念由蒂姆·李提出，他最早提出万维网(World Wide Web，WEB)概念，因此也有人称语义网为 WEB 3.0[①]，尽管互联网连接的技术和语义网络不是一回事。在语义网中，网络之间的这些关系可能包括聚合、继承等。语义网的想法也是把世界上的事物尽可能连接起来。

但是，这些模型的专家系统并不是特别成功。早期几个成功的专家系统，都是基于规则的。

① 包含区块链和元宇宙的网络也叫 WEB 3.0，和这里的 WEB 3.0 不是一回事。

6.2.3 典型专家系统

1. DENDRAL 系统

DENDRAL 不一定是最早的专家系统(很有可能是最早的一个)，但是它是第一个成功且有影响力的专家系统。无论在实验意义上还是在正式的科学使用上，许多与人工智能发展有关的想法都是从这个项目开始。

DENDRAL 项目从 1965 年开始，由图灵奖获得者费根鲍姆和诺贝尔化学奖获得者莱德博格共同领衔组织研发。DENDRAL 的任务是将人类专家莱德博格的经验、技能和专业知识纳入到程序中，这样程序就可以以专家的水平运行。在开发过程中，莱德博格不得不学习很多计算机方面的知识，正如费根鲍姆不得不学习化学知识一样。

DENDRAL 的输入通常包含了如下化合物信息：化学式，例如葡萄糖($C_6H_{12}O_6$)；待分析有机化合物的质谱图；核磁共振光谱信息。

整个系统按照功能可分为三部分。

(1) 知识库：利用质谱数据和化学家关于质谱数据和分子结构之间关系的经验知识，对可能的分子结构形成若干约束条件。

(2) 动态数据库：利用化学家的知识，给出一些可能的分子结构，利用约束条件来控制这种可能性的搜索，并且利用启发式信息，最后给出一个或几个可能的结构。

(3) 推理机：对这些结果进行检测、排队，给出最可能的分子结构图。

DENDRAL 可以很迅速地将几百种可能的结构缩减到一种或几种结构。如果生成了几种可能的结构，那么系统将会列出这些结构并附上概率值。今天看来，DENDRAL 系统的想法既简单直观又非常有效，就是利用化学专家的知识，分析已有的信息(质谱数据)，得出可能的化学结构。这里面，专家(以及他们提供的知识)非常重要。

在这些知识密集型的专业领域，通常来说，DENDRAL 比起人类专家不仅更快，而且更准确[4]。

2. MYCIN

如果说 DENDRAL 是最早成功应用专家系统的人工智能程序，那么人们引用最多的专家系统应该是 MYCIN。介绍专家系统的一本教材[5]专门拿出大量篇幅来讲解它。

1972 年开始研制的 MYCIN 专家系统，在某些领域的表现优于人类专家，它也为后来无数的专家系统提供了模板。

> MYCIN 这个词是英文“霉素”(mycin)的意思，例如红霉素、土霉素、万古霉素等，英文的后缀都是 mycin。另外，早期的软件命名都是大写字母，这是一种习惯。早期的计算机系统文件命名不能超过 8 个字符，而且习惯上文件名都是大写字母，所以，早期的很多人工智能程序，例如 DENDRAL、MYCIN 都符合这个习惯。

MYCIN 由斯坦福大学 Bruce Buchanan(人工智能专家)和 Ted Shortliffe(医学专家)领衔开发，是个基于规则的专家系统，主要针对由血液和脑膜炎之类的细菌性疾病给出诊断和建议。典型 MYCIN 规则如下所示。

RULE035：IF 该有机体不会被革兰氏染色法染色 AND 形态是杆状的 AND 是厌氧的。

THEN 有(60%)可能该有机体是类杆菌。

而一个典型的 MYCIN 使用过程如下(来自文献[6]附录 A.2,本书只摘录了这个案例中的一部分,各种医学术语保留了英文原文)所示。

患者信息

(1) 患者姓名

患者×××

(2) 年龄

34

(3) 性别

男

⋮

诊断

(10) 你是否怀疑患者××× 可能在你尚未取样的部位有感染?

否

(15) 患者××× 近期是否有医生曾记录在案的异常神经病学症状(如癫痫、昏迷)

是

病因或许和脑膜炎(meningitis)有关

⋮

病因

(17) 患者××× 的胸部×射线检查是否出现异常?

否

(18) 患者××× 近期是否接触过传染病?

否

⋮

(39) 患者××× 是烧伤病人吗?

是

⋮

我已找到证据(规则 545、规则 557)证明治疗应包括大肠杆菌(E.coli)引起的脑膜炎

我已找到证据(规则 545、规则 557、规则 578)证明治疗应包括绿脓杆菌(Pseudomonas-aeruginosa)引起的脑膜炎

我已找到证据(规则 545、规则 557)证明治疗应包括肺炎克雷伯菌(Klebsiella pneumoniae)引起的脑膜炎

⋮

我已找到证据(规则 507)证明治疗应包括肺炎双球菌(Diplococcus pneumonia)引起的脑膜炎

治疗

治疗需要考虑下列感染和相关微生物

脑膜炎

＋＜项目 1＞大肠杆菌(E.coli)

＋＜项目 2＞绿脓杆菌(Pseudomonas-aeruginosa)

＋＜项目 3＞肺炎克雷伯菌(Klebsiella pneumoniae)

＋＜项目 4＞肺炎双球菌(Diplococcus pneumonia)

(41) 患者××× 是否对抗微生物剂(antimicrobial agent)有过敏反应？

否

⋮

(REC-1)我的治疗方案建议如下：

为同时涵盖＜项目 1＞＜项目 2＞＜项目 3＞＜项目 4＞

给出下列组合疗法：

(1) 氨必西林剂量 3.5g 每 4 小时静注(AMPICILLIN Dose：3.5g (28.0 ml) q4h IV)

(2) 庆大霉素剂量 119mg 每 8 小时静注(GENTAMICIN Dose：119 mg (3.0 ml, 80mg/2ml ampule) q8h IV)

附注：监测血清浓度(Monitor serum concentrations)

由于高浓度的青霉素(ofpenicillins)可以使氨基糖苷(aminoglycosides)失活，所以不要将这两种抗生素混合在同一个静脉输液瓶中

看看 MYCIN 的诊断过程，是不是和你面对一个专业医生感觉类似。MYCIN 之所以被称为最具代表性的专家系统，是因为它包含了许多后来的专家系统不可缺少的关键特性。观察上述诊断过程，这些关键特性包括以下三部分。

首先，MYCIN 的推理可以进行还原和解释。在人工智能系统中，解释系统中所作出的决定非常重要。几乎在每一种人工智能实现方法中，都强调需要更好的解释，在涉及金钱、生命的系统时尤其如此。MYCIN 做到了很好的解释性，它可以通过反向推理或者正向推理来告诉用户，为什么系统会做出这样的结论，这样有助于用户对于系统的信任，尤其是在医疗系统中。

其次，MYCIN 能够处理一定的不确定性。人们生活在一个不确定的世界，尤其是疾病，用户向系统提供的信息不一定是准确和真实的。为了处理不确定性，MYCIN 引入了置信度。另外，在 MYCIN 这样的系统中，很少根据某一个单一的特性就得出明确的结论。如果用户告诉系统，他发烧了，那么很多原因都可能导致这种病症，专家系统会根据更多的信息给出结论。

最后，MYCIN 能够和人类进行交互。它向用户提出一系列问题，然后响应用户的回答。相比较之下，DENDRAL 并没有交互性，这种交互性成了之后很多专家系统的标准模型。当你面对一个专家系统时，有问有答，就好像真正面对一个医疗专家一样，这个更符合图灵测试标准的系统，更能够满足人类对于人工智能系统的期待。

1979 年，MYCIN 参与了 10 个实际病例的评估实验。在血液疾病诊断方面，MYCIN 的表现与人类专家相当，并且高于普通医生的平均水平。在 20 世纪七八十年代，这个已经是一个非常好的结果了。

在 DENDRAL 和 MYCIN 之后，又有一系列专家系统出现，例如美国数字设备公司(DEC)开发的 R1/XCON 专家系统，开发者声称这种系统为公司节省了超过 4000 万美元。越来越多的人感到专家系统是人工智能的解决方案，当然，考虑到莱特希尔报告的影响力还

在，人们称之为“专家系统”“知识工程”“基于知识的智能系统”——只要你不把它叫作人工智能。

3. 泡沫

构建一个专家系统并不费力。DENDRAL 和 MYCIN 等主流专家系统都是基于 Lisp 开发的。任何熟悉编程的工程师都可以明白专家系统的原理，甚至，构建一个专家系统比传统编程还容易（不信大家可以试着比较本章的程序和算法一章的程序）。专家系统的编程其实就是对各种可能信息的处理，里面有大量的 IF 语句。而且，专家系统的规则也并不都是很复杂的，回忆一下动物识别系统的规则，任何人理解起来都没有难度（一个 8 岁的小孩也可以理解这些规则，笔者做过测验）。可能稍微需要花力气的地方就是学习一下 Lisp 编程语言，但是，这并不困难。

这些成功的案例点燃了人们心中的希望：人工智能终于可以商业化赚钱了。不出意外，大量的研发资金冲入了这个领域。一批初创公司纷纷成立，它们构建专家系统平台卖给潜在用户，或者为那些不能构建专家系统的公司提供专家系统的支持服务。当然，如果你花一些钱，买一个专门能够快速执行 Lisp 的机器，就能帮助专家系统更好更快地执行，毕竟主流专家系统都是基于 Lisp 开发的。这些专门运行 Lisp 的机器直到 20 世纪 90 年代还在使用，不过后来，能够运行各种程序的个人计算机日益便宜，再也没人花 7 万美元购买那些只能运行 Lisp 语言的机器了。

你可以把 Lisp 换成 Python，把只能运行 Lisp 的机器换成 GPU。当你打开手机看到 9.9 元学 Python 的广告，看到 GPU 在摩尔定律依然有效的情况下竟然要涨价，你大概就能知道当时发生什么事情了。

很难说专家系统是一波泡沫，毕竟现在还有人在使用专家系统。如果你只是希望专家系统解决某个具体领域内的一些问题，有些能够胜任；但是如果说专家系统就达到了一定程度的智能，这个并不是事实。在 20 世纪 90 年代后期，人们几乎不再相信通用人工智能（Artificial General Intelligence，AGI）能够实现，人工智能的第二次寒冬来临了。

不像第一次寒冬发生在一个明显的事件（莱特希尔报告）之后，第二次寒冬是人们慢慢对构建通用人工智能失望的。如果非要找一个比较典型的事件，那么 Cyc 工程的失败算是一个。

人工智能的目标永远不是满足于解决具体问题，而且希望构建通用人工智能，能够满足图灵测试、像人一样思考、有多种用途的机器。这种机器应该具有更多的知识，最好有人类全部的知识，Cyc 工程诞生了。

在 20 世纪 80 年代早期，莱纳特就确信“知识就是力量”，而且这种力量不应该只局限在狭义的专家系统。他相信，如果把人类更多的知识都集成在计算机中，那么，通用人工智能就会实现。在文献[7]中，莱纳特写道：

> 我们所说的知识，不是指枯燥的、专业领域内的各种知识，而是现实世界中的各种常识……恐怕人工智能必须要通过一个艰难的事实（人工智能领域内一直试图摆脱的事实），大部分工作都需要经过人类判断以后手工输入。

那么，Cyc 所说的常识，而不是专业知识是指什么呢？下面就是典型的 Cyc 中的常识。

在地球上，一个悬空的物体会落地，它落到地面就会停下来；而在太空里面，悬空物体不会落地。

食用你不认识的蘑菇是危险行为。

红色标记的水龙头往往通的都是热水，蓝色标记的水龙头往往通的都是凉水。

飞机没有燃料了就要坠机。

坠机事故会让人丧生。

遗憾的是，计算机并不知道这些常识。因此，必须由人输入到 Cyc 系统中。起码在项目的早期，这个工程需要手工输入。人们需要告诉 Cyc 系统，现实世界是怎样的，以及大众是怎样理解这个世界的。莱纳特估计这个工程量可能会高达 300 人年(一个人工作 300 年，或者 300 人工作一年的工作量)。当然，有了一些基础知识之后，Cyc 会自主学习，如果真是这样的话，这个人工智能系统真的就和人类一样聪明了，它的出现会改变世界。

世界当然没有被改变，起码在 21 世纪 20 年代早期，通用人工智能还没有出现在人类面前(ChatGPT 为代表的大模型也许是最接近通用人工智能的)。Cyc 项目失败了，显然它没有满足当初的设想，而且，距离当初的设想差得很远。很难评估 Cyc 的智能极限是多少，它肯定有少数知识是大部分人类不知道的。但是，假设智商评价标准真的有效，那么大部分五六岁小孩在测试时都会比 Cyc 表现得更好。

Cyc 的问题出现在哪里？Cyc 希望输入一定量的知识，然后从这些知识出发，学会更多的知识。300 人年的工程量虽然很高，但是并不是遥不可及，如果真的能实现通用人工智能，30000 人年都可以。问题是如果想输入知识，从哪里开始呢？哪些是基础知识呢？总不会从宇宙大爆炸开始讲起，那么从天空是蓝色的开始？斯坦福大学计算机专家 Vaughan Pratt 曾测试过 Cyc，发现 Cyc 并不知道天空是蓝色的。Cyc 的知识体系非常零散，而且分布得相当不均匀。奇怪的是，Cyc 虽然不知道天空是蓝色的，却知道冷水水龙头是蓝色的(和笔者母亲所知道的正好相反)。

但是，即使 Cyc 定义了足够的知识(这个假设很难成立)，它也面临着一系列问题，Cyc 并没有给出从一定的知识出发，推理出更多知识的办法。当然，这个办法，人类至今也没有在计算机上实现，在可见的很长时间内，这个办法都很难实现。

Cyc 项目更像是一个巨大的本体工程，在这个工程中，需要定义所有的词汇，以及各种术语，还要表示出来它们之间是怎么关联的。例如，Cyc 工程对一些单词给出了定义，它是这样定义“幸福”一词的：

伴随着幸福、安全、有效的成就或满足的愿望而享受的愉快的满足。与所有的“感觉属性类型”一样，这是一个集合，集合了一个人所能感觉到的所有可能的快乐。幸福的一个例子是“极度幸福”；另一个是“只是有点高兴”。[①]

这个定义，可以视为是“幸福”在 Cyc 中的本体。

这个定义当然是正确的，但是，在人们感到幸福时，没人会想到这样一个抽象定义，这个

---

① 英文原文如下：happiness：The enjoyment of pleasurable satisfaction that goes with well-being，security，effective accomplishments or satisfied wishes. As with all ‘Feeling Attribute Types’，this is a collection-the set of all possible amounts of happiness one can feel. One instance of happiness is ‘extremely happy’；another is ‘just a little bit happy’.

定义只存在于理论之中。

Cyc所要构建的本体工程,要比所有已知的系统都要复杂,并且,没人知道如何定义,从哪里开始,而且,随着项目的推进,时不时地就要推倒重来。

当然,也不能完全说Cyc工程就一点意义没有。虽然没有什么理论提出,但是它教会了人们在组织和开发大型的以知识为基础的知识系统中的工程方法。另外,起码在这个时期,它告诉了人们这个方向暂时不通。

莱纳特相信,通用人工智能的本质是知识体系,可以通过一个基于知识的系统来达到。这一设想并没有被证伪,当然,目前也没有被证实。只是以目前的技术手段,如果想要通过该方法实现通用人工智能,并不现实。

Cyc工程现在还在进行中,并且依托这个项目成立了一个Cycorp公司,现在人们仍然可以访问这个公司的主页,莱纳特是该公司的负责人。并且,也有一些人相信Cyc是走向通用人工智能的路径之一,因此,这个公司也一直有资金支持。在Cyc之前,莱纳特曾经研发过AM和EURISKO系统,这些系统利用启发式算法分别应用于数学和科学领域,都很成功。

Cyc公司也许还在继续研究通用人工智能,但是在公司主页上已经看不到这样的宏伟愿景。笔者访问了Cyc公司的主页,上面的介绍是诸如"下一代企业AI"(The Next Generation of enterprise AI),"Cyc是针对企业的最先进的机器推理平台"(Cyc is the most advanced machine reasoning platform for enterprises)之类的口号。

从某种程度来说,Cyc是领先于时代的,因为在Cyc开始发布30年后,谷歌公司发布了知识图谱,这是人类迄今为止最庞大的一个知识库。

6.3 知识图谱

6.3.1 概述

Cyc工程已经做过一个实验,由人类手动的输入知识到系统中并不现实。那么,如果一个系统能够自动地采集知识呢? 会不会完全不一样了。

事实证明,构建和部署专家系统比想象的困难得多。每个读者都具有丰富的知识,但是怎么把这些知识编码成计算机能识别的符号,目前并没有办法。人类自己都不知道自己的知识是怎么学会的,放到了哪里。对于很多人来说,擅长做一件事情不代表他能够讲清楚实际上是怎么做到的。另外,期待每一个真正的专家都贡献自己的知识,也并不符合专家的利益。

为什么专家系统不符合专家的利益? 有这样一个古老的笑话。

美国大学的学费很贵,除了少数高收入群体,很多普通家庭的孩子都需要助学贷款完成大学学业。有一个医生的儿子读完了医学学位之后,终于能够自己独立看病了。为了感谢父亲资助自己读完大学,他让他父亲出去旅游。父亲旅游归来之后,儿子为了告诉父亲自己学有所成,兴奋地对父亲说:"爸爸,我把邻居奶奶的胃病给治好了! 完全治愈了!再也不会犯病了!"父亲听完以后,大发雷霆:"你知不知道你的大学学费是怎么来的!"

既然专家无法也不愿提供更多知识,人们将目光转向了人类最大的知识库——互联网。

知识图谱(knowledge graph)由谷歌公司于2012年提出,因为谷歌公司有世界上最大的互联网数据。当然，谷歌知识图谱也没有宣称以通用人工智能为目标，它就是为谷歌的搜索服务的。现有的知识图谱也不只是谷歌公司的知识图谱，WordNet、ConceptNet、FreeBase、Wikidata、DBPedia 等都是典型的知识图谱。

主流的搜索引擎都使用了知识图谱技术，而传统的搜索引擎只会返回给用户带有搜索关键字的网页。例如，用户搜索"鲁迅"，传统的搜索引擎会把含有"鲁迅"这一词的网页返回给用户。而有了知识图谱的加持，搜索引擎就有了关于实体世界的大量信息(地点、人物、书籍、大事件等)，这样返回的结果更贴近用户想法。例如，在传统搜索引擎中，你想搜索鲁迅的出生日期，你可能需要输入关键字"鲁迅生日"，搜索会返回同时包含"鲁迅""生日"关键字的网页，然后用户自己在这些网页中寻找鲁迅的出生日期；而有了知识图谱技术，当你输入"鲁迅生日"，搜索引擎会直接给用户返回这个搜索的答案：1881 年 9 月 25 日。

那么，知识图谱是如何猜测用户心思的，这里面需要用到的技术又有哪些呢？知识图谱的两个核心技术是知识和图。

当然，简单地把知识图谱分为知识和图两个维度的技术是不准确的。知识图谱不是单一的技术，而是一个系统工程。要想更深入地理解知识图谱，一本书的容量是不够的，就像知识表示和获取方面需要自然语言处理等技术，图的存储查询需要数据库、图论、信息检索等相关技术，单独任何一种技术可能都需要若干本书来学习。为了方便大家理解，本书从如何构建知识图谱这个角度介绍其主要核心技术。本节主要内容见图 6.3。

虽然知识图谱这一概念并没有严格的定义，但是，图 6.3 肯定不是一个知识图谱[①]，它并没有列出知识之间的关系，而且知识图谱不只需要有"知识"，也需要定义"知识"之间的"关系"。

6.3.2 知识从哪里来

1. 从文本中来

不得不承认，虽然现代人在视频、音乐等数据上沉迷的时间更多，但是，人类主要的知识载体还是语言和文字。这种语言能力，也让人类迅速地从众多物种中脱颖而出，很快就站到了生物链的顶端。知识图谱想要具有知识，那么就需要从人类的语言和文字中获取。存储人类语言和文字最大的数据仓库，莫过于互联网了。

如果说谷歌知识图谱和 Cyc 有什么区别的话，最关键的地方就在于知识图谱中的知识并不是由人类输入，而是自动从网页中提取出来的。如何能从网页中提取出知识，这就需要机器"理解"人类的语言了。

如何定义"理解"？如果定义为机器真的能够懂得人类语言的实际意义，恐怕很长时间内都无法实现这种"理解"。但是，如果"理解"定义为机器能够满足人们对于机器的一定要求，例如，用户输入程序语言，机器能够按照程序执行，那么，机器是理解编程语言的。

当然，人们不只希望机器能够理解编程语言，还希望机器能够理解人类的更多语言，特别是自然语言。自然语言处理就是这样的一门学问。知识图谱需要利用自然语言处理技术

---

① 图 6.3 中，《知识图谱》的"知识图谱"这个标题中，书名号表示这个小节的题目，双引号表示这并不是一个真的知识图谱，在自然语言处理中，经常把标点符号省略，事实上，标点符号也经常含有很多语义信息。

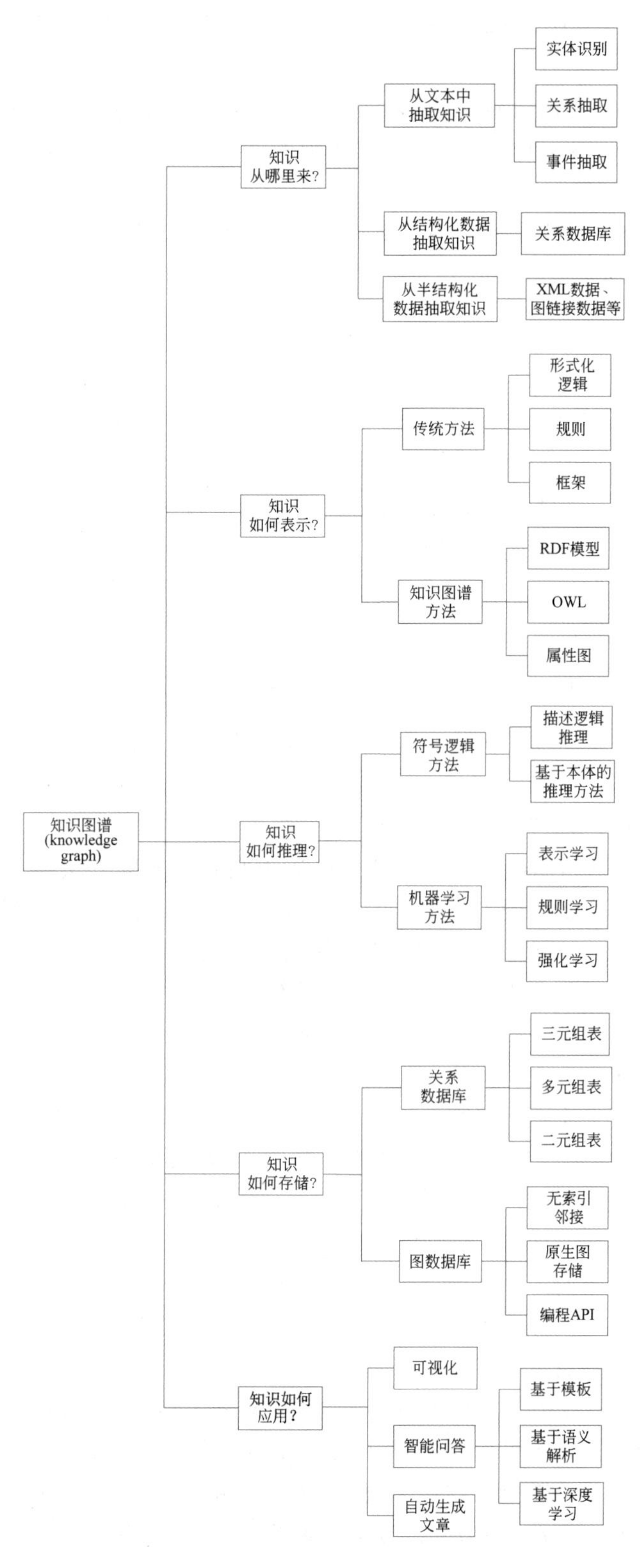

图 6.3 《知识图谱》的“知识图谱”

来理解人类语言，在这其中，需要能够实现实体识别、关系抽取、事件抽取。

1）实体识别

实体识别（Named Entity Recognition，NER）是构建知识图谱最基础的一项工作，也是进一步进行关系抽取、事件抽取的前提。实体识别就是从自然语言中识别出原子信息，例如时间、地点、人物、组织等。

实体识别所涉及的命名实体一般包括3大类（实体类、时间类、数字类）和7小类（人名、地名、组织机构名、时间、日期、货币、百分比）。

例如，下面一句话：

《晨报副刊》于1921年12月开始连载鲁迅先生的小说《阿Q正传》。

在这句话中，“晨报副刊”“1921年12月”“鲁迅”“阿Q正传”都是实体。人类理解这句话当然没有任何问题，虽然几乎没有人能都说清楚自己到底是如何做到的。对于机器来说，它甚至不知道鲁迅是一个人。在英文中，单词之间有个自然的分隔符号——空格。但是对于汉语这样词和词之间没有明显分隔的语言来说，还要解决分词问题，把语言分成一个一个的词。

例如，上述这句话，可以分割为如下的词：

《晨报副刊》/于/1921年12月/开始/连载/鲁迅/先生/的/小说/《阿Q正传》。

汉语分词的研究时间比较久，技术上也很成熟。但是，只是把句子分词，并没有找出句子中的实体。要进行实体识别，还需要进一步处理，处理方法主要有两种，第一种是基于语法规则和词典的方法，第二种是基于机器学习方法。

(1) 基于语法规则和词典的方法。基于语法规则和词典的方法非常符合人类的特点。虽然说不清楚人类是怎么做到识别实体的，但这种方法符合人类直觉。例如，“晨报副刊”和“阿Q正传”被书名号括起来，那么它们应该是书籍报刊之类；“1921年12月”是表示时间的（状语），是一个时间实体。“鲁迅”这个名字大家都熟悉，其实它存在每个人的字典中（假设每个人的记忆中都有这样一个抽象的字典）。而“连载”作为动词，一般不能算一个实体。

因为这种规则非常符合人类认知特点，早期的实体识别大多基于规则模板，一般由领域专家或者语言学家定义规则。规则可以包括词性特征、词性、语法结构等。但是随着研究的深入，缺点也逐渐浮出水面：规则的定义费时费力，需要大量的语言学规则，人类语言太复杂了，这些规则之间经常会有各种冲突。21世纪以来，基于规则的实体抽取渐渐作为一个辅助工具了。

使用字典的方法人们一直在用，这种方法简单高效。但是字典应该包含哪些实体，这个也需要专门的定义，毕竟，这个世界上的实体太多了，而且实体之间也有包含关系（语法上的上下位）。所以，字典方法也一直是一个辅助工具。

(2)基于机器学习方法。在机器学习方法中，又分为传统的机器学习方法和深度学习方法。传统方法包括隐马尔可夫模型、条件随机场等方法；基于深度学习的实体识别方法，包括卷积神经网络与条件随机场的结合、长短期记忆网络与条件随机场的结合等各种方法。

虽然使用了不同的机器学习方法，但是在这些方法中，它们的思想是一致的。在机器学习方法中，实体识别可以定义为一个序列标注问题。给定一个句子，通过一个分类学习方法给每个词打上标签。但是机器学习方法需要首先有预先标注好的语料，通过对标注好的语料进行训练，训练出一个可以预测文本中各个片段是否为实体的概率模型。

当然，基于规则和词典的方法和基于机器学习的方法，二者不是独立存在的，很多时候，二者都是混合使用。机器学习具体技术在后文介绍。

实体识别之后，还要进行命名实体消歧(named entity disambiguation)。实体消歧是根据上下文信息消除一词多义现象，这种现象无论在中文还是英文中都非常常见，例如，只说“质量”一词，没有上下文的话，很难知道这个“质量”到底是指是物质量的量度(mass)，还是指物质的品质(quality)。英文也有这样的问题，例如，英语单词“bank”既指银行，也有河岸的意思，如果上下文中出现美联储之类的字样，那么很大可能性就是指银行了。相信在任何语言中，一词多义现象都是不可避免的(虽然没有学习所有的语言，但是如果一种语言没有一词多义，会让这种语言有太多的符号，以至于人类无法掌握这种语言)。

2) 关系抽取

关系抽取(relation extraction)，就是指从文本中抽取出两个或多个实体之间的语义关系。识别出文本中实体之后，还要抽取出实体之间的关系。例如下面一句话：

鲁迅是浙江绍兴人。

这样简单的一句话，其实包含了两个关系，＜鲁迅，是，绍兴人＞，＜绍兴，位于，浙江＞。

和实体识别一样，关系抽取也有基于规则的方法和基于机器学习的方法。

(1)基于规则的方法。早期提取实体之间的关系，主要是基于语义统计的方式，通过触发特定的词语、发现特定的句法规范或特定的关系类别进行。例如：

康熙的儿子是雍正，而雍正又是乾隆的爸爸。

这里面出现的特殊的词语，“儿子”和“爸爸”都会触发规则，从而进行人物之间关系的提取。

另外，实体的关系类别往往也与特定的语法结构相关，例如，英语中的被动语态往往会表现为一种关系：

Hey Jude was written by Paul McCartney and credited to the Lennon-McCartney partnership.

这句英文中，was written by 这种被动语态，显式地体现了 Hey Jude 和 Paul McCartney 之间的关系。

这种利用规则进行关系抽取的技术一般都基于依存句法分析(dependency syntactic parsing)及其生成的依存句法树，这种方法首先通过依存句法分析器对句子进行预处理，包括分词、词性标注、实体抽取和依存句法分析等，然后对规则库中的规则进行解析(一般规则都是人工定义的)，将结果和规则进行匹配。

这种基于规则方法的优点是构造简单、抽取准确。但是，不管是基于触发特定词语还是基于依存句法的抽取，都存在成本高、效率不高等问题，并且文章风格的不同都会影响抽取效果，可移植性较差。

(2)基于机器学习的方法。和实体识别一样，现在主流的关系抽取方法也是基于机器学习的，尤其是深度学习的发展，更让关系抽取的准确率和效率更上层楼。

在使用机器学习进行关系抽取的过程中，通常的做法是将关系抽取建模为一个分类问题。首先预设好所有的关系类别，然后人工标注一些语料中的关系作为训练数据，训练机器学习模型，抽取实体之间的关系。

虽然，这里分别介绍了实体识别和关系抽取，但是显然，如果算法设计合理，二者可以同时进行。

3）事件抽取

事件抽取（Event Extraction，EE）是自然语言处理领域中另一种经典的任务。不只在知识图谱中，事件抽取在自动问答、生成本文摘要、信息检索等领域都有广泛的应用。

如果某一方能够及时准确地抽取事件，那么在商业、军事、经济等领域会占据非常有利的地位。例如，在某个社交媒体上突然出现"美联储不同意拒绝驳回停止加息的反对预案"这样一个多重否定的消息，如果能够及时进行事件抽取，并且预测这个事件带来的一系列影响，那么，在投资中就会快人一步，当然，带来的收益也十分可观。

事件抽取非常重要，但是，它的定义也十分模糊。在不同领域，针对不同的应用，事件抽取也有不同的含义。

事件一般包含时间、地点、人物等信息。实体识别、关系抽取一般都是发生在单个句子中。事件可能仅仅存在一个句子当中，一句话即描述了这个事件，由一个动作或状态的改变而触发，这样的事件称为元事件（meta event）；事件也有可能由多个动作或状态组成，其描述信息存在于多个句子或文档中，这样的事件称为主题事件（topic event）。

（1）元事件抽取。元事件的抽取也有两类方法，一类是基于模式匹配的方法，另一类是基于机器学习的方法。

基于模式匹配的方法和实体识别、关系抽取类似，都是定义一些模式，然后通过各种模式匹配算法找到符合模式约束条件的信息。同样，这种方法需要手工定义模式，不同于实体和关系，事件的模式比较难定义，这种方法费时费力，对用户的技能水平要求较高。也同样存在着只在特定领域内可以取得较好的结果，移植性差等缺点。

基于机器学习的方法，将抽取任务转化为一个多分类问题，因此方法的重点在于特征和分类学习方法的选择。

元事件的抽取主要局限在句子层级，显然无法满足主题事件的抽取。

（2）主题事件抽取。主题事件抽取的关键在于识别描述同一个主题的句子、段落、文档集合，将它们归并到一起。主要有基于框架的主题事件抽取和基于本体的主题事件抽取。

在基于框架的主题抽取中，科学的定义框架是关键。6.2 节给出了框架的概念，框架的每一个槽代表事件的一方面，如时间、地点等，通过框架来概括时间信息。在主题事件中，一个事件由多个句子、段落或文档组成，因此可以将主题事件看作是一个以框架为分类体系的元事件结合，然后把这些元事件在框架结构内进行层次化表示，完成主题事件的抽取。

本体是人工智能的一个重要研究课题，其目标是捕获相关的领域知识，达成对该领域知识的"共识"。本体是框架的进一步抽象，从不同层次上形式化地给出了各种词汇（术语）和词汇之间的相互关系，本体的特点决定了它是描述主题事件的一个绝佳工具。

但是，不得不说，事件抽取还没有达到实际应用的要求，尤其严重的是，目前国内外事件抽取的研究大部分是面向英文文本的，在技术层面，中文没有时态和语态，这就决定了中文的事件抽取在自然语言处理方面难度更高。而且，由于起步较晚，缺乏公认的语料资源，极大的限制了中文事件抽取的研究。

事件抽取依然任重而道远。

2. 从结构化、半结构化数据中来

1）从结构化数据抽取知识

本书2.7节介绍了结构化数据，主要是指存储在关系型数据库中的数据。从关系数据库中抽取知识，通常的做法是先定义一个通用的数据模式或本体，然后定义一个数据映射方法，将关系数据映射到本体语言。因为关系数据库其实已经包含数据的语义信息，因此从关系数据库的数据模式到知识图谱的数据模式只需要定义好映射关系即可。在6.3.3节会介绍主流的知识图谱表示方式，例如RDF、OWL等。这些表示方式方便了知识的抽取。

2）从半结构化数据抽取知识

半结构化数据包括以维基百科和百度百科等为代表的各种百科类数据、XML数据、图链接数据。

各种网络已经存在的百科类数据，其知识结构较为明显。这类知识比较容易抽取，例如，知识图谱数据库DBpedia即从维基百科中抽取出知识语料，并与其他资料集连接，构成了其自身的知识图谱。

对于XML类数据，以及相应的HTML类数据，主要基于模式的方法和机器学习方法。由于不同的XML或者HTML数据有不同的模式，因此，需要分析其内在模式，然后基于对应的模式进行知识抽取。因为大量的XML和HTML数据的模式在很多地方很相似，这个过程也可以使用机器学习完成，通过从已经标注的数据集中学习模式规则，应用到具有类似模式的数据中进行抽取。

对于图链接数据，由于这类数据本身已经形成图的结构，可以使用知识融合等技术，将这类数据中的知识抽取出来。

3. 多源知识的融合

一般来说，构建一个知识图谱，数据可能来自多个源头。无论知识来自文本，还是来自结构化、半结构化数据，都需要将这些知识融合起来。另外，目前的知识图谱，更倾向于建设领域知识图谱，本质上，这些领域知识图谱还是一个个专家系统。这些领域知识图谱数据表示方法不同，构建技术不同，本质上属于异构数据，将不同领域知识图谱融合起来，需要知识融合技术。

1）本体匹配

本体是领域知识规范的抽象和描述，是表示、共享知识的方法，是知识图谱中知识表示基础。在概念层次上，如果需要进行知识融合，首先要进行本体匹配（ontology matching）。根据作用对象的不同，本体匹配可以分为基于术语匹配的本体融合和基于结构辅助的本体匹配。

(1)基于术语匹配。基于术语匹配的核心思想是通过比较不同数据源本体之间的相似性，从而实现本体的对齐。进一步的，基于术语的匹配可以分为基于字符串的方法和基于语言的方法。

基于字符串的方法首先需要进行字符串规范化，例如，规范词语的大小写、去除标点符号、还原词干等。然后计算字符串之间的距离，在本书前文介绍的多个计算距离方法都可以

应用在这里，例如编辑距离、余弦距离等。

（2）基于结构辅助的本体匹配。单纯的基于术语匹配，可能会浪费知识图谱中的图结构信息。利用图结构信息并不简单，当然也可以直接使用图的匹配，但是这种效果一般都不会很好。如果只是结构相似，就说两个本体是一致的，这个也不符合常识。因此，一般都是术语匹配和图结构信息匹配结合。

基于结构辅助的匹配核心思想是充分利用本体图结构中的信息，补充本文信息的不足。这些结构信息包括节点邻居、属性、上下文等。

例如，Natalya Noy 等人提出的 Anchor-PROMPT 算法[8]即是一种经典结构匹配算法，该算法将每一个输入的本体 O 看作有向图 G，每一个概念都是图 G 中的节点。对于不同的概念节点 A 和 B，如果有一条路径连通节点 A 和 B，那么这个路径中的两个概念一般都是相似的。这样，算法就借助了图结构信息辅助进行本体匹配。

2）实体对齐

实体对齐用来判断多个不同信息来源的实体是否为指向真实世界中同一个对象。如果多个实体表征同一个对象，则在这些实体之间构建对齐关系，进行知识融合。

实体对齐（entity alignmen）也可分为传统方法和基于神经网络的方法。传统方法可以基于等价关系推理或者相似度方法，但是这些方法更借助于用户手工的特征工程操作，可移植性较差。

受益于深度学习的发展，人们已经基于深度神经网络提出了一系列算法，尤其是基于表示学习的实体对齐，在实体对齐方面取得了不错的成果。

6.3.3 知识如何表示

1. 传统方法

在专家系统一节中，介绍了专家系统的知识是如何组织和表示的，包括使用形式化逻辑表示、规则表示、框架和语义网表示等。在知识图谱中，知识的组织和表示有三种常见方法，资源描述框架（Resource Description Framework，RDF）、本体语言（Web Ontology Language，OWL）和属性图。

2. 知识图谱方法

RDF 框架与 OWL 本体语言都使用了 XML 作为核心语法，也都是 W3C 推荐的标准，如果有必要，大家可以回顾一下本书 2.7 节关于 XML 语法的简单介绍。

1）RDF 模型

RDF 是一个使用 XML 语法来表示的数据模型，用来描述 Web 资源的特性以及资源之间的关系。RDF 的基本组成单元是三元组，即＜subj，pred，obj＞，分别表示主语、谓语、宾语，如＜鲁迅，撰写，阿 Q 正传＞。其中 RDF 的主语和宾语均可以是一个空白节点或者一个唯一标识的国际资源标识符（Internationalized Resource Identifier，IRI），谓语必须是一个 IRI。为了满足全球唯一性，避免名字混淆，所以在 RDF 中的 IRI 都使用了一个前缀，用来表示名字空间，因为全球的网址是唯一的，因此，一般 IRI 的前缀都是一个网址形式。

RDF 也可以看作使用三元组描述对于客观世界的一个陈述。多个三元组首尾互相连接，就形成了一个有向标记图——RDF 图。

图 6.4 是一个 RDF 的不同表示形式。图中的 RDF 文档和 2.7 节中的数据对应，对应于自然语言中是这样一条知识：“鲁迅，是一名作家，出生地是绍兴。他还有一个朋友，这个朋友的名字是闰土，闰土也是绍兴人，闰土是一个农民”。图 6.4(a)是 RDF 文档的序列化，也是计算机中 RDF 文档存储的方式，图 6.4(b)是对 RDF 文档解析后生成的 RDF 图，图 6.4(c)是 RDF 的三元组描述形式。

```
<?xml version="1.0" encoding="UTF-8"?>
<rdf:RDF xmlns:rdf="http://www.w3.org/1999/02/22-rdf-syntax-ns#"
  xmlns:info="http://www.aritfical-information.com/"
  xml:base="http://www. aritfical-base.com/"> <rdf:Description rdf:name="鲁迅"
  info:occupation="作家"
  info:nationality="中国">   <info:friend rdf:nodeID="id002"/> </rdf:Description>
<rdf:Description rdf:nodeID="id002"
  rdf:name="闰土"
  info:occupation="农民"
  info:nationality="中国"> </rdf:Description>
</rdf:RDF>
```

(a) RDF 文档的序列化

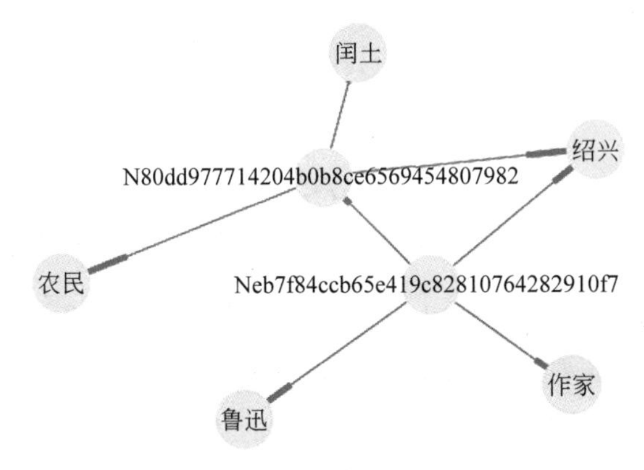

(b) RDF 图(由程序 6.4 生成)

```
_:N80dd977714204b0b8ce6569454807982 <http://www.w3.org/1999/02/22-rdf-syntax-ns#name> "闰土" .
_: N80dd977714204b0b8ce6569454807982 < http://www. aritfical - information. com/occupation> "农民" .
_: Neb7f84ccb65e419c82810764282910f7 < http://www. aritfical - information. com/occupation> "作家" .
_:Neb7f84ccb65e419c82810764282910f7 <http://www.aritfical-information.com/friend> _:N80dd977714204b0b8ce6569454807982 .
_:Neb7f84ccb65e419c82810764282910f7 <http://www.w3.org/1999/02/22-rdf-syntax-ns#name> "鲁迅" .
_: Neb7f84ccb65e419c82810764282910f7 < http://www. aritfical - information. com/birthplace> "绍兴" .
_: N80dd977714204b0b8ce6569454807982 < http://www. aritfical - information. com/birthplace> "绍兴" .
```

(c) RDF 的三元组描述形式(由程序 6.4 生成)

图 6.4　RDF 示意图

RDF 序列化描述方式对于人类和计算机都具有较好的可读性。图 6.4(a)中的 RDF 文档和 XML 文件有很多相似的地方。RDF 文档的第一行指明了 XML 的版本和编码。不过，作为一个全新的框架，需要为整个 RDF 文件制定语法的命名空间，因此，文档的第 2 行指定了 W3C 的官方命名空间。第 3 行是本例的命名空间，这里使用了一个自定义的人造命名空间(http://www.aritfical-information.com/)。在指定命名空间之后，还需要指定该文件的基链接(即第 5 行的 xml:base)。基链接可以是一个 IRI，在指定基链接之后，在该 RDF 文件中定义的所有实体都可以在基链接的基础上进行扩展并唯一标识。本书在这里做了一个自定义的基链接(http://www.aritfical-base.com/)。

RDF 文档也可以转换为三元组描述方式，如图 6.4(c)所示，大家看起来这些三元组比较长，是为了全球满足唯一性而加了很长的前缀。实际上，图 6.4(a)中的 RDF 文档给出了 7 条陈述，假设 N80dd977714204b0b8ce6569454807982 这个实体简写为 N80，Neb7f84ccb65-e419c82810764282910f7 这个实体简写为 Neb，中间的谓词 IRI 都去掉前缀并翻译为对应的中文，那么实际上这七条陈述如下所示。

<N80,姓名,闰土>
<N80,职业,农民>
<Neb,职业,作家>
<Neb,朋友,N80>
<Neb,姓名,鲁迅>
<Neb,出生地,作家>
<N80,出生地,绍兴>

除了 XML 格式、图模式、三元组模式之外，RDF 有许多等价的序列化描述。例如，程序 6.4可以对 RDF 文档输出不同序列化描述，针对图 6.4 中的 RDF 描述文档，使用 XML、N3、Ntriples 等不同格式。

RDF 的表达能力有限，无法区分概念(类)和实际对象(例如，作家和鲁迅，前者是概念，后者是实际对象)，也无法定义和描述类的关系/属性。

RDFS(RDF Schema)使用一种机器可以理解的体系来定义描述资源的词汇，例如，使用域(domain)、范围(range)定义某个关系的头尾节点类型，使用 subClassof 和 subPropertyof 定义上下位语义或者类、属性之间的层次关系。这里举一个可以实现简单符号推理的例子，如图 6.5 所示。

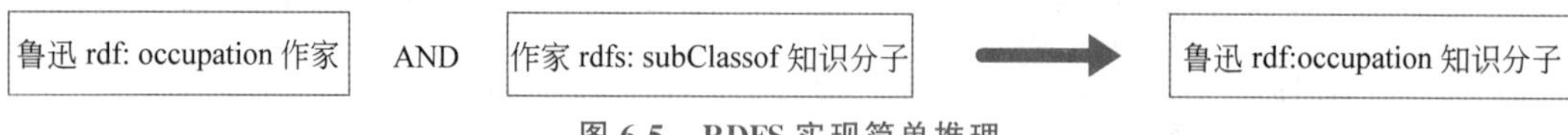

图 6.5 RDFS 实现简单推理

在概念层面，这样的关系非常多，因此，即使是简单推理，也能减轻数据的维护负担。RDF 和 RDFS 表达能力有限，因此，W3C 又推出了 OWL。

2) OWL

OWL 是 W3C Web 本体工作组设计的一种知识表示语言，旨在对特定领域的知识进行表示、数据交换和知识推理，经常用于对本体知识进行描述。OWL 也是基于 XML 语言语法规范，可以看作是 RDFS 的升级版本。

图 6.6 给出了一个 OWL 的例子。

```
<?xml version="1.0" encoding="UTF-8"?>

<!DOCTYPE rdf:RDF [
<!ENTITY xsd "http://www.w3.org/2001/XMLSchema#">
<!ENTITY rdf "http://www.w3.org/1999/02/22-rdf-syntax-ns#">
<!ENTITY rdfs "http://www.w3.org/2000/01/rdf-schema#">
<!ENTITY owl "http://www.w3.org/2002/07/owl#">
<!ENTITY ns_book "file://Artificial-Intelligence/book#">
]>
<rdf:RDF
  xmlns:xsd="&xsd;"
  xmlns:rdf="&rdf;"
  xmlns:rdfs="&rdfs;"
  xmlns:owl="&owl;"
  xmlns:ns_book="&ns_book;"
>
<owl:Ontology rdf:about="&ns_book;BookOntology">
<owl:imports rdf:resource="http://artificial-intelligence"/>
<wsrr:prefix rdf:datatype="http://www.w3.org/2001/XMLSchema#string">book</wsrr:prefix>
<rdfs:label>A book recommendation system.</rdfs:label>
<rdfs:comment>Novels and Technology and some superclasses.</rdfs:comment>
</owl:Ontology>
<owl:Class rdf:about="&ns_book;书籍">
<rdfs:label>书籍</rdfs:label>
<rdfs:comment>Top-level root class for book.</rdfs:comment>
</owl:Class>
<owl:Class rdf:about="&ns_book;小说">
<rdfs:subClassOf rdf:resource="&ns_book;书籍"/>
<rdfs:label>小说</rdfs:label>
<rdfs:comment>Middle-level novel class.</rdfs:comment>
</owl:Class>
<owl:Class rdf:about="&ns_book;科技书籍">
<rdfs:subClassOf rdf:resource="&ns_book;书籍"/>
<rdfs:label>科技书籍</rdfs:label>
<rdfs:comment>Middle-level technology class.</rdfs:comment>
</owl:Class>
<owl:Class rdf:about="&ns_book;呐喊">
<rdfs:subClassOf rdf:resource="&ns_book;小说"/>
<rdfs:label>呐喊</rdfs:label>
<rdfs:comment>Bottom-level novel class.</rdfs:comment>
</owl:Class>
<owl:Class rdf:about="&ns_book;彷徨">
<rdfs:subClassOf rdf:resource="&ns_book;小说"/>
<rdfs:label>彷徨</rdfs:label>
<rdfs:comment>Bottom-level novel class.</rdfs:comment>
</owl:Class>
</rdf:RDF>
```

图 6.6 OWL 示例(部分)

相对于 RDF,OWL 增加了更多的语义表达组件。可以定义一阶逻辑中的全称量词和存在量词,可以定义传递关系、自反关系、等价关系等复杂的关系语义。

例如,可以使用 owl:TransitiveProperty 声明一个传递关系,例如,<ns:ancestorof rdf:type owl:TransitiveProperty>声明了 ancestor(祖先)是一个传递关系,如果知识库中存在这样两条知识,<康熙 ns:ancestorof 雍正>和<雍正 ns:ancestorof 乾隆>,就可以通

过推理得出这样的结论：<康熙 ns:ancestorof 乾隆>。另外，如果定义了互反关系，例如，<ns:ancestorofowl:inverseOf ns:descendantof>（祖先和后代是互反关系），如果有一条知识，<康熙 ns:ancestorof 雍正>，那么系统可以自动推理出<雍正 ns:descendantof 康熙>。

为了适应不同的场景，OWL 定义了三种不同的方案，分别是 OWL Lite、OWL DL、OWL Full，这三种方案的描述能力依次增强，当然，复杂度也依次增强。这三种方案也可以定义不同的约束、关系等。

OWL 虽然具有更完备的本体语言推理关系，但是在实际应用中，OWL 进行推理并不容易，工业中使用更多的是属性图模式。

3）属性图

属性图是另外一种表示知识的方式，它的优点是表达方式灵活，例如，属性图可以增加边的属性。另外，属性图可以方便地存储到图数据库中，为数据查询提供了便利。

以 neo4j（一种图数据库软件）实现的图结构表示模型为例，在属性图中，需要定义如下四种类型元素：①节点（node）；②标签（label）；③关系（relationship）；④属性（property）。属性图示例如图 6.7 所示。

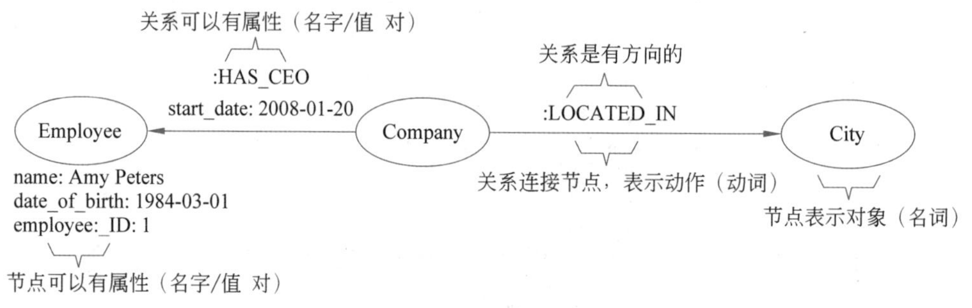

图 6.7　属性图示例

（根据 neo4j 开发人员手册重绘）

在 neo4j 中，每一个实体都有一个唯一标识 ID，并且可以分配一组属性键以及对应的值，同一个实体中的属性键是唯一的（相当于关键字）。节点是对实体的一种抽象，可以拥有属性和属性值。在图 6.7 中，Employee、Company、City 都是节点，节点可以有属性，例如，Employee 节点有 3 个属性。

关系用来建立两个节点之间的联系，由源节点指向目标节点。注意，关系也是一种实体，可以拥有属性键和属性值。HAS_CEO 和 LOCATED_IN 是关系，它们也可以拥有属性，HAS_CEO 有一个属性（开始日期）。

下面使用一段文字作为具体例子，讲解一下如何得到节点、标签、关系和属性。

鲁迅和闰土两个人是朋友。他们都出生在绍兴。

通过实体识别，可以得到鲁迅、闰土和绍兴 3 个实体。注意，neo4j 图数据库把每一个实体的实例作为一个单独的节点，这样鲁迅和闰土将会是两个单独的节点（虽然从概念上说，他们都是人类。在有的知识表示方法中，人类相当于一个本体，可以作为一个节点出现，鲁迅和闰土是该本体的两个实例）。因此，可以得到三个节点，如图 6.8 所示。

在识别出节点之后，可以使用标签（如果有的话）对节点进行分组或分类。标签用于将

图 6.8 节点

节点分组到不同的集合中,使用相同标签的所有节点都属于同一集合。这样,数据库查询就可以使用这些集合,而不是整个图,从而使查询更容易,而且效率更高。标签作为图的可选参数,可以使用任意数量的标签来标记节点。

一般通过识别应用场景中的名词来给事物打标签,例如车辆、人员、顾客、公司、资产等。在鲁迅和闰土的场景中,可以给出两个标签,人、城市。把标签应用到图 6.8 的数据中,得到图 6.9。

图 6.9 标签

有了节点和标签之后,还要分析数据中重要的一部分,即数据之间的关系。可以使用关系抽取技术抽取出实体之间的关系。关系连接两个节点,并允许用户通过关系查找数据。关系是有方向的,从源节点到目标节点(系统优先支持在不指定方向的情况下查询关系)。

为了保证数据的一致性,不能有断头节点(no broken links),也就是关系不能只有源节点没有目标节点(或只有目标节点没有源节点),因此,在不删除关系的情况下,无法删除节点。

正如节点和标签可以通过名词查找,一般也可以通过动词来查找图模型之间的关系,例如驱动、读过、管理、位于等。还是鲁迅和闰土的例子,可以找到如下四种关系。

鲁迅是闰土的朋友(IS_FRIENDS_WITH)。

闰土是鲁迅的朋友(IS_FRIENDS_WITH)。

鲁迅出生于绍兴这个城市(IS_BORN_IN)。

闰土出生于绍兴这个城市(IS_BORN_IN)。

这样,可以形成如下的图模型,如图 6.10 所示。

事实上,知识图谱到这一步就基本建立了。但是现在还不够,还可以给实体或关系增加属性,进一步丰富该数据模型。属性是存储在节点或关系上的名字/值对(name-value pairs)。

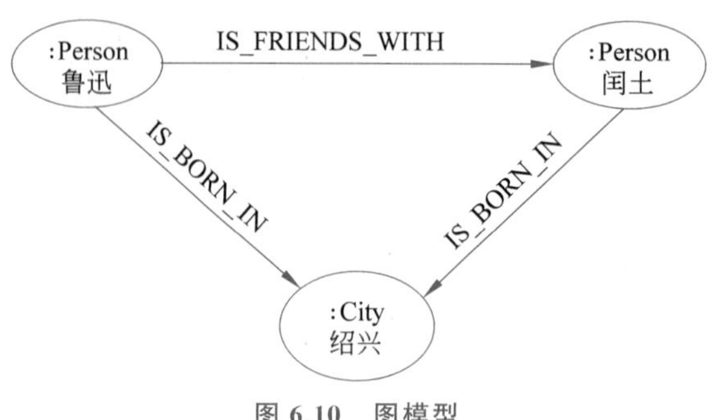

图 6.10　图模型

在鲁迅和闰土的场景中，并没有出现属性值，但可以列出一些关于这些数据的问题，如下所示。

鲁迅和闰土在什么时候成为朋友？或者他们是朋友多久了？

绍兴这个城市面积有多大？有多少人口？

绍兴古时候叫什么名字？

鲁迅的出身怎样？

闰土的出身怎样？

⋮

以上问题只是一些示例，可以通过类似的问题确定需要存储在数据模型上的属性（包括实体的属性和关系的属性）。图 6.11 给出了一些可能的属性。

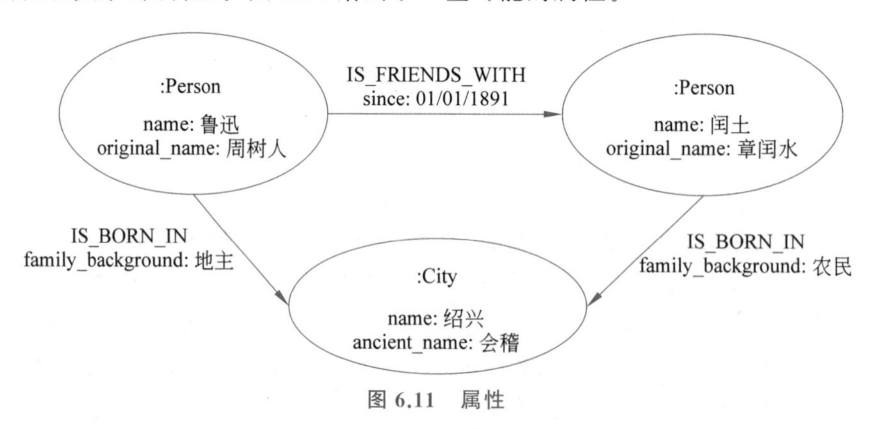

图 6.11　属性

属性图数据模型具有更多的灵活性和简单性，允许用户比较方便地查看数据结构，并根据不断变化的业务需求进行更新。

6.3.4　知识如何推理

定义了知识表示框架之后，就可以利用知识图谱进行推理了。推理不仅可以利用知识图谱中的知识得到答案，而且可以在知识图谱构建的过程中，进行知识图谱补全并对知识图谱去噪声。作为一种知识系统，知识图谱最基本的推理方法即基于符号逻辑的推理。

1. 基于符号逻辑的推理

作为一种语义网，知识图谱可以使用语义网的描述逻辑推理和基于本体的推理方法。

1）描述逻辑推理

在知识表示中介绍过 RDF 和 OWL，并给出了使用 RDFS 进行推理的一个简单例子（见图 6.5），同时提到 RDFS 的推理能力不如 OWL 本体语言。使用 OWL（见表 6.8）的描述逻辑来描述事实（不同版本 OWL 的描述逻辑包含的集合不同），这里先介绍一下描述逻辑。

表 6.8 作为描述逻辑的 OWL（类构造算子）

类构造算子（Class Constructors）	描述逻辑	示例
intersectionOf	C1∩…∩Cn	Human∩Male
unionOf	C1∪…∪Cn	Cat∪Dog
complementOf	¬C	¬Male
allValuesFrom	∀P.C	∀write_book.Poetry
someValuesFrom	∃P.C	∃owns.Car
maxCardinality	≤n P	≤2 has_child
minCardinality	≥n P	≥1 write_book

描述逻辑是一种对于知识的形式化表示，主要建立在概念和关系之上，是一阶谓词逻辑的一个可判定子集。描述逻辑具有比较强的表达能力，可以描述事物之间的诸多关系。另外，由于描述逻辑是可判定的，可以保证算法能够终止。

描述逻辑和 6.1 节中介绍的逻辑非常类似，大家很容易理解（除了部分符号有差异，例如数理逻辑中的∧在描述逻辑中为∩）。例如，∃write_book.Novel 可以表示这样一个语义：写了一本书，这本书是小说类型；而∀write_book.Poetry 的语义是：写的所有的书都是诗歌。

一个使用描述逻辑的知识库主要包含如下两部分。

术语框（Terminology Box，TBox），是描述逻辑领域结构的公理集合，包含概念的定义和公理，是模式的公理集合。TBox 主要作用是进行定义（define）、声明公理（declare axioms）、推断（infer）、分类（classify）、层次归纳（subsume（hierarchy））、推理属性（infer properities）、检验等价性（test equivalence）、检验隐含含义（test implications）、检验满足性（test satisficability）等。例如，以下描述属于 TBox。

Woman≡Human∩Female

Girl≡Woman∩Youth

Parents≡Mother∪Father

断言框（Assertion Box，ABox），是实例和数据的公理集合。Abox 的主要作用是断言属性（assert attributes）、断言成员关系（assert memberships）、断言链接（asert linkages）、检查一致性（check consistency）等。例如，以下描述属于 ABox。

芊芊：Girl，表示芊芊这个实例属于 Girl 这一类；

<鲁迅，闰土>：Are_Friend，表示鲁迅和闰土是好朋友。

抽象语法、描述逻辑语法与 OWL 描述对应例子如下所示。

描述逻辑：Person∩∀write_book.Poetry∩∃has_child.Doctor。

抽象语法：intersectionOf（Personrestriction（write_book allVallues From Doctor） restriction(has_child someValuesFrom Doctor))。

OWL 描述：

```
<owl:Class>
    <owl:intersectionOf rdf:parseType="Collection">
        <owl:Class rdf:about="#Person"/>
        <owl:Restriction>
            <owl:allValuesFrom rdf:resource="#Poetry "/>
            <owl:onProperty>
                <owl:ObjectProperty rdf:ID=" write_book "/>
            </owl:onProperty>
        </owl:Restriction>
        <owl:Restriction>
            <owl:onProperty>
                <owl:ObjectProperty rdf:about="#has_child"/>
            </owl:onProperty>
        <owl:someValuesFrom rdf:resource="#Doctor"/>
        </owl:Restriction>
    </owl:intersectionOf>
</owl:Class>
```

在定义了类构造算子之外，OWL 描述逻辑也定义了一些公理，见表 6.9。

表 6.9 作为描述逻辑的 OWL(公理)

公理(Axiom)	描述逻辑	示例
subClassOf	$C_1 \subseteq C_2$	Human⊆Animal
equivalentClass	$C_1 \equiv C_2$	Man≡Human∩Male
disjointWith	$C_1 \subseteq \neg C_2$	Female⊆ ¬Male
sameAs	$\{x_1\} \equiv \{x_2\}$	{Genius}≡{Von Neumann}
differentFrom	$\{x_1\} \subseteq \neg\{x_2\}$	{鲁迅} ⊆¬{闰土}
subPropertyOf	$P_1 \subseteq P_2$	hasDaughter⊆hasChild
equivalentProperty	$P_1 \equiv P_2$	cost≡price
inverseOf	$P_1 \equiv P_2^-$	has_child≡has_parent$^-$
transitiveProperty	$P^+ \subseteq P$	ancestor$^+$⊆ancestor
functionalProperty	$T \subseteq \leqslant 1P$	$T \subseteq \leqslant 1$ has_mother
inverseFunctionalProperty	$T \subseteq \leqslant 1P^-$	$T \subseteq \leqslant 1$ ID$^-$
reflexive		writes
irreflexible		isMotherOf
symetric		isSibling
antisymetic		isChildOf

2）基于本体的推理方法

基于本体的推理方法中，最常见的是 Tableaux 运算、基于逻辑编程改写的方法以及基于产生式规则的方法。

Tableaux 算法的本质是一阶逻辑的归结法，用于检测知识库的可满足性和某个实例的一致性，是知识库本体推理最基础的方法。Tableaux 算法本质上是在一些扩展规则上进行可满足性检测。例如，Ian Horrocks 在他的博士论文中[9]给出了下列扩展规则，见表 6.10。

表 6.10 Tableaux ALC 描述逻辑下的扩展规则[9]

规则	条件	内容
∩-rule	IF	1. $(C_1 \cap C_2) \in L(x)$ 2. $\{C_1, C_2\} \notin L(x)$
	THEN	$L(x) \rightarrow L(x) \cup \{C_1, C_2\}$
∪-rule	IF	1. $(C_1 \cup C_2) \in L(x)$ 2. $\{C_1, C_2\} \cap L(x) = \varnothing$
	THEN	a) 保存 T b) 试一下 $L(x) \rightarrow L(x) \cup \{C_1\}$ If 导致冲突，重新保存 T and c) 试一下 $L(x) \rightarrow L(x) \cup \{C_2\}$
∃-rule	IF	1. $\exists R.C \in L(x)$ 2. 没有 y(s.t. $L(<x,y>)=R$ and $C \in L(y)$)
	THEN	创建一个新的节点 y 和边 $<x,y>$(with $L(y)=\{C\}$ and $L(<x,y>)=R$)
∀-rule	IF	1. $\forall R.C \in L(x)$ 2. 没有 y(s.t. $L(<x,y>)=R$ and $C \notin L(y)$)
	THEN	$L(y) \rightarrow L(y) \cup \{C\}$

Horrocks 在博士论文中还给出了 $ALCH_{R+}$ 的扩展规则以及 SHOIQ[10]描述逻辑的扩展规则。定义了这些扩展规则之后，再进行满足性验证就比较方便了。

在逻辑推理中，主要使用的逻辑编程语言是 Prolog 语言，但是 Prolgo 语言形式过于规范，即使两条规则只调换一下顺序，都可能使程序陷入死循环。因此，人们提出了 Datalog 推理语言。Datalog 是 Prolog 的一种适应于知识库的改进形式语言，是一种数据查询语言，语法与 Prolog 相似。逻辑推理语言引入规则推理，支持用户根据特殊场景自定义规则。

基于产生式规则的推理即专家系统中的基于规则的专家系统推理方法，最常见的算法是前文提到的 Rete 算法。另外，研究人员也开发出一些知识推理工具，例如 FaCT++、Jena、Racer、Pellet、RDF4J、HermiT 等，这些工具大部分都是开源的，方便大家使用。

符号表示是一种显式的知识表示，一般需要人工定义公理和规则，更适合于需要精确推理的场景。这种推理在知识数据不太多时还可以应用，而现代知识图谱的特点就是充分利用了互联网上的所积累的海量数据，为如此多的数据定义规则，显然不太现实，因此，人们提出了基于机器学习的推理算法。

2. 基于机器学习的推理

推理包括归纳推理、演绎推理、立假说推理等。演绎推理可以得到精确结果，但是在实现知识图谱过程中需要人工定义推理逻辑，限制了其大规模使用。归纳推理需要大量的数据支撑，而机器学习就是从数据中学习新知识的有效方法，在目前已经有了大量知识数据的情况下，基于机器学习的推理得到了广泛的关注。

基于机器学习的推理包括基于表示学习的推理、基于规则学习的推理、基于强化学习的推理等一系列推理方法。

(1) 基于表示学习的推理。表示学习又称嵌入表示学习，主要目标是将知识图谱中的知识库嵌入到一个低维空间中，即将知识表示为一个低维向量，当有了向量之后，就可以做很多事情了。以 Bordes 等提出的 TransE(translating embedding)为代表[11]，TransE 的直观解释就是基于实体和关系的分布式向量表示，将每个三元组实例(head、relation 和 tail)中的关系 relation 看作从实体 head 到实体 tail 的翻译，通过不断调整 $\boldsymbol{h}$、$\boldsymbol{r}$ 和 $\boldsymbol{t}$(head、relation 和 tail 的向量)，使($\boldsymbol{h}+\boldsymbol{r}$)尽可能与 $\boldsymbol{t}$ 相等，即 $\boldsymbol{h}+\boldsymbol{r}=\boldsymbol{t}$。因为知识图谱的知识表示基础也是三元组，因此，TransE 可以对知识进行嵌入表示。在 TransE 之后，又有研究人员提出了 TransH、TransR、TransG、TransD 等一系列基于 TransE 的方法，搜索这些关键字可以找到对应的论文。

(2) 基于规则学习的推理。基于规则学习的推理有 PRA(Path-Ranking Algorithm)[12]等算法。PRA 是基于随机游走的路径排序算法，通过从知识图谱中抽取其图特征来预测两个实体之间的关系，进一步地说，PRA 是通过使用两个实体之间的路径作为特征来学习目标关系的分类器，并据此判断两个实体是否具有目标关系。基于规则的学习还包括基于关联规则挖掘的 AMIE 算法等一系列算法。

(3) 基于强化学习的推理。基于强化学习的算法也有很多，DeepPath 是一个比较完整的使用强化学习进行知识图谱推理的算法[13]。DeepPath 的核心思想是把多步推理视为一个马尔可夫决策过程，通过强化学习的方法来得到知识图谱中给定关系 R 的所有可能推理路径。MINERVA 在 DeepPath 的基础上，对于比较复杂的数据关系，设计了一个基于部分观察的马尔可夫随机过程强化学习模型，提高了算法的效率。

此外，还有本体嵌入推理、循环神经网络推理等诸多方法。知识推理在迅速发展中，有新的方法被不断提出。

注意，和前文的各种方法一样，知识图谱推理中基于符号逻辑和基于机器学习的方法并不是割裂的，二者可以有机融合。知识图谱既有以规则为代表的知识，又有丰富的图结构，因此，在进行推理的时候，可以充分利用其中蕴含的信息。

6.3.5 知识如何存储

有了知识之后，怎么存储这些知识？如果只有几十条、几百条知识，知识的存储不是问题。但是现在有数以亿计的知识，并且知识并不是独立存在的，知识和知识之间都是有关联的。如果是少量的知识，存储为文本文件就可以了，但是大量的数据涉及存储、查询、推理计算等，那么就需要考虑合适的存储方式了。知识图谱的存储就要把这些知识存储起来，这并不是一件简单的事情。

大部分人工智能技术中不涉及数据的存储，但是在知识图谱中，知识如何存储是核心问题之一，因为知识图谱中的知识数据数量巨大而且关联性很强。

知识图谱中的知识一般都是用图结构描述的，这就需要根据知识与图的特点以及进行查询和推理计算所需要解决的问题进行存储设计。理论上，将知识图谱存储在图数据库中是最合适的，但是这不是必需的，因为关系型数据库相关技术非常成熟，也可以将知识存储在关系型数据库中(即数据是以表格形式存储的)，例如，Wikidata 就将知识存储在 MySQL 这种关系数据库中，当然所使用的查询语言也是 SQL。

1. 关系数据库

关系数据库把数据和关系看作一个个表，所有的数据都存储在表格中，因此，存储知识图谱中的知识，可以使用如下几种方式。

1）三元组表

知识图谱中的知识可以描述为三元组形式，因此，一种最直接的存储方式就是设计一张三元组表用于存储知识图谱中的知识。利用关系型数据库，只需要建立一张包含(subj，pred，obj)三列的表，然后把三元组存储到其中即可，如表6.11所示。

表6.11 三元组表

subj	pred	obj
鲁迅	occupation	作家
鲁迅	birthplace	绍兴
鲁迅	friend	闰土
闰土	occupation	农民
闰土	birthplace	绍兴
⋮	⋮	⋮

如果将整个知识图谱都存储在一张表中，会导致单表的规模太大。对这个大表进行查询、插入、删除、修改等操作的开销很大，会有很多self-join(自连接)操作出现。

关系数据库中的连接操作非常耗时，在完成连接操作时，假设两个表的规模分别是m和n，那么三种典型连接操作算法：Nested loop join的复杂度为$O(m\times n)$；Hash join的复杂度为$O(m+n)$；Merge join的复杂度为$O(n\times \log n+m\times \log m)$。

需要注意的是，第4章介绍过，复杂度是衡量随着数据规模的增大，算法计算规模的增大程度，因此，虽然表面上Hash join算法更好，但是并不意味着Hash join一定比Nested loop join更优。小规模数据的m和n，Nested loop join实现更简单，性能也更好。只有在m和n的规模变大时，Hash join才会比Nested loop join更具性能优势。不同的数据规模、索引、排序情况决定到底使用哪种连接算法更优。

另外，使用这张表也十分不方便，数据表只包括三个字段，因此复杂的查询只能拆分成若干简单查询的复合操作，大大降低了查询的效率。

2）多元组表

为了避免将所有的知识都放到一个表里面，可以对表进行划分，划分的方法就是每一个实例存储为表的一行，每一行可以有多个谓词。这种思想就是关系数据库的思想，例如，表6.11中的数据如果以多元组表存储，可以转换为如表6.12所示形式。

表6.12 多元组表

subj	occupation	birthplace	friend	education
鲁迅	作家	绍兴	闰土	…
闰土	农民	绍兴	NULL	…
⋮	⋮	⋮	⋮	⋮

这种存储方式就是关系数据库思想，因此，很多关系数据库中的成熟技术可以用到这里。但是这种表的缺点很明显，就是会产生大量的空值(NULL值)，表中闰土一行的friend即为空值(鲁迅一直把闰土当朋友，闰土长大后把鲁迅当老爷)，可以想象，这个表如果有更多列(例如education)的话，鲁迅那一行大部分都有值，但是闰土那一行会大部分都是空值

（关于闰土的知识很少）。事实上，由于不同知识主题的差异太大，这样存储会产生非常多的空值。

3）二元组表

为了避免将所有的知识都放到一个表里面，可以对数据进行划分，将 pred（谓词）相同的知识存储在同一个表当中。这样，一个表就变为若干小表，每个表都只存储 subj（主语）和 obj（宾语）两列。例如，表 6.12 的三元组表可以拆分为表 6.13 中的三个表。

表 6.13　二元组的三个表

occupation		birthplace		friend	
subj	obj	subj	obj	subj	obj
鲁迅	作家	鲁迅	绍兴	鲁迅	闰土
闰土	农民	闰土	绍兴	…	…
⋮	⋮	⋮	⋮	⋮	⋮

这种存储方式的问题是如果 pred 很多，会产生非常多的子表，而且整个数据库的维护代价会很大，因为每插入或删除一个实体（subj），就会涉及非常多的子表。由于子表众多，很多查询需要使用连接操作，而前文刚刚介绍过，数据库中的连接操作十分耗时。

基于关系数据库的方式存储可以充分利用其成熟的技术，因此，在很多知识图谱中得到了应用。但是，为了方便知识图谱数据的利用，人们还是提出了各种方案，将知识图谱数据存储在图数据库中。

2. 图数据库

关系数据库非常适合管理结构化数据，但是，关系数据库是以表格形式出现的，它在处理多重关系的时候，效率并不高。

表 6.14 给出了一个性能对比。在查询一个社交网络图中朋友关系时，研究人员试图找到最大深度为 5 的朋友的朋友。对于一个包含 100 万人，每个人约有 50 个朋友的社交网络，实验结果表明图数据库性能远远超过关系数据库。

表 6.14　关系数据库和 neo4j 的性能对比[14]

深度	关系数据库的执行时间/s	Neo4 的执行时间/s	返回的记录条数
2	0.016	0.01	～2500
3	30.267	0.168	～110000
4	1543.505	1.359	～600000
5	未完成	2.132	～800000

需要注意的是，图数据库的应用很广，不止应用在知识图谱中。在社交网络、网络分析等只要涉及图结构的场景，图数据库都得到了应用。因为图数据库就是为了存储图数据而提出的，在管理知识图谱数据时天然具有优势。为了方便图数据的处理，不同的图数据库使用了不同的技术，这里以 neo4j 为例，介绍这种图数据库中主要使用到的技术[14]。

1）无索引邻接

顾名思义，图数据库着重解决数据中图的各种问题，在进行图遍历的时候，可以通过图中的一个节点快速找到另一个节点，这种技术实行的核心概念即是无索引邻接(index free adjacency)。无索引邻接的基本想法是为每一个节点维护了一个指向其邻居节点的引用，这种引用以链接地址的形式保存在物理存储中，因此，这种引用本质上就是一种索引，可以称为微索引(micro index)。有了微索引，查询复杂度就和整体数据规模无关，只和被查询的对象的邻居个数有关。

2）原生图存储

如果说无索引邻接是高性能遍历、查询和写入的关键，那么图数据库设计的另一个关键是图存储的方式。

neo4j 图数据库将图数据存储在若干不同的存储文件中，每个存储文件存储图的特定部分的数据(例如节点、关系、标签、属性都有各自独立的存储文件)。这种存储方式，特别是图的结构和数据分类存储，促进了高性能的图遍历。

图的节点存储在"节点存储文件"中，节点存储的物理结构如图 6.12 所示。节点存储的空间固定，这样方便快速通过计算获得访问地址，时间复杂度是 $O(1)$，而不是 $O(n)$ 或者使用索引后的 $O(\log n)$。在这种结构中，第一字节标明这个节点是否处于使用状态(in use)；接下来的 4 字节存储该节点第一个关系的 ID；后续的 4 字节存储该节点的第一个属性 ID；标签的存储空间是 5 字节，存储指向该节点的标签的链接(如果标签内容很少，可以直接内联存储到节点中)；最后一个 extra 字节是标志保留位。这样的一个标志用来标记紧密连接节点(如果没有紧密连接节点，这个位可以省下空间作为预留)。从这种存储方式来看，节点记录是轻量级的，它只是几个指向关系和属性的指针，做到了数据和结构分开存储。

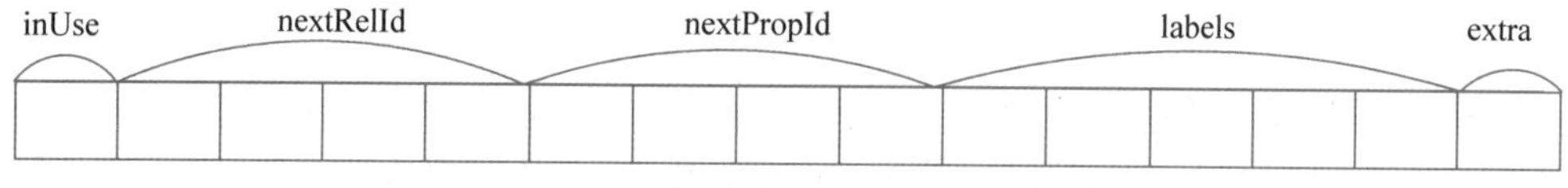

图 6.12　节点存储文件的物理结构

与节点存储类似，图数据库中的关系结构存储在"关系存储文件"中，这个物理结构有 34 字节长，也分别存储了指向相关数据的指针。由于本书的重点不在图数据库，因此这里就不详细介绍了。

3）编程 API

不同的图数据库还应该提供对应的操作语句，包括数据库的建立、增、删、改、查等多种操作，neo4j 提供了 Cypher 语言，此外，有的图数据库使用 Gremlin 语言，还有的使用 SPARQL 语言。这些语言针对不同的数据库都各自进行了优化。

3. 其他数据库

图数据库还有很多，除了使用比较广泛的 neo4j 之外，还有 JanusGraph、Giraph、TigerGraph 等一系列图数据库。这些图数据库都属于 NoSQL(可以看作是 Not only SQL 的缩写，也可以看作是 No to SQL 的缩写)，这些数据库都是为了解决关系型数据库中存在的问题而生的。

事实上，如果设计得当，其他类型数据库也可以作为知识图谱的存储基础。理论上，数据存储方式只是知识图谱的一种载体，影响了知识图谱的管理成本和使用效率，对于知识图谱最后效果并没有影响。

目前有很多数据库模型被提出，挑战关系型数据库的主导地位。事实上，关系数据库一开始也是作为挑战者出现的。在20世纪60年代，人们一开始提出数据管理时，使用的概念模型就是网状模型和层次模型，IBM早期开发的数据库IMS也是层次数据库。

1970年，IBM公司的研究员科德在《大型共享数据库数据的关系模型》论文中提出了数据库的关系模型，为关系数据库技术奠定了理论基础。到了80年代，几乎所有新开发的数据库系统都是关系型的。有了理论模型之后，数据库还需要解决如何保障数据的完整性、安全性、并发性以及数据库的故障恢复能力等技术问题，格雷在解决这些问题方面发挥了关键作用，使关系型数据库走向应用。直到今天，各大公司使用的主流数据库仍然是关系数据库。

6.3.6 知识如何应用

有了知识图谱之后，就可以做很多事情了。知识图谱在工业智能、数据可视化、智能问答、自动生成文章、基于知识图谱的推荐等方面，都有丰富的应用场景。事实上，还有更多知识图谱的应用场景有待开发，这里只列举几个应用场景。

1. 智能问答

虽然图灵测试现已不再是人们孜孜以求的目标，但是发明能够和人类聊天并骗过人类的机器，依然是检验人工智能的标准。在制作能和人类交谈的聊天机器人(Chatbot)方面，一直都有研究人员在进行。ChatGPT就是智能问答的一个应用。

在人工智能发展早期，有一个对话程序ELIZA非常出名，可以看作是智能对话的先驱。它于20世纪60年代由Joseph Weizenbaum提出，本来用于治疗心理疾病，但是却有出人意料的效果，很多人相信它是真人，当然长时间聊天之后，你会发现它总是重复说过的对话。

ELIZA是根据触发词进行对话的，下面是ELIZA现代版本的部分语句(来自NLTk官网nltk.chat.eliza，为了叙述方便，这里略有更改)。

触发词："I feel (.*)",

可能的回应："Good,tell me more about these feelings."

"Do you often feel %1?"

"When do you usually feel %1?"

"When you feel %1,what do you do?"

下面是一个可能的模拟对话，对话使用英文进行，ELIZA的回答用斜体字标注。

I feel lonely.(我很孤独。触发了关键词I feel)

Do you often feel lonely?(你经常感到孤独吗？选择一个进行回答，用lonely填充)

Yes,almost every day.(是的，几乎每天)

Why do you say almost every day?(为什么你说几乎每天？)

I think it's because of my family.(我想可能是家里人的原因)

Tell me about your family.(告诉我一下你家庭的情况吧)

事实上，ELIZA本质上是在重复用户的词语，并启发用户进行进一步的交谈。就像一个人在和你聊天的时候，一直在说"你觉得呢？""你说的对！"之类的话。虽然在你长时间对话之后，会发现ELIZA根本没有理解任何人类的话语，但是还是有很多人愿意和ELIZA聊天。事实上，现在还有在线版的ELIZA，并且不止一个。在这个领域，每年举行的罗布纳奖（Loebner prize）用来奖励优秀的聊天机器人。

在知识图谱中，人们又提出了基于模板的智能问答、基于语义解析的智能问答、基于深度学习的智能问答等。

1）基于模板的智能问答

基于知识库的信息抽取智能问答，思想上类似于ELIZA，但是因为有了知识图谱的知识库，在聊天机器人进行回答时，可以给出更准确、更有意义的答案。

在机器回答人类的问题时，需要解决两个关键点，第一个关键点就是如何理解用户的问句；第二个关键点是理解问句之后，怎样将知识图谱知识库中的知识和用户问题匹配。对于机器来说，这两个关键问题都不容易解决，基于模板的方法需要依靠人类的帮助。

这种方法的核心在于使用高效准确的模板，以Christina Unger等提出的TBSL方法为例[15]，在使用模板的过程中，分为模板定义、模板生成、模板匹配三大部分。在模板定义方面，需要人工定义语义，例如，如下问题的语义结构可以转换为箭头右侧的SPARQL查询语言。

the most N→ORDER BY DESC(COUNT(? N)) LIMIT 1

在模板生成过程中，首先需要获取自然语言问题的词性标注（Part-of-Speech tagging，POS）信息，然后基于POS标记、语法规则形成问句，将语言表示转化为SPARQL模板。

在模板匹配方面，有了SPARQL模板以后，需要将实例化与具体的自然语言问句相匹配，即将自然语言问句与知识库中的本体概念相映射。当然，如果有多个匹配，可以按照一定的规则将匹配结果排序，然后将排序最高的返回给用户，或者按照排序结果将多个回答返回给用户。

从这个过程可以看出，模板需要大量的人力，因此，Abdalghani Abujabal等提出了QUINT算法[16]，自动生成模板。QUINT使用机器学习方法，根据语料中的问题-答案数据，使用依存树自动学习模板。这种基于机器学习的方法需要合适的语料数据进行训练，并且针对特定语料训练的结果，移植性也较差。

2）基于语义解析的智能问答

与基于模板的方法类似，语义解析也是生成一个结构化的查询逻辑。不同之处在于，语义解析的目标是直接把问句解析成对应的逻辑表达式或查询表达式，而不是使用模板进行匹配。

将一个问句转化为逻辑表达式或查询表达式并不简单，因为人类的自然语言并不严格规范，因此，人们也提出了各种方法，例如，Percy Liang等提出了基于依存的语义组合（Dependency-Based Compositional Semantics，DCS）[17]和λ-DCS[18]，Jonathan Berant等提出了simple λ-DCS[19]。

在λ-DCS中，"those who had a child who influenced them"可以写成如下的λ表达式。

$$\lambda x.\exists y.\text{Children}(x,y).\text{Influenced}(y,x)$$

基于语义解析的方法还包括20世纪80年代提出的组合范畴语法(Combinatory Categorial Grammar,CCG)[20],借助语法分析技巧,将问句转换为一个逻辑表达式。

不论使用哪一种方法,语义解析的基本步骤都包括短语检测、资源映射、语义组合和逻辑表达式生成。图6.13给出了一个示例。

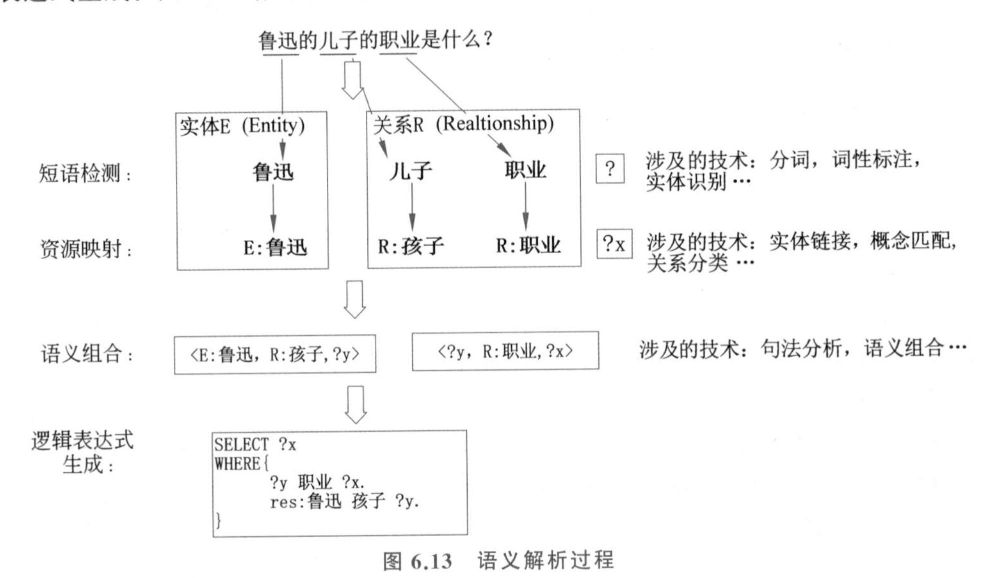

图6.13 语义解析过程

图6.13是一个将问句转换为表达式的过程,可以看到,中间涉及的技术较多,而且很多需要依赖语义分析相关技术。

3) 基于深度学习的智能问答

深度学习在知识图谱的各个领域都有应用,在智能问答领域也不例外。深度学习技术对于智能问答的帮助包括两种形式。第一种是利用深度学习对某个具体技术进行改进,一般用于改进问句解析模型。例如,使用深度学习技术改进实体识别、关系分类等;另一种是直接使用深度学习技术,进行端到端的学习(端到端的学习,一般指不需要对输入数据进行特殊处理,直接在原始数据中学习到目标)。在这里指不需要对输入数据进行包括分词、词性标注、句法分析、语义分析等步骤,一般用于改进端到端的排序检索模型,例如,可以训练一个深度学习模型对候选答案进行排序。

深度学习模型能够深入地表征问句,在对问句的理解、候选答案排序等方面都取得了很好的效果。OpenAI公司的GPT系列是智能问答的成功代表。但是,深度学习需要大量的标注语料,也需要巨大的算力支持。

2. 自动生成文章

自动生成文章应用在新闻自动撰写、文本摘要、故事内容生成、故事结尾生成等领域,开发能够自动撰写文章的机器也是人工智能的一个重要目标。

在深度学习出现之前,也有很多人提出了自动生成文本的方法,但是这些解决文本生成问题的方法几乎都是基于规则或模板的方法,这些方法会生成固定格式的文本,缺少人类自然语言的“灵气”。而且,因为人类语言的灵活性,要想写出像样的文章,需要大量的人力来设计规则和模板。

有了深度学习技术，并且借助知识图谱，使用计算机生成文章也渐渐引起研究人员的关注。这里举一个使用深度学习生成故事结尾(story ending generation)任务的例子，如图6.14所示。

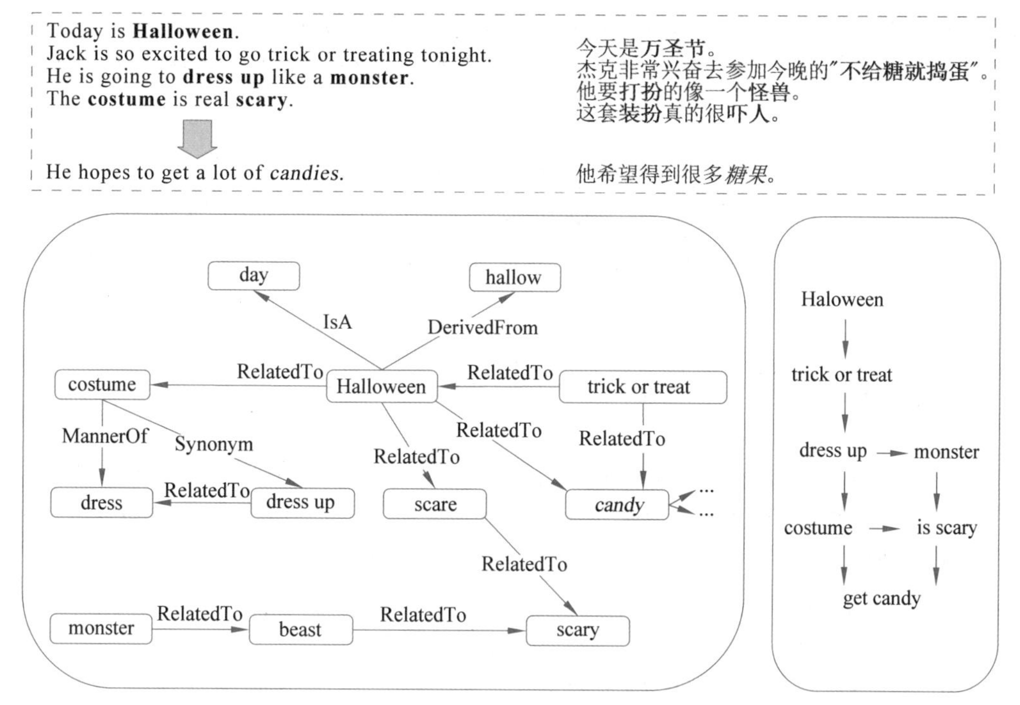

图 6.14　一个使用 ConceptNet 生成故事结尾的例子

(根据文献[21]重绘，图中中文为本书作者翻译)

图6.14是一个生成故事结尾的典型例子，上部虚线框内部有一些英文，灰色箭头上侧给出一个故事描述，下侧是根据给出的描述自动生成的故事结尾。"candy"和"Haloween"有密切的联系，这是一个常识知识，这样的常识知识可能存储在知识图谱中，而这个常识对于故事结尾的生成非常关键。图6.14下部左侧方框给出了利用ConceptNet知识图谱中的实体关系生成故事结尾的逻辑线索。在这个知识图谱中，粗体单词对应于上方英文中的粗体单词，斜体单词(candy)对应于生成的故事结尾中的candy。利用知识图谱的结构关系，虽然在故事描述中没有出现candy一词，但是依然给出了"he hopes to get a lot of candies"这样的结尾。

智能问答和自动撰写文章可以不使用知识图谱，但是知识图谱作为一个辅助工具，也许会让智能机器表现得更好。

知识图谱的成本

目前构建知识图谱的成本依然很高。一方面，知识就是力量；另一方面，知识就是成本。

德国慕尼黑大学的Heiko Paulheim于2018年分析了典型知识图谱的开发成本[22]。Paulheim指出，Cyc可以看作是最早的通用知识图谱，同时它的开发成本也能公开获得。在2017年的一项会议中，Cyc的创建者莱纳特表示：构建Cyc的成本为1.2亿美元。在同一个演讲稿中提到，Cyc一共有两千一百万个断言(assertion)，因此每条陈述语句或断言需要5.71美元。和Cyc一样，Freebase也是由人工创建(由志愿者完成)，Paulheim估计Freebase每一条陈述语句的成本是2.25美元。Paulheim也分析了DBpedia、YAGO和NELL这三个自动创建知识图谱的创建成本，据他估计，DBpedia每一条陈述语句的成本约1.85美分，YAGO每一条陈述语句的成本为0.83美分，NELL每条陈述语句的成本为14.25美分。

自从机器学习、深度学习技术解决了知识图谱领域的一系列问题之后，各种领域知识图谱也在如火如荼地构建中，例如中医知识图谱、电力知识图谱、植物知识图谱等。作为升级版的专家系统，知识图谱吸引众多目光。但是，靠知识和逻辑，能够实现理想中的人工智能吗？

6.4 Wir müssen wissen，Wir werden wissen

本节的标题是一句德文，为希尔伯特所说。希尔伯特在一次演讲中，旗帜鲜明地反对不可知论，说出了"Wir müssen wissen，Wir werden wissen"。希尔伯特是德国人，其对应英文是We must know，We will know，中文是"我们必须知道，我们终将知道"。

6.4.1 希尔伯特

希尔伯特是当时数学界的领军人物，在1900年国际数学家大会上提出了著名的希尔伯特23个问题。前文提到的"千禧七难题"，即2000年提出的七个难题，就是在希尔伯特提出23个问题的100年后，向其致敬而提出的。

希尔伯特是可知论的代表，这句话也反映了希尔伯特的观点。虽然之后哥德尔不完备定理、量子力学的发展、复杂科学的研究，几乎否定了希尔伯特的完全可知论，但是，这里还是要为希尔伯特辩护一下。

第一，作为当时数学界的领军人物，希尔伯特当之无愧(当时数学界的另一个领军人物是庞加莱，在那个时代并没有第三人挑战这一称号)。希尔伯特的研究涉及数学的很多领域，他在1899年出版的《几何基础》成为近代公理化方法的代表作，且由此推动形成了"数学公理化学派"，他也是近代形式公理学派的创始人。希尔伯特的23个问题引领了20世纪数学的发展，大家不要觉得提问题很容易，事实上，如果不是对这个学科的每一方面都有非常深入的理解，是提不出问题的，更不要说23个影响数学发展的问题。这23个问题几乎涉及了数学的各个分支，如果不是大师，是没有这样的智慧的。正如数学家外尔所说，"希尔伯特吹响了他的魔笛，成群的老鼠纷纷跟着他跃进了那条河"[23]。外尔曾被美国数学学会邀请总结20世纪上半叶的数学历史，他说，如果那23个问题的术语不那么专业的话，完成这项任务很简单，只需要根据希尔伯特提出的问题，指出哪些已经被解决。这23个问题是一个导航图，任何一个数学家解决了其中的一个问题，都是巨大的荣誉。

第二，20世纪实在是人类历史最特别的一个世纪。这么说并不是因为20世纪离我们更近，21世纪已经过去了20年，虽然世界上每天大事不断，但是在改变人类文明的历程上，并没有20世纪那么出彩(21世纪还有很长时间，也许将来会发生什么，可以期待，但是直到目前还没有改变文明进程的成果)。20世纪不只有改变了世界版图的两次世界大战。在科学上,也不断有新的科学出现,包括DNA双螺旋结构等重大生物发现,计算机、通信及互联网等。即使在传统学科上,20世纪的发现也重构了很多已有的科学体系,相对论、量子力学的出现,不仅重构了整个物理体系,而且改变了人们对于世界的认知。在数学领域,虽然古典概率很早就出现了,但是现代概率是建立在柯尔莫哥洛夫严密的公理体系基础之上,哥德尔的不完备定理更是推翻了数学界建立一个统一大厦的梦想。还有复杂性科学,对决定论进行了否定。希尔伯特再伟大,站在20世纪的门口,也无法预料20世纪的科学会有如此翻天覆地的变化。

第三,要考虑希尔伯特说这句话的背景,这句话是对当时不可知论的回应。当时流行一句话拉丁语叫"Ignoramus et ignorabimus"(德国生理学家Emil Du Bois-Reymond所说),意为"We do not know and will not know"(我们不知道,也不会知道)。领军人物不只是在学术上,在精神上也要作为领军人物,在希尔伯特时代,人们普遍相信数学有可能建立一个统一理论,因此,可知论在当时才是主流,爱因斯坦也说过"上帝不掷骰子"。在那个时候,希尔伯特完全有资格否定不可知论。

希尔伯特的研究几乎涵盖了现代数学所有前沿阵地。而且,他不只数学造诣深厚,还有高尚的品质,工作勤奋。他对待任何人都一视同仁,不遗余力地提携后辈,把哥廷根建设成当时全球的数学中心。他从不恭维别人,也不喜欢被别人恭维。"就算国王在这里",他也是如此,"就算他只剩下一片面包",他也是如此。

而且,这种豪言壮语不止希尔伯特说过,在他之前,著名科学家拉普拉斯说过:"可以想象,关于自然的知识已经达到了这样一个水平,整个世界的过程都可以用一个简单的数学公式来表达。从一个庞大的联立微分方程组中,可以随时计算出宇宙中每个原子的位置、方向和速度。"

阿基米德也说过一句豪言壮语:"(如果能)给我一个支点,我能翘起地球。"

不过阿基米德这句话的性质和希尔伯特、拉普拉斯不一样,阿基米德这句话有个"给我一个支点"的前提条件,这个前提条件当然无法满足,因此这句话逻辑永真。所以,如果一句话带有"如果",那么几乎可以否定说话者的责任。这就是逻辑学的用处。

但是,希尔伯特构建统一数学大厦的理想还是被事实扼杀。最直接的一刀来自哥德尔。

6.4.2 哥德尔

哥德尔是一个逻辑学家,说他是最伟大的逻辑学家也没有问题(竞争对手包括亚里士多德,如果没有哥德尔,罗素也是这一称号的候选者)。

科学家是很难排名的,说谁是最伟大的某某学家并没有客观标准,所以,本书只要涉及了科学家排名,基本是笔者的主观印象。

前文将希尔伯特和庞加莱二人称之为当时数学界的领军人物,也是一种主观说法(欧拉、高斯是上一代领军人物,在希尔伯特和庞加莱之后,没人能担当起"领军人物"这样的称呼,虽然之后的格罗滕迪克和柯尔莫哥洛夫都很伟大)。在数学王国中,希尔伯特和庞加莱有一览众山小的能力，自然地成为核心，这种能力是其他同时代数学家所没有的。科学家戴森说过，庞加莱和希尔伯特是两只鸟，天才如冯·诺依曼，也只是只青蛙（见本书7.5节）。

但是喜欢对事物进行排名好像是人类的本能，即使是"关公战秦琼"。

以下是笔者对一些事物的排名。

哪一种是更好的编程语言？不知道，笔者没用过PHP①。

金庸小说所有的人物中谁武功最高？石破天，不接受反驳。

如果中国古代所有皇帝互相切磋武艺，谁能赢？赵匡胤，这个存疑。因为不知道项羽算不算皇帝，要是算的话，项羽第一。

人类喜欢排名，所以日常会看到大量的排行榜（这些排行榜主要目的是盈利）。小时候津津乐道"一吕二赵三典韦，四关五马六张飞"；长大后，笔者经常被女儿问到一个问题，"他们谁更厉害？"，无论是在给她讲科学家故事时还是在她打游戏选人物时。

要想知道哥德尔是如何推翻建立统一数学大厦的理性，还得从希尔伯特的23个问题说起。在这23个问题中，以下三个问题对计算机科学、人工智能科学影响最大。

第二问，Prove that the axioms of arithmetic are consistent（证明算术公理的一致性）；

第六问，Mathematical treatment of the axioms of physics（使用数学的公理化方法推演出全部物理学）；

第十问，Find an algorithm to determine whether a given polynomial Diophantine equation with integer coefficients has an integer solution（能否找到一个算法确定对于整系数丢番图多项式方程是否有整数解）。

第十问的直接答案在1970年由苏联数学家Yuri Matiyasevich给出了否定的答案。但是这个问题的一般性答案更有意义，直接启发了计算机的诞生。这个问题的进一步延伸，即是能否用一种由有限步构成的一般算法判断一个丢番图多项式方程的可解性？对于这个问题，哥德尔提出了可计算问题的递归函数（1931年）；受哥德尔影响，丘奇使用了一种通用编码语言，称为λ算子（1935年）；图灵提出了"图灵机"模型（1936年）；后来又有人提出其他的计算模型（如波斯特提出Post模型等），最终证明这些模型是等价的。而图灵机模型，更是直接引发了现代计算机的诞生。

第六问也有进一步引申，是不是更多的学科可以使用有限数目的公理构建该学科大厦。

这一思想，受《几何原本》影响甚深。从最小公理集合推出一个体系，早在2000年前的欧几里得的《几何原本》就做过了，《几何原本》通过五条公理，推出了书中的全部其他定理。因为第五公理的不同描述，还促进了非欧几里得几何的发展。

各个学科都有建立一个统一理论基础的构想。例如，物理学希望建立大统一理论（grand unified theories，寻找能统一说明四种相互作用力的理论，包括万有引力、电磁力、强相互作用力和弱相互作用力）。

第六问的思想源自希尔伯特纲领（Hilbert programme）。简单来说，这个纲领试图使用

① "PHP是最好的编程语言"是一个常用梗。

有穷主义方法来证明无穷的理想数学的一致性。希尔伯特希望以此来一劳永逸地解决所有的数学基础问题。不得不说这是一个宏大的计划。

数学界希望能够使用最小公理集合推出整个数学大厦。而要构建整个大厦，可以首先从算术(arithmetic)开始构建①。如果使用有限公理即可证明一个体系内的所有命题，就说这个体系是完备的。

第二问提出算术是否是一致的(consistent)？这里的 consistent 有时也翻译为相容，大家可以理解为没有矛盾。举例来说，如果通过系统中的某些公理证明了 1+1=2，又通过这个系统中的一些公理证明了 1+1=3，那么这个系统就是不一致的。

那么，算术是否是完备的？算术是否是一致的？哥德尔给出了证明，如果算术是一致的，那么算术一定是不完备的。而如果算术是不一致的，那么就会出现能够被公理证明的假命题，整个算术系统都会倒塌。哥德尔的结论表明，存在着无穷多的结果为真的算术陈述，它们无法用一组封闭的推论规则，从任何一组给定的公理形式化地推演出来。这就是著名的哥德尔定理。

哥德尔定理的证明需要扎实的数学和逻辑功底(6.5.4 节给出了一些基础介绍)。上文使用自然语言描述了这些问题，而哥德尔的天才之处，在于他不仅仅在 25 岁时就深刻理解并解决了这些问题，而且使用数学符号语言完美地进行了证明。哥德尔意识到数是任何类型模式嵌入的通用媒介，他的眼光跨越了数论的表层，意识到数可以表征任何一种结构。计算机的底层显然是数，而且只有 0 和 1 两种符号。但是计算机可以通过编码处理任意模式，无论这种模式是不是和逻辑有关，是一致的还是不一致的。所以，虽然哥德尔没有“计算机之父”这一称号，但是，他的思想直接启发了近代计算机的出现。

随着计算机技术的发展，人们已经意识不到计算机的数字基础了。第 2 章为大家解构了这种计算机底层结构，无论你是在使用计算机打游戏、听歌曲、看视频、进行社交活动，本质上，都是对两个符号 0 和 1 的运算，虽然你不会意识到这些。

哥德尔对计算机的贡献还有更多。他在 1931 年的论文中[24](《逻辑函数演算公理的完备性》)给出了一个定理：

> 对于一阶逻辑可表达的任何知识集合的任何问题，如果答案存在，那么算法将告诉我们问题的答案。

这真是一个振奋人心的定理。但是哥德尔在论文里没有提到的是：如果没有答案，那么算法可能永远无法完成任务。正确的算法总应该给人一个答案，而不是以“不知道”为终结。这又回到了希尔伯特的第十问题，同样，这也是图灵机的停机问题，而图灵机的停机问题，又是解决 P=NP？的关键。

不幸的是，很多现实世界的问题，有可能是有答案，但是需要很长时间才能得出结果，例如给定围棋规则，如果有足够的时间，总会有赢棋的走法；也有可能是有答案，但是这个问题涉及的变量太多，无法描述，例如预测一年后的天气；或者，这个问题可能根本就没有答案。

---

① 算术的基础是自然数，也就是 0，1，2 之类的数。数学大厦的构建，应该以自然数这个符号系统为基础。当然，算术包括很多，一个数是否是素数，是否存在具有某个属性的最大的数，一个方程是否具有整数解。这些数论的研究内容都是算术。

哥德尔和爱因斯坦是忘年之交，两人虽然相差27岁，但是在普林斯顿，大家总能看到两人在一起聊天。美籍华裔科学家王浩在歌德尔的传记中记载了这样一个故事，在哥德尔准备入籍美国进行面试的时候，他发现了美国宪法中的不一致性，爱因斯坦在陪他面试的时候只好不断和哥德尔聊天，以吸引哥德尔的注意力。

20世纪是个创造性毁灭(creative destruction)的世纪。量子力学和复杂理论摧毁了物理学上一切皆可预测的希望，哥德尔的不完备性定理摧毁了数学构建统一理论的希望。

《哥德尔证明》一书中写道[25]：人类的思维从根本上来说不是一个逻辑引擎，而是一个类比引擎、一个学习引擎、一个猜测引擎、一个美学上驱动的引擎、一个自我修正的引擎。只靠逻辑，是无法实现人工智能梦想的。事实也证明，从早期期待设计更精巧的算法，到后来希望计算机具有更多的知识，都没有实现当初人工智能最初的期望，一次又一次的人工智能寒潮促使人们把目光转向了新的范式。

6.5 怎么做

6.5.1 逻辑编程

程序 6.1 谁砍了樱桃树

```
1   Conclusion={'Jefferson':" Jefferson 砍了樱桃树",
2   'Lincoln':" Lincoln 砍了樱桃树",
3   'Washington':" Washington 砍了樱桃树",
4   'Roosevelt':" Roosevelt 砍了樱桃树"}
5   for suspect in ['Jefferson','Lincoln','Washington','Roosevelt']:
6       if((suspect=='Lincoln')#Jefferson 说"是 Lincoln 砍的樱桃树"
7         + (suspect=='Roosevelt')#Lincoln 说"是 Roosevelt 砍的樱桃树"
8         + (suspect!='Washington')#Washington 说"我没砍"
9         + (suspect!='Roosevelt')#Roosevelt 说"我没砍"
10        ==1):#只有一句是正确的:
11         print(Conclusion.get(suspect))
```

这是一道推理题目。自己推理，或者运行程序6.1，或者在本书1.3节，都可以得到这个问题的答案。

程序 6.2 斑马难题

```
1   from kanren import run, eq, membero, var, conde
2   from kanren.core import lall
3   def righto(p, q, l):
4       return membero((q, p), zip(l, l[1:]))
5   def neighbouro(p, q, l):
6       return conde([right_of(p, q, l)], [right_of(q, p, l)])
7
8   houses = var()
9   rules = lall(
10      (eq, (var(), var(), var(), var(), var()), houses),
```

```
11        (membero, ('Englishman', 'red', var(), var(), var()), houses),
12        (membero, ('Spaniard', var(), 'dog', var(), var()), houses),
13        (membero, (var(), 'green', var(), 'coffee', var()), houses),
14        (membero, ('Ukrainian', var(), var(), 'tea', var()), houses),
15        (righto,(var(), 'green', var(), var(), var()),(var(), 'ivory', var(),
          var(), var()),houses),
16        (membero, (var(), var(), 'snails', var(), 'Old Gold'), houses),
17        (membero, (var(), 'yellow', var(), var(), 'Kools'), houses),
18        (eq, (var(), var(), (var(), var(), var(), 'milk', var()), var(), var()),
          houses),
19        (eq, (('Norwegian', var(), var(), var(), var()),var(), var(), var(),
          var()), houses),
20        (neighbouro,(var(), var(), var(), var(), 'Chesterfield'),(var(), var(),
          'fox', var(), var()),houses),
21        (neighbouro,(var(), var(), var(), var(), 'Kools'),(var(), var(),
          'horse', var(), var()),houses),
22        (membero, (var(), var(), var(), 'juice', 'Lucky Strike'), houses),
23        (membero, ('Japanese', var(), var(), var(), 'Parliament'), houses),
24        (neighbouro,('Norwegian', var(), var(), var(), var()),(var(), 'blue',
          var(), var(), var()),houses),
25
26        (membero, (var(), var(), var(), 'hot water', var()), houses),#who drink
          hot water?
27         (membero, (var(), var(), 'zebra', var(), var()), houses),#who owns
           zebra?
28    )
29    solutions = run(0, houses, rules)
30
31    zebra_keeper = [h for h in solutions[0] if 'zebra' in h][0][0]
32    print(zebra_keeper, 'owns zebra.')
33
34    water_drinker = [h for h in solutions[0] if 'hot water' in h][0][0]
35    print(water_drinker,'drinks the hot water.')
```

程序6.2的第10～24行分别对应了15条规则,为了方便大家对程序的理解,把每条规则对应的英文列在表6.15中。

表6.15 斑马难题

中文规则	英文规则
1. 有五座房子	There are five houses
2. 英国人住在红房子里	The Englishman lives in the red house
3. 西班牙人养狗	The Spaniard owns the dog
4. 住在绿房子里的人喝咖啡	Coffee is drunk in the green house
5. 乌克兰人喝茶	The Ukrainian drinks tea
6. 绿房子就在乳白色房子的右边	The green house is immediately to the right of the ivory house
7. 抽Old Gold(烟名)的人养蜗牛	The Old Gold smoker owns snails

续表

中文规则	英文规则
8. 抽 Kools(烟名)的住在黄房子里	Kools are smoked in the yellow house
9. 住在中间的房子里的人喝牛奶	Milk is drunk in the middle house
10. 挪威人住在第一座房子里	The Norwegian lives in the first house
11. 抽 Chesterfields(烟名)的人住在养狐狸的人旁边	The man who smokes Chesterfields lives in the house next to the man with the fox
12. 抽 Kools(烟名)的人住在养马的人旁边	Kools are smoked in the house next to the house where the horse is kept
13. 抽 Lucky Strike(烟名)的人喝橙汁	The Lucky Strike smoker drinks orange juice
14. 日本人抽 Parliaments(烟名)	The Japanese smokes Parliaments
15. 挪威人住在蓝房子隔壁	The Norwegian lives next to the blue house

对于这个推理问题，这里同样没有给出答案，大家自己可以自己推理一下，或者运行一下这个程序，看一看到底谁养斑马(这个程序使用了 kanren 包，是一个实现了逻辑推理的 python 包，需要安装这个包之后才能运行程序 6.2，这个程序来自网络，很多网站都有这个程序，未找到这个程序最初是谁写的)。

6.5.2 专家系统

程序 6.3 专家系统推理机

```
1     import codecs
2     def load_rules(filename):
3         rules = []
4         with codecs.open(filename,'r','gb2312') as tx:
5             for line in tx.readlines():
6                 rules.append(line.split(','))
7         return rules
8
9     def produce_rules_database(rules):
10        #生成规则数据库,每条规则用一个 list 和一个字符串表示表示,前者代表条件 and,
          #后者字符串代表推理结果
11        rule_database = []
12        for rule in rules:
13            tmp = []
14            condition = rule[:-1]
15            result = rule[len(rule)-1]
16            result = "".join(result.split())
17            tmp.append(condition)
18            tmp.append(result)
19            rule_database.append(tmp)
20        return rule_database
21
22    def forward_reasoning(rules_database=[],information=[]):
23        info_init = []
24        for item in information:
```

```
25            info_init.append(item)
26
27        used = []
28        info_length = len(information)-1
29
30        while True:
31            info_pre = information
32            for rule in rules_database:
33                if not rule[1] in information and set(rule[0]) <= set(information):
34                    print("通过条件:",end='')
35                    for con in rule[0]:
36                        print("",con,end='')
37                    print(" 推出:", rule[1])
38                    information.append(rule[1])
39                    for info_used in rule[0]:
40                        used.append(info_used)
41            if info_pre == information:
42                break
43
44        information = list(set(information)-set(used)-set(info_init))
45        return information
46
47    rules_database=produce_rules_database(load_rules('animalrules.txt'))
48    information1=(['毛发', '产乳', '反刍', '黑色条纹'])
49    results=forward_reasoning(rules_database,information1)
50    print("最后推理结果是: ",end='')
51    for res in results:
52        print(res)
```

程序 6.3 只是对前向推理做一个简单的示意，规则库为 6.2.2 节中动物识别专家库（共 12 条规则，存储在'animalrules.txt'文件中）。一般的专家系统程序都比较容易理解，程序的思想就是根据不同的输入触发相应的规则。这个程序的运行结果如下所示。

```
通过条件: 毛发推出哺乳动物
通过条件: 哺乳动物反刍推出有蹄类动物
通过条件: 有蹄类动物黑色条纹推出斑马
最后推理结果是: 斑马
```

6.5.3 知识图谱

程序 6.4 RDF 解析

```
1    import rdflib
2    from rdflib.extras.external_graph_libs import rdflib_to_networkx_multidigraph
3    import networkx as nx
4    import matplotlib.pyplot as plt
5    plt.rcParams['font.sans-serif']=['SimHei']      #显示中文标签
6
7    g = rdflib.Graph()
8    result = g.parse("luxun_friend.rdf")  #读取一个 RDF 文档(本地文档或网络文档)
9    network = rdflib_to_networkx_multidigraph(result)
10   nx.draw(network, with_labels=True, node_color='lightgray',node_size=1500)
```

```
11    plt.show()
12    print("一共有 {}个陈述.".format(len(g)))
13
14    print(g.serialize(format="turtle").decode("utf-8"))
```

程序 6.4 对 RDF 文件进行了解析，RDF 文件如图 6.4(a)所示。解析时使用了 rdflib 包，运行此程序需要安装对应的包(rdflib)。

6.5.4 哥德尔数

本书并不会讲解哥德尔证明的全部内容，那会让本书的难度和篇幅都陡然增加。不过，这里会把证明的部分精华思想提出来。

哥德尔证明过程有很多天才的思想，其中一个即是哥德尔数。用符号表示事物，在第 2 章中已经见识过了，无论是使用阳爻阴爻表示“象”，还是使用二进制符号 0 和 1 表示数据。哥德尔的天才创造性在于，他使用数字来表示算术系统中的各种命题。这部分知识本应该在第 2 章中出现，但是如果大家没有学习过逻辑符号的基本知识，便无法理解其中符号的含义。下边看一看哥德尔数是如何设计的，如表 6.16 所示。

表 6.16　常项符号的哥德尔数

常项符号	哥德尔数	含　义	常项符号	哥德尔数	含　义
¬	1	否定	s	7	直接后继
∨	2	或者	(	8	左括号
→	3	如果……那么……	)	9	右括号
∃	4	存在一个	,	10	逗号
=	5	等号	+	11	加号
0	6	零	×	12	乘号

注意，只需要否定和析取就能表示全部命题逻辑，因此这里没有合取符号；而蕴含逻辑虽然可以使用否定和析取符号表示，但是这个逻辑在证明过程中多次使用，因此这个逻辑符号也单独分配一个哥德尔数。

表 6.16 中的哥德尔数都比较容易理解，哥德尔数 7 表示一个数字的直接后继，那么就可以使用 0 和 s 表达所有的自然数，数字 1 就可以写作“s0”。如果想表示“2+2≠3”，那么可以写作“¬(ss0+ss0=sss0)”。

除了常项符号外，哥德尔还定义了三种变元：数字变元、句子变元、谓词变元。数字变元写作 x、y、z，如表 6.17 所示。

表 6.17　数字变元

数字变元	哥德尔数	可能的替换举例	数字变元	哥德尔数	可能的替换举例
x	13	0	z	19	y
y	17	$s0$			

在理解哥德尔数之前，需要知道两个定理：
(1) 素数是无穷的。
(2) 任何一个(大于 2 的)自然数，可以唯一分解为若干素数的乘积。

注意，表 6.17 中的哥德尔数是大于 12 的素数，数字变元都与大于 12 的素数相联系。数字变元可以使用数字(例如“ss0”)或数字表达式(例如“$x+y$”)代入。

除了数字变元之外，还有句子变元，句子变元用小写字母 p、q、r 表示，它们的哥德尔数是大于 12 的素数的平方。句子变元可以用句子(公式)代入，如表 6.18 所示。

谓词变元用大写字母 P、Q、R 表示，它们的哥德尔数是大于 12 的素数的立方。谓词变元可以用谓词如“是素数”“大于”等代入，如表 6.19 所示。

表 6.18　句子变元

句子变元	哥德尔数	可能的替换举例
p	13^2	$0=0$
q	17^2	$(\exists x)(x=sy)$
r	19^2	$p \rightarrow q$

表 6.19　谓词变元

谓词变元	哥德尔数	可能的替换举例
P	13^3	Prime
Q	17^3	Composite
R	19^3	Greater than

例如，考虑这样一个陈述：

$$“(\exists x)(x=sy)”$$

这句话从字面上翻译，可以看成：“存在一个 x，使得 x 是 y 的直接后继”。实际的意义是说，“不管变元 y 恰好代表的是什么数，它都有一个直接后继”。换句话说，这个定理表示：自然数是无穷的。

对照上面几个表，可以看出，按照哥德尔数的表示方法，这样一个陈述对应的数如表 6.20 所示。

表 6.20　$(\exists x)(x=sy)$命题中符号和哥德尔数的对应关系

符号	(	$\exists$	x	)	(	x	=	s	y	)
哥德尔数	8	4	13	9	8	13	5	7	17	9

更为重要的是，这样一个陈述可以转换为唯一的数而不是一个序列。可以这样约定，因为这个陈述有十个符号，与这个陈述唯一相关的那个数，是按照从小到大的素数的对应的幂的乘积。所以这个陈述对应的哥德尔数为

$$2^8 \times 3^4 \times 5^{13} \times 7^9 \times 11^8 \times 13^{13} \times 17^5 \times 19^7 \times 23^{17} \times 29^9$$

上述公式是 10 个数字的乘积，每个乘数的底都是素数(10 个乘数用了最小的 10 个素数)，每个乘数的幂如表 6.19 所示。使用程序计算，这个哥德尔数是一个 96 位数(具体数值并无意义，就不在这里写出了)。利用哥德尔建立的表示方法，任何一个算术系统的定理和公式，都可以使用唯一一个哥德尔数表示。

这些是哥德尔证明的准备工作，后面还有一系列工作，包括利用类似“理查德悖论”形式的哥德尔数的构造，感兴趣的读者可以进一步阅读相关资料，但是算术系统中每一个公式和定理都可以使用唯一一个数字表示，这是一个伟大的想法，哥德尔的想法启发了现代计算机

的诞生。

哥德尔的原文使用德文完成，最初发表在1931年的《数学月刊》上（希尔伯特所在的德国哥廷根可以称为当时数学研究的中心，至少在20世纪50年代，很多数学家都懂德文）。非常遗憾，笔者不懂德文，没有能力阅读哥德尔的原始证明。

哥德尔证明有不同的版本。本节写作主要参考了翻译版《哥德尔证明》[25]，以及对应的2001英文版①和1958英文版②。笔者一开始参考2001版，不过在写作过程中，发现表6.18有小问题，因此查阅了1958版，发现2001版果然在此处进行了修改。1958版的哥德尔数是10个，2001版的哥德尔数是12个。因此，本文的表6.18使用了1958版，但是其他数据使用了2001版，不过这个区别并不影响大家理解哥德尔证明的思想。

一共有3个英译本的哥德尔证明在哥德尔生前被印刷出来。最早的英译版本于1963年出版，此后又有两个英文版本，但是这三个版本都有哥德尔不满意的地方。其他文献，如文献[26]和《哥德尔证明》一书中使用的符号也不一样，该版本中的哥德尔数是7个。虽然不懂德文，但是数学符号是通用的，笔者发现哥德尔原始论文的符号和查阅到的英文资料都不一致，可以想象，肯定还会有其他的版本。这些版本有区别，希望不会对大家理解哥德尔构建符号系统造成障碍。

① Gödel's Proof ,Ernest Nagel,James R. Newman,Douglas R. Hofstadter,2001.

② Gödel's Proof ,Ernest Nagel,James R. Newman,1958.

第7章　行　　为

知行合一。

——王阳明[①]

7.1　机器人

本章会介绍人工智能的另一个大的研究分支——机器人。

在人工智能的发展过程中，制造机器人一直都是专家的研究目标，也是有史以来人类追逐的目标。虽然在20世纪50年代，维纳就能制作出逐光运行的小汽车，但是，受限于软硬件条件，直到今天，制作出符合人类期待的机器人这个梦想依然没有实现。

这不是说机器人研究没有进展，SHRDLU系统即是早期人工智能领域对于机器人的一次尝试。

7.1.1　SHRDLU

SHRDLU由斯坦福大学的博士生Terry Winograd于1971年开发，这个难读的名字来源于一种印刷机上(linotype typesetting)的字母排序，如果你把它想象成QWERTY这个名字，就知道它是什么意思了。

SHRDLU目标是解决人工智能中的一个著名的实验场景问题：积木世界。积木世界是一个包含了许多彩色物体(方块、盒子和锥体)的模拟环境。使用模拟环境而不是真实环境，大大降低了问题难度。SHRDLU需要根据用户的指令，完成用户的要求。这个系统对于人工智能的要求，主要包括自然语言理解和解决问题，这里的解决问题(problem solving)是人工智能的一个专业术语，我们前文讲解的算法，即是解决问题的一个途径。图7.1是积木世界的一个示意图。

以下这一段对话来自SHRDLU的官方页面(来自斯坦福大学HCI小组关于SHRDLU的介绍，原文为英文，这里翻译为中文)。

人：拿起一个大的红色方块。

计算机：好的(执行命令)。

---

① “知行合一”出自王阳明的《传习录》。这句话几乎代表了王阳明的思想精髓，即知道事物的道理并且能够实行其事，这二者密不可分。王阳明被尊为圣人，立德、立功、立言各方面都有不朽的功业。王阳明的知行合一和人工智能中的知识和行为当然不同，但是在人工智能中，如果“知”(知识)和“行”(行为)也能完美结合，那么这样的人工智能才算是真正的人工智能。

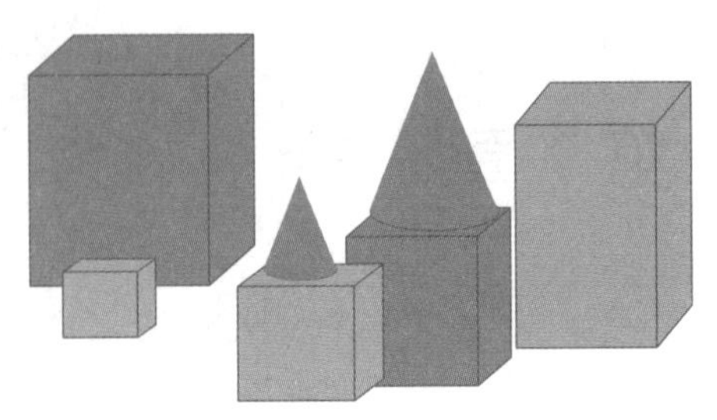

图 7.1 积木世界

（根据斯坦福大学 HCI 小组关于 SHRDLU 介绍图片重绘）

人：抓住锥体。

计算机：我不明白你指的是哪个锥体。

人：找一块比你拿的那块要高的，把它放进盒子里。

计算机：我想你说的“它”是指比我拿的那块更高的另一块。

好的（执行命令）。

人：盒子里装的是什么？

计算机：蓝色锥体和蓝色方块。

人：锥体是由什么支撑的？

计算机：盒子。

人：有多少块不在盒子里？

计算机：四块。

人：至少有一个比我叫你捡的那个窄吗？

计算机：是的，红色立方体。

人：有支撑吗？

计算机：有，桌子。

人：桌子能捡起积木吗？

计算机：不能。

人：锥体能被一块方块支撑吗？

计算机：能。

人：锥体能支撑锥体吗？

计算机：我不知道。

人：把两个锥体叠起来。

计算机：我做不到。

人：请你把红色的方块和绿色的立方体或锥体都叠起来好吗？

计算机：好的（执行命令）。

⋮

人：绿色立方体上面有多少东西？

计算机：我不知道你在“绿色立方体之上”这个短语中所说的“之上”是什么意思。

你是说：

1-直接在表面上

2-在上面的什么地方?

人:2

⋮

在20世纪70年代,SHRLDU能如此准确地回答人类的问题,让人惊叹不已,因此,也受到了热捧,但是后来人们发现,SHRDLU之所以能够产生如此有意义的对话,是因为它处于一个非常受限的环境(积木世界的场景少得可怜)。而且,最重要的是,SHRDLU是一个软件系统,它并没有硬件实体。在人工智能第一个黄金年代,有一个能够自主移动的人工智能机器人:SHAKEY。

7.1.2 SHAKEY

SHAKEY是世界上第一台真正意义上的移动机器人,由斯坦福研究院(SRI)的人工智能中心于1966—1972年研制的,如图7.2所示。虽然SHAKEY只能解决简单的感知、运动规划和控制问题,但它却是当时将人工智能应用于机器人的最为成功的研究平台。

SHAKEY装备了电视摄像机、三角测距仪,用来确定它自身和各物体之间的距离。为了感知障碍物,它还装备有一个名为"猫须"的碰撞传感器,当然,它还有驱动电机等。在软件方面,研究人员开发了一个STRIPS(Stanford Research Institue Problem Solver)系统,由LISP和FORTRAN语言编写,以帮助它拥有在环境中导航的能力,以及制定执行任务所需要的步骤。在人工智能研究系统中,这些软硬件系统必须完美配合、协同工作。

图7.2 SHAKEY机器人

(图片来源:斯坦福研究院人工智能中心)

SHAKEY可以在现实世界完成各种任务,并且自己想出完成这些任务的方法。完成这些任务所需要的步骤包括以下三部分。

(1) 感知:能够感知自己所处的环境(电视摄像机、三角测距仪、碰撞传感器可以帮助它获得需要的信息),了解自身所处的位置和周围的状况。

(2) 规划:能够解构任务,并自己规划完成任务所需要的步骤。

(3) 行动:能够按照步骤执行任务,同时确保在执行过程中一切顺利,达到预期效果。

以现在的眼光看起来,SHAKEY能力非常有限。SHAKEY所在的环境需要经过特别粉刷,也需要精心的照明。能量供给自然不必多说,需要有线连接,因为电视摄像机需要大的功率,因此,只有在需要的时候才能打开,打开后10秒钟左右才能产生可用的图像。控制SHAKEY的是一台PDP-10计算机,这台计算机本身就重1t以上,但是它已经是当时最先进的计算机了。一台PDP-10计算机可用内存为1MB,所以可以想象一下SHAKEY完成任务的场景:当接到一个任务之后,SHAKEY需要花费15min才能设计好怎么完成一项任务(也有资料说需要几个小时),在此期间,它一动不动,完全和外界环境隔绝。

虽然有种种缺陷,但作为第一个可以自我移动的机器人,SHAKEY在人工智能历史中绝对占有重要地位。在今天看来,它简单而又笨拙,但是它却是当时将人工智能应用于机器人中最为成功的案例，证实了许多属于人工智能领域的想法和结论，它对于后续的机器人研究有深厚的影响。

7.1.3 机器人与计算机

SHAKEY是自主移动机器人的鼻祖。受益于硬件、算法等各种技术的发展，如今的移动机器人性能远远超过SHAKEY，不仅可以在复杂环境中快速做出反应，而且在陌生环境中，机器人也能完成自主定位、建图及路径规划，实现智能行走。

移动机器人要实现智能行走，离不开可靠的定位导航技术，这其中的关键技术是同步定位与地图构建（Simultaneous Localization And Mapping，SLAM）。SLAM最早由Hugh Durrant-Whyte和John J.Leonard提出，它并不是一个算法，而是为了解决如下问题，"机器人从未知环境的未知地点出发，在运动过程中通过重复观测到的地图特征（例如墙角、柱子等）定位自身位置和姿态，再根据自身位置增量式地构建地图，从而同时达到定位和地图构建的目的。"

SLAM需要解决地图表示、信息感知、路径规划等一系列问题，而它们正好是自动驾驶的核心难题。当然，自动驾驶还需要解决驾驶决策问题、通信问题、人机交互问题等。

如果按照正常的顺序，下面应该介绍机器人技术了。但是，机器人涉及的技术太多了，除了智能感知、机器推理外，还涉及机械、控制、材料等一系列的学科。例如，文献[1]和文献[2]都是介绍机器人技术的经典书籍，各自有1000多页，但是它们的内容几乎不重复。而且，它们对于算法的介绍也不详细，换句话说，几千页也只能对机器人描述一个大概。而本书并没有计划写成这么长。

当你真正想实现一个机器人的时候，你就会发现，进化实在是太伟大了。人类走路、吃饭、说话，是如此自然。但是，如果想让机器人也达到人类这一水平，比登天还难（人类已经登天了，早已登上了月球。但是设计出和人类一样的机器人——甚至设计和动物一样的机器人——现在还没有技术路线）。

但是，这并不是说普通人无法构造一个机器人，如果你目标明确，那么实现一个特定功能的机器人并不是特别困难的事情。现在很多硬件、软件模块功能都已经非常完善了，你只需要把它们合理地组合起来。在这个过程中，最重要的事情就是如何设计一个合适的机器人体系结构。在设计好的体系结构下，完成结构各部分的功能。

当然，如果你想完善机器人某部分的功能，那么就需要深入研究该部分需要解决的难题，人工智能诸多研究成果都可以应用到机器人身上。

虽然本书不会详细介绍机器人技术，但是这里会简单介绍一下设计机器人和单纯利用计算机实现人工智能的不同之处。

（1）机器人的能量供给。虽然计算机也涉及节能技术，但是对于大部分计算机程序来说，节能并不是必备项。而机器人不一样，如果机器人需要一根导线连接到电源上，它的行动必然受限；如果它使用了移动供能的电池，那么，在目前情况下，所有的设计都需要考虑能量问题。

（2）机器人的制作材料。当然，大家直接能够想到的材料是钢铁和塑料，但是，如果想让机器人拿起一个鸡蛋，钢铁肯定不是最佳选择。在不同的环境下，机器人需要考虑不同的材料,而不同的材料又会影响对机器人的控制和行为。计算机是什么材料制成的?大部分人都不关心(计算机是塑料、金属、硅等材料制成的,按体积和重量来说,硅只占一小部分,但是按照作用来说,硅是计算机的核心)。

(3) 机器人的并行性。计算机虽然也有并行程序设计,但是,一般是为了提高程序的效率,大部分计算机程序是串行的。而在机器人中,必须同时达到保持稳定性、避险和在不确定环境中处理突发问题等多个目标。因此,在机器人中,并行处理很重要。

(4) 机器人的实时交互性。计算机通常也有交互性,但是,机器人不断地与动态的世界进行交互,通常的算法不足以涵盖所有这些动态。而且,在很多时候,外部的变化是突发的,机器人需要实时对外部环境的变化做出反应。

(5) 机器人需要有很高的容错能力。例如,行动任务是要求机器人拿起一个球,可是,万一这个球太光滑拿不起来怎么办?万一球太重拿不起来怎么办?万一把球碰碎了怎么办?一般的计算机程序也需要考虑异常,但是机器人可能出现的异常更多。

当然,机器人和计算机还有很多不同之处。不过,设计机器人和设计人工智能算法的相同之处更多,机器人也是人工智能的一个良好的实验平台。

7.2 新范式

1962 年,Thomas Kuhn 出版《科学革命的结构》,提出了范式(paradigm)的概念[3]。范式从本质上讲是一种理论体系、理论框架。在该体系框架之内的该范式的理论、法则、定律都被人们普遍接受。

在 20 世纪末,因为基于知识的专家系统没有达成人们的期望,人工智能又来到了第二次寒冬,人工智能领域的研究需要一场范式革命。

布鲁克斯在机器人领域非常有影响力。他创立的公司 iRobot®,为 NASA 向火星发射机器人并收集样本,助力研制了 Predator 机器人空间飞行器,向市场投放了第一台商用机器人——the Roomba®,通过将最新人工智能与简易操作界面结合,布鲁克斯已为政府、工业、科学研究研发了各类机器人,并为孩子们研发了好玩的机器人。同时,他也是批评传统人工智能范式最激烈的那一个。

布鲁克斯在 1991 年发表了文章《无表征智能》[4],在这篇文章中,他讲了一个故事,用来讽刺当时的人工智能研究现状。

假设在 19 世纪 90 年代,人工飞行(Artifical Flight,AF)是科学界、工程和风险投资界的当红话题。一群 AF 研究人员被一台时间机器奇迹般地传送到了 20 世纪 80 年代,他们在一架波音 747 的客舱中度过了难忘的几小时。回到 19 世纪 90 年代,他们感到精力充沛,知道 AF 在大范围内应用并不是神话,是完全有可能的。于是,他们立即着手复制他们所看到的东西。他们在设计倾斜座椅、双层玻璃窗方面取得了巨大的进步,并且知道只要他们能弄清楚那些奇怪的"塑料",他们就会得到圣杯。

这个故事的关注点在于,在解决人工智能问题上,人们太过于"只见树木不见森林"了。当人们思考人工智能应该解决的问题时,往往会关注到那些迷人的、具体的方面,例如推理、下棋等人类特有的活动,这些是学术界擅长的。布鲁克斯认为,推理和解决问题的能力或许在智能行为中起到作用，但是这些能力并不是如何构建人工智能的正确起点。在这篇论文中，他还讲述了这个故事的续篇。

与此同时，我们19世纪90年代的朋友们正忙着在他们的AF工作。他们已经同意，这个项目太大，不能作为一个单一的实体进行，他们需要成为不同领域的专家。毕竟，他们在飞机上问过乘客，发现波音公司雇用了6000多人来建造飞机。

每个人都很忙，但是小组之间没有太多的交流。制造乘客座椅的人使用最好的实心钢作为框架。有人嘀咕说，也许他们应该使用管状钢来减轻质量，但普遍的共识是，如果这样一架明显又大又重的飞机能够飞行，那么重量显然没有问题。

在这个续篇故事中，布鲁克斯显然对当时学术界的“分而治之”的设定提出了异议，这一设定是自人工智能诞生之初就默认的基础：人们应该将人工智能行为分解为各个组成部分（推理、学习、感知）来研究，而忽略了这些组件应该如何协同工作。同样，他使用“重量”暗喻计算量。特别地，他强烈反对将所有的决策过程都简化为逻辑推理这种需要大量消耗计算机处理时间和内存的想法。

布鲁克斯反对的，正是当时人工智能研究的一种主流范式。在麦卡锡的人工智能系统的设想中，逻辑模型是人工智能研究的核心，所有的人工智能行为都围绕这一核心进行。这种范式一直到20世纪90年代，都是人工智能的研究主流。布鲁克斯的机器人向人们展示了纯行为模式可以达到的高度。在经历了几十年的边缘化之后，布鲁克斯推动机器人技术重新回到人工智能的主流。

上述关于布鲁克斯论文的解释，主要参考了伍尔德里奇《人工智能全传》的说法。

伍尔德里奇在《人工智能全传》中还介绍了这样的故事（斜体字为原文）：

1991年，一名年轻的同事从澳大利亚大型人工智能研讨会上回来，兴奋地瞪大眼睛告诉我，斯坦福大学（麦卡锡故乡学院）和麻省理工学院（布鲁克斯所在学院）的博士生之间展开了一场激烈的辩论。一方坚持既定的传统——逻辑、知识表述和推理；另一方则倡导新的人工智能运动，他们不仅无礼地、公然地背弃了神圣的传统，还大肆地嘲笑它。

这是一个非常有意思的故事，如果你把学术界看作武林，不同的学派看作不同的门派的话。伍尔德里奇在撰写《人工智能全传》的时任牛津大学计算机学院的院长。笔者在网络搜索他的简历，发现1991年他从曼彻斯特理工大学（UMIST）得到博士学位。而斯坦福大学和麻省理工学院之间的辩论，就好像武林中其他门派在观看少林和武当火拼一样。

这本书里还讲述了另外一个故事：

在20世纪90年代初，我遇见了一位人工智能革命中的主角，他是我心目中的英雄人物。我很好奇他如何看待那些他极力反对的人工智能技术——知识表述与推理、问题解决还有规划等。他真的相信这些技术在未来的人工智能中毫无作用吗？“当然不是”，他回答，“但是我不能赌上我的名声赞同它们的现状啊。”

伍尔德里奇并没有说出这个人的名字。但是，显然在人工智能第二次寒冬的时候，即使是研究人员，都流露出无可奈何的失望。

7.3 基于行为的人工智能

7.3.1 SPA 体系结构

传统人工智能研究当然有很多优点，在很多场合也取得了很好的应用。但是这种研究方法并没有取得预想的成功，也存在很多缺点。在这些缺点中，知行不一（感知与行为分离）是该研究方法的一个主要缺点。

在符号主义学派中，系统遵循特定的范式：感知其所在的环境、推理其应该做什么、然后采取行动。但是，以这种方式运行的系统是与环境相分离的。

如果以这种方式设计机器人，那么机器人的运作方式是这样的：机器人通过传感器感受外界数据，将这些数据更新到推理机中，然后用已有的知识和逻辑推理方法，推理出机器人的下一步行动，之后再执行它选择的行动。但是，时间不会静止下来，外部环境是不断变化的。在机器采集到外界数据之后，外部环境不会按下暂停键等待机器人推理。换句话说，这种设计方法中的机器人几乎没有及时反馈机制，而反馈机制又是控制论的核心。这种方法称为感知-规划-行动（Sense-Plan-Act，SPA）。这种体系结构的主要特点是：感知到的数据被转换为一个环境模型，该模型为规划器所用，规划执行时不再与传感器打交道。

以一个移动机器人为例，机器人首先利用传感器收集到必需的数据，然后根据这些数据绘制出详尽的环境地图用以进行导航，例如，将建筑物近似为矩形，将人近似为一个椭圆形的头、一个圆柱形的躯干以及更小的圆柱形的手臂，将道路近似为一条条线段。当绘制出这样的环境地图之后，机器人从中找到合适的路径以到达目标。

到 20 世纪 80 年代初期，这种体系结构的缺点逐渐暴露出来。首先，规划耗时太长，机器人此时处于等待状态，等待规划结果。当然可以通过设计更好的算法、使用更好的硬件来解决这个问题，但是，很多规划问题都是 NP 问题，因此，总会有非常耗时的问题。其次，收集到信息之后，规划、行动时不再考虑感知信息，这在动态环境中是非常危险的。

由于各种问题，一些新型的机器人控制结构范式开始崭露头角，其中，以布鲁克斯的包容式体系结构影响力最大。

7.3.2 包容式体系结构

包容式体系结构（subsumption architecture）由布鲁克斯提出，这种结构被设计为每种行为构成一层。每一层都是一个有限状态机，较高层次可以抑制较低层次的行为。

有限状态机是一个状态数目有限的系统。系统可以根据一组固定的规则，在这些状态之间转换。

假设设计一个清洁机器人，它可以自行移动，自行到充电桩充电。如果检测到脏物，可以将脏物放到自己的垃圾盒中。另外，如果机器人的垃圾盒满了，它就把这些垃圾都清空到垃圾桶中（垃圾桶和充电桩是一体的），这个机器人有如下六种最基本的行为组件。

（1）随机移动：在一定范围内随机选择一个方向进行移动。

（2）清洁脏物：如果检测到当前位置有脏物，将其放入垃圾盒。

（3）来到充电桩：如果电量不足或者自身垃圾盒已满，则来到充电桩。

(4) 清空垃圾盒：如果机器人在充电桩上，并且垃圾盒有脏物，就清空垃圾盒。

(5) 充电：如果在充电桩上，并且电量不足，进行充电。

(6) 避障：如果前进方向有障碍物，改变前进方向，随机选择另外一条路线。

以上 6 个行为组件，它们之间的有限状态机规则及体系结构如图 7.3 所示。

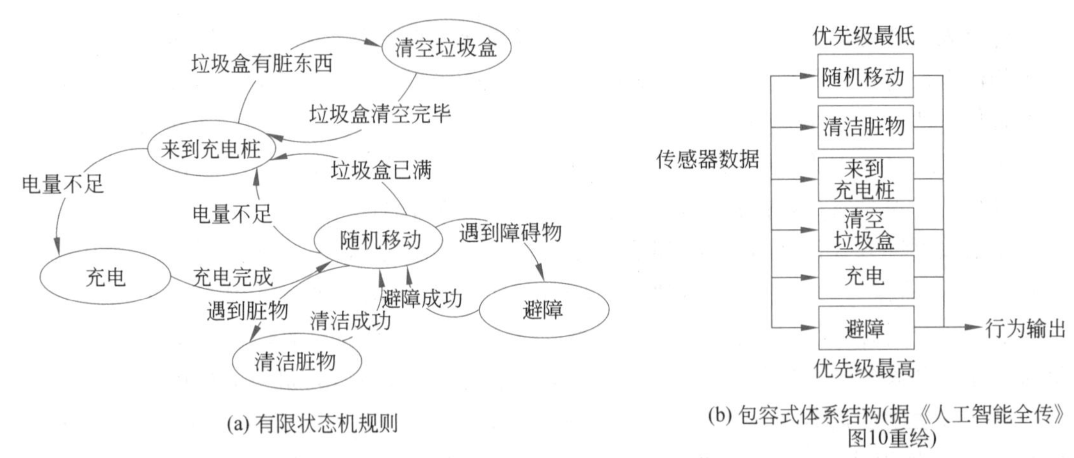

图 7.3　清洁机器人行为组件之间的有限状态机规则及体系结构

清洁机器人由相互作用的有限状态(即分层)构成，每层都会把传感器和执行器直接连接起来。这些有限状态机即被称为行为(因此，包容式体系结构也被称为基于行为的机器人)。

注意，以上六种行为之间的优先级由低到高，也就是说，如果同时检测到多种状态，优先执行下面的行为。例如，如果检测到当前位置有脏物，同时发现自己电量不足，那么机器人会选择来到充电桩。

包容式体系结构具有层次，不同行为所在的层次决定了行为的优先级，因此，虽然有限状态机看起来像是基于规则构建的(这里面充满了 IF)，但是实际运作起来，这个机器人非常简单，它不需要像逻辑推理那么复杂。事实上，它们可以直接用简单的电路形式实现，这样，机器人对环境的变化可以非常迅速地作出反应。

随后的几十年，布鲁克斯使用包容式体系结构作为框架，开发了一系列机器人。例如，曾经作为杂志封面的“Genghis”机器人，外形就像一个昆虫，它有 6 条腿，它的 12 个马达电机和 21 个传感器分布在没有中央处理器的可解耦网络上(图 7.4)。

图 7.4　登上杂志封面的 Genghis 机器人

(图片来源：MIT 科学与人工智能实验室)

Genghis 的每条腿都独立工作，和其余的 5 条腿没有关系。它们各自通过一组控制元件进行控制，每条腿配备两个马达。对于 Genghis 来说，走路是一个团队合作项目，有 6 个小脑袋在协同工作，每条腿上两个马达的起落，取决于周围的几条腿在做什么动作。在 Genghis 的设计中，没有任何一部分是掌管走路的，也没有中央控制单元，控制从底层逐渐汇聚。布鲁克斯称之为“自底向上的控制”。

Genghis 机器人采用了包容式体系结构，它有 57 种基本的行为组件。如果采用基于知识的人工智能来构建它，那会困难到无法想象(假设能够实现的话)。

这种结构体系的哲学理念，也许以布鲁克斯于 1989 年发表的论文题目概括更为恰当——快速、廉价、失控(fast，cheap and out of control)[5]。布鲁克斯一直致力于培育没有中枢神经的系统。传统的移动式机器人将大量时间耗费在环境建模上，所以移动起来如同蜗牛一般。而通过底层处理即可立即执行避障操作却容易构建，而且效果不错。布鲁克斯总结了设计移动式机器人的 5 条经验。

(1) 递增式构建：让复杂性自我生成发展，而非硬性植入。

(2) 传感器和执行部件的紧密耦合：要低级反射，不要高级思考。

(3) 与模块无关的层级：把系统拆分为自行发展的子单元。

(4) 分散控制：没有中央处理单元。

(5) 稀疏通信：观察外部世界的结果，而不是依赖导线来传递信息。

如果你读过本书 2.8 节介绍的论文 *More is Different*，你会对布鲁克斯的设计有更深的理解，这是一种顿悟性质。在层次系统中，上一层次单元所具有的某些性质，是下一层次所不具有的。这些性质往往是由于不同层次之间的非线性性质所产生的。包容式体系结构的成功很好地体现了这种哲学思想。

总结这种体系结构的机器人的设计方法，即机器人由所处环境中(接近实时的)传感器信息即时驱动，达到感知—行动的目的，在该方法中，取消了先验的规划，并将环境动态实时处理为即时信息。这种方法在导航或者一般低级任务中非常有效。

在包容式体系结构中，虽然机器人的设计和实现更简单了，但是，这种架构也存在一系列问题。例如，层与层之间必须设立一个优先级，而很可能在不同环境下，不同行动的优先级是不同的，而机器人如果根据环境来判断优先级，必然会让设计变得更复杂，又回到了智能推理的老路，那样又会违背设计的初衷。更复杂的机器人，使用这种体系结构，设计起来也会非常复杂。换句话说，这种结构更适合设计简单的机器人。

7.3.3　更多体系结构

除了包容式体系结构之外，马达-控制图式也是一种常见的基于行为的体系结构，由 Ronald Arkin 提出[6]。它使用一种基于图式的矢量方法，而非分层控制。

图式(schema)是心理学或神经科学中常用的概念。图式是人的头脑中关于外部世界知识的组织形式，是人们认识和理解周围事物的基础。Neisser(认知心理学家，著有《认知心理学》等书籍)认为图式就是一种结构，它存在于知觉者的内部，可以通过经验加以修正，在某种程度上与感知到的事物是具体对应的。而 Arbib(系统科学家，著有《大脑、机器和数学》等书籍)将图式解释为一种适应性控制器，利用一种识别过程，更新被控对象的表示形式。

在这种结构中，图式将运动行为和各种并发激励联系起来，同时也决定了如何开始响应以及如何完成响应。图式可以使用势场(potential field)来描述，独立的图式通常被描述为针状图，同时，行为利用活动图式的向量求和来进行协调。

人工势场法路径规划是由 Khatib 提出的一种虚拟力场法[7]，是一种对具有自主传感器的机器人进行导航的方法。Khatib 在其关于机械臂的博士论文中提出了这种方法，后来将其扩展到移动机器人的研究中。这种方法受平方反比定律、谐振子、二次曲线势、几何约束和拉格朗日动力学等物理学概念的影响。在这种方法中，机器人被模拟成一个带电的点，如果它与环境中的障碍物具有相同的电荷，它们之间具有斥力；如果它与目标具有相反的电荷，它们之间具有引力。机器人努力将自己的势能降到最低，从而实现“避障”和“向目标移动”。

除了马达-控制图式体系结构之外，在设计机器人方面，人们提出了更多的体系结构，例如，Erann Gat 提出了亚特兰蒂斯结构(A Three-LayerArchitecture for Navigating Through IntricateSituations，ATLANTIS)[8]，并改进了这个结构，提出了三层架构——3T 结构[9](它集成了规划、序列化、实时控制这 3 个过程并将它们构成 3 个层级从而得名)。这些三层结构的原型示意图如图 7.5 所示。

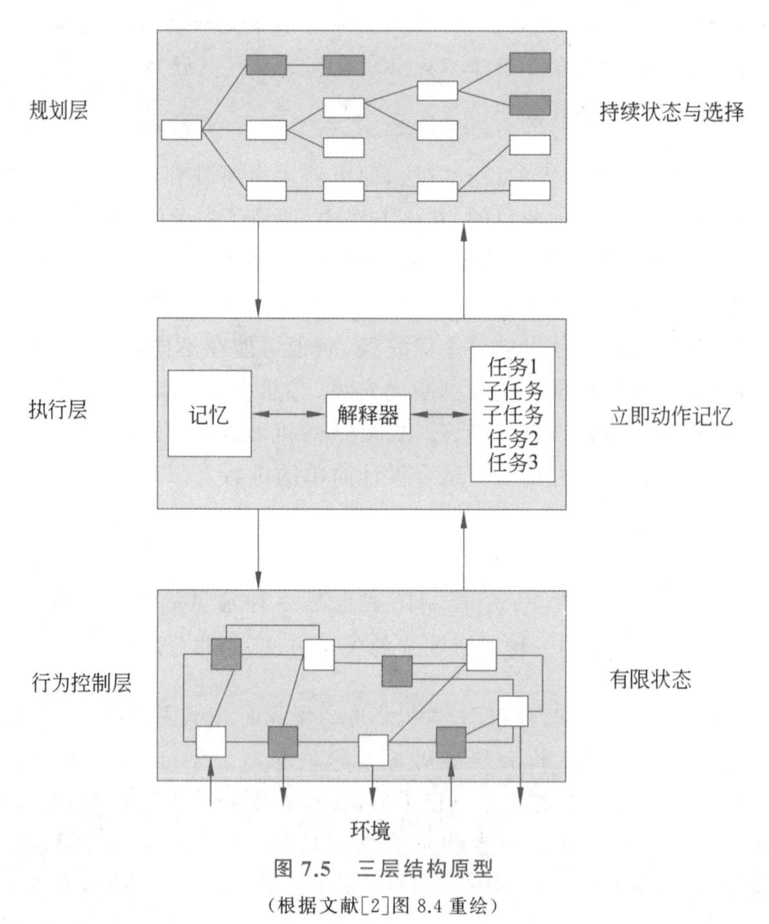

图 7.5　三层结构原型

(根据文献[2]图 8.4 重绘)

除了三层体系结构之外，各种双层体系结构也被研究人员提出。例如，行星漫步者机器人[10]就使用了双层体系结构。双层体系结构 CLARAty 被 NASA 设计用来支持软件重用。CLARAty 由一个功能层和一个决策层构成。功能层是一个面向对象算法层，对不同的机器人有多个类的抽象接口，例如引擎、导航、摄像和移动操作等。每个对象都提供通用的、与硬件无关的接口,因此相同的算法可以运行在不同的硬件上;决策层提供了一系列陈述性活动,具有协同规划和执行的能力,包括向目标前进、部署设备、获得图像等活动。CLARAty的两层结构如图7.6所示。

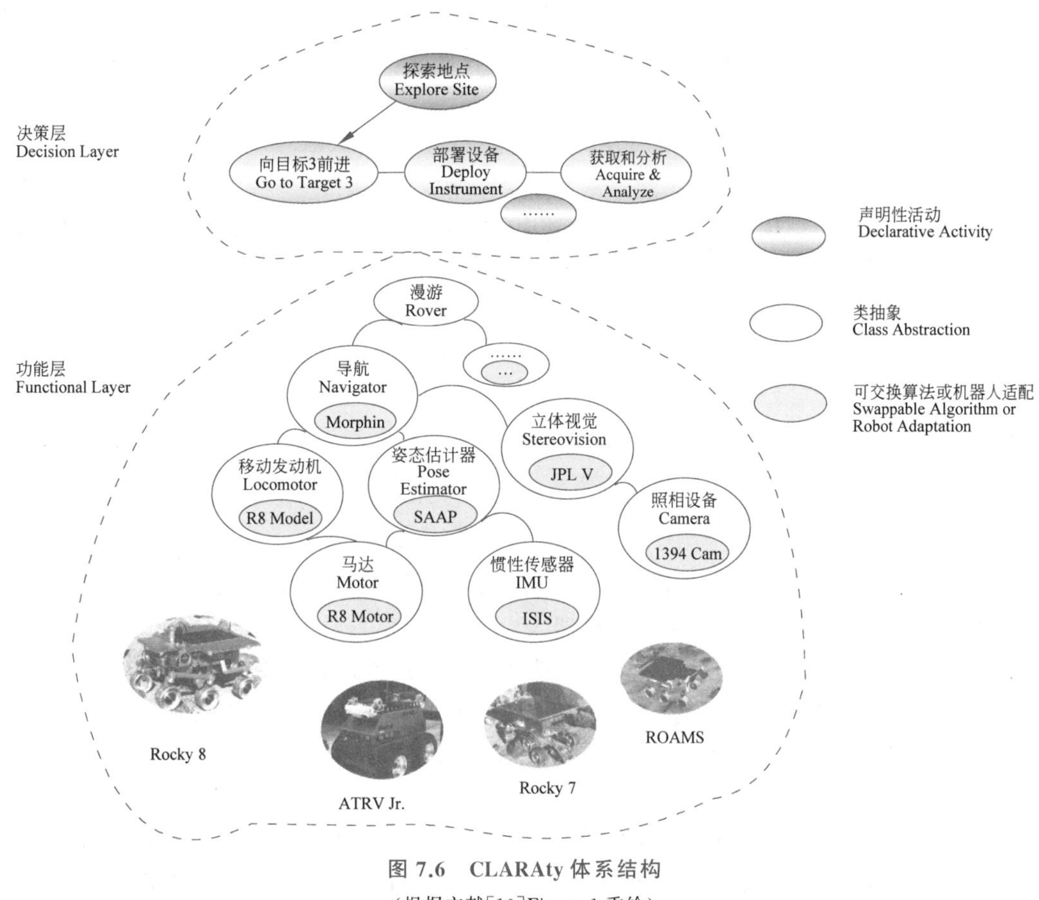

图7.6 CLARAty体系结构

(根据文献[10]Figure 1重绘)

除了上述所介绍的机器人体系结构,还有更多的机器人体系结构。不过它们基本上都是在包容式体系结构、三层结构、两层结构上的改进,例如联合体系结构、管道体系结构等。机器人体系结构设计的存在,使得编程实现一个机器人更容易、更安全、更灵活。

7.3.4 设计自己的体系结构

体系结构对于机器人的设计非常关键,因为一旦一个体系结构设计好了之后,那么以后的开发就要基于这个体系,想要改变这个体系几乎是不可能的,尤其是当已经有了大量的代码之后。体系结构的设计受开发者的经验、机器人所处环境以及要执行的任务等多方面决定。一般来说,在设计一个机器人的体系结构时,要考虑如下问题。

(1) 机器人的任务是什么?在什么环境下执行这些任务?是重复性任务还是任务会随时间变化而变化?

(2) 为了完成机器人的任务,机器人需要执行哪些动作?动作之间如何协调?动作的频率和幅度怎样设置?

（3）机器人的计算能力需求是什么？这些计算需要什么样的数据输入，又需要什么样的数据输出？在什么器件执行这些计算？

（4）机器人需要处理的数据是什么？这些数据来自环境还是用户？数据如何表示？数据更新频率如何设置？

（5）机器人的用户是谁？他们对机器人的了解有多少？这些人如何操控机器人？这些人要和机器人交互吗？如果交互，又是怎样交互的？

（6）如何评价这个机器人？有具体的标准吗？如何避免失败？

⋮

关于机器人体系结构需要考虑的问题还有很多，不同的任务、不同的场合下，需要考虑的问题也不一样，甚至设计者自身也是一个问题变量；在设计实现机器人的过程中，团队有几个人？资金从哪里来？擅长的编程语言是什么？种种这些，都会对机器人的体系结构设计产生影响。

7.4 智能体概述

7.4.1 只有行为不够

上述各种基于行为的机器人设计，确实取得了令人瞩目的成绩。包括深海、深空、深地等各个领域的多种极端环境，都用上了机器人。

虽然布鲁克斯提出了“无表征智能”，认为不管是以逻辑还是以知识为基础的人工智能，全面且清晰的知识和推理并不是产生智慧的必要条件，智慧来源于实体与它所处环境所发生的各种交互行为。但是，如果抛弃了人们在知识和推理方面所取得的一切成果，机械地认为这些成果在人工智能领域毫无用处，也是不客观的。

基于行为的机器人虽然在各自的领域很成功，但是它们并没有为人工智能提供灵丹妙药，因为其可扩展性太差了。它们能够完成各自领域内的简单任务，而一旦基础行为数目太多，就很难设计出行为系统，因为各个行为之间的关联会让这个系统变得无比复杂从而无法实现。一些行为的组合超出设计者的想象，而且，人们并不知道所有的行为组合是否都会产生目标结果，唯一的方法就是去试，但是不同于软件系统，机器人具有硬件实体，如果将机器人真正制造出来并且去试一下它是否成功，成本过于昂贵。不仅花钱、耗时，而且结果是不可预测的。

另外，基于行为的机器人的可移植性太差，如果针对某个问题提出了非常有效的方法、积累了丰富的经验，但是，这种方法和经验只针对这个体系结构有效，想要在别的问题上同样有效，只能重新适配。

因此，虽然一些人坚决反对在人工智能中加入任何类似逻辑表达和推理的东西，大部分人还是采取了一种中间路线，这种路线认为人工智能正确的解决方式是将推理和行为统一起来——“知行合一”。

7.4.2 智能体

智能体的英文是 agent，指能够感知环境并且自己决定动作予以执行的计算机程序，它可以是一个具有硬件的实体,也可以是一套软件系统。典型的硬件智能体就是机器人,一个由计算引擎、物理传感器和执行器组成的机器人,环境就是物理世界,当然环境中也可能包含其他智能体。也有纯软件的智能体,例如笨AI和聪明AI、下棋程序等,都是软件智能体。

1. 环境

环境是智能体需要"求解"任务的基本"问题"。例如,能够自动驾驶的汽车是一个智能体,它感知来自周边环境的各种信息(这些信息可能来自车载摄像头、激光雷达、导航数据等),做出加速、减速、转弯、刹车等驾驶行为。一个围棋程序也是一个智能体,它得到的输入是当前棋局状态以及对手的落子情况,它的行为是选择在自己最有可能赢棋的地方落子。在这里,环境是非常重要的参数。同样是下棋程序,如果目标是赢棋,那么它只需要考虑当前棋局即可。但是如果这个下棋程序的目标是训练人类棋手,那么,人类的落子序列就是环境的一部分。

根据文献[18]对于环境的分类,智能体需要进行的交换环境可能有如下特征。

(1) 完全可观测的和部分可观测的:如果智能体的传感器能够在每个时间点上都能获取环境的完整状态,即说环境是完全可观测的;否则是部分可观测的。自动驾驶汽车并不知道别的司机是怎么想的,这就是部分可观测的。不精确的传感器、噪声都会使得环境变为部分可观测的。

(2) 单智能体和多智能体:单智能体和多智能体看起来很容易区别,实际没那么简单。解八数码问题的程序[①]显然是单智能体,因为给定初始状态和目标状态,智能体就不需要和环境打交道了。但是善解人意的机器人[②]和能下棋的机器人[③]都需要和人类交互,那么它们算单智能体还是多智能体?在交互过程中,智能体A将B视为一个环境变量,还是看作一个智能体,关键区别在于B的行为。下棋是一个博弈过程,一方所得必然是另一方所失,所以,下棋机器人把人类也看作智能体,即下棋机器人是智能体A,使用这个软件的人类是智能体B。而善解人意的机器人虽然也和人类交互,但是这种交互不带有竞争或合作性质,只是真实地反应客观世界的情况,这个时候,智能体A只把人类视为一个单纯的环境变量。

(3) 确定的和随机的:如果环境的下一个状态,可以根据目前的状态和智能体选择的行动完全决定,那么环境就是确定的,否则就是随机的。显然,自动驾驶面临的环境是随机的,而八数码程序是确定的。

(4) 片段式的和延续式的:如果智能体的经验被分为多个片段,那么环境是片段式的,在片段的环境中,下个(未来的)片段不依赖于过去和现在的片段行为。反之在延续式环境中,现在的行为将影响未来的所有行为。例如,八数码和下棋机器人都是延续式的。而一个产品检测的机器人是片段式的,下一个产品的质量好坏和当前这一个无关。

(5) 静态的和动态的:智能体在计算的时候,如果环境发生变化,则称环境是动态的,否则就是静态的。如果环境不随时间变化,但是会随着智能体的行为而变化,则称环境是半动态的。自动驾驶是动态的,旅行商售货[④]是静态的,积木世界是半动态的。

---

① 第4章算法"怎么做"部分,使用 A^* 算法解决八数码问题。

② 第4章算法"怎么做"部分,使用聪明AI。

③ 第5章博弈"怎么做"部分,Negamax算法。

④ 第4章算法"怎么做"部分,使用遗传算法解决TSP问题。

（6）离散的和连续的：当感知、行为的描述信息表达可以进行有限区分时，环境是离散的(discrete)，否则就是连续的(continuous)。下棋是离散的，而自动驾驶是连续的。

（7）已知的和未知的：严格说来，已知的和未知的是针对智能体本身来说的，而不是针对环境。在已知环境中，智能体的所有行为的后果是给定的（如果环境是随机的，则是指后果的概率），而在未知的环境中，智能体需要学习环境是如何工作的，以便作出更好的决策。

2. 智能体程序

环境是智能体的外部，那么智能体的内部是如何工作的？根据文献[18]的分类，一共有四种基本的智能体程序。

1）简单反应式智能体

这类智能体基于当前的感知选择行动，不关注感知历史。实现它的简便方法是反应规则，把感知到的环境信息作为条件部分 LHS(Left Hand Side)、把操作部分输入的行为规则作为结论部分 RHS(Right Hand Side)，即

感知描述⇒行为动作

例如，“遇到红灯”⇒“刹车”。

由于简单反应式智能体不需要对环境模型做出完整的描述，因此，在具有传感器的移动机器人中，经常使用此框架。这种智能体实现简单，但是智能有限。设计方法包括基于事实的推论、查找规则表等。但是，当环境复杂时，可能会让表的规模非常庞大，物理上很难实现。

2）基于模型的智能体

基于模型的智能体采用关于外部环境的知识、模型来决定行为。不同于简单反应式智能体只关心当前的感知信息，基于模型的智能体能够在内部存储历史感知数据并进行参考。关于外部环境的知识、模型包括环境与智能体如何独立地改变以及智能体的行为如何影响环境等。专家系统可以视为是基于模型的智能体，例如，有下列规则。

“前方有学校”⇒“有小学生经过”

“有小学生经过”⇒“容易发生事故”

“容易发生事故”⇒“放慢速度”

如果一个智能体看到前方有学校标识，那么它就可以根据感知信息以及内部存储的知识模型进行推理，并采取对应的行为——放慢速度。

3）基于目标的智能体

仅仅知道当前的环境状态并不够。在自动驾驶中，虽然在具体的路口，智能体需要考虑左转、右转、直行等操作，但是采取哪一个操作取决于车辆的目的地。前文介绍的搜索问题都属于基于目标的智能体，例如基于遗传算法的 TSP 问题求解，就是设定目标，然后通过随机的交叉、变异达到目标。

4）基于效用的智能体

由于外部环境的不同，仅通过基于目标的智能体无法充分生成环境中的高质量行为。效用一词来自经济学术语，它可以度量实现目标的性能，例如，同样是到达目的地，会有更快、油耗更低、更舒服等不同的度量标准，可以根据不同的标准设计效用函数。根据效用函数，智能体会选择最佳的行为序列。本书的很多优化算法都可以是看作基于效用的智能体。

对比一下基于目标的智能体和基于效用的智能体，简单的深度优先和宽度优先搜索可以看作是基于目标的智能体，例如无指导搜索解决三数码问题；而 A* 算法解决八数码问题可以看作是基于效用的智能体，虽然在某一个状态会有多种走法，但是启发值规则会根据效用函数，决定下一步的行为。

3. 智能体＝体系结构＋程序

智能体是一个比基于行为的人工智能还要抽象的概念。智能体的提出，直接诱因就是基于行为的人工智能取得了一系列成果，但是，基于行为的人工智能在解决复杂问题时，也遇到了很多障碍，而逻辑推理和专家系统等技术虽然经历了低谷，人们还是愿意把这两者结合起来，形成一个温和的中间路线。既不完全抛弃传统符号人工智能，又拥抱在当时有具体应用成果的行为派。这样，人工智能的边界又扩充了。这种温和路线一直延续至今，今天的主流范式还是认为，正确的解决方式是将推理和行为相结合。

智能体的抽象层次太高，如果大家对智能体这一概念感觉难以理解，这并不奇怪。在20世纪90年代初人们开始提出“智能体”这一概念的时候，人工智能界花了不少工夫才明确智能体到底指的是什么，而一直到90年代中期，人们才达成了共识：

(1) 它们必须反应灵活，迅速适应自己的环境，并且能够在环境变化中实时地调整自己的行为；

(2) 它们必须积极主动，能够迅速地完成用户赋予它们的任务；

(3) 智能体需要协作性，即在需要的时候能够和其他智能体合作。

早期的人工智能强调积极主动，即规划问题和解决问题；而基于行为的人工智能则强调反应灵敏的重要性，体现在适应所处环境并与之协调。显然，基于智能体的人工智能兼具了二者的特点。同时，第三点，智能体需要协作性，为这种新的人工智能范式加入了新的东西：可以有多个智能体存在，智能体必须和其他智能体合作。

7.4.3 多智能体

在新的人工智能范式中，不只有智能体这样一个新范式，使得智能体从众多新人工智能范式中脱颖而出的，正是可以有多个智能体同时存在这一想法。

现在看来，有多个智能体同时存在，并且它们之间也可以社交，并不是什么奇怪的想法。奇怪的是，早期的人工智能并未研究多个人工智能系统如何相互协作。虽然图灵测试就强调了机器的社交能力，即机器要与人交流来骗过人类，但是这种交流是机器与人的交流。也许是因为网络的发展让人们意识到了连接的重要性，所以在这种新范式中，智能体当然需要和人交流，但是同时，一个智能体可能会和其他的智能体进行交流。

1. 人机交互

如果把人也看作一个智能体，那么机器作为人工智能的智能体，需要做的就是帮助人类更好地完成各种工作。而人机交互的方式种类繁多。从早期的文本输入交互，到图形用户界面，又到用户手势、姿态感知、语音识别，以及现在的可穿戴设备和 VR、AR，或者是已经初见端倪但是还没有大规模应用的脑机接口，这些都是人和机器的交互方式。

在人工智能人机交互领域，主要有以下研究方向。

（1）多通道交互：虽然语音识别、人脸识别、手势理解、姿态分析、眼动跟踪等单个方式的人机交互性能得到了迅速提升，但是，如何将这些感知手段综合起来，在多通道交互环境下，判断用户在做什么和想做什么，仍然是一个重要课题。

（2）用户意图推理：这个研究方向把人类视为外部环境中的另外一个智能体，机器需要通过各种方式推理用户的意图，以便更好地为人类服务。

（3）实体用户接口：当前人们和机器打交道主要通过图形用户接口（graphical user interface）。而另一种人机交互方式——实体用户接口（tangible user interface）——会更好地帮助人和机器进行交互，这种方式很像沙盘（建筑模型），只不过是电子沙盘，呈现在用户面前的不再是电脑或者手机屏幕，而是一个个可以触摸和控制的电子实体。

（4）人类智能增强：这是一个充满争议的研究方向，不同于机械骨骼这类只增加人类运动能力的外设，人类智能增强（intelligence augmentation）要增强人类的智能。如果在人脑内加入一个芯片，就会增强人类的记忆力和计算能力，这样很容易在人类之间形成不同的等级划分，是否要这么做？虽然充满了争议，但是仍然有人在进行类似研究。

当然，在智能人机交互领域，研究的方向不止以上这些。这个方向也会出现让人神往的研究成果，例如陪伴机器人、治疗机器人、护理机器人等，但是，设计实现这样复杂的机器人需要太多的技术，至少在目前，还没有路线图。

目前多智能体主要研究的是一个智能体如何和其他智能体交互，包括博弈和协作。

2. 多智能体博弈

多智能体之间的交互有两个极端：完全竞争、完全合作。大多数的交互都发生在两个极端之间。许多智能体的交互问题可以从博弈论的角度来研究。换句话说，博弈论不只可以用在计算机下棋，也可以用来描述多智能体之间的交互。在完全信息博弈过程中，minimax 算法已经可以保证达到己方的最优结果。但是在不完全信息博弈过程中，智能体并不能了解环境的完全状态，因此，博弈情况会更复杂。

例如，在点球大战中，主罚点球的射手和守门员是一组博弈对手。射手有两种选择，向左踢或向右踢，守门员也有两种选择，向左扑和向右扑（这里的向左和向右都是针对自身而言，二者是面对面的，因此，如果射手向左踢球，守门员向右扑球，那么守门员更容易把球扑出）。图 7.7(a)给出了双方不同动作下，进球的概率表。

“我预判了你的预判”，守门员和射手都希望这样，因此射手向右踢，守门员需要向左扑，而大部分球员都是“右手利”，因此，守门员觉得射手向右踢的可能性更大；射手觉得守门员可能会判断出他更愿意向右踢；守门员觉得射手可能会想到自己的想法……这是一个无限递归的过程，很显然，对于双方来说，都很难找到最优策略。

不过，虽然并没有最优的解法，但是，这个博弈过程会有一个均衡点，假设射手以 p_{shooter} 的概率向右踢，守门员以 p_{keeper} 的概率向右扑球，那么，进球的概率为

$$\text{prob(goal)} = 0.6 \times (1 - p_{\text{shooter}}) \times (1 - p_{\text{keeper}}) + 0.1 \times (1 - p_{\text{shooter}}) \times p_{\text{keeper}} + 0.2 \times p_{\text{shooter}} \times (1 - p_{\text{keeper}}) + 0.8 \times p_{\text{shooter}} \times p_{\text{keeper}}$$

图 7.7(b)给出了 p_{shooter} 以不同的概率向右踢球，在 p_{keeper} 分别以 0、0.2、0.4、0.6、0.8、1(6 条线分别对应不同的 p_{keeper})的概率向右扑球的情况下，进球的概率。

注意，图 7.7(b)中的 6 条线有一个交点，这个交点的横坐标 $p_{\text{shooter}} = 0.45$，在这个值下，

守门员 / 罚球球员	向左	向右
向左	0.6	0.1
向右	0.2	0.8

(a) 进球概率表

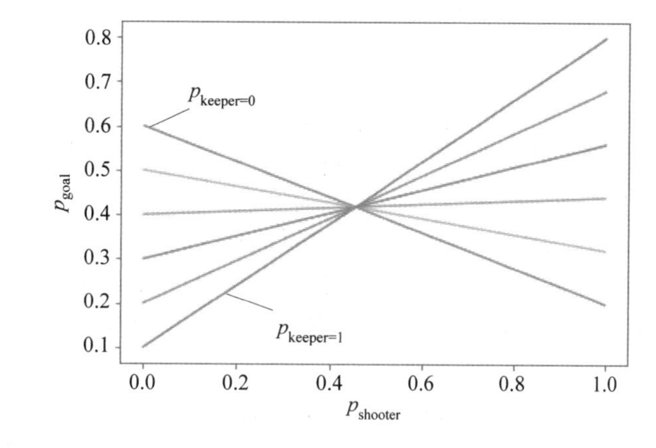

(b) 不同策略下进球的概率情况
(由程序7.1绘制)

图 7.7 罚球-守门的不完全信息博弈

进球的概率 $p_{\text{goal}}=0.42$，和 p_{keeper} 无关。也就是说，无论守门员向哪个方向扑球，射手都有会有 0.42 的概率进球。这就是在不完全信息博弈过程中的纳什均衡点。当然，存在均衡点不是说某个智能体不可能做得更好，而是说如果一个智能体偏离了这种平衡，那么另一个智能体也可以通过偏离平衡而做得更好。

纳什均衡的均衡点如何计算呢？可以定义一个效用函数 utility$(\sigma_i\sigma_{-i},i)$，其中，i 表示某一个智能体；σ_i 表示智能体 i 的策略（智能体的策略是针对此智能体的行为概率分布）；σ_{-i} 表示其他智能体的策略。智能体 i 对于其他智能体的策略 σ_{-i} 的最佳应对是该智能会得到最大的效用，即 utility$(\sigma_i\sigma_{-i},i)\geqslant$utility$(\sigma'_i\sigma_{-i},i)$。

假设智能体 i 可以做出 $a_i^1,a_i^2,\cdots,a_i^k$ 种行为，每种行为对应的概率是 p_i^k，纳什均衡的约束条件是对于所有的 $p_i^k>0$，$\sum p_i^k=1$，找到行为 a_i^j，utility$(a_i^j\sigma_{-i},i)\geqslant$utility$(a'\sigma_{-i},i)$。显然，在取得等号的时候得到纳什均衡值。

因此，在这个例子中，假设射手以 p_{shooter} 的概率向右踢，如果守门员向右跳，那么进球的概率是 $0.8\times p_{\text{shooter}}+0.1\times(1-p_{\text{shooter}})$；如果守门员向左跳，那么进球的概率是 $0.6\times(1-p_{\text{shooter}})+0.2\times p_{\text{shooter}}$；二者取等号，$0.8\times p_{\text{shooter}}+0.1\times(1-p_{\text{shooter}})=0.6\times(1-p_{\text{shooter}})+0.2\times p_{\text{shooter}}$，得到 $p_{\text{shooter}}=0.45$，同理，得到 $p_{\text{keeper}}=0.36$。

可能这个结果大家不满意，虽然看起来得到一个均衡，但是并没有表明罚球运动员怎么踢，守门员怎么防。事实上，面对这种问题，博弈论虽然能够找出均衡点，但是只能告诉射手和守门员以什么样的概率去做动作，电光火石之际，还需要运动员自己去做出选择，也许这种不确定性就是这种博弈比赛的乐趣之一。

简单的博弈比较容易找出纳什均衡，但是参与方更多、更复杂的博弈，纳什均衡点不容易被找出。纳什在 1950 年给出了证明，证明了有限博弈至少有一个纳什均衡，但是并没有给出寻找纳什均衡的方法。后来，Lemke 和 Howson 提出了 Lemke-Howson 算法[11]，给出一种求纳什均衡的方法。

虽然智能体之间可能会进行各种对抗博弈，但是在设计智能体时，更多的情况是要考虑智能体之间如何进行合作。

3. 多智能体协作

前文介绍过布鲁克斯的论文《快速、廉价、失控》[2]，其实这篇论文的副标题更有特点——一场太阳系的机器人入侵(这篇论文的标题是：*Fast，Cheap and Out Of Control：A Robot Invasion of the Solar System*)。你没看错，这篇论文就是讨论如何使用低成本小机器人入侵外星系(伟大的科学家都有巨大的脑洞)。布鲁克斯在文中提出“若干年内利用几百万只低成本小机器人入侵一颗地外行星是可能的”。几百万个能力有限的机器人个体组成一个军队，让它们协同完成一个任务，这就是多智能体协作的一个应用场景。

1) 孔多塞悖论

多智能体协作包括智能体的合作和协调。如果这些智能体有共同的目标函数，理论上各个智能体只需要向目标函数方向前进即可，但是实际上，多人协作是非常困难的。法国思想家孔多塞基于投票过程中的偏好无法传达的背景，提出了孔多塞悖论(Condorcet paradox)。下面给出一个例子，刘备、关羽、张飞准备攻打一个城池，每人的偏好如表7.1所示。

表7.1 三国人物的攻城偏好

人物	荆州	益州	扬州
刘备	8	3	2
关羽	0	7	5
张飞	6	5	7

假设刘备、关羽、张飞这三个人的地位相等，那么决定攻打哪一个城池最好的办法就是投票。用“＞”表示偏好顺序，三人的偏好如下所示。

刘备：荆州＞益州＞扬州。
关羽：益州＞扬州＞荆州。
张飞：扬州＞荆州＞益州。

假设按照少数服从多数，在两个地点中选择的时候，有以下偏好。

在荆州和益州中进行选择的时候：荆州＞益州(这二者之间，刘备和张飞更倾向荆州)。
在益州和扬州中进行选择的时候：益州＞扬州(这二者之间，刘备和关羽更倾向益州)。
在扬州和荆州中进行选择的时候：扬州＞荆州(这二者之间，关羽和张飞更倾向扬州)。
因此，我们得到：荆州＞益州，益州＞扬州，扬州＞荆州。

显然，偏好在此处没有传递性，这就是孔多塞悖论。阿罗用数学工具把孔多塞的观念严格化和一般化后，提出了阿罗不可能定理：基于偏好的投票很多时候无法得到一个一致的结果。

当然，如果给出了各自的分数，这个题目是有一个决策结果的。例如，在表7.1中给出了各自攻打目标地点的分数，可以计算出攻打益州的得分最高。但是，如果刘备想攻打荆州，他完全有理由将荆州的分数改为10，因为这样更符合刘备的利益，可如果大家都这样想，那么关羽会把益州的分数也改为10，这样，这个决策也很难作出。

事实证明，要设计一种合理的、符合主导策略真实性的机制基本上是不可能的。Gibbard[12] 和 Satterthwaite[13] 证明，只要有三种及以上可能选择的结果，那么具有主导策略的唯一机制就是有个独裁者：这个独裁者的偏好决定最后结果。

2）群体智能

另外一种智能体合作的思想为仿生算法，是一种借鉴蚁群、鸟群、鱼群的行动设计行为模型。Reynolds[14] 提出了经典的模仿鸟群的行为模型（这种模型又叫 Boid 模型或 Boids 模型）。在群体（当时还没有智能体的概念）行动过程中，为了更好地统一行动，可以按照优先级递减顺序进行下列操作。

（1）避免碰撞：避免与附近的鸟群成员发生碰撞。

（2）速度匹配：尝试将速度与附近的鸟群成员进行匹配。

（3）鸟群聚集：尽量靠近附近的鸟群成员。

但是，同时保持这些目标并不太容易，为了避免碰撞，鸟群之间必须保持一个安全距离，同时依靠速度匹配来保持这一距离。人们发现，当群体个数变多时，它们就很难形成一致的群体。之后，又有很多人对群体机器人进行了研究，Beni[15] 将群体智能的概念扩展到群体机器人；Couzin 等[16] 提出了一个更复杂的模型，利用群体速度和角动量对集体行为进行分类；Turgut 等[17] 提出基于人工物理的群体行为。事实上，大家搜索“Swarm Robotics”可以找到很多相关的研究。

图 7.8 给出了 Boids 模型的模拟图像。

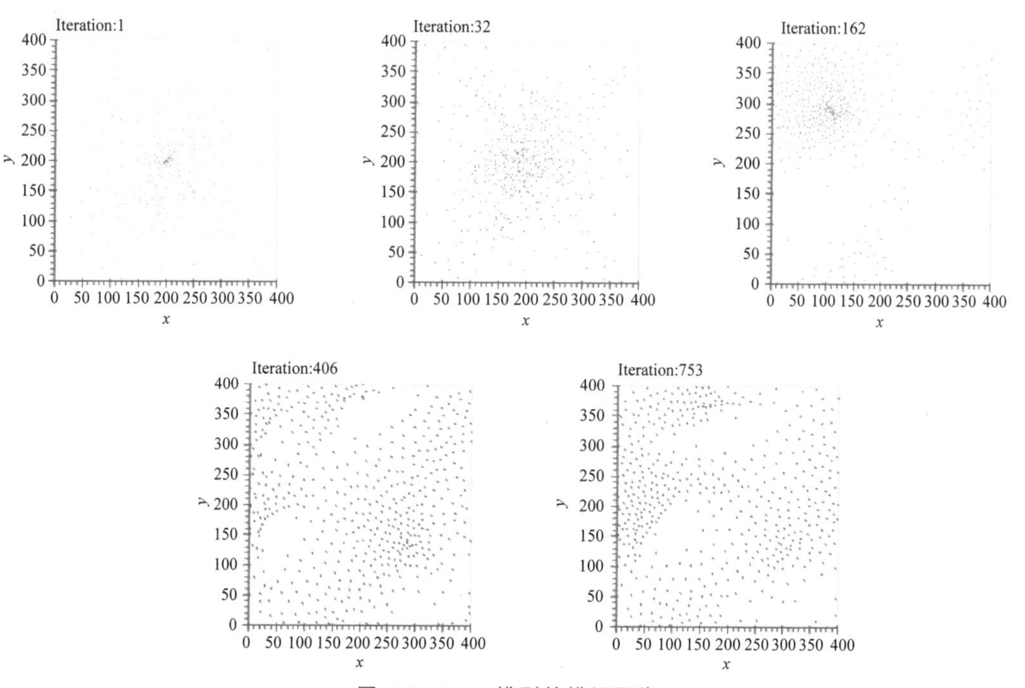

图 7.8　Boids 模型的模拟图像
（由程序 7.2 生成）

但是，不得不说，目前也没有很好的算法来实现群体智能行为控制。2021 年，日本东京奥运会的无人机表演作出了各种图形。如果把一个无人机当作一个智能体，这就是一个群体表演，但是，现在的无人机表演全部是中心化控制的，每个无人机并没有自己的主动动作。

群体智能的特点就是去中心化，但是这种去中心化必然会产生很多不可预测的情况。群体工程行为的设计不仅很困难，而且充满了矛盾性。设计的难点在于如何设计可靠和几乎可预测的机器人群体，并且要确保系统的高度完整性和可靠性。但是，同时达到这些目标几乎是不可能的。

7.5 Birds and Frogs

Birds and Frogs[①] 是戴森为美国数学学会爱因斯坦讲座准备的演讲稿，该讲座原计划在 2008 年 10 月举行，后来因故取消，全文发表在 2009 年 2 月出版的《美国数学会志》(*Notices of the AMS*，Vol 56，No. 2)。中国“坐井观天”的故事中就有一只井底之蛙，所以相信大家看到这个标题，大概就会明白作者表达的意思。

布鲁克斯在《无表征智能》的寓言故事里，提到了一些科学家，那些科学家在见到“人工飞行”(artificial flight)的时候，表现的像青蛙，“只见树木不见森林”，事实上，布鲁克斯的这篇文章是一个“人工寓言”(artificial story)，只是借助这样一个寓言故事对当时的人工智能研究现状表达了不满。

Birds and Frogs 对很多科学家进行了点评。戴森是非常有资格点评科学家的，大众可能更熟悉他提出的“戴森球”，实际上他对物理学的贡献巨大。他证明了施温格和朝永振一郎的变分法方法和费曼的路径积分法是等价的，为量子电动力学的建立做出了决定性的贡献。1965 年的诺贝尔奖颁发给了后三者，如果诺贝尔奖可以颁发给四个人，那么戴森一定会得奖。

戴森的经历也很丰富，早年在英国跟随哈代学习数学，后来在美国跟随汉斯·贝特学习物理，戴森和杨振宁的关系也很好，杨振宁在《曙光集》中多次提到戴森。这样的经历也让戴森见识广阔，和 20 世纪很多大众耳熟能详的名字都有交集。

在这篇文章中，戴森称有一些科学家高瞻远瞩，具有更广阔的视野和洞察力，这些科学家是鸟；而另一些科学家是青蛙，他们乐于探索特定问题的细节。

与井底之蛙不同，《鸟和青蛙》里的青蛙并没有讽刺的意思，戴森写道，科学的发展既需要鸟，也需要青蛙。戴森谦虚地称自己为青蛙，不过考虑到戴森把冯·诺依曼也评级为青蛙，说明能被戴森评级为鸟，肯定具有很高的门槛。

前面在介绍冯·诺依曼时，提到过戴森。凑巧的是，戴森后来是贝特的学生，贝特说过，“冯·诺依曼的聪明才智暗示有一个新的、超乎人类的物种存在”。而作为贝特的学生，戴森对冯·诺依曼的评价是这样的。

在走向生命尽头之时，冯·诺依曼陷入了麻烦。因为他是一只真正的青蛙，但每个人都期望他是一只飞翔的鸟。1954 年，国际数学家大会在荷兰阿姆斯特丹举行。国际数学家大会每四年举办一次，应邀在大会开幕式上做演讲是一个崇高的荣誉。阿姆斯特丹大会的组织者邀请冯·诺依曼做大会主题演讲，希望能再现希尔伯特 1900 年在巴黎大会上的盛况。

---

① Birds and Frogs 翻译成中文叫作《鸟和青蛙》也有的版本翻译为《飞鸟和青蛙》，本书参考的是王丹红的翻译版本。全文可搜索“鸟和青蛙 戴森 王丹红”。

正如希尔伯特提出的未解决问题指引了20世纪前半叶的数学发展,冯·诺依曼应邀为20世纪后半叶的数学指点江山。冯·诺依曼演讲的题目已经在大会纲要中公布了,它是:《数学中未解决的问题——大会组委会邀请演讲》。然而,会议结束后,包含所有演讲内容的完整会议记录出版了,除了冯·诺依曼的这篇演讲之外。会议记录中有一空白页,上面只写着冯·诺依曼的名字和演讲题目,下面写着:"演讲文稿尚未获取。"

究竟发生了什么事?我知道所发生的事情,因为1954年9月2日,星期四,下午3:00,我正坐在阿姆斯特丹音乐厅的听众席上。大厅里挤满了数学家,所有人都期望在这样一个历史时刻聆听一场精彩绝伦的演讲。演讲结果却是令人非常失望。冯·诺依曼可能在几年前就接受邀请做这样一个演讲,然后将之忘到九霄云外。诸事缠身,他忽略了准备演讲之事。然后,在最后一刻,他想起来他将旅行到阿姆斯特丹,谈一些有关数学的事;他拉开一个抽屉,从中抽出一份20世纪30年代的老演讲稿,掸掉上面灰尘。这是一个有关算子环的演讲,在30年代是一个全新、时髦的话题。没有谈任何未解决的问题,没有谈任何未来的问题。没有谈任何计算机,我们知道这是冯·诺依曼心中最亲爱的话题,他至少应该谈一些有关计算机的新的、激动人心的事。音乐厅里的听众开始变得焦躁不安。有人用全音乐厅里的人都能听见的声音大声说:"Aufgewarmte suppe",这是一句德国,意思是"先将汤加热"(warmed-up soup)。1954年,绝大多数数学家都懂德语,他们明白这句玩笑的意思。冯·诺依曼陷入深深的尴尬,匆匆结束演讲,没有等待任何提问就离开了音乐厅。

贝特对冯·诺依曼的看法是否影响戴森不得而知,不过戴森对冯·诺依曼深深的失望隐含在字里行间,以至于在50年后,戴森还清楚地记得时间,"1954年9月2日,星期四,下午3:00",这种细节化的描述说明戴森的失望溢于言表,"没有谈任何未解决的问题,没有谈任何未来的问题。没有谈任何计算机"。没有证据证明冯·诺依曼恃才傲物,相反,笔者在阅读冯·诺依曼资料时,发现好多资料提到冯·诺依曼认为中国人是最聪明的。在那个时刻,也许冯·诺依曼是最有威望和最有能力接下希尔伯特接力棒的人,但是,他没有成为数学界的下一个领军人物。

戴森还提到了很多鸟,哥德尔是鸟,希尔伯特是一只高高在上的大鸟。杨振宁,是另外一只大鸟,"借助于非阿贝尔规范场产生的非平凡李代数,场之间形成的相互作用变得独特,因此,对称性支配相互作用。这是杨振宁对物理学的伟大贡献。这是一只鸟的贡献,它高高地飞翔在诸多小问题构成的热带雨林之上,我们中的绝大多数在这些小问题耗尽了一生的时光。"

对科学家评价是一件很主观的事情,戴森并没有给出评价科学家是鸟还是青蛙的标准,也许根据的是科学家解决问题的思想和方式。例如,戴森这样评价培根和笛卡儿:

"17世纪初,两位伟大的哲学家,英国的弗兰西斯·培根和法国的勒奈·笛卡儿,正式宣告了现代科学的诞生。笛卡儿是一只鸟,培根是一只青蛙。两人分别描述了对未来的远景,但观点大相径庭。培根说:"一切均基于眼睛所见自然之确凿事实。"笛卡儿说:"我思,故我在。"

按照培根的观点,科学家需要周游地球收集事实,直到所积累的事实能揭示出自然的运动方式。科学家们从这些事实中推导出自然运作所遵循的法则。根据笛卡儿的观点,科学家只需要待在家里,通过纯粹的思考推导出自然规律。为了推导出正确的自然规律,科学家们只需要逻辑规则和上帝存在的知识。"

这里，戴森更关注的是不同科学家研究问题的视角，戴森在文章中还写道：

“在开路先锋培根和笛卡儿的领导之下，400多年来，科学同时沿着这两条途径全速前进。然而，解开自然奥秘的力量既不是培根的经验主义，也不是笛卡儿的教条主义，而是二者成功合作的神奇之作。400多年来，英国科学家倾向于培根哲学，法国科学家倾向于笛卡儿哲学。法拉第、达尔文和卢瑟福是培根学派；帕斯卡、拉普拉斯和庞加莱是笛卡儿学派。因为这两种对比鲜明的文化的交叉渗透，科学被极大地丰富了。这两种文化一直在这两个国家发挥作用。牛顿在本质上是笛卡儿学派，他用了笛卡儿主义的纯粹思考，并用这种思考推翻了涡流的笛卡儿教条。玛丽·居里在本质上是一位培根学派，她熬沸了几吨的沥青铀矿渣，推翻了原子不可毁性之教条。”

显然，法拉第、达尔文和卢瑟福，每个人都不是青蛙，如果是青蛙，也是名字叫作“鲲”的青蛙①。戴森之所以这么分类，也许是按照他们的研究范式，笛卡儿学派的研究范式更多地使用演绎法，而培根学派更多地使用了归纳法。

数学和物理学更看重演绎方法，物理学如此成功，甚至在其他学科产生了“物理学妒忌”②，也许物理数学的成功，让人们觉得演绎方法才是王道。但是，在今天人工智能的研究范式中，使用归纳逻辑的机器学习技术，却取得了出人意料的成功。机器学习这只“青蛙”终于变成了“王子”，战胜了逻辑推理这只“鸟”，在人工智能领域，站在了舞台中央。

7.6 怎么做

本章的“怎么做”部分内容较少，这是因为这一章所在的抽象层次较高，较少有具体案例，而且有些机器人技术需要有具体硬件支持才能看到演示效果。这里只列举两个简单的关于智能体的示例。

7.6.1 智能体博弈

程序 7.1 智能体博弈绘图

```
1    import numpy as np
2    import matplotlib.pyplot as plt
3    ls=[0,0.2,0.4,0.6,0.8,1]
4    pshooter=np.linspace(0,1,20)
5
6    for pkeeper in ls:
7        pgoal=0.6*(1-pshooter)*(1-pkeeper)+0.1*(1-pshooter)*pkeeper+
     0.2*pshooter*(1-pkeeper)+0.8*pshooter*pkeeper
8        if pkeeper==0:
9            plt.annotate("p(keeper)=0",xy=(0,0.6),xytext=(0.05,0.65),
         arrowprops=dict(arrowstyle="->"))
```

① “北冥有鱼，其名为鲲。鲲之大，不知其几千里也；化而为鸟，其名为鹏。”庄子·《逍遥游》。

② 查理芒格在《穷查理宝典》中提到了经济学的物理学妒忌。物理学妒忌指的是在很多专业领域中，大家认为其中的理论最终应该要像物理学一样，能透过数学模型的方式加以解释或呈现。最完美的要像牛顿定律那种，靠简单的数字与模型来“标准化某些反应”。

```
10        if pkeeper==1:
11            plt.annotate("p(keeper)=1",xy=(0.18,0.22),xytext=(0.25,0.15),
          arrowprops=dict(arrowstyle="->"))
12        plt.plot(pshooter,pgoal)
13    plt.xlabel('p(shooter)')
14    plt.ylabel('p(goal)')
15    plt.show()
```

程序 7.1 的运行结果如图 7.7 所示。

7.6.2 Boids 模拟

程序 7.2 模拟了 Reynolds 提出的鸟群模型算法(本程序来自 anaconda 官网的 Boids 模型,无修改)。

程序 7.2 Boids 模型

```
1     import holoviews as hv
2     from holoviews import opts
3     import numpy as np
4     hv.extension('bokeh')
5
6     def radarray(N):
7         "Draw N random samples between 0 and 2pi radians"
8         return np.random.uniform(0, 2 * np.pi, N)
9
10    class BoidState(object):
11        def __init__(self, N=500, width=400, height=400):
12            self.width, self.height, self.iteration = width, height, 0
13            self.vel = np.vstack([np.cos(radarray(N)), np.sin(radarray(N))]).T
14            r = min(width, height)/2 * np.random.uniform(0, 1, N)
15            self.pos = np.vstack([width/2 + np.cos(radarray(N)) * r,
16                                  height/2 + np.sin(radarray(N)) * r]).T
17
18    def count(mask, n):
19        return np.maximum(mask.sum(axis=1), 1).reshape(n, 1)
20
21    def limit_acceleration(steer, n, maxacc=0.03):
22        norm = np.sqrt((steer * steer).sum(axis=1)).reshape(n, 1)
23        np.multiply(steer, maxacc/norm, out=steer, where=norm > maxacc)
24        return norm, steer
25
26    class Boids(BoidState):
27        def flock(self, min_vel=0.5, max_vel=2.0):
28            n = len(self.pos)
29            dx = np.subtract.outer(self.pos[:,0], self.pos[:,0])
30            dy = np.subtract.outer(self.pos[:,1], self.pos[:,1])
31            dist = np.hypot(dx, dy)
32            mask_1, mask_2 = (dist > 0) * (dist < 25), (dist > 0) * (dist < 50)
33            target = np.dstack((dx, dy))
```

```
34            target = np.divide(target, dist.reshape(n,n,1)**2, out=target,
        where=dist.reshape(n,n,1) != 0)
35            steer = (target * mask_1.reshape(n, n, 1)).sum(axis=1) / count(mask_1, n)
36            norm = np.sqrt((steer * steer).sum(axis=1)).reshape(n, 1)
37            steer = max_vel * np.divide(steer, norm, out=steer, where=norm != 0)
        -self.vel
38            norm, separation = limit_acceleration(steer, n)
39            target = np.dot(mask_2, self.vel)/count(mask_2, n)
40            norm = np.sqrt((target * target).sum(axis=1)).reshape(n, 1)
41            target = max_vel * np.divide(target, norm, out=target, where=norm != 0)
42            steer = target - self.vel
43            norm, alignment = limit_acceleration(steer, n)
44            target = np.dot(mask_2, self.pos)/ count(mask_2, n)
45            desired = target - self.pos
46            norm = np.sqrt((desired * desired).sum(axis=1)).reshape(n, 1)
47            desired *= max_vel / norm
48            steer = desired - self.vel
49            norm, cohesion = limit_acceleration(steer, n)
50            self.vel += 1.5 * separation + alignment + cohesion
51            norm = np.sqrt((self.vel * self.vel).sum(axis=1)).reshape(n, 1)
52            np.multiply(self.vel, max_vel/norm, out=self.vel, where=norm >
              max_vel)
53            np.multiply(self.vel, min_vel/norm, out=self.vel, where=norm <
              min_vel)
54            self.pos += self.vel + (self.width, self.height)
55            self.pos %= (self.width, self.height)
56            self.iteration += 1
57    boids = Boids(500)
58
59    def boids_vectorfield(boids, iteration=1):
60        angle = (np.arctan2(boids.vel[:, 1], boids.vel[:, 0]))
61        return hv.VectorField((boids.pos[:,0], boids.pos[:,1],
62                  angle, np.ones(boids.pos[:,0].shape)), extents=(0,0,400,400),
63                  label='Iteration: %s' % boids.iteration)
64    boids_vectorfield(boids)
65
66    from holoviews.streams import Stream
67    def flock():
68        boids.flock()
69        return boids_vectorfield(boids)
70    dmap = hv.DynamicMap(flock, streams=[Stream.define('Next')()])
71    dmap
72
73     dmap.periodic(0.01, timeout=60, block=True) # Run the simulation for
60 seconds
```

在程序 7.2 中，类 Boids（第 26～56 行）是程序的核心，模拟了鸟群避免碰撞（separation）速度匹配（alignment）、鸟群聚集（cohesion）等动作。最后的运行结果是一个动态图，可以清楚地看到鸟群整体飞翔的模拟。在图 7.8 中，给出了整个动态图中的几个图片帧。

第三部分

机器学习技术

第8章　机器学习(一)

所有的模型都是错误的,但其中有些是可用的。

——Box & Draper①

8.1　机器学习概述

8.1.1　学习范式

本书的惯例,先从名字讲起。"机器学习"是英文 machine learning 的翻译,这个翻译"信"且"达"。一般认为,machine learning 这个词来自塞缪尔,他最早提出机器学习一词,定义机器学习为:无需显式的编程,计算机就能够学习的能力(gives computers the ability to learn without explicitly being programmed)。

"机器学习"中的"机器"是指计算机。在计算机发展的早期,它很多时候被认为是一种机器。本书中多次提到机器,如无特殊声明,也指的是计算机。那么"学习"又是什么?机器和人类结构不一样,它们又是如何学习的?

学习是指"通过一定手段获取知识的过程"。这个手段可能是阅读、练习、别人监督指点等。先看看人类是如何学习的。人类的学习过程,经过了不同的范式转移。从远古时期到几百年前,人类从经验中习得知识或技能,例如,通过观察太阳月亮、斗转星移,人类总结了一些天文历法等方面的知识,这个阶段属于第一范式阶段的学习,以归纳法为主,主要是通过观测和实验来学习知识;从几百年前开始,人类渐渐地进入了第二范式阶段,其中最具代表性的就是牛顿的万有引力定律和三大力学定律,人类可以以理论知识为指导来进行实践,这一阶段的学习以演绎法为主。当然,学习的范式和范式之间并没有明显的界限,两千多年前的《几何原本》就是演绎学习的典范。

杨振宁先生在《曙光集》中以麦克斯韦为例介绍了归纳和推演,原文如下。

归纳和推演都是近代科学中不可缺少的思维方法。为说明此点让我们看一下麦克斯韦(1831—1879)创建麦克斯韦方程的历史。

麦克斯韦是19世纪最伟大的物理学家。他在19世纪中叶写了三篇论文,奠定了电磁波的准确结构,从而改变了人类的历史。20世纪所发展出来的无线电、电视、网络通信等,统统都基于麦克斯韦方程式。他是怎样得到此划时代的结果呢?

① 原文为 Essentially,all models are wrong,but some are useful,这句话用来形容机器学习非常恰当。本句话引自1987年出版的文献[1]。但网上也有人指出,早在1976年,Box 就说过同样的话。虽然这句话是一句玩笑,但是非常多的研究人员赞同这句话。

他的第一篇文章里面用的是归纳法，里面有这样一段话："我们必须认识到互相类似的物理学分支。就是说物理学中有不同的分支，可是他们的结构可以相互印证"。

他用这个观念来研究怎样写出电磁学方程式，以流体力学的一些方程式为蓝本。这种研究方法遵循了归纳法的精神。

几年以后，在第三篇文章中他把用归纳法猜出的电磁方程式，运用推演法而得出新结论：这些方程式显示电磁可以以波的形式传播，其波速与当时已知的光速相符，所以"光即是电磁波"，这是划时代的推测，催生了20世纪的科技发展与人类今天的生活方式。

上面的故事清楚地显示了归纳与推演二者同时是近代科学的基本思维方法。

随着计算机技术的发展，人类在学习知识方面慢慢过渡到第三范式阶段，这一阶段的主要特点是借助计算机来解决问题，因为这个时候已经有了海量的数据，而如今的计算能力又支持对这些海量数据进行处理，这些客观条件保证机器能够"学习"了。

格雷于2007年1月1日在加州山景城的NCR-CTBS会议上，把人类的学习过程分成了四个范式阶段。第一范式阶段是几千年前，科学以实验为主，描述自然现象；第二范式阶段是过去数百年来，科学出现了理论研究分支，利用模型和归纳；第三范式是过去数十年来，科学出现了计算分支，对复杂现象进行仿真；第四范式是现代，数据爆炸，将理论、实验和计算仿真统一起来[2]（考虑到格雷的巨大影响力，以及这是他生前最后一个讲稿，他于2007年1月28日独自驾船在美国加州外海失踪）。在一定范围内，格雷的四范式划分法得到了人们的认可。

本书没有采纳格雷的划分方法。首先，范式本身并不是哲学上的一个严格的术语。另外，范式的转移是一个非常漫长的过程，往往要经过很久才能得到广泛的承认。普朗克说过：科学在一次一次的葬礼中进步。他所说的是必须等到一个世代离去，新的理论才有机会铲除旧的理论。虽然这句话是为他自己鸣不平，但是，第一范式和第二范式经过长时间的考验，已经获得了人们的认可。而计算机出现只有几十年，格雷说的计算机仿真、数据密集型分析，也没有离开归纳和演绎学习的框架。

或者，现在的学习仍然使用第一和第二范式，计算机只是一种工具。当一些学习过程从人类转移到机器之后，才是学习的第三范式。总要走过这段历史之后，人们回头总结，才能看出当前人类习得知识的方式是不是有了新的范式。

很多人觉得，从第二范式到第三范式是人类的一种倒退。这其实是人类的一种妥协，就是人类承认自己的无知和无能。近代科学的发展给人一种错觉，人类上天入地无所不能。事实上，好多生活中的具体问题都没有理论指导，是否要给某个人发放信用贷款？某个用户是否会购买某种商品？公司开发一个新产品，用户会不会喜欢？如何进行推广？这些问题传统办法无法解决，需要有新的方法工具提出。

但是，和"人工智能"这个名字一样，"机器学习"也是一个不恰当的术语，听起来好像是机器在学习，但是本质上机器只是在对数据进行计算。

8.1.2 机器学习过程

先看一下机器的学习过程。机器的学习过程更类似于人类的归纳学习过程。机器学习主要研究如何使计算机从给定数据中学习规律,通常会构建一个模型,并利用这个模型来对未知或无法观测的数据进行预测。学习的具体过程如下。

(1) 收集数据;

(2) 对数据进行预处理(预处理过程包括数据的补全和清洗,转换成计算机能够处理的数据格式和特征选择等多方面内容,术语叫作特征工程);

(3) 用特定的方法分析数据,得出结论;

(4) 对结论进行解释和评估。

这四个步骤每一个都很重要,缺一不可。第(1)步是最基础的,也是最花费成本的,例如,图像识别需要有大量标注好的图片,给图片进行标注是有成本的(有个新的职业叫作数据标注师);第(2)步是最花费时间的,因为在实际应用中,拿到的数据往往是杂乱无章的,几乎所有的工程师都反映,很多机器学习过程花费了大量的时间在数据预处理上;第(4)步能产生更多价值,一个好的机器学习算法,如果不能被很好地解释,是不容易被客户所接受的。一个人工智能给出的诊断结果要有推理过程才会为大众所信服,ChatGPT 这样的人工智能程序,在回答人类问题的时候也要有事实基础,如果随意生成信息对其自身有巨大的反噬作用。

在实际生产中,大部分工程师反而都觉得第(3)步比较简单,因为工程中应用的都是成熟方法,资料很多,各种问题的解决方法都是比较容易获取的。本书主要讲解的就是第(3)步所需要的方法,所以放心,机器学习并不难。

人工智能、机器学习、深度学习三者之间的关系可以用图 8.1 表示。

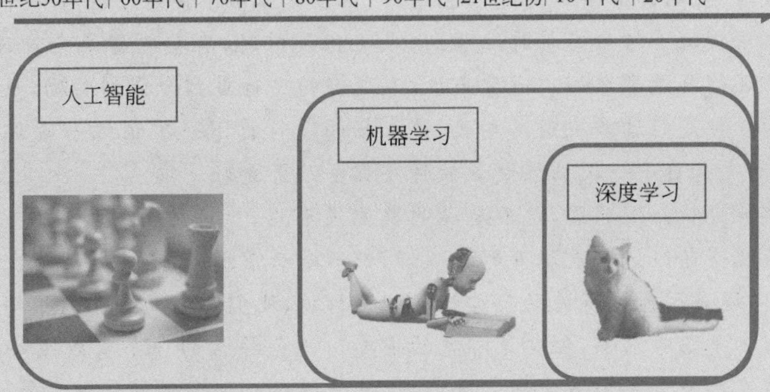

图 8.1　人工智能、机器学习、深度学习之间的关系

深度学习是机器学习的一个分支,机器学习有很多技术,包括线性回归、决策树、支持向量机、神经网络等;机器学习是人工智能的一个分支,实现人工智能也包括很多技术,如前面讲的符号逻辑、连接主义等。

8.1.3　机器学习分类

从学习方式上讲,机器学习可以分为监督学习、无监督学习、半监督学习、自监督学习和强化学习等。

从学习结果上讲,机器学习可以分为回归和分类等。

常见的机器学习算法有线性回归、逻辑回归、决策树、朴素贝叶斯、kNN（k 近邻）、SVM（支持向量机）、k-means（k-均值）和神经网络等。

此处先不介绍这些概念，因为直接介绍这些概念不符合人类认知过程。待学习结束之后，读者可以回头看看这里的概念，是否都理解了。

下一节先从最简单的机器学习算法——回归分析讲起。

8.2 最简单的机器学习——线性回归

8.2.1 线性回归

还是按照惯例，从线性回归（linear regression）这个名字讲起。这个名字让很多人觉得莫名其妙，“线性”在前面的线性代数中讲过了，那么“回归”是什么？一个圈养的大熊猫放归自然，可以说大熊猫回归大自然，那线性回归里面的“回归”二字表示什么意思呢？

“回归”是英文 regression 一词的翻译，这个英文单词的本意是“衰退”，这一概念由高尔顿最早提出。1855 年，高尔顿发表《遗传的身高向平均数方向的回归》，他发现，矮个父母所生的孩子比其父要高，身材较高的父母所生子女的身高却回降到多数人的平均身高，他把这种现象称为回归。一般认为，平均数是平庸的，因此“向平均数方向的回归”（regression toward mediocrity）也有向平均数衰退的意思。而此后在科学领域，回归一词已经脱离它“衰退”的本意，一般都是指随着数据量的增大，有向均值靠拢的趋势。

《思考，快与慢》的作者卡尼曼是以色列人，他在这本书中讲述了这样一个故事：他在帮以色列空军培训战斗机飞行员时注意到，在飞行训练时，有些飞行员会表现得很好，而有些飞行员表现得就没那么好。通常来说，表现好的飞行员都会得到奖励，表现不好的飞行员会被训斥。但是经过多次观察发现，被表扬的飞行员下一次训练一般都不如上次出色，而被批评的飞行员下一次训练大多数时候都会做得更好。

如果简单地分析一下原因，是不是说明奖励没有用，批评才有效？其实，这只是一种回归现象。表现得超级好和表现得超级不好，都不是正常水平，不管是因为飞得完美而被表扬的飞行员，还是因为飞得差劲而被批评的飞行员，他们都会向自己的平均值回归。

异常表现不是正常水平，但却是常见的现象。避免异常的一个有效做法就是多做几次，例如，现在有些地方采用多次高考取均值，就是避免有人高考发挥失常的一个办法。

在这里，稍微停顿一下，不要马上翻书去学习回归算法，而是请你先思考一个问题：为什么会有回归现象？回归好像是一个理所当然的结果，事实上，这个答案并不是不言而喻的。

高尔顿除了提出回归概念以外，在介绍概率时，一个常用的工具——高尔顿板也是以他命名的，高尔顿板实验见图 8.2 所示。

图 8.2(a)是最常见的高尔顿板，最上方有若干小球，中间有一些障碍，下面是一堆竖槽。如果小球落下，大家可以想象，中间的位置小球最多，越往两边小球越少。整体呈现一个钟形分布。但是假设现在将两层高尔顿板叠加起来，如图 8.2(b)所示，那么小球依然会呈现钟形分布，但是这次小球的分布会更分散。换句话说，虽然这两个高尔顿板的均值相等，但

是第二次的方差要比第一次大。这两个高尔顿板所产生的钟形分布如图 8.2(c)所示。

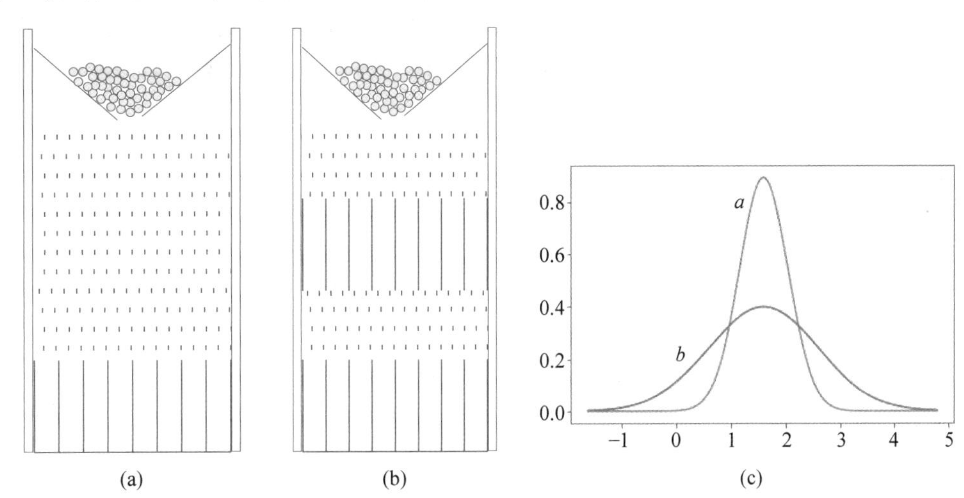

图 8.2　高尔顿板实验

假设一层高尔顿板模拟了人类的身高分布，那么图 8.2(b)模拟了两代人的身高分布。可以想象，如果有多层高尔顿板，那么这个钟形曲线的方差将会越来越大，也就是曲线应该越来越平。那岂不是说，人类这样传承下去，会出现身高特别高大的巨人和特别矮小的侏儒了？

但是现实的世界中，这样的事情并没有发生。如果我们观察一代人，总有些特别高的人和特别矮的人，但是这些身高特征并不一定会遗传给下一代，因为特别高和特别矮都是小概率事件。回归发生的本质就是——小概率事件不会一再发生。

在一些受控实验中，就是避免回归出现。例如在农业育种中，人们会挑选更大果实的种子来产生下一代，结果就是现在有越来越大的农产品出现了，今天大家吃的水果、蔬菜，普遍要比几十年前大得多。

在真实世界中，小概率事件不会一再发生，随着数据量的增大，数据会呈现出一种“均值回归”趋势。既然数据有一种趋势，那么顺着这种趋势就可以预测未知的数据。线性回归是所有回归分析中最简单的一个方法，下面看一个简单例子①。

假设有如下的一组关于成年哺乳动物的体重和平均寿命之间的关系数据，见表 8.1。

表 8.1　一些成年哺乳动物的体重和平均寿命之间的关系

动物	体重/kg	寿命/年	动物	体重/kg	寿命/年
老鼠	0.3	1.5	马	750	40
兔子	3	10	大象	8000	65
猴子	40	30			

如果科学家发现一只未知的动物重 10kg，怎样预测这类动物的期望寿命？注意，概率

① 这个案例的想法受袁越所著图书《人类的终极问题》(生活·读书·新知三联书店，2019)启发，具体数据为笔者自行编撰。

分布中的均值即称“期望”。

假设体重是 x，寿命是 y，那么可以把 y 视为 x 的函数，只要找到 y 与 x 之间的函数表达式就可以了。x 与 y 之间的关系不是那么明显，最好的办法是画一幅图，如图 8.3 所示。

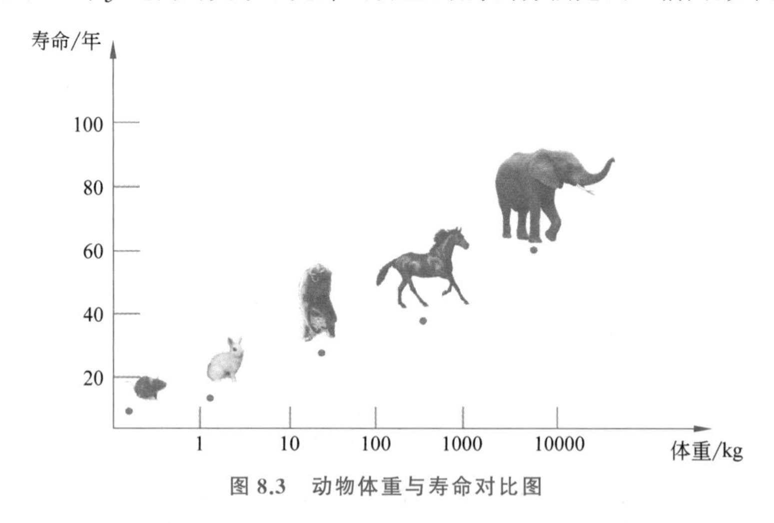

图 8.3 动物体重与寿命对比图

注意，图 8.3 的坐标是用对数比例方式标注的，因为 x 的变化范围太大(0.3～8000)，y 的变化范围比较小(1.5～100)。对数更关心的是体重的数量级，表 8.2 为取对数后的体重和寿命数据。为了叙述方便，这里把取对数的体重仍然称作动物体重(这种称法对本例解题没有任何障碍，虽然这里有负数出现)。

表 8.2 一些成年动物的体重(对数)和平均寿命之间的关系

动物	体重(对数)	寿命/年	动物	体重(对数)	寿命/年
老鼠	−0.522879	1.5	马	2.875061	40
兔子	0.477121	10	大象	3.90309	65
猴子	1.60206	30			

从图 8.4 可以看出，动物的寿命 y 和体重 x 之间大致呈现出一种线性关系，可以写作 $y=kx+b$，其中，k 和 b 是待求解的值。

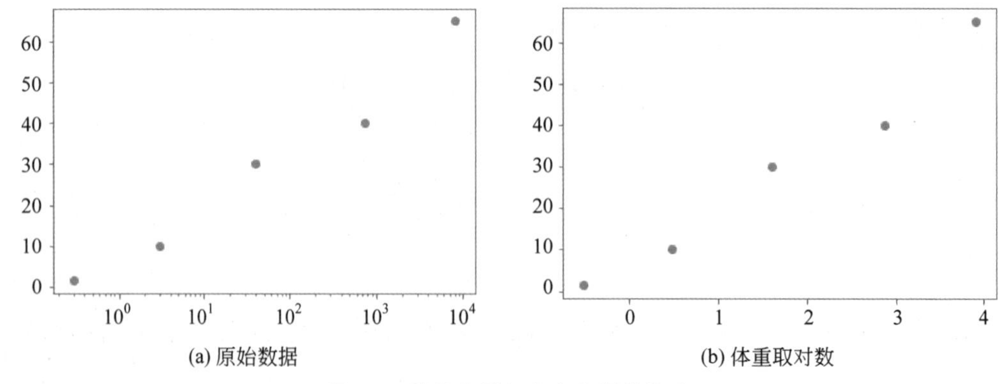

图 8.4 动物体重与寿命之间的关系

(由程序 8.1 绘制)

看到这里,可能有些人会觉得数据太多了,如果只有两个数据,用待定系数法就可以求出 k 和 b 的值。但是,客观数据就放在那里,不能因为方便而放弃事实。最重要的是,y 和 x 之间并不是一个严格的线性关系。准确来说,y 和 $kx+b$ 之间会有一个误差 ε,事实上,y 和 x 之间的关系如式(8.1)所示。

$$y = kx + b + \varepsilon \tag{8.1}$$

通过式(8.1)建立了一个模型。其中:

(1) 模型中的 x 称为自变量,y 称为因变量;

(2) k 为模型的斜率项,b 为模型的截距项,ε 为模型的误差项;

(3) 误差项 ε 的存在主要是为了平衡等号两边的值,通常被称为模型无法解释的部分。

现在的目标就是使用这个模型,求出 k 和 b 的值。

8.2.2　误差函数

几乎所有的机器学习算法都使用如下指导思想——最小化误差函数。

很多资料也把误差函数(error function)称为损失函数(loss function)或者代价函数(cost function),在后文有时使用误差函数,有时使用损失函数,它们表示同一个意思。如果从误差函数角度来认识机器学习,那么机器学习其实是这样的:针对一堆数据,构建一个模型,通过这个模型计算出结果,这些结果和真实值一定会有误差,机器学习算法的目标就是误差函数越小越好。在求解这个目标函数的过程中,学习到模型的各种参数。

在前面的例子中,从 ε 出发,$\varepsilon = y-(kx+b)$ 是模型的误差函数,如图 8.5 所示。

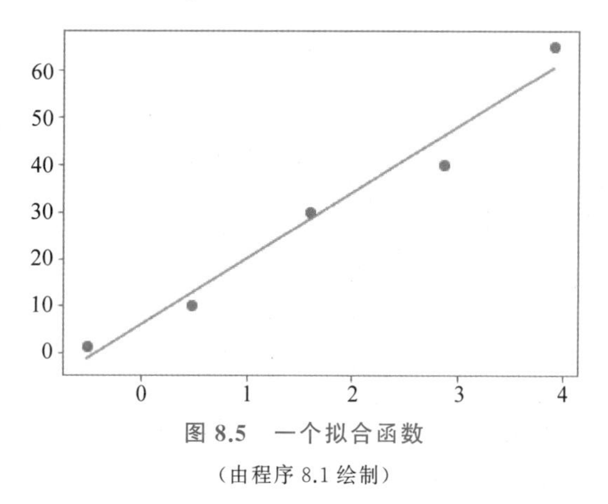

图 8.5　一个拟合函数

(由程序 8.1 绘制)

如何让 ε 最小?注意,误差的产生来自多个数据,因为每一个数据对(每一种动物的体重和寿命)都会有一个误差 ε_i,ε 最小是指所有的误差的和最小。对于不同的数据对来说,可能有的误差 ε_i 是正值,有的是负值,如图 8.5 所示,第 2 个数据(兔子)在直线的下方,第 5 个数据(大象)在直线的上方,因此直接把所有的误差累加求和不是一个好办法。一个常用的办法是将误差项累加求和转换为平方和,以抵消正负号的影响。因此,这个问题的目标函数如式(8.2)所示。

$$J(k,b) = \sum_{i=1}^{n} \varepsilon^2 = \sum_{i=1}^{n} (y_i - [b + kx_i])^2 \tag{8.2}$$

这样，问题就转换为如何求得式(8.2)的最小值。求解方法很简单，计算目标函数关于参数 k 和 b 的两个偏导数，最终令偏导数为 0 即可。

把式(8.2)展开，得到式(8.3)。

$$J(k,b)=\sum_{i=1}^{n}(y_i^2+b^2+k^2x_i^2+2bkx_i-2by_i-2kx_iy_i) \tag{8.3}$$

在式(8.3)中分别对 b 和 k 求偏导数，得到式(8.4)。

$$\begin{cases}\dfrac{\partial J}{\partial b}=\sum\limits_{i=1}^{n}(0+2b+0+2kx_i-2y_i+0)\\ \dfrac{\partial J}{\partial k}=\sum\limits_{i=1}^{n}(0+0+2kx_i^2+2bx_i+0-2x_iy_i)\end{cases} \tag{8.4}$$

把式(8.4)展开，并且令偏导数等于 0，得到式(8.5)。

$$\begin{cases}\dfrac{\partial J}{\partial b}=2nb+2k\sum\limits_{i=1}^{n}x_i-2\sum\limits_{i=1}^{n}y_i=0\\ \dfrac{\partial J}{\partial k}=2k\sum\limits_{i=1}^{n}x_i^2+2b\sum\limits_{i=1}^{n}x_i-2\sum\limits_{i=1}^{n}x_iy_i=0\end{cases} \tag{8.5}$$

进一步把式(8.5)展开，得到式(8.6)。

$$\begin{cases}b=\dfrac{\sum\limits_{i=1}^{n}y_i}{n}-\dfrac{k\sum\limits_{i=1}^{n}x_i}{n}\\ k\sum\limits_{i=1}^{n}x_i^2+\left(\dfrac{\sum\limits_{i=1}^{n}y_i}{n}-\dfrac{k\sum\limits_{i=1}^{n}x_i}{n}\right)\sum\limits_{i=1}^{n}x_i-\sum\limits_{i=1}^{n}x_iy_i=0\end{cases} \tag{8.6}$$

根据式(8.6)，最终求得 b 和 k 的值如式(8.7)所示。

$$\begin{cases}b=\bar{y}-k\bar{x}\\ k=\dfrac{\sum\limits_{i=1}^{n}x_iy_i-\dfrac{1}{n}\sum\limits_{i=1}^{n}x_i\sum\limits_{i=1}^{n}y_i}{\sum\limits_{i=1}^{n}x_i^2-\dfrac{1}{n}\left(\sum\limits_{i=1}^{n}x_i\right)^2}\end{cases} \tag{8.7}$$

机器学习会有很多公式，如果后面的公式大家看起来有点困难的话，强烈建议读者把式(8.1)～式(8.7)看懂，最好自己能计算一遍。这些公式非常简单(虽然看起来很复杂，其实是最简单的偏导数求导)。

根据式(8.7)就可以计算 b 和 k。这个数据量很小，针对表 8.3 中的数据，可以手动计算一下这个结果，求得 $k=13.929$，$b=6.082$。动物寿命(y)和动物体重(x)之间的对应关系为 $y=13.929x+6.082$。因此，如果得到的新动物体重 10kg(别忘了先对体重取对数，lg10=1)，那么这种动物的期望寿命是 20.011 岁。设想一下这种动物是一只体重为 10kg 的狗，看看这个结果符合你的期望吗？

因为这个数据量太小了，所以可以手工计算得到结果。真正的应用中，数据量都要比这大得多，因此，需要编程计算这个结果。程序 8.1 给出了程序实现方案。

使用 scikit-learn 包

如果大家觉得自行计算参数 k 和 b 太复杂，可以使用封装好的函数来计算。这个封装好的函数在 scikit-learn 包中，有时也称 sklearn 包。本书除了个别机器学习程序为从头开始编写之外，大部分都是基于该包完成的。

scikit-learn 包是基于 Python 语言的机器学习必备的工具，它的应用非常广泛，以至于很多机器学习的书籍都变成了 sklearn 包的使用说明书。事实上，对于绝大多数人来说，自己从头到尾写一个机器学习算法也确实没有必要(写一个没有错误的机器学习程序的要求很高)。因此，在大多数情况下，笔者都建议大家基于 sklearn 包进行开发。

除了 sklearn 包之外，针对特定的任务还有不同的开发包，例如，针对图像处理有 opencv 包(图像处理和一些机器学习算法的工具包)；针对一些统计模型有 statsmodels 包(统计处理工具包)。

8.3 多元回归分析

可以看到，回归分析可以对未知数据进行预测。但是，前面的例子实在是太简单，生活中很少有一个结果只和单一因素有关(动物的寿命不仅和体重有关，还和其他很多因素都相关)。下面看一个实际生活中的例子，如表 8.3 所示。

表 8.3 糖尿病患者数据集

AGE	SEX	BMI	BP	S1	S2	S3	S4	S5	S6	Y
59	2	32.1	101	157	93.2	38	4	4.8598	87	151
48	1	21.6	87	183	103.2	70	3	3.8918	69	75
72	2	30.5	93	156	93.6	41	4	4.6728	85	141
24	1	25.3	84	198	131.4	40	5	4.8903	89	206
⋮	⋮	⋮	⋮	⋮	⋮	⋮	⋮	⋮	⋮	⋮

注：此数据较为常见，本表数据来自北卡罗来纳州立大学，搜索"ncsu diabets dataset"可得。

表 8.3 是一个在机器学习领域中常用的糖尿病患者数据集，该数据一共有 442 项，前 10 列是患者的个人情况①，可以看作是自变量 $\boldsymbol{x}$，$\boldsymbol{x}$ 有 10 列，一列可以视为一个属性，因此，可以把 $\boldsymbol{x}$ 视为 10 维数据。第 11 列是基线检查一年后疾病进展的定量测量，可以将这列视为是因变量 y。

能否根据已有的数据信息，得出 y 和 $\boldsymbol{x}$ 之间的关系？更进一步，如果来了一个新的患者，能否通过测量该患者的 10 个相关指标，确定他的 y 值？

多元回归分析即自变量有多种属性，分析因变量和自变量之间关系的一种算法。这个地方是很多人开始放弃机器学习的地方。因为变量变多了，需要使用矩阵符号来表示。因

① 这 10 项数据分别是：AGE 年龄(以年为单位)，SEX 性别，BMI 体重指数，BP 血压平均值，S1 tct 细胞(一种白细胞)，S2 低密度脂蛋白，S3 高密度脂蛋白，S4 tch 促甲状腺激素，S5 ltg 拉莫三嗪，S6 血糖水平。这 10 个特征变量中的每一个都以平均值为中心，并按标准差乘以 n_samples(即每列的平方和总计为 1)进行缩放。

此这里非常有必要规定一下符号：小写字母表示一个标量（例如 y，表示一个数值）；小写加粗字母表示一个向量（例如 $\boldsymbol{x}$，表示数据表中的一行）；大写加粗字母表示一个矩阵（例如 $\boldsymbol{X}$，表示表中多行多列数据）。大家一定要弄明白符号的意义，这样才能明白算法是如何实现的。可以把 y 和 $\boldsymbol{x}$ 之间的关系记为式(8.8)。

$$y=\boldsymbol{x}\boldsymbol{w}^{\mathrm{T}}+b \tag{8.8}$$

式(8.8)是一项数据（也就是表 8.3 中的一行）计算形式。其中，$\boldsymbol{x}=(x_1,x_2,\cdots,x_d)$是一个行向量，$x_i$ 表示 $\boldsymbol{x}$ 这个数据的第 i 个属性值（例如，对于表 8.3 的第一个患者，x_3 的 BMI 值是 32.1）；$\boldsymbol{w}=(w_1,w_2,\cdots,w_d)$也是一个行向量（$\boldsymbol{w}^{\mathrm{T}}$ 是一个列向量，$\boldsymbol{x}\boldsymbol{w}^{\mathrm{T}}$ 的乘积是一个标量），$\boldsymbol{w}$ 是待求系数；y 是一个标量（例如，对于表 8.3 的第一个患者，y 的值是 151）；b 是一个标量，是待求系数。

注意，有些资料也写为 $y=\boldsymbol{w}^{\mathrm{T}}\boldsymbol{x}+b$，在不引起混淆时，虽然两种写法都可以，意义也相同，但是读者自己要搞清楚计算时的行数和列数。为表示方便，将多个 $\boldsymbol{x}$ 写在一起，用一个矩阵表示为

$$\boldsymbol{X}=\begin{bmatrix} x_{11} & x_{12} & \cdots & x_{1d} & 1 \\ x_{21} & x_{22} & \cdots & x_{2d} & 1 \\ \vdots & \vdots & \vdots & \vdots & \\ x_{m1} & x_{m2} & \cdots & x_{md} & 1 \end{bmatrix}=\begin{bmatrix} x_1 & 1 \\ x_2 & 1 \\ \vdots & \vdots \\ x_m & 1 \end{bmatrix} \tag{8.9}$$

这是一个 $m\times(d+1)$的矩阵，m 为数据个数，d 为属性个数（糖尿病数据集中 $m=442$，$d=10$）这里面最后多出一列向量 1，它的好处是可以去掉 b，把式(8.8)写为

$$\boldsymbol{y}=\boldsymbol{X}\hat{\boldsymbol{w}} \tag{8.10}$$

注意，此时，$\boldsymbol{y}$ 是一个列向量（$\boldsymbol{y}$ 相当于表 8.3 最后一列中的所有数据的取值，是 442 行 1 列的向量）；$\boldsymbol{X}$ 是一个矩阵，如式(8.9)所示；$\hat{\boldsymbol{w}}$是一个向量，因为 $\boldsymbol{X}$ 矩阵比已知数据多了最后一列，因此，此时的$\hat{\boldsymbol{w}}$相当于$(\boldsymbol{w},b)$，$\boldsymbol{w}$ 和 b 的意义如式(8.8)，为待求值。

知道了公式中符号的含义之后，先复习两个知识点：

(1) 有一个矩阵乘法 $\boldsymbol{A}\boldsymbol{x}=\boldsymbol{B}$，其中 $\boldsymbol{A}$ 和 $\boldsymbol{B}$ 是矩阵，$\boldsymbol{x}$ 是向量。那么 $\boldsymbol{x}$ 是多少？如果 $\boldsymbol{A}$ 可逆，那么 $\boldsymbol{x}=\boldsymbol{A}^{-1}\boldsymbol{B}$。

(2) 有一个矩阵 $\boldsymbol{A}$，想把矩阵里面的每一元素都变成对应的平方，那么是否可以写成 $\boldsymbol{A}\boldsymbol{A}$？答案是不行，因为 $\boldsymbol{A}$ 不一定是方阵。如果想对每一项都平方，应该写成 $\boldsymbol{A}\boldsymbol{A}^{\mathrm{T}}$ 或者 $\boldsymbol{A}^{\mathrm{T}}\boldsymbol{A}$。

因为 $\boldsymbol{y}$ 是真实值，$\boldsymbol{X}\hat{\boldsymbol{w}}$是预测值，它们之间会有误差 ε，如式(8.11)。

$$\boldsymbol{y}=\boldsymbol{X}\hat{\boldsymbol{w}}+\varepsilon \tag{8.11}$$

多元回归分析的目标函数仍然是使误差项的平方和达到最小。因此，目标函数可以写为

$$\begin{aligned} J(\hat{\boldsymbol{w}}) &= \sum\varepsilon^2=\sum(\boldsymbol{y}-\boldsymbol{X}\hat{\boldsymbol{w}})^2 \\ &= (\boldsymbol{y}-\boldsymbol{X}\hat{\boldsymbol{w}})^{\mathrm{T}}(\boldsymbol{y}-\boldsymbol{X}\hat{\boldsymbol{w}}) \\ &= (\boldsymbol{y}^{\mathrm{T}}-\hat{\boldsymbol{w}}^{\mathrm{T}}\boldsymbol{X}^{\mathrm{T}})(\boldsymbol{y}-\boldsymbol{X}\hat{\boldsymbol{w}})=(\boldsymbol{y}^{\mathrm{T}}\boldsymbol{y}-\boldsymbol{y}^{\mathrm{T}}\boldsymbol{X}\hat{\boldsymbol{w}}-\hat{\boldsymbol{w}}^{\mathrm{T}}\boldsymbol{X}^{\mathrm{T}}\boldsymbol{y}+\hat{\boldsymbol{w}}^{\mathrm{T}}\boldsymbol{X}^{\mathrm{T}}\boldsymbol{X}\hat{\boldsymbol{w}}) \end{aligned} \tag{8.12}$$

注意式(8.12)中最后一行，$\boldsymbol{y}^{\mathrm{T}}\boldsymbol{X}\hat{\boldsymbol{w}}$和$\hat{\boldsymbol{w}}^{\mathrm{T}}\boldsymbol{X}^{\mathrm{T}}\boldsymbol{y}$ 的计算结果都是标量，是一个实数，常数的转置就是本身，因此，$\boldsymbol{y}^{\mathrm{T}}\boldsymbol{X}\hat{\boldsymbol{w}}$和$\hat{\boldsymbol{w}}^{\mathrm{T}}\boldsymbol{X}^{\mathrm{T}}\boldsymbol{y}$ 相等。对式(8.12)求偏导数，并令偏导数等于 0，得到

式(8.13)。

$$\frac{\partial J(\hat{\boldsymbol{w}})}{\partial \hat{\boldsymbol{w}}}=(0-\boldsymbol{X}^{\mathrm{T}}\boldsymbol{y}-\boldsymbol{X}^{\mathrm{T}}\boldsymbol{y}+2\boldsymbol{X}^{\mathrm{T}}\boldsymbol{X}\hat{\boldsymbol{w}})=0 \tag{8.13}$$

简化式(8.13),得到式(8.14):

$$\hat{\boldsymbol{w}}=(\boldsymbol{X}^{\mathrm{T}}\boldsymbol{X})^{-1}\boldsymbol{X}^{\mathrm{T}}\boldsymbol{y} \tag{8.14}$$

这种解法也称为最小二乘法。注意,只有在 $\boldsymbol{X}^{\mathrm{T}}\boldsymbol{X}$ 矩阵可逆的情况下,才能到式(8.14)。但是,在绝大多数情况下,数据矩阵都是不可逆的。例如在表 8.3 中,数据集的个数 m 显然大于属性的个数 d。显然 $\boldsymbol{X}^{\mathrm{T}}\boldsymbol{X}$ 的结果不满秩,因此,该矩阵也就不可逆。为了解决这个问题,可以引入正则项。

虽然矩阵不可逆可能意味着无法直接使用式(8.14)求得的解,但是在实际应用中,还是有多种技巧可以处理矩阵不可逆这个问题的。例如,在 sklearn 包的用户手册中的 1.1.1.2 部分就写道:最小二乘法的解使用奇异值分解计算得到。所以大家在使用 sklearn 的时候,是可以直接使用多元线性回归方法的。

8.4 岭回归和 LASSO 回归

为了解决矩阵不可逆的问题,可以将目标函数变为

$$J(\hat{\boldsymbol{w}})=\sum\varepsilon^2=\sum(\boldsymbol{y}-\boldsymbol{X}\hat{\boldsymbol{w}})^2+\lambda\|\hat{\boldsymbol{w}}\|_2^2 \tag{8.15}$$

在式(8.15)中,最后一项 $\lambda\|\hat{\boldsymbol{w}}\|_2^2$ 被称为正则项(有些书也称为惩罚项),$\|\hat{\boldsymbol{w}}\|_2^2$ 是$\hat{\boldsymbol{w}}$的 L2 范数。λ 是一个实数,由用户设定,这样的参数叫作超参数。这样的回归方程也被称为岭回归。

在机器学习中,需要由用户设定的参数叫作超参数(hyper parameter),例如,这里的 λ 由用户给定;而通常的参数是指由算法学习得到的,例如线性回归算法中的系数,是由算法从数据中学习得到的,不是用户给定的。

当 λ 等于 0 时,上述公式就退化成标准的线性回归模型。既然由用户指定,那么这个 λ 的值怎样设置才好?后面的小节中会讲解使用交叉验证方法给出 λ 值的方法。

在前文中讲了范数的概念,除了 L2 范数之外,还有其他的范数,那么能否将 L2 范数替换成其他范数呢,答案是肯定的。例如,可以将式(8.15)中的 L2 范数替换为 L1 范数,那么可以得到式(8.16)(LASSO 回归)。

$$J(\hat{\boldsymbol{w}})=\sum\varepsilon^2=\sum(\boldsymbol{y}-\boldsymbol{X}\hat{\boldsymbol{w}})^2+\lambda\|\hat{\boldsymbol{w}}\|_1 \tag{8.16}$$

使用 L1 范数和 L2 范数除了能解决前文中提到的矩阵不可逆问题之外,还有额外的好处,就是能够显著降低“过拟合”的风险。

虽然岭回归和 LASSO 回归可以解决式(8.14)中矩阵不可逆的问题,但是事实上,不可逆问题有其他解决方案,岭回归和 LASSO 回归最大的优点是可以降低“过拟合”的风险。另外,在岭回归和 LASSO 回归中加入正则项的回归分析还有其他好处。例如,LASSO

回归更容易得到稀疏解，参考式(8.16)，为了使得误差函数最小化，那么其中的一个趋势就是$\|\hat{w}\|_1$最小化，而L1范数是求各项的绝对值之和，最小化的一个结果就是会让一些项变为零，如果某些项变为零，则意味着该属性对于结果没有作用，可以不考虑，达到了稀疏化的目的。

8.5 过拟合与欠拟合

前文中介绍了动物寿命与体重之间的关系。现在假设数据中多了一种动物——蝙蝠，假设蝙蝠平均体重0.1kg，平均寿命为30年。那么如果数据中加入蝙蝠，动物寿命和体重之间的关系就变成如图8.6所示。

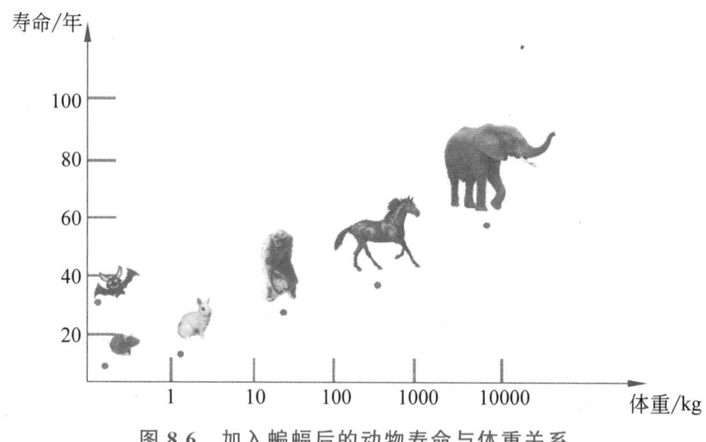

图 8.6 加入蝙蝠后的动物寿命与体重关系

显然，图8.6中的数据不太容易用一条直线拟合。为了让模型更好地拟合这样的数据，可以使用更高次的多项式函数进行拟合。图8.7是对一些数据的拟合(图8.7(a)为原始数据，该数据的生成方式是y在x的二次函数值上下随机波动)，这里分别使用一次函数、二次函数以及更高次函数曲线拟合这些数据。

图8.7中，哪一个函数对于原始数据拟合得更好呢？当然是图8.7(f)拟合得最好。那么图8.7(f)是最好的答案吗？答案显然不是。别忘了，机器学习的目的是利用模型，拟合(学习)出数据之间的关系，然后对未知的数据进行预测。虽然图8.7(f)中复杂的曲线对已有的数据可以拟合得很好，但是对于未知的数据，其预测结果就是一种灾难。

这就是模型产生了过拟合(overfitting)。用户期待在已有数据上学习到模型的普遍规律，但如果学习得“太过”，就会把数据中本身的一些特点视为普遍规律，这样的学习结果就是如图8.7(f)那样，只对已有数据有效果，对未知数据完全无效。把这个模型在未知数据上的预测能力称之为“泛化能力”，显然，人们需要的模型要有很好的泛化能力。因为，用户不知道未知数据是什么样的，因此，如果有可能，人们更希望学习到一个“普遍规律”，而不是只对已有数据拟合得非常好。

当然，如果学习的结果是图8.7(b)，学习的效果也不好，这种情况叫作欠拟合(underfitting)。在当前机器学习的过程中，欠拟合是比较容易克服的，不同算法都有各自的办法。但是过拟合

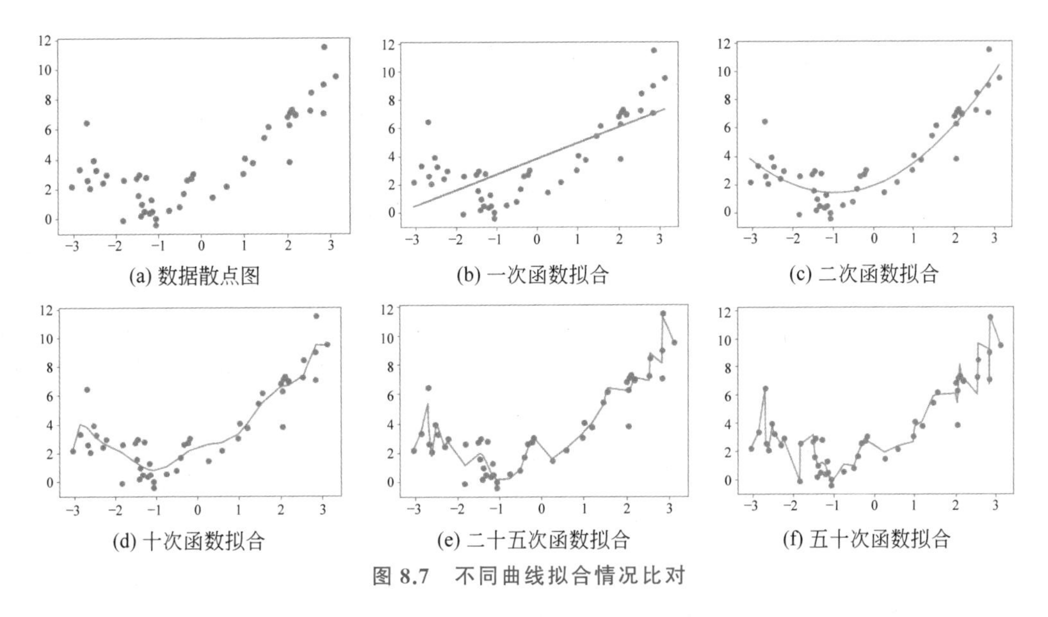

(a) 数据散点图　(b) 一次函数拟合　(c) 二次函数拟合

(d) 十次函数拟合　(e) 二十五次函数拟合　(f) 五十次函数拟合

图 8.7　不同曲线拟合情况比对

很麻烦，在几乎所有的机器学习算法中，过拟合都是学习过程的敌人，各类学习算法都带有一些针对过拟合的策略。但是，过拟合是无法彻底避免的，所能做的只是“缓解”，而不是“消除”。

如何提高模型的泛化能力？先了解一下训练集、测试集和验证集的概念。

8.6　训练集、测试集和验证集

8.6.1　训练集与测试集

模型的好坏只能通过实践判断，也就是使用未知的数据来验证。但是，如果一个机器学习算法在交付之后才面对未知数据，表现不好再回炉重造，这样的成本太高了。能不能在已有的数据集上就能对机器学习算法有一个评估，评估得到满意的结果之后再去面对未知的数据？办法就是在已有的数据中创建未知数据，具体来说，就是可以把数据集分为两部分，一部分是训练集，用来对模型进行拟合（一般称这个过程叫训练）；另一部分叫作测试集，用来评测训练的模型好坏。在训练的过程中，因为训练程序并没有见到过测试集的数据，因此，对于程序来说，测试集中的数据就是未知数据。

对于训练集和测试集的划分，要尽量保证数据分布的一致性，避免数据划分的不平衡而产生错误。例如，对于一个天气数据集，需要根据训练集学习，预测未来是否降雨。对于正常数据集来说，晴天的数据肯定要远多于下雨天的数据，如果再对这个数据集进行划分，得到的训练集全部是晴天的数据，那么模型训练的结果很可能就是永远不会下雨，这样的训练结果显然有问题。在划分训练集和测试集时，也要大致保持原有分布。

训练集和测试集的比例划分并没有严格限制，一般从 9：1（90％训练集，10％测试集）到 2：1（66.7％训练集，33.3％测试集）都可以。注意，大部分数据拿到之后，可能是排好序的（或者数据存在一定规律），不能把数据的前一部分直接拿出来作为训练集，剩下的部分作为测试集，因为这样的划分，数据不具有代表性。在机器学习中，最简单的方法就是随机选择数据，作为训练集和测试集的划分。

8.6.2 验证集与交叉验证

有了训练集和测试集的概念，可以解决 8.4 节中的一个问题了。在岭回归和 LASSO 回归中，二者都有一个超参数 λ。这个超参数一般是一个正实数，那么 λ 的值到底取多少合适？

事实上，也没人知道这个值应该取多少，怎么办？一个一个去试。例如可用如下办法：生成一个数组 lamdas，假设数组中共 100 个元素，元素的值按照等比数列关系，从 10^{-4} 变化到 10^{2}，然后对于数组中的每一个元素，都运行一下岭回归（或者 LASSO 回归），选取效果最好的一个 λ 作为最终的 λ 值。这种办法可以找到一个不错的 λ，但并不是最佳的 λ。因为最佳的 λ 是多少，并没有答案。

这个方法可以解决超参数的设定，但是这个方法的问题是需要训练多次，每次训练时，如果使用的训练集和测试集从不变化，那么只对一个特定的划分有效，而这个划分并不一定能保证数据的一致性。

在实际应用中，可以使用交叉验证法。交叉验证的数据划分过程如下：首先将数据集 D 划分为 k 份，这里假设 k 为 10，保证每一份数据大小尽量均匀，并且数据之间是互斥的，$\bigcup(D_1, D_2 \cdots, D_k) = D$，$\bigcap(D_1, D_2 \cdots, D_k) = \varnothing$。在训练时，每次都使用 $k-1$ 个数据集作为训练集，余下的那一个用于测试。注意，这时，用于测试的数据集就不叫测试集了，而叫验证集。验证集和测试集的区别就在于验证集里面的数据是能够被训练程序看到的，用来调整模型的超参数；测试集里面的数据不能被训练程序看到，用于评估最终模型泛化能力。

交叉验证的训练过程如下：在训练的过程中，先取前 $k-1$ 个数据集合，在上述例子中，先取前 9 个数据集合训练，最后一个数据集合 D_{10} 用作验证集，进行训练，训练过程中对 lamdas 数组中的每一个 λ 值进行评估，得到一个最佳 λ 候选值；然后再取下一组数据，例如取 D_9 作为验证集，其余数据作为训练集，计算得到下一个最佳 λ 候选值……依此类推，最后一轮，取 D_2 到 D_{10} 作为训练集，D_1 作为验证集。最后，取最佳的 λ 作为正则项系数。

这个过程如图 8.8 所示，图 8.8(a)将数据分为 10 部分，图 8.8(b)给出了训练过程。在

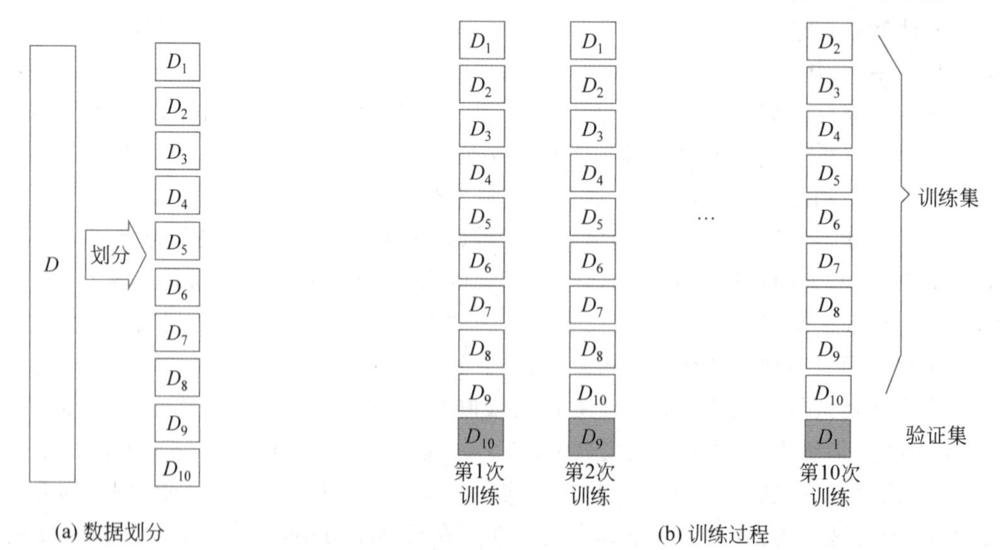

图 8.8 交叉验证

每一次训练中,将无色方框内的数据作为训练集,灰色底纹方框内的数据作为验证集。这样的训练过程,称为 k 折交叉验证。

8.7　有监督和无监督学习

在训练集上进行拟合的过程称为学习,但是,更多的时候把这一过程称为训练。机器学习的两种主要学习方法为有监督学习和无监督学习。所谓有监督学习,就是数据是有标签的,例如本章的动物体重、寿命数据集(在数据集中,已知动物的体重,就知道该种动物的寿命);糖尿病数据集也是有标签的,在这个数据集中,最后一列的数据即为标签列。标签相当于正确答案,有监督学习相当于根据正确答案找到答案和数据之间的关系,而测试的过程就相当于考试的过程,如果考试成绩好,就说明模型的泛化能力强。

但是,对数据标注答案是一个高成本的过程,事实上,很多数据并没有标签,在没有标签数据上的学习叫作无监督学习。本书在第 10 章介绍无监督学习。

8.8　回归结果评估

有了训练集和测试集的概念,就可以对回归模型进行评估。那么,如何评价一个模型的好坏(相当于怎么给考试成绩打分)?

假设对于测试集中的某项数据,标签标记真实值是 y_i,通过模型预测结果的是 $\hat{y}_i$。评价一个模型好坏的计算方法可以有如下四种。

(1) 均方误差(Mean Square Error,MSE)。

$$\text{MSE}=\frac{1}{n}\sum_{i=1}^{n}(\hat{y}_i-y_i)^2 \tag{8.17}$$

(2) 均方根误差(Root Mean Square Error,RMSE)。

$$\text{RMSE}=\sqrt{\frac{1}{n}\sum_{i=1}^{n}(\hat{y}_i-y_i)^2} \tag{8.18}$$

(3) 平均绝对误差(Mean Absolute Error,MAE)。

$$\text{MAE}=\frac{1}{n}\sum_{i=1}^{n}|\hat{y}_i-y_i| \tag{8.19}$$

(4) R^2 评价标准。

$$R^2=1-\frac{\sum_{i=1}^{n}(\hat{y}_i-y_i)^2}{\sum_{i=1}^{n}(\bar{y}-y_i)^2} \tag{8.20}$$

前三个标准都很容易理解,就是通过某种方式判断出所有预测结果的真实值和预测值的误差和,无论是采用平均平方和(评价标准 1)、平均平方和的根(评价标准 2)还是平均绝对值和(评价标准 3)最小,都和大家的普遍认知一致。

对于评价标准 4,是从如下角度衡量误差。$\sum_{i=1}^{n}(\hat{y}_i-y_i)^2$ 用来表示使用训练好的模型预测产生的错误，$\sum_{i=1}^{n}(\bar{y}-y_i)^2$ 表示使用 $y=\bar{y}$ 预测产生的错误（也就是用均值来衡量误差情况），这里的均值$\bar{y}$ 相当于一个基准线。R^2 有 4 个特点：①$R^2 \leqslant 1$；②R^2 越大越好，当预测模型不犯任何错误时，$R^2=1$；③ 当模型等于基准线时，$R^2=0$；④ 如果 $R^2<0$，说明学习到的模型还不如基准线，莫不如直接使用平均值进行预测。

有了这几个标准之后，就可以对预测结果进行评价了。程序 8.3 给出一个完整的分析表 8.3 糖尿病数据集的例子。

8.9 Why

Why 是为什么的意思，研究为什么，本质上是研究因果关系。因果关系也是人工智能研究的一个分支[3]。

8.9.1 因果性

在 8.2 节中介绍了卡尼曼帮助教官训练飞行员的故事，明明是一种回归现象，但是人们却不这样认为。其实本质上人们是想寻求一种说得通的因果关系（人们寻求的不一定是客观正确的，而是看起来正确的因果关系）。实际上，人类存在这样的偏见的例子很多，行为经济学中还有一个经典例子：快速回答一下，下面哪种情况更有可能发生。

（1）加州的大洪水造成了 3000 人无家可归；

（2）加州的大地震引发了山洪暴发，结果使得 3000 人无家可归。

如果读者熟悉了第 3 章的合取谬误，可能知道答案，第一种情况要比第二种情况多很多，但是，很多人在第一次面对这个问题时，都会选择第二种，因为它看起来有理有据。尤其是如果读者刚看完关于地震的新闻报道之后，大部人会觉得第二种才是正确的，有人甚至会说，“无缘无故怎么会有洪水？”。面对任何问题，人们总想得到原因。

能辨因果十分重要，但是探求因果关系谈何容易。吸烟是否能引起肺癌？（这个因果关系已经被证实了，虽然吸烟的人不一定会得肺癌，得肺癌的人也不一定吸烟，但是二者之间有一定的因果关系）。总打电话是否会引起脑癌？（不知道）。总看视频是否会变傻？（不知道，虽然看起来有因果关系，一般认为越思考越聪明，相比阅读获取信息来说，视频会让人不那么容易思考，虽然视频能够快进和重复，但是很少有人会重复看一个片段，而书籍会给人时间反复思考阅读。但是这些都是猜测，不是真正的原因，而且，也许有人看的就是“怎么让人变得更聪明”的视频）。

人们一直在孜孜不倦地探求因果关系，如果你知道疟疾是依靠蚊虫传播还是依靠空气传播，那么你下次去湿地旅行时就会决定到底是带蚊帐还是戴口罩了。疾病的发病原因、股票的上涨原因、经济危机爆发的原因，这些都需要因果关系去研究。当然，真正有效果的是正确的因果关系，因为如果需要的话，很多结果都可以归结到似是而非的原因。

人们常常引用马克·吐温的一句话“让我们陷入困境的不是无知，而是看似正确的谬误论断”(It ain't what you don't know that gets you into trouble. It's what you know for sure that just ain't so)，找到错误的因果关系比找不到还可怕。

这句话很可能不是马克·吐温说的。当然,并没有录音机录下马克·吐温全部的话,但是,在马克·吐温发表过的文章中,并没有这样一句话,虽然马克·吐温肯定具有这样的智慧。这句话出现在电影《大空头》的开头,随着电影的流行,更让人相信它是马克·吐温所说。

8.9.2 相关性不等于因果性

因果关系计算和机器学习具有天然的联系。这种联系,更多地体现在二者所使用的工具有诸多类似。在涉及因果性和相关性时,有一句名言,“相关性不等于因果性”。相关性只是表面上两件事具有一定的关联,但是并不是一件事情导致了另一件事情的发生。典型的例子是在夏天时冰激凌销量和暴力犯罪案件都会增加,但是显然,这二者之间没有任何因果关系。

虽然绝大多数研究人员都知道相关性不等于因果性,但是人类还是本能地愿意给各种事物找出原因。例如,《新英格兰医学期刊》2012 年发表了一篇短文《巧克力消费、认知能力与诺贝尔奖得主》[4],指出诺贝尔奖得主人数和人均巧克力消费数量有强烈的正相关性。同时,文章指出食用巧克力对于智力有正面影响。当然,这篇文章做了三个假设解释这种现象,也谈到了相关性不等于因果性,但是文章的开头就提出了黄酮类食物(flavonoids)会提高人类的认知能力(虽然有很多类似研究,但是目前还没有取得公认)。因此,虽然这是一篇顶级期刊发表的文章,但是还是引来了众多批评。

图 8.3 给出了哺乳动物的寿命和体重之间的关系,一般来说,动物的体重越大,寿命越长,它们之间的相关性很明显。但是,寿命和体重之间可能不是只有相关性那么简单,也许会有一定的因果性。现在的问题是,并不知道如何计算这种因果性,甚至不知道哪个是因,哪个是果。

这里可以有两个因果关系假设,假设一:因为动物寿命长,所以体重才大;假设二:因为动物体重大,所以寿命才长。如果假设一成立,那原因可能是寿命长的动物有足够的时间长身体,而一种只能活几个月的动物的体重一般不会很大;如果假设二成立,那原因可能是动物的身体里有某种未知的机制,如果找到了这种机制,那么就可以顺着这个思路研究长寿药了。

机器学习只能发现相关性,不过即使只发现相关性已经对人们已经很有帮助了。

作一个类比,如果鹦鹉学舌是机器学习,那么乌鸦喝水就是因果分析。显然,乌鸦更聪明,它不是靠模仿学习,而是靠分析。事实上,在评价鸟类聪明程度时,几乎所有的排行榜都会把乌鸦排在首位。

互联网上有过一些实验,取不同形状的瓶子,放入石子,不一定会让水平面升高,证明乌鸦喝水是假的。但是,网上也有乌鸦喝水的视频,当然,乌鸦不是在喝水,而是在水面漂浮一块肉,乌鸦确实能够通过石子填瓶的方法吃到肉。

8.9.3 统计数据会说谎

机器学习的很多算法是依靠统计工具的,可事实上,很多统计数据是不可靠的。下面给出两个统计悖论。

1. 辛普森悖论

辛普森悖论(Simpson's paradox)是一条非常著名的统计学悖论，这个悖论的奇特之处不在于它有多么的高深，而是这么简单的悖论，但直到很晚(1951 年)才被 E. H. Simpson 发现。

一个简单的例子就能说清楚辛普森悖论，这是一个来自美国伯克利大学招生的真实案例。为了叙述方便，这里把该例简化。假设某高校同时招生文科学生和理科学生，统计发现，无论是文科招生还是理科招生，女生的录取比例都要高于男生，那么，有没有可能整体的录取率反而男生高于女生？明明是文科、理科的录取率都是女生比例更高，怎么可能二者加起来反而男生比例更高呢？看一看表 8.4 的数据。

表 8.4 某高校录取男女比例情况

专业	男生			女生		
	申请人数	录取人数	比例	申请人数	录取人数	比例
文科	20	2	10%	80	20	25%
理科	80	48	60%	20	15	75%
总计	100	50	50%	100	35	35%

表 8.4 给出了某高校的录取比例，无论文科(10%和 25%)还是理科(60%和 80%)的录取比例，都是女生显著高于男生。但是整体上，却是男生录取比例高于女生(50%和 35%)。

辛普森悖论很容易推广，如果你把男生和女生换成两名篮球运动员，把文科和理科换成 2 分球命中率和 3 分球命中率，就会发现，在 NBA 中，真的有球员 2 分命中率和 3 分命中率都比另一个运动员高，但是整体的命中率却更低。

2. 斯坦悖论

如果有人想同时对中国 7 岁儿童的平均身高、全世界各国巧克力消费总量、中国 18 岁以上成年人年读书量进行一个评估，那么是不是分别对这三类数据抽样，然后取平均值即可？

斯坦悖论(Stein's paradox)用数学证明给出答案：当考虑 3 个或 3 个以上事物时，直接取它们的样本均值并不是最优策略，将它们的样本均值通过某种非线性的方式结合起来效果更好。这实在是让人困惑，这三件事情实在看起来是风马牛不相及。但是斯坦悖论指出，要估计其中一个参数，考虑其他两个参数总会带来好处。

不同于辛普森悖论，这个悖论更难理解，要理解这个悖论，需要知道什么是“更好”的估计。评价估计量的好坏有 3 个准则：无偏性、有效性和一致性。无偏性是指估计量没有系统性偏差，估计的结果误差可能有正有负，但是整体的估计误差应该为零，如果整体的估计误差不为零，就说明出现了系统性偏差；有效性指估计量的波动较小，虽然整体估计的误差为零，但是每次估计量太大或太小都不是好的估计；一致性指样本量逐渐增加时，样本的统计估计量能够逐渐逼近总体的参数。

事实上，这三个准则是有机一体的，但是因为三个评估标准分离，人们更强调“无偏估计”,因此,一般都认为无偏的估计量才是好的。直到 Abraham Wald 在《统计决策函数》[5]中通过考虑损失函数、风险函数和可容许性等概念来考察不同估计量的优良性。例如,均方误差将无偏性与有效性两个概念融合为一个准则,如式(8.21)所示。

$$E((\hat{\theta}-\theta)^2)=(E(\hat{\theta})-\theta)^2+\mathrm{Var}(\hat{\theta}) \tag{8.21}$$

式(8.21)表明,均方误差等于偏差的平方加上方差。如果只考虑无偏估计,则均方误差即为方差;如果综合考虑无偏性和有效性,那么就可以得到斯坦悖论。

用形式化的语言来描述斯坦悖论如下[6]:一般情况下可以根据某种方法得到 θ_i 的朴素无偏估计 $\hat{\theta}_i^{\text{naive}}=x_i$(即用这个值去估计平均身高、巧克力消费总量等),但是如果利用詹姆斯-斯坦(James-Stein)估计量 $\hat{\theta}_i^{\text{JS}}=\left(1-\frac{n-2}{\|x\|^2}\right)x_i$,可以看出当 $n\geqslant 3$ 时,无论 θ 取什么值,θ^{JS} 的均方误差都会比 θ^{naive} 要小,即 $\forall\theta, E(\|\theta^{\text{JS}}-\theta\|^2)\leqslant E(\|\theta^{\text{naive}}-\theta\|^2)$,朴素估计量的相容性要比詹姆斯-斯坦估计量更差。

斯坦悖论以及詹姆斯-斯坦估计有严格的数学证明,并且有实际的意义。事实上,岭回归和 LASSO 回归都可以认为受到了斯坦悖论的影响(注意式(8.15)、式(8.16)和式(8.21)在形式上的相似性):损失一些偏差,可以减少方差,进而在均方误差意义上提高估计水平。

斯坦悖论还有更深层的含义,一般来说,人们希望将不同领域的知识分割开来,经济问题交给经济学家、数学问题交给数学家、物理问题交给物理学家……但是如果融合起来,效果可能会更好。当然,这种融合也必然使得事物更加复杂,更难得到事物之间的因果关系。

机器学习只能得到相关性,尼采这句话很好地描述了机器学习的目前困境:No fact, just interpretation(没有真相,只有诠释)。

一般公认这句话是尼采所说。笔者不懂德文,不知道这句话来自哪里。在网上找到的最接近的原文是 *Nein, gerade Tatsachen gibt es nicht, nur Interpretationen*(不,没有事实,只有解释)。

而英文最接近的一句话是 *No, facts is precisely what there is not, only interpretations*[7].

8.9.4 如何计算因果?

因果分析非常重要,所以计算机科学家、经济学家都在研究这个领域。2021 年的诺贝尔经济学奖获得者安格里斯特和因本斯因为对因果关系分析的方法论做出了贡献而得奖。事实上,更早的时候,格兰杰提出的格兰杰因果关系检验(Granger causality test)作为一种计量方法已经被经济学家们普遍接受并广泛使用。不止在经济学领域,格兰杰因果关系检验在气象学、神经学领域也得到了应用,然而,格兰杰本人强烈反对他的方法应用到别的领域。在 2003 年发表诺贝尔奖获奖感言时,格兰杰特意强调其引用的局限性,以及因此“出现了很多荒谬的论文”(Of course, many ridiculous papers appeared)。

安格里斯特的《精通计量:因果之道》[8]总结了研究因果关系的 5 个重要工具:随机实验、回归、工具变量、回归断点设计以及双重差分。

1. 随机实验

如果要判断某些事件是否有因果关系，最理想的方法就是采用“控制”的方法。例如，判断是不是公鸡打鸣导致太阳升起，可以把公鸡控制住不再打鸣，如果太阳仍然升起，那么，它们之间肯定就没有因果关系。“其他变量保持不变”实际上就是控制方法，保持其他变量相同，关键变量变化造成的结果变化即因果影响。

但是这种方法不容易实行，不可能控制所有的公鸡不打鸣。在判断因果关系时，使用随机实验较多。随机实验非常容易理解，就是把随机把事件分为两组，处理组(treatment group)和控制组(control group/comparison group，有些资料也称之为对照组)，在这两组上实行不同的操作并观察结果。随机实验应用非常广泛，例如，在 IT 领域常用的 A/B 测试就是一种随机实验。某家互联网公司希望上线一个产品，怎么判断这个产品是否会吸引用户，一般可以把用户随机分为两类(一定要随机)，对 A 类用户开放该产品，对 B 类用户不开放该产品，然后对比最后的结果就可以知道。

随机实验这个想法比较简单，但是一直到 20 世纪初才真正出现随机对照实验的想法。一般认为费舍尔是最早提出随机实验的人，他在 1925 年出版的 *Statistical Methods for Research Workers* 中，描述了随机分配实验的特点，在 1935 年出版的 *The Design of Experiment* 中，他对这个方法进行了详细描述。这个方法影响巨大，例如，在医学领域，随机双盲实验已经成为检验一个药品是否有效的金标准。处理组和对照组这两个名词就来自医学领域。

2. 回归

随机实验虽然应用很广泛，但是有些事情无法进行随机实验。例如，如果想知道名校是否会给毕业生带来更高的回报(名校毕业生一般会有更高的工资，但也许是因为名校生本身素质就较高，或者名校生的家庭背景才是更高回报的主要原因)。而是否进入名校这件事，又不能够进行随机实验(总不能通过掷硬币来决定上哪个大学)，因此，需要寻找其他的工具。

在本章已经介绍了回归分析能够用来进行预测。事实上，回归分析也是用来进行因果分析的一个常用工具。

在回归分析中，回归系数表明了自变量与因变量之间的相关关系，虽然相关性不等于因果性，但是较大的回归系数也会表明一定的因果关系。假设对表 8.3 的糖尿病数据进行因果分析，发现 BMI 一项系数特别高，而其他项的系数都很小，那么就有理由相信，BMI 值越高的人，越容易得糖尿病。

3. 工具变量

在因果研究方面有一个巨大的挑战：“内生性”问题(endogeneity)，即如果某个潜在的、无法观测的干扰项，既影响“因”，又影响“果”，那么，利用最小二乘法模型进行回归分析所得到的估计量就会是有偏误的，不具有因果推断力。工具变量是解决这个问题的一个有效工具。一个工具变量的典型结构如图 8.9 所示。

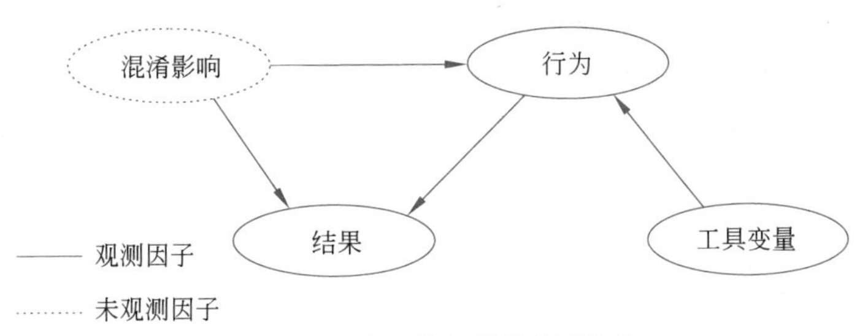

图 8.9　一个工具变量的典型结构

文献[9]给出了一个使用工具变量分析因果关系的例子。这个例子分析肥胖是否能导致抑郁,通常来说,肥胖和抑郁有一定的相关性,但是因果性不那么容易衡量(可能是肥胖导致抑郁,也有可能是抑郁导致肥胖,另外还有很多混淆影响因子存在)。在分析过程中,自变量(行为)是肥胖,因变量(结果)是抑郁,工具变量是对肥胖(BMI 指数)具有高解释力的基因型,文章中指出,FTO(一种基因,也叫肥胖基因)是被研究发现的对 BMI 具有最高解释力的单基因,文献中,作者除了利用了 FTO 基因外,还构建了影响 BMI 多基因指数 wGRS。对于变量工具,可以使用两阶段最小二乘法进行分析,感兴趣的读者可以继续阅读文献[9]。

如果你不愿意阅读文献[9],这里可以告诉你结论:文献[9]指出,BMI 与抑郁症不具有统计相关性(肥胖不会导致抑郁!)。

4. 回归断点设计

回归断点设计(Regression Discontinuity Design,RDD)并不适用于所有的因果问题,但是在很多情况下它都能发挥作用。当这种方法能够发挥作用的时候,基本可以得到等同于随机实验的那种解释力。

回归断点设计即在断点处附近的两侧进行回归分析,计算因变量与自变量之间的因果关系。文献[8]中给出了一个断点回归的例子,该例子讨论了饮酒与死亡率之间的关系。书中指出,在美国,21 岁的公民可以合法饮酒,图 8.10 给出了一个 21 岁左右公民的死亡人数数据。

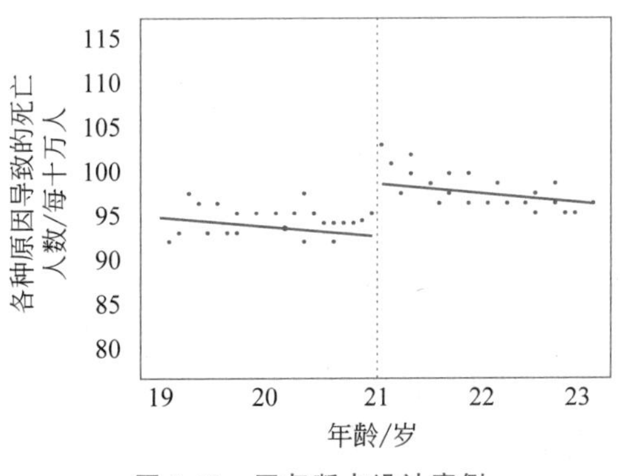

图 8.10　回归断点设计案例

(根据文献[8]图 4.2 重绘)

图 8.10 根据以月份为单位的年龄（将 30 天定义为一个月）绘制出了死亡率（每年每十万人中死亡人数），x 轴以 21 岁生日为中心分别向前和向后延伸了 2 年，可以看出 21 岁生日是个典型的断点。如果在 21 岁之前按照回归分析进行计算，那么 21 岁的死亡人数应该在 92 左右，但是事实上 21 岁的死亡人数在 99 左右，因此可以在回归分析中加入一个变量 D_a，其定义为

$$D_a = \begin{cases} 1, & \text{如果 } a \geqslant 21 \\ 0, & \text{如果 } a < 21 \end{cases}$$

将变量 D_a 加入回归方程中，就可以进行回归断点设计。当然，在实际应用中，还有精确回归断点（sharp regression discontinuity）设计以及模糊回归断点（fuzzy regression discontinuity）设计等。

生活中有很多的断点。例如，在中国，9 月 1 日以后出生的小孩需要晚一年进入小学，虽然这个小孩只和 8 月 31 日出生的小孩差了一天，也没人认为早一天出生的小孩的心智会更成熟。又例如，一种食物的保质期是 360 天，理智的人知道，并不是说这种食物在第 360 天的晚上发生了巨大的变化，以至于到了第 361 天，吃了这种食物就很危险。

5. 双重差分

双重差分（differences-in-differences，DID）指出，当不存在随机分配时，处理组和控制组很可能在很多方面不一样，这种分析工具多用在政策效果评估中。例如，分析某个城市开通高铁是否会提高这个城市的 GDP（这个答案并不一定都是肯定的，因为有报道指出，高铁开通之后，人员流动更方便了，因此，一些贫困地区的人可能更愿意走出该城市，而人员的流失对经济的发展是不利的）。同样，因为每个城市的资源禀赋不一样，直接对比 GDP 的增速是不合理的。

《精通计量》给出了一个真实案例，把该案例简化后如下：在美国 1929 年开始的经济危机中，到底是应该放松信贷还是遏制信贷？1929 年经济危机之后，多家银行倒闭。从 1930 年底开始，A 地放松信贷，B 地遏制信贷。到 1931 年 7 月，A 地还有 121 家银行开张，B 地还有 132 家银行开张，B 地存留银行更多，是不是意味着 B 地的政策（遏制信贷）更合理？显然不是，因为需要看原来各有多少家银行。在 1930 年 7 月，A 地有 135 家银行，B 地有 165 家银行。因此，如果将 B 地视为控制组，在 A 地，利用双重差分对放开信贷效应做出的估计值 δ_{DD} 为

$$\delta_{DD} = (\mathrm{A}_{1931} - \mathrm{A}_{1930}) - (\mathrm{B}_{1931} - \mathrm{B}_{1930}) = (121 - 135) - (132 - 165) = 19$$

图 8.11 给出了双重差分法蕴含的逻辑。

从图 8.11 可以看出，双重差分工具用于比较不同地区的斜率或者说趋势。图 8.11 的虚线表示一个反事实结果：如果 A 地区推行类似 B 地区的政策，那么 A 地区的应该如虚线所示。双重差分的这个反事实来自一个很强但是很容易说明的假设——共同趋势。也就是说，如果二者的政策相同，它们之间的趋势应该是相同的，如果趋势明显不同，说明事件具有因果效应。

除了上述 5 个重要工具之外，贝叶斯网络也是研究因果关系的重要方法之一。

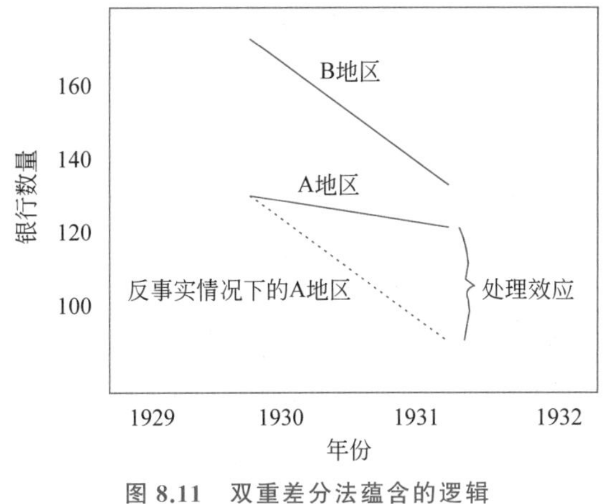

图 8.11 双重差分法蕴含的逻辑
(根据文献[8]图 5.1 重绘)

作为专门研究因果性的计算机科学家,珀尔在安格里斯特和因本斯获得了诺贝尔奖之后,首先在 Twitter 上祝贺了两位得主,然后就对获奖者的研究方法提出了反对(珀尔认为自己是他们研究方法的坚定反对者,staunch opponent)。珀尔认为,获奖者二人的研究忽略了因果推理的两个基本定律。

虽然在 Twitter 上珀尔并没有说这两个基本定律是什么,但是根据他的研究,这两个基本定律应该是珀尔提出的反事实定律和条件独立定律。

贝叶斯网络[3,10]是珀尔的主要研究方法,他也因此获得图灵奖。本书在下一章会介绍贝叶斯网络。这里简单给出珀尔提出两个贝叶斯网络分析因果关系的例子,对应的图结构如图 8.12 所示。

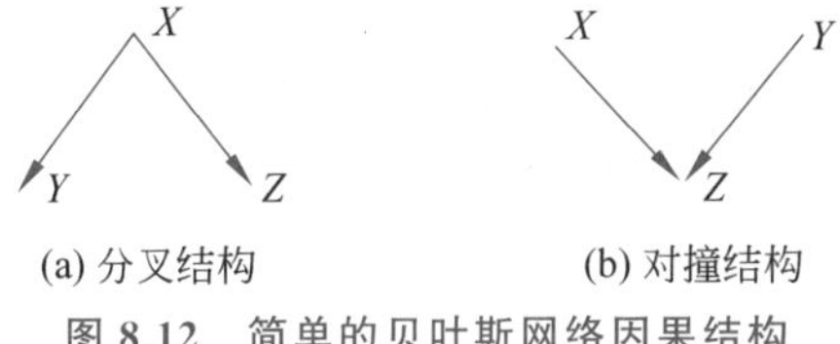

图 8.12 简单的贝叶斯网络因果结构

图 8.12 中箭头方向表示因果关系,这两个图结构都很简单,但是在进行因果分析方面是有力助手,图 8.12(a)可以解释前文提到的冰激凌销量和犯罪率同时增高的现象,在这个现象中,X 是夏天天气热,Y 是冰激凌销量增高,Z 是犯罪率增高。这个图也可以解释文献[4]提到的现象,吃巧克力越多的国家越容易得诺贝尔奖,X 是国民富裕,Y 是人均巧克力消费高,Z 是诺贝尔奖得主人数,所以是因为国民富裕,吃巧克力的人才多,获得诺贝尔奖的人也多。图 8.12(b)可以描述生活中如下例子。某大学为两类学生提供奖学金(Z):一类是体育天赋超强(X);一类是学习成绩拔尖(Z)。通常,体育天赋和学习成绩是独立特质,因此当你知道某人体育天赋突出的时候,不知道他的学习成绩,但是如果发现一个人获得了奖学金,并且知道这个人缺乏体育才能,那么,可以推断出他学习很好。

因果关系的分析与计算并不是一件容易的事情,人类本身也不擅长于做此类事情。人类更擅长于将事物分类,而机器学习中的许多算法,也非常适合分类任务。请看下一章,机器学习(二)——分类。

8.10 怎么做

8.10.1 动物体重寿命分析

程序 8.1 从零开始线性回归

```
1   import pandas as pd
2   import matplotlib.pyplot as plt
3   import numpy as np
4
5   df = pd.read_csv(r".\data\weightlife.csv")
6   print(df)
7   weight,life=df['weight'],df['life']
8   plt.xscale('log')                  #对数坐标轴
9   plt.scatter(weight,life)           #绘制原始数据图像
10  plt.show()
11
12  weightLog=np.log10(weight)
13  print(weightLog)
14  plt.scatter(weightLog,life)        #绘制对数体重数据图像
15  plt.show()
16
17  n=df.shape[0]
18  sumX = weightLog.sum()
19  sumY = life.sum()
20  sumX2 = weightLog.pow(2).sum()
21  xy = weightLog * life
22  sumXY = xy.sum()
23  k=(sumXY-sumX*sumY/n)/(sumX2-sumX**2/n)
24  b=life.mean()-k*weightLog.mean()
25  print(k,b)
26
27  def predict(wtoflog):
28      life=k*wtoflog + b
29      return life
30  animalWeight=10
31  print('life of animal of weight of',animalWeight,'is',predict(np.log10
    (animalWeight)))
32
33  weightLog=np.log10(weight)
34  plt.scatter(weightLog,life,c='b')
35  plt.plot(weightLog,predict(weightLog),c='r')#绘制拟合线
36  plt.show()
```

程序 8.1 非常简单，事实上，线性回归也是机器学习中最简单的一个模型。程序 8.1 中，第 7～10 行绘制原始数据图像，第 12～15 行绘制对数体重图像，第 17～25 行为计算 k 和 b 的值(利用式(8.7))，第 27～31 行计算一个新动物的寿命，第 33～36 行绘制拟合曲线。

程序 8.2 使用工具包完成动物体重寿命分析

```
1    #使用 statsmodels 包完成线性回归分析
2    import statsmodels.api as sm
3    import pandas as pd
4    dflog = pd.read_csv(r".\data\weightlifelog.csv")
5
6    weightLife = sm.formula.ols('life ~weight', data = dflog).fit()
7    print(weightLife.params)
8
9    #使用 sklearn 包完成线性回归分析
10   from sklearn import linear_model
11
12   model = linear_model.LinearRegression()
13   model.fit(dflog['weight'].values.reshape(-1,1),dflog['life'].values.
     reshape(-1,1))
14   print(model.coef_)
15   print(model.intercept_)
```

程序 8.2 分别利用了两个不同的包,statsmodels 包(程序第 6、7 行)和 sklearn 包(程序第 12～15 行),对动物体重和寿命关系进行了分析,最后计算结果和程序 8.1 一致。

8.10.2 回归分析

程序 8.3 分析 diabets 数据

```
1    import pandas as pd
2    import numpy as np
3    from sklearn.model_selection import train_test_split
4    from sklearn.linear_model import LinearRegression
5    from sklearn.linear_model import Ridge,RidgeCV
6    from sklearn.linear_model import Lasso,LassoCV
7    from sklearn.metrics import mean_squared_error
8    from sklearn.metrics import r2_score
9
10   #数据的准备
11   diabets=pd.read_excel(r".\data\diabetes.xlsx")
12   X = diabets.loc[:, ('AGE','SEX','BMI','BP','S1','S2','S3','S4','S5','S6')]
13   y = diabets.loc[:, 'Y']
14   X_train, X_test, y_train, y_test = train_test_split(X, y, test_size=0.2,
     random_state=333)
15
16   #使用线性回归模型进行拟合
17   modelLR = LinearRegression().fit(X_train, y_train)
18   print('模型截距:',modelLR.intercept_)        #训练后模型截距
19   print('参数权重:',modelLR.coef_)             #训练后模型权重
20
21   #使用线性回归模型进行预测
22   pred=modelLR.predict(X_test)
23   print('预测值与实际值:\n',pd.DataFrame({'Prediction':pred,'Real':y_test}))
```

```
24
25    #评价线性回归模型效果
26    MSE=mean_squared_error(y_test,pred)
27    print('MSE',MSE)
28    RMSE = np.sqrt(mean_squared_error(y_test,pred))
29    print('RMSE',RMSE)
30    R2=r2_score(y_test,pred)
31    print('R2',R2)
32
33    #使用交叉验证计算岭回归最佳 lamda 值(如果想使用 LASSO 回归,只需要将对应的 Ridge
      #替换成 LASSO 即可,非常简单)
34    Lambdas = np.logspace(-5, 2, 200)
35    ridge_cv = RidgeCV(alphas = Lambdas, normalize=True, cv = 10)   #使用岭回归
36    ridge_cv.fit(X_train, y_train)
37    ridge_best_Lambda = ridge_cv.alpha_
38    print("best lamda:",ridge_best_Lambda)
39
40    #使用回归模型进行拟合
41    ridge = Ridge(alpha = ridge_best_Lambda, normalize=True)            #使用岭回归
42    ridge.fit(X_train, y_train)
43
44    #使用回归模型进行预测
45    ridge_predict = ridge.predict(X_test)
46
47    #评价回归模型效果
48    MSE=mean_squared_error(y_test,ridge_predict)
49    print('MSE',MSE)
50    RMSE = np.sqrt(mean_squared_error(y_test,ridge_predict))
51    print('RMSE',RMSE)
52    R2=r2_score(y_test,ridge_predict)
53    print('R2',R2)
```

程序 8.3 使用 sklearn 包分析 diabetes 数据。前 8 行是引入必要的包文件，注意，这里把线性回归、岭回归和 LASSO 回归写到一个程序中，如果只用一种回归方法，没有必要使用这么多包。

程序第 10～14 行读取数据，并把数据分为训练集和测试集，使用随机划分(random_state=333)，333 是随便选的一个随机数种子。如果固定 random_state，那么每次运行程序，划分的情况都一样；如果不固定这个数，每次运行程序，划分结果都不一样。test_size=0.2 表示测试集占整个数据集的 20%。

程序第 17 行进行线性回归训练(fit 函数)，第 18、19 行打印训练好的模型参数。程序第 21～23行对测试集进行预测，并比较数据的真实结果和预测结果。程序第 25～31 行分别用 MSE、RMSE 和 R^2 衡量线性回归模型的好坏。

程序第 33～55 行是使用岭回归或者 LASSO 回归对数据进行分析，注意，为了节省篇幅，这里只写了岭回归。事实上，如果要把岭回归改成 LASSO 回归，只需要把对应的岭回归函数改写为 LASSO 函数即可，其他地方全部一模一样(事实上，很多 sklearn 包的用法都一样，这也大大减少了普通用户的学习难度)。程序第 33～38 行使用交叉验证方法求得最

佳的 lamda 值,程序第 40～42 行使用对应的模型进行训练拟合,程序第 44～45 行对测试集进行预测,程序第 47～53 行分别用 MSE、RMSE 和 R^2 衡量模型的好坏。

附注

为了方便大家进一步学习机器学习内容,本书中涉及机器学习部分的公式符号尽量写成和周志华老师《机器学习》[11]一书一致。另外说明一下,虽然周老师谦虚地说其所著《机器学习》是一本入门书,但是对于初学者,它还是有很高的门槛的。

对比《机器学习》一书,本书中或者从不同的角度解释某一个具体问题,或者对《机器学习》中的公式进行了解释,因此本书公式更详细一些。为方便大家对照,本书和《机器学习》中的公式对应情况如下。

本书	《机器学习》
式(8.2)	式(3.4)
式(8.5)	式(3.5)、式(3.6)
式(8.7)	(式 3.7)、式(3.8)
式(8.8)	55 页 $f(x_i)$公式,未标号
式(8.9)	55 页 X 公式,未标号
式(8.13)、式(8.14)、式(8.15)、式(8.16)、式(8.17)	(式 3.10)、式(3.11)、式(11.6)、式(11.7)、式(2.2)

第9章　机器学习(二)

To be, or not to be, that is the question.

——莎士比亚[①]

9.1　分类

9.1.1　从回归到分类

To be, or not to be, 对于哈姆雷特来说，这是一个生死攸关的大问题，而在机器学习中，这不过是一个二分类问题。

线性回归方法能够对未知数据进行预测。假设因变量 y 表示是否下雨(y 的值只有两个可能，下雨为1，不下雨为0)，自变量 x 表示影响下雨的因素。如果使用线性回归，y 和 x 之间有下列关系，$y=kx+b$，利用线性回归算法求出 k 和 b 的值，画出示意图，如图9.1所示。

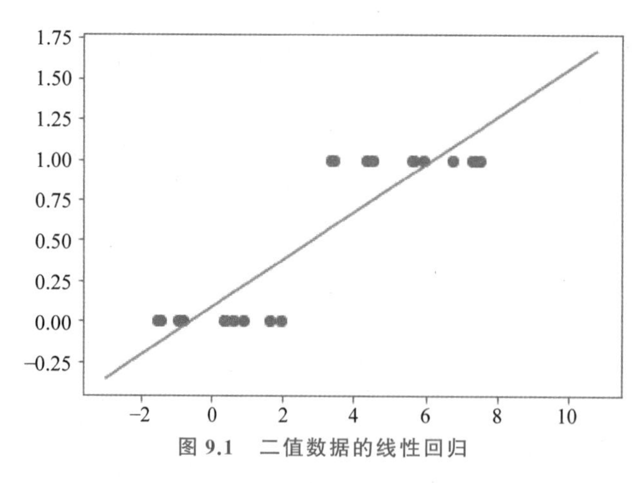

图9.1　二值数据的线性回归

如果一个新数据 x'，值为15，从图中会得出结论，y'的值是一个大于1的数。假设 $y'=2.5$，那么这个问题解决了吗？没有。事实上，期望的答案是明天是否下雨，也就是经过计算，得到的 y'等于0或者等于1，$y'=2.5$ 又是什么呢？下大暴雨？如果另一个新数据 $x''=-10$，假设计算得到 $y''=-1$，又表示什么呢？非常晴朗？

这样的问题其实是一个分类问题。也就是说，期望结果属于某一类。分类也是一种预

① 这句话是莎士比亚作品中最出名的一句，出自《哈姆雷特》，汉语一般翻译为，“生存，还是毁灭，这是一个问题”。

测,例如,根据一些天气数据判断明天是否下雨;根据个人消费数据判断是否应该发放贷款。分类不只是二分类,也有多分类。例如,鸢尾花数据是三分类,根据鸢尾花的花瓣、花萼特点判断其类别;手写体数字识别是十分类(识别出阿拉伯数字,其实是将图片分为从 0 到 9 这十个数字中的某一类)。

那么,分类和回归又有什么区别呢?如果大家去找资料,可能普遍的答案是:如果预测的结果是一个连续值,就是回归问题,如果是离散值,就是分类问题。这个答案不能说错,但是没有回答问题的本质。首先,计算机其实只能表示离散的值。在回归分析中的连续值和数学上的连续不是一回事,回归的连续可以包括整数连续。但是,如果根据结果是连续值还是离散值判断是回归问题还是分类问题,会给人们一种错觉,就是回归预测得到的结果多,分类能够预测的结果少。但是,这个回答是不准确的。刷脸支付中的人脸识别,能够识别出几百万甚至上亿张人脸,那么,数据量够大了吧?但这是一个分类问题。

事实上,回归方法和分类方法的本质区别,在于预测的结果是否是标签中的某个已知值。例如,预测明天的最高温度,一般认为温度值是一个连续值。训练集中,温度值是标签,其变化范围为－40～40℃(假设温度是整数,－40～40℃一共有 81 个整数,但是训练集中没有 20℃这个数,因此 y 的取值一共有 80 个)。如果使用回归方法进行训练,预测得到的结果可能会是任何一个数值,包括 20℃,也包括小于－40℃或者大于 40℃的值;如果使用分类方法进行训练,预测值一定是 80 个值的某一个,不会出现 20℃这个值,也不会有大于 40℃或者小于－40℃的数值出现。

回归预测通过计算会得到新的值,而分类不会。这也是为什么刷脸支付是分类问题,因为刷脸的目的是判断用户是否是已有数据中的某一个,而不是通过刷脸发现一个新的用户。图像识别算法能够识别出一张图片到底包含什么内容,但是如果训练数据中没有“猴子”标签,这个算法永远不会把一张图片预测为猴子。这样看来,回归分析能够预测任意的值,似乎更有用?因为对于未知数据,回归的预测结果可能是已有数据中不存在的标签,能够无中生有。而事实上,在有监督机器学习中,分类算法一直是主流,因为现在的人工智能还没有那么聪明。“无中生有”需要分析推理演绎能力。

本章主要介绍机器学习中几个典型的分类算法。注意,分类算法和回归算法并没有严格的界限,这些算法虽然主要是分类算法,但是经过设计,它们也可以解决回归问题。在生活中,很多问题都可以归结为分类问题。银行判断是否发放贷款、商家判断用户是否会购买商品、求职者是否选择接受某一份工作、到底是吃火锅还是吃烤肉,这些都是分类问题。看来,分类算法是选择困难症的福音。

9.1.2　分类结果评估

可以使用 MSE、R^2 等评价标准来评估回归结果,对于分类的结果,这些标准同样可以使用。但是,这样评估在某些应用场景会带来很大问题。因为分类问题的目标结果与回归不同,损失函数的设置与回归不同,对于结果的评估也不应该与回归相同。例如,判断某人是否患有癌症,患有癌症用阳性表示(正例),否则为阴性(负例)。事实上,患有癌症的患者在整个人群中是少数。假设这个数值是万分之一,如果一个分类器将所有的样本都预测为阴性,这个结果的准确率也会非常之高(准确率高达 99.99%),但显然,这样的结果无意义。所以,对于分类问题结果评估,一般不同于回归的评估标准。

这种正例、负例数据分布不均的现象，称之为数据不平衡或数据偏斜（英文为unbalanced 或 skewed）。数据如果偏斜的太厉害，对预测结果会有很大影响。例如，常见的地震数据即为严重不平衡数据，因为发生地震太罕见，没有地震才是常态。假设地震的爆发频率是30%（那样的地球就没法生存了），相信人们一定能找出更准确预报地震的方法。然而地震数据如此之少，人们又特别想得到一个解释，因此，关于地震的民间预测方数不胜数，例如鱼跳水面、家畜烦躁、动物搬家等。这些解释其实是一种不完全归纳，也许正好有人看到鱼跳出水面，然后发生地震，因此，人们就相信鱼跳出水面是地震前兆，事实上，鱼跃、动物烦躁、搬家都是常见（相对于地震）的动物现象，大多数时候，都没有地震。

机器学习在均衡的数据上表现最好。正因为均衡的数据对于学习算法非常重要，所以，正例数据和负例数据一样，都非常有意义。一些 App 收集数据时，可能有些人认为，"反正我也不在这个 App 上花钱，它收集我的数据也没用"，而事实上，即使你不花钱，App 也非常想知道你的数据。它想知道什么样的用户是不花钱的。

1. 查准率与查全率

这里以二分类为例，介绍一下分类的评估标准，如表 9.1 所示。

表 9.1 二分类的混淆矩阵

真实情况	预测结果	
	阳性	阴性
阳性	TP	FN
阴性	FP	TN

在表 9.1 中，各项的含义如下。

TP（True Positive，真阳性），样本实际为阳性，预测结果为阳性；

FN（False Negative，假阴性），样本实际为阳性，预测结果为阴性；

FP（False Positive，假阳性），样本实际为阴性，预测结果为阳性；

TN（True Negative，真阴性），样本实际为阴性，预测结果为阴性；

这 4 个值十分容易混淆（所以混淆矩阵这个名字起得很恰当）。有个诀窍可以记住这几个缩写，TP、FN、FP、TN 中的第一个字母是表示预测结果是否正确（T 为正确，F 为错误），第二个字母表示预测的结果（P 为阳性，N 为阴性）。有了这几个指标，可以组合成各种不同的评价指标，其中比较重要的是如下两个。

查准率（Precision）：$P = TP/(TP+FP)$；

查全率（Recall）：$R = TP/(TP+FN)$。

顾名思义，查准率表示在所有预测结果为阳性的数据中，有多少是预测正确的。查全率表示所有真实结果为阳性的数据中，有多少被预测出来。查准率和查全率一般是矛盾的。在疾病的预测中，如果想提高查准率，那么一般会把患病标准定的非常高，例如，只有症状非常明显才判断为阳性，原本是阳性的患者可能会预测为阴性，这样，预测结果为阳性的很少（但是预测结果都是正确的，查准率很高），因为会漏检，查全率就会降低；同样，如果想提高查全率，那么就尽量把患病标准降低，稍微有一点疑似的患者都预测为阳性，那么，查全率就很高,但是这样,查准率就会降低。如果不是非常简单的任务,一般查准率和查全率不可能同时都很高。

查准率、查全率最早出现在信息检索的评价指标中,查准率表示"检索到的信息中有多少是用户感兴趣的",查全率表示"用户感兴趣的信息中有多少被检索出来"。这两个词的中文非常传神,几乎看了这两个词,大家就会明白表达的意义。有些资料使用其他翻译,例如,precision被翻译为精度,recall被翻译为召回率。

不同的应用中对于查准率和查全率重视程度不一。例如,在推荐系统中,为了少打扰用户,查准率越高越好,最好推荐的数据全部是用户想要的;而在传染性疾病检测中,查全率就更重要了。

如果想用一个指标将查准率和查全率综合起来,可以使用 F_1 度量(F1-score),其计算公式为

$$F_1=(2\times P\times R)/(P+R) \tag{9.1}$$

F_1 其实是基于 P 和 R 的调和平均来定义的,即 $1/F_1=(1/P+1/R)/2$。

2. ROC和AUC

除了使用查准率、查全率以及F1-score以外,另一个分类问题常用的评价方式是ROC曲线和AUC。

ROC曲线概念抽象,不容易理解。先说一下这个奇怪的名字,ROC的全称是Receiver Operating Characteristic,意为接收者工作特征。这个词最早在第二次世界大战中,由电子工程师和雷达工程师发明并使用。那个时候的雷达兵(信号接收者,receiver)每天的任务就是盯着雷达显示器,观察屏幕上是否出现了飞行物的光点。光点可能是敌人的飞机,也可能是飞鸟,因此,雷达兵需要控制误报率(把飞鸟当成了敌机,相当于机器学习里的假阳性)和漏报率(把敌机当成了飞鸟,相当于假阴性)。20世纪60年代,这样的曲线被医学检查等领域使用,20世纪80年代末,又用到机器学习领域。

绘制ROC曲线,需要用到阳性覆盖率(TPR)和假阳错判率(FPR)两个参数,分别用于纵坐标和横坐标,它们的计算方法如下所示:

$$\mathrm{TPR}=\mathrm{TP}/(\mathrm{TP}+\mathrm{FN})$$

$$\mathrm{FPR}=\mathrm{FP}/(\mathrm{TN}+\mathrm{FP})$$

TPR参数是真阳性占所有真实数据为阳性的比例,表示模型在多大程度上覆盖了关心的结果。医学诊断中对于这个参数专门有一个词,叫作敏感度(Sensitivity),敏感度越高,漏诊率越低;FPR参数来自医学诊断领域的特异度(Specificity),特异度的定义是TN/(TN+FP),特异度越高,误诊率越低,而FPR=1−Specificity。理想情况下人们希望敏感度和特异度都很高,但是实际上很难做到。

ROC曲线的纵坐标和横坐标并没有什么相关性,因此,不能像传统那样,将ROC曲线当作一个函数曲线来分析。ROC曲线可以看成很多个点的集合,每个点都代表一个分类器,横坐标和纵坐标表征了这个分类器的性能。

由于ROC曲线十分抽象,这里举一个具体例子,说明ROC曲线的绘制方法,如表9.2

所示。

表 9.2　绘制 ROC 曲线样本

sampleID	class	score	sampleID	class	score
1	正例	0.9	11	正例	0.4
2	正例	0.85	12	负例	0.3
3	负例	0.8	13	正例	0.29
4	正例	0.75	14	负例	0.25
5	正例	0.65	15	负例	0.2
6	正例	0.55	16	负例	0.18
7	负例	0.53	17	正例	0.16
8	负例	0.52	18	负例	0.14
9	正例	0.51	19	正例	0.12
10	负例	0.505	20	负例	0.1

表 9.2 是一个测试样本的具体例子。其中，sampleID 列是样本编号；class 列是样本类别，共 20 个样本，10 个正例，10 个负例；score 列为通过某种分类算法计算得到的概率值，按降序排序。对于二分类算法来说，可以以概率值 0.5 作为阈值，若 score≥0.5，即划归为正例；否则划归为负例。但是在 ROC 曲线的绘制过程中，不再以 0.5 作为分界线，而是以各个 score 值作为"截断值"，计算不同截断值下的 TPR 与 FPR。对于表 9.2 中的数据，绘制得到的 ROC 曲线如图 9.2 所示。

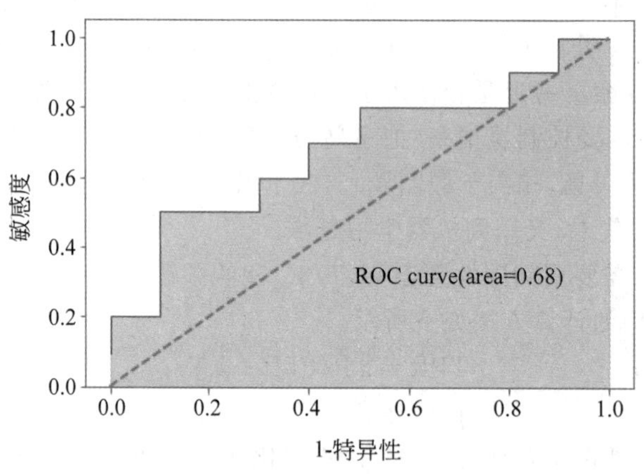

图 9.2　表 9.2 中数据的 ROC 曲线
（由程序 9.1 绘制）

图 9.2 中的 ROC 曲线可以由如下方式绘制。

(1) 对于 score≥0.9，只有 sample1 会被分类为正例，而其他所有的样本都会被分类为负例，因此，对于 0.9 这个阈值，可以计算出 FPR＝0（没有样本被预测为正例，FP＝0），TPR＝0.1（共有 10 个正例，1 个预测正确），因此，画出第一个坐标(0,0.1)。

(2) 对于 score≥0.85，有 2 个样本（sample1 和 sample2）会被分为正例，没有样本被分为负例，可计算得到 FPR＝0，TPR＝0.2，画出第二个坐标(0,0.2)。

(3) 对于 score≥0.8,有 3 个样本被分为正例(sample1、sample2 和 sample3),但是其中有 1 个预测错误(sample3 本应为负例,但是按照 score≥0.8 标准,这里被分类为正例),因此计算可得,FPR=0.1,TP=0.2,画出第三个坐标(0.1,0.2)。

(4) 以此类推,直到对于 score=0.1,20 个样本全部被预测为正例,其中 10 个分类错误,得 FPR=1;10 个分类正确,得 TPR=1,画出第二十个坐标(1,1)。

图中的虚线为参考线,表示随机猜测的结果。绘制 ROC 曲线,不仅仅是为了得到这样一条曲线,更重要的是可以计算 ROC 曲线之下的面积(图 9.2 中灰色阴影部分),这个面积称为 AUC(Area Under ROC Curve)。两个模型进行比较时,如果模型 1 的 ROC 曲线完全被模型 2 的 ROC 曲线包住,那么可以肯定模型 2 更好。但是更多时候,是两个模型的 ROC 曲线相交,这种情况一般难以判断孰优孰劣。此时,一般认为 AUC 较大者对应的模型更好。

混淆矩阵中的 4 个值可以有多种组合表示预测结果,且每个结果都有特殊的含义。例如,精度(accuracy):(TN+TP)/(TP+FN+FP+TN),表示预测正确结果占整体数据的比例;阳性覆盖率(sensitivity):TP/(FN+TP),表示模型在多大程度上覆盖关心的结果;阴性覆盖率(specificity):TN/(TN+FP),表示正确预测的阴性在实际数据阴性的结果。在实际应用中,可以就自己关心的指标选择评价标准。

本书将 precision 叫作查准率,accuracy 叫作精度。accuracy 在有些资料中被翻译为准确度。同样,有的资料将 precision 翻译成精度或者准确度,大家在阅读资料和使用时一定要注意。

有了分类的基本概念,下面看一看几个典型的机器学习分类算法。

9.2 既无逻辑又不回归——逻辑回归

9.2.1 逻辑回归思想

还是从逻辑回归的名字说起。逻辑回归(logistic regression)可能是本书中最不恰当的一个名字了,因为它既无逻辑,又不回归。

本书在第 6 章介绍了逻辑,"逻辑"是 logic 的音译,一般提到逻辑就是指 logic。而逻辑回归中的"逻辑"一词是 logistic 的音译,logistic 这个词有"对数的"意思。逻辑回归在不同的书中叫法不同,有的直接中英文混用,叫作 logistic 回归;有的音译成逻辑斯蒂回归(或者逻辑斯谛回归);有的翻译成对数几率回归。但是,大多数还是叫作逻辑回归,可能因为叫起来方便。更名不符实的是,逻辑回归虽然叫回归,但是解决的是分类问题。

逻辑回归里的逻辑是指 Logistic()函数,这个函数的表达式为

$$\text{Logistic}(z)=1/(1+\mathrm{e}^{-z}) \tag{9.2}$$

这不就是前文中讲到的 Sigmoid()函数吗?没错,Logistic()函数就是 Sigmoid()函数,只不过起了一个不同的名字。那么为什么叫回归呢,是因为逻辑回归方法直接承自线性回归。逻辑回归的预测函数就是将线性回归方程代入 Logistic()函数中,这个函数的表达式为

$$H(x)=1/(1+\mathrm{e}^{-(wx+b)}) \tag{9.3}$$

Logistic()函数(即 Sigmoid()函数)能够将实数域内的数平滑地映射到(0,1)，而分类问题的计算结果往往是一个概率，概率的大小表示属于某类的可能性，这个值域和概率的值域一样。假设概率大于0.5即为正例，否则为负例，那经过Logistic()函数变换，就可以将预测结果从数值变换为分类了。

式(9.3)的函数代号是 $H(x)$，这里的 H 含有信息熵的概念。在分类问题中，很多方法都和回归方法不同，除了评价标准不同之外，用到的损失函数(误差函数)也不相同。

9.2.2 交叉熵损失函数

机器学习的目标为误差最小化，为了求解式(9.3)中的参数，可以记误差 $\varepsilon=y-H(x)$，并使用平方误差函数使误差最小，那么求解目标为

$$\sum(y-H(x))^2 \tag{9.4}$$

这个方法固然可以，但是，大家注意Logistic()函数的图像，在 x 比较大或者 x 比较小时，因变量的值变化非常平缓，也就意味着在计算过程中平方损失函数权重更新会非常缓慢。而且，随着函数值变得平缓，这个结果也没有很好地衡量真实值与预测值之间真正的差异。很多时候，分类问题中的目标函数使用交叉熵损失函数。交叉熵是香农信息熵的一个结论，交叉熵函数定义为

$$H(p,q)=-\sum p(x)\log(q(x)) \tag{9.5}$$

交叉熵损失函数从概率角度衡量了模型计算结果和真实标签之间的距离，其计算结果衡量了真实分布和预测分布之间的差异情况。其中，p 表示真实分布情况，q 表示预测分布情况。

根据式(9.5)，记真实标签为 y，预测结果为 $H(x)$，在二元分类中，交叉熵损失函数为

$$\text{error}=-(y\cdot\log(H(x))+(1-y)\cdot\log(1-H(x))) \tag{9.6}$$

这里直观解释一下这个损失函数，图9.3分别是 $y=1$ 和 $y=0$ 时，式(9.6)中交叉熵损失函数的图像。横坐标 $H(x)$ 是预测输出，纵坐标是交叉熵损失函数计算得到的误差值。假设标签数据只有1和0两项。当 $y=1$ 时，式(9.6)的第二项为0，函数的图像如图9.3(a)所示。显然，预测输出越接近真实样本标签1，损失函数越小，即误差越小；预测输出越接近0，损失函数越大。因此，函数的变化趋势完全符合实际需要的情况。同样，当 $y=0$ 时，第一项是0，式(9.6)的函数图像如图9.3(b)所示。同样的情况，预测结果越接近真实样本，损失函数越小。

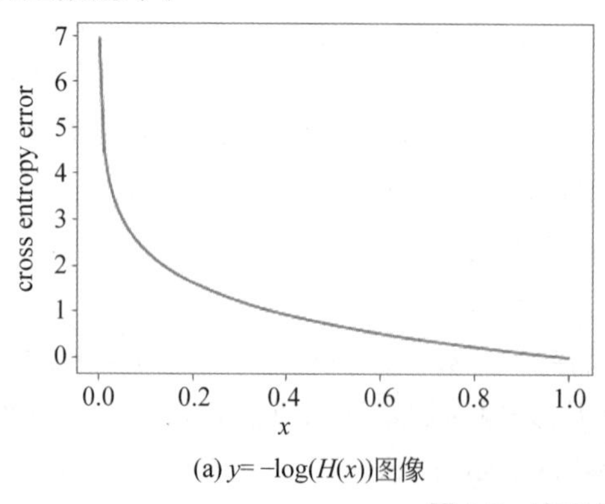

(a) $y=-\log(H(x))$图像

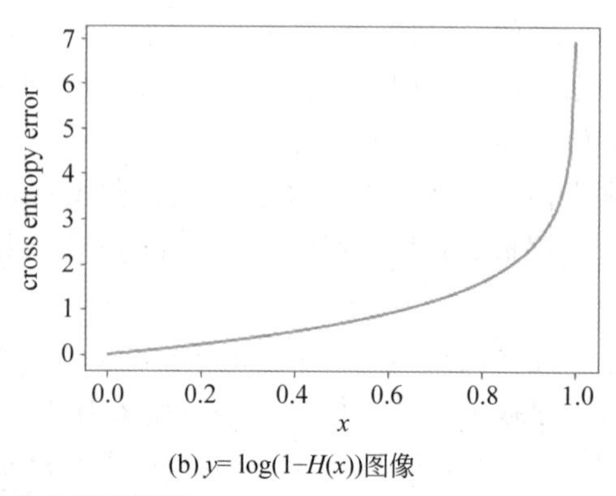

(b) $y=\log(1-H(x))$图像

图9.3 交叉熵损失函数的直观解释

为什么交叉熵损失函数能够衡量误差?

可以从极大似然估计的角度来看交叉熵损失函数。对于二元分类,一个预测结果的预测概率为

$$P(H(x) \mid x;\boldsymbol{w}) = H_{\boldsymbol{w}}(x)^{y_i} \cdot (1 - H_{\boldsymbol{w}}(x))^{1-y_i} \tag{9.7}$$

如果数据集中的数据是独立同分布的(Independently Identically Distribution,IID),那么,n 个样本发生的联合概率就是各个样本事件发生的概率乘积,则样本总的发生概率为

$$\begin{aligned} P(H(X) \mid X;\boldsymbol{w}) &= \prod_{i=1}^{n} P(H(x_i) \mid x_i;\boldsymbol{w}) \\ &= \prod_{i=1}^{n} H_{\boldsymbol{w}}(x_i)^{y_i} \times (1 - H_{\boldsymbol{w}}(x_i))^{1-y_i} \end{aligned} \tag{9.8}$$

连乘法运算复杂且容易出错,在数学中,经常将这种连乘法变成连加法,方法就是取对数运算。因此,式(9.8)取对数之后可以变为

$$\log(P(H(X) \mid X;\boldsymbol{w})) = \sum_{i=1}^{n} y_i \times \log H_{\boldsymbol{w}}(x_i) + (1 - y_i) \times \log(1 - H_{\boldsymbol{w}}(x_i)) \tag{9.9}$$

式(9.9)和式(9.6)正好相差一个负号,事实上,如果目标是预测概率最大,只需要加一个负号,就等价于误差最小,因此,式(9.9)其实从另一个角度推导出了式(9.6)。

定义了误差函数之后,就进入熟悉的模式,即如何最小化误差函数。

9.2.3 梯度下降求解

如何利用交叉熵损失函数求解?别忘了,机器学习的目标就是使损失函数之和最小。因此,目标函数如式(9.10)所示。

$$J(\beta) = -\sum_{i=1}^{n} y_i \times \log H_{\boldsymbol{w}}(x_i) + (1 - y_i) \times \log(1 - H_{\boldsymbol{w}}(x_i)) \tag{9.10}$$

注意,非常遗憾的是,这里面的 $\boldsymbol{w}$ 不能求得一个解析解,也就是不能像之前的线性回归那样,写出 $\boldsymbol{w}$ 的解析表达式。一般来说,可以利用梯度下降算法(或者别的最优化算法)求得未知参数 $\boldsymbol{w}$,梯度下降算法的核心迭代过程为

$$\boldsymbol{w}_{j+1} = \boldsymbol{w}_j - \eta \times \frac{\partial J(\boldsymbol{w})}{\partial \boldsymbol{w}_j} \tag{9.11}$$

其中,η 是学习率,是一个超参数,决定了学习步长,偏导数的值为

$$\frac{\partial J(\boldsymbol{w})}{\partial \boldsymbol{w}_j} = -\sum_{i=1}^{n} (y_i - \log(H(x_i))(x_i^{(j)}) \tag{9.12}$$

其中,最后一项 $x_i^{(j)}$ 表示 i 个变量在第 j 个样本上的观测值。

这样,就可以利用梯度下降算法求解逻辑回归的系数了。

程序 9.2 介绍了鸢尾花数据,程序 9.3 利用逻辑回归对其进行了分类。

9.3 一堆 IF-ELSE——决策树

9.3.1 决策树思想

决策树(decision tree)这个名字非常简单，而且它的实现方式也非常符合人类的直觉——满足哪个条件，就得到对应的分类结果。

先来看一个决策树的例子。你知道海豹、海狮、海象和海狗(见图 9.4)的区别吗？表 9.3 列出了这几种动物的区别，这样的表格不太直观。如果用直观的图形表示出来，那么，可以画成如图 9.5 所示的一棵树。

(a) 海豹　(b) 海狮　(c) 海象　(d) 海狗

图 9.4 海豹、海狮、海象、海狗(海狮、海狗有小耳朵，注意到了吗？)

(图片来源：百度百科对应词条，海狮图片有剪裁)

表 9.3 海豹、海狮、海象和海狗的区别[①]

编号	是否浑身有毛	有无獠牙	有无外耳	哪种动物
1	无	无	无	海豹
2	无	无	有	海狮
3	无	有	无	海象
4	有	无	有	海狗

① 这个表格的外观特征源于笔者自己的观察，并不一定符合生物学事实(事实上，这四种动物都有毛，只不过另外三种没有海狗那么明显)。

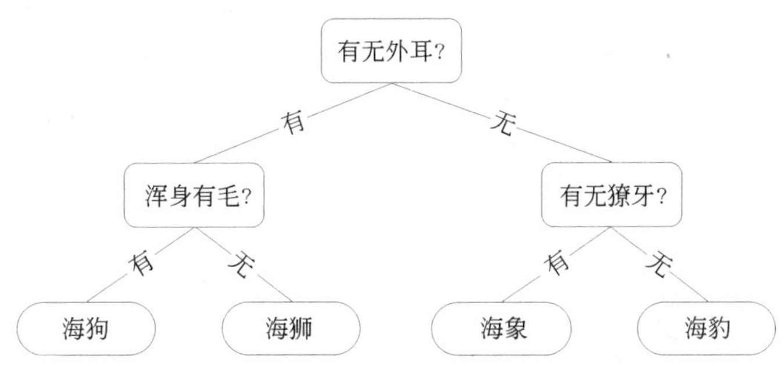

图 9.5 判断海豹、海狮、海象和海狗的决策树

图 9.5 就是一棵简单的决策树。看到这棵树,大家直观上就知道如何区分这四种动物了。这样看来,决策树其实和编程语句里面的 if-else 一样,上面的这棵决策树就可以写成如下的语句。

```
if(有外耳)
    if(浑身有毛)
        海狗
    else
        海狮
else
    if(有獠牙)
        海象
    else
        海豹
```

专家系统中,也有一堆 if-else。不同于专家系统中 if 后面的规则是定义好的,决策树中 if 后面的条件是从数据中习得的,不同的数据会习得不同的条件。回到表 9.3 中的数据,判断海豹、海狮、海象和海狗是否只有一种决策树的生成方法呢? 答案是否定的。

图 9.6 中的两幅图都是根据不同的划分条件产生的决策树,那么,图 9.5 和图 9.6 中哪一棵决策树划分得更好? 这里就涉及一个问题,如何定义"好"? 直觉上来看,图 9.5 中的决策树更好,因为这棵树层次更少(更浅),意味着用更少的步数就可以得到结果。

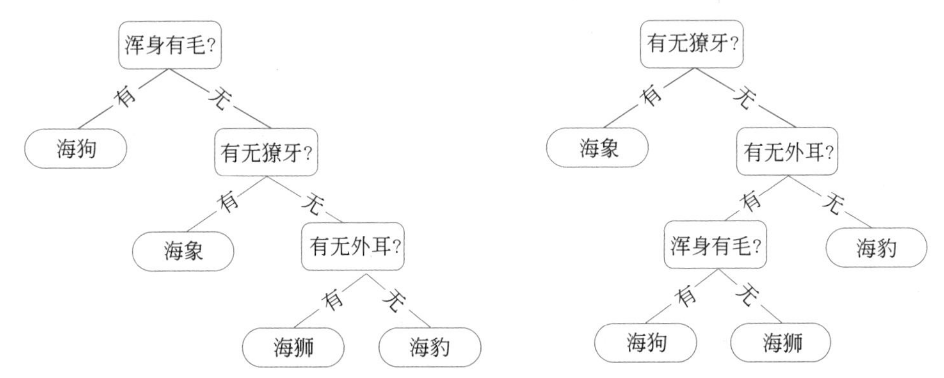

图 9.6 海豹、海狮、海象和海狗不同的决策树划分

那么,如何得到一棵更浅的决策树,或者说,如何让决策树生成得更合理呢? 有一个度量标准,即节点的"纯度"(purity),纯度越高,划分效果越好。一般来说,当一个分支下所有

样本属于同一个类时，纯度最高。例如，在二分类中，将数据分为两个决策树分支，如果其中一个分支中的所有样本都是正类，另一个分支都是负类，那么纯度最高；反之，如果一个分支中一半是正类，另一半是负类，而另一个分支也是一半是正类，一半是负类，这样的纯度最低。所以，决策树的一个核心问题是如何提高划分的纯度。

9.3.2 划分选择

提高纯度有三种主要的划分方法①，分别是信息增益方法[1]（ID3 算法，昆兰于 20 世纪七八十年代提出）、信息增益率方法[2]（C4.5 决策树算法，昆兰于 20 世纪 90 年代提出）和基尼系数方法[3]（CART 决策树，布莱曼等于 20 世纪 80 年代提出）。因为表 9.3 中数据太少，几乎无法划分为训练集和测试集，也无法讲解剪枝算法。这里使用周志华《机器学习》一书中的西瓜数据集讲解，见表 9.4。

表 9.4 西瓜数据集（周志华《机器学习》表 4.1）

编号	色泽	根蒂	敲声	纹理	脐部	触感	好瓜
1	青绿	蜷缩	浊响	清晰	凹陷	硬滑	是
2	乌黑	蜷缩	沉闷	清晰	凹陷	硬滑	是
3	乌黑	蜷缩	浊响	清晰	凹陷	硬滑	是
4	青绿	蜷缩	沉闷	清晰	凹陷	硬滑	是
5	浅白	蜷缩	浊响	清晰	凹陷	硬滑	是
6	青绿	稍蜷	浊响	清晰	稍凹	软黏	是
7	乌黑	稍蜷	浊响	稍糊	稍凹	软黏	是
8	乌黑	稍蜷	浊响	清晰	稍凹	硬滑	是
9	乌黑	稍蜷	沉闷	稍糊	稍凹	硬滑	否
10	青绿	硬挺	清脆	清晰	平坦	软黏	否
11	浅白	硬挺	清脆	模糊	平坦	硬滑	否
12	浅白	蜷缩	浊响	模糊	平坦	软黏	否
13	青绿	稍蜷	浊响	稍糊	凹陷	硬滑	否
14	浅白	稍蜷	沉闷	稍糊	凹陷	硬滑	否
15	乌黑	稍蜷	浊响	清晰	稍凹	软黏	否
16	浅白	蜷缩	浊响	模糊	平坦	硬滑	否
17	青绿	蜷缩	沉闷	稍糊	稍凹	硬滑	否

1. 信息增益

信息增益即信息熵的增加。信息熵的公式为

$$H(D) = -\sum_{k=1}^{|y|} p_k \log_2 p_k \tag{9.13}$$

① 划分选择、决策树的剪枝、连续型数据的处理这三节主要内容来自周志华《机器学习》，本书有补充和调整。

在需要计算概率时,可以使用样本出现的频率代替概率数值。

从信息论的角度来看,信息不过是不确定性的度量。信息增益即考虑如何让信息不确定性消除得更好。ID3 算法使用信息熵来度量样本集合的“纯度”,信息不确定性的消除即可以通过比较划分前后的信息熵来判断,也就是做一个减法。划分前的信息熵 $H(D)$,D 表示数据集。按特征属性 a 划分后的信息熵记为条件熵 $H(D|a)$,使用信息增益方法可以表示为

$$\text{Gain}(D,a)=H(D)-H(D\mid a) \tag{9.14}$$

因为可以使用频率代替概率,因此,式(9.14)中 $H(D)$这一项很容易计算。该数据集共有 17 个数据,决策结果是好瓜或者坏瓜,因此,$|Y|=2$。决策树的根节点包含数据集 D 中的所有数据,正例(好瓜)共有 8 项,负例(坏瓜)共有 9 项。使用频率代替概率,那么 $p_1=8/17$,$p_2=9/17$,根据式(9.13)可以计算信息熵 $H(D)$的值为

$$H(D)=-\sum_{k=1}^{2}p_k\log_2 p_k=-\left(\frac{8}{17}\times\log_2\frac{8}{17}+\frac{9}{17}\times\log_2\frac{9}{17}\right)=0.998$$

之后需要计算 $H(D|a)$,它的表现形式是一个条件熵。条件熵 $H(Y|X)$表示在已知随机变量 X 的条件下计算随机变量 Y 的不确定性。计算方法为计算给定条件 X 的各个条件概率分布的熵对于 Y 的数学期望。假定对于属性 a,有 V 个可能的取值,即如果使用属性 a 进行划分,可以得到 V 个节点。对于公式 $H(D|a)$,计算方法为

$$\begin{aligned}H(D\mid a)&=\sum_{v,k}P(a_v)H(D_k\mid a_v)\\&=-\sum_{v=1}^{V}P(a_v)\sum_{k=1}^{K}P(D_k\mid a_v)\log_2 P(D_k\mid a_v)\\&=-\sum_{v=1}^{V}\frac{|D_v|}{|D|}\sum_{k=1}^{K}\frac{|D_{vk}|}{|D|}\log_2\frac{|D_{vk}|}{|D|}\end{aligned} \tag{9.15}$$

式(9.15)中的符号比较多,下边逐行进行解释。

第一行是条件熵的定义(数学期望的计算),其中,$P(a_v)$表示 a 属性取第 v 个值对应的概率;$H(D_k|a_v)$表示在已知 a_v 的条件下,D 事件为 k 值的条件熵。

第二行,根据信息熵的计算公式,将信息熵转换为概率的计算表示形式,因此第一行的 $H(D_k|a_v)$可以变成 $H(D_k\mid a_v)=\sum_{k=1}^{K}P(D_k\mid a_v)\log_2 P(D_k\mid a_v)$。

第三行,将概率表示转换为频率(频次)表示,其中,$|D_v|/|D|$用第 v 个属性占整个属性的频次,$|D_{vk}|/|D|$对于第 v 个属性中的每一项,计算 D_v 事件为 k 占整个属性的频次。注意,第二个求和符号正好是对于 D_v 这一样本空间的熵的计算,记 $H(D_v)$为

$$H(D_v)=-\sum_{k=1}^{K}\frac{|D_{vk}|}{|D|}\log_2\frac{|D_{vk}|}{|D|} \tag{9.16}$$

因此,最后的信息增益可以记为

$$\text{Gain}(D,a)=H(D)-\sum_{v=1}^{V}\frac{|D_v|}{|D|}H(D_v) \tag{9.17}$$

现在,使用西瓜数据集详细解释一下信息增益方法。对于西瓜数据集进行划分,如果想要找到好瓜坏瓜的决策树,那么树的根节点应该是哪个(也就是第一次划分应该从哪个属性开始)?

分别从色泽、根蒂、敲声、纹理、脐部和触感六个属性计算划分的信息增益。

对于色泽来说，它有3个可能的值($V=3$)，分别是{青绿，乌黑，浅白}，如果使用该节点作为根节点，那么可以划分为3个分支。

(1) D_1：{色泽=青绿}，包含6个样例(样例1,4,6,10,13,17,表9.4中浅色底纹数据)，其中正例3个，负例3个。

(2) D_2：{色泽=乌黑}，包含6个样例(样例2,3,7,8,9,15,表9.4中深色底纹数据)，其中正例4个，负例2个。

(3) D_3：{色泽=青绿}，包含5个样例(样例5,11,12,14,16,表9.4中白色底纹数据)，其中正例1个，负例4个。

对于D_1，使用式(9.16)计算$H(D_v)$，可以分别计算这3个分支的值。

$$H(D_1)=-\left(\frac{3}{6}\times\log_2\frac{3}{6}+\frac{3}{6}\times\log_2\frac{3}{6}\right)=1.000$$

$$H(D_2)=-\left(\frac{4}{6}\times\log_2\frac{4}{6}+\frac{2}{6}\times\log_2\frac{2}{6}\right)=0.918$$

$$H(D_3)=-\left(\frac{1}{5}\times\log_2\frac{1}{5}+\frac{2}{5}\times\log_2\frac{2}{5}\right)=0.722$$

使用式(9.15)计算$H(D|a)$，计算使用色泽的信息增益为

$$\begin{aligned}H(D\mid \text{色泽})&=-\sum_{v=1}^{3}\frac{|D_v|}{|D|}H(D_v)\\&=-\left(\frac{6}{17}\times H(D_1)+\frac{6}{17}\times H(D_2)+\frac{5}{17}\times H(D_3)\right)\\&=0.889\end{aligned}$$

可得，$\text{Gain}(D,\text{色泽})=H(D)-H(D|\text{色泽})=0.998-0.889=0.109$

类似的，计算出使用其他属性进行划分的信息增益为

$\text{Gain}(D,\text{根蒂})=0.143$，$\text{Gain}(D,\text{敲声})=0.141$，$\text{Gain}(D,\text{纹理})=0.381$

$\text{Gain}(D,\text{脐部})=0.289$，$\text{Gain}(D,\text{触感})=0.006$

可知，使用“纹理”属性进行划分，所得信息增益最大。因此，这棵决策树的根节点可以画成如图9.7所示的形式。

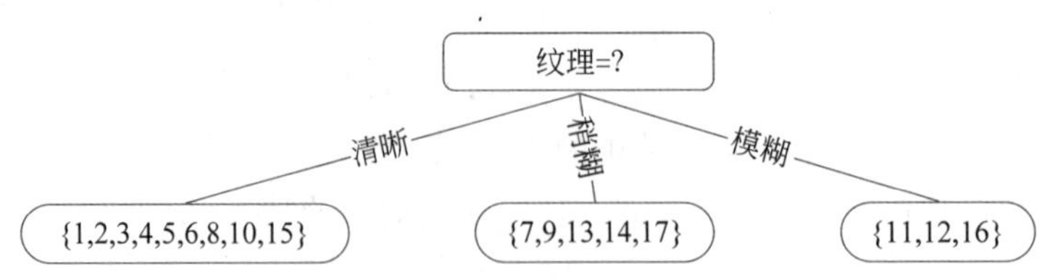

图9.7 使用“纹理”属性对根节点进行划分

到这里，暂停一下进行思考。根据信息增益计算，使用“纹理”属性，信息增益最大，进行划分的效果最好；使用“触感”属性，信息增益最小。为什么会这样？

答案在数据中。仔细分析一下数据，“纹理”属性的数据分布和好瓜坏瓜的分布比较一致。可以看出，如果是纹理清晰的瓜，大部分是好瓜(只有少数例外)；纹理稍糊或者纹理模糊的瓜，大部分是坏瓜。而如果使用“触感”属性进行划分，触感硬滑可能是好瓜，也可能是坏瓜(12个样本，6个是好瓜，6个是坏瓜)；触感软黏可能是好瓜，也可能是坏瓜(5个样本，

2个是好瓜,3个是坏瓜)。也就是如果首先使用触感进行区分,很难分辨出到底是好瓜还是坏瓜。从信息增益角度来看,使用"触感"属性作为根节点,几乎没有消除任何不确定性。

在使用"纹理"属性作为根节点之后,得到了3个分支。继续对每一个分支进行划分,以最左侧分支 D_1 为例,该分支包括{1,2,3,4,5,6,8,10,15}在内的9个样例,然后依次对色泽、根蒂、敲声、脐部和触感计算基于 D_1 的信息增益为

$$\text{Gain}(D_1,\text{色泽})=0.043,\text{Gain}(D_1,\text{根蒂})=0.458,\text{Gain}(D_1,\text{敲声})=0.331$$

$$\text{Gain}(D_1,\text{脐部})=0.458,\text{Gain}(D_1,\text{触感})=0.458$$

其中,"根蒂""脐部""触感"这三个属性均取得了最大的信息增益,因此,可以任意选择其中之一作为划分属性。使用信息增益方法,最后得到的决策树如图9.8所示。

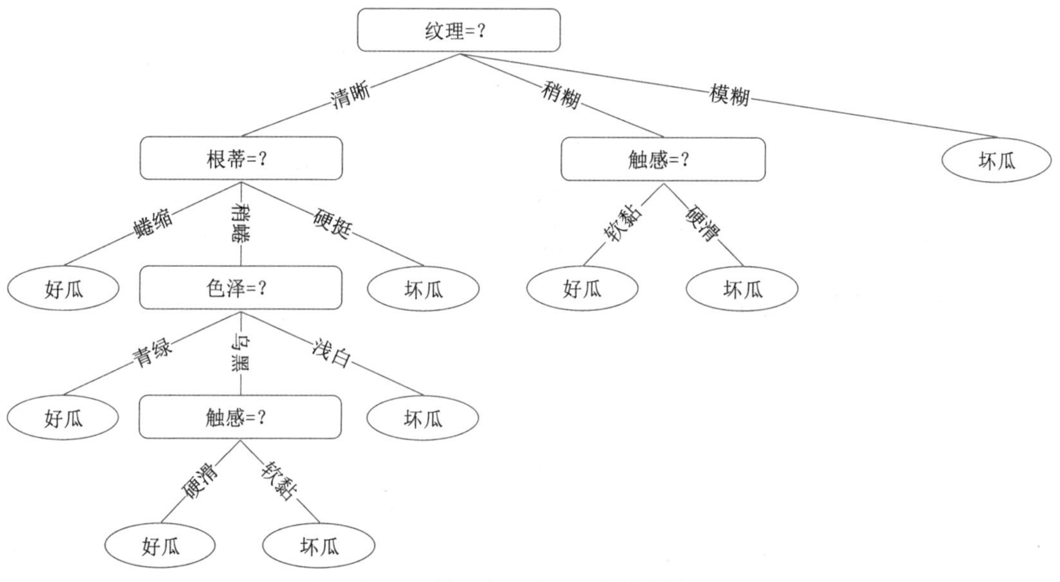

图9.8 基于信息增益生成的决策树

2. 信息增益率

信息增益算法是一个非常经典的决策树算法,原理清晰,实践方便。但是,这个算法有一个明显的缺点,就是喜欢选择属性结果多的特征维度作为判别条件。例如,在使用西瓜数据集进行划分时,没有使用"编号"这一列。如果"编号"这一列也参与划分,那么可以计算出它的信息增益是0.998,远大于其他属性。直观上也很容易理解,使用这一列的划分将产生17个子分支,每个分支只有一个节点,纯度非常高。但是这样的划分显然没有泛化能力。事实上,在一般的数据中,像ID、个人姓名等数据,都不具有指示作用。

为了克服信息增益这一指标的缺点,昆兰等提出了C4.5算法,该算法使用信息增益率作为划分的标准。信息增益率定义为

$$\text{Gain\_ratio}(D,a)=\frac{\text{Gain}(D,a)}{\text{IV}(a)} \tag{9.18}$$

其中,IV(a)的计算公式为

$$\text{IV}(a)=-\sum_{v=1}^{V}\frac{|D_v|}{|D|}\log_2\frac{|D_v|}{|D|} \tag{9.19}$$

IV(a)称为属性的“固有值”(intrinsic value)。属性 a 的取值越多，Gain(D，a)可能越大，但是同时，IV(a)也会越大，这样就以分母的形式实现了对 Gain(D，a)的惩罚。例如，对于西瓜数据集：

$$\mathrm{IV}(\text{编号}) = -\sum_{1}^{17} \frac{1}{17} \times \log_2 \frac{1}{17} \approx 4.087$$

$$\mathrm{IV}(\text{色泽}) = -\left(\frac{6}{17} \times \log_2 \frac{6}{17} + \frac{6}{17} \times \log_2 \frac{6}{17} + \frac{5}{17} \times \log_2 \frac{5}{17}\right) \approx 1.580$$

$$\mathrm{IV}(\text{根蒂}) = -\left(\frac{8}{17} \times \log_2 \frac{8}{17} + \frac{7}{17} \times \log_2 \frac{7}{17} + \frac{2}{17} \times \log_2 \frac{2}{17}\right) \approx 1.402$$

$$\mathrm{IV}(\text{敲声}) = -\left(\frac{5}{17} \times \log_2 \frac{5}{17} + \frac{2}{17} \times \log_2 \frac{2}{17} + \frac{10}{17} \times \log_2 \frac{10}{17}\right) \approx 1.333$$

$$\mathrm{IV}(\text{纹理}) = -\left(\frac{3}{17} \times \log_2 \frac{3}{17} + \frac{9}{17} \times \log_2 \frac{9}{17} + \frac{5}{17} \times \log_2 \frac{5}{17}\right) \approx 1.447$$

$$\mathrm{IV}(\text{脐部}) = -\left(\frac{6}{17} \times \log_2 \frac{6}{17} + \frac{7}{17} \times \log_2 \frac{7}{17} + \frac{4}{17} \times \log_2 \frac{4}{17}\right) \approx 1.549$$

$$\mathrm{IV}(\text{触感}) = -\left(\frac{12}{17} \times \log_2 \frac{12}{17} + \frac{5}{17} \times \log_2 \frac{5}{17}\right) \approx 0.874$$

计算各属性的信息增益率：

$$\mathrm{Gain}_{\mathrm{ratio}(D,\text{编号})} = \frac{0.998}{4.087} \approx 0.244$$

$$\mathrm{Gain}_{\mathrm{ratio}(D,\text{色泽})} \approx 0.069, \mathrm{Gain}_{\mathrm{ratio}(D,\text{根蒂})} \approx 0.102$$

$$\mathrm{Gain}_{\mathrm{ratio}(D,\text{敲声})} \approx 0.106, \mathrm{Gain}_{\mathrm{ratio}(D,\text{纹理})} \approx 0.263$$

$$\mathrm{Gain}_{\mathrm{ratio}(D,\text{脐部})} \approx 0.187, \mathrm{Gain}_{\mathrm{ratio}(D,\text{触感})} \approx 0.003$$

可以看出，如果使用信息增益率来进行划分，虽然增加了“编号”属性，但是系统第一次仍然会选择“纹理”属性作为划分根节点(事实上，应该在数据预处理阶段排除“编号”属性)。

本质上，信息增益和信息增益率方法是同一种方法(都是昆兰提出的)，如果数据集中各个自变量的取值个数没有太大差异，这两种方法都可以使用。

3. 基尼指数①

CART 算法(classification and regression tree)使用基尼指数作为划分标准。看这个算法的名字就知道，这种决策树既能做分类(classification)又能做回归(regression)。

数据集 D 的纯度如果用基尼指数来度量，可以写为

$$\mathrm{Gini}(D) = \sum_{k=1}^{|Y|} p_k(1 - p_k) = \sum_{k=1}^{|Y|} p_k - p_k{}^2 = 1 - \sum_{k=1}^{|Y|} p_k{}^2 \tag{9.20}$$

直观上看，数据的基尼指数描述了一个样本(p_k)与其他样本($1-p_k$)不一致的概率之和。因此，数据越一致，基尼指数越小，此时数据集 D 的纯度越高。

计算属性 a 的基尼指数的计算公式为

---

① 不要把经济学中的基尼系数(Gini coefficient，一般用来衡量收入差距)和这里的基尼指数(Gini index)弄混了，二者的计算思想类似，但是计算公式不一样，描述的也不是一回事。

$$\text{Gini}(D,a)=\sum_{v=1}^{|V|}\frac{|D_v|}{|D|}\text{Gini}(D_v) \tag{9.21}$$

注意,这里要取基尼指数最小的值作为划分标准。

分别计算从色泽、根蒂、敲声、纹理、脐部和触感进行划分的基尼指数。

以色泽为例,它有 3 个可能的值($V=3$),分别是{青绿,乌黑,浅白},分别记为 $|D_1|=6$(正例 3,负例 3),$|D_2|=6$(正例 4,负例 2),$|D_3|=5$(正例 1,负例 4)。

$$\text{Gini}(D_1)=1-\left(\left(\frac{3}{6}\right)^2+\left(\frac{3}{6}\right)^2\right)\approx 0.500$$

$$\text{Gini}(D_2)=1-\left(\left(\frac{4}{6}\right)^2+\left(\frac{2}{6}\right)^2\right)\approx 0.444$$

$$\text{Gini}(D_3)=1-\left(\left(\frac{1}{5}\right)^2+\left(\frac{4}{5}\right)^2\right)\approx 0.320$$

而数据集 $|D|=17$,因此,

$$\text{Gini}(D,\text{色泽})=\frac{6}{17}\times 0.500+\frac{6}{17}\times 0.444+\frac{5}{17}\times 0.320\approx 0.427$$

9.3.3 决策树的剪枝

决策树的优点很明显。首先,它很直观,解释性好,在人工智能领域,对于算法的解释和算法本身一样重要;其次,计算比较简单,能够快速处理大量数据;最后,拟合能力强,如果树足够深的话,只要沿着树根往下走,一定能把所有的数据分开。不过,最后一个优点也正是决策树的缺点,导致决策树非常容易过拟合。

决策树从哪里来,从(已知的)数据里来。而决策树的一个重要功能,就是对未知数据进行预测。而从已知数据里习得来的决策树,很可能只对这些数据有效,把已知数据自身的特点当作普遍规律。所以,学习到的决策树可能没有很好的泛化能力。正因为拟合能力太强,所以在学习过程中,可以通过剪枝主动去掉一些分支来降低过拟合的风险。

这种剪枝思想在博弈一章出现过。决策树的剪枝有两种,一种是预剪枝(pre-pruning),另一种是后剪枝(post-pruing)。为了进行剪枝,需要把数据留出一部分当作验证集,如表 9.5 所示。

表 9.5 西瓜数据集(周志华《机器学习》表 4.2)

样本	编号	色泽	根蒂	敲声	纹理	脐部	触感	好瓜
训练集	1	青绿	蜷缩	浊响	清晰	凹陷	硬滑	是
	2	乌黑	蜷缩	沉闷	清晰	凹陷	硬滑	是
	3	乌黑	蜷缩	浊响	清晰	凹陷	硬滑	是
	6	青绿	稍蜷	浊响	清晰	稍凹	软黏	是
	7	乌黑	稍蜷	浊响	稍糊	稍凹	软黏	是
	10	青绿	硬挺	清脆	清晰	平坦	软黏	否
	14	浅白	稍蜷	沉闷	稍糊	凹陷	硬滑	否
	15	乌黑	稍蜷	浊响	清晰	稍凹	软黏	否
	16	浅白	蜷缩	浊响	模糊	平坦	硬滑	否
	17	青绿	蜷缩	沉闷	稍糊	稍凹	硬滑	否

续表

样本	编号	色泽	根蒂	敲声	纹理	脐部	触感	好瓜
测试集	4	青绿	蜷缩	沉闷	清晰	凹陷	硬滑	是
	5	浅白	蜷缩	浊响	清晰	凹陷	硬滑	是
	8	乌黑	稍蜷	浊响	清晰	稍凹	硬滑	是
	9	乌黑	稍蜷	沉闷	稍糊	稍凹	硬滑	否
	11	浅白	硬挺	清脆	模糊	平坦	硬滑	否
	12	浅白	蜷缩	浊响	模糊	平坦	软黏	否
	13	青绿	稍蜷	浊响	稍糊	凹陷	硬滑	否

表 9.5 中上部为训练集(包括如下样本：{1,2,3,6,7,10,14,15,16,17})，下部为验证集(包括如下样本：{4,5,8,9,11,12,13})。

1. 预剪枝

在训练集上，使用信息增益标准算得第一次使用“脐部”属性划分的信息增益最大(因为数据变化了，不再是“纹理”的信息增益率最大)。

所谓预剪枝，就是在准备构建决策树的一个节点之前，先判断是否应该构建该节点，所以叫预剪枝。此时，是否应该依据“脐部”属性进行划分(即是否构建“脐部”划分节点)？如果不划分，验证集的正确率 3/7×100%=42.9%。该值的计算如下，共有 10 个样本，5 个好瓜，5 个坏瓜，假设将该节点标记为好瓜(相当于没做任何处理，就把瓜标记为好瓜，即预测时，任意一个瓜都是好瓜)。这个时候，使用验证集对数据进行验证，验证集中 3 个好瓜，4 个坏瓜，如果按照这个标准验证，7 个瓜只有 3 个数据正确。如果使用“脐部”划分，得到的决策树如图 9.9 所示。

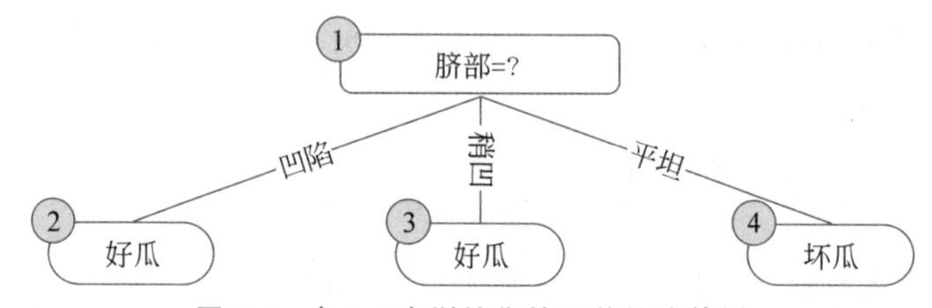

图 9.9 表 9.5 中训练集的预剪枝决策树

此时进行验证，发现{4,5,8,11,12}分类正确，{9,13}分类不正确({9}脐部稍凹，验证数据本为坏瓜，按照图 9.9 的决策树被错分类为好瓜，{13}同理)。那么，此次划分之后，在验证集上的正确率为 5/7×100%≈71.9%>42.9%。因此，应该对“脐部”进行划分。

那么在节点②上，是否应该进行划分？基于信息增益算法，可得“色泽”属性信息增益最大。如果此时划分，在验证集上{4,8,11,12}分类正确，样本{5}会被错误划分，正确率会变成 4/7×100%=57.1%。划分后正确率反而下降，所以不划分，进行预剪枝(节点②不会有孩子节点)。

同样,对于节点③,“根蒂”的信息增益最大,划分后在验证集上的正确率仍然为 71.9%,正确率未得到提升,所以不划分,进行预剪枝。

节点④已经属于同一类了,不需要再进行划分。带有预剪枝的决策树如图 9.9 所示。

从这个过程可以看出,使用预剪枝的核心是判断划分之后是否能够提高决策树在验证集上的正确率。对于表 9.5 中的数据,使用预剪枝策略只生成了一层决策树(也称决策树桩,decision stump),因此,预剪枝不仅能降低过拟合的风险,而且显著减少了训练运行时间。但是,这种划分的代价是有可能使得训练不足,从而带来“欠拟合”的风险。

2. 后剪枝

决策树也可以进行后剪枝。顾名思义,后剪枝就是在建立决策树之后,再进行剪枝。在表 9.5 训练集数据的基础上,以信息增益为标准,建立的未剪枝决策树如图 9.10 所示。

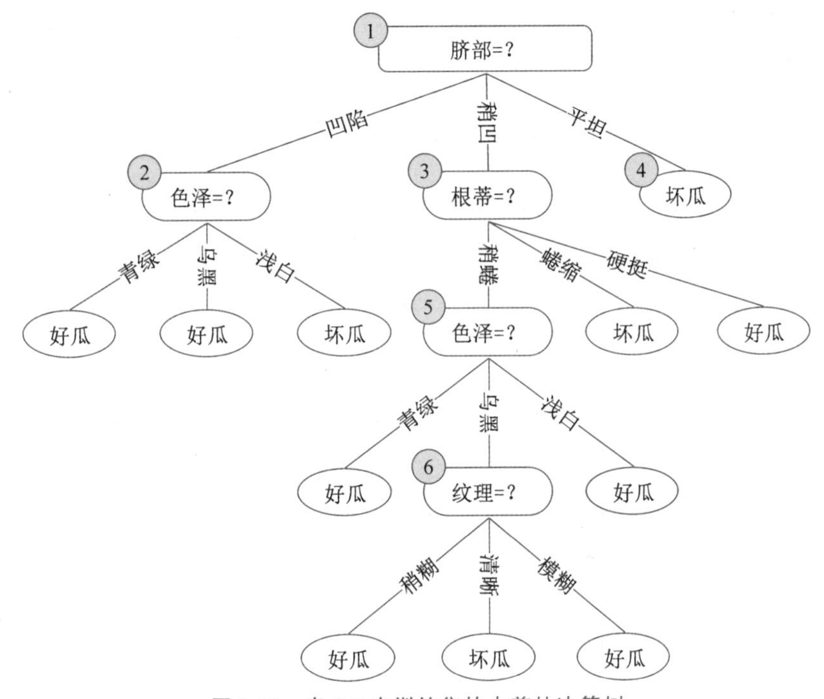

图 9.10 表 9.5 中训练集的未剪枝决策树

利用这棵决策树对验证集进行验证,正确率为 42.9%({4,11,12}分类正确,其他错误)。

后剪枝从树的末梢开始,节点⑥是最后一个非叶子节点。如果将该分支剪除,相当于将该分支改为叶子节点,这个节点包含{7,15}两个样本,一个是好瓜,另一个是坏瓜,将此节点标记为好瓜和坏瓜均可。这里将其标记为好瓜(案例中数目相等情况下均标记为好瓜),对验证集数据进行验证,正确率提高到 57.1%。因此,进行剪枝。

然后考察节点⑤,如果将此节点改为叶子节点,则此节点包含{6,7,15}三个样本,两个好瓜,一个坏瓜。将该节点标记为好瓜,对验证集数据进行验证,正确率依然为 57.1%。正确率没有提高,可以剪枝也可以不剪枝。但是这个节点的 3 个子节点都是好瓜,这个分支节点留着没有意义,这里应该进行剪枝。

此处与《机器学习》不同，《机器学习》中在正确率无提高情况下建议剪枝。解释如下：根据奥卡姆剃刀原则，剪枝效果更好，但是在其书中为了画图方便，不进行剪枝（《机器学习》82页，周志华老师这种“不折腾”行为，践行了奥卡姆剃刀原则）。

因为所有叶子节点都变成同一个分类（都是好瓜），本书将其剪枝。

本案例因为数据集非常少，所以会出现是否剪枝对正确率无影响的情况。事实上，因为真正的决策树要处理大量数据，很少会出现剪枝前后正确率一致的情况。

节点④是一个叶子节点，不需要剪枝（因为该节点是叶子节点，这个节点不需要标记号码（并不是错误，只是不需要），本案例来自周志华《机器学习》，这里也保留了这个标记号码。

对于节点③，若进行剪枝，正确率仍然为71.4%，未提升，不剪枝。

对于节点②，若将此节点替换为叶子节点，则此节点包含{1,2,3,14}四个样本，三个好瓜，一个坏瓜，将该节点标记为好瓜，对验证集数据进行验证，正确率提升至71.4%，剪枝。

对于节点①，根节点，将此节点替换为叶节点，正确率从71.4%降至42.9%，不剪枝。

因此，对节点⑥、节点⑤和节点②进行剪枝，将相应的节点替换为叶子节点。经过后剪枝之后，表9.5中根据训练集生成的决策树如图9.11所示。

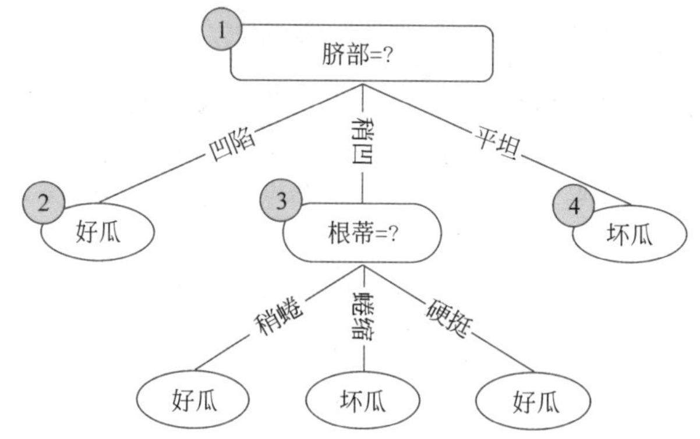

图9.11 表9.5中训练集的后剪枝决策树

9.3.4 连续型数据的处理

在前面的西瓜数据集中，数据是文本类型的，并且分为几种情况，称为离散类型数据。实际应用中，很多数据都是数值类型的，是连续值。如果出现连续值类型数据，由于其可取值数目无限，因此，对于前述方法都不能直接应用。

例如，假设西瓜数据集中增加两个连续值属性，如表9.6所示。

表9.6 带有连续值的西瓜数据集（周志华《机器学习》表4.3）

编号	色泽	根蒂	敲声	纹理	脐部	触感	密度	含糖率	好瓜
1	青绿	蜷缩	浊响	清晰	凹陷	硬滑	0.697	0.460	是
2	乌黑	蜷缩	沉闷	清晰	凹陷	硬滑	0.774	0.376	是
3	乌黑	蜷缩	浊响	清晰	凹陷	硬滑	0.634	0.264	是
4	青绿	蜷缩	沉闷	清晰	凹陷	硬滑	0.608	0.318	是

续表

编号	色泽	根蒂	敲声	纹理	脐部	触感	密度	含糖率	好瓜
5	浅白	蜷缩	浊响	清晰	凹陷	硬滑	0.556	0.215	是
6	青绿	稍蜷	浊响	清晰	稍凹	软黏	0.403	0.237	是
7	乌黑	稍蜷	浊响	稍糊	稍凹	软黏	0.481	0.149	是
8	乌黑	稍蜷	浊响	清晰	稍凹	硬滑	0.437	0.211	是
9	乌黑	稍蜷	沉闷	稍糊	稍凹	硬滑	0.666	0.091	否
10	青绿	硬挺	清脆	清晰	平坦	软黏	0.243	0.267	否
11	浅白	硬挺	清脆	模糊	平坦	硬滑	0.245	0.057	否
12	浅白	蜷缩	浊响	模糊	平坦	软黏	0.343	0.099	否
13	青绿	稍蜷	浊响	稍糊	凹陷	硬滑	0.639	0.161	否
14	浅白	稍蜷	沉闷	稍糊	凹陷	硬滑	0.657	0.198	否
15	乌黑	稍蜷	浊响	清晰	稍凹	软黏	0.360	0.370	否
16	浅白	蜷缩	浊响	模糊	平坦	硬滑	0.593	0.042	否
17	青绿	蜷缩	沉闷	稍糊	稍凹	硬滑	0.719	0.103	否

有多种方法可以使连续值类型离散化。

第一个方法,可以使用聚类方法将数据聚为几簇(下一章会介绍聚类方法)。例如,对于密度属性,假设这些密度属于三大类,可以将密度聚为三个簇,则样本{10,11}的密度属性可以替换为密度 1,样本{6,7,8,12,15}的密度属性可以替换为密度 2,样本{1,2,3,4,5,9,13,14,16,17}的密度属性可以替换为密度 3,将连续值变为离散值。

第二个方法,采用昆兰在 1993 年提出的 C4.5 算法中的方法,使用二分法对连续属性进行处理。方法如下:

首先,对连续值数据进行排序,例如对于密度数据,按照从小到大排序,得到一个序列{0.243,0.245,0.343,0.36,0.403,0.437,0.481,0.556,0.593,0.608,0.634,0.639,0.657,0.666,0.697,0.719,0.774},共 17 个数据。

然后,取相邻两个数的平均值作为候选划分点,可得到候选划分点集 T:{0.244,0.294,0.351,0.381,0.42,0.459,0.518,0.574,0.6,0.621,0.636,0.648,0.661,0.681,0.708,0.746}(这里和《机器学习》保持一致,结果不是四舍五入,是"五舍六入"),共 16 个数据。

候选划分集的意义是标记数据大于候选划分点(记作 $\lambda+$)或者小于候选划分点(记作 $\lambda-$)。可以依次对候选划分点集合中的每一个划分点,按照式(9.22)计算信息增益。

$$\text{Gain}(D,a,t)=H(D)-\sum_{\lambda\in\{-,+\}}\frac{|D_t^\lambda|}{|D|}H(D_t^\lambda) \tag{9.22}$$

其中,$t\in T$,$\text{Gain}(D,a,t)$表示样本集 D 基于划分点 t 二分后的信息增益。例如,在密度属性上,对于划分点 $t=0.244$,计算结果如下:

$$\begin{aligned}\text{Gain}(D,a,t=0.244)&=H(D)-\sum_{\lambda\in\{-,+\}}\frac{|D_t^\lambda|}{|D|}H(D_t^\lambda)\\&=\left(\frac{8}{17}\times\log_2\frac{8}{17}+\frac{9}{17}\times\log_2\frac{9}{17}\right)-\end{aligned}$$

$$\left(\frac{1}{17}(1\times\log_2 1)+\frac{16}{17}\left(\frac{8}{16}\times\log_2\frac{8}{16}+\frac{8}{16}\times\log_2\frac{8}{16}\right)\right)$$

$$\approx 0.998-(0+0.941)=0.057$$

在上述式子中，$H(D)$和前文一致，仍然是17个样本，8个正例9个负例；对于公式中的后一项 $\sum_{\lambda\in\{-,+\}}\frac{|D_t^\lambda|}{|D|}H(D_t^\lambda)$，分为小于划分点 t 和大于划分点 t 两种情况：小于划分点 t 的只有1个样本(负例)；大于划分点的有16个样本，8个正例8个负例。

同样，对于划分点0.294，0.351，0.381……

$$\begin{aligned}\text{Gain}(D,a,t=0.294)&=0.998-\left(\frac{2}{17}\left(\frac{2}{2}\times\log_2\frac{2}{2}\right)+\right.\\&\left.\frac{15}{17}\left(\frac{8}{15}\times\log_2\frac{8}{15}+\frac{7}{15}\times\log_2\frac{7}{15}\right)\right)\\&\approx 0.998-0.880=0.118\end{aligned}$$

$$\begin{aligned}\text{Gain}(D,a,t=0.351)&=0.998\left(\frac{3}{17}\left(\frac{3}{3}\times\log_2\frac{3}{3}\right)+\right.\\&\left.\frac{14}{17}\left(\frac{8}{14}\times\log_2\frac{8}{14}+\frac{6}{14}\times\log_2\frac{6}{14}\right)\right)\\&\approx 0.998-0.811=0.187\end{aligned}$$

$$\begin{aligned}\text{Gain}(D,a,t=0.381)&=0.998-\left(\frac{4}{17}\left(\frac{4}{4}\times\log_2\frac{4}{4}\right)+\right.\\&\left.\frac{13}{17}\left(\frac{8}{13}\times\log_2\frac{8}{13}+\frac{5}{13}\times\log_2\frac{5}{13}\right)\right)\\&\approx 0.998-0.735=0.263\end{aligned}$$

$$\vdots$$

分别计算出16个候选点的信息增益之后，选择最大的那个值。在这个例子中，可得信息增益0.263是最大值，对应的划分点 $t=0.381$(将密度 $\leqslant 0.381$ 的数据作为一个分支，密度 >0.381 的数据作为另一个分支)。

程序9.2和程序9.4为使用决策树对鸢尾花数据分类的一个例子。

9.4 曾经的王者——SVM

9.4.1 SVM概述

支持向量机(Support Vector Machine，SVM)作为曾经的王者，没落的贵族，在20世纪90年代和21世纪初，是机器学习的首选算法。表面上看，机器学习算法并无优劣之分，只有适合不适合之分。但是，在实际解决问题时总会有偏好。SVM曾经在机器学习领域占据过主流地位：在学术界，SVM有精致优美的理论；在工业界，SVM又有着不错的性能。因此，这款算法曾经备受好评。

那么，SVM成功的秘诀在哪里？主要有两个：一个是基于支持向量的最优划分；另一个是基于核函数的高维映射。

9.4.2　支持向量与最优划分

将数据分为两类，其实有多种划分方法，如图 9.12(a)所示。

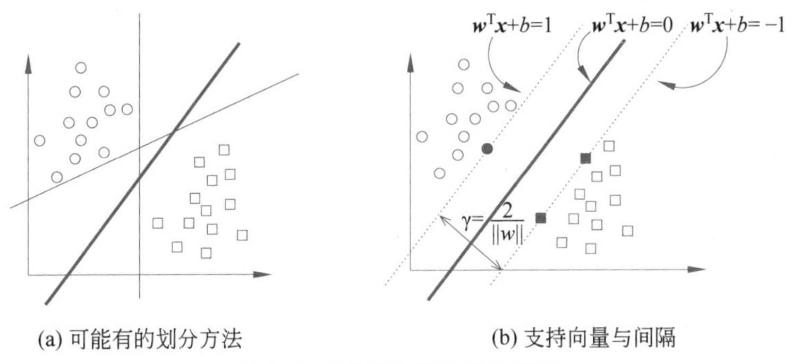

(a) 可能有的划分方法　(b) 支持向量与间隔

图 9.12　两类数据的划分方法

对于图 9.12 中的数据，无疑有无穷种划分方法可以将其分为两类，图 9.2(a)中的粗实线和细实线都能将圆圈与方块分开。那么，在这些所有的划分方法之中，哪个最好？

看起来是图 9.12 中粗线的划分方法更好，因为其他的划分方法总让人感觉战战兢兢，好像数据稍有偏差就会被错误地分为另一个类。换言之，这种划分有最好的稳健性。这样的划分，对未知数据具有更好的泛化能力。

以上图形是二维数据，对于 d 维数据来说，可以使用 $d-1$ 维超平面来分开这些点。SVM 就是要找到这样一个超平面，使划分后离该超平面最近的点距离最大。超平面的方程可以写为

$$\boldsymbol{w}^{\mathrm{T}}\boldsymbol{x}+b=0 \tag{9.23}$$

其中，$\boldsymbol{w}=(w_1,w_2,\cdots,w_d)$为法向量，决定了超平面的方向(在二维中称为斜率)；b 为位移量，决定了超平面与原点之间的距离(在二维中称为截距)。该超平面简记为$(\boldsymbol{w},b)$。

样本中任意一点 $\boldsymbol{x}$ 到该平面的距离为

$$r=\frac{|\boldsymbol{w}^{\mathrm{T}}\boldsymbol{x}+b|}{\|\boldsymbol{w}\|} \tag{9.24}$$

如果该超平面能够将样本数据正确分类，那么对于样本数据$(\boldsymbol{x}_i,y_i)$来说，若 $y_i=1$，则 $\boldsymbol{w}^{\mathrm{T}}\boldsymbol{x}+b>0$；若 $y_i=-1$，则 $\boldsymbol{w}^{\mathrm{T}}\boldsymbol{x}+b<0$。令

$$\begin{cases}\boldsymbol{w}^{\mathrm{T}}\boldsymbol{x}+b\geqslant+1, & y_i=1\\ \boldsymbol{w}^{\mathrm{T}}\boldsymbol{x}+b\leqslant-1, & y_i=-1\end{cases} \tag{9.25}$$

在二分类数据中，虽然 y_i 的标签值一般为 1 或 -1。但是如果有一个超平面$(\boldsymbol{w}',b')$能将样本数据正确分类，总存在缩放变换 $\zeta\boldsymbol{w}\mapsto\boldsymbol{w}'$ 和 $\zeta b\mapsto b'$ 使式(9.25)成立。因此，在支持向量机的讲解中，二分类的标签分别是 1 和 -1。

在式(9.25)中，取得等号的样本数据$(\boldsymbol{x}_s,y_s)$即是距离该超平面$(\boldsymbol{w},b)$最近的点，这些点被称为支持向量(support vector，图 9.12(b)中的黑色圆点与黑色方块即为支持向量)，这也是支持向量机(support vector machine)一词名称的由来。

现在，这两类支持向量到超平面的距离之和记为

$$\gamma = 2/\|\boldsymbol{w}\| \tag{9.26}$$

式(9.26)中的距离称为间隔(margin)，其意义如图 9.12(b)所示。

如何使距离 γ 最大？注意，$\|\boldsymbol{w}\|$ 表示点到超平面的距离，总是大于 0 的。因此，最大化 γ，相当于最小化 $\|\boldsymbol{w}\|$，也等价于最小化 $\|\boldsymbol{w}\|^2$。支持向量机的目标函数可以写为

$$\begin{aligned} &\min_{w,b} \|\boldsymbol{w}\|^2/2 \\ &\text{s.t. } y_i(\boldsymbol{w}^{\mathrm{T}}\boldsymbol{x}+b) \geqslant +1, \quad i=1,2,\cdots,m \end{aligned} \tag{9.27}$$

式(9.27)中的 1/2 是为了方便求导数的时候把 2 约掉，并没有特殊意义。s.t.(subject to)后面为约束条件，即在满足 $y_i(\boldsymbol{w}^{\mathrm{T}}\boldsymbol{x}+b) \geqslant 1$ 的条件下，使得 $\|\boldsymbol{w}\|^2$ 最小。因此，虽然式(9.27)从表面上看来只和 $\boldsymbol{w}$ 有关，但是实际上，该目标函数与 $\boldsymbol{w}$ 和 b 均有关。

这其实是一个优化问题(凸二次规划)，这个目标函数可以使用拉格朗日乘子法解决，该函数的求解过程较长，而且纷繁复杂，这里不详细介绍了。本书 10.2 节使用拉格朗日乘子法解决 PCA 降维问题，感兴趣的读者可以阅读对应内容了解拉格朗日乘子法。

9.4.3 核函数与高维映射

SVM 除了有支持向量，能够得到理论上的最优划分之外，还有另外一个技巧，即利用核函数技巧，将线性不可分问题映射到另一个(高维)空间，使得结果可分，如图 9.13 所示。

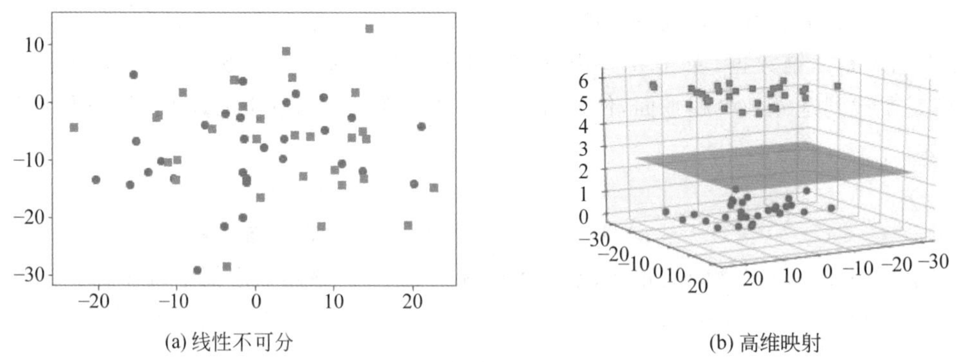

(a) 线性不可分　　(b) 高维映射

图 9.13　将数据映射到高维空间

图 9.13 解释了为什么高维映射可以使得线性不可分变为线性可分。图 9.13(a)是随机生成的一组数据(三维数据，包括 x、y、z 三个坐标)。如果只考虑 xy 二维平面，可以看到这些数据纠缠在一起，不存在一个直线(超平面)将圆圈与方框数据分开。但是，如果将这些数据放到更高维的空间中，那么可以清楚地看到存在一个(超)平面将二者分开。

这个方法就是核方法(kernel method)，即利用核函数将数据从原始空间转换到另一个空间中(通常是更高维的空间)。在求解 SVM 目标函数的过程中，需要解决对偶问题，此时需要计算两个样本 $\boldsymbol{x}_i$ 与 $\boldsymbol{x}_j$ 之间经过映射的内积 $\phi(\boldsymbol{x}_i)\phi(\boldsymbol{x}_j)$(这里的映射是一个从 R^n 到一个希尔伯特空间的映射，$\phi(\boldsymbol{x})$是映射后 $\boldsymbol{x}$ 的特征向量)，但是这个内积计算起来很复杂，而且这个对偶问题跟问题所在空间的维度没有关系。因此，可以使用核技巧(kernel trick)，将这个内积用核函数替换，如式(9.28)所示。

$$\kappa(\boldsymbol{x}_i,\boldsymbol{x}_j) = \phi(\boldsymbol{x}_i)\phi(\boldsymbol{x}_j) \tag{9.28}$$

核函数有很多种，事实上，任意一个核函数都定义了一个再生核希尔伯特空间

(Reproducing Kernel Hilbert Space,RKHS)。读者也可以自己定义核函数,但是考虑到计算的便利性,常见的核函数有如下几种。

$$\text{线性核}: \kappa(u,v)=u^{\mathrm{T}}v$$

$$\text{多项式核}: \kappa(u,v)=(\gamma u^{\mathrm{T}}v+\text{coef0})^{d}$$

$$\text{RBF 核(也叫高斯核)}: \kappa(u,v)=\mathrm{e}^{-\gamma\|u-v\|^{2}}$$

$$\text{Sigmoid 核}: \kappa(u,v)=\tanh(\gamma u^{\mathrm{T}}v+\text{coef0})$$

注意,以上写法在不同的资料中不同,这里的写法对应了 sklearn 中 SVM 包中的 SVC 函数。在 SVC 函数中:

```
sklearn.svm.SVC(…, kernel='rbf', degree=3, gamma='auto', coef0=0.0, …)
```

kernel: 核函数,默认是 rbf,参数可以是 linear、poly、rbf、sigmoid、precomputed,分别对应于线性核、多项式核、RBF 核、Sigmoid 核以及自定义核函数。

degree: 多项式 poly 函数的维度,默认是 3,选择其他核函数时会被忽略。

gamma: 'rbf'、'poly'和'sigmoid'的核系数。对应于上述核函数中多项式核、RBF 核和 Sigmoid 核中的 γ 一项,设置不同的核函数也需要设置对应的 gamma 函数(如果不设置,系统会给一个默认的 gamma 值)。

coef0: 核函数的常数项。对应于'poly'和'sigmoid'中的 coef0 一项。

大家在利用 sklearn 调参的时候,可以参考上面 4 个公式。

形象一点(但不准确)想象,对于多项式核函数,可以把直线分割映射为曲线分割,把高斯核函数映射成球面。很多时候,机器学习到底选择哪个核函数,核函数对应的系数是多少,其实事先都是未知的,在工程实践中,更实用的办法是去试一下。

注意,核函数最初也是最本质的需求是解决计算效率问题,如果使用核技巧,在映射后的空间计算比原空间计算要更方便。这个技巧同时带来了一个好处,即将数据映射到另一个更高维的空间,以解决线性不可分问题。但是,这个附加的好处作用巨大,因此,很多资料讲到核方法的时候,都会从高维映射讲起。

程序 9.2 和程序 9.5 为 SVM 对鸢尾花数据分类的一个例子。

支持向量机的发明者是瓦普尼克,他 1936 年出生于苏联,1990 年(苏联解体的前一年)来到美国。他的"官方"照片是他和一句话的合影,这句话是"ALL YOUR BAYES ARE BELONG TO US",如图 9.14 所示。

图 9.14　瓦普尼克
(图片来源: 文献[4])

这张照片由杨立昆拍摄,图中那句英文也是杨立昆所写,本意是对瓦普尼克的调侃。理解这个调侃需要一些背景知识。第一,杨立昆和瓦普尼克是贝尔实验室的同事,他们的关系很好;第二,这句话其实改写自当时爆红的一个梗(就好像 YYDS 这样的流行语一样),这个梗的原文是 ALL YOUR BASE ARE BELONG TO US,来自日本世嘉发售的一款征服银河系的游戏,原意是"你们所有的基地都由我们占领",由于蹩脚的翻译,这句话有语法错误,在互联网一度非常流行;第三,杨立昆将原文中的 BASE 改为BAYES，这两个单词读音相似，BAYES是贝叶斯的英文，因为当时依然有人希望使用贝叶斯方法进行机器学习，但是，拍摄这张照片时，SVM如日中天，贝叶斯方法被SVM方法打败了，这句话的意思变为了"你们所有的贝叶斯都被我们征服"，杨立昆调侃瓦普尼克成为征服机器学习星系的皇帝；第四，瓦普尼克的英文不是特别好，周志华在书中写道，据说瓦普尼克在苏联根据一本字典自学了英语及其发音，杨立昆也介绍过，瓦普尼克并不知道这个玩笑的微妙所在，也不知道这个语法错误[4]。

9.5 学习的本质——贝叶斯

在机器学习领域，贝叶斯从来没有站上过舞台的中心，但是，它也从没离开舞台。

虽然贝叶斯方法计算复杂，性能一般，但是它背后蕴含的思想可能却是最深刻的，因为贝叶斯方法描述了机器学习(甚至是人类学习)的一个本质过程。

9.5.1 贝叶斯思想

贝叶斯公式为

$$P(C \mid D)=\frac{P(D \mid C)P(C)}{P(D)} \tag{9.29}$$

这个公式如此之简单，根据条件概率公式 $P(CD)=P(C|D)P(D)=P(D|C)P(C)$ 很容易得到它。但是，就是这样一个看起来平平无奇的公式，深刻地刻画了人类学习的过程。

这里把 C 视为是认知(Cognition)，把 D 视为是数据(Data)，那么人类学习过程就是通过数据改善认知的过程(人类的学习过程本质目前并不为大众所知①，但是这个过程看起来是合理的，不过机器学习确实是一个利用数据改善认知的过程)。

式(9.29)中右侧有分子和分母两部分。分母 $P(D)$，在给定一组数据之后，认为 $P(D)$ 就是一个常数，一般不关心 $P(D)$ 的值。分子包括两部分，$P(C)$ 和 $P(D|C)$。$P(C)$ 称为先验概率，$P(D|C)$ 表示似然值(也可以称之为证据)，公式左侧 $P(C|D)$ 称为后验概率。

先验概率又称为主观概率，在人类学习过程中，可以认为 $P(C)$ 表示人类初始的认知，$P(D|C)$ 这个似然值(或证据)表示根据数据更改认知的过程。人类学习是在初始认知的基础上根据数据改变初始认知(也即 $P(C|D)$)。

可以这样理解贝叶斯思想，在贝叶斯公式中，先验概率表示开始的认知、最初的假设。当数据较弱时，初始认知就很重要了。例如有下面一个断言：

雪花是树上长出来的。

如果去寻找似然概率，发现雪花长得很像花，也确实很像是从树上长出来的，"忽如一夜春风来，千树万树梨花开。"如果从传统的假设-检验框架中，会得出新的证据和初始假设相符的结论，但是，贝叶斯定理认为先验值"雪花是从树上长出来"的概率值非常低(事实上，这个概率为0)，因此，二者相乘的结果也非常低。

---

① 康德认为，外部世界的刺激会如何影响你，取决于你大脑里边先天预装的程序会如何识别它。先验一词一般也被认为是由康德最早提出。

似然概率代表了数据、证据，当证据越来越多时，也会影响结果。例如当一个陌生人声明：

我能背下来陆游所有的诗词。

人们大概是不信的(初始认知)，因为陆游的诗很多(流传下来的有9300多首)。但是，如果这个人连续背诵了陆游的10首诗，这个声明就会更可信；如果他背诵了100首，可信度会更高；如果他在人们指定题目时，能背诵下来1000首(陆游全部诗词的10%多一些)，那么人们可能对他的声明的信任程度会是90%左右，而不是10%左右。

从这个公式可以看到，任何一种学习过程都不可能是非常客观的过程。一般认为，成年人的学习能力不如儿童，贝叶斯的哲学思想告诉人们，这是因为当你有了一定的认知之后，如果你的认知和数据不太一致(表现为$P(D|C)$很小)，那最后的学习结果也很小。一旦数据D和认知C没有任何关系(即D和C独立)，那么根据概率的公式定义，式(9.29)中$P(C|D)$就等于$P(C)$，也就意味着从数据中没有学习到任何东西($P(C)$没有任何改变)。[①]

张颢老师在课程中讲到，一般去听讲座都不会学习到太多东西，这是因为你就是抱着开阔眼界去的，认知和数据是割裂的，相当于似然值$P(C|D)$很小。但是如果你是带有一定目的去学习，那么你的认知和数据更容易匹配，学习效果就更好。

如果进一步思考，也许正是因为人的初始认知有这种主观偏见，所以在互联网时代，人们才更愿意相信自己已经知道的，而推荐算法又会按照你的偏见推荐给你更多的数据，海量的数据又会加深这种偏见，因此，互联网上才产生一个又一个“信息茧房”。

机器学习过程和人类学习的过程类似，$P(C)$表示算法初始的认知，$P(D|C)$表示算法利用数据改善这个学习器的认知的过程。这种推断方法为人类提供了一种新的方法：既相信数据，又不完全相信数据，利用这些数据来更新信念，通过概率来表示信念的正确性。

主观概率

自现代统计学被费舍尔创立以来很长的一段时间内，主流的统计学家并不承认贝叶斯统计，因此，统计学中一度有“频率学派”和“贝叶斯学派”并存。早期的时候，都是“频率学派”占据主流地位。“频率学派”也认为主观概率没有意义。

如果说，扔一枚骰子，掷出3点的概率是1/6，这个概率很容易理解。但是如果说，明天下雨的概率是80%，那么这个80%是什么意思呢？毕竟明天还没来到。

在贝叶斯统计中，引入了主观概率这一概念。这一概念并不容易理解，虽然人们日常经常用到。当人们很自然地说，明天下雨的概率是80%时，这是一个主观判断。事实上，这个概率并不是统计了历史上所有跟现在天气状态一致的日子(事实上，因为天气系统的复杂性，这个数目是无法统计的)，发现第二天有80%的日子下雨了。人们说下雨的概率是80%，就是表示认为明天下雨的可能性比较大。人们会动态地更改这个概率，如果夜里天气突然放晴了，人们会说明天下雨的概率不到20%。同样，如果打雷了，那么也会提

① 这个思想受张颢老师授课启发，搜索“张颢贝叶斯”可以找到相关视频。

高下雨的概率，认为明天下雨的概率是90%。在这个过程中，80%是人们的初始认知，相当于式(9.29)中的$P(C)$，而天气放晴或者打雷就是似然概率，相当于$P(D|C)$。贝叶斯概率也描述了人们对于明天天气的认知过程。

对于人类认知过程，争议非常大，贝叶斯法则是否描述了学习的过程，还未尘埃落定。例如，主观概率如何解释，并没有一个很好的方式。另外一些行为实验表明，人们不会依照贝叶斯法则更新他们的信念[15]。

9.5.2 朴素贝叶斯

1. 为何有朴素贝叶斯

贝叶斯的想法很早提出，但是一直没有得到应有的重视。机器学习流行之后，贝叶斯也被更多的人关注。事实上，贝叶斯具有非常好的解释能力，贴近人类的认知。在早期不受重视的原因之一，就是贝叶斯公式的计算很复杂。

式(9.29)给出了一个贝叶斯公式，这是一个简化版。大多数人接触到的贝叶斯公式可能是全概率公式，事实上，贝叶斯公式为

$$P(y \mid x_1,\cdots,x_n)=\frac{P(y)P(x_1,\cdots,x_n \mid y)}{P(x_1,\cdots,x_n)} \tag{9.30}$$

在式(9.30)中，数据x_i表示给定数据$\boldsymbol{x}$的某项属性，这样的属性可能有多项，并且这些属性数据之间存在着密不可分的联系，而要计算这些属性数据之间的联合概率，几乎是不可能的(即使有计算机也很难计算，更不要说在早期没有计算机的时代)。

为此，人们做了一个假设，假设数据属性之间是相互独立的。这是一个非常严格而且不合理的假设，因为事实上，很难有数据的属性和属性之间是完全独立的。但是，为了能够计算，人们不得不接受这个假设。既然属性之间独立，式(9.30)就可以写为

$$P(y \mid x_1,\cdots,x_n)=\frac{P(y)\prod_{i=1}^{n}P(x_i \mid y)}{P(x_1,\cdots,x_n)} \tag{9.31}$$

给定了数据$\boldsymbol{x}$，那么$P(x_1,\cdots,x_n)$其实是一个常数。因此，式(9.31)可以进一步简化为

$$P(y \mid x_1,\cdots,x_n) \propto P(y)\prod_{i=1}^{n}P(x_i \mid y) \tag{9.32}$$

式中的“∝”表示“成比例于”，也意味着朴素贝叶斯的学习目标并不是找到一个精确的概率。在分类问题中，学习目标是学习到一种模式，这种模式能够判断出新的数据属于哪一类的概率最大，因此，目标函数为

$$\hat{y}=\arg\max_{y} P(y)\prod_{i=1}^{n}P(x_i \mid y) \tag{9.33}$$

可以使用最大后验概率方法(Maximum A Posteriori，MAP)去估计$P(y)$和$P(x_i|y)$，$P(y)$即训练集中类y的相对频率，很容易通过计算得到。在计算$P(x_i|y)$时，根据假设的不同，有三种朴素贝叶斯分类器。

2. 高斯朴素贝叶斯

如果数据集中的自变量$\boldsymbol{x}$均为连续的数值型，则在计算$P(x_i|y)$时会假设自变量$\boldsymbol{x}$服

从高斯正态分布,所以 $\boldsymbol{P}(\boldsymbol{x}_i|y)$的计算公式为

$$P(x_i \mid y)=\frac{1}{\sqrt{2\pi\sigma_y^2}}\exp\left(-\frac{(x_i-\mu_y)^2}{2\sigma_y^2}\right) \tag{9.34}$$

式(9.34)是一个标准的高斯正态分布,这里使用一个例子介绍朴素贝叶斯如何工作。以表 9.6 的数据为例,训练一个朴素贝叶斯分类器,然后判断表 9.7 中的示例样本到底为好瓜还是坏瓜。

表 9.7 朴素贝叶斯示例(周志华《机器学习》151 页表格)

编号	色泽	根蒂	敲声	纹理	脐部	触感	密度	含糖量	好瓜
测 1	青绿	蜷缩	浊响	清晰	凹陷	硬滑	0.697	0.460	?

根据式(9.33),首先需要计算 $P(y)$,在表 9.6 的数据集中,一个有 17 个瓜,8 个好瓜,9 个坏瓜,计算可得:P(好瓜)$\approx$0.4706,P(坏瓜)$\approx$0.5294。

在表 9.6 中,有 9 个属性,编号一项不参与计算,色泽、根蒂、敲声、纹理、脐部、触感 6 项是离散值,密度和含糖量是连续值。对于密度数据这个连续值,根据表 9.6 分别计算得到 $\mu_{好瓜}\approx0.5738$,$\mu_{坏瓜}\approx0.4961$,$\sigma^2_{好瓜}\approx0.0167$,$\sigma^2_{坏瓜}\approx0.0379$。

因此,在密度属性数据上:

$$P(密度:0.697 \mid 好瓜)=\frac{1}{\sqrt{2\times\pi\times0.0167}}\exp\left(-\frac{(0.697-0.5738)^2}{2\times0.0167}\right)\approx1.959$$

$$P(密度:0.697 \mid 坏瓜)=\frac{1}{\sqrt{2\times\pi\times0.0379}}\exp\left(-\frac{0.697-0.4961)^2}{2\times0.0379}\right)\approx1.203$$

在含糖量属性数据上,$\mu_{好瓜}\approx0.2788$,$\mu_{坏瓜}\approx0.1542$,$\sigma^2_{好瓜}\approx0.0102$,$\sigma^2_{坏瓜}\approx0.0116$。

$$P(含糖量:0.460 \mid 好瓜)=\frac{1}{\sqrt{2\times\pi\times0.0102}}\exp\left(-\frac{(0.460-0.2788)^2}{2\times0.01019}\right)\approx0.788$$

$$P(含糖量:0.460 \mid 坏瓜)=\frac{1}{\sqrt{2\times\pi\times0.0116}}\exp\left(-\frac{(0.460-0.1542)^2}{2\times0.0116}\right)\approx0.066$$

对于离散值 6 项属性数据,因为不是连续数据,无法根据高斯分布计算概率,这里利用频数来代表对应的概率 $P(x_i|y)$。例如,对于色泽属性数据,因为样本中有 8 个好瓜,其中 3 个是青绿色的;同样,在 9 个坏瓜中,也有 3 个是青绿色的,因此

$$P(青绿 \mid 好瓜)=3/8=0.375, P(青绿 \mid 坏瓜)=3/9\approx0.333$$

对于根蒂数据,8 个好瓜中,有 5 个是蜷缩的,9 个坏瓜中,有 3 个是蜷缩的,因此

$$P(蜷缩 \mid 好瓜)=5/8=0.625, P(蜷缩 \mid 坏瓜)=3/9\approx0.333$$

其他属性的计算这里省略,可以计算得到全部 $P(x_i|y)$的值。

好瓜计算结果:

$$P(好瓜)\times P(青绿 \mid 好瓜)\times\cdots\times P(含糖量:0.460 \mid 好瓜)\approx0.038$$

坏瓜计算结果:

$$P(坏瓜)\times P(青绿 \mid 坏瓜)\times\cdots\times P(含糖量:0.460 \mid 坏瓜)\approx6.80\times10^{-5}$$

目标函数是选择最大的概率的分类,因此,将“测 1”样本判别为“好瓜”。

3. 多项式朴素贝叶斯

在上述例子中,因为色泽、根蒂、敲声、纹理、脐部、触感是离散数据,无法使用高斯朴素

贝叶斯分类器，因此使用频数用来计算，其实这就是多项式朴素贝叶斯。但是，直接使用频数，对于有些数据会出现问题，例如，利用表9.6中的数据集训练朴素贝叶斯分类器时，对“敲声=清脆”这一测试用例进行计算，而在这个数据集中，好瓜没有一个是清脆的，因此

$$P(\text{清脆} \mid \text{好瓜}) = 0/8 = 0$$

如果用这个值进行连乘，很明显结果为0。无论其他属性什么样，这样一个属性就决定了结果，显然不太符合实际，可能只是训练数据集正好没有这一项。因此，在实际的多项式朴素贝叶斯中，一般都使用平滑方法(smoothing)。对于离散的数据，平滑后的 $P(y)$ 和 $P(x_i|y)$ 的多项式分布计算公式为

$$\hat{P}(y) = \frac{|D_y| + \alpha}{|D| + n\alpha}$$
$$\hat{P}(x_i \mid y) = \frac{|D_{y,x_i}| + \alpha}{|D_y| + n\alpha} \tag{9.35}$$

其中，α 是平滑指数，当 $\alpha=1$ 时，称为拉普拉斯平滑(Laplace smoothing)；当 $\alpha<1$ 时，称为利德斯通平滑(Lidstone smoothing)。

如果使用拉普拉斯平滑，那么根据式(9.35)：

$$\hat{P}(\text{好瓜}) = \frac{8+1}{17+2\times 1} \approx 0.474, \quad \hat{P}(\text{坏瓜}) = \frac{9+1}{17+2\times 1} \approx 0.526$$

这里 $\alpha=1$，$n=2$(一共有好瓜、坏瓜2类)。

同样，

$$\hat{P}(\text{青绿} \mid \text{好瓜}) = \frac{3+1}{8+3\times 1} \approx 0.364, \quad \hat{P}(\text{青绿} \mid \text{坏瓜}) = \frac{3+1}{9+3\times 1} \approx 0.333$$

这里 $\alpha=1$，$n=3$(一共有青绿、乌黑、浅白3类)。

4. 伯努利朴素贝叶斯

如果数据集中自变量 $\boldsymbol{x}$ 均为0、1值的二元变量(例如，在文本分析中，判断某个词是否出现，用1表示出现，0表示不出现)，虽然也可以使用多项式分布方法计算，但是，通常都使用伯努利朴素贝叶斯(如果传进来的参数是非二值的，可以将其二值化)，如式(9.36)所示。

$$P(x_i \mid y) = P(x_i = 1 \mid y) \times x_i + (1 - P(x_i = 1 \mid y)) \times (1 - x_i) \tag{9.36}$$

伯努利朴素贝叶斯和多项式朴素贝叶斯的区别在于，对于类别 y 中没有出现的作为预测因子的特征 i，伯努利朴素贝叶斯会有明确的惩罚。而多项式朴素贝叶斯只是简单地忽略没有出现的特征。

早期的文本分类，尤其是垃圾邮件检测，主要使用贝叶斯方法。一般来说，伯努利贝叶斯在短文档上表现得更好。

9.5.3 朴素贝叶斯的应用

朴素贝叶斯将分类特征分布进行解耦，这意味着每个分布可以被独立地估计为一维分布，这有助于缓解因维度诅咒而产生的问题(第10章“降维”中将介绍维度诅咒)。

尽管朴素贝叶斯分类器的假设过于简化，但它们在许多实际情况下都能很好地工作，例

如著名的文档分类和垃圾邮件过滤。它们需要少量的训练数据来估计必要的参数。

与更复杂的方法相比,朴素贝叶斯学习器和分类器速度要求非常快。事实上,如果任务对于预测速度要求较高,则可以将训练结果存储到表中,在进行预测时,只需要“查表”即可进行判别;如果任务数据更替频繁,则可以采用“懒惰学习”(lazy learning)方式,先不进行任何训练,收到请求时才进行概率估值;如果数据不断增加,因为属性之间已经进行解耦操作,可以进行增量学习,只更改新增属性样本的概率即可。

虽然朴素贝叶斯被认为是一个不错的分类器,但是如果用它进行回归操作进行预测,结果会很糟糕,因为预测概率的结果只有大小意义,并不表示概率的值。

程序9.2和程序9.6为朴素贝叶斯对鸢尾花数据分类的一个例子。

9.6 懒惰学习的代表——kNN

朴素贝叶斯可以进行懒惰学习,但是懒惰学习的著名代表是kNN。懒惰学习的意思是,在训练阶段仅仅把样本保存起来,训练时间成本为零,一直到测试的时候再进行处理。和懒惰学习对应是“急切学习”(eager learning),急切学习的意思是在训练阶段就对样本进行分析。大部分机器学习算法都是急切学习。

kNN(k Nearest Neighbor,又称 k 近邻)算法的工作原理非常简单:给定测试样本,基于某种距离度量方法找出与其最近的 k 个邻居样本,然后基于这 k 个邻居的信息进行预测。在回归问题中,预测的值可以是 k 个样本的平均值;在分类问题中,可以使用投票法确定样本属于哪一类(邻居样本中属于哪一类的个数最多,就将该样本判别为该类)。

在kNN算法中,k 是超参数,一般取奇数(因为这样投票才不容易出现平局的现象),当 $k=1,3,5$ 时,分别叫作1NN、3NN、5NN。在一些特殊情况下,k 取不同值时,结果也许会显著不同,这种情况称为 k 值敏感,如图9.15(a)所示。

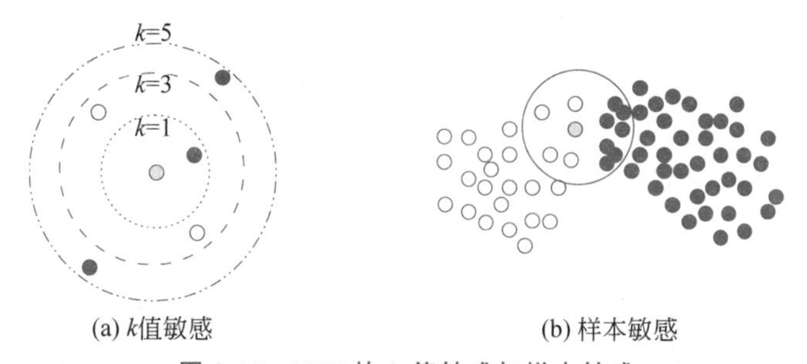

图9.15 kNN的 k 值敏感与样本敏感

图9.15(a)给出了 k 值敏感的一个例子,图中灰色样本点表示待分类数据。如果 $k=1$,那么灰色样本点只有1个邻居,为黑色,因此,灰色样本点被判决为黑色;如果 $k=3$,灰色样本点有3个邻居,其中有2个是白色,1个是黑色,根据投票结果,灰色样本点被判决为白色;如果 $k=5$,一共有5个邻居,3黑2白,灰色样本点被判决为黑色。

图9.15(b)的情况为样本敏感,当其样本分布不平衡时,例如其中黑色样本过大,灰色的未知实例容易被判决为这个分类,虽然灰色与白色更为接近。

当然,图9.15中的例子都是极端情况。kNN算法几乎没有什么公式(计算距离除外),易于理解,容易实现,而且效果非常不错。可以证明,kNN的泛化误差不大于贝叶斯最优分类器错误的两倍[5]。

总结起来，kNN 不需要数学背景，简单容易，可以解决监督学习领域的回归问题、分类问题，并且作为懒惰学习的代表，不用迭代逼近。但是，正如前文所述，kNN 算法也有对样本分布敏感，k 值敏感等缺点。

程序 9.2 和程序 9.7 为 kNN 对鸢尾花数据分类的一个例子。

9.7 臭皮匠变诸葛亮——集成学习

9.7.1 集成思想

这是本章机器学习算法部分的最后一节，一般来说，最后一节是前面内容的总结或者提升。而本节的集成方法，既是总结又是提升。总结是因为集成方法其实是把前述的多个学习方法(可以称为学习器，Learner)集成起来；提升是因为如果有机地把多个学习器集成起来，最后的效果要比使用任何一种单一的学习器好很多。这就是“三个臭皮匠，赛过诸葛亮”。

先从一个例子讲起，在第 7 章介绍过“孔多塞悖论”，这里介绍孔多塞的另外一个思想。在启蒙时代，孔多塞考虑了这样一个问题：司法判决是由一位称职的法官给出更好，还是由多位没有那么专业的市民组成的陪审团给出更好。这里，孔多塞提出了一个简单模型，如果每位市民都能以大于 1/2 的概率得出正确结论，那么，整个陪审团做出错误判决的概率就会随着陪审团人数增加而指数递减。孔多塞得出的结论是陪审团更可靠。

当然，在实际应用中，实施孔多塞的想法时也许会遇到问题，否则苏格拉底也不会因为 500 人组成的陪审团的决议而死亡。这是因为：第一，不能够保证陪审团每个人的错误概率小于 1/2；第二，陪审团人员之间不是独立的(《乌合之众》一书指出，人们很容易形成羊群效应，如果人们之间有沟通，做出的判决可能比最极端的法官还要极端)。

虽然在司法审判上，孔多塞的想法在生活实践中可能会遇到一些问题，但是在计算机科学上，夏皮尔于 1990 年提出的 Boosting 思想[6]是一个非常成功的想法。后来，弗罗因德和夏皮尔提出了 Boosting 思想的一个具体算法[7]——AdaBoost，成为 Boosting 家族中的典型算法代表。

1989 年，哈佛大学的 Valiant(计算学习理论奠基人、2010 年 ACM 图灵奖得主)和他的学生 Kearns 曾提出了一个公开问题：“弱可学习性是否等价于强可学习性？”

所谓强可学习性(strongly learnable)，是指在 PAC(Probably Approximately Correct)学习框架中，一个概念(一个类)，如果存在一个多项式的学习算法能够学习它，并且正确率很高，那么就称这个概念是强可学习的；对应的，如果存在一个多项式的算法能够学习某个概念，但是学习的正确率仅比随机猜测略好，则这个概念是弱可学习的(weakly learnable)。

夏皮尔证明了强可学习和弱可学习是等价的，这个思想很重要，因为发现弱可学习的算法要比强可学习容易得多，因此可以通过某种算法进行提升，将弱可学习算法提升为强可学习算法。

9.7.2 Boosting家族

1. AdaBoost算法

Boosting家族有一系列算法,其中以AdaBoost最为典型。AdaBoost算法的基本流程如下。

AdaBoost算法

(1) 初始化原始数据集的权重分布。

(2) 循环,

① 用带权值数据集训练得到弱学习器;

② 计算弱学习器在训练数据集上的误差;

③ 调整数据集的权重分布。

(3) 将前述弱学习器的结果进行加权组合。

AdaBoost的算法流程非常简单,用夏皮尔自己的话说,它仅需"十来行代码"(just 10 lines of code)。当然,实际计算起来还是有一些难度,算法的主要计算集中在循环的③部分,即如何调整数据集的权重分布。这里面主要用到的公式为

$$\alpha_m = \frac{1}{2}\ln\left(\frac{1-e_m}{e_m}\right) \tag{9.37}$$

其中,下标m表示第m次循环迭代,e_m是学习器G_m的错误率,α_m决定了学习器G_m的权重。

有了α_m之后,就可以用来调整下一次的数据分布了,调整公式为

$$\begin{aligned} w_{m+1,i} &= \frac{w_{m,i}}{Z_m} \times \begin{cases} e^{-\alpha_m}, & G_m(x_i)=y_i \\ e^{\alpha_m}, & G_m(x_i)\neq y_i \end{cases} \\ &= \frac{w_{m,i}}{Z_m} \times \exp\left(-\alpha_m \times y_i \times G_m(x_i)\right) \end{aligned} \tag{9.38}$$

式(9.38)中的Z_m可以由如下公式计算得到:

$$Z_m = 2\sqrt{e_m(1-e_m)} \tag{9.39}$$

Z_m是归一化因子,目前大多数参考资料给出的公式如下:

$$Z_m = \sum_{i=1}^{N} w_{m,i} \times \exp(-\alpha_m \times y_i \times G_m(x_i))$$

事实上,Z_m就是为了满足调整后的数据权重仍然是一个分布,它可以不用单独计算,只需要最后的权重仍然满足分布即可(即所有数据权重的和为1),在弗罗因德和夏皮尔的原始论文中[7],给出了一个非常简单的调整权重方法:

$$w_{m+1,i} = w_{m,i}\beta_m^{1-|h_m(i)-c(i)|}$$

其中,$\beta_m = \dfrac{e_m}{1-e_m}$,$h_m(i)$是预测值,$c(i)$是标签值。有不同的AdaBoost版本,它们的算法思想一致,区别主要是计算公式上的改良。

如果样本分类正确，$y_i \times G_m(x_i)=1$，由式(9.38)和式(9.39)，进一步可以得到权重调整方式为

$$w_{m+1,i}=\frac{w_{m,i}}{2(1-e_m)} \tag{9.40}$$

如果样本分类错误，此时 $y_i \times G_m(x_i)=-1$，调整方法如式(9.41)所示。

$$\begin{aligned}
w_{m+1,i}&=\frac{w_{m,i}}{Z_m}\times \exp(-\alpha_m \times -1)\\
&=\frac{w_{m,i}}{2\sqrt{e_m(1-e_m)}}\times e^{\frac{1}{2}\ln\left(\frac{1-e_m}{e_m}\right)}\\
&=w_{m,i}\times\frac{1}{2\sqrt{e_m(1-e_m)}}\times\sqrt{\frac{1-e_m}{e_m}}\\
&=\frac{w_{m,i}}{2e_m}
\end{aligned} \tag{9.41}$$

下面给出一个异或(XOR)问题分类的例子来理解 AdaBoost 算法。假设有一组数据，如表 9.8 所示。

该数据示意如图 9.16 所示。

表 9.8 异或问题

数据项名称	x_1	x_2	y
z_1	+1	0	+1
z_2	−1	0	+1
z_3	0	+1	−1
z_4	0	−1	−1

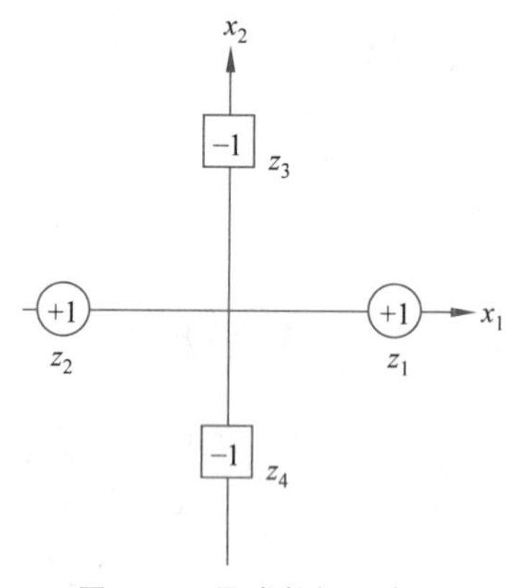

图 9.16 异或数据示意图

显然，在图 9.16 中，无法用一条直线直接将正例和负例分开。因为这个数据分布和异或逻辑的真值表数据分布一致(见本书 6.1.1 节命题逻辑)，因此，这样的问题也叫异或问题(这个问题如此简单而又典型，因此，它也出现在早期的人工智能学派之争中，1.5 节有介绍)。

虽然无论是水平还是垂直的单个直线都无法对该数据正确分类，但是有一些弱学习器可以取得比随机猜测更好的结果，例如，根据决策树连续值学习方法，可以得到如下三个学习器(有更多的弱学习器可以选择，这里随机选择三个)。

$$G_1(x)=\begin{cases}-1, & x_1>-0.5\\ +1, & x_1\leqslant -0.5\end{cases}\qquad G_2(x)=\begin{cases}+1, & x_1>0.5\\ -1, & x_1\leqslant 0.5\end{cases}$$

$$G_3(x)=\begin{cases}+1, & x_2>-0.5\\ -1, & x_2\leqslant -0.5\end{cases}$$

图 9.17 是三个学习器的示意图,图中斜线阴影部分表示预测结果为−1。这三个学习器虽然均无法将正例反例分开,但是它们的错误率都是 0.25,比随机猜测的错误率 0.5 要好。

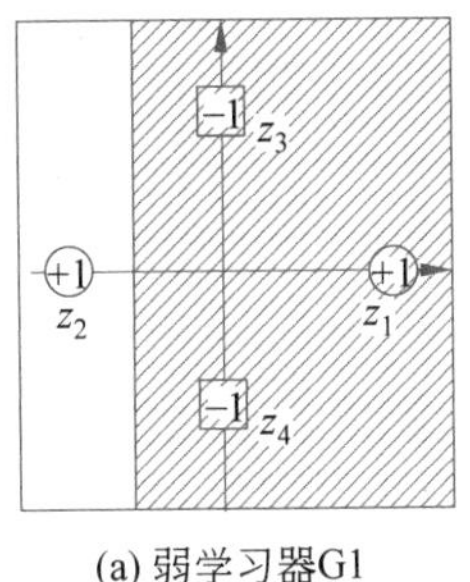

(a) 弱学习器G1

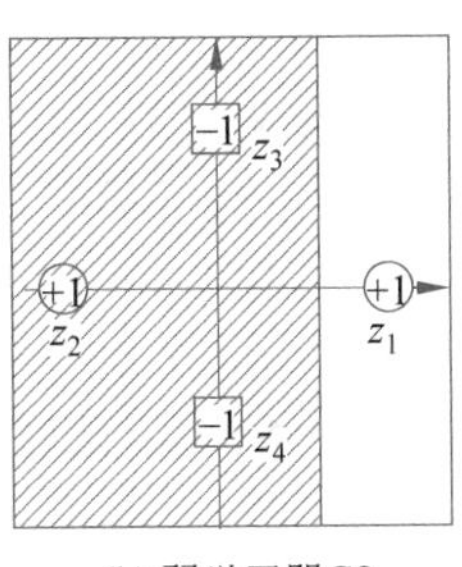

(b) 弱学习器G2

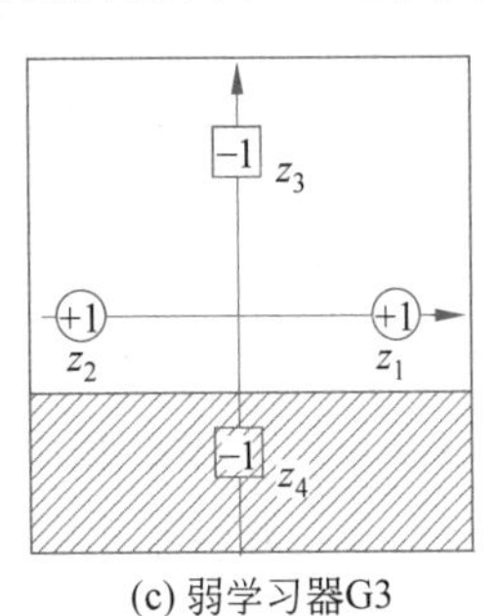

(c) 弱学习器G3

图 9.17　异或问题的三个弱学习器示意图

对该数据集运行 AdaBoost 算法,过程如下。

(1) 初始化原始数据集的权重分布。

共有 4 项数据($N=4$),这里将每个数据的权重都设置为 $w_{1,i}=1/4$。

(2) 循环 M 次。

① 第 1 次($m=1$)循环:随机选取一个学习器,例如选择学习器 $G_1(x)$。

即在横坐标为−0.5 处画一条竖线(见图 9.17(a)),此时,有 3 个数据项(z_2,z_3,z_4)分类正确,z_1 分类错误,因此,错误率 $e_1=1/4$。

据式(9.37),可得此时 $G_1(x)$ 的权重应为 $\alpha_1=\frac{1}{2}\times\ln\left(\frac{1-e_1}{e_1}\right)=\frac{1}{2}\times\ln\left(\frac{0.75}{0.25}\right)=0.55$。

据式(9.40)和式(9.41),调整每一项数据的权重,分为两种情况分别计算:

对于正确的训练样本(z_2,z_3,z_4),由式(9.40)得到 $w_{2,i}=\frac{w_{1,i}}{2(1-e_1)}=\frac{0.25}{2\times0.75}=\frac{1}{6}$。

对于错误的训练样本(z_1),由式(9.41)得到 $w_{2,i}=\frac{w_{1,i}}{2\times e_1}=\frac{0.25}{2\times0.25}=\frac{1}{2}$

此时,调整这 4 个数据分布权重为(1/2,1/6,1/6,1/6)。

因为数据项 z_1 训练错误,因此,提高了它们的权重(从 1/4 提升到 1/2,而其他数据项降低了权重值)。

完成第 1 次循环,得到分类函数:

$$f_1(x)=\alpha_1\times G_1(x)=0.55\times G_1(x)$$

② 第 2 次($m=2$)循环:随机选取另外一个学习器 $G_2(x)$。

即在横坐标为 0.5 处画一条竖线,此时,数据项 z_2 被错误分类。注意,因为数据项的权重已经被调整了,z_2 的权重为 1/6,所以此时的错误率为 $e_2=1/6$。

据式(9.37),可得此时 $G_2(x)$ 的权重应为 $\alpha_2=\frac{1}{2}\ln\left(\frac{1-e_2}{e_2}\right)=\frac{1}{2}\times\ln(5)=0.80$。

据式(9.40)和式(9.41),调整每一项数据的权重,计算结果如下:

对于正确的训练样本(z_3,z_4),得到 $w_{3,i}=\frac{w_{2,i}}{2(1-e_2)}=\frac{1/6}{2\times\left(1-\frac{1}{6}\right)}=\frac{1}{10}$;

对于正确的训练样本(z_1),得到 $w_{3,1}=\frac{w_{2,1}}{2\times(1-e_2)}=\frac{1/2}{2\times\left(1-\frac{1}{6}\right)}=\frac{3}{10}$;

对于错误的训练样本(z_2)，得到 $w_{3,2}=\frac{w_{2,2}}{2\times e_2}=\frac{1/6}{2\times\frac{1}{6}}=\frac{1}{2}$。

此时，调整这 4 个数据分布权重为(3/10,1/2,1/10,1/10)。完成第 2 次循环，得到分类函数：

$$f_2(x)=\alpha_1\times G_1(x)+\alpha_2\times G_2(x)=0.55\times G_1(x)+0.80\times G_2(x)$$

③ 第 3 次($m=3$)循环：随机选取另外一个学习器 $G_3(x)$。

该学习器表示在纵坐标为 −0.5 处画一条横线，此时，数据项 z_3 被错误分类，z_3 的权重为 1/10，所以此时的错误率 $e_3=1/10$。

据式(9.37)，可得此时 $G_3(x)$ 的权重应为 $\alpha_3=\frac{1}{2}\ln\left(\frac{1-e_3}{e_3}\right)=\frac{1}{2}\times\ln(9)=1.10$。

据式(9.40)和式(9.41)，调整每一项数据的权重，分别计算如下：

对于正确的训练样本(z_1)，得到 $w_{4,1}=\frac{w_{3,1}}{2\times(1-e_3)}=\frac{3/10}{2\times\left(1-\frac{1}{10}\right)}=\frac{1}{6}$；

对于正确的训练样本(z_2)，得到 $w_{4,2}=\frac{w_{3,2}}{2\times(1-e_3)}=\frac{1/2}{2\times\left(1-\frac{1}{10}\right)}=\frac{5}{18}$；

对于正确的训练样本(z_4)，得到 $w_{4,4}=\frac{w_{3,4}}{2\times(1-e_3)}=\frac{1/10}{2\times\left(1-\frac{1}{10}\right)}=\frac{1}{18}$；

对于错误的训练样本(z_3)，得到 $w_{4,3}=\frac{w_{3,3}}{2\times e_3}=\frac{1/10}{2\times\frac{1}{10}}=\frac{1}{2}$。

此时，调整这 4 个数据分布权重为(1/6,5/18,1/2,1/18)。完成第 3 次循环，得到分类函数：

$$\begin{aligned}f_3(x)&=\alpha_1G_1(x)+\alpha_2G_2(x)+\alpha_3G_3(x)\\&=0.55G_1(x)+0.80G_2(x)+1.10G_3(x)\end{aligned}$$

(3) 此分类器在训练数据上的分类误差已经为 0，因此循环终止，得到最终的分类器 $f_3(x)$。AdaBoost 算法的学习结果如图 9.18(a)所示。

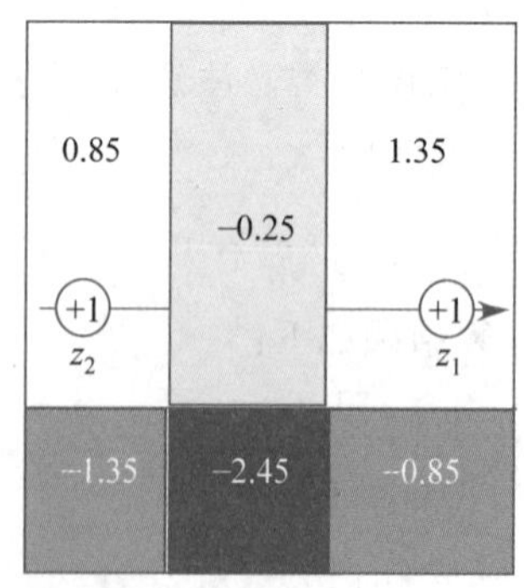

(a) AdaBoost学习结果

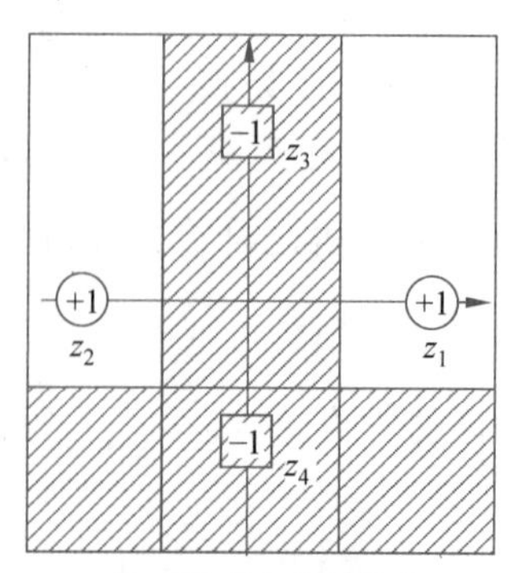

(b) 直接将分类器集成

图 9.18 异或问题分类

图 9.18(a)中,不同的灰度值表示最终学习算法 $f_3(x)$在不同区域的权重。当然,因为这个问题非常简单,这里只是为了方便大家熟悉 AdaBoost 算法流程,在这个简单的问题中,直接将三个分类器相加(最终的学习器 $f=G_1(x)+G_2(x)+G_3(x)$),也可以将数据分开,如图 9.18(b)所示。

2. 其他 Boosting 算法

在 Boosting 家族中,除了 AdaBoost 算法之外,还有梯度提升决策树(Gradient Boosting Decision Tree,GBDT)[8,9]。GBDT 把 CART 决策树作为弱分类器学习。XGBoost(eXtreme Gradient Boosting)是 GBDT 的一种典型实现方法[10],是大规模并行提升树的工具包,在设计 XGBoost 时使用了更精巧的损失函数,在最小化损失函数时,使用了泰勒级数展开的方法。

虽然这些不同的 Boosting 算法具体求解方法不一致,但是它们的理念是一致的,即串行生成基分类器。既然有串行的集成方法,那么有没有并行的集成方法呢?答案是肯定的,这就是另一类集成方法——Bagging。

9.7.3 Bagging 家族

Bagging 是 Bootstrap AGGregatING 的缩写。bootstrap 是鞋子后面的那条系带(很多鞋子都有,最开始设计是为了在鞋子陷进泥中方便拔鞋),后来 bootstrap 引申为"自举,自助"的意思,aggregating 是"聚合"的意思,因此,"自助"和"聚合"是 Bagging 的两个关键。有意思的是,bag 本身是"包"的意思,所以 Bagging 也可以理解为把一堆东西放到包中,也有集成的意思。

1. 基本 Bagging 算法

Bagging 的自助和聚合过程如下[11]。

Bagging 算法

(1) 从 1 到 M 循环:

　　自助采样法,利用基学习算法得到不同的弱学习器。

(2) 聚合弱学习器得到强学习器。

可以看出,Bagging 算法主要包括两部分,第一部分是通过自助采样法得到不同的弱学习器。自助采样的过程如下:给定一个样本数量为 n 的训练数据集,通过有放回的采样得到 n 个训练样本的采样集。因为是有放回采样,因此,有的样本被多次选中,有的样本可能一次也没被选中。极限情况下,数据始终不被采样到的概率为

$$\lim_{n\to\infty}\left(1-\frac{1}{n}\right)^n=\frac{1}{\mathrm{e}}\approx 0.368 \tag{9.42}$$

在自助采样法中,可以采样出 T 个采样集(每个采样集含有 n 个训练样本),然后基于每个采样集训练出若干弱学习器。

第二部分是在聚合过程中,将各个弱学习器聚合在一起。在分类问题上,可以使用投票

方法进行聚合；在回归问题上，可以使用平均方法聚合。以分类问题为例，在预测一个测试样本时，Bagging 算法将样本传给各个基分类器，然后对结果进行投票，获胜的投票即作为最后的输出（如果是平局，则随机选择一个结果）。

2. 其他 Bagging 算法

除了基本的 Bagging 算法之外，在 Bagging 家族中，随机森林（Random Forest）[12]也是一种常见的集成算法。随机森林在 Bagging 的基础上，进一步在决策树的训练过程中引入了随机属性选择。

回忆在决策树划分时，需要进行最优属性选择。随机森林的想法是，在构建基决策树时，先从节点的属性集合中随机选择一个包含 k 个属性的子集，然后在这个子集上进行最优属性划分。显然，如果 k 包含了全部属性，那么基决策树的构建和传统的方法一样；如果 $k=1$，那么相当于随机选择一个属性进行划分。文献[12]介绍，一般情况下推荐 $k=\log_2 d$。

显然，随机森林只是在决策树算法的基础上，对属性选择作了小的改动。基本 Bagging 算法中基学习器的多样性通过样本扰动实现，随机森林算法不仅对数据进行了扰动，也增加了属性扰动，就是这小小的改动，让随机森林在很多任务中展现了强大的性能。

程序 9.2 和程序 9.8 为一个集成算法（AdaBoost）对鸢尾花数据分类的例子。

9.8 Occam's razor

Occam's razor 翻译为中文是“奥卡姆剃刀”，由英国逻辑学家奥卡姆提出。一般提到奥卡姆剃刀，都是指一个原理，即“如无必要，勿增实体”，也即“简单有效原理”。这个原理听起来非常简单，事实上，有一句话更好地形容了这个原理，据说是爱因斯坦所说：

凡事尽可能简单，但不能太过简单。

Everything should be made as simple as possible，but not simpler。

笔者一直怀疑“凡事尽可能简单，但不能太过简单”这句话并不是爱因斯坦说的，毕竟，把一句话伪托为名人所说，既显得这句话有权威，又显得自己知识丰富。这样的事情绝对不是只在学生写作文的时候才出现。

Nature 杂志的一篇文章[13]就质疑了这件事情。文章中写道，这句话肯定不是爱因斯坦的原文，也许最接近这句话的原文是爱因斯坦在 1933 年一次演讲，“几乎不能否认，所有理论的最高目标是使不可约的基本要素尽可能简单，尽可能少，而不必放弃对单一经验数据的充分表述”（It can scarcely be denied that the supreme goal of all theory is to make the irreducible basic elements as simple and as few as possible without having to surrender the adequate representation of a single datum of experience）。

因为爱因斯坦的权威性，所以爱因斯坦说的好多话都被人按照自己的立场摘录下来，美国国税局网站上也有一句爱因斯坦的名言，“世界上最难理解的是所得税”（The hardest thing in the world to understand is the income tax）。笔者倒是相信这句话是爱因斯坦说的，虽然这句话和物理没有一点关系。网上还流传“复利是世界第八大奇迹”这句话是爱因斯坦所说。

爱因斯坦也许早就预见了这样的事情会发生,因此他说,“为了惩罚我对权威的蔑视,命运让我自己成为权威”(To punish me for my contempt of authority,fate has made me an authority myself)。

不止在机器学习中,在很多地方,奥卡姆剃刀准则都发挥作用。在哥白尼的日心说之前,人们一直认为地心说是正确的,并且使用托勒密的地心说公式,测得日月星辰的周期比哥白尼的简单日心说还精确(太阳系行星的轨道是椭圆不是正圆),但是托勒密的学说太复杂了,为了拟合多个行星的周期,需要大圆套小圆,显然,这种模型过拟合了,而哥白尼的日心说,则简单得多。

机器学习是通过数据习得规律。不同的学习方法的流程几乎一致,首先确定误差函数,然后通过优化手段,最小化其目标函数。但是具体到每一个学习方法,它们均有各自的特点。奥卡姆剃刀算是一个原则性的指导,简单来说,就是不要把事情搞得那么复杂。

本书在决策树后剪枝叙述中提到了奥卡姆剃刀这一原则。该原则既能够让学习器变得简单,又能够避免过拟合。事实上,奥卡姆剃刀是避免过拟合的一个有效指导原则,而过拟合几乎是所有机器学习算法的敌人。好多机器学习技巧,例如岭回归和 LASSO 回归等正则化技巧,都是为了避免过拟合而设计。

一般来说,如果两个学习方法得到的结果精度差不多,但是复杂度相差很多,那么,选择那个简单的会有更强的泛化能力。

奥卡姆剃刀的思想是如此简单,反而不宜过多介绍,否则就违反了奥卡姆剃刀原则,画蛇添足了。不过,也不能为了过分简单忘记了前提条件,“如无必要”,否则,最简单的线性模型就会统治整个机器学习了。不过,正因为这个前提条件,让这个原则很难应用,因为很难知道什么是必要,逻辑学里面讲了,如果在一句话前面加上“如果”,几乎可以免去说话者的责任,面对这个复杂的世界,很少有人知道到底什么是“必要”,什么是“非必要”。

机器学习体系几乎都遵循奥卡姆剃刀原则,但是在研究 AdaBoost 的过程中,人们却发现 AdaBoost 的行为表现似乎违背了这个原则,因此,人们也对集成算法进行了更深入的研究,取得了更多的成果,感兴趣的读者请参阅更多文献[14]。

机器学习是解决复杂问题的一个有效手段,尤其是在今天有大量的标注数据情况下,但是,这个世界上没有标注的数据更多,那么,有没有办法利用未标注数据学习到一些知识呢?请看下一章,无监督学习。

9.9 怎么做

9.9.1 分类结果评估

程序 9.1 绘制 ROC 曲线

```
1    from sklearn import metrics
2    import pandas as pd
3    import numpy as np
```

```
4   import matplotlib.pyplot as plt
5   plt.rcParams['font.sans-serif']=['SimHei'] #用来正常显示中文标签
6
7   data = pd.read_csv(r'./data/ROCsample.csv')
8   y_score=data.values[:,2]
9   y_test=data.values[:,1]
10  annotates=np.array(y_score[0])
11  for i in range(1,len(y_score)-1):
12      if y_test[i]!=y_test[i+ 1]:
13          annotates=np.append(annotates,y_score[i])
14  annotates=np.append(annotates,y_score[-1])
15  #y得分为模型预测正例的概率
16  #计算不同阈值下,FPR和TPR的组合值,其中FPR表示1-Specificity,
    #TPR表示Sensitivity
17  fpr,tpr,threshold = metrics.roc_curve(y_test, y_score)
18  #计算AUC的值
19  roc_auc = metrics.auc(fpr,tpr)
20
21  #添加ROC曲线
22  plt.plot(fpr, tpr, color='black', lw = 1)
23  for i in range(len(annotates)):
24      plt.annotate(annotates[i], xy = (fpr[i],tpr[i]), xytext = (fpr[i], tpr
        [i]))
25  plt.stackplot(fpr, tpr, color='steelblue', alpha = 0.5, edgecolor = 'black')
    #绘制面积图
26  plt.plot([0,1],[0,1], color = 'red', linestyle = '--')      #添加对角线
27  plt.text(0.5,0.3,'ROC curve (area = %0.2f)' % roc_auc)     #添加文本信息
28  plt.xlabel('1-特异性')
29  plt.ylabel('敏感度')
30  plt.show()
```

程序9.1为图9.2的绘制程序，具体绘制过程在图9.2后有介绍。

9.9.2 鸢尾花数据分析

1. 鸢尾花数据介绍

鸢尾花首次出现在英国统计学家费舍尔1936年的论文中，用来介绍线性判别式分析。在这个数据集中，包括了三类不同的鸢尾属植物：Iris setosa、Iris versicolor和Iris virginica。每类收集了50个样本，因此这个数据集一共包含了150个样本。三种鸢尾花的分类如图9.19所示。

该数据集有标签，共5列，前四列测量了所有150个样本的4个特征（单位都是厘米(cm)），分别是：sepal length（花萼长度）、sepal width（花萼宽度）、petal length（花瓣长度）、petal width（花瓣宽度）。第5列为标签列，标注了该花朵所属的种类（用0、1、2标识）。

该数据几乎堪称是数据挖掘、机器学习必备的数据集，非常容易下载得到。sklearn中默认包含该数据集。程序9.2显示了该数据集的基本情况。

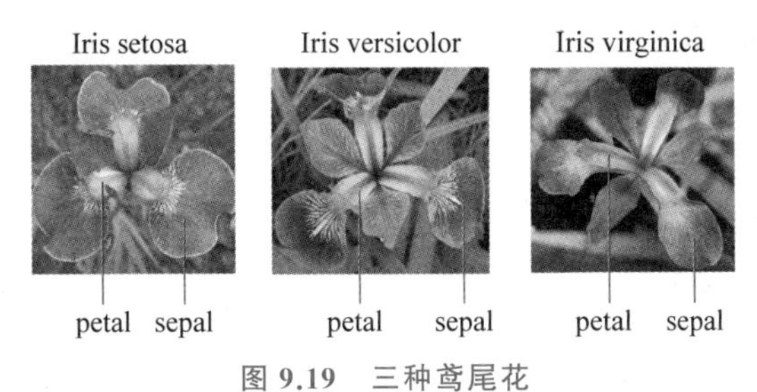

图 9.19　三种鸢尾花

(图片来自网络,搜索 UCI iris 可得关于该数据集的相关图片)

程序 9.2　鸢尾花数据描述

```
1    from sklearn import datasets
2    import matplotlib.pyplot as plt
3    import matplotlib.patches as mpatches
4    import numpy as np
5
6    iris=datasets.load_iris()
7    sepal_length=iris.data[:,0]                        #花萼长度
8    sepal_width=iris.data[:,1]                         #花萼宽度
9    petal_length=iris.data[:,2]                        #花瓣长度
10   petal_width=iris.data[:,3]                         #花瓣长度
11   species=iris.target                                #数据类别
12
13   plt.title('Iris classification - by sepal')       #绘制二维图片
14   plt.scatter(sepal_length,sepal_width,c=species)
15   plt.xlabel('sepal length')
16   plt.ylabel('sepal width')
17   plt.show()
18
19   from mpl_toolkits.mplot3d import Axes3D            #绘制三维图片
20   fig=plt.figure()
21   ax=Axes3D(fig)
22   ax.scatter(sepal_length,sepal_width,petal_length,c=species)
     #变换 sepal 和 petal 的顺序,共有 4!组合
23   plt.title('sepal_length sepal_width petal_length')
24   plt.show()
```

程序 9.2 第 6 行读取 sklearn 中自带的鸢尾花数据。第 7～11 行取出对应的属性数据。第 13～17 行绘制二维图片,运行可以得到图 9.20(a),如果将第 14 行参数改为(petal_length,petal_width,c=species),可以得到图 9.20(b)。这里也可以更改为不同的参数列表,例如,使用花萼长度和花瓣长度(sepal_length,petal_length),不同的组合可以显示不同的散点图。

因为鸢尾花有 4 个属性,相当于四维数据,因此,无法直接画图,程序 9.2 的第 19～24 行显示了使用 3 个属性画出三维图形,图 9.20(c)使用了(sepal_length,sepal_width,petal_length),图 9.20(d)使用了(petal_length,petal_width,sepal_width)。读者也可以调整属性值和不同的顺序,画出不同的图形。

从图 9.20 可以看出,通过花瓣分类效果较好,因此,为了画图显示方便,以下的算法中,

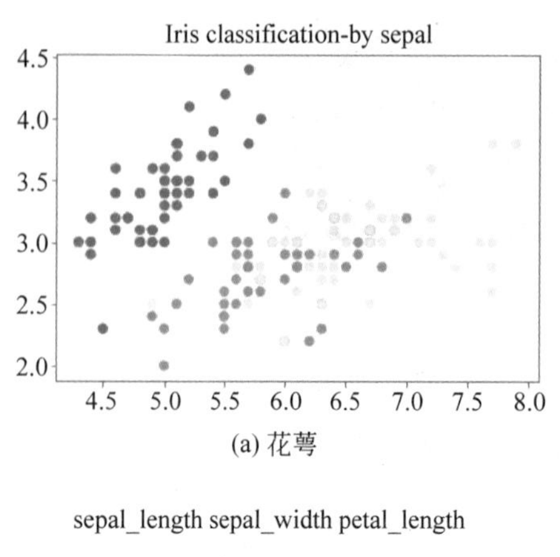

(a) 花萼

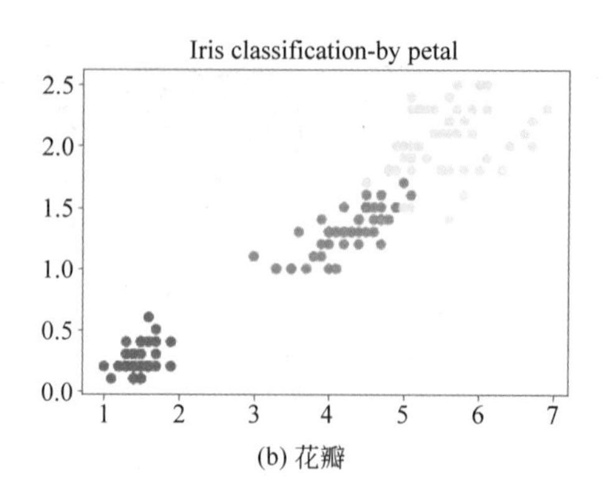

(b) 花瓣

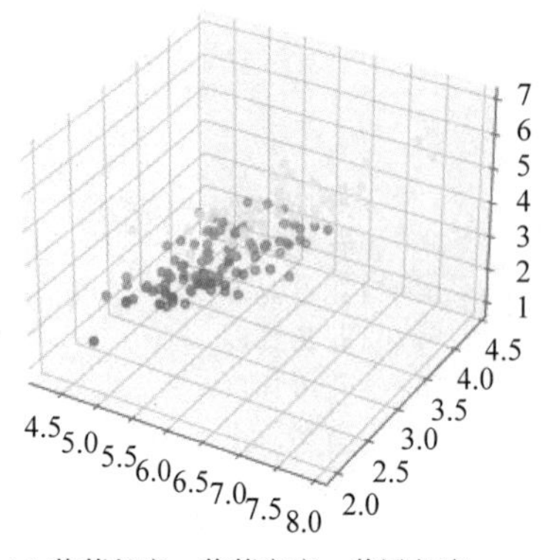

(c) 花萼长度、花萼宽度、花瓣长度

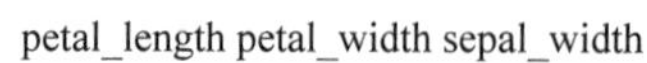

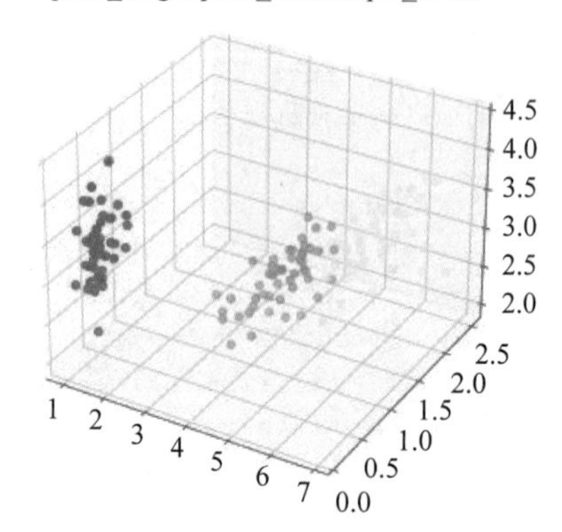

(d) 花瓣长度、花瓣宽度、花萼宽度

图 9.20 鸢尾花数据

全部使用了花瓣数据进行分类。

2. 逻辑回归

程序 9.3 逻辑回归

```
25    #数据准备
26    from sklearn.model_selection import train_test_split
27    X=iris.data[:,2:]
28    y=iris.target
29    x_train, x_test, y_train, y_test = train_test_split(X, y, test_size = 0.3,
      random_state = 0)
30
31    #逻辑回归
32    from sklearn.linear_model import LogisticRegression
33    lr = LogisticRegression(solver='sag',multi_class='multinomial',
      max_iter=1000)
34    lr.fit(x_train,y_train)
35    print("逻辑回归训练集的准确率: %.3f" %lr.score(x_train, y_train))
36    print("逻辑回归测试集的准确率: %.3f" %lr.score(x_test, y_test))
37
38    #结果评估
```

```
39    from sklearn import metrics
40    y_hat = lr.predict(x_test)      #lr改成dt、svm、nb、knn、adbt可以得到不同算法的
                                        预测结果
41    accuracy = metrics.accuracy_score(y_test, y_hat)
42    print("Logistic Regression模型正确率: %.3f" %accuracy)
43    names = ['setosa', 'versicolor', 'virginica']
44    print(metrics.classification_report(y_test, y_hat, target_names = names))
45
46    #画图
47    from matplotlib.colors import ListedColormap
48    x_min,x_max=petal_length.min()-0.5,petal_length.max()+ 0.5
49    y_min,y_max=petal_width.min()-0.5,petal_width.max()+ 0.5
50    cmap_light=ListedColormap(['#AAAAFF','#AAFFAA','#FFAAAA'])
51    h=0.02
52    xx,yy=np.meshgrid(np.arange(x_min,x_max,h),np.arange(y_min,y_max,h))
53    Z=lr.predict(np.c_[xx.ravel(),yy.ravel()])  #lr改成dt、svm、nb、knn、adbt
                                                  可以得到不同算法的绘图
54    z=Z.reshape(xx.shape)
55    plt.figure()
56    plt.pcolormesh(xx,yy,z,cmap=cmap_light)
57    plt.scatter(petal_length,petal_width,c=y)
58    plt.title("LogisticRegression")
59    plt.show()
```

注意,程序9.3的行号不是从1开始,如果想运行这个程序,需要把程序9.2和程序9.3放在一起才可以。程序9.2负责读取鸢尾花数据,程序9.3负责分析分类。

程序9.3使用逻辑回归算法。程序第25~29行为准备数据阶段,第27行表示只取花瓣长度和花瓣宽度两个数据(为了画图方便)。第29行将数据分为测试集和训练集,按照程序设定的比例(test_size = 0.3),可知训练集有150×0.7=105个,测试集有150×0.3=45个。一共形成四组数据,分别是训练集数据、训练集标签、测试集数据、测试集标签。

程序第31~36行为训练以及输出训练结果,第33行设置训练参数,第34行进行训练,第35行和第36行输出训练集和测试集的训练精度。对应的输出如下。

```
Logistic Regression模型训练集的准确率: 0.971
Logistic Regression模型测试集的准确率: 0.978
```

程序第38~44行对训练结果评估(在测试集上评估),输出结果的正确率(accuracy)以及混淆矩阵(classification_report)。注意,如果第40行修改为其他算法,则其他行不用修改就可以输出对应其他算法的结果评估。逻辑回归对应的输出结果如下。

```
Logistic Regression模型正确率: 0.978
              precision   recall  f1-score   support
   setosa             1        1         1        16
 versicolor           1     0.94      0.97        18
  virginica        0.92        1      0.96        11


  accuracy                            0.98        45
  macro avg        0.97     0.98      0.98        45
weighted avg       0.98     0.98      0.98        45
```

程序第46～59行绘制分类结果图。对于逻辑回归算法，对应的分类结果图如9.21(a)所示。同样，修改第53行，可以绘制不同算法的分类结果图，如图9.21所示。

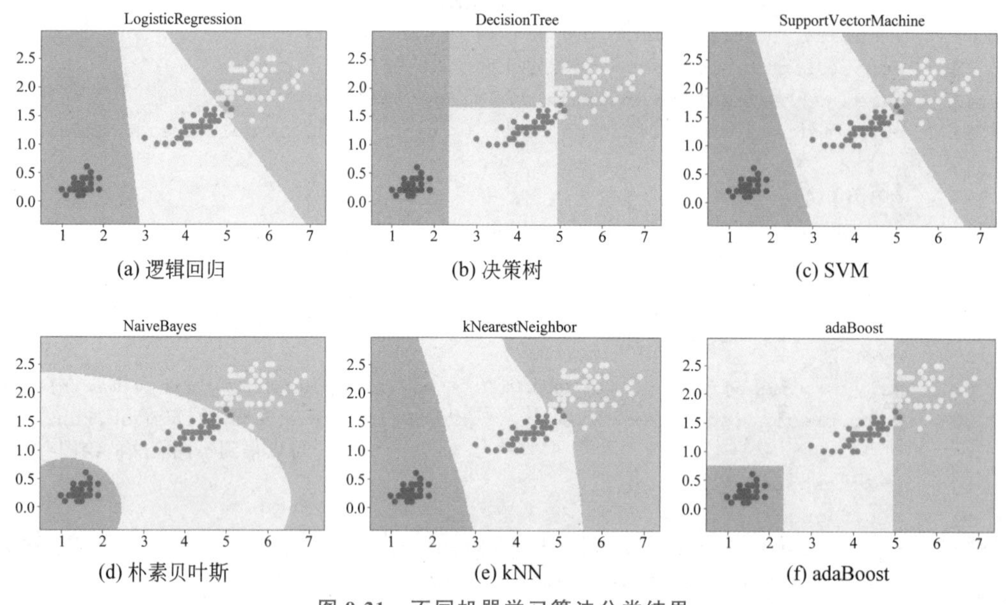

(a) 逻辑回归　(b) 决策树　(c) SVM

(d) 朴素贝叶斯　(e) kNN　(f) adaBoost

图9.21　不同机器学习算法分类结果

3. 决策树

程序9.4　决策树

```
31    #决策树
32    from sklearn.tree import DecisionTreeClassifier
33    dt = DecisionTreeClassifier()
34    dt.fit(x_train,y_train)
35    print("DecisionTree训练集的准确率: %.3f" %dt.score(x_train, y_train))
36    print("DecisionTree测试集的准确率: %.3f" %dt.score(x_test, y_test))
```

注意程序9.4的编号，程序9.4和程序9.3具有完全相同的布局，用程序9.4的第31～36行替换掉程序9.3的第31～36行，即可实现使用决策树进行鸢尾花数据分析。另外，如果想运行结果分析，需要把程序9.3的第40行替换为y_hat = dt.predict(x_test)；如果想绘制分类图，需要把程序9.3的第53行替换为Z=dt.predict(np.c_[xx.ravel(),yy.ravel()])。以下的各种算法替换方法相同，不再赘述。

程序9.4的第31～36行运行结果如下。决策树的分类结果示意如图9.21(b)所示。

```
DecisionTree训练集的准确率: 0.990
DecisionTree测试集的准确率: 0.956
```

4. SVM

程序9.5　SVM

```
31    #SVM
32    from sklearn.svm import SVC
```

```
33    svm = SVC(kernel='rbf')
34    svm.fit(x_train,y_train)
35    print("SVM 训练集的准确率: %.3f" %svm.score(x_train, y_train))
36    print("SVM 测试集的准确率: %.3f" %svm.score(x_test, y_test))
```

程序 9.5 替换方法和决策树一样,这段程序的运行结果如下。SVM 的分类结果示意如图 9.21(c)所示。

```
SVM 训练集的准确率: 0.971
SVM 测试集的准确率: 0.978
```

5. 朴素贝叶斯

程序 9.6　朴素贝叶斯

```
31    #朴素贝叶斯
32    from sklearn.naive_bayes import MultinomialNB,GaussianNB
33    nb=GaussianNB()
34    nb.fit(x_train,y_train)
35    print("Naive Bayes 的准确率: %.3f" %nb.score(x_train, y_train))
36    print("Naive Bayes 测试集的准确率: %.3f" %nb.score(x_test, y_test))
```

程序 9.6 替换方法和决策树一样,这段程序的运行结果如下。朴素贝叶斯的分类结果示意如图 9.21(d)所示。

```
Naive Bayes 的准确率: 0.952
Naive Bayes 测试集的准确率: 0.978
```

6. kNN

程序 9.7　kNN

```
31    #kNN
32    from sklearn.neighbors import KNeighborsClassifier
33    knn=KNeighborsClassifier()
34    knn.fit(x_train,y_train)
35    print("kNN 训练集的准确率: %.3f" %knn.score(x_train, y_train))
36    print("kNN 测试集的准确率: %.3f" %knn.score(x_test, y_test))
```

程序 9.7 替换方法和决策树一样,这段程序的运行结果如下。kNN 的分类结果示意如图 9.21(e)所示。

```
kNN 训练集的准确率: 0.952
kNN 测试集的准确率: 0.978
```

7. adaBoost

程序 9.8　adaBoost

```
31    #adaboost
32    from sklearn.ensemble import AdaBoostClassifier
33    adbt=AdaBoostClassifier()
34    adbt.fit(x_train,y_train)
35    print("adaboost 训练集的准确率: %.3f" %adbt.score(x_train, y_train))
36    print("adaboost 测试集的准确率: %.3f" %adbt.score(x_test, y_test))
```

程序 9.8 替换方法和决策树一样，这段程序的运行结果如下。AdaBoost 的分类结果示意如图 9.21(f)所示。

```
adaboost 训练集的准确率: 0.962
adaboost 测试集的准确率: 0.911
```

9.9.3 不难，也不简单

大家可以看到，如果利用机器学习工具分析数据，并不是很难的事情。但是，如果认为机器学习非常简单，那也是不对的。目前，利用机器学习算法进行数据分析的精要在于调参。所谓调参，就是调整参数，而关于如何调参，又是 know-how 的内容，并无统一规律可循。

程序 9.3～程序 9.8 针对本书中的典型分类算法列举了不同例子。乍看起来，好像两三行就能完成任务，这其实是一种错觉。这是因为上述的问题非常简单，鸢尾花数据分析作为一个成熟优雅的数据集，不要被它的简单所蒙蔽。实际的问题要比鸢尾花问题难很多。另外，程序中各种算法的参数几乎都是默认值，而实际上不同参数的选择直接(有时候剧烈地)影响算法结果，例如程序 9.3 的第 33 行，使用了 solver＝sag(随机梯度下降)来优化逻辑回归目标函数(和前文所讲对应)。但是，在优化逻辑回归目标函数时，其实 solver 可以使用 lbfgs(默认)、newton-cg、liblinear、sag、saga 等不同方法，并且每个方法也需要对应不同的参数。事实上，这个函数的参数列表如下。

```
LogisticRegression(penalty='l2',dual=False,tol=0.0001,C=1.0,fit_intercept=
True,intercept_scaling=1,class_weight=None,random_state=None,solver='lbfgs',
max_iter=100,multi_class='auto',verbose=0,warm_start=False,n_jobs=None,l1_
ratio=None)
```

这里面每一种参数的改变，都有可能会对结果造成改变，参数的不同组合又变化无穷。例如，在介绍 SVM 时，也介绍了不同的参数选择。在 sklearn 中，每种不同的机器学习算法都有各自不同的参数列表，而要正确地理解和设置它们，对于每种算法的深刻理解是必不可少的。

大部分读者应该不会从头搭建自己的机器学习系统，但是在学习各种机器学习算法时，还是要理解每一种算法底层的思想。如果能建立形象思维，对算法有深刻的认识，那么，对于调优是非常有帮助的。

遗憾的是，只对算法认识深刻，也并不一定能在实际应用中得心应手，深刻理解算法是必要条件而不是充分条件。在实际应用中，还有很多算法之外的东西，而这些东西，和具体问题密切相关，并无统一规律可以追寻。机器学习算法很多，在实践过程中，最重要的是“匹配”(match)，需要算法和问题匹配，即对二者都有深刻的理解和认识。二者缺少一个，就如同单足走路，行不致远。

附注

本章公式、表格和图片与《机器学习》(周志华著)对应如下。

本书	《机器学习》
式(9.17)	式(4.2)
式(9.20)	式(4.5)
式(9.21)	式(4.6)
⋮	⋮
表 9.4	表 4.1
⋮	⋮

第10章　机器学习(三)

无师禅自解。

——贾岛[①]

前文介绍的学习方法都叫作有监督学习(supervised learning),本章主要介绍无监督学习(unsupervised learning)。

前文介绍过,有监督学习就好像对照正确答案,学习自变量和因变量之间隐藏的关系。这个答案即是训练数据的标签。英文的supervise有"监督、指导"的意思,因此,有部分资料也称为有指导学习和无指导学习。另外,supervisor有"导师"的意思,也有少部分资料称之为有导师学习和无导师学习。

无监督学习也可以称为无导师学习。无师自通就能学习,当然是非常好的学习方法了。但是,就目前的技术水平来说,无监督学习只能学习有限的知识,例如聚类和降维等。

10.1　聚类

10.1.1　聚类其实是聚簇

聚类,英文是clustering。聚类和分类都有一个"类"字,但是聚类里面的类是指簇(cluster),分类里面的类是指类别(class),严格来说,这二者的"类"并不是同一个东西。从这个角度来说,聚类翻译成聚簇更合适。简单地说,聚类就是聚堆,将数据集中比较相似的(距离比较近)聚在一堆,不那么相似的分在不同的堆中。

不同于回归与分类,一般来说,聚类在学习过程中侧重于挖掘数据本身的特征,并不需要标签数据进行指导,因此,一般的聚类算法都是无监督学习。

注意,监督学习和无监督学习是从学习方法来分类的,回归、分类与聚类是按照学习结果分类的,它们是不同的划分标准。

如果按照学习方法划分,除了有监督学习和无监督学习,还有半监督学习、自监督学习和强化学习。半监督学习是指训练数据中部分有标签,部分无标签,利用这些数据进行学习;自监督学习不需要外部标记数据,标签(答案或者是数据的表征信息)是通过从输入数据自身学习得到的,得到预训练模型,将学习参数迁移到下游任务网络中,进行微调得到最终的网络;强化学习是数据中并没有给出标签,但是会给出一些结果,例如,通过强化学习方法训练一个智能体打游戏,虽然没有给出智能体每一个动作的回报值,但是会给智能体动作序列的最后结果一个分值,告诉智能体是成功还是失败了。

① 这句话来自贾岛的《送贺兰上人》,"无师禅自解,有格句堪夸",也是成语无师自通的来源。

如果按照学习结果分类,除了回归、分类与聚类之外,还有另外一种机器学习,结构化学习,也就是输入的数据和输出的数据可以是不一样的结构。例如,机器翻译中,学习的结果是文本数据(字符串);股票市场预测中,学习的结果是一段时间内的股票价格预测值(时间序列);目标检测中,输入一张图片,输出的结果是一个边界框的坐标。

聚类算法用处比较多,例如用户画像、商业广告推送、新闻聚类、基因片段发掘、图像分割或者压缩等。聚类方法也非常多,包括基于密度的 DBSCAN 方法、层次聚类 AGNES 方法以及谱聚类等。这里介绍一个最直接最常用的聚类方法:k-means。

10.1.2　简单实用的聚类:k-means

1. 算法介绍

k-means 方法[1],也叫 k 均值方法(mean 这里表示平均值的意思)。这里面的 k 是一个超参数,由用户指定。k 均值,即将样本数据按照质心进行运算分为 k 个簇。

该算法的思路如算法 1 所示。

算法 1　k-means 算法

(1) 从数据中随机挑选 k 个样本作为簇的质心;

(2) 计算剩余的样本与各个簇的质心之间的距离,离哪一个簇的质心最近,即把该样本归为该簇;

(3) 得到新的簇之后,重新计算各簇样本点的均值,并以均值作为新的 k 个簇的质心;

(4) 重复步骤(2)和步骤(3),直到簇的质心趋于稳定,最终得到 k 个簇。

为了更好地理解 k-means 算法,可以参考以下案例。

表 10.1 是全国主要城市(包括各省省会城市、直辖市以及特别行政区)的经纬度(数据从网络收集,城市按照纬度降序排序,即从北到南)。

表 10.1　全国主要城市的经纬度

城市	经度	纬度	城市	经度	纬度
哈尔滨市	126.6425	45.75697	上海市	121.4726	31.23171
长春市	125.3245	43.88684	成都市	104.0657	30.65946
乌鲁木齐市	87.61688	43.82663	武汉市	114.2986	30.58435
沈阳市	123.4291	41.79677	杭州市	120.1536	30.28746
呼和浩特市	111.752	40.84149	拉萨市	91.1145	29.64415
北京市	116.4053	39.90499	重庆市	106.505	29.53316
天津市	117.1902	39.1256	南昌市	115.8922	28.67649
银川市	106.2325	38.48644	长沙市	112.9823	28.19409
石家庄市	114.5025	38.04548	贵阳市	106.7135	26.57834
太原市	112.5492	37.85701	福州市	119.3062	26.0753
济南市	117.0009	36.67581	昆明市	102.7123	25.04061
西宁市	101.7778	36.61729	台北市	121.5201	25.03072
兰州市	103.8342	36.06138	广州市	113.2806	23.12518
郑州市	113.6654	34.75798	南宁市	108.32	22.82402
西安市	108.948	34.26316	香港特别行政区	114.1655	22.27534
南京市	118.7674	32.04155	澳门特别行政区	113.5491	22.19875
合肥市	117.283	31.86119	海口市	110.1999	20.04422

将表 10.1 中的数据绘制在二维坐标中，如图 10.1 所示（运行程序 10.1，会得到标记城市名称的更详细的图片）。

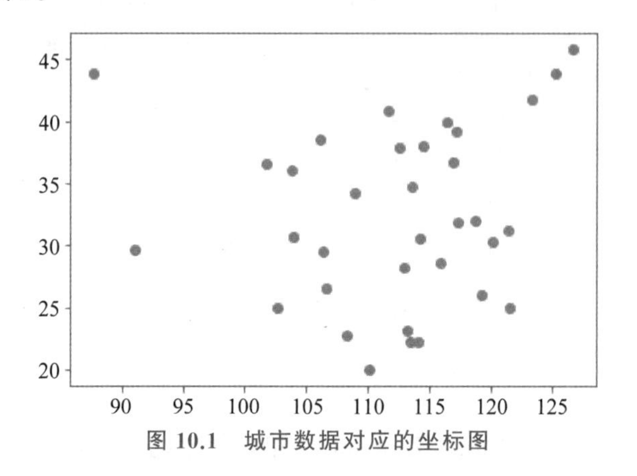

图 10.1　城市数据对应的坐标图

在此例中，k-means 算法中的距离为基于经纬度的欧氏距离，因此，和实际距离有偏差（在球面上，欧氏距离不是一个好的度量标准）。如果大家对中国城市比较熟悉，会对理解本例有帮助。例如，图 10.1 中，右上角的三个点分别对应哈尔滨、长春、沈阳，最下面的一个点对应海口。如果对中国城市不熟悉，也不影响理解本例，可以运行程序 10.1 得到更详细的图片。假设将图 10.1 中的城市分为 3 个簇。聚类的过程分为以下 5 个步骤。

（1）随机选择三个城市作为初始质心。为了对算法认识更深刻，这里选择极端的情况作为初始质心，初始三个质心选择哈尔滨、长春和海口。然后计算所有其他城市到这三个质心的距离，选择距离最近的质心作为该城市所在的簇。第一步划分情况如图 10.2 所示。

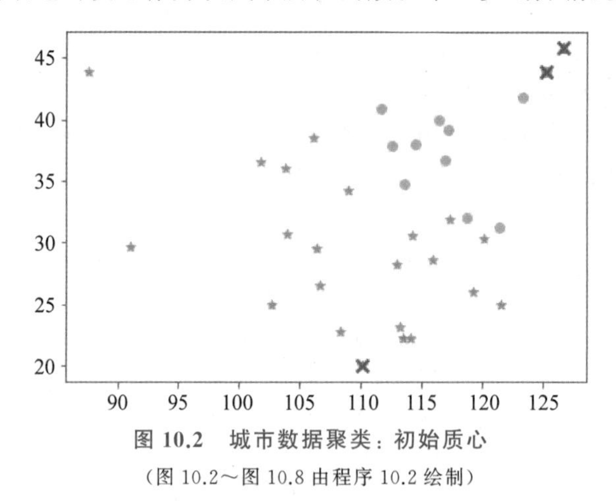

图 10.2　城市数据聚类：初始质心

（图 10.2～图 10.8 由程序 10.2 绘制）

可以看到，哈尔滨自身为一个簇（最右上角三角形标记，簇 1）；沈阳、北京、天津等城市距离长春这个质心最近，因此这些城市为一个簇（圆形标记，簇 2）；余下的城市（如乌鲁木齐、西藏等）距离海南更近，因此，余下这些城市为一个簇（五角星标记，簇 3）。

（2）根据现有的簇重新计算新的质心。注意，此时每个簇的质心不一定是样本中的数据值。每个簇新的质心如图 10.3 所示。

① 对于簇 1，只有一个样本哈尔滨，因此，该簇的质心不变，仍然是哈尔滨（图 10.3 中最

上面一个×符号）。

② 对于簇 2，计算所有簇 2 中样本的平均值，得到簇 2 的质心 2，如图 10.3 中间的×符号，它位于天津和济南之间，这个点的坐标是(117.45992336，37.83320073)。注意，此时质心 2 不是样本中的一个数据，而是簇 2 中所有城市的质心。

③ 同样，对于簇 3，计算其中样本的平均值，得到簇 3 的质心 3，位于重庆和长沙连线之间的标记（图 10.3 中最下面一个×符号），这个点的坐标是(109.11233418，29.17671536)，同样不是样本中的一个数据。

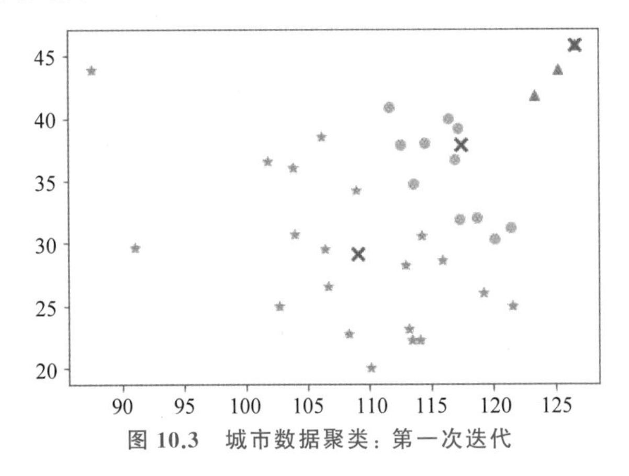

图 10.3　城市数据聚类：第一次迭代

(3) 此时，因为质心改变，计算所有样本对这三个新的质心的距离。例如，沈阳和长春，此时距离哈尔滨更近，因此，把它们归为簇 1（三角形标记）；同样，簇 2（圆形）和簇 3（五角星形）也有变化，对各个样本城市重新划分后的结果如图 10.4 所示。

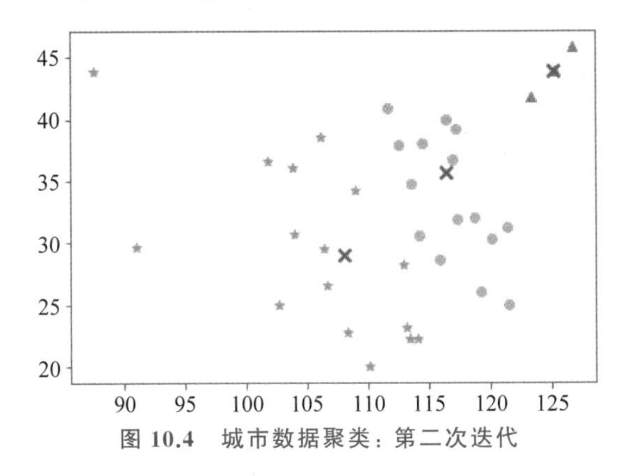

图 10.4　城市数据聚类：第二次迭代

(4) 此时，又产生了 3 个新的簇，计算这 3 个簇的新的质心。例如对于簇 1，质心变为长春附近，簇 2 和簇 3 也有新的质心。重新计算各个城市到新的质心的距离，如图 10.5 所示，得到新的划分。

(5) 如此迭代下去，每一次迭代生成新的簇和质心，直至最后质心不再变化，算法收敛，如图 10.6 所示。

最后得到的聚类结果如图 10.7 所示。

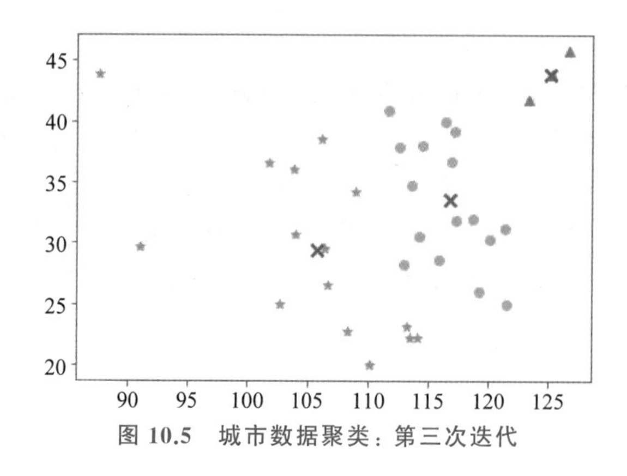

图 10.5 城市数据聚类：第三次迭代

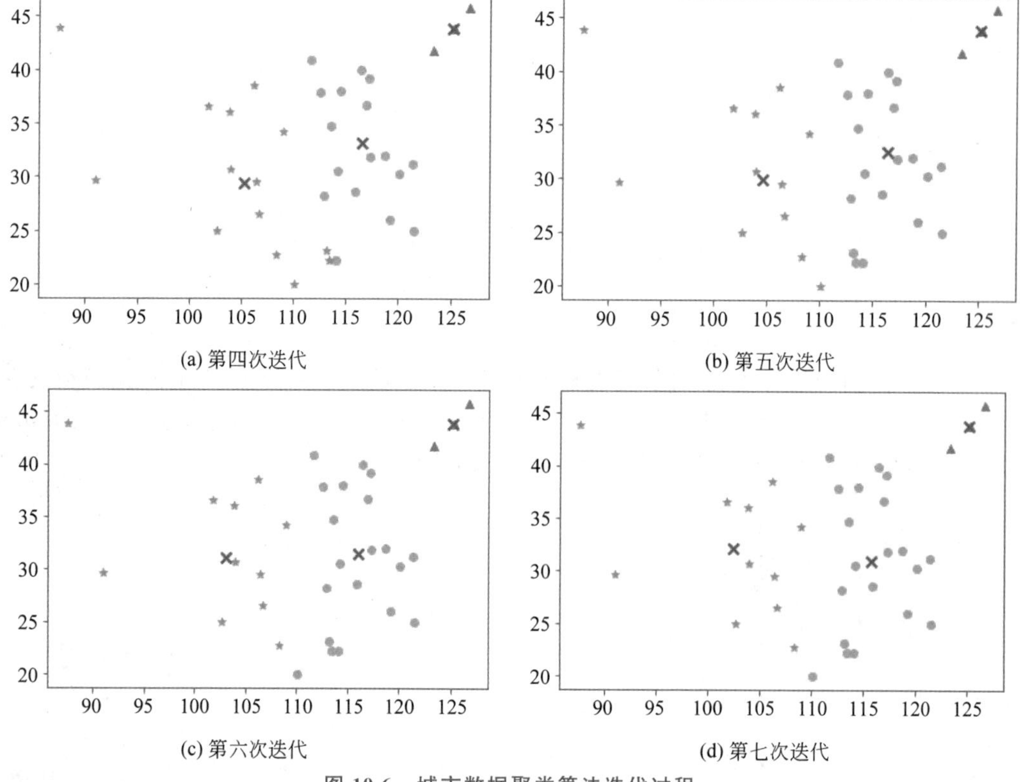

图 10.6 城市数据聚类算法迭代过程

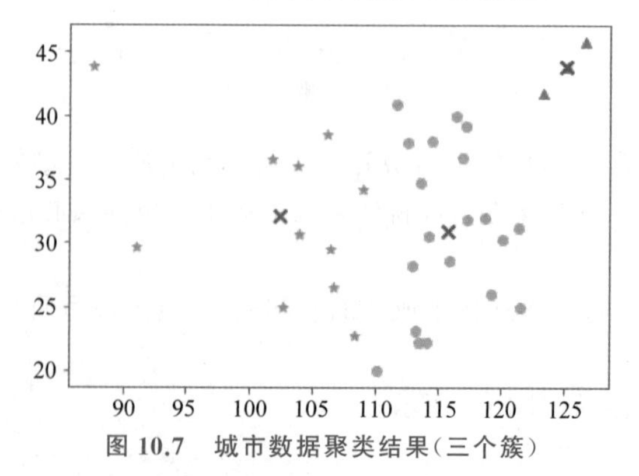

图 10.7 城市数据聚类结果（三个簇）

注意,虽然海口市(最下端)一开始是簇 3 的质心,但是经过迭代之后,它已经归属为簇 2 了(长春这个质心在迭代早期就归属为簇 1 了)。另外,因为初始质心是随机选择的三个样本,不同的初始值会导致不同的聚类结果。例如,如果选择沈阳、重庆、香港这三个城市作为初始质心,那么最后的聚类结果如图 10.8 所示。

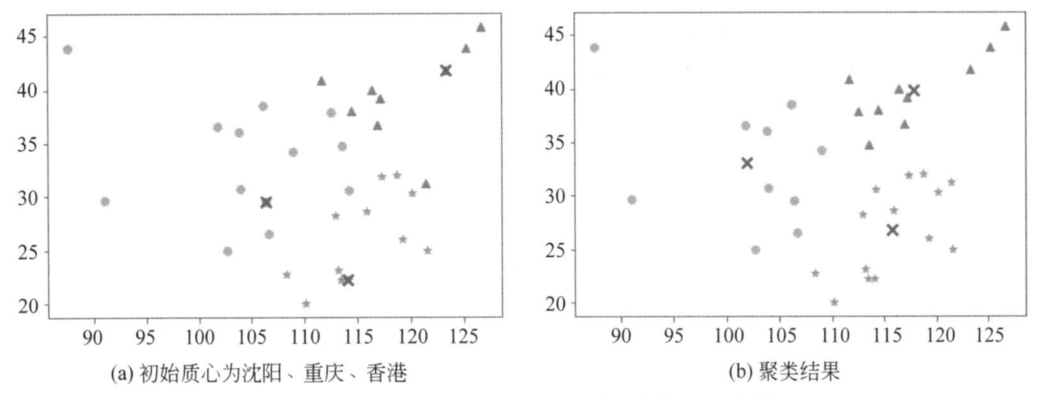

(a) 初始质心为沈阳、重庆、香港　　(b) 聚类结果

图 10.8　城市数据聚类结果(新的初始质心,三个簇)

因为中国城市数据很难分成几个明显的簇,因此,这里选择不同的初始质心会导致不同的划分。在实际应用中,如果有一定的背景知识,可以从每个簇中挑选一个样本作为初始质心;如果没有相应的背景知识,可以每次随机挑选质心,多运行几次,在数据可以被分成几个簇的情况下,大部分的运行结果都会收敛到真实结果。

2. 为什么 *k*-means 有效

k-means 想法简单直观,实际应用效果很好,因此,在聚类时,很多人会首选 *k*-means 方法。这个方法是如此之简单,以至于不需要一个公式,大家就都能把这个算法弄清楚。那么这个算法为什么有效? 这里从另一个角度展开,以目标函数方式描述 *k*-means 算法。

k-means 算法的核心思想就是聚簇内的样本越相似越好。如果用数学语言写成公式,即 k 个簇的样本的离差平方总和最小,如式(10.1)所示。

$$J(c_1,c_2,\cdots,c_k)=\sum_{j=1}^{k}\sum_{i}^{n_j}(x_i-c_j)^2 \tag{10.1}$$

式(10.1)即为离差平方和,即所有数据距离质心的平方和。在一些资料中,离差平方和也称为惯性(inertia)。例如,在 sklearn 中,参数 inertia 表示离差平方和。

> 当然,要保证离差平方和最小其实很好办,增大簇的个数就行了,如果有 1000 个样本,那么聚成 1000 个簇,离差平方和是零。但是,这不是聚类的目标,聚类的目标是把样本分为 k 个簇,在这个前提下,保证离差平方和最小。

在式(10.1)中,x_i 表示第 j 个簇的样本 i,c_j 表示第 j 个簇的质心,n_j 表示第 j 个簇的样本总量。这里有两个求和符号,第一个求和符号计算所有簇的离差平方和,第二个求和符号计算簇内的所有样本与质心的距离平方和。只有 c_j 是未知数,要想使目标函数取得最小值,就需要确定 c_j 的值。下面给出确定这个值的方法。首先,对 c_j 求偏导数,可得式(10.2)。

$$\frac{\partial J}{\partial c_j}=\sum_{j=1}^{k}\sum_{i}^{n_j}\frac{\partial(x_i-c_j)^2}{\partial c_j} \tag{10.2}$$

注意，因为只对第 j 个簇内的 c_j 求偏导，其他簇的离差平方和是 0，因此，第一个求和符号可以去掉，式(10.2)可以写为

$$\frac{\partial J}{\partial c_j}=\sum_{i}^{n_j}\frac{\partial(x_i-c_j)^2}{\partial c_j}=\sum_{i}^{n_j}-2\times(x_i-c_j) \tag{10.3}$$

令偏导数等于 0，求出 c_j 的值，可得：

$$c_j\times n_j-\sum_{i}^{n_j}x_i=0 \tag{10.4}$$

最后的计算结果如式(10.5)所示。

$$c_j=\frac{\sum_{i}^{n_j}x_i}{n_j} \tag{10.5}$$

而公式中的等号右侧正好是所有样本的均值(mean)，也就是说，只要当簇的质心为样本均值时，目标函数就能达到最小。因此，从理论上来说，k-means 算法对于聚类结果是有效的。

3. 确定 k 值

k-means 算法有一个超参数 k，需要人为指定，这个数到底应该是多少？如果对数据有了解，直接指定 k 的个数就可以了。如果不知道数据的情况，如何选择 k？

选择 k 的个数有很多方法，这里简单介绍两种，臂肘法(elbow)[2] 和轮廓系数法(silhouette coefficient)[3]。它们核心的想法就是对于不同的 k 都去计算一下，如图 10.9 所示。

图 10.9(a)给出了一组数据，图 10.9(b)计算了不同的 k 的总的离差平方和。本书前面讲过，随着 k 的增大，离差平方总和有变小的趋势，但是在变化过程中，会有一个拐点出现(有点像人的手臂肘关节，所以叫“臂肘法”)，在这个图中，比较明显的是在 $k=3$ 时，拐点出现，因此，对于这个数据，k 取 3 最好。事实上，图 10.9(a)的数据在生成时，也确实就是按照 $k=3$ 生成的三簇数据。

轮廓系数法相对于臂肘法更精确(当然也需要更多的计算)，轮廓系数法的计算公式为

$$S(i)=\frac{b(i)-a(i)}{\max(a(i),b(i))} \tag{10.6}$$

其中，$a(i)$是实例 i 与其同一个簇中其他实例的平均距离(即簇内平均距离)，体现了簇的聚集性；$b(i)$是实例 i 与其他非同簇的实例点距离的平均值，然后从平均值中选择最小值。即 $b(i)$由以下方式得到，记实例 i 到簇 C_j 的所有样本的平均距离为 b_{ij}，则 $b(i)=\min\{b_{i1},b_{i2},\cdots,b_{ik}\}$，$b(i)$越大，表明实例 i 越与其他簇越不相似。

轮廓系数在(−1,1)变化。接近 1 表示该实例很好地位于其自身的簇中，并且远离其他簇；接近 0 表示该实例接近一个簇的边界；接近 −1 表示该实例可能会分配到错误的簇。

图 10.9(c)给出了使用式(10.6)计算得到的不同 k 值对应的轮廓系数。可以看出，在 $k=3$ 时，得到最大的轮廓系数，因此，对于图 10.9(a)中的数据，取 $k=3$ 是最合适的。

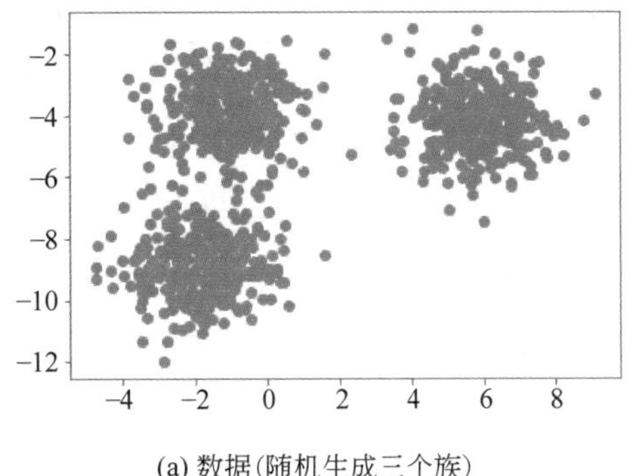

(a) 数据(随机生成三个族)

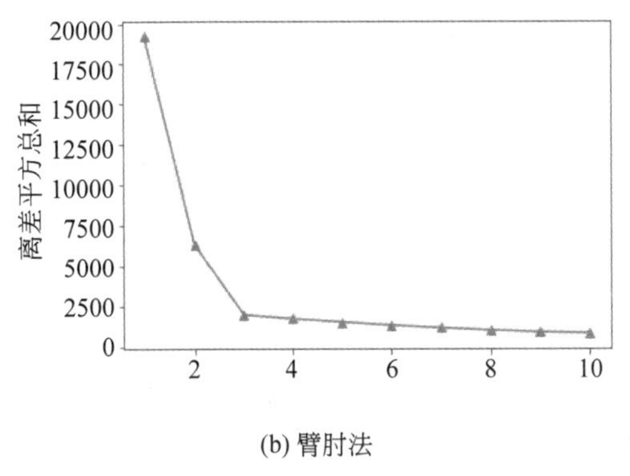

(b) 臂肘法

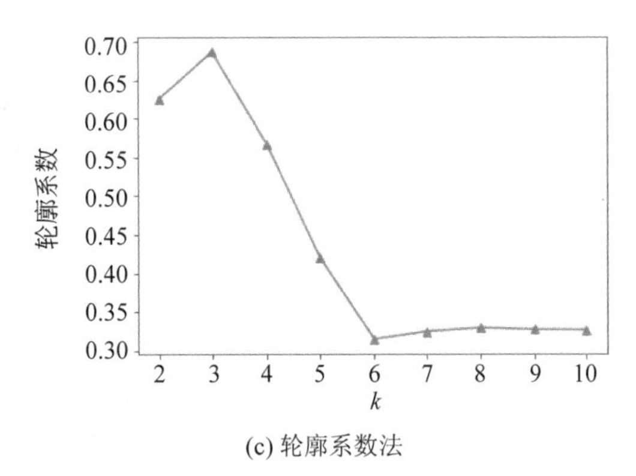

(c) 轮廓系数法

图 10.9　选择合适的 k

(由程序 10.3 绘制)

选择 k 的方法还有其他的启发式方法,例如间隔统计量法等,但是这些方法总体的思想都是"试",也就是基于不同的 k,多次运行后选择最佳的结果。

和回归与分类一样,对数据进行聚类之后,还要对聚类结果进行评价。对于不同的聚类方法,当然评价标准也不同。例如,对于 k-means 方法,当在相同的 k 值下,离差平方和越小,表明聚类结果越好。但是,对于使用其他目标函数的聚类方法,如何评估聚类结果呢?

10.1.3　聚类结果评估

不同的聚类方法有不同的目标函数,因此,每种聚类方法有各自的评价标准。但是,不同的聚类方法也有一些通用评价标准,通用的结果评估标准有两类:外部指标与内部指标。

1. 外部指标

外部指标(external index),即将聚类结果与某个参考模型进行比较(这个参考模型并不容易获得)。这里需要构建一个混淆矩阵(不要与分类结果评估的混淆矩阵混淆),如表 10.2 所示。

在表 10.2 中:

SS 代表数据实例在参考模型中属于同一个簇,在聚类算法中也属于同一个簇;

SD 代表数据实例在参考模型中属于同一个簇,但在聚类算法中不属于同一个簇;

DS 代表数据实例在参考模型中不属于同一个簇,在聚类算法中属于同一个簇;

表 10.2 参考模型和聚类算法的聚类结果混淆矩阵

参考模型聚类结果	聚类算法求得的结果	
	same cluster	**different cluster**
same cluster	SS	SD
different cluster	DS	DD

DD 代表数据实例在参考模型中不属于同一个簇，在聚类算法中也不属于同一个簇。

有了混淆矩阵之后，可以定义如下评估标准：

(1) 精度(accuracy)。

$$\text{Accuracy}=\frac{\text{SS}+\text{DD}}{\text{SS}+\text{SD}+\text{DS}+\text{DD}} \tag{10.7}$$

(2) 杰卡德系数(Jaccard coefficient)。

在本书 3.3.4 节中给出了杰卡德系数的公式为：$J(A,B)=|A\cap B|/|A\cup B|$；令集合 A 表示聚类算法中为同一个簇的数据实例，即 $A=|SS\cup SD|$；令集合 B 表示参考模型聚类结果中为同一个簇的数据实例，即 $B=|SS\cup DS|$。根据杰卡德系数的定义公式，可得

$$\text{Jaccard}=\frac{|A\ \cap\ B|}{|A\ \cup\ B|}=\frac{\text{SS}}{\text{SS}+\text{SD}+\text{DS}} \tag{10.8}$$

(3) FMI 指数(Fowlkes and Mallows Index)[4]。

在表 10.2 的混淆矩阵中，SS 表示在参考模型和聚类算法中均属于同一个簇，SS+SD 表示在参考模型中属于同一个簇，SS+DS 表示在聚类算法中属于同一个簇。

SS/(SS+SD)和 SS/(SS+DS)分别为各自的比例，Fowlkes 和 Mallows 提出用这两个比例的几何平均数作为一个指标，称之为 FMI，计算公式为

$$\text{FMI}=\sqrt{\frac{\text{SS}}{\text{SS}+\text{SD}}\times\frac{\text{SS}}{\text{SS}+\text{DS}}} \tag{10.9}$$

但是，根据外部指标的评价标准，需要找到一个参考评估模型，而无监督的学习方法一般没有对应的参考答案，因此，这种方法有一定的局限性。

2. 内部指标

内部指标方法即根据聚类目标制定的指标。直观上看，聚类目标是令聚类结果簇内的数据更相似(表现为距离较小)，不同簇之间的数据实例更不相似。假设将一组数据聚类为 k 个簇，即 $C=\{C_1,C_2,\cdots,C_k\}$。在量化内部指标之前，需要先定义几个参数，如式(10.10)～式(10.13)所示。

将簇内平均距离定义为

$$\text{avg}(C)=\frac{2}{|C|(|C|-1)}\sum_{1\leqslant i<j\leqslant |C|}\text{dist}(x_i,x_j) \tag{10.10}$$

其中，dist 函数表示两个数据实例之间的距离；avg 函数定义了簇内的平均距离；$2/|C|(|C|-1)$为(x_i,x_j)组合数量的倒数；$\sum\limits_{1\leqslant i<j\leqslant |C|}\text{dist}(x_i,x_j)$表示这些$(x_i,x_j)$数据实例的距离和，二者相乘即为平均距离。

簇 C 数据实例最远距离定义为

$$\mathrm{diam}(C)=\max_{1\leqslant i<j\leqslant |C|}\mathrm{dist}(x_i,x_j) \tag{10.11}$$

簇 C_i 与簇 C_j 最近数据实例距离定义为

$$d_{\min}(C_i,C_j)=\min_{x_i\in C_i,x_j\in C_j}\mathrm{dist}(x_i,x_j) \tag{10.12}$$

簇 C_i 与簇 C_j 质心之间距离定义为

$$d_{\mathrm{cen}}(C_i,C_j)=\mathrm{dist}(\mu_i,\mu_j) \tag{10.13}$$

其中,μ 表示簇 C 的质心,即 $\mu=\sum\limits_{1\leqslant i\leqslant |C|}x_i/|C|$。

根据式(10.10)～式(10.13),可以得到如下评价指数。

(1) DB 指数(Davies-Bouldin Index,DBI)[5]。

DBI 度量每个簇内平均距离的均值,其计算公式为

$$\mathrm{DBI}=\frac{1}{k}\sum_{i=1}^{k}\max_{j\neq i}\left(\frac{\mathrm{avg}(C_i)+\mathrm{avg}(C_j)}{d_{\mathrm{cen}}(\mu_i,\mu_j)}\right) \tag{10.14}$$

DBI 指数越小,表明聚类结果越好。

(2) Dunn 指数(Dunn Index,DI)[6]。

DI 的计算公式为

$$\mathrm{DI}=\frac{\min_{1\leqslant i<j\leqslant |C|}d_{\min}(C_i,C_j)}{\max_{1\leqslant l\leqslant |C|}\mathrm{diam}(C_l)} \tag{10.15}$$

DI 计算任意两个簇的最短距离(簇间)除以任意簇中的最大距离(簇内),其值越大意味着类间距离越大,同时类内距离越小,因此,DI 越大聚类结果越好。

k-means 和 kNN 不是一回事

这两个算法即使不算风马牛不相及,也没有什么直接联系,但是,很多人会混淆二者。原因很简单,就在于这二者的名字类似,都有个 k。

这种现象非常常见,笔者小时候就会把“费马”“费曼”“费米”这三位科学家搞混。

10.2　降维

10.2.1　维数诅咒

第 3 章介绍了维数的概念,虽然很多地方“维数”一词有滥用的嫌疑,但是,大家在面对不同问题时,还是能够分清楚维数在不同场合所指的意义。例如,生活在三维的空间;看了一场 3D(3 Dimension,三维)电影;“降维打击”。虽然这里面都使用了维数,但它们分别表示不同的含义,大家一般也不会混淆这个词在不同场合的含义。

在进行机器学习数据分析时,数据的一个属性(也就是一个特征)称为一个维度,因此,如果一个数据有十个属性,就认为它是一个十维数据。例如,糖尿病数据可以被认为是十维数据(不算标签),鸢尾花数据为四维数据(不算标签)。事实上,好多数据集可能有成百上千个属性,这样高维的数据不仅使得机器学习的训练变得异常缓慢,而且过高的维度还阻碍人们找到更好的解决方案。

人们生活在三维的物理世界,对于更高维,应该很多人都想象过,但是一般说来,这种想象都无法得到验证,很可能是错误的。对于计算机中的高维数据,也很难建立直观的认识,

例如，高维数据其实非常稀疏。

为了表明高维数据的稀疏，可以计算任意维空间中的两点之间的期望距离（平均距离）。假设我们希望计算在单位盒子内（例如，二维单位盒子就是边长为 1 的正方形，三维单位盒子就是边长为 1 的正立方体）的任意两点之间的期望距离[7]。

在一维空间，任意两点之间的期望距离是 1/3；

在二维空间，这个值大约是 0.52（实际值是 $1/15(\sqrt{2}+2+5\ln(1+\sqrt{2}))$）；

⋮

如果是一百万维的空间，那么任意两个点之间的期望距离是 408.25（当维数 n 逐渐变大时，期望距离趋近于 $\sqrt{n/6}$）。

这是一个非常令人困惑的结果，明明在长度为 1 的盒子内，任意两个点之间的距离怎么会这么远？但是，这就是事实。可以这样想象，有限的数据想要填满更多维的空间，那么结果必然是在任何一维中的数据量都很少。

只要考虑足够多的维度，每一个人，至少在某一个维度上，都可能算作特立独行的人。

理论上，维数越高，分类能力越强，只要升到足够高的维度，总能够把数据分类开来，因为任何两个数据总会在某一个维度上是不同的。因此，在使用 SVM 时，会使用升维技巧，但是也要避免升维到太高维度。因为高维数据非常稀疏，这就使得训练的模型特别容易过拟合，泛化能力很弱。当然，为了避免过拟合，可以使用更多的数据。但是，实践中，为了达到给定的密度，所需要的数据随着维度升高呈指数级增长[8]。例如，具有 10 种取值的特征在二维空间有 10^2 种组合，在 100 维空间就有 10^{100} 种组合了。显然，单靠增加数据是不现实的。

随着维度的增加，会出现一系列问题，这种现象也被称为维度诅咒（curse of dimensionality）。因此，对于一些问题，需要进行降维。

降维在生活中也随处可见，例如，高考就是将每个考生的多个维度，如才智、运气、家庭等，都降到分数这一维度。

10.2.2 PCA 降维

1. PCA 降维思想

顾名思义，降维（dimension reduction，也有人称之为维度归约）就是把高维的数据变为更低维的数据。降维有很多方法，PCA（Principal Component Analysis，主成分分析）是一种常见的降维方法。从最简单的二维数据降维成一维数据开始讲起。最简单的例子来自表 10.3。

表 10.3 芊芊小朋友的年龄数据

年份	年龄	年份	年龄
2016 年	3 岁	2019 年	6 岁
2017 年	4 岁	2020 年	7 岁
2018 年	5 岁	⋮	⋮

表 10.3 是一个小朋友的年龄与年份之间的关系，这两个数据完全相关，知道一个就会知道另外一个，对于这类数据，降维当然很简单，取年份或年龄二者之一即可。这份数据是一个二维数据，二者取一个，叫作二维在一维上的投影。

但是，如果二维数据之间不是完全的线性关系，而是动物寿命和体重之间的关系呢？或者如图 10.10(a)之间的关系呢？

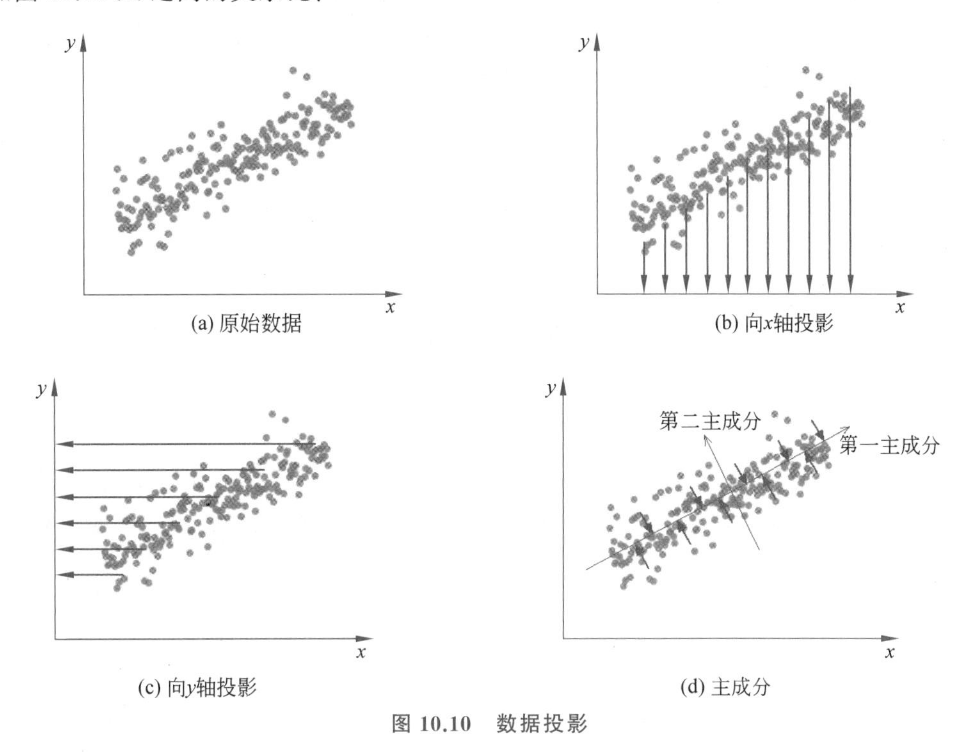

图 10.10　数据投影

图 10.10(a)中的数据有明显的相关性(有相关性即意味着原始数据中有冗余信息)，降维既可以最大限度地保留原始信息，又可以降低数据维度。降维意味着把高维数据向低维空间中进行投影，原始数据可以向 x 轴投影，也可以向 y 轴投影，向哪一个轴投影效果更好呢？

直观上看，向 x 轴投影更好，因为同样是二维数据降为一维，x 轴数据的方差更大，向 x 轴投影能够保留更多的信息。

方差大意味着数据有更强的多样性。例如，同样使用一维数据表示一个班级的学生，如果用姓名表示，可以很好地区分学生；如果用性别表示，几乎不可能做到，因为性别的方差很小，使用性别这个维度，几乎丢失了数据信息。

当然，还有更好的方法，即向图 10.10(d)中的“第一主成分”坐标轴投影，既能降维，又最大限度地保留了原始信息。如果只能以一维来表示该数据，那么只保留“第一主成分”的信息即可。

除了“第一主成分”之外，还有“第二主成分”，也就是图 10.10(d)中和“第一主成分”垂直的坐标轴。在这个分量上也存储了一些信息，但是这些信息很少。直观上观察，在“第二主成分”上的方差较小。

这只是二维数据，现在假设有 m 维数据（m 个属性，n 个样本），如果想找到 d 个主成分（$d<m$），并且希望这 d 个主成分保留数据的大部分信息，可以使用 PCA 方法。PCA 降维思想即通过坐标变换，将原始数据投影到能表示数据主要成分的另一个空间中，实现降维。

回忆第 3 章中的奇异值分解，其中介绍了标准正交基的概念。主成分分析其实是一种变换，将在原始标准正交基表示下的数据投影到另一组标准正交基上面（另一组标准正交基的维数小于原始维数）。PCA 的降维不是简单地通过丢掉原始数据的某些维数实现降维（比如删除原始数据的某些列），而是通过坐标转换进行降维。

2. 公式化描述

那么，如何能够实现既降低了数据维数，又保留了数据的大部分信息呢？从前文叙述可以看出，方差大的那些维保留了更多信息，因此，PCA 的目标函数为使得投影后样本点的方差最大化。

原始数据 $\boldsymbol{X}$ 为 m 维，一组新的标准正交基 $\boldsymbol{U}$ 为 d 维（$d<m$），$\boldsymbol{U}$ 是一组标准正交基，所以 $\|\boldsymbol{u}_i\|_2=1$（即基的长度为 1），且任意两个基的内积为 0，即 $\boldsymbol{u}_i^{\mathrm{T}}\boldsymbol{u}_j=0(i\neq j)$（即任意两个基之间互相垂直）。

投　　影

投影这个概念大家都不陌生，这里复习一下。图 10.11 即为一个投影。

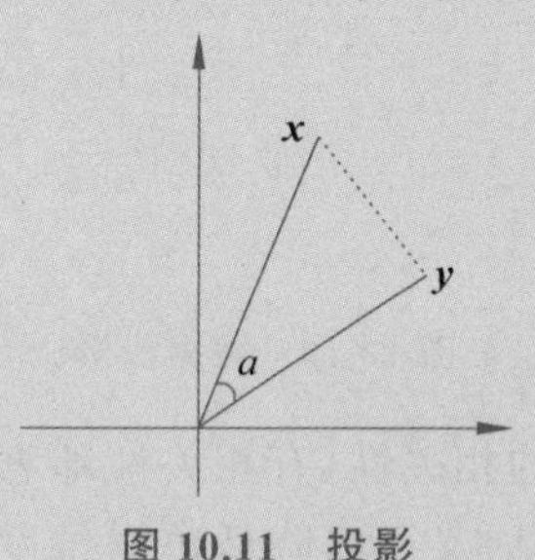

图 10.11　投影

现在将向量 $\boldsymbol{x}$ 投影到向量 $\boldsymbol{y}$ 上，则向量 $\boldsymbol{x}$ 在向量 $\boldsymbol{y}$ 上的投影长度为 $|\boldsymbol{x}|\cos a$。如果向量 $\boldsymbol{y}$ 的长度为 1，即 $|\boldsymbol{y}|=1$，那么上式可以写为 $|\boldsymbol{x}|\cos a=|\boldsymbol{x}||\boldsymbol{y}|\cos a=\boldsymbol{x}\cdot\boldsymbol{y}$。如果 $\boldsymbol{y}$ 是一组标准正交基中的一维，那么在新的标准正交基 $\boldsymbol{y}$ 这维上，投影坐标就是 $\boldsymbol{x}\cdot\boldsymbol{y}$。

因为是标准正交基，所以在原始第 i 维上的数据 $\boldsymbol{x}_i$ 在新的空间第 j 维的投影坐标是 $\boldsymbol{u}_j^{\mathrm{T}}\boldsymbol{x}_i$，即样本在新的空间的投影是 $\boldsymbol{U}^{\mathrm{T}}\boldsymbol{x}_i$。

根据方差的定义，方差 S^2 的计算公式为

$$S^2=\frac{1}{n}\sum_{i=1}^{n}(\boldsymbol{u}^{\mathrm{T}}\boldsymbol{x}_i-\bar{\boldsymbol{x}}_i^{\,2}) \tag{10.16}$$

其中，$\bar{\boldsymbol{x}}_i$ 表示变量的均值。假设先将样本中心化，即 $\sum_i\boldsymbol{x}_i=0$，则 $\bar{\boldsymbol{x}}_i=0$，则式(10.16)可以写为

$$S^2=\frac{1}{n}\sum_{i=1}^{n}(\boldsymbol{u}^{\mathrm{T}}\boldsymbol{x}_i)^2=\frac{1}{n}\sum_{i=1}^{n}(\boldsymbol{u}^{\mathrm{T}}\boldsymbol{x}_i)(\boldsymbol{x}_i^{\mathrm{T}}\boldsymbol{u})$$

$$=\frac{1}{n}\boldsymbol{u}^{\mathrm{T}}\left[\sum_{i=1}^{n}(\boldsymbol{x}_i)(\boldsymbol{x}_i^{\mathrm{T}})\right]\boldsymbol{u}=\boldsymbol{u}^{\mathrm{T}}\boldsymbol{C}\boldsymbol{u} \tag{10.17}$$

其中，$\frac{1}{n}\sum_{i=1}^{n}(\boldsymbol{x}_i)(\boldsymbol{x}_i^{\mathrm{T}})$ 是一个矩阵，简记为矩阵 $\boldsymbol{C}$，即 $\boldsymbol{C}=\frac{1}{n}\sum_{i=1}^{n}(\boldsymbol{x}_i)(\boldsymbol{x}_i^{\mathrm{T}})=\frac{1}{n}\boldsymbol{X}\boldsymbol{X}^{\mathrm{T}}$。

由式(10.17)可以发现，$\boldsymbol{u}^{\mathrm{T}}\boldsymbol{x}_i$ 原来是一个标量，也就是一个数(坐标值)，但是最后把这个公式变换为向量×矩阵×向量的格式(注意，这个结果仍然是一个标量)。好像是把简单的格式变得复杂了。事实上，$\boldsymbol{x}$ 是已知数据，$\boldsymbol{u}$ 是未知数据(待求结果)，因此，这样的变换将已知数据与待求结果分离开来，矩阵 $\boldsymbol{C}$ 全部由已知数据组成，那么矩阵 $\boldsymbol{C}$ 具体又是什么样子呢？

考虑矩阵 $\boldsymbol{C}$ 中的其中的某一项$(\boldsymbol{x}_i)(\boldsymbol{x}_i^{\mathrm{T}})$，格式如下。

$$\begin{bmatrix} x_1 \\ x_2 \\ \vdots \\ x_m \end{bmatrix}\begin{bmatrix} x_1 & x_2 & \cdots & x_m \end{bmatrix}=\begin{bmatrix} x_1^2 & \cdots & x_1x_m \\ \vdots & \vdots & \vdots \\ x_mx_1 & \cdots & x_m^2 \end{bmatrix}$$

因此，样本中的每一项可以写为

$$C=\frac{1}{n}\sum_{i=1}^{n}(\boldsymbol{x}_i)(\boldsymbol{x}_i^{\mathrm{T}})=\frac{1}{n}\begin{bmatrix} \sum_{i=1}^{n}(x_1^i)^2 & \cdots & \sum_{i=1}^{n}x_1^ix_m^i \\ \vdots & \vdots & \vdots \\ \sum_{i=1}^{n}x_m^ix_1^i & \cdots & \sum_{i=1}^{n}(x_m^i)^2 \end{bmatrix} \tag{10.18}$$

那么，式(10.18)中又是什么呢？根据协方差的定义，两个随机变量的协方差：$\mathrm{cov}(\boldsymbol{x}_i,\boldsymbol{x}_j)=E[(\boldsymbol{x}_i-E(\boldsymbol{x}_i))(\boldsymbol{x}_j-E(\boldsymbol{x}_j))]=\frac{1}{n}\sum[(\boldsymbol{x}_i-E(\boldsymbol{x}_i))(\boldsymbol{x}_j-E(\boldsymbol{x}_j))]$，因为在前面已经对数据进行了中心化，所以 $E(\boldsymbol{x}_i)=E(\boldsymbol{x}_j)=0$，因此，上面的 $\mathrm{cov}(\boldsymbol{x},\boldsymbol{x}_j)=\frac{1}{n}\sum\boldsymbol{x}_i\boldsymbol{x}_j$，它正好是式(10.18)中矩阵的每一项。矩阵 $\boldsymbol{C}$ 可以写为

$$\boldsymbol{C}=\begin{bmatrix} \mathrm{cov}(x_1,x_1) & \cdots & \mathrm{cov}(x_1,x_m) \\ \vdots & \vdots & \vdots \\ \mathrm{cov}(x_m,x_1) & \cdots & \mathrm{cov}(x_m,x_m) \end{bmatrix} \tag{10.19}$$

有了这些基础知识之后，可以看看如何求解这个目标函数。

$$\begin{cases} \max:S^2=\boldsymbol{u}^{\mathrm{T}}\boldsymbol{C}\boldsymbol{u} \\ \mathrm{s.t.}\ :\boldsymbol{u}^{\mathrm{T}}\boldsymbol{u}=1 \end{cases} \tag{10.20}$$

式(10.20)中，约束条件是 $\boldsymbol{u}^{\mathrm{T}}\boldsymbol{u}=1$。有约束条件的最优化目标，可以使用拉格朗日乘子法求解。

拉格朗日乘子法是求解最优化目标常见的一种方法，这里不详细列出它的证明，大家可以这样理解，给定一个向量 $\boldsymbol{x}$ 以及约束条件，定义拉格朗日函数为

$$L(\boldsymbol{x},\lambda)=f(\boldsymbol{x})+\lambda g(\boldsymbol{x})$$

其中，λ 叫作拉格朗日乘子。如果对该式求偏导，且令其等于0，那么原约束优化问题可以转化为对拉格朗日函数 $L(\boldsymbol{x},\lambda)$的无约束优化问题。

式(10.20)的拉格朗日函数为

$$L(\boldsymbol{u},\lambda)=\boldsymbol{u}^{\mathrm{T}}\boldsymbol{C}\boldsymbol{u}+\lambda(1-\boldsymbol{u}^{\mathrm{T}}\boldsymbol{u}) \tag{10.21}$$

对式(10.21)求偏导,并令偏导数为0。该拉格朗日函数的偏导数为$\frac{\partial L}{\partial u}=2\boldsymbol{C}\boldsymbol{u}-2\lambda\boldsymbol{u}$,令该式为0,得到公式为

$$\boldsymbol{C}\boldsymbol{u}=\lambda\boldsymbol{u} \tag{10.22}$$

注意,式(10.22)其实就是特征值、特征向量的形式,即λ为矩阵$\boldsymbol{C}$的特征值,$\boldsymbol{u}$为矩阵$\boldsymbol{C}$的特征向量。

根据拉格朗日乘子法(注意λ是一个标量),$\boldsymbol{u}$是标准正交基,即$\boldsymbol{u}^{\mathrm{T}}\boldsymbol{u}=1$,因此,新的目标函数为

$$\begin{cases}\max: S^2=\boldsymbol{u}^{\mathrm{T}}\boldsymbol{C}\boldsymbol{u}=\boldsymbol{u}^{\mathrm{T}}\lambda\boldsymbol{u}=\lambda\boldsymbol{u}^{\mathrm{T}}\boldsymbol{u}=\lambda\\ \text{s.t. } \boldsymbol{u}^{\mathrm{T}}\boldsymbol{u}=1\end{cases} \tag{10.23}$$

由式(10.23)可知,最初的目标函数可以转化为λ最大,而λ是矩阵$\boldsymbol{C}$(也就是协方差矩阵)的特征值,因此,只需要求得矩阵$\boldsymbol{C}$的特征值和特征向量,求出最大的d个特征值对应的特征向量即可。

PCA降维的算法过程如下。

算法2　PCA降维

(1) 对所有样本进行中心化;

(2) 计算样本的协方差矩阵$\boldsymbol{C}$;

(3) 对矩阵$\boldsymbol{C}$进行特征值分解;

(4) 取最大的d个特征值对应的特征向量$\boldsymbol{u}_1,\boldsymbol{u}_2,\cdots,\boldsymbol{u}_d$。

如果你认真阅读了本节中的推导,那么,你应该也会明白为什么奇异值分解方法可以用在数据压缩方面了。

程序10.4给出了一个使用PCA方法对鸢尾花数据降维的例子。

10.3　Complexity

10.3.1　蝴蝶效应

Complexity的中文译为“复杂”。这个词可以表示算法复杂度;也可以表示一门科学,专门研究复杂性;还可以表示大家熟知的复杂,例如,“这个世界太复杂了”中的复杂。

数学不复杂,生活很复杂

文献[9]介绍,冯·诺依曼在一次大会上提到ENIAC的“新编程方法”,并解释说它的词汇量看似很小,实际上很丰富。未来的计算机,在设计阶段,会处理十几种指令类型,而这足以表达所有的数学……冯·诺依曼接着说,人们不必觉得这是一个很小的数字,因为我们知道大约1000个单词对于现实生活中的大多数情况来说是足够的,而数学只是生活的一小部分,而且是非常简单的一部分。这在观众中引起了一些笑声,促使冯·诺依曼

说:“如果人们不相信数学是简单的,那只是因为他们没有意识到生活有多么复杂。”

读这个轶事不要只注意最后一句话,当然这句话很有趣。同时也要注意冯·诺依曼所说的,几十种指令即可表达所有的数学。事实上,计算机程序就是这样,一般的程序设计语言只有几十个关键字。更进一步,图灵机的思想也是这样,哥德尔数的思想也是这样。再进一步,如果真的有超越人脑的人工智能出现,那么这样的人工智能也一定是使用程序实现的,是否真的可以用几十种指令表示这个复杂的宇宙?

霍金曾称,“21世纪将是复杂性科学的世纪”。虽然并没有这样一个专业,但是当一个研究人员说他在研究复杂性,很多人也大概会知道他在研究什么。复杂性这门科学,包含内容很多,也得到了越来越多的科学家的重视。2021年诺贝尔物理学奖授予“对我们理解复杂系统的开创性贡献”,一半授予真锅淑郎和哈塞尔曼,表彰他们“对地球气候的物理建模、量化可变性和可靠地预测全球变暖”的贡献,另一半授予帕里西,表彰他“发现了从原子到行星尺度的物理系统中无序和涨落之间的相互影响”,这三者的工作全部和复杂性有关。

真锅淑郎和哈塞尔曼其实是气象学家。复杂系统最为知名的故事,大名鼎鼎的“蝴蝶效应”,也来自气象学。

美国气象学家爱德华·洛伦兹在1963年的论文中分析了这个效应,“一只海鸥扇动翅膀足以永远改变天气变化”,之后的演讲和论文中他使用了更加有诗意的蝴蝶来解释这个效应,最常见的说法就是:“一只南美洲亚马孙河流域热带雨林中的蝴蝶,偶尔扇动几下翅膀,可以在两周以后引起美国得克萨斯州的一场龙卷风。”

奥卡姆剃刀的原则是理论越简单越好。而复杂性理论告诉我们,生物学、社会学和经济学、气象学等诸多学科中很多事情的复杂性超出我们的想象,解决方案不可能是简单的理论。这二者并无直接矛盾,因为它们谈论的不是一个事情。奥卡姆剃刀是避免过拟合的一个有效原则,它强调的是如果多个模型的效果一致,那么简单的更好。而面对复杂的问题,需要有复杂的模型,虽然庞大的模型会将其暴露在过拟合的风险之中。但数据越多,就越能提升模型的复杂度。这个原则有一个严谨的阐述方式,那就是统计学习的基本定理。简单来说,这个定理确定了调整某个模型中的参数中必需的抽样数目,或者反过来说,给定抽样数目,这个定理就会告诉人们需要考虑的模型有多复杂才合适。

10.3.2 复杂性度量

要想知道有多复杂,就需要有一个度量方法,但是,对于复杂性的度量是很困难的事情。

(1) 算法复杂度。

在算法领域中,一般使用大O表示法度量算法的复杂度。

(2) 所-柯复杂度。

在算法信息论中,有另一个可以参考的指标来度量一个事物的复杂度。先看看下面这个问题。

给出一列数字,请你猜出下一个数字应该是多少。

1,2,4,8,16,…

你肯定会猜32,对吧?不过,如果出题人告诉你,其实他想问的是这样一个问题:一个

圆上有 n 个点，将这 n 个点两两用线段连接起来，随着 n 的增大，可以将圆分为多少个区域？图 10.12 给出了答案。

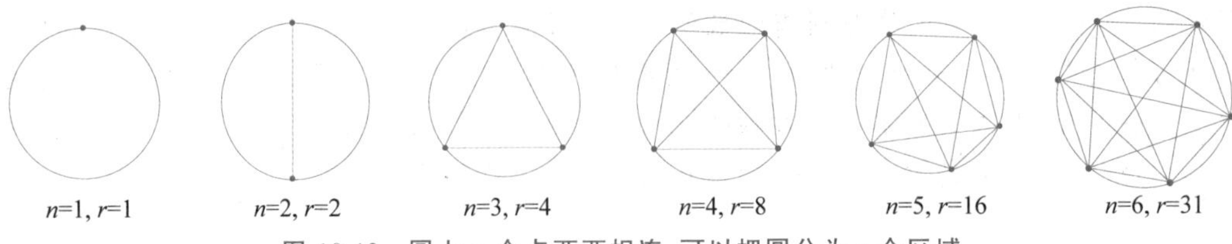

图 10.12　圆上 n 个点两两相连，可以把圆分为 r 个区域

事实上，这个正确的序列应该是 1，2，4，8，16，31，57，99，163……菲尔兹奖得主高尔斯在他的《数学》一书中介绍，这个序列肯定不是 2^{n-1}，否则这个增长就会是爆炸性的，30 个节点就会把圆分割为 2^{29}(536870912)块。想象地上有一个直径 10m 的圆，在圆周上打 30 个桩子，并用细线将这些桩子两两相连，如果把它分成 5 亿块，平均每平方厘米会超过 600 个区域，但是圆周只有 30 个点，显然不可能。事实上，30 个点能分割的区域是 27841 个。

这里的关注点并不是这些连线到底能把圆分割为多少区域，而是为什么几乎所有人都认为答案应该是 32，而不是 31。因为要得出 31 这个答案，过程更复杂，不符合奥卡姆剃刀原理。

柯尔莫哥洛夫给出了一个衡量复杂性的指标。作为建立概率公理体系的数学家，他的定义充满公式。不过用语言来描述的话，所-柯复杂度可以粗略地理解为：运行时能够生成给定数列的最短源代码的长度（当然，解决同一个问题，一些编程语言总会比另一些编程语言更长，这里可以认为在同一种编程语言下，或者干脆考虑使用机器语言）。

所罗门诺夫在稍早的时候(1960 年)，就发表了这个衡量指标的思想。1956 年，作为达特茅斯会议的主力参会人员，所罗门诺夫的回忆录是关于这次会议的珍贵资料。

柯尔莫哥洛夫在他的 *Information Theory and the Theory of Algorithms* 中写道：“这项基本发现，是由我与所罗门诺夫独立且同时完成的，即算法理论使我们能够通过近不变性的复杂度来对此任意性加以限制(不同方法的区别仅在于边界项)。”

一般资料均称该复杂度为柯尔莫哥洛夫复杂度，本书称之为所-柯复杂度。

如果用更通俗的例子解释所-柯复杂度，就好比用语言描述一部电影，如果三两句话就能描述清楚，那么这部电影就不复杂，否则这部电影就很复杂（注意，电影是否好看与复杂度大小没有直接关系）。

这个思想其实就是信息论的思想，不确定性的度量。事实上，该指标确实是从算法信息论角度出发的。

(3) VC 维。

在统计学习定理中，量化复杂度的指标是 VC 维。VC 维（Vapnik Chervonenkis dimension）这一名字来自瓦普尼克和泽范兰杰斯名字的缩写。VC 维计量能够对给定数据做出特定解释的数目，利用 VC 维可以量化机器学习算法的计算能力。

VC维的理论比较复杂，图9.14的照片就是瓦普尼克，注意这张照片后面的白板，除了ALL YOUR BAYES ARE BELONG TO US这句话之外，白板上还有一个公式。这个公式是VC维理论中的一个重要公式，杨立昆在他的《科学之路》一书中提到瓦普尼克因为这个公式而被世界熟知(这个公式也出现在文献[10]式(6.17)，是基于一致收敛性得到的界，文献[10]有更详细的介绍，感兴趣的读者可以继续深入阅读)。

在其他领域，还有不同的度量复杂度的方法。在很多领域，复杂度本身很难度量，甚至是很难定义的。

据说，人的大脑是宇宙中最复杂的事物，考虑到外星人不一定存在，而现代人类每天接触到的东西大部分是人类制作的——制作这些东西全是因为人类有聪明的大脑——这一说法并不夸张。

一般认为，人类的大脑的功能是依靠千亿级的神经元所组成的神经网络完成的。规模巨大的神经网络出现了顿悟现象，因此，人类才会有智能出现。现代神经科学强烈暗示，对人类大脑的理解不可避免地需要复杂得可怕的模型——可能必须和大脑一样复杂。人类对人类大脑的理解有限，但是，模拟人类神经网络的计算机模型，却是现代人工智能的核心工具。请看下一章，神经网络。

10.4 怎么做

10.4.1 聚类

1. 聚类算法实现

程序10.1可以绘制一个和图10.1类似，但是会标记出城市名称的坐标图。

程序10.1 绘制详细的坐标图

```
1	import numpy as np
2	import matplotlib.pyplot as plt
3	import pandas as pd
4	
5	df = pd.read_csv(r'./data/city.csv')
6	name = df['城市'].values
7	x = df['经度']
8	y = df['纬度']
9	x=x.values
10	y=y.values
11	plt.figure(figsize=(16, 12))
12	plt.rcParams['font.sans-serif']=['SimHei']          #用来正常显示中文标签
13	plt.grid(False)
14	plt.rcParams['axes.facecolor'] = 'white'
15	plt.scatter(x,y)
16	
17	for i in range(len(name)):
```

```
18        if i==0:
19            plt.annotate(name[i], xy = (x[i], y[i]), xytext = (x[i]-1.2, y[i]+
              0.2), fontsize=20)
20        elif i==16:
21            plt.annotate(name[i], xy = (x[i], y[i]), xytext = (x[i]-0.8, y[i]+
              0.4), fontsize=20)
22        elif i==32:
23            plt.annotate(name[i], xy = (x[i], y[i]), xytext = (x[i]+ 0.01, y[i]-
              0.8), fontsize=20)
24        else:
25            plt.annotate(name[i], xy = (x[i], y[i]), xytext = (x[i]+ 0.01, y[i]+
              0.01), fontsize=20)
26    plt.show()
```

程序 10.2 不使用 sklearn 的包，自己实现了一个 k-means 聚类算法。

程序 10.2　聚类算法实现

```
1     import numpy as np
2     import matplotlib.pyplot as plt
3     import pandas as pd
4     import matplotlib.markers as mmarkers
5
6     df = pd.read_csv(r'./data/city.csv')
7     X=df[['经度','纬度']]
8     X=X.values
9     cluster_num=3
10    n_samples, n_features = X.shape
11
12    def euclidean_distance(x1, x2):                       #欧氏距离
13        return np.sqrt(np.sum((x1 - x2)**2))
14
15    def closest_centroid(sample, centroids):              #计算各质心的距离，并找出
                                                              最近的那一个
16        distances = [euclidean_distance(sample, point) for point in centroids]
17        closest_index = np.argmin(distances)
18        return closest_index
19
20    def generate_clusters(centroids,K=cluster_num):       #将数据归到距离最近的质心
                                                             那一簇
21        clusters = [[] for _ in range(K)]
22        for idx, sample in enumerate(X):
23            centroid_idx = closest_centroid(sample, centroids)
24            clusters[centroid_idx].append(idx)
25        return clusters
26
27    def re_calc_centroids(clusters,K=cluster_num):        #重新计算质心
28        centroids = np.zeros((K, n_features))
29        for cluster_idx, cluster in enumerate(clusters):
30            cluster_mean = np.mean(X[cluster], axis=0)
31            centroids[cluster_idx] = cluster_mean
```

```
32        return centroids
33
34    def is_converged(centroids_old, centroids, K=cluster_num):   #判断是否收敛
35        distances = [euclidean_distance(centroids_old[i], centroids[i]) for i
          in range(K)]
36        return sum(distances) == 0
37
38    #该函数配合 plot()函数,标记不同点的形状(如果不使用此函数,可以将不同簇的点用
39    #颜色区分,本书通过点的形状来区分)
40    def mscatter(x,y,ax=None, m=None, **kw):
41        if not ax: ax=plt.gca()
42        sc = ax.scatter(x,y,**kw)
43        if (m is not None) and (len(m)==len(x)):
44            paths = []
45            for marker in m:
46                if isinstance(marker, mmarkers.MarkerStyle):
47                    marker_obj = marker
48                else:
49                    marker_obj = mmarkers.MarkerStyle(marker)
50                path = marker_obj.get_path().transformed(
51                            marker_obj.get_transform())
52                paths.append(path)
53            sc.set_paths(paths)
54        return sc
55
56    def plot(clusters,centroids):                  #绘制每一次迭代结果
57        fig, ax = plt.subplots(figsize=(6, 4))
58        markers = ['^','o','*']
59        for i, index in enumerate(clusters):
60            point = X[index].T
61            scatter = mscatter(*point, marker=markers[i], ax=ax)
62        for point in centroids:
63            ax.scatter(*point, marker="x", s=60,color='black', linewidth=2)
64        plt.show()
65
66    def fit(X,K=cluster_num, max_iters=100, plot_iters=True):
67        init_centroid = np.random.choice(n_samples, K, replace=False)
          #随机初始质心
68        #init_centroid = [3,22,31]                 #指定初始质心,这个和上一行任选一个
69        centroids = [X[idx] for idx in init_centroid]        #随机初始化质心
70        for _ in range(max_iters):
71            clusters = generate_clusters(centroids,K)
              #每次迭代,生成一个聚类结果
72            if plot_iters:
73                plot(clusters,centroids)       #如果 plot_iters 为 True,绘图
74            centroids_old = centroids
75            centroids = re_calc_centroids(clusters)          #重新计算新的质心
```

```
76            if is_converged(centroids_old, centroids):  #收敛,提前结束迭代
77                break
78        return clusters
79
80    k_clusters = fit(X,K=cluster_num, max_iters=100, plot_iters=True)
81    print(k_clusters)
```

程序 10.2 实现了聚类算法，该程序也和 10.1.2 节中的聚类算法步骤一一对应。k-means 算法比较直观，容易理解。该程序也并不复杂，第 12～36 行是算法所需要的函数，每个函数都有注释，程序 38～64 行为绘图程序，本书图 10.2～图 10.8 即由程序 10.2 绘制。程序 fit 函数（第 66～78 行）是算法运行过程，即迭代聚类的过程。

2. k 值的选择

程序 10.3　选择合适的 k 值

```
1     from sklearn.datasets import make_blobs
2     import numpy as np
3     import matplotlib.pyplot as plt
4     import pandas as pd
5     from sklearn.cluster import KMeans
6     from sklearn import metrics
7     plt.rcParams['font.sans-serif'] = ['SimHei']
8     plt.rcParams['axes.unicode_minus']=False
9
10    X, y = make_blobs(centers=3, n_samples=1000, n_features=2, shuffle=True,
      random_state=40)
11    plt.scatter(X[:,0],X[:,1])
12    plt.show()
13
14    def Elbow(X, clusters):
15        K=range(1,clusters+1)
16        total_inertia = []                  #总的离差平方和
17        for k in range(1,clusters+1):
18            each_inertia = []               #每个簇内离差平方和
19            kmeans = KMeans(n_clusters=k)
20            kmeans.fit(X)
21            labels = kmeans.labels_
22            centers = kmeans.cluster_centers_
23            for label in set(labels):
24                each_inertia.append(np.sum((X.loc[labels == label,]-centers
                  [label,:])**2))
25            total_inertia.append(np.sum(each_inertia))
26        plt.plot(K, total_inertia, '^-')
27        plt.xlabel('k')
28        plt.ylabel('离差平方总和')
29        plt.show()
30    X = pd.DataFrame(X)
31    Elbow(X, 10)
32
```

```
33	def Silhouette(X, clusters):
34	    K = range(2,clusters+1)
35	    S = []
36	    for k in K:
37	        kmeans = KMeans(n_clusters=k)
38	        kmeans.fit(X)
39	        labels = kmeans.labels_
40	        S.append(metrics.silhouette_score(X, labels, metric='euclidean'))
41	    plt.plot(K, S, '^-')
42	    plt.xlabel('k')
43	    plt.ylabel('轮廓系数')
44	    plt.show()
45	Silhouette(X, 10)
```

程序 10.3 分别对一组数据使用臂肘法和轮廓系数法选择 k 值。

程序第 10 行生成一组随机数据，这组数据默认有 3 个簇(如图 10.9(a)所示)，函数 Elbow()使用臂肘法测试 k 值选择哪一个最合适，函数 Silhouette()使用轮廓系数法测试 k 值选择哪一个最合适，最后的图像分别如图 10.9(b)和图 10.9(c)所示。

10.4.2　降维

程序 10.4 是使用 PCA 算法对鸢尾花数据进行降维的一个示例，鸢尾花数据一共有 4 个属性(花萼长度、花萼宽度、花瓣长度、花瓣宽度)，可以视为是一个四维数据。在第 9 章中，为了方便画图(4 维数据无法画图演示)，因此使用了其中的几个属性(2 个或 3 个)来进行分类。在这里使用 PCA 算法，将 4 维数据降维到二维。

程序 10.4　鸢尾花数据降维

```
1	import matplotlib.pyplot as plt
2	from sklearn import datasets
3	from sklearn.decomposition import PCA
4	
5	data = datasets.load_iris()	#加载鸢尾花数据集
6	X = data.data	#使用 X 表示数据集中的属性数据
7	pca = PCA(n_components=2)	#使用 PCA 算法，设置降维后主成分数目为 2
8	new_X = pca.fit_transform(X)	#降维结果保存在 new_X 中
9	
10	markers=['^','o','*']
11	plt.figure()
12	for i in range(3):
13	    plt.scatter(new_X[y==i,0],new_X[y==i,1],marker=markers[i])
14	plt.show()
```

程序 10.4 非常简单，第 5～8 行调用 sklearn 中的 PCA 方法降维(从四维降到二维)，第 10～12 行画出图像，注意，前文中绘制图像，都是删除鸢尾花的某些属性，例如删除花瓣长度和宽度，但是降维不是删除某些属性，而是一种投影操作。需要注意的是，PCA 是非监督学习方法，虽然鸢尾花数据集有标签数据，但是在程序中没有用到标签数据。鸢尾花原来是四维数据，无法直接绘制图片。而在二维空间，很容易用平面直角坐标系进行绘图，绘图结果如图 10.13 所示。

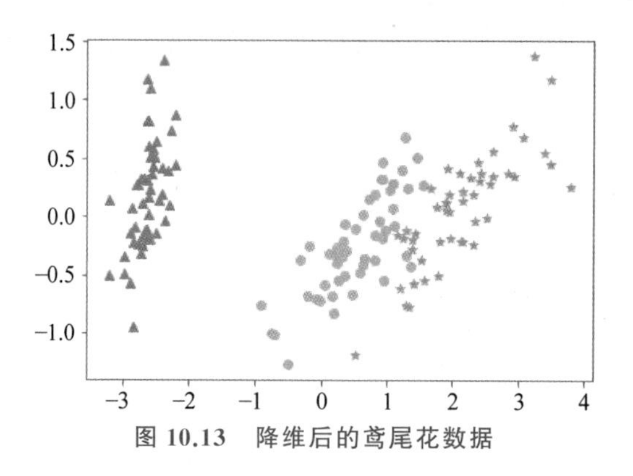

图 10.13 降维后的鸢尾花数据

附注

本章公式和《机器学习》(周志华著)中的公式对应如下。

本书	《机器学习》
式(10.8)	式(9.5)
式(10.9)	式(9.6)
式(10.10)	式(9.8)
式(10.15)	式(9.13)

第四部分

神经网络与深度学习

第11章 神经网络

Cells that fire together, wire together.

——赫布①

11.1 概述

神经网络(neural network),又叫人工神经网络、神经元网络。说到神经元,大家应该就会想起生物学上的神经系统。图 11.1(a)是诺奖得主卡哈尔手绘的神经元连接图片(这些手绘图即使以今天的标准来看,也是非常准确的,而那个时候还没有电子显微镜,卡哈尔使用光学显微镜,边观察边绘制)。图 11.1(b)是科研人员在关于免疫信号的神经元连接的科学研究,图片分为三部分,最左侧部分为神经元细胞,里面有神经元胞体、轴突、树突等大家熟悉的概念。

(a) 卡哈尔手绘图片

图片来源:*THE BEAUTIFUL BRAIN*封面[1]

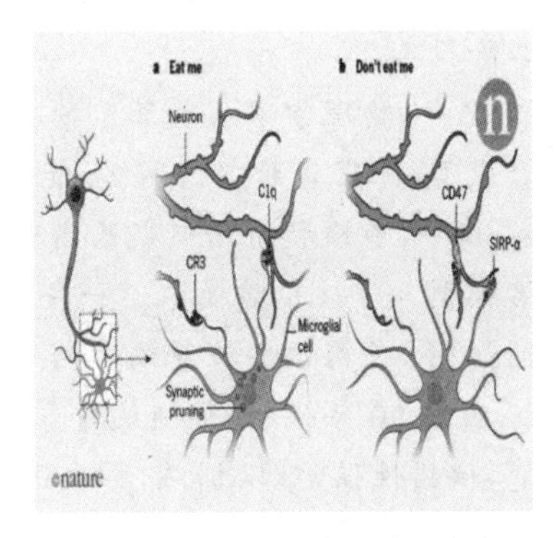

(b) 神经元及连接示意图

图片来源:文献[2],图1

图 11.1 神经网络与神经元

人类对于神经元的认识并不深入。事实上,对于人类的神经元细胞数目,就有不同的答案。比较公认的答案是人类有 860 亿个神经元细胞数目,这个是巴西神经学家 Suzana Herculano-Houzel 的研究成果[3],早期的教科书一般认为人类的神经元细胞有 1000 亿个。但是也有答案是几十亿个,也有答案是上千亿个,在对这件事的认识上,人们还没有达成

---

① 这句话的意思是一起激发的神经元会连接在一起。赫布的原文并非如此,后人把赫布的思想总结为这句话,并称为“赫布法则”。赫布法则解释了神经元如何组成连接,从而形成记忆印痕。作为一个心理学家和生物学家,赫布法则对于神经网络的发展贡献巨大。2000 年的诺贝尔生理学或医学奖得主坎德尔在动物实验中证实了赫布的理论。

共识。

如果对于生物神经元的知识你丝毫不知，没有关系，不会影响你对人工神经网络和深度学习技术的学习，因为人工神经网络和深度学习已经完全脱离了神经科学，成为一门独立的科学，读者只学习计算机相关内容即可。但是如果你想对神经网络做出一些创新，或者更多地了解神经网络各种结构的来龙去脉，那么懂一些神经科学会有很大帮助。事实上，很多深度学习科学家与神经科学家关系密切，例如被称为深度学习之父的辛顿，他的本科学位是心理学，他的很多合作伙伴是神经科学家。

总体来说，人工智能中的神经网络就是一种人造的计算架构，通过这个计算架构可以解决一系列问题。在遇到“神经元”“神经网络”之类的词汇时，大家要注意上下文，看看它们到底指计算机的数据结构，还是生物中的真实组织。

神经网络的发展大事记[4]

第一阶段：

- 1943 年，麦卡洛克和皮茨提出第一个神经元数学模型，即 M-P 模型，并从原理上证明了人工神经网络能够计算任何算数和逻辑函数。
- 1949 年，赫布发表 *The Organization of Behavior*，提出生物神经元学习的机理，即赫布法则。
- 1958 年，罗森布拉特提出感知机网络（perceptron）模型及其学习规则。
- 1969 年，明斯基和派珀特发表 *Perceptrons*，指出单层神经网路不能解决非线性问题，多层网络的训练算法尚无希望，这个论断导致神经网络进入第一次研究低谷。

第二阶段：

- 1982 年，物理学家霍普菲尔德提出了一种具有联想记忆、优化计算能力的递归网络模型，即霍普菲尔德网络，能够解决 TSP 问题。
- 1985 年，辛顿和谢诺夫斯基借助统计物理学的概念和方法提出了一种随机神经网络模型——玻尔兹曼机。一年后他们又改进了模型，提出了受限玻尔兹曼机。
- 1986 年，鲁梅尔哈特等编辑的著作[5]介绍了反向传播算法。
- 20 世纪 90 年代初，伴随统计学习理论和 SVM 的兴起，神经网络由于理论不够清楚，试错性强，难以训练，再次进入低谷。

第三阶段：

- 2006 年，辛顿提出了深度信念网络（DBN），通过“预训练＋微调”使得深度模型的最优化变得相对容易。
- 2012 年，辛顿研究组参加 ImageNet 竞赛，以超过第二名 10 个百分点的成绩夺得当年竞赛的冠军。
- 2022 年，基于深度神经网络的 ChatGPT 横空出世，让人们看到了实现通用人工智能的希望。

作为人工智能技术的一个分支，神经网络也经历两个低谷。神经网络的这一次复苏从 2010 年开始，2012 年，采用深度学习技术的 Alexnet 赢得了 ImageNet 图像分类比赛的冠军。注意，在这次比赛中，深度学习技术不止是赢了比赛那么简单，因为比赛排名第 2 到第 4 位的小组采用的都是传统的计算机视觉方法，手工设计图片的特征，小组之间准确率的差别不超过 1%，而由辛顿研究小组设计的 Alexnet 准确率超出第二名 10 个百分点以上，一骑绝尘。

ImageNet 比赛是一个计算机视觉领域的顶级比赛，它的要求是给出一些图片，判断图片最有可能出现的 top1 和 top5 的内容。所谓 top1，就是给一张图片，判断这张图片最有可能的标记是什么，例如给一张图片，判断出它最有可能是猫，那么就把这张图片标记为猫；而 top5 就是给一张图片，判断出这个图片最有可能的 5 个标记，因为图片里不止一个东西，例如猫在爬树，或者图片识别效果不好，那么对这张图片最有可能的五个标记是{猫，树，猴子，狗，蓝天}。

能够识别图像，一直是人工智能期待的目标。本章将从头一步一步设计一个神经网络，实现简单图像的识别。

11.2　神经元

11.2.1　激活函数

激活函数借鉴了人类神经元的特点。人类每天接受无数的刺激，包括触觉、声音、视觉信号等，但是其实人体对大部分刺激都没有反应，也就是说，神经元不希望传递微小的噪声信号，而只是传递有意义的信号。当输入数据超过了一个阈值(threshold)，才会有对应的输出信号。可以用一个简单的数学函数表示为

$$y=\begin{cases}1, & \text{如果 } x \geqslant \text{阈值} \\ 0, & \text{其他}\end{cases}$$

对应的函数图像如图 11.2(a)所示。

图 11.2(a)是一个简单的阶跃函数，可以看出，在输入值小于阈值的情况下，输出值始终保持为 0。一旦输入值达到了阈值，输出值即实现了阶梯式飞跃(这也是阶跃函数的名称由来)，标准的说法是输入达到了阈值，神经元就被激活了。因此，这样的函数也叫作激活函数。

阶跃函数不是一个好的激活函数，该函数在阈值点附近有个突然跳跃，变化剧烈，而且它在跳跃点不可导，不方便优化。如果这种剧烈变化能够缓和一点，并且可导，那会更方便处理。平滑变化的激活函数的典型就是 Sigmoid()函数。这个函数大家应该不陌生，前文见过多次，逻辑回归中的 Logistic()函数也是指它。因为这个函数非常重要，这里再一次画出它的图像(图 11.2(b)和图 11.2(c))，并写出它的公式。

$$\text{Sigmoid}(x)=1/(1+\mathrm{e}^{-x})$$

从图 11.2 中可以看出，阶跃函数与 Sigmoid()函数图像很类似。在 Sigmoid()函数的定义域变大时，这种感觉更明显。Sigmoid()函数可以视为平滑的阶跃函数，它更光滑，处处可导，它的导数也有很好的形式。如果将 Sigmoid()函数记为 S，则 $S'=S(1-S)$。在神经网络早期，一般使用 Sigmoid()函数用作激活函数。只不过随着人们的进一步研究，提出了更多的激活函数，深度学习一章会介绍更多的激活函数。

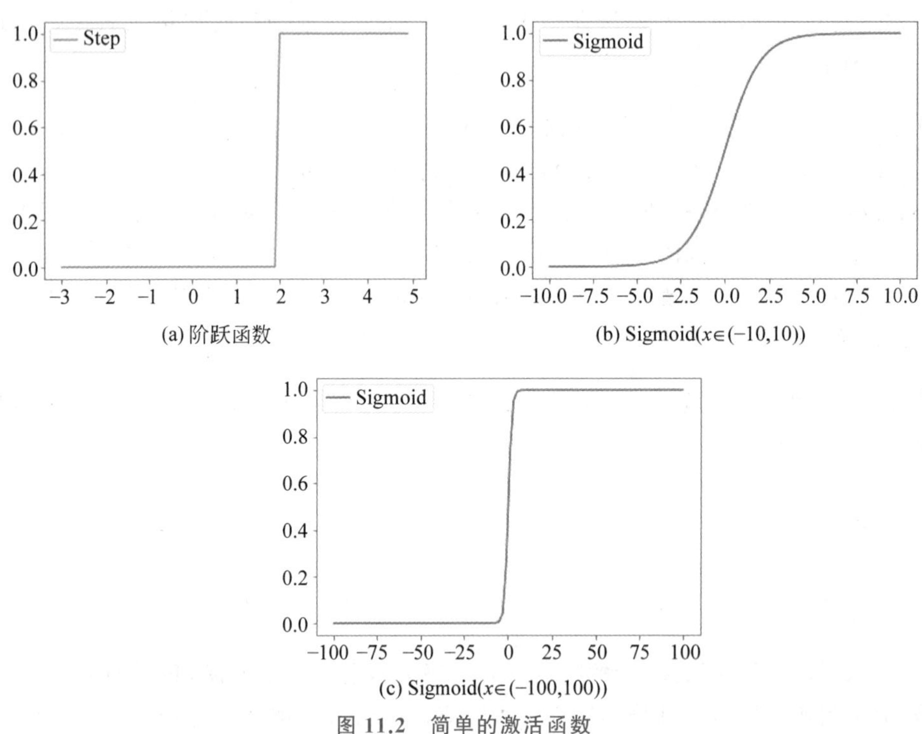

(a) 阶跃函数

(b) Sigmoid($x\in(-10,10)$)

(c) Sigmoid($x\in(-100,100)$)

图 11.2 简单的激活函数

11.2.2 单个神经元

有了激活函数，就可以设计单个神经元了。

人们对刺激的反应，是外界多个输入的结果。当然，这些多个输入综合作用到人们身上，不是简单的信号相加。但是，这在计算机内必须是一个可计算的过程，用计算机语言模拟神经网络，大家首先就会想到把这些输入值加起来，事实上，人工神经网络确实是这么做的。

更进一步，只是简单地把输入信号相加是不合理的，不同的信号所产生的刺激结果不同。一个比较合理的方案是对所有输入信号进行加权求和，如图 11.3 所示。

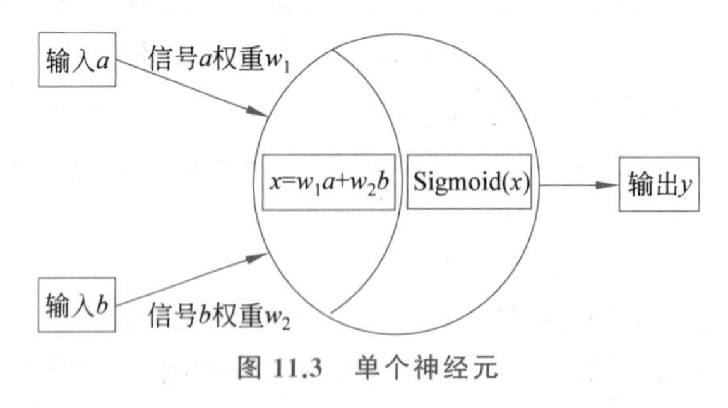

图 11.3 单个神经元

图 11.3 里的神经元激活函数使用了 Sigmoid()函数，输入信号首先加权求和，然后经过激活函数产生输出。需要注意的是，输入信号的权重可以是负值，负值可以解释为对刺激的抑制作用。

单个神经元没有什么功能，需要把多个神经元连接在一起，组成神经网络。

11.3 构建神经网络[①]

11.3.1 把神经元连接起来

先来设计一个非常简单的神经网络，这个网络只有 4 个神经元，如图 11.4 所示。

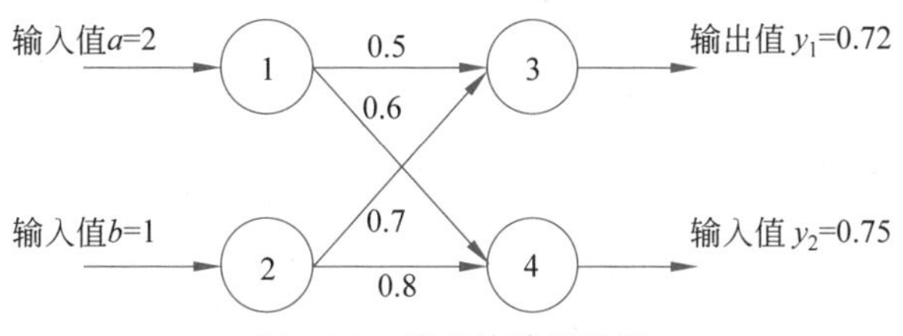

图 11.4 简单的神经网络

对于连接神经元的权重，初始赋值为一些随机数（最后需要通过算法调整这些权重，也就是神经网络的训练）。例如在图 11.4 中，从神经元 1 到神经元 3 的权重初始赋值为 0.5。激活函数使用 Sigmoid()函数，神经元 1 的输入是 2，因此它的输出是 Sigmoid(2)$=1/(1+e^{-2})\approx 0.88$；对于神经元 2，它的输入是 1，输出是 Sigmoid(1)$\approx$0.73；神经元 3 和神经元 4 的计算稍微麻烦一点，因为它们各自有两个输入。对于神经元 3 来说，它的两个输入分别来自神经元 1 和神经元 2 的输出，分别是 0.88 和 0.73，因此它的输入是 $0.88\times 0.5+0.73\times 0.7\approx 0.95$，所以它的输出是 Sigmoid(0.95)$\approx$0.72；对于神经元 4 来说，它的输入是 $0.88\times 0.6+0.73\times 0.8\approx 1.11$，输出是 Sigmoid(1.11)$\approx$0.75。

大家可以看到，这里面的符号太乱了，又是输入 a、b，又是输出值 y_1、y_2，又有神经元 1、2、3、4，能不能统一调整一下符号？答案是能，因为如此简单的神经网络，在实际应用中起不到任何作用，现代大规模的神经网络，其中的神经元可能有成千上万甚至数亿个。按照目前这种方式标记，根本无法有规律地对神经网络进行调整和操作，需要重新对这些神经元和连接权重命名，将图 11.4 重绘为图 11.5。

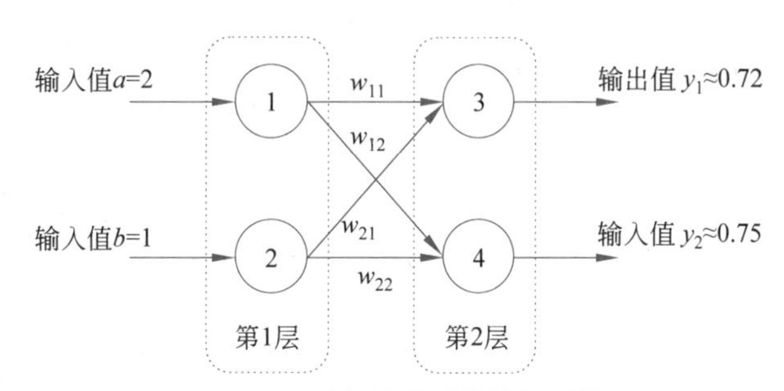

图 11.5 重新编号后的神经网络

注意，图 11.5 没有改变神经网络的结构和数值，只是改写一下各个标记符号。例如，加了层数，对连接权重编号，其中 w_{11}、w_{12}、w_{21}、w_{22} 的值仍然分别是 0.5、0.6、0.7、0.8，下标表示不同层的神经元编号，例如，w_{11} 表示第 1 层第 1 个神经元与第 2 层第 1 个神经元的连接

① 本节对于神经网络的讲解主要参考文献[6]。

权重。虚线框出了第1层和第2层，这离人类的神经元结构更远了，因为人类的神经网络是一个网络结构，而计算机的神经网络，其实是分层的。

有了层次结构之后，某一层的输出，就是下一层的输入。例如图11.5的神经网络，按照前面的计算，第1层两个神经元的输出分别是0.88和0.73，这两个输出对应着第2层神经网络两个神经元的输入。符号改写的好处是，可以按照矩阵的写法，把这四个权重值写成如下矩阵格式。

$$\mathbf{Weight}(1,2)=\begin{bmatrix}0.5 & 0.7\\0.6 & 0.8\end{bmatrix}$$

其中，**Weight**(1,2)表示第1层和第2层之间的权重矩阵。用编号表示为

$$\mathbf{Weight}(1,2)=\begin{bmatrix}w_{11} & w_{21}\\w_{12} & w_{21}\end{bmatrix}$$

该矩阵可以这样理解

$$\mathbf{Weight}(1,2)=\begin{array}{c}\quad\ \mathbf{w}_1 \quad\ \mathbf{w}_2\\ \begin{bmatrix}w_{11} & w_{21}\\w_{12} & w_{21}\end{bmatrix}\end{array}$$

$\mathbf{w}_1$ 列向量表示该层第1个神经元对于下一层各个神经元的权重，以此类推。

同时，第1层的两个神经元的输出分别是0.88、0.73，可以写成如下向量格式。

$$\mathbf{Output1}=\begin{bmatrix}0.88\\0.73\end{bmatrix}$$

对于第2层来说，所得到的输入为

$$\mathbf{Input2}=\mathbf{Weight}(1,2)\times\mathbf{Output1}=\begin{bmatrix}0.5 & 0.7\\0.6 & 0.8\end{bmatrix}\times\begin{bmatrix}0.88\\0.73\end{bmatrix}=\begin{bmatrix}0.95\\1.11\end{bmatrix}$$

使用矩阵符号，计算该层的输出为

$$\mathbf{Output2}=\mathrm{Sigmoid}(\mathbf{Input2})=\mathrm{Sigmoid}\left(\begin{bmatrix}0.95\\1.11\end{bmatrix}\right)=\begin{bmatrix}0.72\\0.75\end{bmatrix}$$

这里的每一层都只有2个节点，如果使用矩阵方式来表示的话，无论有多少个节点，写起来都是 **Input2＝Weight**(1,2)×**Output1**。这样，神经网络的基本操作单位就不再是一个个具体的神经元节点了，而是以层为单位，每层可以有成千上万个神经元节点。以层为单位进行计算，可以方便地表示神经网络，设计更多的网络层次，解决更复杂的问题。

从输入到输出，称为前向过程，也叫前馈(feed forward)网络。当然，这个神经网络的作用不大，因为这个网络的权重值是随机生成的，需要有一个方法训练调整它们。

多层神经网络一定要使用非线性的激活函数，即这种激活函数不能是形如 $f(x)=ax+b$ 形式的函数。因为如果没有非线性的激活函数，多层其实就是一层。

考虑下面这个简单的例子，一个三层的神经网络，假设每一层的激活函数都是 $f(x)=ax+b$，那么最后的输出结果应该是 output＝$f(f(f(\text{input})))$。这个运算结果是 output＝$a^3x+a^2b+ab+b$，最后还是 x 的线性形式，三层完全可以用一层表示。

11.3.2 反向传播

现在应该调整权重，并进行训练了。这里的训练和前文机器学习中的训练是一个意思（神经网络是机器学习的一个分支）。那么在训练过程中，要调整哪些参数呢？

一个神经网络，网络结构一旦给定之后，就不能再更改了。所谓的神经网络的训练，其实就是不断通过数据调整连接权重的过程。那么如何调整连接权重呢？

机器学习算法的最终目标都是让误差函数最小，这个想法在神经网络中一样实用。但是神经网络是分层的，最后一层的误差很容易计算，因为最后一层的输出可以由前文所讲的前馈网络计算，而训练数据有标签，最后一层的误差即二者之差。但是前几层的误差如何计算？可以这么做：假设最后一层的某个神经元（神经元 3）的状态如图 11.6 所示。

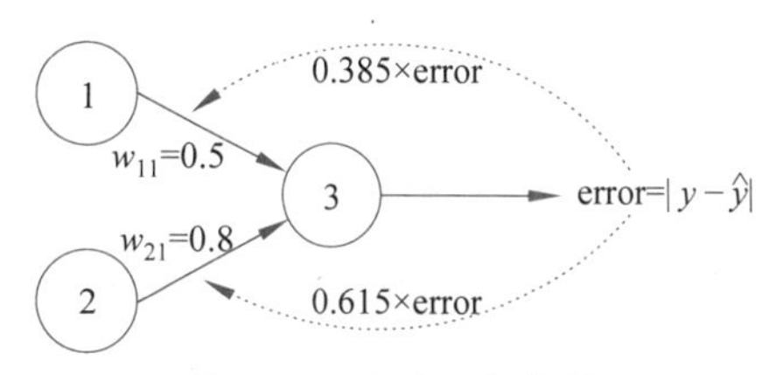

图 11.6 误差反向传播

这个神经元的预测输出 $\hat{y}$ 与实际值 y 之间有误差 error，误差是怎么来的？误差来自前馈网络的计算结果与真实结果之间的差异。为了减少这个差异，需要调整参数改变神经网络计算的结果，使得 y 与 $\hat{y}$ 的差异越小越好。现在需要调整的是 w_{11} 和 w_{12}，那么要调整哪一个呢？

最简单的做法就是随便挑一个进行调整，例如 w_{11}，但是 w_{11} 和 w_{21} 都是随机值，它们两个的地位相等，为什么只调整 w_{11} 而不调整 w_{21} 呢？毕竟，“不能只薅一只羊的羊毛”。

答案应该是两个都进行调整，现在的问题是它们每个如何调整。假设最后的误差是 error，这个误差的产生其实两个输入都做了“贡献”。一个可能的想法是把误差平均分到每个连接上，每个调整的目标误差函数是 error/2。

但是，下面的想法更自然。权重较大的连接，对于误差造成的“贡献”也较大，也就是说按照权重比例调整更自然，更符合大家的直觉。因此，可以将 w_{11} 贡献的误差系数设置为 $0.5/(0.5+0.8)\approx 0.385$，$w_{12}$ 贡献的误差系数设置为 $0.8/(0.5+0.8)\approx 0.615$。同样，倒数第二层的误差也可以按照这种比例方式向前传播。

误差调整的过程如下：对于训练集中的每一项数据，经过前馈方法一层一层计算之后，最终得到一个输出，这个最终输出和正确的标签之间会有一个误差，在最后一层，通过这个误差调整神经元的倒数第二层和最后一层之间的连接权重；然后，将最后误差按照权重比例，反向传播到上一层节点上，再继续调整上一层的连接权重；以此类推，一直调整到第一层。这样的过程就叫作反向传播（Back Propagation，BP）。

下面以一个简单的 3 层网络为例，看看如何从后向前分配误差，如图 11.7 所示。

先关注第 2 层和第 3 层的连接。按照比例分配误差，其中，w_{11} 权重连接分配得到的误差是 $(0.3/(0.3+0.5))\times \text{error}_1=0.375\times 1.2=0.45$，而 w_{21} 权重连接分配得到的误差是 $(0.5/(0.3+0.5))\times \text{error}_1=0.625\times 1.2=0.75$。同理，$w_{12}$ 连接和 w_{22} 连接按比例得到的误差分别是 $(0.4/(0.4+0.6))\times \text{error}_2=0.4\times 1.8=0.72$ 以及 $(0.6/(0.4+0.6))\times \text{error}_2=0.6\times 1.8=1.08$。

这时，第 2 层的第 1 个神经元的输出误差就应该是 w_{11} 连接和 w_{12} 连接的误差和 $(0.45+0.72=1.17)$，第 2 层的神经元 2 的输出误差应该是 $0.75+1.08=1.83$。

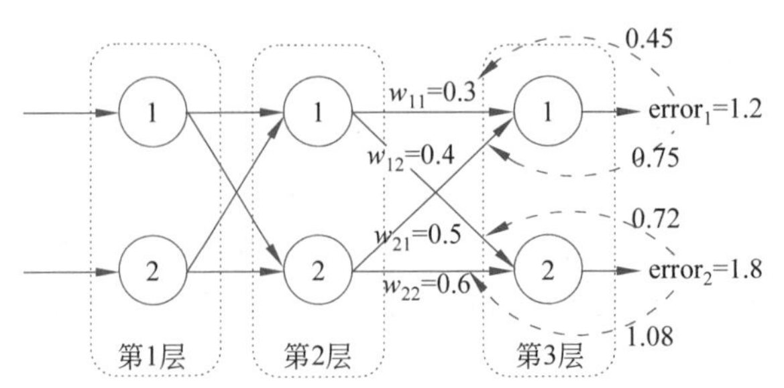

图 11.7　第 3 层向第 2 层的误差传播

图 11.8 关注第 1 层和第 2 层之间的连接。注意，此时第 2 层的神经元 1 的输出误差为刚才计算所得的 1.17，神经元 2 的误差为 1.83。同理，计算第 1 层和第 2 层之间的连接误差，应该分别是 0.53、0.85、0.64、0.98。

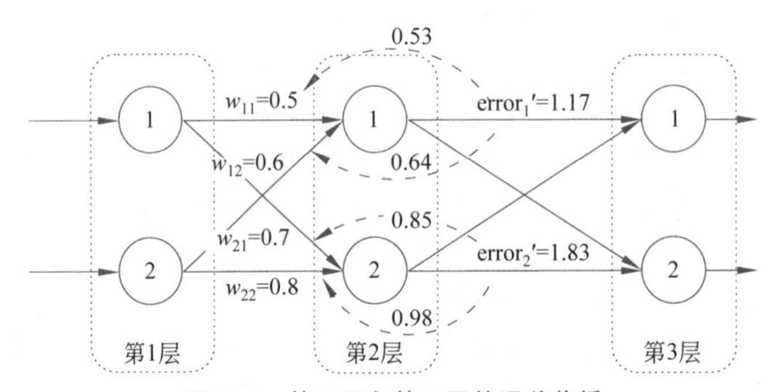

图 11.8　第 2 层向第 1 层的误差传播

同样，这里也需要把这样的误差传递表示成矩阵的形式，以方便编程实现。前一层的误差和后一层的误差有什么关系呢？对于图 11.7 和图 11.8 这样的网络来说，假设后一层的输出误差记为 $\boldsymbol{error}_j$，前一层的输出误差记为 $\boldsymbol{error}_i$，其中 $\boldsymbol{error}_i$ 和 $\boldsymbol{error}_j$ 都是列向量。

$$\boldsymbol{error}_i = \begin{bmatrix} \dfrac{w_{11}}{w_{11}+w_{21}} & \dfrac{w_{12}}{w_{12}+w_{22}} \\ \dfrac{w_{21}}{w_{21}+w_{11}} & \dfrac{w_{22}}{w_{22}+w_{12}} \end{bmatrix} \times \boldsymbol{error}_j$$

其实回想分析过程，权重越大的，分配的错误越大。而仔细观察上面矩阵中每一项的分母，它们更相当于一种“归一化因子”，如果把它们去掉，并不影响这种比例关系。因此，上面的式子可以更简单地表示为

$$\boldsymbol{error}_i = \begin{bmatrix} w_{11} & w_{12} \\ w_{21} & w_{22} \end{bmatrix} \times \boldsymbol{error}_j$$

这个式子中的矩阵看起来非常眼熟，对于多层网络，连续的两层第 i 层和第 j 层，它们之间的权重矩阵为 $\boldsymbol{Weight}(i,j)$，其具体的值为

$$\boldsymbol{Weight}(i,j) = \begin{bmatrix} w_{11} & w_{21} \\ w_{12} & w_{22} \end{bmatrix}$$

因此，误差传播矩阵可以写为

$$\boldsymbol{error}_i = \boldsymbol{Weight}(i,j)^{\mathrm{T}} \times \boldsymbol{error}_j \tag{11.1}$$

在误差进行反向传播时，需要仔细想一下，是不是误差反向一层一层传播下去，前一层的整体误差要比后一层少？看这里的解释大家就会知道，并不是，它只不过是把后一层的误差在前一层重新分配一下，整体的误差还是一样的。

计算到这里，每个连接计算得到的误差已经知道了。需要注意的是，误差是误差，不是说误差是 0.58，w_{11} 就应该加上或者减去 0.58。这里的误差是目标函数，用这个目标函数来指导 w_{11} 如何调整。

另外，对于三层网络，只需要调整两层连接权重即可（n 层网络，中间有 $n-1$ 层的连接）。因为初始权重值是随机的，对于第 1 层的激活函数就没有意义了，第 1 层的输出可以直接等于第 1 层的输入。很多深度学习资料将图 11.7 和图 11.8 的神经网络称为两层网络，因为中间有两个权重向量需要进行训练。本章为了方便大家理解，称之为三层网络（而在下一章将称之为两层网络）。注意，三层网络还是两层网络都是人们的称呼，虽然只是称呼的区别，但是在阅读相关资料时需要注意。

11.3.3 梯度下降

有了目标函数，就可以进行优化了，这里的优化算法是大家的老朋友——梯度下降算法。

梯度下降需要有梯度，也就是求某个解析式的导数或者偏导数，这里面根本没有解析式，如果才能求得梯度呢？

神经网络虽然没有解析式，无法用一个函数表达式写出来。但是仔细思考导数的定义，导数表示因变量 y 的增量 Δy 与自变量增量 Δx 的比值。这里的关注点是目标函数 $\boldsymbol{error}$（注意，因为神经网络一般有多个输出，因此误差是一个向量），也就是随着权重的变化，误差 $\boldsymbol{error}$ 的变化。$\boldsymbol{error}$ 来自 $\boldsymbol{W}_{ij}$（$\boldsymbol{W}_{ij}$ 表示第 i 层与第 j 层之间的连接权重，一般是一个矩阵），因此，根据梯度的定义，梯度表示为

$$\frac{\Delta \boldsymbol{error}}{\Delta \boldsymbol{W}_{ij}}$$

或者写成偏导数的形式：

$$\frac{\partial \boldsymbol{error}}{\partial \boldsymbol{W}_{ij}}$$

这个公式反映了当连接权重 $\boldsymbol{W}_{ij}$ 变化时，误差是如何变化的。

以下推导中下标 j 表示本层，下标 i 表示前一层。第 i 层的输出简记为 $\boldsymbol{o}_i$，第 i 层与第 j 层之间的连接权重矩阵为 $\boldsymbol{W}_{ij}$。

先看看最后一层的输出，误差是 $\boldsymbol{error}=\boldsymbol{y}-\hat{\boldsymbol{y}}$，其中，$\boldsymbol{y}$ 表示标签值，$\hat{\boldsymbol{y}}$ 表示神经网络的预测结果。这里使用平方损失函数，令 $\boldsymbol{error}=(\boldsymbol{y}-\hat{\boldsymbol{y}})^2$，对于这个神经元的输出误差，它的梯度可以表示为

$$\frac{\partial \boldsymbol{error}}{\partial \boldsymbol{W}_{ij}}=\frac{\partial (\boldsymbol{y}-\hat{\boldsymbol{y}})^2}{\partial \boldsymbol{W}_{ij}} \tag{11.2}$$

根据微积分求导数的链式法则，得到式(11.3)：

$$\frac{\partial \boldsymbol{error}}{\partial \boldsymbol{W}_{ij}}=\frac{\partial \boldsymbol{error}}{\partial \hat{\boldsymbol{y}}}\times\frac{\partial \hat{\boldsymbol{y}}}{\partial \boldsymbol{W}_{ij}} \tag{11.3}$$

式(11.3)中等号右侧有两项，其中的第一项，因为 $\boldsymbol{error}=(\boldsymbol{y}-\hat{\boldsymbol{y}})^2$，所以等价为

$$\frac{\partial \boldsymbol{error}}{\partial \hat{\boldsymbol{y}}}=-2(\boldsymbol{y}-\hat{\boldsymbol{y}}) \tag{11.4}$$

而对于式(11.3)中 $\frac{\partial \hat{\boldsymbol{y}}}{\partial \boldsymbol{W}_{ij}}$ 这一项，$\hat{\boldsymbol{y}}$ 是第 3 层神经元的输出，它经过激活函数(Sigmoid()函数)计算之后得到，即 $\hat{\boldsymbol{y}}=\text{Sigmoid}\left(\sum \boldsymbol{W}_{ij}\times \boldsymbol{o}_i\right)$。

对于 Sigmoid()函数，它的导数为

$$\frac{\partial \text{Sigmoid}(x)}{\partial x}=\text{Sigmoid}(x)\times(1-\text{Sigmoid}(x))$$

因此，式(11.3)可以写为

$$\frac{\partial \boldsymbol{error}}{\partial \boldsymbol{W}_{ij}}=-2(\boldsymbol{y}-\hat{\boldsymbol{y}})\times \text{Sigmoid}\left(\sum \boldsymbol{W}_{ij}\times \boldsymbol{o}_i\right)\times\left(1-\text{Sigmoid}\left(\sum \boldsymbol{W}_{ij}\times \boldsymbol{o}_i\right)\right)\times \frac{\partial}{\partial \boldsymbol{W}_{ij}}\left(\sum \boldsymbol{W}_{ij}\times \boldsymbol{o}_i\right) \tag{11.5}$$

式(11.5)是对复合函数求导，最后一项的结果为 $\boldsymbol{o}_i$，因此式(11.5)可以表示为

$$\frac{\partial \boldsymbol{error}}{\partial \boldsymbol{W}_{ij}}=-2(\boldsymbol{y}-\hat{\boldsymbol{y}})\times \text{Sigmoid}\left(\sum \boldsymbol{W}_{ij}\times \boldsymbol{o}_i\right)\times\left(1-\text{Sigmoid}\left(\sum \boldsymbol{W}_{ij}\times \boldsymbol{o}_i\right)\right)\times \boldsymbol{o}_i \tag{11.6}$$

根据神经网络的定义，$\text{Sigmoid}\left(\sum \boldsymbol{W}_{ij}\times \boldsymbol{o}_i\right)=\boldsymbol{o}_j$，因此，式(11.6)可以写为

$$\frac{\partial \boldsymbol{error}}{\partial \boldsymbol{W}_{ij}}=-2(\boldsymbol{y}-\hat{\boldsymbol{y}})\times \boldsymbol{o}_j\times(1-\boldsymbol{o}_j)\times \boldsymbol{o}_i \tag{11.7}$$

现在，式(11.7)中右侧的值都可以通过计算得到，因此，这个梯度也就可以计算了。梯度下降算法的核心过程是在迭代过程中，按照式(11.8)修改变量。

$$\text{new}\boldsymbol{W}_{ij}=\text{old}\boldsymbol{W}_{ij}-\eta\times\frac{\partial \boldsymbol{error}}{\partial \boldsymbol{W}_{ij}} \tag{11.8}$$

其中，η 是学习率。因此，式(11.7)中的数字 2 也可以去掉(学习率是超参数，由用户设置，因此有没有 2 对结果毫无影响)。

最后，把权重连接更新成下列所示的非常简单的形式，注意矩阵乘法行列的匹配，梯度下降算法中的调整公式为

$$\text{new}\boldsymbol{W}_{ij}=\text{old}\boldsymbol{W}_{ij}-\eta\times \boldsymbol{error}_j\times \boldsymbol{o}_j\times(1-\boldsymbol{o}_j)\times \boldsymbol{o}_i^{\text{T}} \tag{11.9}$$

式(11.9)就是调整第 i 层和第 j 层之间连接权重的更新公式，其中，$\boldsymbol{o}_i$ 表示前一层的输出，$\boldsymbol{o}_j$ 表示本层的输出。

这么简单的方法真的能实现复杂的功能吗？

11.4 初见 Mnist

本节就用前面的分析，解决人工智能领域里面一个常见问题——手写体数字识别。手写体数字识别可谓是深度学习的“hello，world!”，可以把它当作深度学习入门的第一个程序。它的任务是手写一个数字，通过人工智能程序识别(预测)手写的数字是哪一个。因为

数字只有十个(0～9),因此,这是一个标准的分类问题,将手写数字图像分类为十个类中的某一个。

Mnist 数据集

手写体数字识别在邮政领域有广阔的应用背景,早期利用机器进行手写体识别受到美国邮政部门的支持和推动。中国虽然也有邮编,但是中国邮编定位作用不大。美国的邮编定位意义深远,根据邮编可以定位到一个比较小的投递范围。美国人工成本较高,因此,一直有动力推动手写体数字识别。

提到手写体数字识别,就不能不提到 Mnist 这个数据集了。Mnist 数据集是研究机器学习、模式识别等任务的高质量数据。它包含训练集和测试集,训练集包含 60000 个样本,测试集包含 10000 个样本。

这个数据集可以在杨立昆的个人网站上下载。

Mnist 数据的训练集是一个由 60000 个 28×28 像素的小正方形灰度图像组成的数据集,这些图片的前 60 张如图 11.9(a)所示。测试集由同一批人书写,有 10000 张图片,前 60 张如图 11.9(b)所示。

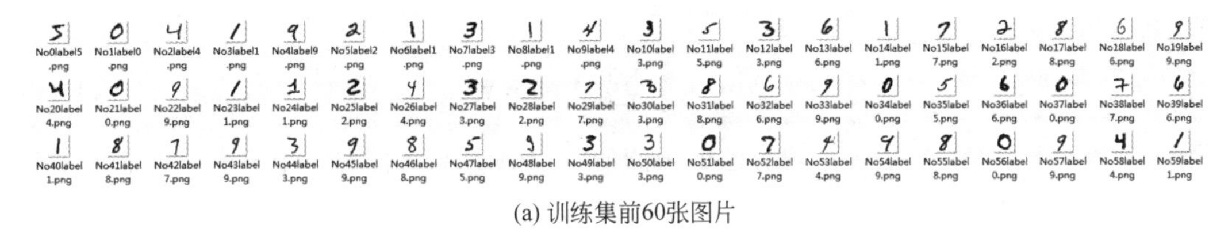

(a) 训练集前60张图片

(b) 测试集前60张图片

图 11.9　Mnist 数据集中部分图片

本章"怎么做"程序 11.2 有利用神经网络识别手写体的程序及说明,建议大家先理解这个程序,再继续阅读下文。上一节主要靠分析得出神经网络的训练过程,下一节会出现很多公式。注意,公式虽然看起来复杂,但是只要懂得导数的概念,实际上不难理解。

11.5　改进神经网络

11.5.1　换一个激活函数

这么简单的程序,就能解决如此复杂的问题。在前述算法中,因为巧妙地利用了 Sigmoid()函数的一些性质,使得反向传播算法变得很简单。另外,在计算损失函数时,使用了平方损失函数,即式(11.2)。前文介绍过,分类问题使用交叉熵损失函数更符合直觉,那么,如果激活函数不是 Sigmoid(),损失函数不是平方损失函数,是不是也能有这样的结果?

图 11.12 和图 11.13 是程序 11.2 的输出结果。在解释最后输出时，指出这 10 个输出结果中，每一项的数值表示判决该数字的可能性。注意，这些值并不是概率，原因非常简单，因为这 10 个输出结果的和不是 1。为了能够使输出结果看起来更像是概率，人们引入了 Softmax()激活函数。

Softmax()函数形式和 Sigmoid()函数有一点像，都用到了指数函数，它的值在 0～1 之间。Softmax()函数的形式为

$$S_i = \frac{e^i}{\sum_j e^j} \tag{11.10}$$

这个定义很简单，也很直观。Softmax()分母实现了归一化，它使得所有输出的结果之和为 1。

程序 11.3 给出了一个 Softmax()激活函数的实现程序。

Softmax()函数不仅具有连续、光滑、可导等优异性质，而且更重要的是，如果 Softmax()函数和交叉熵损失函数一起使用，会更有优势。下面展开说明。

Softmax()主要用在分类问题神经网络的最后一层，而分类问题的损失函数常用交叉熵损失函数。本书在逻辑回归一节，介绍了二分类问题的交叉熵损失函数，多分类交叉熵损失函数表示为

$$\text{error} = -\sum_k y_k \times \ln \hat{\boldsymbol{y}}_k \tag{11.11}$$

其中，$\boldsymbol{y}_k$ 表示真实值，$\hat{\boldsymbol{y}}_k$ 表示学习方法的预测值，k 表示结果可能有 k 个分类。在这 k 个分类中，$\boldsymbol{y}_k$ 只有是正确标签时值才为 1，其他时候均为 0。二分类交叉熵损失函数是多分类交叉熵损失函数的一个特例。

使用多分类交叉熵损失函数，如果激活函数是 Softmax()，某一层的输入为 z_i，这一层的输出误差对于 z_i 的偏导数为$\partial \boldsymbol{error} / \partial z_i = \hat{\boldsymbol{y}}_i - \boldsymbol{y}_i$。

式(11.12)～式(11.21)主要给出$\dfrac{\partial \boldsymbol{error}}{\partial z_i} = \hat{\boldsymbol{y}}_i - \boldsymbol{y}_i$ 的推导过程，感兴趣的读者可以仔细阅读下面的内容。下面的公式虽然看起来很复杂，但其实只是用到了求偏导数的技巧。另外，即使略过式(11.12)～式(11.21)也不会对本章后面的理解造成障碍。

当结果为第 k 个时，即 $y_k = 1$。此时式(11.11)的误差函数变为

$$\boldsymbol{error} = -\ln \hat{\boldsymbol{y}}_k \tag{11.12}$$

如果使用 Softmax()激活函数，对该损失函数求导，即

$$\hat{\boldsymbol{y}}_i = \frac{e^i}{\sum_j e^j} \tag{11.13}$$

在神经网络中，某一层的输入可以由如下公式计算：

$$z_i = \boldsymbol{w}_{ij} \times \boldsymbol{x}_{ij} \tag{11.14}$$

将式(11.14)代入式(11.13)中，得到预测值为

$$\hat{\boldsymbol{y}}_i = \frac{\mathrm{e}^{z_i}}{\sum_j \mathrm{e}^{z_j}} \tag{11.15}$$

对误差函数求导，可以得到如下结果：

$$\frac{\partial \boldsymbol{error}}{\partial \boldsymbol{w}_{ij}} = \frac{\partial \boldsymbol{error}}{\partial z_i} \times \frac{\partial z_i}{\partial \boldsymbol{w}_{ij}} = \frac{\partial \boldsymbol{error}}{\partial z_i} \times \boldsymbol{x}_{ij} \tag{11.16}$$

式(11.16)中，由式(11.14)计算出等号右侧第二项，$\boldsymbol{x}_{ij}$是上一层的输出，可以通过前馈网络得出，因此，只需要计算$\partial \boldsymbol{error}/\partial z_i$。

根据链式法则，有

$$\frac{\partial \boldsymbol{error}}{\partial z_i} = \sum_j \left(\frac{\partial \boldsymbol{error}_j}{\partial \hat{\boldsymbol{y}}_j} \times \frac{\partial \hat{\boldsymbol{y}}_j}{\partial z_i} \right) \tag{11.17}$$

注意，这里应该是$\hat{\boldsymbol{y}}_j$而不是$\hat{\boldsymbol{y}}_i$。因为Softmax()函数里面的分母包含了所有神经元的输出，所以，即使对于不等于i的其他输出里面，也包含着z_i项。所有的输出都要纳入计算范围，因此要根据$i==j$和$i!=j$两种情况求导。

对于$\partial \boldsymbol{error}_j/\partial \hat{\boldsymbol{y}}_j$，计算结果如下：

$$\frac{\partial \boldsymbol{error}_j}{\partial \hat{\boldsymbol{y}}_j} = \frac{\partial(-\boldsymbol{y}_j \times \ln \hat{\boldsymbol{y}}_j)}{\partial \hat{\boldsymbol{y}}_j} = -\boldsymbol{y}_j \times \frac{1}{\hat{\boldsymbol{y}}_j} \tag{11.18}$$

式(11.18)中，$\boldsymbol{y}_j$是目标值(真实值)，$\hat{\boldsymbol{y}}_j$是神经网络的输出，是预测值。对于$\partial \hat{\boldsymbol{y}}_j/\partial z_i$一项，分$i==j$与$i!=j$两种情况计算。

当$i==j$时：

$$\begin{aligned}\frac{\partial \hat{\boldsymbol{y}}_j}{\partial z_i} &= \frac{\partial \dfrac{\mathrm{e}^{z_i}}{\sum_j \mathrm{e}^{z_j}}}{\partial z_i} = \frac{\mathrm{e}^{z_i} \times \sum_j \partial \mathrm{e}^{z_j} - (\mathrm{e}^{z_i})^2)}{(\sum_j \mathrm{e}^{z_j})^2} = \frac{\mathrm{e}^{z_i} \times (\sum_j \mathrm{e}^{z_j} - \mathrm{e}^{z_i})}{(\sum_j \mathrm{e}^{z_j})^2} \\ &= \frac{\mathrm{e}^{z_i}}{\sum_j \mathrm{e}^{z_j}} \times \left(1 - \frac{\mathrm{e}^{z_i}}{\sum_j \mathrm{e}^{z_j}}\right) = \hat{\boldsymbol{y}}_j \times (1 - \hat{\boldsymbol{y}}_j)\end{aligned} \tag{11.19}$$

当$i!=j$时：

$$\frac{\partial \hat{\boldsymbol{y}}_j}{\partial z_i} = \frac{\partial \dfrac{\mathrm{e}^{z_j}}{\sum_k \mathrm{e}^{z_k}}}{\partial z_i} = \frac{-\mathrm{e}^{z_j} \times \mathrm{e}^{z_i}}{\sum_k \mathrm{e}^{z_k 2}} = -\hat{\boldsymbol{y}}_j \times \hat{\boldsymbol{y}}_i \tag{11.20}$$

因此，将两种情况组合为

$$\begin{aligned}\frac{\partial \boldsymbol{error}}{\partial z_i} &= \sum_j \left(\frac{\partial \boldsymbol{error}_j}{\partial \hat{\boldsymbol{y}}_j} \times \frac{\partial \hat{\boldsymbol{y}}_j}{\partial z_i} \right) \\ &= \sum_{i=j} \left(\frac{\partial \boldsymbol{error}_j}{\partial \hat{\boldsymbol{y}}_j} \times \frac{\partial \hat{\boldsymbol{y}}_j}{\partial z_i} \right) + \sum_{i \neq j} \left(\frac{\partial \boldsymbol{error}_j}{\partial \hat{\boldsymbol{y}}_j} \times \frac{\partial \hat{\boldsymbol{y}}_j}{\partial z_i} \right)\end{aligned}$$

$$=-y_i \times \frac{1}{\hat{y}_i} \times \hat{y}_i \times (1-\hat{y}_i) + \sum_{i \neq j}\left(\left(-y_j \times \frac{1}{\hat{y}_j}\right) \times (-\hat{y}_j \times \hat{y}_i)\right)$$

$$=-y_i \times (1-\hat{y}_i) + \sum_{i \neq j}(y_j \times \hat{y}_i)$$

$$=\sum_{(i \neq j)}(y_j \times \hat{y}_i) + y_i \times \hat{y}_i - y_i$$

$$=\hat{y}_i \sum_j y_j - y_i$$

$$=\hat{y}_i - y_i \tag{11.21}$$

因为针对分类问题，所以式(11.21)中的最后一个等式的计算结果 y_i 中最终只会有一个类别是1，其他的类别都是0，即 $\sum_j y_j = 1$。

可以看到 Softmax()和交叉熵损失函数的结合在计算梯度时，会出现非常简单的结果。

有了新的激活函数，可以试一下如果使用 Softmax()作为激活函数，那么根据前述公式得到的梯度下降算法是否可以用在新的神经网络中。

注意，Softmax 和交叉熵损失函数主要应用在最后一层(相当于神经网络的第三层)，因此，神经网络的第二层的激活函数可以仍然使用 Sigmoid()函数。由于第一层没有需要调整的权重连接矩阵，因此，第一层没有激活函数。

11.5.2 再探反向传播

当最后一层使用了 Softmax()激活函数，并且使用了交叉熵损失函数之后，$\boldsymbol{W}_{23}$(第二层与第三层之间的连接权重矩阵)和 $\boldsymbol{W}_{12}$(第一层与第二层之间的连接权重矩阵)，应该如何各自调整呢？

对于 $\boldsymbol{W}_{23}$ 和 $\boldsymbol{W}_{12}$ 的训练调整方法，还是使用梯度下降算法。因此，梯度的计算就非常重要。先看一下针对 $\boldsymbol{W}_{23}$ 的梯度如何计算。

为了方便理解，下面的推导中的符号基于程序 11.2 的变量定义。例如，layer2input 相当于第二层的输入，layer2output 相当于第二层的输出。

1. W_{23} 的梯度

要得到 $\boldsymbol{W}_{23}$ 的梯度，需要计算 $\partial error / \partial \boldsymbol{W}_{23}$。根据链式法则，可得

$$\frac{\partial error}{\partial \boldsymbol{W}_{23}} = \frac{\partial error}{\partial layer3output} \times \frac{\partial layer3output}{\partial layer3input} \times \frac{\partial layer3input}{\partial \boldsymbol{W}_{23}} \tag{11.22}$$

式(11.22)的等号右侧一共有三项，其中前两项在式(11.10)～式(11.21)中对这个结果进行了详细的推导。式(11.21)就是最后的结果，把式(11.21)结果写成向量形式，因此，式(11.22)等号右侧前两项为

$$\frac{\partial error}{\partial layer3output} \times \frac{\partial layer3output}{\partial layer3input} = \hat{\boldsymbol{y}} - \boldsymbol{y} \tag{11.23}$$

其中，$\hat{y}_i$ 是神经网络的计算结果，y_i 是标签数据，表示正确结果。式(11.23)的这个结果也可以写成 $layer3error$。而式(11.22)中等号右侧的第三项，表示第三层的输入与 $\boldsymbol{W}_{23}$ 的偏导

数，可以把结果看作第二层的输出，写为

$$\frac{\partial layer3input}{\partial W_{23}} = layer2output \tag{11.24}$$

因此，对于 W_{23} 的梯度计算结果很简单，可以写为

$$\frac{\partial error}{\partial W_{23}} = (\hat{y} - y) \times layer2output \tag{11.25}$$

2. W_{12} 的梯度

要得到 W_{12} 的梯度，需要计算 $\partial error / \partial W_{12}$。同样，根据链式法则，可得

$$\frac{\partial error}{\partial W_{12}} = \frac{\partial error}{\partial layer2output} \times \frac{\partial layer2output}{\partial layer2input} \times \frac{\partial layer2input}{\partial W_{12}} \tag{11.26}$$

对于式(11.26)，等号右侧有三项。对于第一项，可以写为

$$\frac{\partial error}{\partial layer2output} = \frac{\partial error}{\partial layer3input} \times \frac{\partial layer3input}{\partial layer2output} \tag{11.27}$$

对于式(11.27)中的第一项，正好是式(11.23)的结果，写为

$$\frac{\partial error}{\partial layer3input} = \hat{y} - y \tag{11.28}$$

对于式(11.27)中的第二项，即 $\frac{\partial layer3input}{\partial layer2output}$，第三层的输入对第二层的输出求偏导数，结果是 W_{23}。

因此，式(11.27)可以写为

$$\frac{\partial error}{\partial layer2output} = (\hat{y} - y) \times W_{23} \tag{11.29}$$

下面看式(11.26)中的第二项 $\frac{\partial layer2output}{\partial layer2input}$，因为 $layer2output$ 是由第二层的输入 $layer2input$ 经过该层的神经网络激活函数 Sigmoid 计算得到，根据 Sigmoid()导数的计算方法，可以得到

$$\begin{aligned}\frac{\partial layer2output}{\partial layer2input} &= \frac{\partial \mathrm{Sigmoid}}{\partial layer2input} \\ &= \mathrm{Sigmoid}(layer2input) \times (1 - \mathrm{Sigmoid}(layer2input))\end{aligned} \tag{11.30}$$

对于(式 11.26)中的第三项，$\frac{\partial layer2input}{\partial W_{12}}$，计算第二层的输入对于第二层的权重连接的偏导数，结果是输入数据 $inputdata$。这样，W_{12} 的梯度计算结果为

$$\begin{aligned}\frac{\partial error}{\partial W_{12}} = {} & (\hat{y} - y) \times W_{23} \times \mathrm{Sigmoid}(layer2input) \times \\ & (1 - \mathrm{Sigmoid}(layer2input)) \times inputdata\end{aligned} \tag{11.31}$$

注意，因为

$$layer2output = \mathrm{Sigmoid}(layer2input) \tag{11.32}$$

所以，最后对于 W_{12} 的梯度可以写为

$$\frac{\partial error}{\partial W_{12}} = (\hat{y} - y) \times W_{23} \times layer2output \times (1 - layer2output) \times inputdata \tag{11.33}$$

这样，有了 $\boldsymbol{W}_{23}$ 和 $\boldsymbol{W}_{12}$ 梯度的计算，就可以使用梯度下降算法更新权重了。

3. 异曲同工

值得注意的是，这次在使用反向传播时，并没有使用 8.5 节提到的把误差按照比例向前传播，而是直接使用式(11.25)和式(11.31)计算对于 $\boldsymbol{W}_{23}$ 和 $\boldsymbol{W}_{12}$ 的梯度。实际上，前文的按比例传播和这里的公式计算是等效的，以稍微复杂的式(11.33)为例，对其进行分析。

式(11.33)用来计算 $\boldsymbol{W}_{12}$ 的更新梯度，这个公式和式(11.9)本质上是一样的。式(11.33)中的 $(\hat{\boldsymbol{y}}-\boldsymbol{y})\times\boldsymbol{W}_{23}$ 就是式(11.9)中的 $\boldsymbol{error}_j$，表示第三层的错误向第二层传播的方式(按比例传播，式(11.1))，式中的 ***layer*2*output*** 就是式(11.9)中的 $\boldsymbol{o}_j$(因为现在是第二层，$j=2$)，式中的 ***inputdata*** 就是 $\boldsymbol{o}_i$(现在是第二层，$i=1$，第一层没有激活函数，因此第一层的 ***layer*1*input*** 和 ***layer*1*output*** 一样，所以 $\boldsymbol{o}_1$ 就是输入数据 ***inputdata***)。

换句话说，本节计算 $\boldsymbol{W}_{23}$ 和 $\boldsymbol{W}_{12}$ 的方法，和 11.3 节使用的方法其实本质上是一样的，异曲同工。只是对于大部分人来说，数学公式看起来很麻烦，而 11.3 节的方法就比较清楚。大家在掌握了神经网络的基本概念之后，需要慢慢习惯使用数学公式帮助思考。

有了新的梯度计算方法，可以重写一下程序 11.2。程序 11.3 中的神经网络最后一层使用 Softmax()激活函数，最后误差计算使用交叉熵误差。具体程序请参见本章“怎么做”程序 11.3。

11.5.3 增加 bias

1. bias 的作用

单词 bias 不太容易翻译，bias 是“偏”的意思，一般翻译为“偏置”。本书在线性回归中，已经介绍过这个参数了，同时还介绍过如下公式。

$$y=wx+b$$

其中，w 相当于系数；b 就是偏置，对应于数学中截距的概念。

考虑一下神经网络的每一层计算，也是下一层 j 的输出等于上一层 i 的输出再乘以对应的权重矩阵，再经过激活函数得到，即

$$\text{output}_j=\text{Sigmoid}(w\times\text{output}_i)$$

那么，在神经网络中，可以加入 b 这一项，把上式变为

$$\text{output}_j=\text{Sigmoid}(w\times\text{output}_i+b_j)$$

在神经网络中，加入偏置 bias 这一项，会得到一些好处。可以直观地理解为，如果没有 bias，那么分类函数必须经过原点，分类能力就差一些。

对于有些网络，增加 bias 能够加强网络的拟合能力，bias 和其他普通权值 w 相比，无论是前向的前馈计算还是后向的反向传播，计算上都很简单，因为只需要一次加法。同时，bias 与其他权值的区别在于，其对于输出的影响与输入无关，能够使网络的输出进行整体的调整，多了一个自由度。有了 bias，网络调整可以更快、更方便，举一个例子说明，如图 11.10 所示。

图 11.10 展示了有无 bias 的分类情况。图中图 11.10(a)和图 11.10(b)使用同一数据集，其中的倒三角符号节点和左侧的圆形节点属于同一类数据，星号属于另外一类数据。在

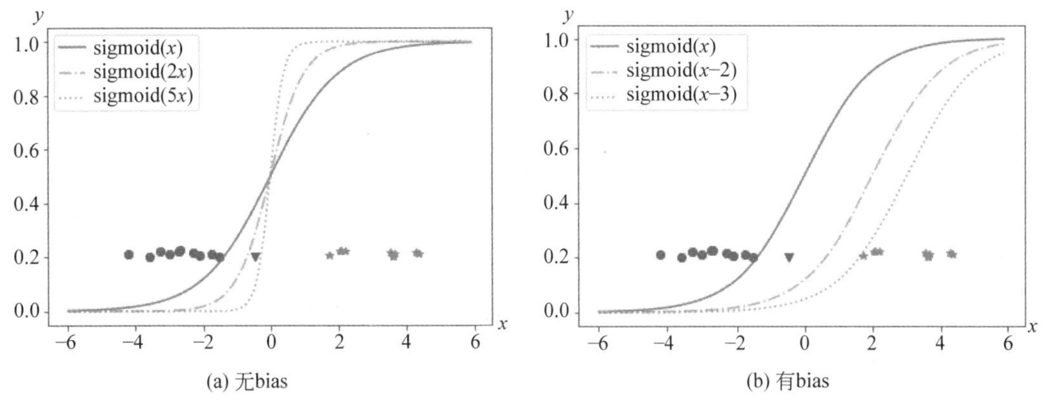

图 11.10 有无 bias 对于分类结果的影响

图 11.10(a)中,只有 Sigmoid($5x$)(图中点线)将这两类数据正确分开,也就是 w 必须很大,才能够使得 Sigmoid 曲线更加陡峭,从而将两类数据分开。而图 11.10(b)中的 Sigmoid($x-2$)和 Sigmoid($x-3$)都可以将这两类数据正确分开。

偏置这一项也不是必需的,因为即使分类函数经过原点,也可以对数据进行归一化处理。因此,有些神经网络没有偏置 bias,也可以得到不错的计算结果。甚至有些时候,bias 可能会对结果造成不好的影响,例如,文献[7]就指出 Sigmoid 模型中 bias 的过快增长是导致早期 deep network(没有预训练或者没有好的随机初始化方法时)训练失败的元凶。

至于需不需要 bias,是仁者见仁智者见智的问题,神经网络现在也没有特别好的理论指导。所以,需不需要 bias,更多的是靠经验。

如果加上 bias,用户可以得到一个新的神经网络。对于 bias 的更新方法,也使用梯度下降算法。以程序 11.3 中所使用的三层神经网络为例(第一层有 784 个节点,无激活函数;第二层有 100 个节点,Sigmoid()激活函数;第三层有 10 个节点,Softmax 激活函数,损失函数为交叉熵损失函数,层与层之间全连接)。

下面计算一下 $\boldsymbol{b}_3$(第三层的 bias,为 10×1 的列向量)和 $\boldsymbol{b}_2$(第二层的 bias,为 100×1 的列向量)的梯度。

2. $\boldsymbol{b}_3$ 的梯度

对于 $\boldsymbol{b}_3$ 的梯度计算,可以由下列公式求出:

$$\frac{\partial \boldsymbol{error}}{\partial \boldsymbol{b}_3}=\frac{\partial \boldsymbol{error}}{\partial \boldsymbol{layer3output}}\times\frac{\partial \boldsymbol{layer3output}}{\partial \boldsymbol{layer3input}}\times\frac{\partial \boldsymbol{layer3input}}{\partial \boldsymbol{b}_3} \tag{11.34}$$

式(11.34)中一共有三项,其中前两项正好是式(11.23)的计算结果,为 $\hat{\boldsymbol{y}}_i-\boldsymbol{y}_i$。对于最后一项 $\frac{\partial \boldsymbol{layer3input}}{\partial \boldsymbol{b}_3}$,代入下面公式:

$$\boldsymbol{layer3input}=\boldsymbol{layer2output}\times\boldsymbol{w}_{23}+\boldsymbol{b}_3 \tag{11.35}$$

因此式(11.34)中的最后一项是 1,式(11.34)的最后计算结果为

$$\frac{\partial \boldsymbol{error}}{\partial \boldsymbol{b}_3}=\hat{\boldsymbol{y}}-\boldsymbol{y} \tag{11.36}$$

3. b_2 的梯度

对于 b_2 的梯度计算，可以由下列公式求出：

$$\frac{\partial error}{\partial b_2}=\frac{\partial error}{\partial layer2output}\times\frac{\partial layer2output}{\partial layer2input}\times\frac{\partial layer2input}{\partial b_2} \tag{11.37}$$

式(11.37)中的右侧有三项，第一项是式(11.27)的计算结果，第二项是式(11.30)的计算结果，第三项和式(11.35)一样，等于1。这样，b_2 的梯度可以写为

$$\frac{\partial error}{\partial b_2}=(\hat{y}-y)\times W_{23}\times \text{Sigmoid}(layer2input)\times(1-\text{Sigmoid}(layer2input)) \tag{11.38}$$

对照式(11.33)，式(11.38)可以简写为

$$\frac{\partial error}{\partial b_2}=(\hat{y}-y)\times W_{23}\times layer2output\times(1-layer2output) \tag{11.39}$$

计算出对于 b_3 和 b_2 的梯度，就可以使用梯度下降算法更新 b_3 和 b_2 的值了。

程序 11.4 给出了带有 bias 的 Mnist 识别程序。

11.6 神经网络存在的问题

识别自己手写的数字

前面虽然验证了 Mnist 数据集的结果，但是，如果能把自己手写的数字也识别出来，好像更有趣一点，所以，大家可以试着自己手写几个数字，让计算机识别一下。

假设试着自己手写了10个数字，这10个数字如图11.11所示。

0	1	2	3	4	5	6	7	8	9
handwrite(0).bmp	handwrite(1).bmp	handwrite(2).bmp	handwrite(3).bmp	handwrite(4).bmp	handwrite(5).bmp	handwrite(6).bmp	handwrite(7).bmp	handwrite(8).bmp	handwrite(9).bmp

图 11.11 手写的 10 个数字

图11.11是手写的10个数字，每个数字都是28×28像素。手写数字有很多工具可以实现，可以在纸上手写，然后拍照复制到计算机中，进行适当切割(Mnist 数据集就是拍照后在计算机中分割成大小相等的图片)。这里的方法是使用 Windows 系统自带的画图程序，用鼠标来写数字。

因为在神经网络运行过程中，初始权重为随机值，所以每次得到的训练结果都不一致。但是使用本章“怎么做”中的程序(程序11.2～程序11.5)，导入图11.11中的图片数据，运行多次，总有一两个识别错误。

人类可以很清楚地分辨这10个数字。事实上，这10个数字比 Mnist 训练集还要清楚，但是识别准确程度却不如 Mnist 测试集，一定有深刻的原因。其实这个错误很典型，也是机器学习的一个普遍问题。在神经网络进行学习的过程中，训练集和测试集是完全分开的。也就是说，在训练过程中，神经网络不知道测试集的存在，测试集完全没有暴露出来(程序没有见过测试集，对于程序来说是未知数据)。但是事实上，训练集和测试集是同一批人写的，

它们可以叫作独立同分布(Independently Identically Distribution,IID)。这个情况在很多实际应用中是一个非常严格的要求,很多场合做不到。

在实际项目中,问题就在于,人们学习使用的数据,和需要预测的数据,可能分布不一样。那么,在训练集上学到的模型能不能应用到实际场景呢? 有个有趣的新闻报道①:2020 年10 月,苏格兰球迷经历了一场“难忘”的足球赛。在因弗内斯对阵艾尔联的苏格兰足球冠军联赛上,无论球员传球还是带球进攻,场边的 AI 摄像机都视而不见,反而不离不弃跟着一名边裁,时不时来张“C 位”特写。原来,AI 摄像机误将这名裁判的光头识别成足球,所以疯狂追了一整场。原因在这篇报道中也提出了,问题似乎非常清楚:足球的大小、形状与人的脑袋差不多,加上阳光直射,让 AI 摄像头陷入了“迷茫”。摄像头本应该追着足球,结果却追逐裁判的光头,观众看了一场裁判的“表情包”。

当然,商业化的软件可能不会使用最新的技术,一般都会采用验证成熟的技术,但是这个错误就是神经网络内在的一个缺陷。当训练数据和实际场景不一致的时候,如何使得人工智能有更好的泛化能力。

文献[8]记录了一个真实的故事,美国陆军想使用神经网络来自动检测伪装的敌方坦克。研究人员用 50 张树木伪装的坦克照片和 50 张没有坦克的树木的照片训练神经网络。使用标准技术进行监督学习,研究人员对神经网络进行训练,使其权重能够正确加载训练集:对 50 张伪装坦克的照片输出“是”,对 50 张树木照片的输出“否”。研究人员最初拍摄了 200 张照片,100 张坦克照片和 100 张树木照片。他们在训练场只使用了 50 张照片。研究人员在剩下的 100 张照片上运行了神经网络,在没有进一步训练的情况下,神经网络对剩下的所有照片进行了正确的分类。

但是五角大楼很快就把神经网络退了回来,抱怨说在他们自己的测试中,神经网络在辨别照片方面不比随机猜测的更好。原来,在研究人员的数据集中,伪装坦克的照片是在阴天拍摄的,而没有坦克的树木的照片是在晴天拍摄的。神经网络学会了区分阴天和晴天,而不是区分伪装坦克和树木。

此外,神经网络还有一个问题,就是如果结果正确了,皆大欢喜;但是如果结果错误了,一头雾水,很难解释为什么会出现错误,并且这个问题很难解决,例如,神经网络将数字“4”误识别为“6”,将数字“6”误识别为“5”,人们只知道错了,但是不知道哪里错了。机器学习的可解释性都比较差(神经网络的可解释性是其中最差的)。以程序 11.2 中的神经网络为例,这个结构已经非常简单了,一共训练 79400 个连接权重(784×100+100×10),但是这些权重到底是哪些值起作用,起了什么作用,没人知道。人们只知道这些是算法计算的结果,是训练出来的。与之对应的,SVM 就因为效果不错,尤其是可解释性非常好,一度非常流行,但是 SVM 的性能较难有更好的提升。这也是人工智能技术领域的一个两难困境(dilemma),算法解释性好的,效果不尽如人意;解释性不好的,效果却非常好。

神经网络的另一个问题,就是没有数学理论指导。不要看本章有很多公式,这些公式主要是为了解决问题的(主要是求偏导数以进行梯度下降),并没有理论指导作用。数学对于各个学科的指导性作用非常强,没有数学理论指导,很多技术就只能采用试错的方式。例

① 新闻来源为《科技日报》2020 年 11 月 30 日的报道:《误把光头当足球 AI 视力差不仅仅因为训练少》。

如，前文提到神经网络是否需要设置 bias，没有理论说增加 bias 会更好，但是在有些网络中，增加了 bias 确实表现得更好一些；然而在有些网络中，却是没有 bias 的神经网络表现得更好。所以，在神经网络领域，很多时候是靠经验解决实际问题。也许这符合人类的智能特点，人类的智能是靠大脑神经网络连接在一起的，没有数学什么事，但是，人们还是希望人类设计的工具有更好的理论指导。

正视问题才能进步，人类就是这样一步步在解决问题的过程中发展起来的。那么这些问题应该怎么解决呢？

一个方法是使得训练数据和待解决问题数据尽量一致。如果笔者也手写很多数字，并且放入训练集中，那么识别笔者自己的手写体数字效果一定会比现在好。ChatGPT 表现良好的重要原因就是因为它有足够多的数据。高质量的数据越多越好（这里的多不只包括数量，也包括维度），这已经成为业界的共识。这也是称数据为 21 世纪的石油，多个公司不断抓取数据的原因。

另一个方法是在模型本身想办法，是不是目前的模型不够精细，没有更好地表示数据的潜在信息，那么就设计更好的网络结构模型。如何设计更好的网络结构模型？请看下章，深度学习。

11.7 Connection

Connection 是连接的意思。连接无处不在，它存在于交通网络、电力网络、互联网、社交网络，也存在于大脑神经元之间。连接产生网络，网络产生顿悟。而智能的产生，也许就是一种顿悟现象。

11.7.1 从图到网络

说到相互连接的方式，最简单的莫过于网络。但是同样都是网络，它们又是如此的不同，例如，交通网络和社交网络都是网络，但是它们之间差别巨大。在算法一章介绍过“图”，从 1736 年开始，伟大的数学家欧拉就开始对此进行研究，图论已经成为数学的一个重要分支，在计算机科学、社会学、生物学、经济学等各个领域，都有自己版本的图论。表面上来看，网络不过由个体行为汇聚得到的集体行为。如果单纯从图的角度来看，网络不过是节点更多、连接更复杂的大图而已。

但是实际上网络和图的不同之处很多，图太注重于纯粹的结构，它的属性是固定的，不随时间变化的。而网络是动态的，在不断演变，并且会出现顿悟。

如果你对顿悟现象依然陌生，那么想象一下，身体不过是一堆细胞的组合，单个细胞的功能并没有那么复杂，但是一堆细胞组合在一起，就有了生命。好像存在一个临界点，在那个点之前，就是一堆细胞，过了那个点，生命就出现了。

为什么量变会引起质变，为什么会有顿悟，目前并没有公认的解释。也许最好的解释就是顿悟是事物发展的内在规律。这里有一个例子，能够简单地说明这种现象，先要从埃尔德什的随机图说起，如图 11.12 所示。

本书我们不止一次提到过埃尔德什，他是伟大的数学家，是冯·诺依曼同时代的匈牙利人，也曾在三门问题上犯过错，他也和雷尼提出了随机图理论。在社会网络研究领域有一个著名的数字，叫作“埃尔德什数”，它描述了科学家之间的合作关系。埃尔德什自己的埃尔德什数是0，与其直接合作发表过论文的科学家的埃尔德什数是1，一个人至少要经过k个中间人（合写论文的关系）与埃尔德什有合作关系，则他的埃尔德什数是$k+1$。例如，爱因斯坦的埃尔德什数是2（他们二人都和Ernst Gabor Straus共同发表过文章）。早期的一些科学家以埃尔德什数很小为荣。

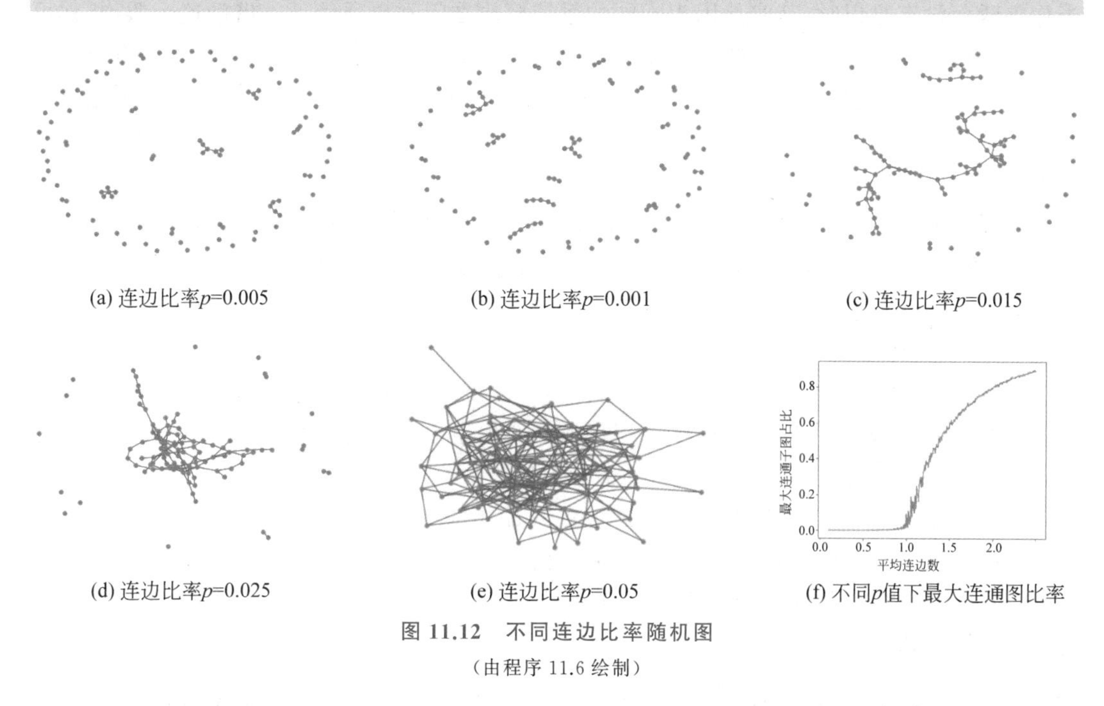

(a) 连边比率p=0.005　(b) 连边比率p=0.001　(c) 连边比率p=0.015

(d) 连边比率p=0.025　(e) 连边比率p=0.05　(f) 不同p值下最大连通图比率

图 11.12　不同连边比率随机图

（由程序11.6绘制）

顾名思义，随机图就是用一种纯粹随机的方式连接起来的节点网络。当连边比较少时，只有很少的点对是连接的。随着连边的增多，以至于几乎每个点都有一个连边时，情况突然不同了，会产生一个巨大的连通子图，将所有的节点都连接在一起，图11.12(a)～图11.12(e)给出了100个节点以不同的连边概率绘制的子图。可以看出，随着平均连边的增加，会有一个巨大连通子图出现，并且在图中占据越来越重要的地位。

图11.12(f)给出了具有20000个节点的随机图，当平均连边数目变化时，最大连通子图占整个随机图的比率。可以明显地看出，当平均连边为1时，最大连通比率开始迅速地从0跳跃到1。在物理学术语里，从无连接的相位跳跃到有连接的相位，这种突变称为相变，这种变化开始发生的那个点，称为临界点。各种形式的相变在许多复杂系统中产生，例如传染病的流行、文化时尚的传播。在这里，相变是由临界点附近少量连接的增加而产生的（“压倒骆驼的最后一根稻草”），这些连接将许多小簇连接起来形成一个巨大的连通子图，这个巨大子图继续将其他节点都吞噬。“量变引起质变”，顿悟产生了。

注意，在图11.12中，连边是随机产生的。而在真实世界中，实际情况可能更极端，例如在社交网络、通信网络中，连边并不是随机产生的，因为节点更倾向于主动连接到一个已经存在的巨大连通子图上。

为什么这个巨大连通子图这么重要，因为只有节点连接到一起，彼此才能通信、交流。一个手机最大的价值在于它连接到了通信网络，如果它不能联网，再贵也没有意义。系统之间的通信太重要了，一些生物学家就在研究为什么阿尔茨海默病患者的神经元会停止通信[9]。

在意识研究领域，有一种假说叫整合信息论(integrated information theory)[10]，这个假说认为：如果你能把一个系统分成几个模块，而几个模块之间并不怎么交流，那这个系统肯定就是没有意识的。一个有意识的系统必定是一个不可分割的整体。所以，在这个假说里，当你熟睡而没有意识时，其实是因为不同的系统模块之间不再通信了。借助这个假说，你可以扫描植物人的大脑，如果系统之间还存在交流，那么他还是有意识的。这个假说有复杂的数学证明[11]。目前并不知道这个假说的真假，人类的神经系统实在是太复杂了。不过虽然是假说，也受到一些人的重视。如果这个假说真的，那么对于设计具有意识的人工智能，会有里程碑式的帮助。

在互联网、社交网络、传染病传播网络等超大规模网络中，存在一些有趣的现象，例如六度分割、无标度等，令人惊奇的是，在神经网络中也存在这些现象[12]。

11.7.2 六度分割

六度分割(six degrees of separation)理论是一个猜想，这个理论认为这个世界上的任何一个人，最多通过六个中间人就能够认识任何一个陌生人。从这点来说，这个世界是如此之小，因此，这个理论也叫小世界(small world)理论。

虽然这个猜想一直没有被证实，但是大多人都相信它是对的。另外，针对 Facebook 的一项实验表明，六度分割用来描述实际生活中两个人之间联系的间隔显得稍微有点大。实际在 Facebook 中，任何两个用户之间只有五度间隔的概率是 99.6%，任何两个用户之间只有四度间隔的概率是 92%①。

一般认为六度分割理论来源于社会学的一场实验。1967 年，哈佛大学的社会心理学教授 Stanley Milgram 做了一个著名的实验，在实验中，Milgram 教授在美国堪萨斯州和内布拉斯加州随机挑选了约 300 名志愿者，并且选出了两个目标人物，一位是位于美国马萨诸塞州的神学院研究生的妻子，另一位是位于波士顿的一名股票经纪人。Milgram 教授向这些志愿者寄出了寻找目标人物的指示信件，希望这些志愿者收到 Milgram 教授的信件之后，通过尽可能少的人转手，并把信件交给一个特定的目标对象。在交给目标对象之后，Milgram 经过统计，发现每封信平均经手 6.2 次就到达了目标对象。于是，Milgram 教授提出了六度分割理论。

但是这个实验后来受到了人们的质疑，因为实验中有很多信件丢失在路上，并没有到达目标对象手中，可是 Milgram 在统计时并没有把这类信件算在其中，不过人们对于这个结果还是相信的。另外，很早就有人持有这个想法，例如，香农在 20 世纪 60 年代初就告诉索普，在美国，人们一般通过不超过三个人的介绍就可以找到另外一个人[13](三度分割)。

① 搜索"facebook six degrees of separation"可以看到更多介绍。

六度分割是一种现象，为什么会出现这种现象？一是因为巨大连通子图的存在，让大家都连接在一起；二是因为网络中会有一些超级节点，它们有巨大的连接度数。

11.7.3 幂率分布

随机图所形成的网络中，大部分节点的连边数目（度数）差距不大，但是在真实的网络中，节点的连边度数相差巨大，形成了幂率分布（power law distribution）。

在客观世界中，幂率分布无处不在。例如，19 世纪意大利经济学家帕累托研究了个人收入的统计分布，发现少数人的收入要远多于大多数人的收入，提出了著名的 80/20 法则，即 20% 的人口占据了 80% 的社会财富[14]（今天这个差距可能还要更大）；1932 年，哈佛大学的语言学专家 Zipf 在研究英文单词出现的频率时，发现在英语单词中，只有极少数的词被经常使用，而绝大多数词很少被使用，即 Zipf 定律[15]；Internet 中页面的超链接的入度和出度服从幂率分布[16]；学术网络中的学术论文的引用数也服从幂率分布[17]；大家熟悉的社交软件，也符合这个定律，少数人有巨大的粉丝，但是绝大多数人的粉丝数目都不超过三位数。

这种幂率分布表明，在连接中的各种关系不是均匀分布或者正态分布的。事实上，在很多大型网络中，其连接结构和图 11.12 不一样，它们看起来应该更像是图 11.13(a)的样子。

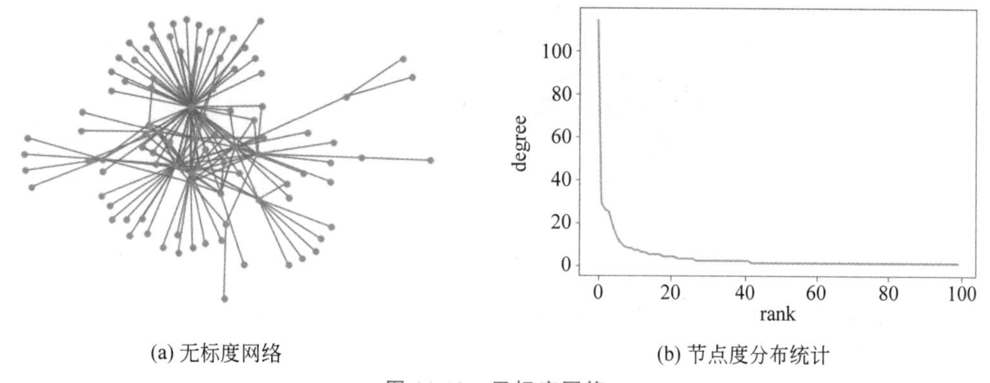

(a) 无标度网络　　(b) 节点度分布统计

图 11.13　无标度网络

这种分布的差距如此之大，就好比你在人群中突然遇到了 100m 身高的人，超出你的认知，平时的标度（scale）根本不够用了，因此，这种网络也叫作无标度（scale free）网络[18]。图 11.13(b)给出了一个模拟无标度网络（10000 节点）的度分布情况，从图中可以看出，只有少数节点具有超级大的度数，对于大多数节点，度数都很小。

六度分割和幂率分布让人类对这个世界的认识又更深入了一步。技术的进步导致连接越来越多，世界显得越来越小。幂率分布更是更改了人们看待事物的视角，虽然人们很早就知道“马太效应”存在，穷者愈穷、富者愈富，但是在制定计划、设计算法时，大多数都基于事情的发展是正态分布的。美国长期资本管理公司（LTCM）倒闭时，声称遇到了 150 亿（宇宙才 138 亿年）年才能遇到的极端情况，之所以这么说，是因为他们是按照对数正态分布进行估计的①，以为正态分布才是常态，但是越来越多的事实表明，幂率分布是另外一种常态。

人类的智慧在不断突破旧的框架中提高，换句话说，范式转移了。在今天的人工智能研

① 在学术界，假设数据为正态分布，假设事件之间独立同分布，是常见的简化问题手段。

究中，人们更关注大模型，这些大模型的底层技术是深度学习。

11.8 怎么做

11.8.1 前馈计算

程序 11.1 简单的前馈计算

```
1     def predict(inputs_list):
2             #转换为 numpy 支持的二维数组
3             inputs = np.array(inputs_list, ndmin=2).T
4             #计算第 1 层的输出
5             layer1_output = sigmoid(inputs)
6             #计算第 2 层的输入
7             layer2_inputs = np.dot(w12, layer1_output)
8             #计算第 2 层的输出
9             layer2_outputs = sigmoid(layer2_inputs)
10            return(layer2_outputs)
11
12    layer1_nodes=2
13    layer2_nodes=2
14    inputs=np.array([1,2])
15    w12=np.array([[0.5,0.7],[0.6,0.8]])
16    print(predict(inputs))
```

程序 11.1 计算了图 11.5 的前馈过程。该程序的运行结果如下。

```
[[ 0.72752217]
 [ 0.75828002]]
```

这个数值和图 11.4、图 11.5 的结果稍微有点差别，这是由于在前面计算时只保留小数点后两位，有舍入误差。

11.8.2 Mnist

程序 11.2 初见 Mnist[①]

```
1     import numpy as np
2     import matplotlib.pyplot as plt
3
4     def sigmoid(x):
5         return 1.0 / (1.0 + np.exp(-x))
6
7     def fit(inputs_list,outputs_list):
8         #转换为 numpy 支持的二维数组
9         inputs = np.array(inputs_list, ndmin=2).T
10        targets = np.array(outputs_list, ndmin=2).T
11
```

① 程序 11.2 主要代码参考文献[6]，有改动。

```
12          #计算第 1 层的输出,因为这层没有需要调整的权重,因此不需要激活函数,输入什么就
            #输出什么
13          layer1_outputs = inputs
14
15          #计算第 2 层的输入,global 的目的是改变全局变量 w12
16          global w12
17          layer2_inputs = np.dot(w12, layer1_outputs)
18          #计算第 2 层的输出
19          layer2_outputs = sigmoid(layer2_inputs)
20
21          #计算第 3 层的输入
22          global w23
23          layer3_inputs = np.dot(w23, layer2_outputs)
24          #计算第 3 层的输出
25          layer3_outputs = sigmoid(layer3_inputs)
26
27          #计算第 3 层误差
28          layer3_errors = layer3_outputs - targets
29          #第 2 层的输入误差,按比例分配
30          layer2_errors = np.dot(w23.T, layer3_errors)
31
32          #更新第 2 层和第 3 层之间的连接权重
33          dw23 = np.dot((layer3_errors * layer3_outputs * (1.0 - layer3_
            outputs)), np.transpose(layer2_outputs))
34          w23 = w23 - learning_rate * dw23
35
36          #更新第 1 层和第 2 层之间的连接权重
37          dw12 = np.dot((layer2_errors * layer2_outputs * (1.0 - layer2_
            outputs)), np.transpose(layer1_outputs))
38          w12 = w12 - learning_rate * dw12
39
40      def predict(inputs_list):
41          #转换为 numpy 支持的二维数组
42          inputs = np.array(inputs_list, ndmin=2).T
43
44          #计算第 1 层的输出,因为这层没有需要调整的权重,因此不需要激活函数,输入什么就
            #输出什么
45          layer1_outputs = inputs
46
47          #计算第 2 层的输入
48          global w12
49          layer2_inputs = np.dot(w12, layer1_outputs)
50          #计算第 2 层的输出
51          layer2_outputs = sigmoid(layer2_inputs)
52
53          #计算第 2 层的输入
54          global w23
55          layer3_inputs = np.dot(w23, layer2_outputs)
56          #计算第 3 层的输出
57          layer3_outputs = sigmoid(layer3_inputs)
```

```
58
59        return layer3_outputs
60
61    #构建网络,第 1 层输入 784(28×28)个节点,第 2 层有 100 个节点,第 3 层有 10 个节点
62    layer1_nodes=784
63    layer2_nodes=100
64    layer3_nodes=10
65
66    #随机初始化权重
67    w12 = np.random.randn(100, 784)/np.sqrt(784)
68    w23 = np.random.randn(10, 100)/np.sqrt(100)
69
70    learning_rate=0.1#默认初始学习率是 0.1
71
72    #读入 mnist 数据
73    data=open(r'./data/mnist_train.csv','r')
74    train_data=data.readlines()
75    data.close()
76
77    #开始训练
78    count=0
79    for item in train_data:
80        values=item.split(',')
81        inputs=np.asfarray(values[1:])/255.0  #归一化,把像素值变为 0~1 的数值
82        outputs=np.zeros(layer3_nodes)        #outputs 是一个 list,一共 10 项
83        outputs[int(values[0])]=1.0  #取出 inputs 中的第 0 项(也就是表示该数据的
                                     #真实值),然后把 outputs 中的这一项设置为 1
84        fit(inputs,outputs)
85        count=count+1
86        if count%1000==0:
87            print(count,'images have been trained')
88
89    #读取测试数据,进行验证
90    data=open(r'./data/mnist_test.csv','r')
91    test_data=data.readlines()
92    test_data=test_data[0].split(',')
93    data.close()
94    #显示测试数据的第一项
95    image=np.asfarray(test_data[1:]).reshape(28,28)
96    plt.imshow(image,cmap='Greys')
97    plt.show()
98    print('the right label is',test_data[0])
99
100    test=np.asfarray(test_data[1:])/255
101    yhat=predict(test)
102    print(yhat)#神经网络的输出
103    print("predict the picture as:",np.argmax(yhat))        #预测输出结果
```

先介绍一下本程序的神经网络结构，以方便大家理解。本程序使用了三层神经网络。

(1) 第 1 层有 784 个节点，每个节点接收一张图片的一个像素值（经过处理，把像素值

变为 0～1)，这一层神经元无激活函数，也就是说，这一层的输入数据和输出数据是一样的。

(2) 第 2 层有 100 个节点，100 这个数字是人为设置的，读者可以把这个数值设置为 200、500 或其他数值。这一层的神经元的激活函数为 Sigmoid 激活函数。

(3) 第 3 层有 10 个节点，使用 Sigmoid 激活函数。

再介绍一下本程序使用的数据格式，为 CSV 格式。CSV 数据简单方便，本书在编码一章中已经接触过了，可以使用 Excel 工具打开。这里使用两个文件，"mnist_train.csv"(训练数据集)和"mnist_test.csv"(测试数据集)。其中，mnist_train.csv 文件有 60000 行，785 列，60000 行表示有 60000 张图片，785 列中的第一列是标签列，表示这个图片的正确标签，剩下的 784 列用来存储这个图片的像素数据(28×28)。因此，如果某一行的数据为 values 的列表，那么 values[0]即表示这一行数据图片的标签值，values[1:]是 Python 语言的列表切片语句，表示从第 1 项(从 0 开始计数)到列表数据的末尾，也就是 784 个像素值。mnist_test.csv 文件格式类似，有 10000 行，785 列，用于测试。

程序 11.2 是本书较长的一个程序(一共 103 行，包括进行训练和验证的部分)。但是考虑到处理的是一个这么复杂的任务，并且这个程序中有很多空行(为了方便阅读)，这其实是很简单的一个程序。事实上，大家看到这个程序应该惊叹，这么简单的程序就能实现如此复杂的功能。另外，虽然本书画了神经元，但是大家在编程时，根本不用设计神经元的数据结构，神经网络程序的本质，就是各种向量和矩阵的计算。

程序 11.2 并不能直接应用在实际工程项目中，更好的做法是把神经网络包装成一个类。为了方便初学者理解神经网络的工作原理，本书尽可能把复杂的编程技巧去掉。

这里分析一下该程序，第 1～2 行，导入必要的包。本程序只依赖非常少的包，神经网络本身只依赖 numpy 包，matplotlib 是为了后面验证这个程序的时候画图需要。

程序第 4～5 行是激活函数，这里面使用了 Sigmoid()函数。

程序第 7～38 行是核心程序——fit 函数(命名方式遵循 sklearn)，这个函数的目的就是训练。训练的方法使用 11.3 节中的梯度下降算法。第 9～10 行分别得到 inputs 和 targets，这两个向量都可以通过 fit 函数的参数直接传递进来，分别表示神经网络的输入值和目标值(目标值即为正确的标签)。第 12～25 行计算通过输入得到的每一层的输出，因为程序使用三层神经网络，因此有三个输出(其中第 1 层不需要激活函数，因此输出等于输入)。程序中 w12 表示第 1 层和第 2 层之间的连接权重，w23 表示第 2 层和第 3 层之间的连接权重(注意，这两个都是矩阵，规格分别是 100×784 和 10×100，它们两个不是数)。程序中加上 global 是因为它们是全局变量(如果不懂全局变量，可以这样理解，这里在函数内部修改的其实是外部的变量，整个程序维护一个共同的 w12 和 w23)。每一层的输出计算方法和程序 11.1 一致。第 27～30 行分别计算最后一层和倒数第二层的误差，最后一层的误差直接计算倒数第二层的误差，按照比例分配(式(11.1))。第 32～38 行即为连接权重的调整，按照式(11.9)进行调整。

程序第 40～59 行——predict 函数，相当于前馈计算。程序 11.1 和本函数类似，只不过本函数的网络结构稍微复杂一点。这里也能看到使用矩阵和向量的好处，程序 11.1 描述了一个 2×2 的神经网络，而这里要处理一个 784×100×10 的神经网络，但是程序基本上差不多。

程序第 61～68 行为网络结构定义。所谓网络结构定义，也就是确定网络有多少层，每层有多少个节点，每层和每层之间的连接是怎样的。这里的神经网络有3层，分别有784个、100个、10个节点。每层之间是全连接，即本层每一个节点都和下一层的每个节点之间都有连接。这里使用了文献[7]中的随机初始化权重矩阵方法。这种方法比完全随机效果稍好一点。

程序第70行设置学习率。大家在验证本程序的时候，可以调整这个参数值，验证一下不同的学习率对结果的影响。

程序第72～75行读入数据。数据格式前文已经介绍过。

程序第77～87行为训练过程，这是一个循环，就是针对训练集中的每一项，根据每一项数据（相当于一张图片）以及标签（相当于这张图片对应的标签值），调用fit函数调整连接权重的值。第81行对数据进行归一化，将每个像素的数值变为0～1，因为如果不这样变化的话，Sigmoid()函数就会出现很大的指数计算。程序第82～83行将数据标签变为一个向量，这种向量只有一个值是1，也就是对应的数值那一项是1，其他的值都是0，这种编码叫作One-Hot Encoding（见3.3.4节）。程序第84行调用fit函数进行训练，每训练1000张图片，有一个输出（这个输出相当于进度条，因为程序运行需要一些时间，如果没有进度条，也许用户会感觉程序已经死掉了）。

程序第89～103行是打开测试集，验证训练结果优劣时需要使用测试集。程序第90～93行为打开验证集数据。程序第94～97行显示验证集中的第一个数据。这几行程序运行后，会输出验证集的第一个数，输出结果如图11.14(a)所示。大家如果想验证其他数据，可以更改第92行中括号([])中的值。

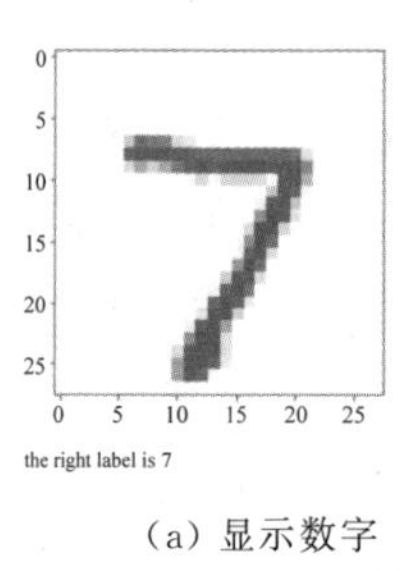

(a) 显示数字

```
[[ 0.00742334]
 [ 0.00875166]
 [ 0.00263182]
 [ 0.01373658]
 [ 0.0013746 ]
 [ 0.00147933]
 [ 0.00291555]
 [ 0.97776771]
 [ 0.00342878]
 [ 0.01254794]]
predict the picture as: 7
```

(b) 预测结果

图11.14　对Mnist测试集第1个数据的预测

程序第100～103行为最后评估阶段，经过训练后，w12和w23这两个矩阵已经调整完毕。这时这个神经网络就能够识别手写体数字了。yhat表示预测值（也就是前文一直用的$\hat{\boldsymbol{y}}$，是一个向量），argmax()函数找出这个向量中最大值的位置。因为这里有10个阿拉伯数字，因此argmax()函数的输出结果正好对应于预测到的数字。对于测试集的第1项，也就是数字7，运行结果如图11.14(b)所示。

注意，每次程序运行结果不一定一样，因为权重是随机初始化的，但是每次结果的精度差不多①。这个神经网络也有预测错误的情况，多次运行之后，Accuracy（=正确个数/数据集总数）在95%左右。例如，对测试集的第8项预测（从0开始计数，也就是第92行改为

① 杨立昆在《科学之路》中提到一个设想，虽然神经网络可能会有多个局部最优值，但是这些局部最优值差不多。

test_data=test_data[8].split(',')),即出现错误。数据的标签如图 11.15(a)所示,预测值如图 11.15(b)所示。这个程序错误地把表示数字"5"的图片识别为"6"。不过考虑这张图片的迷惑性很强。另外,图 11.15(b)预测结果在 5 和 6 的得分上都很高,也就是说,神经网络在数字 5 和数字 6 上犹豫不决。这样看来,神经网络还是学习到了手写体数字的特点。

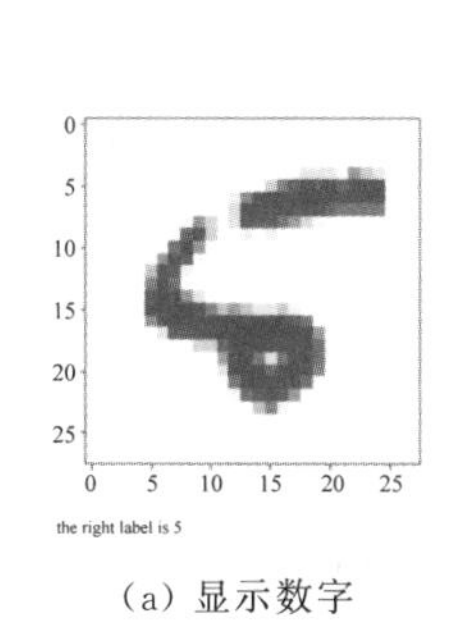

(a) 显示数字

```
[[ 3.49819668e-02]
 [ 1.14198210e-02]
 [ 2.36829384e-02]
 [ 3.39939328e-04]
 [ 6.84841709e-02]
 [ 3.59907733e-01]
 [ 4.34781066e-01]
 [ 1.78011991e-04]
 [ 1.46321000e-02]
 [ 2.63691707e-01]]
predict the picture as: 6
```

(b) 预测结果

图 11.15　神经网络的一个错误预测

调整不同的学习率,会有不同的 Accuracy,大家可以自己改一下学习率(调整学习率的代码在程序 8.3 的第 70 行),看看 Accuracy 的变化情况。

11.8.3　新的损失函数和激活函数

程序 11.3 使用交叉熵损失函数和 Softmax()激活函数,但是神经网络框架和程序 11.2 是一样的,因此本程序和程序 11.2 很多地方几乎一致,这里只把不一致的地方列出来。大家可以按照函数名称与程序 11.2 对照。

程序 11.3　使用交叉熵损失函数与 Softmax()激活函数

```
1     import numpy as np
2     import matplotlib.pyplot as plt
3
4     def sigmoid(x):
5         return 1.0 / (1.0 + np.exp(-x))
6
7     def softmax(x):
8         x=x-np.max(x)
9         x_exp=np.exp(x)
10        x_softmax=x_exp/np.sum(x_exp)
11        return x_softmax
12
13    def predict(inputs_list):
14    …
15
16    def fit(inputs_list,outputs_list):
17        #转换为 numpy 支持的二维数组
```

```
18          inputs = np.array(inputs_list, ndmin=2).T
19          targets = np.array(outputs_list, ndmin=2).T
20
21          #计算第一层的输出,因为这层没有需要调整的权重,因此不需要激活函数,输入什么
            #就输出什么
22          layer1_outputs = inputs
23
24          #计算第 2 层的输入,global 目的是改变全局变量 w12
25          global w12
26          layer2_inputs = np.dot(w12, layer1_outputs)
27          #计算第 2 层的输出
28          layer2_outputs = sigmoid(layer2_inputs)
29
30          #计算第 3 层的输入
31          global w23
32          layer3_inputs = np.dot(w23, layer2_outputs)
33          #计算第 3 层的输出
34          layer3_outputs = softmax(layer3_inputs)
35
36          #计算第 3 层误差
37          layer3_errors = layer3_outputs - targets
38          #第 2 层的输入误差,按比例分配
39          layer2_errors = np.dot(w23.T, layer3_errors)
40
41          #更新第 2 层和第 3 层之间的连接权重
42          dw23 = np.dot(layer3_errors,layer2_outputs.T)
43          w23 = w23 - learning_rate * dw23
44          #更新第 1 层和第 2 层之间的连接权重
45          dw12 = np.dot((layer2_errors * layer2_outputs * (1.0 - layer2_
            outputs)), np.transpose(layer1_outputs))
46          w12 = w12 - learning_rate * dw12
47
48      #构建网络,第 1 层输入 784(28×28)个节点,第 2 层有 100 个节点,第 3 层有 10 个节点
49      layer1_nodes=784
50      layer2_nodes=100
51      layer3_nodes=10
52      …
⋮       ⋮
```

程序 11.3 列出了部分程序，省略的部分和程序 11.2 几乎一致。其中，第 13 行的 predict 函数，省略了函数的具体内容。注意，这个函数里面的第二层激活函数要变成 Softmax 激活函数，也就是要把程序 11.2 的第 57 行 layer3_outputs＝sigmoid(layer3_inputs)改写成 layer3_outputs＝softmax(layer3_inputs)。其他部分，程序 11.3 和程序 11.2 的 predict 函数完全一致。

另外，程序 11.3 中第 48 行对应于程序 11.2 中的第 61 行，这两个程序后面的部分完全一样。不需要任何更改，因此，这里没有列出，大家可以参照程序 11.2 自行补全。

在笔者的计算机上使用程序 11.3，使用 Mnist 测试集求得的 Accuracy 是 95%(多次运

行平均值)，一个差强人意的结果。

思考一下：程序 11.3 的第二层神经网络的权重更新方法和程序 11.2 完全一样，也就是说，虽然第三层使用了不同的激活函数，但是对第二层没有影响。神经网络的层与层之间是相互独立的，也就是这一层只接收上一层的输出，其他的几乎就没有关系了。

想象一下，如果神经网络有很多层，最后相当于把每一层"摞"起来，每层只接收上一层的输出，并且经过激活函数之后向下一层输出。能不能设计一个神经网络，某一层不仅接收前一层的输出，还接收其他层的输出？例如，第 50 层，不仅接收第 49 层的输出，也接收第 10 层的输出。如果这样的网络结构设计出来，有什么好处，又有什么坏处？

11.8.4　带 bias 的神经网络

程序 11.4 是增加了 bias 之后的新的神经网络，这个程序和程序 11.3 非常类似(和程序 11.2 也非常类似)，因此，这里只列出不同的地方。

程序 11.4　带有 bias 的 Mnist 识别程序

```
1    …
2
3    def predict(inputs_list):
4        #转换为 numpy 支持的二维数组
5        inputs = np.array(inputs_list, ndmin=2).T
6
7        #计算第一层的输出,因为这层没有需要调整的权重,因此不需要激活函数,输入什么就
         #输出什么
8        layer1_outputs = inputs
9
10       #计算第 2 层的输入
11       global w12
12       global b2
13       layer2_inputs = np.dot(w12, layer1_outputs) + b2
14       #计算第 2 层的输出
15       layer2_outputs = sigmoid(layer2_inputs)
16
17       #计算第 2 层的输入
18       global w23
19       global b3
20       layer3_inputs = np.dot(w23, layer2_outputs) + b3
21       #计算第 3 层的输出
22       layer3_outputs = softmax(layer3_inputs)
23
24       return layer3_outputs
25
26   def fit(inputs_list,outputs_list):
27       #转换为 numpy 支持的二维数组
28       inputs = np.array(inputs_list, ndmin=2).T
29       targets = np.array(outputs_list, ndmin=2).T
30
```

```
31          #计算第一层的输出,因为这层没有需要调整的权重,因此不需要激活函数,输入什么
            #就输出什么
32          layer1_outputs = inputs
33
34          #计算第 2 层的输入,global 目的是改变全局变量 w12
35          global w12
36          global b2
37          layer2_inputs = np.dot(w12, layer1_outputs) + b2
38          #计算第 2 层的输出
39          layer2_outputs = sigmoid(layer2_inputs)
40
41          #计算第 3 层的输入
42          global w23
43          global b3
44          layer3_inputs = np.dot(w23, layer2_outputs) + b3
45          #计算第 3 层的输出
46          layer3_outputs = softmax(layer3_inputs)
47
48          #计算第 3 层误差
49          layer3_errors = layer3_outputs - targets
50          #第 2 层的输入误差,按比例分配
51          layer2_errors = np.dot(w23.T, layer3_errors)
52
53          #更新第 2 层和第 3 层之间的连接权重
54          dw23 = np.dot(layer3_errors,layer2_outputs.T)
55          w23 = w23 - learning_rate * dw23
56          b3 = b3 - learning_rate * layer3_errors
57
58          #更新第 1 层和第 2 层之间的连接权重
59          dlayer2error = layer2_outputs * (1-layer2_outputs) * layer2_errors
60          dw12 = np.dot(dlayer2error,inputs.T)
61          w12 = w12 - learning_rate * dw12
62          b2 = b2 - learning_rate * dlayer2error
63
64          #构建网络,第 1 层输入 784(28×28)个节点,第 2 层有 100 个节点,第 3 层有 10 个节点
65      layer1_nodes=784
66      layer2_nodes=100
67      layer3_nodes=10
68
69      #随机初始化权重
70      w12 = np.random.normal(0.0, pow(layer1_nodes, -0.5), (layer2_nodes,
        layer1_nodes))
71      w23 = np.random.normal(0.0, pow(layer2_nodes, -0.5), (layer3_nodes,
        layer2_nodes))
72
73      b2=np.random.rand(layer2_nodes)
74      b2=b2.reshape(layer2_nodes,1)
75      b3=np.random.rand(layer3_nodes)
76      b3=b3.reshape(layer3_nodes,1)
77      …
```

程序 11.4 和程序 11.3 很类似，程序 11.4 的 predict 函数增加了计算 b2 和 b3 的语句，分别在第 13 行和第 20 行，同样的，程序 11.4 中的 fit 函数增加了计算 b2 和 b3 的语句，分别在第 37 和第 44 行。另外，对于 b3 和 b2 的梯度计算在第 56 和第 62 行。程序 11.4 的省略部分和程序 11.3 完全一样。

程序 11.4 在笔者的计算机上的运行结果的 Accuracy 是 95%（多次平均值），这个结果几乎和程序 11.3 一样。

11.8.5 识别自己的手写体

程序 11.5　识别自己的手写体数字

```
1    #自己写一个数字看看
2    from PIL import Image
3
4    im = Image.open(r".\data\handwrite\handwrite(0).bmp").convert('L')
5
6    image=np.array(im)
7    plt.imshow(255-image,cmap='Greys')
8    plt.show()
9
10   indata=255-np.array(im).reshape(28 * 28)
11   test=indata/255
12
13   yhat=predict(test)
14   print(yhat)
15   print(np.argmax(yhat))
```

程序 11.5 要放到程序 11.2 的后面才能运行成功。程序 11.5 的前 8 行为使用 PIL 库打开图片，并使用 matplotlib 库在计算机中显示。第 10 和 11 行为调整成程序需要的数据规格。第 13～15 行进行验证并输出结果。

使用程序 11.2、程序 11.3、程序 11.4，分别对自己手写数字（图 11.11）进行识别，每个程序每次验证的结果都不一样，几乎没有全部正确过。例如，这些程序经常将 handwrite(4) 识别为数字 6，有时也将 handwrite(6) 识别为数字 5。当然，不同读者手写数字的风格不同，在这几个神经网络上进行识别，每个人遇到的误识别应该也不一样。

11.8.6 随机网络、无标度网络

程序 11.6　绘制随机网络

```
1    import networkx as nx
2    import matplotlib.pyplot as plt
3    import numpy as np
4
5    rg=nx.erdos_renyi_graph(100,0.025) #两个参数分别为节点数目和连边概率
6    ps=nx.spring_layout(rg)
7    nx.draw(rg,ps,with_labels=False,node_size=30)
8    plt.show()
9
```

```
10    n=20000,dots=500
11    p=np.linspace(0.1/n,2.5/n,dots)
12    x=[]
13    for_ in p:
14        rg=nx.erdos_renyi_graph(n,_)
15        largest_cc = max(nx.connected_components(rg), key=len) #获取最大的连通
                                                                 #子图
16        x.append(len(largest_cc)/n)
17    plt.plot(p*n),x)
18    plt.xlabel('mean number of links')
19    plt.ylabel('fraction of largest connected components')
20    plt.show()
```

程序11.6非常简单，第5～8行生成随机图，调整第5行的参数可以得到不同的结果。第10～20行生成图11.12(f)，调整参数可以得到不同的值。

第12章 深度学习

大型神经网络是非常强大的计算设备。

——辛顿[①]

还是先从名字说起。深度学习(deep learning)这个名字是本书的名字中最容易解释的,“学习”即机器学习中的学习,深度学习也属于机器学习的一种,“深度”表示有很多层,所以深度学习本质上就是多层神经网络。至于为什么不叫多层神经网络,本书在前文讲过,因为神经网络这样一门技术一度非常不被看好,以至于很多人觉得搞神经网络的就是学术骗子,申请不到科研经费,因此,科研人员起了深度学习这样一个名字。

深度学习的发展是一个励志故事。称辛顿为深度学习之父,没有什么争议。因为几十年来,辛顿一直在神经网络领域坚持研究,无论学术界、工业界对于神经网络这门技术视若珍宝,还是视如敝屣,辛顿都一直在坚持研究。

因为找不到合适的经费支持,辛顿曾辗转英国萨塞克斯大学、美国加州大学圣迭戈分校、英国剑桥大学、美国卡内基-梅隆大学和英国伦敦大学学院,最后,辛顿得到了加拿大高等研究院的50万美元支持,在加拿大多伦多大学工作,结束了访问学者的生涯。

神经网络一直不为主流人工智能研究所重视,甚至在1987年,辛顿在他40岁生日时,曾经感慨过:“今天是我40岁的生日,我的职业生涯也到头了。”[29]

虽然数学家哈代在《一个数学家的辩白》中说过:“我从不知道哪一个重要的数学进展是由一个年过半百的人创始的”,但是哈代自己的数学春天就是在他40岁之后;张益唐年近60的时候对孪生素数猜想做出突破贡献,年近70还在试图攻克黎曼猜想;辛顿是大器晚成的另一个例子。

因为神经网络技术在早期不被看好,被认为没有前途,那时辛顿在多伦多大学的研究小组也不是一个受学生欢迎的研究小组。直到2010年左右,深度学习进入爆发期之后,情况也随之逆转。

当然,这个领域并不是辛顿一个人在战斗,有太多的研究人员为神经网络的发展做出卓越贡献。

关于深度学习,读者可能会有以下问题。

---

① 原文为 *Large neural networks containing millions of weights and many layers of non-linear neurons are very powerful computing devices*,中文意思为“包含数百万个权值和多层非线性神经元的大型神经网络,是非常强大的计算设备”。这句话来自辛顿在2018年图灵奖颁奖典礼上的报告。有着“深度学习之父”之称的辛顿,在这个报告上回忆了神经网络筚路蓝缕的发展历程,没有人比他更有资格做这件事了。

(1) 既然深度学习属于神经网络，为什么还要单独列出一章？

答案是深度学习虽然是多层神经网络，但是，深度神经网络不止是普通的神经网络多加几层那么简单，有很多新结构、新方法、新技巧出现，已经成为一个单独的研究方向。事实上，深度学习虽然是基于传统的神经网络，但是相比神经网络，已经进步得太多了。

(2) 既然神经网络多加几层，就能起到如此巨大的作用。为什么现在这种能力才体现出来，这么简单的方法，研究人员过去没想到吗？

答案是想到过，但是做不到。深度学习技术的发展不止是神经网络技术的发展，需要很多其他技术或者说机会的出现。简单想一下，增加神经网络的层次就会增加很多连接，要训练这些连接，就需要大量的数据。如果只有几万个数据，去训练几千万个连接参数，显然是不可能的。同时，只有数据，计算能力不支持，也无法进行如此大量的计算。而今天深度学习的发展正逢其时，原因之一是因为互联网的爆发式发展带来了大量的数据，如果没有这些数据，深度学习是无法得到发展的；原因之二是计算机计算能力的提高，尤其是使用 GPU 进行大规模训练变得可行。

(3) 深度学习看起来很麻烦，会不会很难学？

答案是不知道。这个问题如同小马过河，深浅自知。但是如果方法得当，深度学习并不比其他机器学习方法困难。事实上，如果只从数学这个角度来说，深度学习比很多机器学习方法要更简单，深度学习用到的数学并不多。

下面先从一个简单的例子开始。

12.1 准备知识

12.1.1 二见 Mnist

上一章从头搭建了一个神经网络，并对 Mnist 手写体数字进行了识别。本书再试一下如何用深度学习网络来解决这个问题。

1. 深度学习框架

深度学习框架的出现大大降低了大众学习这门技术的门槛，不需要从复杂的神经网络开始编代码，可以根据需要选择已有的模型，通过训练得到模型参数，也可以在已有模型的基础上增加自己的结构，或者是选择自己需要的分类器和优化算法。

目前有很多深度学习的框架可以使用。这些框架包括 TensorFlow、Pytorch、PaddlePaddle、CNTK、MXNet 等。

虽然本书前面的一些章节给出了例子，从底层开始写程序来实现对应的内容，但是对于大多数人，并不建议自己从头写深度学习程序。深度学习框架复杂，编程烦琐，调优困难，自己编写程序会遇到各种各样的“坑”，一次又一次地重复实现相同的算法也不是现代科学的做法，不需要每个人都“从头造轮子”。当然，不建议写深度学习框架不是不建议自己在框架上写算法，大部分框架都支持用户自己写算法。

如何选择合适的框架？没有答案。没有最好的框架(确实有一些框架被淘汰了,留存下来的各有优点)。各个框架有自己的特点：TensorFlow/PyTorch 分别由 Google 和 Facebook 公司开发支持,是目前应用最广泛的,也是开源项目最多、支持文档最多的,它们相当于武林中的少林和武当;PaddlePaddle 是中国公司百度开发支持的;MatConvNet 支持 MATLAB 语言接口(Caffe 支持 MATLAB 和 Python 接口);deeplearning4j 支持 Java 语言;Keras 用起来很简单,这也是本章主要使用的框架。

本章的深度学习框架使用 Keras。Keras 文档的第一句话是 You have just found Keras,这句话如果意译的话,可以翻译为“相见恨晚”。

本书不会讲解如何安装 Keras。当然,本书也没有讲解安装任何包(package)的方法。安装包看起来简单,但是很多人都会出错。所以如果用户在安装包的时候出错,你不是唯一出错的人！深度学习框架比别的包更难安装,如果需要使用 GPU,还需要考虑自己的硬件情况,安装 CUDA 等后台支持。对于安装过程中出错这个问题并没有太好的解决办法,因为每个人的计算机不一样,安装过程中出现的问题也不一样。如果出错,不要灰心,需要大家有耐心,按照网上教程一步步进行,最后都能安装成功。

另外,需要说明的是,无论是什么框架,都是工具。工具和工具之间确实有区别,但是对于主流工具来说,最主要的区别就是用起来是否顺手。工具的作用就是让大家在学习和使用的过程中更方便。

2. 怎么做[①]

程序 12.1 使用 Keras 训练 Mnist 数据

```
1    import numpy as np
2    import matplotlib.pyplot as plt
3    import tensorflow as tf
4    from tensorflow.keras.utils import to_categorical
5    from tensorflow.keras import models
6    from tensorflow.keras import layers
7
8    data=np.loadtxt(open(r'./data/mnist_train.csv','r'),delimiter=",")
9    train_data=data[:,1:]
10   train_label=data[:,0]
11   train_data=train_data.astype('float32')/255
12   train_label=to_categorical(train_label)
13
14   neuron_network=models.Sequential()
15   neuron_network.add(layers.Dense(512,activation='relu',input_shape=
     (28 * 28,)))
16   neuron_network.add(layers.Dense(10,activation='softmax'))
17   neuron_network.compile(optimizer='rmsprop',loss='categorical_
     crossentropy',metrics=['accuracy'])
18   neuron_network.fit(train_data,train_label,epochs=5)
```

① 本章的“怎么做”放到每一节中,而不是整章的最后。

```
19
20    data2=np.loadtxt(open(r'./data/mnist_test.csv','r'),delimiter=",")
21    test_data=data2[:,1:]
22    test_label=data2[:,0]
23    test_data=test_data.astype('float32')/255
24    test_label=to_categorical(test_label)
25
26    test_loss,test_acc=neuron_network.evaluate(test_data,test_label)
27    print("测试集精度：",test_acc)
28    pre=neuron_network.predict_classes(test_data[0].reshape(1,784))
29    print("第 0 个数字是：",pre)
30
31    from PIL import Image
32    im = Image.open(r".\data\handwrite\handwrite(9).bmp").convert('L')
33    image=np.array(im)
34    indata=255-np.array(im).reshape(28 * 28)
35    test=(indata/255)
36    neuron_network.predict_classes(test.reshape(1,784))
```

程序 12.1 使用 Keras 完成 Mnist 训练。这个程序只有 30 多行(核心程序只有 5 行)，但是已经比自己手写的神经网络的精度提高很多了。这里逐行讲解这个程序。

前 6 行是导入必要的库。如果大家没有正确安装 Keras,运行这几行就会出错。

第 8～12 行是整理训练数据 Mnist。这个数据的特点已经在程序 11.2 介绍过。

第 14～18 行是核心程序。深度神经网络的核心是层。注意,在上一章讲解网络结构时,每一列神经元表示一层,而 Keras 把每一个连接认为是一层。

程序 12.1 定义了一个两层神经网络(784×512×10)。第 14 行定义了一个 Sequential 神经网络,Sequential 是序贯模型,也就是可以简单地一层一层叠加(真的像堆积木一样)。先添加第 1 层,也就是语句第 15 行,Dense 是密集连接(全连接)神经网络。这一层输出 512 个数据,激活函数是 relu,输入 784(28×28)个数据。第 16 行添加第 2 层,输出 10 个数据进行数字分类,激活函数是 Softmax,第 16 行输入数据这里没有填写,Keras 会根据上一层的输出自动匹配。

程序第 17 行是网络编译,可以想象成 compile 之后,神经网络就构建好了。这里 compile 函数有 3 个参数,分别表示优化算法(rmsprop 优化算法)、损失函数(分类交叉熵损失函数)、衡量指标(精度)。这些概念在学习机器学习的时候都遇到过。这里除了 RMSProp 优化算法稍显陌生之外,另外两个都是常见的机器学习参数。

第 18 行是 fit 语句,作用是训练拟合过程,运行这一句即开始进行训练。3 个参数分别是输入数据、数据标签以及 epoch。这里的 epoch 是一个新的概念,表示当一个完整的数据集通过了神经网络一次并且返回了一次,这个过程称为一次 epoch。这里面有 5 个 epoch,可以认为对整个数据集进行了 5 次训练。

程序第 20～28 行在测试集上验证算法精度,其中第 20～24 行是准备训练数据。每次运行结果有细微差别,在笔者的计算机上,大部分时候,精度都达到了 98%左右。

大家也可以使用这个程序预测一下自己手写的数字,第 31～36 行给出了预测自己手写数字的程序。实际运行结果表明,该神经网络预测效果一般,大部分时候,都有一到两个数字预测错误(数据如图 11.11,这个神经网络经常将图中的 4 识别为 6,将 8 识别为 2)。

程序 12.1 出现一些新的东西,例如第 17 行的函数参数 activation='relu',考虑到第 18 行的函数参数 activation='softmax',大概可以猜到 ReLU 和 Softmax()一样,都是激活函数。事实上,除了前文介绍的 Sigmoid()和 Softmax(),深度学习网络还用到了更多的激活函数。

12.1.2 更多激活函数

1. tanh()激活函数

tanh()函数,也叫作双曲正切函数,是 Sigmoid()函数的一种变化形式,取值范围为(−1,1)。tanh()函数的形式为

$$\tanh(x)=\frac{e^{x}-e^{-x}}{e^{x}+e^{-x}} \tag{12.1}$$

tanh()函数和 Sigmoid()函数的对比如图 12.1(a)所示。

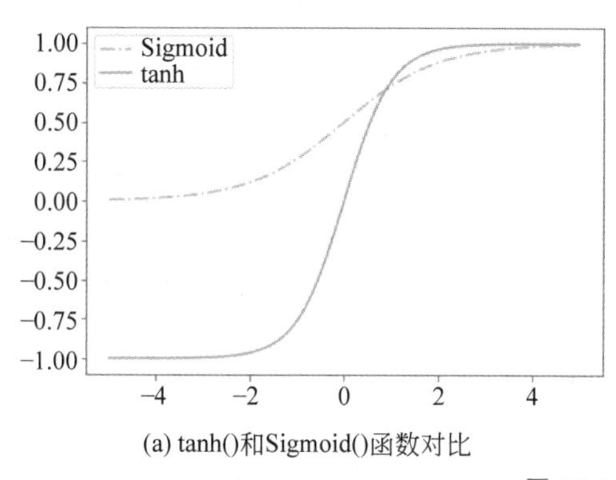

(a) tanh()和Sigmoid()函数对比

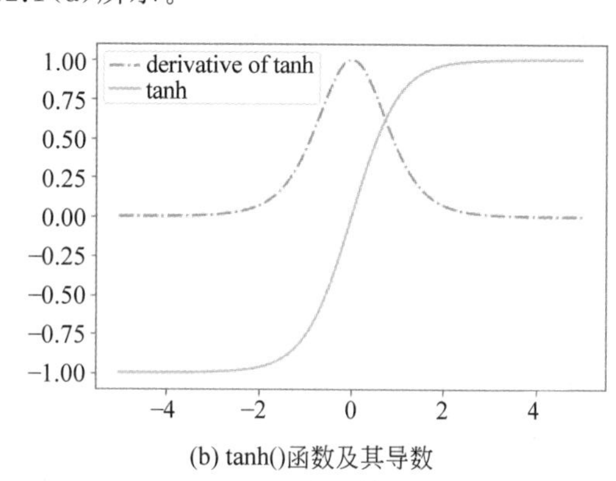

(b) tanh()函数及其导数

图 12.1 tanh 激活函数

为什么有了 Sigmoid()函数,又引入一个新的 tanh()函数?

Sigmoid()函数作为历史上最流行的激活函数,它的优点本书前面介绍过:光滑、可导;导数具有良好形式,减少了很多计算;值域在 0 与 1 之间,可以作为概率值来进行模型解释。但是,这个函数也存在如下问题。

(1) 经过 Sigmoid 激活函数的神经元的输出值被挤压到(0,1)区间。这样的神经元叫作饱和神经元(saturating neuron)。饱和神经元会“梯度消失”,离中心点较远处的导数接近于 0,停止反向传播的学习过程。

(2) Sigmoid 的输出值恒为正值,可能导致模型收敛速度慢。tanh()函数的输出值有正有负,收敛速度会比 Sigmoid()函数要快。

在梯度下降算法中,必须要知道激活函数的导数,而 tanh()激活函数的导数有良好形式如式(12.2)所示,其图像如图 12.1(b)所示。

$$\frac{\mathrm{d}\tanh(x)}{\mathrm{d}x}=1-\tanh(x)^{2} \tag{12.2}$$

但是 tanh()和 Sigmoid()函数还是属于同一类型的,它没有完全解决 Sigmoid()函数存在的问题。例如,tanh()激活函数也会把神经元的输出挤压到(−1,1)(因为值域范围更大,

tanh()比 Sigmoid()的饱和程度要轻)。所以，人们又陆续提出了新的激活函数。

2. ReLU()激活函数

ReLU(Rectified Linear Unit，修正线性单元)函数，可能是大家见过的最简单的激活函数(前文介绍过，纯线性函数无法作为激活函数)，同时它也是深度学习中使用最多的激活函数，它的函数形式为

$$f(x)=\begin{cases}0, & x\leqslant 0\\ x, & x>0\end{cases} \tag{12.3}$$

ReLU()函数的图像也非常简单，如图 12.2 所示。

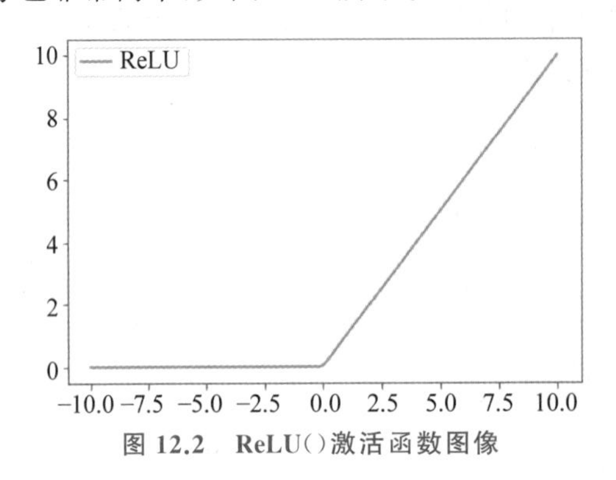

图 12.2 ReLU()激活函数图像

ReLU 激活函数把所有的负值都变为 0，而正值不变，这种操作称为单侧抑制。也就是说：在输入是负值的情况下，它会输出 0，神经元就不会被激活。这意味着同一时间只有部分神经元会被激活，从而使得网络很稀疏，进而能高效计算。

网络稀疏化后，还有其他好处吗？随着神经网络层数的增加，连接不可避免地剧增，但是，这里面有很多连接是不必要的。有人把计算机的神经网络和人的神经网络类比，人类在同时只能做一件事情，也就是大部分神经连接都是抑制状态。虽然这种类比并没有实际的证据，不过，在很多场合使用 ReLU()激活函数之后，对于学习速度和最后结果，确实取得了非常好的效果。

除了能够稀疏神经网络连接之外，相对于 Sigmoid()函数和 tanh()函数，ReLU()函数还有以下优点。

(1) 简单。相对于 Sigmoid()函数和 tanh()函数，ReLU()函数没有指数运算，计算简单高效。

(2) 没有饱和区。相对于 Sigmoid()函数和 tanh()函数，ReLU()函数不存在饱和区域，也就不存在随着变量变大，梯度容易变为 0 的缺点。

(3) 运行的时候，收敛的速度更快。

当然，ReLU()函数也有不足之处。虽然它能起到稀疏的作用，但是，如果很多数值直接截断，导致负值时这个位置的值为零，这样的神经元可能永远不会被激活，训练时比较容易"死掉"。

如果按照数学的定义，ReLU()函数在 $x=0$ 处左右极限不相等，在这点是没有导数的。不过在工程实践中，ReLU()的导数可以分段计算，如式(12.4)所示。

$$\frac{\mathrm{d}f(x)}{\mathrm{d}x}=\begin{cases}0, & x\leqslant 0\\ 1, & x>0\end{cases} \tag{12.4}$$

ReLU()相比 Sigmoid()函数和 tanh()函数的一个缺点是没有对上界设限。在实际使用中,可以设置一个上限,例如 ReLU6。一个比较好的经验值是把上界设置为 6: $f(x)=\min(6,\max(0,x))$[1]。为什么是 6,文中并没有给出太好的解释,这也是深度学习的问题之一——解释性不足。

3. 其他激活函数

其他激活函数都属于上述激活函数的变种(其实 tanh()函数也是 Sigmoid()函数的变种)。但是在有些场合,这些激活函数的效果不错。本节列出其他几个常见的激活函数。

1) Swish()激活函数

Swish()激活函数于 2017 年被提出[2],它的公式为

$$f(x)=x\times \mathrm{Sigmoid}(\beta x) \tag{12.5}$$

其中,β 是给定的常数,或者由训练得到。Swish()函数具备无上界有下界、平滑、非单调的特性。

Swish()激活函数的图像如图 12.3(a)所示。

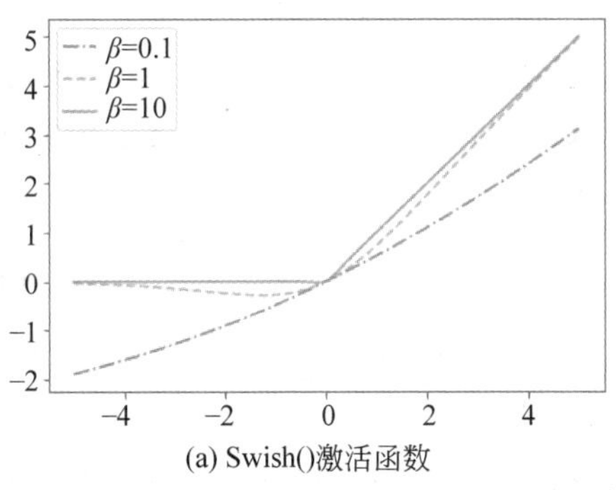

(a) Swish()激活函数

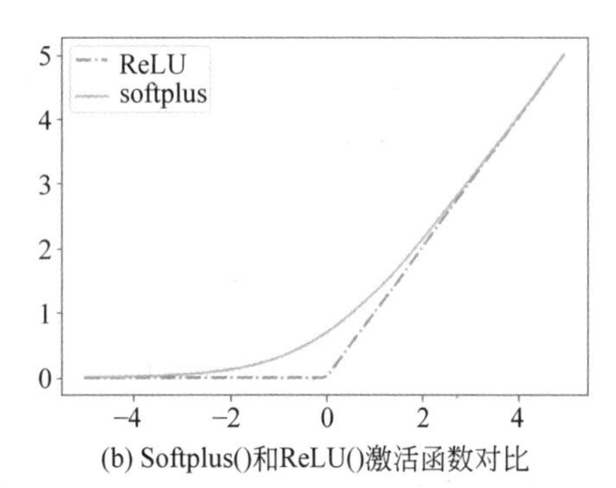

(b) Softplus()和ReLU()激活函数对比

图 12.3 其他激活函数

有些时候,Swish()激活函数在深层模型上的效果优于 ReLU()。文献[3]指出,仅仅是把 ReLU()函数替换为 Swish()函数,就能把 Mobile NASNet-A 在 ImageNet 上的 top1 分类准确率提高 0.9%,在 Inception-ResNet-v2 上的分类准确率提高 0.6%。

从图 12.3(a)可以看出,当 $\beta=0$ 的时候,Swish()激活函数退化为 $f(x)=x/2$。当 β 趋近于负无穷,Swish()函数趋近于 0;当 β 趋近于正无穷,Swish()激活函数趋近于为 $f(x)=x$,这样 Swish()激活函数就和 ReLU()函数的形式差不多了,当 $\beta=10$ 时,Swish()和 ReLU()的图像就已经很接近了。所以,可以把 Swish()视为介于线性函数与 ReLU()函数之间的平滑函数。

Swish()激活函数也涉及指数的计算,计算量较大。

另外,Swish()激活函数的导数计算公式为

$$\frac{\mathrm{d}f(x)}{\mathrm{d}x}=\beta f(x)+\mathrm{Sigmoid}(\beta x)(1-\beta f(x)) \tag{12.6}$$

2）Softplus()激活函数

Softplus()激活函数的定义为

$$\text{Softplus}(x)=\log(1+e^{x}) \tag{12.7}$$

Softplus()函数与 ReLU()函数图像接近，但更平滑，和 ReLU()一样是单边抑制，取值范围是 0 到正无穷。但是由于指数运算和对数运算计算量大的原因，不会经常被人使用，并且这个函数虽然有非常美的形式，但是从一些人的使用经验来看，效果也并不比 ReLU()好[3]。Softplus()激活函数的图像如图 12.3(b)所示。顺便说一下，Softplus()函数的导数正好是 Sigmoid()函数。

3）Leaky ReLU()

ReLU()激活函数在 x 小于 0 时没有输出，这样可能产生直接截断情况。因此，可以在 x 小于 0 时，给一个很小的输出值。Leaky ReLU()函数为

$$f(x)=\begin{cases}\alpha x, & x\leqslant 0\\ x, & x>0\end{cases} \tag{12.8}$$

上述公式称为 parametric rectifier(PReLU)，这里面 α 为一个比较小的数。当 α 为固定的 0.01 时，是 Leaky ReLU()；α 也可以从正态分布中随机产生，这时称为 Random Rectifier(RReLU)。和 ReLU()一样，Leaky ReLU 的导数也是分段的。

4）ELU()

ELU(Exponential Linear Unit，指数线性单元)于 2016 年被提出[4]。文中提出 ELU()有较高的噪声健壮性，同时能够使得神经元的平均激活均值趋近为 0。但是这个激活函数由于需要计算指数，计算量较大。该激活函数公式为

$$f(x)=\begin{cases}\alpha(e^{x}-1), & x\leqslant 0\\ x, & x>0\end{cases} \tag{12.9}$$

ELU()激活函数也属于 ReLU 激活函数的一个变种，它的导数也是分段的。

5）SeLU

SeLU(Scaled exponential Linear Unit，缩放指数线性单元)激活函数于 2017 年被提出[5]，这个激活函数的公式为

$$f(x)=\lambda\begin{cases}\alpha(e^{x}-1), & x\leqslant 0\\ x, & x>0\end{cases} \tag{12.10}$$

好像这个激活函数只是比 ELU()加了一个缩放系数 λ。不过文献[5]给出了 α 和 λ 的最佳取值：

$$\alpha=1.6732632423543772848170429916717$$
$$\lambda=1.0507009873554804934193349852946$$

这两个值不是拍脑袋想出来的。文献[5]一共 102 页，其中的 9 页是正文，剩下的 93 页附录中(几乎都是公式)，介绍了这两个值的详细计算过程。

ReLU 系列的变种还有很多。相信随着深度学习技术的发展，还会不断有新的激活函数被提出。

在深度学习中，并没有哪个激活函数显示出超越其他函数的性能和结果，但是一般在训练神经网络时，前面的层首选 ReLU()激活函数，最后一层一般选择 Softmax()，如果效果

不好，再试试其他激活函数，目前还没发现激活函数的适配规律。

> 目前的激活函数一般基于 Sigmoid()，例如 Softmax()、tanh()等；或者基于 ReLU()，例如本小节提到的各种 ReLU()变种。除此之外，还有其他类型的激活函数。
>
> 你也可以设计自己的激活函数，只需要满足两个设计原则：第一，非线性；第二，计算简单。当然，如果用户设计的激活函数有具体的实际意义，那就更好了。

12.1.3 更多优化算法

程序 12.1 中，除了遇到了新的激活函数之外，还遇到了新的学习优化算法(程序第 17 行，optimizer='rmsprop')。

"求解不畅，梯度下降"。梯度下降优化算法被最为广泛地使用，各种基于其上的算法也被提出。本小节介绍几个典型的基于梯度下降的优化算法。

为了方便大家理解，本小节的各种改进梯度下降算法均基于如下函数进行[①]。

$$z=\frac{x^2}{20}+y^2 \tag{12.11}$$

该函数对应的三维图像和等高线如图 12.4 所示。

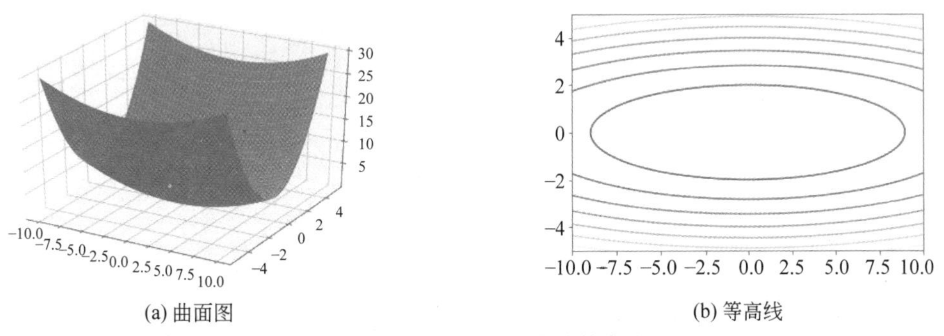

(a) 曲面图　　(b) 等高线

图 12.4 三维曲面及对应的等高线

显然，式(12.11)的最小值是 0，在(0,0)位置取得。梯度下降算法即从任意一点出发，寻找一条路径快速到达(0,0)这点。

1. 随机梯度下降

经典的梯度下降法在每次对模型参数进行更新时，需要遍历所有的训练数据。当数据量很小时(例如 Mnist 训练)，计算全部数据的梯度不成问题。但是很多深度学习需要面对的数据规模巨大，如果计算整个训练集的梯度才进行一次更新，效率太低。

一个比较通用的做法是从训练集中随机抽取若干小批量样本(注意，一个数据集可能会训练多次，因此，每次训练可以选择不同的数据作为小批量样本)。一个小批量样本中可能包含 64 个、128 个或者其他数量的样本。

统计理论指出，小批量样本的平均损失是全体样本平均损失的无偏估计，因为小批量样

---

① 本例参考了文献[6]，程序 12.2 也参考了该文献。

本是从训练样本中随机抽取的。用小批量样本的平均损失代替全体样本的平均损失更新权重矩阵 ***weights*** 或者偏置向量 ***bias***，可以加快参数更新频率，让训练更快。

如果小批量样本中只有一个数据，那么称为随机梯度下降（Stochastic Gradient Descent，SGD）。在实际应用中，真正意义上的SGD很少使用，因为矩阵的计算能够向量化操作，例如，一次性计算128个样本并不比一次性计算单个样本的代价要大很多，但要比128次计算单个样本高效得多。

因此，一般所说的SGD其实就是指小批量样本的梯度下降。小批量样本的数量是一个超参数，一般都设置为32、64、128等（因为计算机的计算、存储单位都是2的指数次幂，这样设置运算效率更高）。

单样本的梯度下降算法本书讲过多次，这里再次列出梯度下降的迭代公式。

$$\theta=\theta-\eta\cdot\frac{\partial J(\theta)}{\partial\theta} \tag{12.12}$$

图12.5给出了在不同的学习率下，SGD所形成的路线。

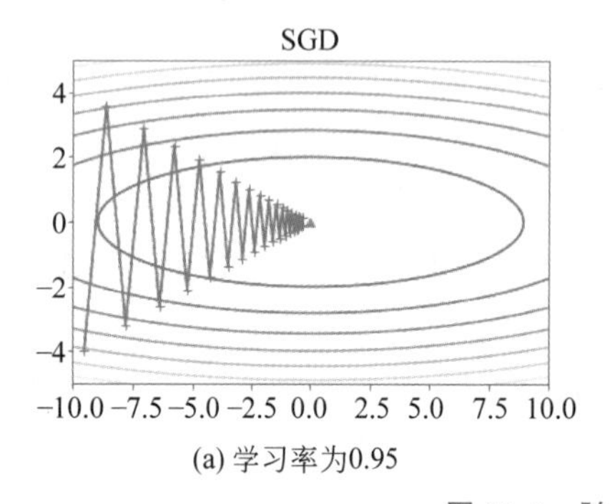

(a) 学习率为0.95

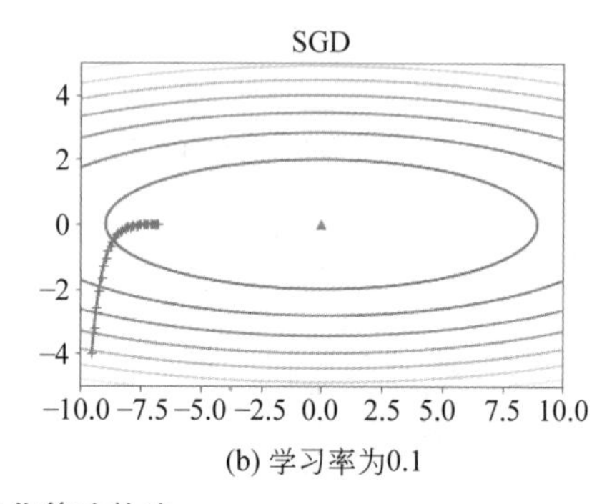

(b) 学习率为0.1

图12.5 随机梯度下降优化算法轨迹

（由程序12.2绘制）

图12.5显示了优化算法行走50步的状态。优化算法的起始点坐标为（−9.5，−4），目标值为（0，0）（下文所有优化算法的路径起始点和终点都是这两个）。优化算法的轨迹是N字形，如果以学习率为0.95迭代，经过50步之后，比较接近目标值（还没有达到）。在图12.5(a)中，可以看出，这里走过很多弯路，是一个比较低效的路径。

为了少走弯路，可以取一个较小的学习率。如果把学习率改为0.1，对应的图片如图12.5(b)所示，也就意味着经过50步的迭代，离目标值还有一段距离。虽然震荡减少了，但是收敛更慢了。

如何让梯度算法更有效呢？既少走弯路，又能更快到达目标值呢？下面给出几个优化梯度下降算法。

2. 动量法

动量法分为基本动量法以及改进版动量法[7]。如果大家把动量理解为和惯性一样的概念，那么会更容易理解这个方法。

1）基本动量法

在讲解梯度下降算法时，会把梯度下降看作是一个人下山（或者爬山）想要找到最优的路径的过程。在这里，把这个过程想象成一个小球从某个地方滚落，滚到最低点。

基本梯度下降算法如下，小球在某一点时，计算该点各个方向的梯度，找到最陡峭的方向(梯度最大的方向)，沿着这个方向走一步(这一步多大由学习率和梯度决定)，到达新的一点。然后在新的一点重复上述步骤。准确地说，这个描述其实是小球走走停停，更像是盲人下山，走一步用拐杖试探一下新的方向，和实际小球滚下山的过程并不一致。众所周知，物体有惯性，小球从旧的位置滚到新的位置之后，不会马上停下来，因为这个小球已经积累了一定的速度，它会继续滚动。动量法就是模拟小球的滚动过程来加速收敛。

动量法的迭代公式为

$$v = mu \times v - \eta \times \frac{\partial J(\theta)}{\partial \theta}$$
$$\theta \leftarrow \theta + v \qquad (12.13)$$

其中，mu 表示 momentum(动量)；v 可以理解为小球运行的速度，一般初始化为 0，表明小球从静止开始运动。mu 是一个超参数(0～1，在大多数框架中，这个参数的默认值都是 0.9)，大家可以把 mu 想象成一个阻尼系数(或者摩擦系数)，该变量能够抑制小球的速度：mu 越大，表示摩擦越小，收敛越快；$mu=1$，表明没有摩擦；$mu=0$，表明摩擦无穷大，走一步停一下，这时候就和前面提到的基本梯度下降算法一致了。

由于动量法中增加了动量这一项，因此，收敛速度会比随机梯度下降算法更快。同样是迭代 50 次，在学习率分别是 0.95 和 0.1 时，动量法所走的路径如图 12.6 所示。

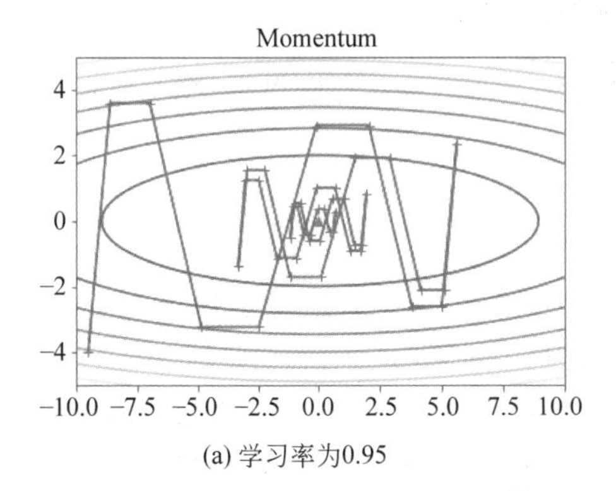

(a) 学习率为0.95

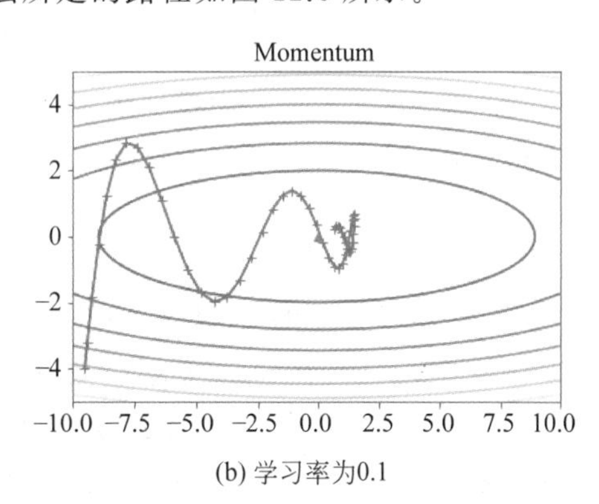

(b) 学习率为0.1

图 12.6 基本动量法轨迹

(由程序 12.2 绘制)

仔细分析这个算法可知，其实这里的动量更像是惯性，但是由于历史原因，这个梯度下降算法一直叫作动量梯度下降。假设某个时刻的梯度$\partial J(\theta)/\partial\theta$ 为 0，也即意味着此时来到一个平地，各个方向的梯度都为零，传统的 SGD 可能优化到这里就停下来，因为没有梯度就意味着优化不下去。但是如果有了动量这一项，由式(12.13)可知，经过 n 次迭代后，$v_n = mu^n \times v_0$(其中，v_n 为 n 次迭代后的速度，v_0 为初始速度)。因为 mu 总是小于 1 的，因此 v 是指数衰减的，但不会为 0，所以这个迭代过程在梯度为 0 的地方也可能冲出当前平地，到达新的区域。如图 12.6 所示，因为强制运行 50 次，可以看到动量法会冲出最小值，继续探索。

在一些参考资料中，基本动量法也被称为 SGDM(Stochastic Gradient Descent + Momentum)。

程序 12.2 中第 44～52 行给出了基本动量法的示例程序。

2）Nesterov 动量法

基本动量法有一个改进版——Nesterov 动量法(Nesterov 是一个俄罗斯数学家的名字)。基本思想是：当前的调整方向是根据当前的动量和梯度共同决定的。Nesterov 动量在标准动量方法中添加了一个校正因子，这样，新的调整方向就更加直接。Nesterov 动量法的计算公式为

$$\begin{aligned} v &= mu \times v - \eta \times \frac{\partial J(\theta + mu \times v)}{\partial \theta} \\ \theta &\leftarrow \theta + v \end{aligned} \tag{12.14}$$

图 12.7 显示了两种算法的区别。

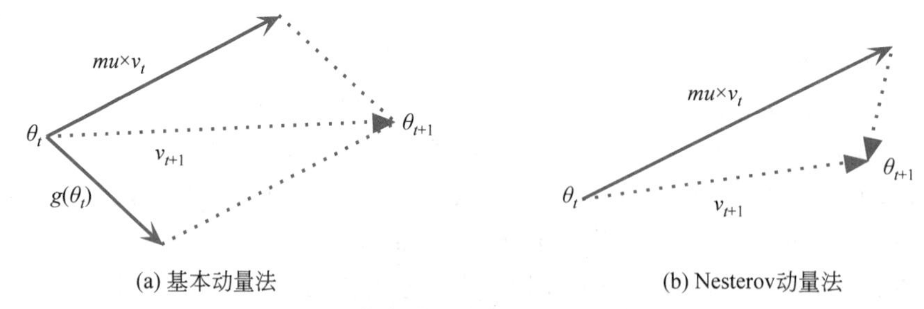

图 12.7 基本动量法与 Nesterov 动量法

（根据文献[7]图 1 重新绘制）

大部分深度学习框架中都实现了 Nesterov 动量法。在一些参考资料中，Nesterov 动量法也叫 NAG(Nesterov Accelerated Gradient)优化算法。

3. 学习率自适应法

学习率即算法中的 η，其大小影响优化速率，学习率自适应法主要包括 AdaGrad[8]、RMSprop[9] 等。所谓学习率自适应法，就是在学习过程中对学习率动态调整的方法。

学习率会影响效率，学习率过小，会导致收敛过程太慢；而学习率过大，可能导致结果震荡，不能够收敛到某一个值。在求最优解的过程中，开始时，因为初始点离目标值较小，此时学习率应该大一点，也就是步子迈得大一点；接近目标值时，应该把学习率变小，也就是步子小一点，以防走过界。这种方法符合直觉，也是一个很自然的想法。

1）AdaGrad

AdaGrad 算法针对不同的元素，适当地调整学习率(Ada 来自英文单词 Adaptive，意为“适应的”)。调整方法为增加缩放系数，使其反比于其所有梯度历史平方值总和的平方根，其式如(12.15)所示。AdaGrad 的基本思想是对每次迭代使用不同的学习率，这个学习率在一开始比较大，用于快速梯度下降。随着优化过程的进行，因为历史的梯度会叠加，对于已经下降很多的变量，则减缓学习率。

$$\begin{aligned} r &= r + \frac{\partial J(\theta)}{\partial \theta} \times \frac{\partial J(\theta)}{\partial \theta} \\ \theta &\leftarrow \theta - \eta \times \frac{1}{\sqrt{r} + \varepsilon} \times \frac{\partial J(\theta)}{\partial \theta} \end{aligned} \tag{12.15}$$

在式(12.15)中，ε 是一个小值，以防止出现除数为零的错误，很多框架的默认值都是 10^{-7}。

和动量法相反，在相同学习率的情况下，AdaGrad 的收敛速度要慢一些。从图 12.8 可以看出，同样是迭代 50 次，在学习率都是 0.95 时，AdaGrad 还没有收敛到目标值。因此这里把学习率变大，例如，将学习率设置为 1.5，此时 AdaGrad 所走的路径如图 12.8(b)所示。

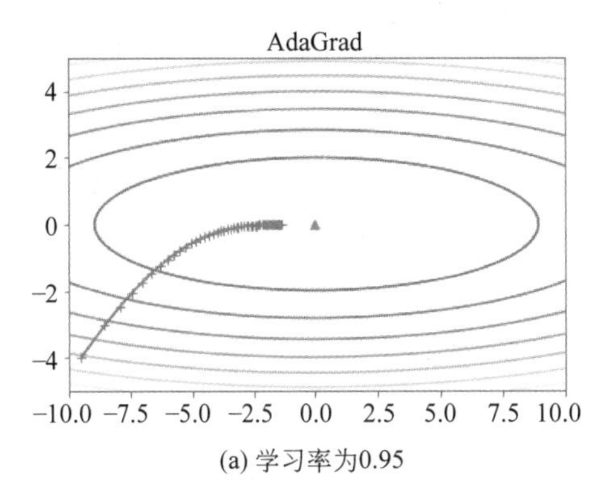

(a) 学习率为0.95

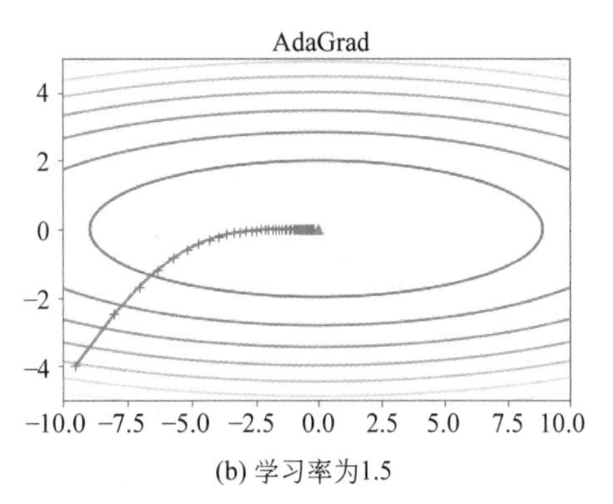

(b) 学习率为1.5

图 12.8　AdaGrad 优化算法轨迹

（由程序 12.2 绘制）

可以看到 AdaGrad 的优化路径很少有折线出现。这也是 AdaGrad 的优势之处。

2）RMSProp

RMSProp 算法由辛顿提出，全称是 Root Mean Square Prop 算法(它不是发表在论文上，而是在 2012 年的一次暑期课程中被提出)。RMSProp 和 AdaGrad 一样，也是对学习率进行动态调整，只不过 RMSProp 采用另一种衰减方法，它丢弃遥远过去的历史，只对最近的历史梯度信息进行累加。RMSProp 优化算法的公式为

$$r=\rho\times r+(1-\rho)\times\frac{\partial J(\theta)}{\partial\theta}\times\frac{\partial J(\theta)}{\partial\theta}$$
$$\theta\leftarrow\theta-\eta\times\frac{1}{\sqrt{r}+\varepsilon}\times\frac{\partial J(\theta)}{\partial\theta}\tag{12.16}$$

RMSProp 优化算法中增加了一个新的超参数 ρ，ρ 的初始值可以自己设定(一般框架默认值为 0.9)，叫作衰减系数。RMSProp 算法和 AdaGrad 算法的不同之处在于累积平方梯度的求法不同。RMSProp 算法不像 AdaGrad 算法那样直接累加平方梯度，而是加了一个衰减系数来控制历史信息的获取多少。

为什么加了一个超参数 ρ 之后，就相当于丢弃遥远的历史了呢？可以这么理解，$r_t=\rho\times r_{t-1}+(1-\rho)\times g_t$，迭代了 50 次。那么

$$r_1=\rho\times r_0+(1-\rho)\times g_1$$
$$r_2=\rho\times r_1+(1-\rho)\times g_2=\rho^2\times r_0+\cdots$$
$$r_3=\rho\times r_2+(1-\rho)\times g_3=\rho^3\times r_0+\rho^2\times r_1\cdots$$

这样迭代下去，因为 ρ 是一个小于 1 的数值，随着迭代次数的增加，越遥远的 r，前面的系数越小，因此，这里就相当于丢弃遥远过去的历史(也不完全丢弃，只不过随着迭代的进行，越遥远的 r 所起的作用越小)。这种方法也被称为“指数移动平均”，呈指数式地减小过去的值的影响。RMSProp 算法的轨迹如图 12.9 所示。

由图 12.9 可见，RMSProp 可以较快地达到最优值(因为这里的程序固定地运行 50 次，在图 12.9(a)中，RMSProp 在目标值上下震荡)。

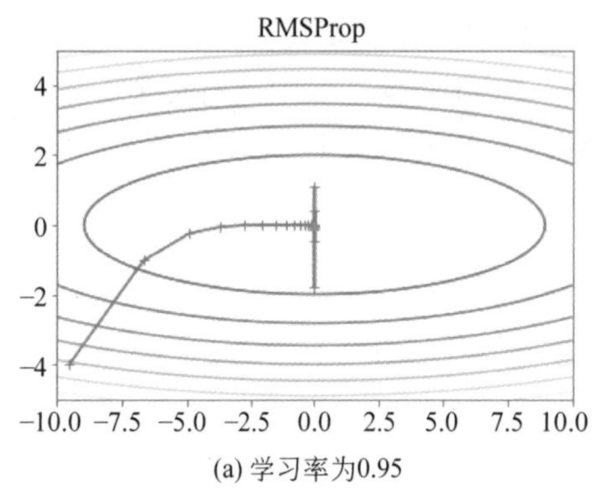

(a) 学习率为0.95

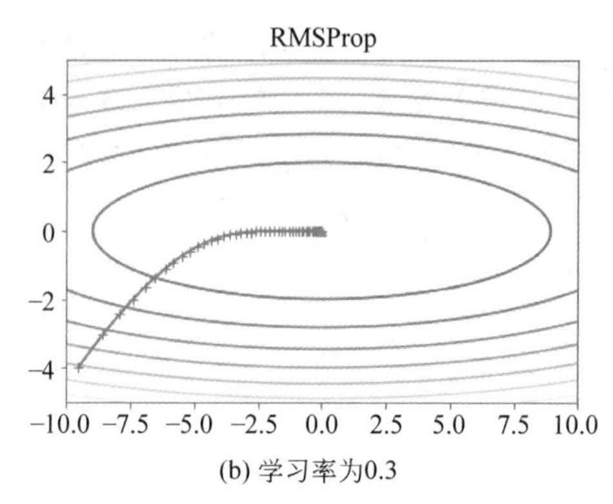

(b) 学习率为0.3

图 12.9 RMSProp 优化算法轨迹

（由程序 12.2 绘制）

经验上，RMSProp 已被证明是一种有效且实用的深度神经网络优化算法。目前它是深度学习从业者经常采用的优化方法之一。

4. 综合优化算法

综合优化算法综合了前述算法的优点，其中以 Adam 算法[10]最为典型。

Adam 算法于 2014 年被提出（Adam 这个名字来自短语“adaptive moments”），它结合了动量方法和 RMSProp 两种优化算法的优点，迭代公式为

$$
\begin{aligned}
m &= \text{beta}_1 \times m + (1 - \text{beta}_1) \times \frac{\partial J(\theta)}{\partial \theta} \\
v &= \text{beta}_2 \times v + (1 - \text{beta}_2) \times \frac{\partial J(\theta)}{\partial \theta} \times \frac{\partial J(\theta)}{\partial \theta} \\
\theta &\leftarrow \theta - \eta \times \frac{m}{\sqrt{v} + \varepsilon}
\end{aligned}
\tag{12.17}
$$

公式中有四个超参数，分别是beta_1、beta_2、ε 和 η（在大部分深度学习框架中，这 4 个超参数的默认值设置为$\text{beta}_1=0.9$，$\text{beta}_2=0.999$，$\varepsilon=1\times10^{-8}$，$\eta=0.001$）。式(12.17)中一共有 3 行，仔细观察会发现，第 1 行相当于基本动量法，第 2 行相当于 RMSProp 法。

利用程序 12.2 对 Adam 算法进行画图，得到 Adam 算法所走的优化路线如图 12.10 所示。

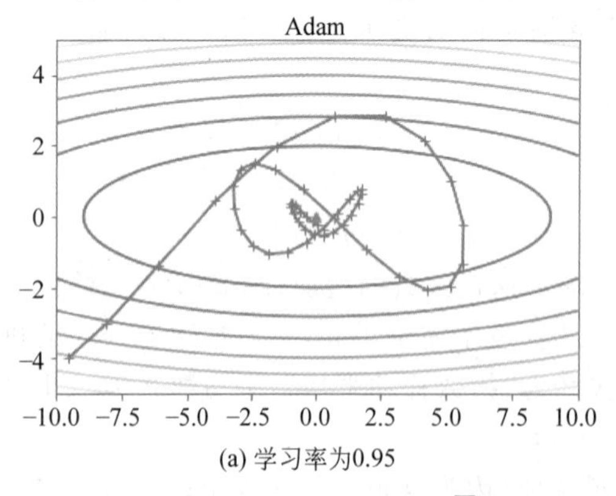

(a) 学习率为0.95

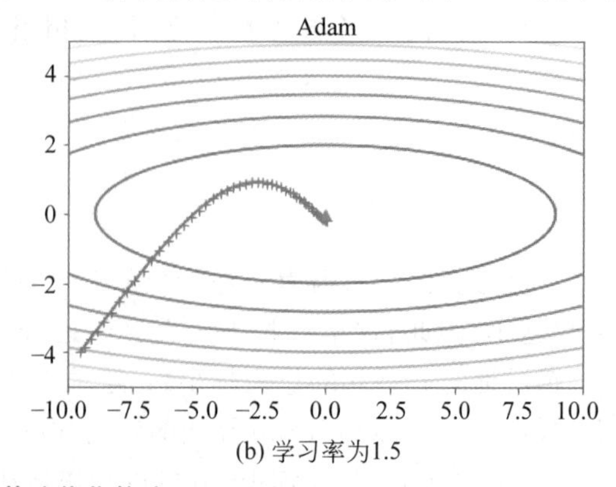

(b) 学习率为1.5

图 12.10 Adam 算法优化轨迹

（由程序 12.10 绘制）

对比图 12.6～图 12.10，看起来是 AdaGrad 和 RMSProp 算法更好。事实上，这些图是由具体的数据决定的。另外，为了大家理解方便，程序强制迭代 50 步，在实际的使用中，肯定不会这样设置。

从时间上来说，Adam 是最后出现的，效果应该最好。因为解决同一个问题，新出现的算法一般会性能更好或者更简单、更易于实现；或者性能没有优势，也并没有更简单，但是新算法提供了一种思路、一个框架，在这个框架内能够解决一系列问题。

Adam 综合了历史方法的优点，也是使用人数较多的一个方法。但是，UC Berkeley 的一篇论文[11]却指出，Adam 在机器学习中并没有显现出优势，但是它还是很流行（在学术界里，这相当于直接地批评了）。

除了上述提到的几种优化算法，还有 Adadelta（和 RMSProp 类似）、NAdam（一种结合 Nesterov 和 Adam 的优化算法）等多种优化算法。

5. 怎么做

程序 12.2　各种优化算法

```
1     import numpy as np
2     import matplotlib.pyplot as plt
3     from mpl_toolkits.mplot3d import Axes3D
4
5     def f(x, y):
6         return x**2 / 20.0 + y**2
7     def df(x, y):
8         return 0.1 * x, 2.0 * y
9
10    x = np.arange(-10, 10, 0.01)
11    y = np.arange(-5, 5, 0.01)
12    X, Y = np.meshgrid(x, y)
13    Z = f(X, Y)
14
15    fig = plt.figure()
16    ax = Axes3D(fig).plot_surface(X, Y, Z)              #画曲面图
17    plt.show()
18    plt.contour(X, Y, Z)                                #画等高线
19    plt.show()
20
21    def SGD(learning_rate):                             #随机梯度下降
22        for key in coordinates.keys():
23            coordinates[key] -= learning_rate * grads[key]
              #对各个维度的坐标分别进行梯度下降
24
25    x_steps = []
26    y_steps = []
27    coordinates = {}
28    coordinates['x'], coordinates['y']=-9.5, -4       #参数的初始位置
29    grads = {}
30    grads['x'], grads['y'] = 0, 0                     #梯度的初始值
```

```
31
32  for i in range(50):
33      x_steps.append(coordinates['x'])
34      y_steps.append(coordinates['y'])
35      grads['x'], grads['y'] = df(coordinates['x'], coordinates['y'])
        #求得每一次迭代的梯度
36      SGD(0.95)#修改此处,可以得到不同的轨迹
37
38  plt.plot(x_steps, y_steps, '+-', color="blue")  #画出轨迹,以+符号表示
39  plt.contour(X, Y, Z)
40  plt.plot(0, 0, '^')                             #目标值,以三角符号表示
41  plt.title('SGD')
42  plt.show()
43
44  #基本动量法
45  v = {}                                          #存储每次迭代速度的字典
46  def Momentum(learning_rate=0.1,mu=0.9):
47      if v == {}:
48          for key, val in coordinates.items():
49              v[key] = np.zeros_like(val)
50      for key in coordinates.keys():
51          v[key] = mu * v[key] - learning_rate * grads[key]
52          coordinates[key] += v[key]
53  #AdaGrad
54  r = {}
55  def AdaGrad(lr=1.5):
56      if r=={}:
57          for key, val in coordinates.items():
58              r[key] = np.zeros_like(val)
59      for key in coordinates.keys():
60          r[key] = r[key] + grads[key] * grads[key]
61          coordinates[key] -= lr * grads[key] / (np.sqrt(r[key]) + 1e-7)
62  #RMSProp 梯度下降
63  r = {}
64  def RMSProp(lr=0.01,rho = 0.9):
65      if r=={}:
66          for key, val in coordinates.items():
67              r[key] = np.zeros_like(val)
68      for key in coordinates.keys():
69          r[key] = rho * r[key] + (1-rho) * grads[key] * grads[key]
70          coordinates[key] -= lr * grads[key] / (np.sqrt(r[key]) + 1e-7)
71  #Adam 梯度下降
72  m,v = {},{}
73  def Adam(lr=0.001, beta1=0.9, beta2=0.999):
74      if m=={}:
75          for key, val in coordinates.items():
76              m[key] = np.zeros_like(val)
77              v[key] = np.zeros_like(val)
78      for key in coordinates.keys():
79          m[key] = m[key] * beta1 + (1-beta1) * grads[key]
80          v[key] = v[key] * beta2 + (1-beta2) * grads[key]**2
81          coordinates[key] -= lr * m[key] / (np.sqrt(v[key]) + 1e-8)
```

程序12.2绘制了12.3节几种优化算法的路径。其中第1～19行绘制图12.4。程序第21～40行绘制图像12.5。注意，基本动量法、AdaGrad、RMSProp、Adam优化算法的轨迹仍然可以由本程序绘制，但是要修改第36行语句，相信大家会知道如何修改的。

6. 总结

关于优化算法，有三个注意事项。

(1) 本节的这些优化算法是基于梯度下降的优化算法，不是深度学习的优化算法。这些算法不止可以用在深度学习中，只要可以使用梯度下降优化的地方，例如逻辑回归等，都可以应用改进版本优化算法。在深度学习被广泛使用之前，梯度下降算法作为一个普通的算法，并没有得到这么多重视。在深度学习大热之后，梯度下降算法作为深度学习训练过程中应用最广泛、效果最好的优化算法，得到了很多研究人员的重视，因此，才涌现出这么多基于传统梯度下降算法的改进版本。

(2) 深度学习的优化算法也可以不使用基于梯度下降的优化算法。事实上，梯度下降算法只是反向传播算法的优化算法的其中一种，还有其他优化算法，例如牛顿迭代法、模拟退火法等。只不过目前认为梯度下降算法是各种算法中表现优秀的那个。如果有效率更高、性能更好的优化算法出现，完全可以使用其他优化算法，对深度学习本身没有任何影响。

(3) 没有最好的优化算法，只有最合适的优化算法。因为Adam推出得较晚，因此，大家用Adam多一些。也有很多人反映Adam虽然收敛更快，但是有些时候效果不如最基本的SGD。深度学习目前还是黑盒子，虽然很多人都在研究，但是里面的秘密还没有揭开。在深度学习训练中首选哪个算法以及如何选择激活函数，目前并没有明显的规律。

学习了更多的激活函数和更多的优化算法，再回看程序12.1，大家就知道这个程序中各个参数表示什么意思了。但是，如果你真的运行程序12.1就会发现，它对用户自己手写的数字，识别率并不高(作者测试了程序12.1对图片11.11十个数字的识别，总有一两个不能正确识别)。这个神经网络依然没有抓住图像的本质特征，那么，是否有办法设计结构更精巧的神经网络？

12.2 卷积神经网络

12.2.1 再见 Mnist

如果只是多了一些激活函数和优化算法，深度学习和神经网络不会有太大区别，深度学习的不同之处在于，它有了更加复杂的结构。

这里利用新的深度学习结构，再一次训练Mnist数据，如程序12.3所示。

程序12.3 使用CNN训练Mnist数据

```
13    …
14    cnn=models.Sequential()
15    cnn.add(layers.Conv2D(32,(3,3),activation='relu',input_shape=(28,28,1)))
16    cnn.add(layers.MaxPooling2D((2,2)))
17    cnn.add(layers.Conv2D(64,(3,3),activation='relu'))
```

```
18    cnn.add(layers.MaxPooling2D((2,2)))
19    cnn.add(layers.Conv2D(64,(3,3),activation='relu'))
20    cnn.add(layers.Flatten())
21    cnn.add(layers.Dense(64,activation='relu'))
22    cnn.add(layers.Dense(10,activation='softmax'))
23    cnn.summary()
24
25    cnn.compile(optimizer='rmsprop',loss='categorical_crossentropy',
      metrics=['accuracy'])
26    cnn.fit(train_data,train_label,epochs=5,batch_size=64)
27    …
  #将 train_data=train_data.reshape((60000,28,28,1))语句增加到程序 12.1 中第 9
  #行后面
  #将 test_data=test_data.reshape((10000,28,28,1))语句增加到程序 12.1 中第 21 行
  #后面
```

程序 12.3 使用一种新的网络结构训练了 Mnist 数据，这种新型神经网络叫作卷积神经网络(Convolutional Neural Networks，CNN)。这个程序功能和程序 12.1 一致，这里只列出了程序的核心部分。如果想运行本程序，需要把程序 12.3 的第 14～18 行替换为这里第 14～27 行，同时还要更改数据格式，即在程序 12.1 的第 9 行、第 21 行后分别加上最后两条注释语句。

除了网络结构不同，程序 12.3 和程序 12.1 功能一致，由于网络更加复杂，因此在训练时使用了小批量随机梯度下降(程序 12.3 第 26 行，batch_size=64)。

如果运行这个神经网络，在训练集上的精度可以超过 99%(在笔者计算机上，多次运行之后在训练集上的精度都大于 99.4%，在测试集上的精度也几乎在 99%左右，这个结果已经优于很多人类的识别水平了)。

继续在自己手写的数据集上进行验证，同样需要注意的是数据规格，只需要把测试数据的规格改为指定规格(1,28,28,1)即可。非常可惜，在自己的手写数字上(图 11.11)，这个卷积神经网络表现也一般，在 10 个数字中依然会错 1～2 个(偶尔将 6 错误识别为 5，将 8 错识别为 2)。

既然在这次表现没有想象中的好，那么稍微调整一下网络结构。调整网络结构的办法比较简单，将程序 12.3 的第 17 行改为

cnn.add(layers.Conv2D(64,(5,5),activation='relu'))

这次训练之后，重新测试自己写的手写体数字，10 个数字全部验证正确。重新写了几个字，只要是写得不太离谱，这个神经网络都能识别出来。

为什么简单地把程序中的(3,3)改成(5,5)就可以了？这里的(3,3)和(5,5)分别代表什么？答案是这种卷积神经网络能够抓住图像更深层的东西。这里的(3,3)和(5,5)分别代表卷积核的大小。

12.2.2 生物的视觉系统

从 20 世纪四五十年代计算机的诞生开始，人们就憧憬让计算机识别图片，没人想到这个任务会这么困难。

没有人会觉得用眼睛识别事物是件难事，因为视觉系统对生物太重要了，所以，就像消

化、呼吸一样，平时大家都忽略了它的伟大之处，殊不知，这是几亿年的进化给生物的福利。

图 12.11 为中国古代画家八大山人（朱耷）的作品，任何人都很容易看出，图中椭圆圈起来的是两只鸟嘴。但是计算机不能，在第 2 章中介绍过，计算机使用像素来表示图片，而这两个圈起来的部分，它们各自的像素不会一模一样。

图 12.11　双鸟图

（图片：双鸟图(局部)·八大山人）

当然，可以采用一些诸如平移、旋转、缩放之类的方法，例如，人们提出了尺度不变特征变换（Scale-Invariant Feature Transform，SIFT）、方向梯度直方图（Histogram of Oriented Gradient，HOG）等方法，但是这些方法需要人们手工编写图像特征，本质上，这些方法还是在像素这一层次做文章。

生物的视觉可不是这样，这里先看看生物的视觉工作原理。

回顾第 1 章，在介绍连接主义学派时，提到麦卡洛克和皮茨最早提出了神经网络的 MP 模型，然后简单介绍了蛙眼实验，它证明大脑的工作不是简单地通过神经元互相之间的各种运算完成，MP 神经元模型不能解释大脑的工作原理（至少是不完整的）。

蛙眼实验是怎么回事？它是 1958 年由麦卡洛克团队做的一项实验，实验结论发表在 1959 年的论文《蛙眼告诉了蛙脑什么》[12]中。麦卡洛克和皮茨原以为所有的思维和计算都在大脑当中，现在蛙眼实验的结果证明并不是他们想象中的那样，起码在视觉方面，可视皮层是分级的。这个发现归功于神经生物学家休伯尔和维厄瑟尔。

就在麦卡洛克团队针对蛙眼所做实验不久，休伯尔和维厄瑟尔针对猫进行了若干次实验，证实了视觉系统并不是一个一个光点识别，而是一个分层的系统。只不过大脑在视觉识别过程中，对人们隐藏了细节。

今天一提到实验动物，人们就想到小白鼠。在 20 世纪早期，很多动物都曾被用来作为实验对象，猫是其中最常见的一种。

休伯尔和维厄瑟尔对猫进行了视觉实验。他们让猫观看各种老式幻灯片，然后观察猫脑部神经元的电信号。这件事听起来容易，其实是“大海捞针”，因为神经元太多了，不是所有的神经元都是处理视觉信号的，但是他们最后成功发现：在观测脑部电信号时，发现猫对老式幻灯片上光斑的位置、强弱，并没有特殊反应，但是一次意外，猫的某些神经元却发出强烈的信号。原来，是幻灯片和卡槽之间漏了一条缝隙，因此，猫的某些神经元才会强烈反应。换句话说，生物的视觉系统不是单点识别，他们进一步研究发现，视觉系统不是一个一个光点识别，而是一个分层的系统。

他们还对猫做了很多其他实验，例如，他们通过在猫的不同发育阶段剥夺猫的视力，发现了视觉系统的发育有“关键期”，如果在这段时间内猫被剥夺视力，那么猫就无法建立视觉系统。

生物视觉系统如图 12.12 所示。

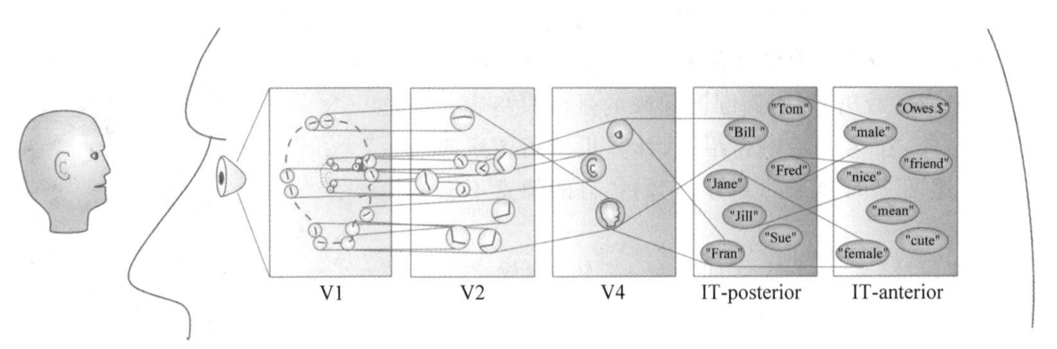

图 12.12　生物视觉系统

（图片来源：文献[13]，图 3.7）

图 12.12 是生物视觉系统的一个示意图（实际系统比这个复杂，有腹侧通路和背侧通路，但是这个示意图已经能够说明视觉系统特征）。图 12.12 显示了一个人在看到另外一个人脸后，不同神经元组成的层次序列。在最底层（V1 部分），有基本的特征检测器（定向边缘）。接下来，它的被组合成线的连接（V2）。单个人脸在下一个级别被识别（V4）。最后，在最高层次上是重要的功能性"语义"范畴，例如，能够认出这个人是谁，叫什么名字，以及这个人的基本特征，如性别、性格等。

这种分层结构，包括从视网膜到初级视觉皮层，再到视觉皮层的其他区域，最后到颞下皮层。在初级视觉皮层中，每个神经元只连接到视野的一小部分区域，即接收区域。

在 V1 中，成束的大椎体神经元（50～100 个）连接到一块很小的视野区域，称之为"感受野"。假设 60 个神经元组成一"束"，其中 1 号神经元对垂直轮廓做响应，2 号神经元对与垂直方向呈 6°角的直线做响应，3 号神经元对与垂直方向呈 12°角的直线做响应……60 号神经元绕表盘一周。总之，该"束"中的每一个神经元都对连接到该"束"感受野中的呈现不同轮廓的线和反向做出反应，这些神经元对于元素的大小也可以做出反应。事实上，休伯尔和维厄瑟尔也曾解释说，初级视觉皮层的区域起着特征提取器的作用[29]。

在神经网络中，如何描述这样的区域？科研人员想出了一个精巧的网络结构。

12.2.3　卷积神经网络

1. 发展历史

日本计算机科学家福岛邦彦受到休伯尔和维厄瑟尔研究结果的启发，提出了一个识别图像的想法：先利用一层简单神经元检测各个小接收区域接收到的图像信息，再利用下一层复杂细胞处理收集到的数据。他提出了神经认知机的结构，包括简单神经元、复杂神经元，最后是一层分类神经元。但是，那个时候还没有反向传播这样的训练方法出现，因此，这样一个网络是很难训练的，那时候的中间层通过无监督的"竞争"方法被训练，并且，他还需要对这个网络的大量参数手动调整。因此，这个网络虽然在一定程度上模拟了人类的视觉系统，并没有为更多人所知。

转机出现在 20 世纪 80 年代末期，杨立昆提出了卷积神经网络的概念，事实上，他设计的 7 层卷积网络 LeNet5 和程序 12.3 的网络结构几乎一致（除了每层的卷积核个数和神经元个数不相同）。LeNet5 在 20 世纪 90 年代初期开发，考虑到那时候大型服务器的计算能力还不如现在的个人计算机，因此，这样的网络已经是一个大型神经网络了。LeNet5 在商业上也取得了成功，可以读取商业使用的一些支票。

本节分析一下程序 12.3 中卷积神经网络的结构。

2. 网络结构

1）卷积核

在数学结构上，一个卷积核(kernel)是一个矩阵。

假设一个图片(字母 E)，只有 5×5 个像素，那么，这张图片的像素信息如图 12.13 所示。

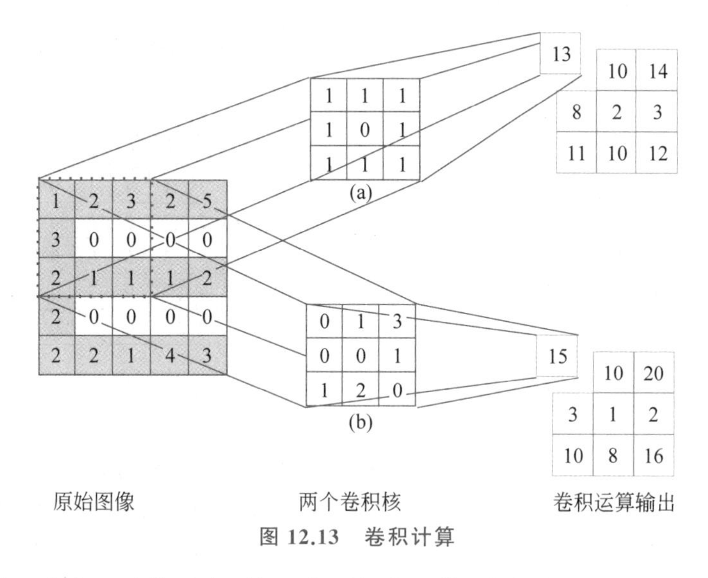

图 12.13 卷积计算

图 12.13 是一个卷积计算示意，输入为左侧的图像，中间有两个卷积核(这里随机给出卷积核的数字，在神经网络中，卷积核的规格由用户指定，但是卷积核中的数字通过训练习得)，最右侧为经过两个卷积核的计算得到的神经网络下一层。

注意，卷积核要滑动运算，以上面的卷积核图 12.13(a)为例，它依次要和原始数据中的 9 个子矩阵进行卷积计算，其中前 4 个子矩阵如图 12.14 所示。

1	2	3
3	0	0
2	1	1

2	3	2
0	0	0
1	1	1

3	2	5
0	0	0
1	1	2

3	0	0
2	1	1
2	0	0

图 12.14 子矩阵(其中前 4 个)

计算的方式为内积，即对应位置相乘，然后求和。图 12.13 中最后一层的数字 13(上部输出矩阵的左上角)、数字 12(上部输出矩阵的右下角)的计算公式为

$$1\times1+1\times2+1\times3+1\times3+0\times0+1\times0+1\times2+1\times1+1\times1=13$$

$$1\times1+1\times1+1\times2+1\times0+0\times0+1\times0+1\times1+1\times4+1\times3=12$$

2）步长

在图 12.13 的例子中，卷积核每次滑动一格，即步长为 1。步长(stride)也可以设置为其他值，例如，如果步长设置为 2，那么卷积核依次要与如图 12.15 所示的子矩阵进行卷积

运算。

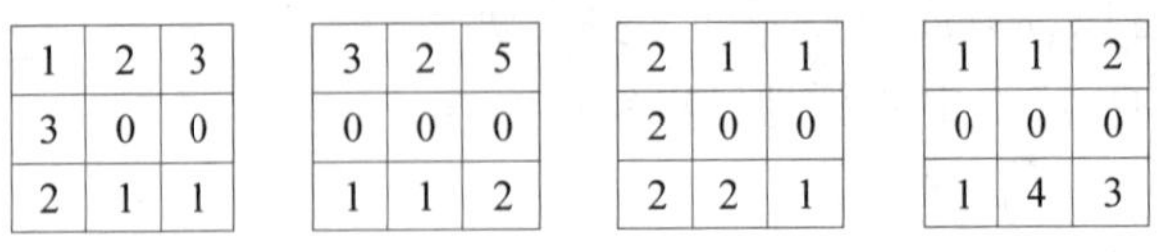

图 12.15　步长为 2 的子矩阵

注意，此时最后输出层的矩阵也不再是 3×3 的，而是 2×2 的。

3）填充

在卷积核滑动与数据进行运算时，大家可以发现，边缘区域会少算一些（中间区域会进行多次卷积运算），这样可能会丢失边缘数据信息。为了弥补这个遗憾，可以在数据周围进行填充（padding），一般以 0 值填充。另外，填充还可以使经过卷积运算前后尺寸保持不变。填充的例子如图 12.16 所示。

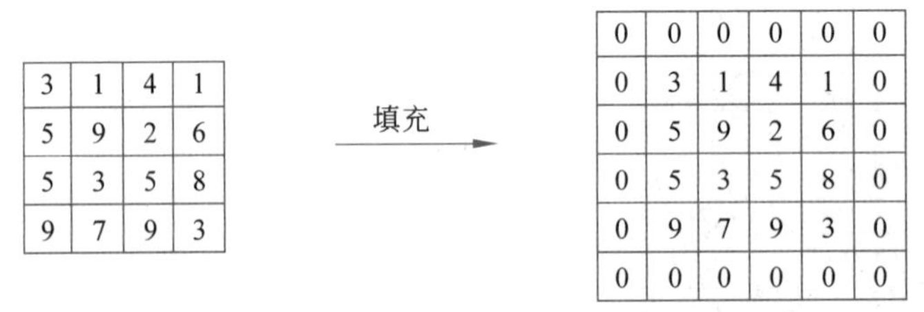

图 12.16　填充示意

4）池化

经过卷积运算之后，能够提取数据的更多信息，但是不可避免地会带来过拟合。池化层的出现可以降低过拟合，并且还能减少计算量。池化（pooling）有很多种方法，最常见的方法是最大池化（max pooling），如图 12.17 所示。

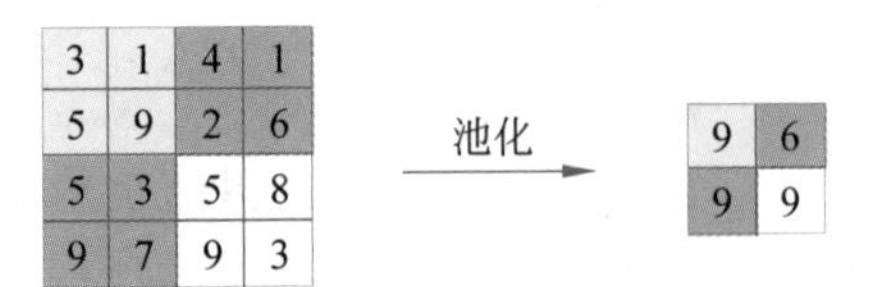

图 12.17　最大池化示意

图中不同灰度底色的矩阵，取最大值代表该区域的矩阵。池化可以看作是一种滤镜，属于一种子采用（subsampling）技术。但是池化层过快地减少了数据大小，另外，池化之后，数据丢失就无法再还原，一般认为池化滤镜不宜过大。

池化有很多种，上图为最大池化，除此之外还有平均池化、随机池化、中值池化等，但是一般经验表明，最大池化效果要好一些。

有了本节的概念，可以解释程序 12.1 的第 17 行，将（3，3）改成（5，5），更大的卷积核能够抓住更大的视野区域特征，因此在该例中，可以更好地识别用户的手写体数字。但是卷积核也不是越大越好，设想一下，如果卷积核和图像本身一样大，那有无卷积核效果是一样的。

3. 结构分析

有了前一小节的基本知识，现在可以分析再见 Mnist（程序 12.3）中的网络结构了，如图 12.18 所示。该程序的第 23 行会输出该神经网络结构的概要信息。表 12.1 是程序 12.3 第 23 行的输出。

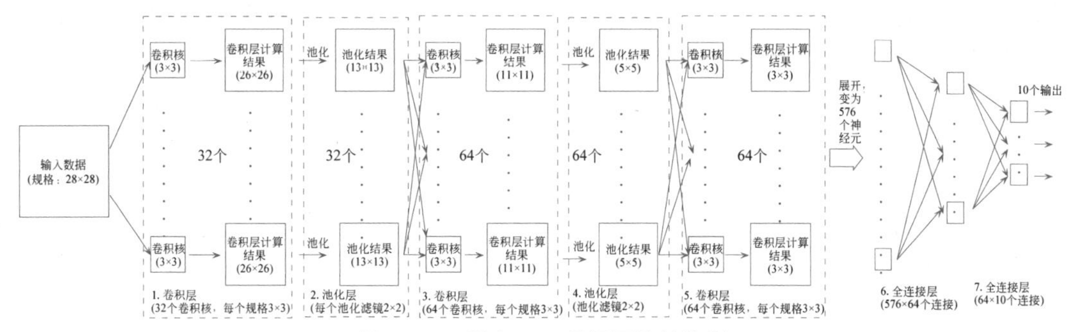

图 12.18　程序 12.3 神经网络结构图

表 12.1　程序 12.3 神经网络结构概要

序号	Layer(type)	Output Shape	Param #
1	conv2d_1 (Conv2D)	(None,26,26,32)	320
2	max_pooling2d_1 (MaxPooling2D)	(None,13,13,32)	0
3	conv2d_2 (Conv2D)	(None,11,11,64)	18496
4	max_pooling2d_2 (MaxPooling2D)	(None,5,5,64)	0
5	conv2d_3 (Conv2D)	(None,3,3,64)	36928
6	flatten_1 (Flatten)	(None,576)	0
7	dense_1 (Dense)	(None,64)	36928
8	dense_2 (Dense)	(None,10)	650

表 12.1 可以配合程序 12.3 和图 12.18 查看，程序 12.3 构建一个网络，网络结构如下。

(1) 输入数据(形状为 28×28×1，原始数据按照灰度图片处理)；

(2) 卷积层(32 个卷积核，每个卷积核是 3×3 规格，输出结果形状如表 12.1 序号 1)，需要训练的参数为 32 个卷积核(每个 3×3)，加上 32 个偏置 b，共(3×3)×32+32=320；

(3) 池化层(池化滤镜是 2×2，输出结果形状如表 12.1 序号 2)；

(4) 卷积层(64 个卷积核，每个卷积核是 3×3 规格，输出结果形状如表 12.1 序号 3)，需要训练的参数为 64 个卷积核(每个 3×3)，上一层的输出有 32 个，加上 64 个偏置 b，共 64×(3×3)×32+64=18496；

(5) 池化层(池化滤镜是 2×2，输出结果形状如表 12.1 序号 4)；

(6) 卷积层(64 个卷积核，每个卷积核是 3×3 规格，输出结果形状如表 12.1 序号 5)，将卷积层展平(输出结果形状如表 12.1 序号 6)；

(7) 全连接层(64 个神经元，输出结果形状如表 12.1 序号 7)；

(8) 全连接层(10 个神经元，输出结果形状如表 12.1 序号 8，也是最后的输出结果)。

可以认为这个网络有 7 层，展平那个操作不能算作一层，但是也有资料把这个网络当成 5 层网络，因为池化层不需要训练，不将池化层单独算作一层。

简单分析一下，经过第一个卷积层之后(默认步长是 1)，原始的 28×28 的图像运算结果为 26×26 规格，因为有 32 个卷积核，所以输出结果为(26,26,32)(表 12.1 序号 1)，这个卷积层之后就是池化.池化滤镜是 2×2，因此 26×26 的规格会变为 13×13，输出结果为(13,13,32)(表 12.1 序号 2)，经过 3 个卷积层和 2 个池化层之后，输出结果为(3,3,64)。这时候有一个展平(flatten)的操作，即将这 64 个 3×3 的结果变为一个规格为 576 的向量(表 12.1 序号 6)，然后经过两个全连接层(分别有 64 和 10 个神经元)，最后输出结果为 10 个数字(表 12.1 序号 8)。

卷积神经网络相较于上一章基本神经网络，结构会复杂一些。不过仔细分析，卷积层仍然可以使用梯度下降算法进行训练，而池化层不需要训练，因此，卷积神经网络并没有复杂太多。相比之下，下面介绍的神经网络——长短期记忆网络，结构就复杂得多了。

12.3 长短期记忆网络

12.3.1 序列数据

卷积神经网络在处理类似于图像这种数据时表现很好，但是在处理序列数据时，人们经常使用另外一种结构的神经网络。

常见的序列数据有文本、语音、天气、股票信息等，例如文本是单词的序列，语音是音素(phoneme)的序列，如果这种序列数据和时间有关，又叫时间序列。

大部分数据都有隐藏的信息，序列数据的信息隐藏在序列中，即后文信息是依赖于前文的，并且这种顺序不能颠倒。一个图像左右颠倒(镜像)并不会影响人们对其的认知，但是如果一段文本序列顺序颠倒，意思可能完全相反，例如“人咬狗”与“狗咬人”。

对于序列数据分析，传统的神经网络依然可以处理，但是这些网络没有抓住隐藏的序列信息，在处理后文数据的时候，会将前文数据遗忘。这里有一个例子，使用这种新型网络结构，来解决一个大众瞩目的预测问题——股票价格预测。

股票交易价格是典型的时间序列数据，这里从公开渠道收集 2014—2020 年每个交易日的茅台股票价格，数据格式如表 12.2 所示。

表 12.2　茅台股票交易数据(2014—2020 年)

交易日期	开市价格	日最高价格	日最低价格	闭市价格	成交量
2014/01/02	42.66	42.66	40.69	41	2197666
2014/01/03	40.4	40.85	38.73	39.35	2334165
⋮	⋮	⋮	⋮	⋮	⋮
2020/12/31	1941	1998.98	1939	1998	3886007

其中，数据共 1707 项(1707 个交易日)，为了进行预测，将数据分为两部分，2020 年 12 月前的数据为训练数据(1684 个交易日)，2020 年 12 月的数据为测试数据(23 个交易日)，图 12.19 给出了这两个数据的股票走势。

程序 12.4 使用了 LSTM 神经网络预测股票价格。

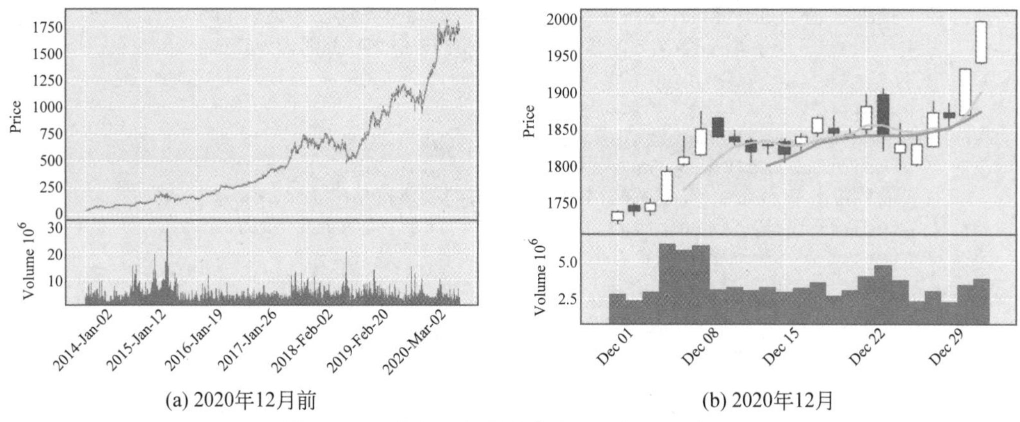

(a) 2020年12月前　　(b) 2020年12月

图 12.19　茅台历史股价数据(程序 12.4 生成)

程序 12.4　使用 LSTM 预测股价

```
1    import mplfinance as mpf
2    import pandas as pd
3
4    data = pd.read_csv('./data/maotai_test.csv',index_col= 'Date')#训练数据
5    data.index = pd.DatetimeIndex(data.index)
6    data['Volume']=data['Volume'].astype('float')
7    mpf.plot(data,type='candle', mav=(5,10), volume=True)
8
9    import numpy as np
10   import matplotlib.pyplot as plt
11   from tensorflow.keras.models import Sequential
12   from tensorflow.keras.layers import Dense
13   from tensorflow.keras.layers import LSTM
14   from tensorflow.keras.layers import Dropout
15
16   train=np.loadtxt('./data/maotai_train.csv',delimiter=',',skiprows=1,
     usecols=(4))                          #只要闭市价格
17   train=train.reshape(len(train),1)
18   normalized_train=(train-train.min())/(train.max()-train.min())
     #归一化(x-min)/(max-min)(0~1)
19   (colnum,rownum)=normalized_train.shape
20   step=5
21   X_train = []
22   y_train = []
23
24   for i in range(step, colnum):    #分别表示 time-step 和数据总数
25       X_train.append(normalized_train[i-step:i, 0])
26       y_train.append(normalized_train[i, 0])
27   X_train, y_train = np.array(X_train), np.array(y_train)
28   X_train = np.reshape(X_train, (X_train.shape[0], X_train.shape[1], 1))
29
30   predictor = Sequential()
31   predictor.add(LSTM(units = 32, return_sequences = True, input_shape = (X_
     train.shape[1], X_train.shape[2])))
32   predictor.add(Dropout(0.2))
```

```
33    predictor.add(LSTM(units = 64, return_sequences = True))
      #return_sequences = True 表示下面还要连接 LSTM,否则为 False
34    predictor.add(Dropout(0.2))
35    predictor.add(LSTM(units = 50))
36    predictor.add(Dropout(0.2))
37    predictor.add(Dense(units = 1))
      #最后输出单元有 1 个,也就是预测将来 1 天的股票价格
38    predictor.compile(optimizer = 'SGD', loss = 'mean_squared_error')
39    predictor.summary()
40    predictor.fit(X_train, y_train, epochs = 100, batch_size = 32)
41
42    test=np.loadtxt('./data/maotai_test.csv',delimiter=',',skiprows=1,
      usecols=(4))
43    test=test.reshape(len(test),1)
44    real_price=test                                    #原始数据,画图用
45    inputs=np.vstack((train[-step:],test))    #从训练数据里面拿出 step 个
46    high,low=inputs[0:-1].max(),inputs[0:-1].min()
      #把最后一天的数据去掉得到最大值和最小值
47    inputs=(inputs-low)/(high-low)#归一化
48    X_test = []
49    for i in range(step, step+len(test)):
50        X_test.append(inputs[i-step:i, 0])
51    X_test = np.array(X_test)
52
53    X_test = np.reshape(X_test, (X_test.shape[0], X_test.shape[1], 1))
54    predicted_price = predictor.predict(X_test)
55    predicted_price = predicted_price * (high-low)+low#逆归一化
56
57    plt.rcParams['font.sans-serif']=['SimHei']      #用来正常显示中文标签
58    plt.plot(real_price, label = '茅台股票真正价格')
59    plt.plot(predicted_price, linestyle=':',label = '茅台股票预测价格')
60    plt.title('茅台股价预测')
61    plt.xlabel('时间')
62    plt.ylabel('股票价格')
63    plt.legend()
64    plt.show()
```

运行程序 12.4,生成图片如图 12.20 所示。

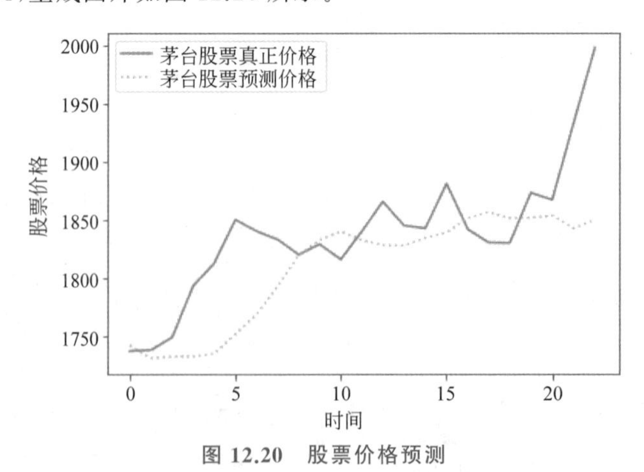

图 12.20　股票价格预测

可以看出，程序 12.4 的预测结果非常不准确。事实上，与大家都争先恐后发表学术论文不同，股价预测算法基本是“闷声大发财”，因为短期看来，股价是博弈的结果，大家都用同样的方法，会导致该种方法失效，所以，从来没有公开且有效的量化策略。

不乏利用数学在股市赚钱的科学家，例如创立文艺复兴科技公司的西蒙斯(陈省身与西蒙斯共同创立了陈氏-西蒙斯定理，西蒙斯和杨振宁也是好朋友)；创立山脊线合伙公司的索普(索普以战胜 21 点的策略闻名，早期使用他的策略，确实能战胜赌场)；香农晚年也是股票高手，从 20 世纪 50 年代到 1986 年，他的年化收益率达到了 28%(对比一下，巴菲特的伯克希尔公司 1965—1995 年的年化收益率相当于 27%)；当然，也有反面例子，牛顿就在南海股票泡沫中折戟，说下那句著名的话，“我可以计算天体的运动，却无法计算人类的疯狂”。

在程序 12.4 中，利用了一种新型的神经网络结构——长短期记忆(Long Short-Term Memory，LSTM)网络，这个网络能够综合历史信息和当前输入进行预测，它有复杂的神经元。为了更好地理解这个网络，本节先从循环神经网(Recurrent Neural Network，RNN)讲起。

12.3.2　循环神经网络

循环神经网络是能够记住历史信息的神经网络结构，图 12.21 是其结构示意图。

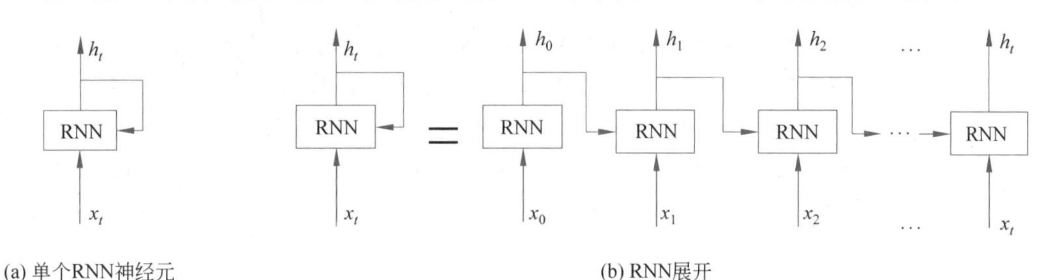

图 12.21　RNN 网络结构

图 12.21 中，x 表示这一层的输入，h 表示这一层的输出，这一层的输出不只要传送到下一层，还会回传给这个神经元。图 12.21(b)是把 RNN 结构展开的情况，注意，这里的展开并不表示有 t 个神经元，仍然是一个神经元，不过是在不同的时刻(一共有 t 个时刻)的状态，$x_0,x_1,x_2,\cdots,x_t$ 是序列数据，例如{x_0='祝'，x_1='你'，x_2='生'，…，x_t='乐'}等，同样，$h_0,h_1,h_2,\cdots,h_t$ 也是序列数据，表示神经网络计算得到的 t 个隐藏信息。

在 t 时刻，单个 RNN 神经元有两个输入，上一时刻的隐藏含义 h_{t-1}，本次序列的输入数据 x_t，有一个输出，本次计算所得的 h_t，画成人们熟悉的像“眼睛”模样的神经元结构，它的内部结构如图 12.22 所示。

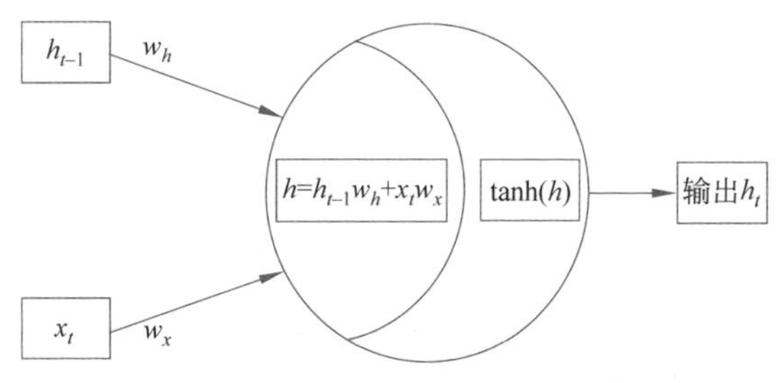

图 12.22　单个 RNN 神经元结构

图中，$h=h_{t-1}W_h+x_tW_x$，这个神经元没有偏置，有的神经元还有偏置项b，如果加上偏置的话，h 可以写为$h=h_{t-1}W_h+x_tW_x+b$。

一般认为，霍普菲尔德提出了一种具有联想记忆、优化计算能力的递归网络模型，即霍普菲尔德网络，是 RNN 的雏形；后来，机器学习专家乔丹定义了 recurrent 的概念，提出乔丹网络；之后，认知科学家埃尔曼提出了埃尔曼网络。这些研究结果基本上奠定今天的 RNN 结构。

对于 RNN 网络中的参数，仍然使用梯度下降训练得到。但是在 RNN 网络中，很容易出现梯度消失和梯度爆炸的情况。另外，从结构上来说，RNN 会把历史所有的信息都记录下来，但是经过若干次激活函数之后，这个值会越来越小。对于序列数据来说，相当于过去的数据对未来不起什么作用。所以，人们提出了另外一种网络结构——长短期记忆网络。

RNN 网络存在梯度消失和梯度爆炸的原因如下。对于 RNN 网络，t 时刻的输出 h_t 可以写成如下形式：$h_t=f(f\cdots f(W_xx_t+W_h(W_xx_{t-1}+\cdots W_h(W_xx_0+W_hh_0))))$，可知 t 时刻的输出 h_t 是 W_x、W_h 的函数，存在长期依赖的情况。假设 f 函数都使用 tanh 激活函数，根据求导数的链式法则，t 时刻对 W_h 的偏导数为 $\prod_t \frac{\partial h_t}{\partial h_{t-1}}=\prod_t \tanh' W_h$。这种长乘是指数增长，很容易出现结果为 0(梯度消失)或者结果为无穷大(梯度爆炸)的情况。

图 12.1(b)给出了 tanh()的导数情况，其最大值是 1，经过长乘法后，会变得很小，产生梯度消失。如果改用其他函数，例如 ReLU()、LeakReLU()、ELU()等激活函数，效果能好一些。ReLU()的导数为 1，可以解导数部分梯度消失或爆炸问题，但是 tanh()激活函数能够把输出值控制在$-1\sim1$，而 ReLU()的输出值会大于 1，这样，W_h 可能会越乘越大，出现梯度爆炸情况。

12.3.3 长短期记忆网络

1. 概述

在实际使用中，处理序列数据最常用的神经网络是长短期记忆网络(LSTM)，最早由德国计算机学者霍克赖特和施米德胡贝提出。它的外部结构和 RNN 很类似，只不过多了一个记忆单元 c，如图 12.23 所示。

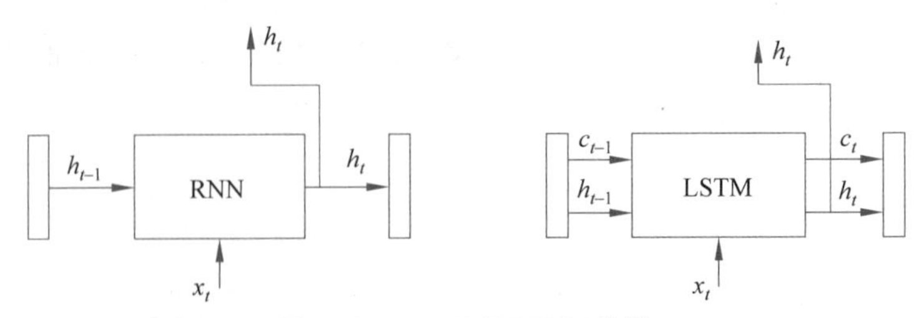

图 12.23 RNN 与 LSTM 比较

从外部看 LSTM 与 RNN，它们的结构基本一致。注意，在 t 时刻，LSTM 的输出仍然只有一个 h_t，c_t 只用于不同的时序在 LSTM 内部传递。如果把 LSTM 按照时序展开，和

图 12.21(b)基本一致，只不过 c_t 和 h_t 都会传送给下一个时间步的 LSTM 单元，并且 h_t 会向下一层输出。但是 LSTM 的内部可比 RNN 复杂多了，LSTM 内部有遗忘门、输入门、输出门以及其他复杂组件。门的意思是数据可以通过、不通过以及部分通过。

在以下公式中，使用 Sigmoid()激活函数的是门控部分，因为其值为 0～1，可以用来表示有多少比例的信息通过。使用 tanh()函数是信息传递部分，因为它的值为－1～1，使用它相当于把上一个时间步的记忆和这次的输入信息传递给下一个时间步并且输出。

2. 三门

这里的三门不是前文三门问题的三门，而是 LSTM 结构单元中的遗忘门、输入门和输出门。

1）遗忘门

Naftali Tishby 在文献[14]中说过，学习最重要的部分就是遗忘。如果新加入的 c_t 一直保持不变，也就是没有遗忘功能，那么学习的结果会是乱七八糟的。当然，遗忘是为了学习新东西，如果没有新东西进来，那也学不到东西。因此，遗忘门这部分分为两块，遗忘和学新。

遗忘部分，有遗忘门专用的权重参数，用上标(f)表示。遗忘部分的输出计算为

$$f = \text{Sigmoid}(h_{t-1}W_h^{(f)} + x_t W_x^{(f)} + b^{(f)})$$

学新部分，即这一次新来的信息有多少被学到，将新的信息加入到记忆单元中。因此这里应该使用 tanh()激活函数(这也是这部分不叫“学新门”的原因，它本身不是一个门控)。学新部分的权重参数用上标(n)表示，计算公式为

$$n = \tanh(h_{t-1}W_h^{(n)} + x_t W_x^{(n)} + b^{(n)})$$

添加了遗忘和学新部分之后，LSTM 单元的结构如图 12.24 所示。

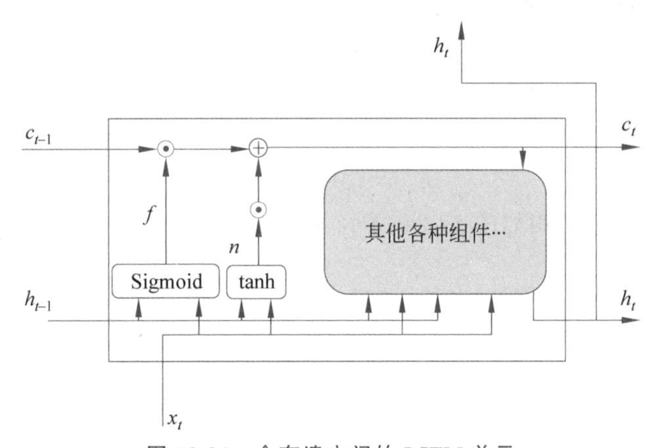

图 12.24　含有遗忘门的 LSTM 单元

图中有两个激活函数，Sigmoid 和 tanh；有两种运算符，⊙和⊕。其中，⊙为两个矩阵的对应项相乘，即两个相同规格($i \times j$)的矩阵 $\boldsymbol{M}$、$\boldsymbol{N}$，$\boldsymbol{M} \odot \boldsymbol{N}$ 的结果仍然是一个矩阵，这个矩阵每项为两个矩阵对应项的乘积 $m_{ij} \times n_{ij}$(这样的矩阵相乘叫作阿达玛乘法 Hadamard product)；⊕表示矩阵加法。

注意，这时候还不能计算得出 c_t，因为还需要输入门控制学新比例。

2）输入门

在学新部分，LSTM 还加入了一个输入门，它的作用是控制学新比例，也就是不是所有的新东西都会被学到。输入门部分的权重参数用上标(i)表示，输入门是一个门控信号，使用 Sigmoid()激活函数，输入门的输出计算公式为

$$i = \text{Sigmoid}(h_{t-1}W_h^{(i)} + x_t W_x^{(i)} + b^{(i)})$$

将输入门信号加入 LSTM 之后，此时的 LSTM 单元结构如图 12.25 所示。

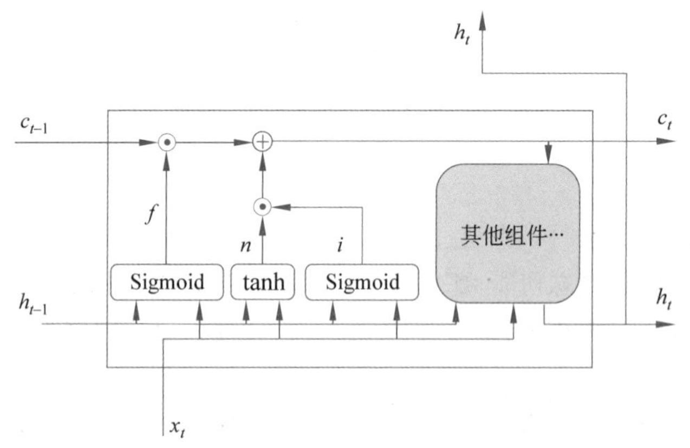

图 12.25　加入遗忘门和输入门的 LSTM 单元

有了输入门的学新控制之后，本次时间步的 c_t 计算公式为

$$c_t = c_{t-1} \odot f + n \odot i \tag{12.18}$$

3）输出门

在 LSTM 中，输出门用来控制输出情况，如果不考虑新的组件 c_t，那么 h_t 的输出应该是 $h_t = h_{t-1}W_h + x_t W_x + b$，加入激活函数 Sigmoid()以后，用上标$(o)$表示输出门的权重，计算公式为

$$o = \text{Sigmoid}(h_{t-1}W_h^{(o)} + x_t W_x^{(o)} + b^{(o)})$$

为了让新加入的组件 c_t 发挥作用，h_t 的输出由 c_t 和 o 共同构成，h_t 的计算结果为

$$h_t = o \odot \tanh(c_t) \tag{12.19}$$

完整的 LSTM 单元结构如图 12.26 所示。

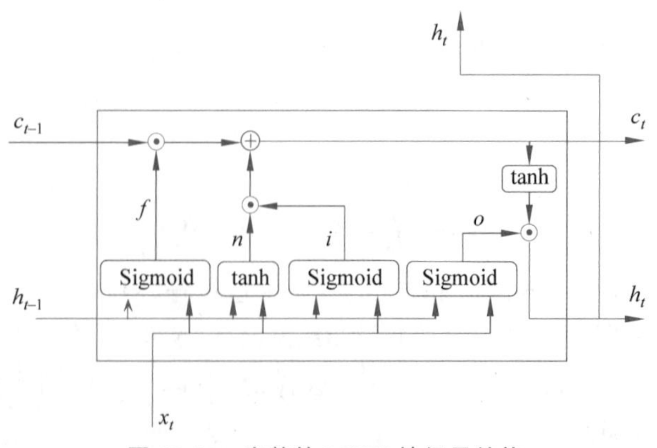

图 12.26　完整的 LSTM 神经元结构

结合图 12.26，再结合前述步骤，式(12.18)和式(12.19)即为神经元的两个输出(再次提醒，c_t 只向下一个时间步输出，h_t 同时向下一个时间步和下一层输出)。

图 12.26 给出了一个完整的 LSTM 的神经元结构。因为这结构太复杂，这里再总结说明一下。

如果大家第一次看到这样的结构，可能会觉得它太复杂，但是如果按照上面的步骤，模拟人的记忆过程，可以帮助大家更好的理解 LSTM 神经网络。在图 12.26 中，⊙表示阿达玛乘法，⊕表示矩阵加法，3 个 Sigmoid 激活单元分别对应于遗忘门、输入门、输出门。

遗忘门和输入门共同决定了上一时间步中记忆单元 c_{t-1} 的信息有多少传递到下个时间步，计算公式为式(12.18)，公式中加号左侧表示上一时间步经过遗忘门之后剩余的信息，加号右侧表示这一时间步学习得到的新信息。

输出门和本时间步的 c_t 共同决定了有多少隐藏知识被学习到了，由式(12.19)计算可得，它是一个阿达玛乘法，乘号左侧表示上一时间步的隐藏信息 h_{t-1} 和本时间步 x_t 经过输出门(Sigmoid 激活函数)之后的信息，乘号右侧表示本次记忆信息 c_t 经过 tanh 激活函数之后的信息。

如果看懂了长短期记忆网络的结构，也会明白长短期记忆网络这个词并不是长期的和短期的记忆网络，它的真正意思是长时间(long)地保持短期记忆(short-term)。

接下来可以分析程序 12.4 中的网络结构了。

12.3.4 结构分析

在分析程序 12.4 之前，还需要知道一个准备知识——失活。

失活又叫随机失活，它的原理非常简单，即在前向传播时，让某个神经元的激活值以一定的概率停止工作，这样可以使模型泛化性更强，因为它不会太依赖某些局部的特征。经验证明[15]，随机失活能够有效地避免过拟合。

在人脑中，皮层的突触会以很高的概率失活。例如文献[16]指出，对于来自输入的放电，皮层中的兴奋性突触有 90%的失败概率。

程序 12.4 中的第 39 行给出了网络结构的概述，该语句输出这个程序的神经网络如表 12.3 所示。

表 12.3 程序 12.4 神经网络结构概要

序号	Layer (type)	Output Shape	Param #
1	lstm (LSTM)	(None,5,32)	4352
2	dropout (Dropout)	(None,5,32)	0
3	lstm_1 (LSTM)	(None,5,64)	24832
4	dropout_1 (Dropout)	(None,5,64)	0
5	lstm_2 (LSTM)	(None,5,50)	23000
6	dropout_2 (Dropout)	(None,50)	0
7	dense (Dense)	(None,1)	51

程序 12.4 需要结合表 12.3 以及图 12.26 进行分析。程序第 1～7 行生成图 12.19(b)，更改数据(更改时间)可以生成 12.19(a)。

程序第 9～14 行导入必要的包，程序第 16～28 行准备数据。原始训练数据是 1684×1 格式，首先将其转换为 1680×5 格式数据，假设这 1680 个数据原始格式为[1,2,3,…,1684]，那么转换完之后的格式为[1,2,3,4,5]，[2,3,4,5,6]，…，[1680,1681,1682,1683,1684]。这样转换表示，每 5 天生成一个标签，用来指导训练，这里的 5 也可以改成其他值。

程序第 31 行构建第一层的 LSTM 结构，这里面的 units=32 并不是表示有 32 个神经元，而是表示一个神经元的 32 个时间步，即 h_t 中的 $t=32$，return_sequences = True 表示下面仍然要连接一层 LSTM 网络。对于本案例，输入数据为 5×1 格式。该层网络的输出如表 12.3 序号 1 所示，为 5×32 格式，需要训练的参数为 4352 个。观察图 12.26 可知，这里面一共有 4 个激活函数，有 12 个参数($W_h^{(f)}$，$W_x^{(f)}$，$b^{(f)}$，$W_h^{(n)}$，$W_x^{(n)}$，$b^{(n)}$，$W_h^{(i)}$，$W_x^{(i)}$，$b^{(i)}$，$W_h^{(o)}$，$W_x^{(o)}$，$b^{(o)}$)，这四类参数个数一样。以遗忘门为例，$W_h^{(f)}$ 需要 32 个参数(32 个 units)，$W_x^{(f)}$ 需要 1 个参数(输入形状为 5×1)，32 个 units 共需要训练(32+1)×32=1056，$b^{(f)}$ 也需要 32 个参数，因此四类一共需要(1056+32)×4=4352 个参数。经过该层网络之后，输出形状为 5×32，相当于下一层的输入形状为 5×32。

程序第 32 行随机失活，参数 0.2 表示有 20%神经元失活，这里没有需要训练的参数。

程序第 33 行有 64 个 units，因此，和程序第 31 行类似，需要训练的数据量为((64+32)×64+64)×4=24832，这层网络输出的形状为 5×64，作为下一层的输入。

程序第 34 行随机失活，第 35 行有 50 个 units。注意，第 35 行没有 return_sequences 参数，默认为 False，即下一层不再连接 LSTM 网络，而是正常的神经网络单元。

程序第 37 行为一个全连接层，一个 unit，上一层输出为 50，因此，这层训练参数数目为 51(包含一个偏置 b)。

程序第 40 行进行训练，第 42～55 行在验证集上进行预测，第 57～64 行绘制图 12.20。

12.3.5 生物的记忆系统

卷积神经网络的确受到了生物视觉系统的启发，但是没有证据表明，长短期记忆网络受到人类记忆系统的影响。记忆对于每一个人来说都太重要了。一个人回顾其一生，其实只有记忆。

> 记忆其实是不可靠的，语文书上本来就是“天将降大任于是人也”，但是依然有众多人认为书上原文是“天将降大任于斯人也”。大部分人对于青春的记忆都是美好的，只有青春期的小孩才知道，没有人的烦恼比他们多。

生物的记忆系统，现在仍然是秘密。如果说人类对生物的视觉系统有了一定的了解，那么对于记忆系统的了解远远不够。以人类的记忆系统为例，人类肯定能记住很多东西，但是，这些东西都具体存放在哪里？是存在于一个个细胞中？一个个蛋白质中？那么这些细胞或者蛋白质形态在人体的生长过程中不变化了？好像不符合目前人们观测到的事实。或者存放在身体的别的地方，例如中枢神经系统与周围神经系统中①？

---

① 中枢神经系统：由脑和脊髓组成。周围神经系统：脑和脊髓以外的所有神经，包括神经节、神经干、神经丛及神经终末装置。

现在人们一般认为记忆存在于多个神经元的连接处，那么这些连接又是怎么表示记忆的内容呢？例如，大家都认识汉字“我”字，那么这个“我”字到底存在什么地方呢？是大家都放在类似的地方，还是每一个人存放的地方不一样？大家都认识回家的路，和“我”字不同的是，显然每个人的家庭住址不一样，那么人类又把这个信息存放到哪里？像骑自行车或者游泳等不是每个人都掌握的本领，又称为“第二天性”(second nature)，这个称呼的来源是因为这些本领不是每个人都有，但是在人类学会了它们之后，即使几十年不用也不会忘记。例如，一个人学会了游泳之后，即使几十年没有游泳，再次下水时，很容易就能游起来，好像这个人天生就会一样。这些本领也是一种记忆，那么，这些记忆是保存在大脑之中吗？毕竟，这些本领是需要全身配合的。

记忆的痕迹叫作印迹(engram)，早期人们认为，大脑中有像石蜡一样的材料，可以在上面雕刻，形成记忆，这些材料也可以被重新雕刻或被融化，相当于人类的记忆刷新或遗忘。人的大脑内显然没有石蜡。不过，也有科学家提出猜想，例如，神经学家谢诺夫斯基和华裔诺奖得主钱永健就有个猜想[17,18]，认为记忆存在于神经元周围网(Perineuronal Net，PNN)的孔隙中，那里的一种特定的细胞外基质(Extracellular Matrix，ECM)是一种可以维持多年的坚韧材料，由类似疤痕组织中胶原蛋白的蛋白聚糖组成。

美国生理心理学家 Karl Lashley 是记忆研究的先驱，他试图在大鼠的脑中找到印迹。他的实验大概是这样的：首先训练大鼠做一些典型的记忆任务(例如穿越迷宫获取食物)，然后小心地损毁动物的一小块脑区，观察损伤对完成同样的任务产生什么影响。他发现一小块损伤对动物的行为并无多大影响，甚至切除两到三小块也影响不大。多次重复得出的结果是：动物的总记忆能力的受损伤程度和受到损伤的神经元数目成比例。这个观点在统治了记忆研究 30 多年之后遇到了挑战。1984 年，美国心理学家 Richard F. Thompson 利用兔子的眨眼反射来研究印迹。他的实验设计如下：利用兔子的条件反射(吹兔子的角膜，同时发出一个声音)，建立兔子的记忆。但是如果用化学方法使小脑的外侧层间核(lateral interpositus nucleus)失活，甚至只要损及几百个神经元，兔子的这种条件反射就建立不起来了，之后再使这一核团恢复功能，条件反射就又能建立起来。

人类的记忆系统之所以很难研究，一方面是这个系统太复杂了，另一方面是由于科学伦理，人们只能拿动物做实验。早期用猫做视觉实验时，大众对动物保护并不像现在这样重视，这个实验用现在的标准来说，是非常残忍的，因为它需要在猫的头部开个“脑洞”，字面意义的脑洞，然后在里面插入电极。当然，这样的实验不能在人类身上去做。

虽然不能针对人类做实验，但是机缘巧合，在记忆研究领域，有一个著名的患者 H.M.，让人们对记忆有了新的认识——人类的长期记忆和短期记忆并不相同。H.M.患有癫痫，1953 年，他被切除了海马体和周边的部分颞叶组织，这种大范围切除对 H.M.的感觉能力、知觉能力、运动能力、智力和个性几乎都没有影响，只是他的记忆发生了变化。他并没有失去过去的记忆，他能够记住手术之前发生的事情。但是他失去了短期记忆，无法形成新的长时陈述性记忆。他能记起童年时的许多事情，却记不住几分钟前发生的事，他记不住自己是否吃过早饭；如果要他记忆一个数字然后分散他的注意力，他不仅立即忘却这个数字，而且连被要求记忆数字这一事实也忘却；手术后他曾搬过一次家，但他总是记不住新家附近的路。但是在 1992 年的一次谈话中，H.M.还能回忆起他 13 岁开飞机时的种种细节和感受。

他的长期记忆永远停留在27岁，做手术的那个时候。

但是H.M.仍然能形成新的非陈述性记忆，例如骑车、画画等，他画的画还不错。此时，科学家知道了海马体对于记忆的重要贡献，即过去的记忆(长期记忆)并不存在于海马体里面。现在的最新理论表明，海马体会帮助人类形成新的记忆(短期记忆)，之后海马体的短期记忆会迁移到大脑新皮层之中。

虽然有各种关于记忆的猜想，但是在记忆和学习方面，现在的主流研究范式是坎德尔[19]创立的，他也因此获得诺贝尔奖。休伯尔和维厄瑟尔的研究对象是猫，而坎德尔使用海兔作为实验对象。不同于海豹、海狮、海象、海狗，海兔长得和兔子一点不像，它外观倒是很像蜗牛，不过它有一对大耳朵，因此叫海兔(又叫海蛞蝓)。坎德尔之所以用它作为实验对象，是因为它有粗大的神经元，加州海兔的神经元轴突直径可达1mm，方便插入电极，而且肉眼即可以观察。

H.M.患者让人们意识到，海马体和人类的记忆有莫大的关系，坎德尔实验室也记录海马体细胞的电活动，发现了海马锥体细胞和脊髓运动神经元的某些不同之处，例如，它能够自发放电，而且动作电位可以来源于其树突。坎德尔的贡献在于，他领悟到记忆机制的关键可能并不在于神经元本身的特性，而在于神经元之间的连接。海兔更像蜗牛一样，它的腮非常柔嫩，一触碰就会缩进去，但是多次触碰之后，它就不再理会这种无害的刺激。虽然这看起来很像巴甫洛夫的条件反射，但是坎德尔不仅观察动物的行为变化，而且还测量神经通路中参与这些反射的神经元突触电位的变化。通过多次实验，他们得出的结论是：突触的变化可能是信息存储的基础。坎德尔发现海兔和人类一样，记忆分为短期记忆和长期记忆，短期记忆仅仅改变了神经细胞之间的连接强度，并没有改变连接本身。进一步研究的结果表明，长时记忆除了强度变化之外，还在解剖学上重构了神经回路，长出了新的突触前末端。

这些是目前对于记忆的主流研究范式。科学的发展已经让人意识到没有绝对真理，因此，这个范式并不一定是正确的，或者，这个范式是正确的，但是只是正确知识的很小一部分。

记忆和学习密不可分，记忆是学习的基础，“温故而知新”。坎德尔等神经科学家在研究生物记忆的同时，也在研究生物的学习系统。在人工智能领域，除了前文讲到的各种学习方法之外，还有另外一种学习方法——强化学习。

12.4 强化学习

12.4.1 杀鸡用牛刀

2015年，*Nature*上的一篇文章介绍了一个能打计算机游戏的算法[20]。能够打计算机游戏的算法，本身并无特别稀奇之处，毕竟计算机游戏本身就是由算法组成的。这个算法不同之处在于，它并不是分析游戏的代码，和人类打游戏一样，它也是观看屏幕，然后采取相应的动作，换句话说，这个算法学会了打计算机游戏。

这个会打游戏的算法使用了强化学习(Reinforcement Learning，RL)。不同于监督学习和无监督学习，强化学习是一种新的机器学习方式。在监督学习中，一项数据有一个标签，标签即是答案，通过数据和标签之间的对照关系学习；无监督学习中，数据并无标签，通过挖掘数据中的模式进行学习;而强化学习是在一个环境中完成一系列动作,在这些动作之后,会告诉机器这一系列动作的结果,例如输或赢。总结一下,强化学习和前文的机器学习区别在于:强化学习没有标签数据,只有奖励信号;奖励信号不一定是实时给出,可能会经过很多动作序列之后才能得到;主要用在动作序列数据上,而不是独立同分布的数据。

这样的学习方式非常适合计算机游戏,因为打游戏过程中,很难得到每一步操作对应的标签,但是若干次动作之后,会有一个结果,成功或失败。用这个结果(而不是每步动作)来指导学习,更符合客观事实。

理论上,强化学习能够做很多复杂的事情,例如下棋、自动驾驶。这里杀鸡用牛刀,利用强化学习方法来完成一个非常简单的游戏——走出迷宫。如图 12.27 所示。

−100	−100	−100	−100	−100	−100	−100	−100
−100	㊀1	0	−1	−1	−1	−1	−100
−100	−1	−20	−1	20	−1	−1	−100
−100	−1	−1	−1	−1	−1	−1	−100
−100	−1	0	−1	−1	−20	−1	−100
−100	−1	−1	−1	0	−1	−1	−100
−100	−1	−1	−1	0	−1	**100**	−100
−100	−100	−100	−100	−100	−100	−100	−100

图 12.27 一个简单的迷宫

想象在图 12.27 中,有一个机器人,它从圆圈(−1)出发,走到方框[100],每一格为机器人得到的分数,四周灰色底纹表示墙壁(用−100 标记,机器人走到这里会得到强烈的惩罚),深灰色底纹表示障碍(用 0 标记,此路不通),另外,图中有一些加分和减分格子,走过这些格子,会相应地加分或减分。

这样一个简单的迷宫,如果用前文学到的搜索算法,很容易找到最佳路线。这里看看强化学习这个"牛刀"如何完成任务,程序 12.5 使用强化学习解决迷宫问题。

程序 12.5 使用强化学习方法走迷宫①

```
1    import numpy as np
2    import random
3    import pandas as pd
4
5    maze=np.array([[-100., -100., -100., -100., -100., -100., -100., -100.],
6                   [-100.,   -1.,    0.,   -1.,   -1.,   -1.,   -1., -100.],
7                   [-100.,   -1.,  -20.,   -1.,   20.,   -1.,   -1., -100.],
```

① 程序改编自 Github 网站 jagex-data-science 用户的 maze_runner。

```
8                [-100.,   -1.,   -1.,   -1.,   -1.,   -1.,   -1., -100.],
9                [-100.,   -1.,    0.,   -1.,   -1.,  -20.,   -1., -100.],
10               [-100.,   -1.,   -1.,   -1.,    0.,   -1.,   -1., -100.],
11               [-100.,   -1.,   -1.,   -1.,    0.,   -1.,  100., -100.],
12               [-100., -100., -100., -100., -100., -100., -100., -100.]])
13
14    def move(current_state, act):
15        next_row, next_column = current_state
16        if act=='up':
17            next_row -=1
18        elif act=='down':
19            next_row +=1
20        elif act=='left':
21            next_column -=1
22        elif act=='right':
23            next_column +=1
24        return [next_row, next_column]
25
26    def get_valid_actions(current_state,valid_actions=np.array(['up',
      'down', 'left', 'right'])):
27        nrows, ncols = maze.shape
28        x, y = current_state
29        if y==ncols-1 or maze[x, y+1]==0:
30            valid_actions = np.setdiff1d(valid_actions, 'right')
31        if y==0 or maze[x, y-1]==0:
32            valid_actions = np.setdiff1d(valid_actions, 'left')
33        if x==0 or maze[x-1, y]==0:
34            valid_actions = np.setdiff1d(valid_actions, 'up')
35        if x==nrows-1 or maze[x+1, y]==0:
36            valid_actions = np.setdiff1d(valid_actions, 'down')
37        return valid_actions
38
39    def init_qtable(maze=maze):
40        nrows, ncols = maze.shape
41        q=pd.DataFrame(columns=('state','name','action','value'))
42        for x in range(nrows):
43            for y in range(ncols):
44                current_state=[x, y]
45                for direction in get_valid_actions(current_state):
46    value=random.uniform(-0.1,0.1)
47    q=q.append(pd.DataFrame({'state':[current_state],'name':[str(current_
      state)],'action':[direction],'value':[value]}),ignore_index=True)
48
49        order = ['state','name','action','value']
50        q=q[order]
51        return q
52
53    def update_q_value(q, current_state, next_state, action, alpha, gamma,
      terminal_state):
```

```
54          reward = maze[next_state[0], next_state[1]]
55          current_q = q.loc[((q['name']==str(current_state)) & (q['action']==
        action)), 'value'].values[0]
56          max_qvalue = np.max(q[q['name']==str(next_state)]['value'])
57          new_q = current_q + alpha * (reward + gamma * max_qvalue - current_q)
58          q.loc[((q['name']==str(current_state)) & (q['action']==action)),
            'value'] = new_q
59          if np.array_equal(next_state, terminal_state):
60              q.loc[(q['name']==str(next_state)), 'value'] = 100
61          return reward
62
63      def learning(maze, alpha=0.8, gamma=0.8, epsilon=0.5, n_episodes=15,
        t_per_episode=1000):
64          q = init_qtable(maze)
65          for episode in range(int(n_episodes)):
66              escaped = False
67              total_reward = 0
68              t = 0
69              current_state = [1, 1]
70              terminal_state = [6, 6]
71              while not escaped and t < t_per_episode:
                #没到终点,或者没到 t_per_episode 次
72                  current_options = q[q['name'] == str(current_state)]
73                  if np.random.rand() < epsilon:  #随机探索
74                      valid_moves=get_valid_actions(current_state)
75                      action = np.random.choice(valid_moves)
76                  else:                           #按照 qtable 找到最好的路
77                      best = np.argmax(np.array(current_options['value']))
78                      action = np.array(current_options['action'])[best]
79                  next_state = move(current_state, action)
80
81                  total_reward += update_q_value(q, current_state, next_state,
                    action, alpha=alpha, gamma=gamma, terminal_state=terminal_
                    state)
82
83                  if np.array_equal(next_state, terminal_state):#到达终点
84                      print('Escaped in', t, 'steps with score', total_reward)
85                      escaped = True
86                  t += 1
87                  current_state = next_state
88          return q
89
90      def use_magicbook(q):
91          current_state = [1, 1]
92          terminal_state = [6, 6]
93          while not np.array_equal(current_state, terminal_state):
94              current_table = q[q['name'] == str(current_state)]
                #根据当前位置查表
95              best = np.argmax(np.array(current_table['value']))
                #找当前位置最好的走法
```

```
96            best_action = np.array(current_table['action'])[best]
97            next_state = move(current_state, best_action)  #采取行动
98            print(current_state,'=>',end='')              #记录当前路径
99            current_state = next_state     #改变当前位置,进入下一次循环
100       print(terminal_state)              #循环结束,打印终点位置
101
102   q = learning(maze, alpha=0.8, gamma=0.9, epsilon=0.5, n_episodes=20,
      t_per_episode=1000)
103   use_magicbook(q)
```

修改第102行的参数，例如alpha、gamma、epsilon、n_episodes等，可以得到不同的结果（因为程序有随机探测功能，因此每次运行的结果并不一定相同）。这个程序能够给出一条走出迷宫的路径，下面是一个可能的运行结果：[1,1]=>[2,1]=>[3,1]=>[3,2]=>[3,3]=>[3,4]=>[2,4]=>[2,5]=>[2,6]=>[3,6]=>[4,6]=>[5,6]=>[6,6]。

12.4.2 庖丁解牛

上节通过分析学习机器人走迷宫的过程，研究强化学习到底是什么。为了理解程序12.5中的学习过程，需要一些准备知识，"磨刀不误砍柴工"，为了解决问题，本节先磨一下刀。

1. 磨刀

强化学习通过一个环境中的一系列动作学习。假设有一个机器人，它的每一个动作 a（action）都能来到一个新的状态 s（state），并且会有一个回报 r（reward）。机器人在开始位置，它的状态是[1,1]，现在它有四种走法，上、下、左、右。如果机器人的动作是向左走（"go left"），那么它的回报 r 是 -100，并且来到新的状态[1,0]。程序12.5中的函数move和get_valid_actions分别用来形成下一步动作以及计算当前状态下的合法动作。

为了学习到知识，机器人每个时刻都要计算自己的动作所能得到的回报，注意，不只是下一个动作的回报，而是之后每一个动作的回报，假设从时刻 t 开始一直到第 n 步，机器人所能得到回报 G_t 为

$$G_t = R_{t+1} + R_{t+2} + R_{t+3} + \cdots + R_n = \sum_t^n R_t \tag{12.20}$$

但是，这种计算方式有问题，就好比今天的一元钱和过去的一元钱价值不一样。如果有人说你现在给他一百万，五十年后还你两百万，你大概是不愿意的，毕竟"一万年太久，只争朝夕"。未来的回报要打一个折扣，记这个折扣系数为 γ，因此总的回报 G_t 为

$$G_t = R_{t+1} + \gamma R_{t+2} + \gamma^2 R_{t+3} + \cdots + \gamma^{t+n-1} R_n = \sum_t^n \gamma^t R_t \tag{12.21}$$

其中，γ 是一个折扣系数，取值范围是[0,1]，当 $\gamma=0$ 时，表示只考虑即刻回报，不考虑长久回报；当 $\gamma=1$ 时，长期回报和即刻回报效果是一样的，没有折扣。

能够计算所有的回报之后，强化学习的目标很简单，即找到使得期望回报最大的那个策略，记该策略为 π^*，强化学习的目标可写为

$$\pi^* = \underset{\pi}{\operatorname{argmax}}\, \mathbb{E}_{p^\pi(h)}[G_t \mid S_t = s] \tag{12.22}$$

其中，$p^\pi(h)$ 表示在策略 π 下的路径 h 的概率密度。

现在的问题变换为如何计算回报的期望$\mathbb{E}[G_t|S_t=s]$。根据式(12.21)，记

$$v(s)=\mathbb{E}[G_t \mid S_t=s]=\mathbb{E}[R_{t+1}+\gamma R_{t+2}+\gamma^2 R_{t+3}+\cdots \mid S_t=s] \tag{12.23}$$

式(12.23)其实是递归定义的，因为

$$\begin{aligned} v(s) &= \mathbb{E}[G_t \mid S_t=s]=\mathbb{E}[R_{t+1}+\gamma R_{t+2}+\gamma^2 R_{t+3}+\cdots \mid S_t=s] \\ &= \mathbb{E}[R_{t+1}+\gamma(R_{t+2}+\gamma^2 R_{t+3}+\cdots) \mid S_t=s] \\ &= \mathbb{E}[R_{t+1}+\gamma(G_{t+1}) \mid S_t=s] \end{aligned} \tag{12.24}$$

式(12.24)又叫贝尔曼方程(Bellman equation)，一般会写为

$$v_\pi(s)=\mathbb{E}_\pi[R_{t+1}+\gamma v_\pi(S_{t+1}) \mid S_t=s] \tag{12.25}$$

有了目标函数之后，下一步即探索迷宫寻找到满足最优期望回报的路径。在机器人探索迷宫的过程中，因为最大的回报在最后才会出现，因此，在每一个状态下，机器人都要估计每一步行动所能得到的回报。机器人没有先验知识，它只能在不断的探索中构建这些信息。

在学习过程中，使用Q值来衡量不同的动作估计。在状态s下，机器人采取动作a，那么$Q(s,a)$由两部分组成，即刻回报$r(s,a)$，加上在下一个状态能取得的最优回报。写成公式为

$$Q(s,a)=r(s,a)+\gamma \times \max_{a'} Q(s',a') \tag{12.26}$$

当然，最开始时，机器人对环境一无所知，Q值可以初始化为0或者很小的初始值(程序第46行)。在迷宫这个简单问题中，因为解空间很小，实际上可以把所有可能的状态全部初始化(程序12.5中函数init_qtable)，形成一个Q表格。然后通过不断地学习，迭代更新这个表。在真正的学习过程中，会使用的更新公式为

$$Q(s_t,a_t) \leftarrow Q(s_t,a_t)+\alpha \times (r_{t+1}+\gamma \times \max_a Q(s_{t+1},a_t)-Q(s_t,a_t)) \tag{12.27}$$

其中，α是学习率，α越大，表明给新的信息越高的权重。注意，当α为1时，式(12.27)变为$Q(s_t,a_t)\leftarrow r_{t+1}+\gamma\times \max_a Q(s_{t+1},a_t)$，这个也是式(12.26)的形式。在经过若干次迭代之后，Q值会逐渐收敛到一个稳定状态(其收敛性已经得到证明[21,22])。程序12.5的第57行即对应式(12.27)。

式(12.27)有两个超参数，学习速率α和折扣因子γ。某些昆虫具有很高的学习速率，例如蜜蜂，在一次访问后就可以学会将花与奖励联系起来。一般来说，哺乳动物的学习速率较慢，需要多次尝试。而折扣因子用来控制学习算法是否贪婪，如果$\gamma=0$，则算法是贪婪的，仅仅基于是否能够立刻获得奖励做出决定；$\gamma=1$表明未来的奖励具有相同的权重。如果大家听过“延迟满足”这样一个词，就会知道γ的意义。

有了上述的基本知识之后，就可以解牛了。

2. 解牛

在程序12.5中，使用的学习方法叫作Q学习(Q-learning)，是一种典型的强化学习方法。形式化定义一下，在强化学习中，智能体和外部环境有交互。智能体，也就是前一节讲的机器人，它是学习和行动的主体，可以观测外部环境，并且采取相应的动作。智能体的每一个动作都会有一个回报，但是最后的奖励(成功或失败、输或赢)也许在多次动作-回报之后才能看出来。智能体的学习过程如图12.28所示。

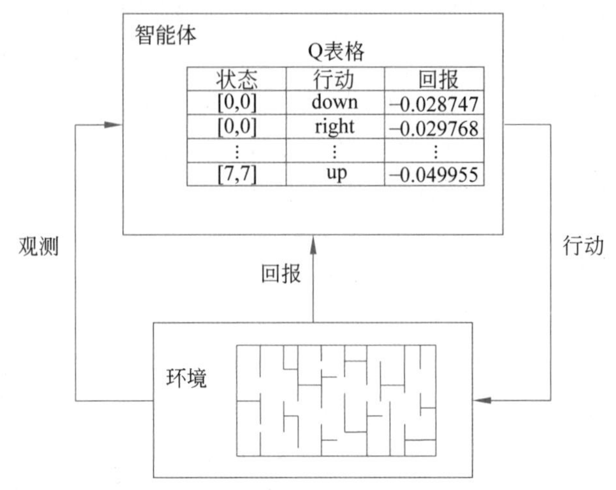

图 12.28　强化学习示意图

在 Q 学习过程中，需要一个 Q 表格，这个表格记录了在不同的状态下，采取不同动作所能得到的回报。程序 12.5 中，函数 init_qtable()（第 39～51 行）会使用较小的随机数初始化这个表格，表 12.4 是初始化表格后的一个示例（随机数在－0.1～0.1，每次运行结果并不相同）。

表 12.4　初始 Q 表格示例

状态	名称	动作	回报
[0,0]	[0,0]	down	－0.028747
[0,0]	[0,0]	right	－0.029768
[0,1]	[0,1]	down	－0.095568
[0,1]	[0,1]	left	0.079744
[0,1]	[0,1]	right	－0.054089
⋮	⋮	⋮	⋮
[7,6]	[7,6]	left	0.02965
[7,6]	[7,6]	right	－0.038542
[7,6]	[7,6]	up	0.052272
[7,7]	[7,7]	left	0.079602
[7,7]	[7,7]	up	－0.049955

表 12.4 对于机器人来说，相当于一本魔法书，机器人每次采取动作，都会选择回报最大的一项。例如，如果机器人在迷宫[0,1]位置，那么它有 3 个合法动作，向下、向左、向右，对于这个表格来说，向左的回报最高（0.079744），因此，机器人应该向左移动。

当然，初始的表格是随机数据，没有任何意义，学习过程就是不断地探索并更新这个表格。在机器进行探索时，其实更像是寻找宝藏：一方面是探索更多的地方（explore）；另一方面是如果找到一个新的地方，就在这个地方深挖（exploit）。这两种方法都有助于寻找到宝藏，但是各有优缺点。对于本例，因为迷宫很小，当然随机探索就可以找到结果，但是实际问题的解空间都很大，只靠随机探索无法找到答案，深挖就是找当前回报最大的路。但是，如果没有探索足够的空间，很可能陷入局部最优。

函数 learning()（程序 12.5 第 63～88 行）是机器人学习的过程，在 Q 学习中，学习的过程即不断地更新 Q 表格。在学习过程中，设置参数 epsilon(ε)，用来控制机器人是探索还是深挖，如果 $\varepsilon \geqslant 1$，那么机器人总是随机选择动作（探索）；如果 $\varepsilon = 0$，那么机器人就会总是寻找最优的回报；如果 $\varepsilon = 0.5$，那么机器人会有一半的可能去随机探索（程序第 74、75 行），另一半的可能去寻找最优回报（程序第 77、78 行）。程序第 81 行调用 update_q_value() 函数，即根据式(12.27)计算，更改 Q 表格中的值。

函数 use_magicbook()（程序 12.5 第 90～100 行），利用 Q 表格寻找最优路径，并打印出相应的迷宫路径。

程序第 102、103 行调用函数运行程序，在默认设置参数下，程序几乎都会收敛，如果调整参数，例如令 n_episodes() 变小，即学习次数变少，偶尔会有不收敛情况。

强化学习还有其他学习方法，例如 SARSA 等，它们使用的策略不同，但是其学习理念是一致的。

12.4.3　深度强化学习

需要注意的是，强化学习和深度学习没有必然联系。强化学习属于机器学习的一种，是有监督学习和无监督学习之外的另一种学习方式。大家在程序 12.5 中也可看到，这个程序没有使用任何深度神经网络，只利用了强化学习技术。但是深度学习和强化学习结合起来，会发挥更大的作用，这种学习叫作深度强化学习。

在迷宫问题中，动作空间和样本空间太小了。这么小的空间，只需要很小的 Q 表格就可以存储起来。但是，很多问题都有巨大的状态，例如打砖块游戏，球和砖的任意不同的位置都可相当于一个不同的状态，可以想象，这样巨大的样本空间是无法使用 Q 表格存储的。深度强化学习即综合了深度学习强大的端到端的学习能力，以及强化学习处理动作序列的能力，解决了传统上认为机器很难做到的事情，例如机器打游戏、下围棋等。

端到端学习

传统的机器学习需要将数据整理成模型能够处理的格式，包括预处理、特征提取和选择、分类器设计等若干步骤，这个过程叫作特征工程，对应于机器学习过程中的第 2 步（8.1.2 节），这个过程耗时、耗力，是很多机器学习过程中最花精力的一步。

深度学习的输入可以是不需要加工和进行特征提取的原始样本，端到端（end to end）学习可以理解为不做其他额外处理，从原始数据输入到任务结果输出，整个训练和预测过程都是在模型里完成的。

如果 Q 表非常巨大，无法存储和检索，那么可以利用深度学习技术的学习能力，将 Q 表格替换为神经网络。深度强化学习示意如图 12.29 所示。

对比图 12.28 和图 12.29，可知深度强化学习主要是利用了深度学习的能力，来替代之前强化学习中的 Q 表格。这种深度强化学习又称为 DQN。深度学习的优化建立在损失函数最小化的基础上，那么深度强化学习的损失函数是什么呢？

和正常的深度学习一样，深度强化学习也可以有平方损失函数和交叉熵损失函数以及

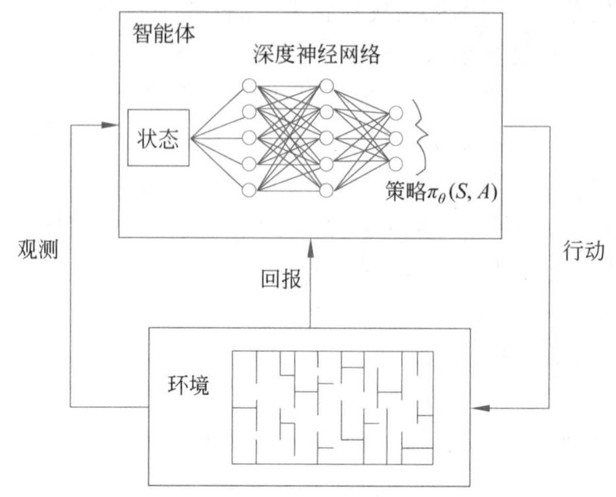

图 12.29　深度强化学习示意图

其他可用的损失函数。假设深度神经网络的参数为θ，那么由式(12.27)可知，强化学习的目标回报为 $\text{TargetQ}=r_t+\gamma * \max_{a'} Q(s',a';\theta)$，而深度神经网络预测的输出为 $Q(s,a;\theta)$，因此，如果使用平方损失函数，那么深度神经网络的损失函数为

$$\begin{aligned}\text{error} &= (\text{TargetQ}-Q(s,a;\theta))^2 \\ &= ((r_t+\gamma\times\max_{a'} Q(s',a';\theta))-Q(s,a;\theta))^2\end{aligned} \tag{12.28}$$

如果在某些场景需要使用交叉熵损失函数(分类问题常用交叉熵损失函数)，那么深度神经网络的损失函数表示为

$$\text{error}=-\sum \text{TargetQ}\times\log(Q) \tag{12.29}$$

有了损失函数之后，就可以使用反向传播、梯度下降等技术对深度神经网络进行训练了。

12.4.4　生物的学习系统

学习系统比记忆系统还复杂，人们对于生物的学习系统几乎是一无所知，甚至连学习是什么，人们也无法定义。如果追寻学习到底如何定义，那么只是在哲学层面打转。

在研究生物学习行为时，通常是利用食物、电击等外部刺激观察动物的行为，例如走迷宫。但是很难说，一只小白鼠走出迷宫是记住了路线，还是学会了走迷宫的方法。如果是前者，那是记忆系统；如果是后者，又没有足够的证据。

伟大的科学家巴甫洛夫，对于动物的学习行为做了简单精巧可观测的实验，以至于科学界的几个“神兽”中最著名的就是“巴甫洛夫的狗”(另一个著名的神兽是“薛定谔的猫”，用在量子力学领域)。就像休伯尔和维厄瑟尔使用猫，坎德尔使用海兔一样，巴甫洛夫的实验对象是狗。巴甫洛夫原来是研究生物消化系统的(他也因此获得诺贝尔奖)，因此，他对于狗的进食行为很有研究，并设计了一个精巧的实验：单纯对狗摇铃铛，狗并不会分泌唾液，但是如果每次在喂狗食物之前都要摇铃铛，只要训练几次，小狗就会在摇铃铛和美食之间建立联系，以后，只要摇铃铛，不管是否喂狗食物，狗都会分泌唾液。

另外,美国行为科学家 B. F. Skinner 曾训练鸽子识别出照片中的人类;美国生理心理学家 John Garcia 发现,如果一只老鼠被喂了甜水,并在几小时后感到恶心,那么它在接下来的几天都会避开甜水。德国科学家 Randolph Menzel 研究了蜜蜂的学习机制,在访问一朵花几次并得到奖励后,蜜蜂就能记住这朵花。

对于学习的生理机制,研究人员有了更多的认识。例如,坎德尔也进行了类似巴甫洛夫的实验,他把轻轻触碰和电击同时作用在海兔身上,海兔因此对于轻轻触碰也反应激烈,同时,一种叫作环腺酸苷(cyclic Adenosine Monophosphate,cAMP)的化学物质会突然增多。美国科学家 Seymour Benzer 也发现,如果果蝇脑袋里制造环腺酸苷的能力受到破坏,那果蝇的学习能力将遭受毁灭性打击[23]。除了 cAMP,人们发现 NMDA 受体(N-methyl-D-aspartic acid receptor)也是学习过程中重要的化学物质。当然,还有大家都熟悉的多巴胺(Dopamine),也是帮助生物学习的一种重要化学物质。

多巴胺是使人快乐的物质,虽然学习好像很难使人快乐。但是注意,这里的"学习"和大家通常认为的"学习"不是一回事,学会游泳、学会开车都是学习。多巴胺神经元构成了控制大脑汇总动机的核心系统,几乎所有的成瘾药物(包括各种毒品)都是通过增加多巴胺的分泌水平起作用。多巴胺神经元接受来自大脑中"基底神经节"部分的输入,基底神经节纹状体的神经元接受来自整个大脑皮层的输入。其中,来自皮叶后半部分的输入,对于规划学习动作的顺序以实现某个目标而言十分重要;前额叶皮层对基底神经节的输入更多的是与行动的计划顺序有关。从皮层到基底神经节再返回需要 100ms(相当于每秒钟循环信息 10 次),这就允许通过一系列快速决策来实现目标。这种生物学习方法给了计算机科学家诸多启示,包括 TD-Gammon(西洋双陆棋自学习程序)以及 AlphaGo,均使用了强化学习方法。ChatGPT 中也使用了强化学习 RLHF(Reinforcement Learning from Human Feedback),它通过人类的反馈来决定哪一个是更好的回答。

12.5 生成对抗网络

12.5.1 生成式模型

生成对抗网络(Generative Adversarial Networks,GAN)[24]与前面提到的各种技术不太一样,它是"生成式"的。

前面介绍的机器学习各种算法的主要任务是回归、分类或者聚类中的一种,换句话说,这些算法主要还是对数据进行分析,一般叫作"判别式"学习。一个机器学习算法是判别式算法还是生成式算法,周志华在《机器学习》一书给出的定义如下:

给定 x,可通过直接建模 $P(c|x)$ 来预测 c,这样得到的是"判别式模型"(discriminative models);也可以先对联合概率分布 $P(c,x)$ 建模,然后再由此获得 $P(c|x)$,这样得到的是"生成式模型"(generative models)。

抛开这些公式,所谓的生成式和大家想象的一样。就是通过学习算法生成一些新的数据。生成文章、图片、视频均属于生成式算法。表面上看来,生成的数据好像非常真实,和人类的创作一样。实际上，这是因为机器学习了超量数据之后，学习到了数据内在分布模式。

在生成式算法中，生成对抗网络是一项非常基础且有效的算法，它于 2014 年被提出之后，就引起了深度学习圈子的震动，生成对抗网络的思想，也深深影响了生成式人工智能的研究。

生成式人工智能，一般也称为人工智能生成内容(AI Generated Content，AIGC)，以 ChatGPT 为代表。下面是对 ChatGPT 提问“介绍一下生成对抗网络”，它的回答：

生成对抗网络(Generative Adversarial Networks，GAN)是一类深度学习模型，有两个神经网络互相博弈来进行训练。一方是生成器(generator)，它的作用是生成伪造数据；另一方是判别器(discriminator)，它的作用是对真实数据和伪造数据进行鉴别。具体来说，生成器生成一些假的数据，判别器接收到这些数据后分辨它们是否真实，如果是假的，就给出一个较低的分数；如果是真实的，就给出一个较高的分数。生成器会根据判别器的反馈不断调整自己的参数，最终生成的数据越接近真实数据，判别器的准确率也就越高。GAN 可以应用于图像、音频、自然语言生成等领域，是一种非常强大的生成模型。

12.5.2 神经网络的博弈

生成对抗网络可以看作是一场博弈，是生成器和判别器的博弈。文献[24]中给出一个比喻场景，将伪钞制造者比喻成生成器，目标就是制造出能够以假乱真的钞票；而警察是判别器，目标是用更先进的技术甄别真钞和假钞。

注意，生成对抗模型蕴含的哲学思想是双方进行对抗，模型双方不一定是神经网络。不过由于神经网络有非常强大的表达能力，在实际使用中，模型一般使用多层神经网络。

在学习过程中，为了使生成器学习到数据 x 的内在分布模式 p_g，定义生成器 $G(z;\theta_g)$。G 是一个由含有参数 θ_g 的多层神经网络，使用 $G(z;\theta_g)$ 表示生成器对于数据空间的映射。对于判别器，定义多层神经网络 $D(x;\theta_g)$，这个神经网络输出一个标量(判别结果的概率)，$D(x)$ 表示对于数据 x(真实数据)的判别概率，$D(G(z))$ 表示对生成器生成数据(虚假数据)的判别概率。判别器 D 的训练目标是对于数据的判别概率最大化(不管数据来自真实数据 p_{data} 还是来自生成器的结果 p_z)。同时训练生成器 G，以使其最小化 $\log(1-D(G(z)))$。

换句话说，D 和 G 的训练是关于式(12.30)中函数 $V(D,G)$ 的双方博弈的 minimax 算法问题。

$$\min_G \max_D V(D,G)=\mathbb{E}_{x\sim p_{\text{data}}(x)}[\log D(x)]+\mathbb{E}_{z\sim p_z(z)}[\log(1-D(G(z)))] \tag{12.30}$$

式(12.30)并不算复杂，并且在形式上，大家很容易对应到前面学习过的两个知识点，一个是 5.2.3 节的 minimax 算法，另一个是 9.2.2 节的交叉熵损失函数。当然，它们只是形式上相似，还需要注意内在的区别。

生成对抗网络的想法直接且有效，下面以一个程序为例，介绍如何利用生成对抗网络生成需要的数据。

12.5.3 ArtificialMnist

本书在这里最后一次使用 Mnist 数据，因为之后可以自行“伪造”生成手写体数字——

Artificial Mnist 数据。这次的任务是使用生成对抗网络,生成手写字符(这些字符是AIGC,并不是真正手写的)。

程序 12.6 生成手写体数字[①]

```
1     import tensorflow as tf
2     from tensorflow.keras.utils import to_categorical
3     from tensorflow.keras import models
4     from tensorflow.keras import layers
5     from tensorflow.keras.optimizers import SGD
6     import numpy as np
7     from PIL import Image
8     import math
9
10    def generator_model():
11        model = models.Sequential()        #生成器的架构,序贯模型
12        model.add(layers.Dense(1024,input_dim=100,activation='tanh'))
          #全连接层,输入为100维,输出1024维
13        model.add(layers.Dense(128 * 7 * 7,activation='tanh',))
          #全连接层,输出为128 * 7 * 7维度
14        model.add(layers.BatchNormalization())
          #批量归一化层,在每个batch上将前一层的激活值重新规范化,标准差接近1
15        model.add(layers.Reshape((7, 7, 128), input_shape=(128 * 7 * 7,)))
          #将输入shape转换为特定的shape
16        model.add(layers.UpSampling2D(size=(2, 2)))
          #二维上采样层,对图片数据在长与宽的方向进行数据插值倍增
17        model.add(layers.Conv2D(64, (5, 5), padding='same',activation='tanh'))
          #卷积层
18        model.add(layers.UpSampling2D(size=(2, 2)))
19        model.add(layers.Conv2D(1, (5, 5), padding='same',activation='tanh'))
          #卷积核设为1,即输出图像的维度
20        return model
21
22    def discriminator_model():
23        model = models.Sequential()            #搭建判别器架构,同样采用序贯模型
24        model.add(layers.Conv2D(64, (5, 5),padding='same',input_shape=(28,
          28, 1),activation='tanh'))             #卷积层
25        model.add(layers.MaxPooling2D(pool_size=(2, 2)))
          #最大值池化,两个维度均变为原长的一半
26        model.add(layers.Conv2D(128, (5, 5),activation='tanh'))
27        model.add(layers.MaxPooling2D(pool_size=(2, 2)))
28        model.add(layers.Flatten())
          #Flatten层把多维输入一维化,用在卷积层到全连接层的过渡
29        model.add(layers.Dense(1024,activation='tanh'))
30        model.add(layers.Dense(1,activation='sigmoid'))#输出一维,二值分类
31        return model
32
33    def auxiliary_gan(g,d):
      #将前面定义的生成器架构和判别器架构拼接成一个大的神经网络
```

① 程序改编自github网站Jacob Gildenblat用户的keras-dcgan程序。

```
34        model = models.Sequential()
35        model.add(g)
36        d.trainable = False                    #在训练 g 的时候需要固定 d
37        model.add(d)
38        return model
39
40    def combine_images(generated_images):#生成图片
41        dgts_per_img = generated_images.shape[0]
42        width = int(math.sqrt(dgts_per_img))
43        height = int(math.ceil(dgts_per_img//width))
44        shape = generated_images.shape[1:3]
45        image = np.zeros((height * shape[0], width * shape[1]),dtype=generated_
          images.dtype)
46        for index, img in enumerate(generated_images):
47            i = int(index / width)
48            j = index % width
49            image[i * shape[0]:(i+ 1) * shape[0], j * shape[1]:(j+1) *
              shape[1]] = img[:, :, 0]
50        return image
51
52    def train(BATCH_SIZE):
53        data=np.loadtxt(open(r'./data/mnist_train.csv','r'),delimiter=",")
54        train=data[:,1:].reshape(60000,28,28)
55        X_train = (train.astype(np.float32) - 127.5) / 127.5
56        X_train = X_train[:, :, :, None]
57        d = discrimiator_model()
58        g = generator_model()
59        d_and_g = auxiliary_gan(g, d)
60        d_optim = SGD(lr=0.001, momentum=0.9, nesterov=True)
61        g_optim = SGD(lr=0.001, momentum=0.9, nesterov=True)
62        g.compile(loss='binary_crossentropy', optimizer='SGD')
63        d_and_g.compile(loss='binary_crossentropy', optimizer=g_optim)
64        d.trainable = True
          #前面在固定判别器的情况下训练了生成器,这里需要训练判别器
65        d.compile(loss='binary_crossentropy', optimizer=d_optim)
66        for epoch in range(10):            #epoch 表示训练轮数
67            print("Epoch ", epoch)
68            print("Number of batches", X_train.shape[0] // BATCH_SIZE)
69            for index in range(int(X_train.shape[0] // BATCH_SIZE)):
70                noise = np.random.uniform(-1, 1, size=(BATCH_SIZE, 100))
                  #随机生成均匀分布的噪声
71                image_batch = X_train[index * BATCH_SIZE : (index + 1) * BATCH_
                  SIZE]#抽取一个批量的真实图片
72                generated_images = g.predict(noise)
73                if index % 100 == 0:#每经过 100 次迭代输出一张生成的图片
74                    image = combine_images(generated_images)
75                    image = image * 127.5 + 127.5#数字调整为 0~255
76                    Image.fromarray(image.astype(np.uint8)).save("./"+
                      str(epoch)+ "_"+ str(index)+ ".png")
```

```
77              X = np.concatenate((image_batch, generated_images))
                #将真实图片和生成图片以多维数组的形式拼接在一起
78              y = [1] * BATCH_SIZE + [0] * BATCH_SIZE
                #生成图片真假标签,即一个包含两倍批量大小的列表前一个批量大小都是
                1,代表真实图片,后一个批量大小都是 0,代表伪造图片
79              y=np.reshape(y,(len(y),))
80              d_loss = d.train_on_batch(X, y)
                #判别器训练,在一个 batch 的数据上进行一次参数更新
81              print("batch %d d_loss : %f" % (index, d_loss))
82              d.trainable = False          #固定判别器
83              batch=[1] * BATCH_SIZE
84              batch=np.reshape(batch,(BATCH_SIZE,))
85              g_loss = d_and_g.train_on_batch(noise, batch)
                #生成器训练,在一个 batch 的数据上进行一次参数更新
86              print("batch %d g_loss : %f" % (index, g_loss))
87              d.trainable = True           #令判别器可训练,进入下一次循环
88
89      train(64)                            #生成 8*8 个手写体图片
```

程序 12.6 的生成结果如图 12.30 所示。

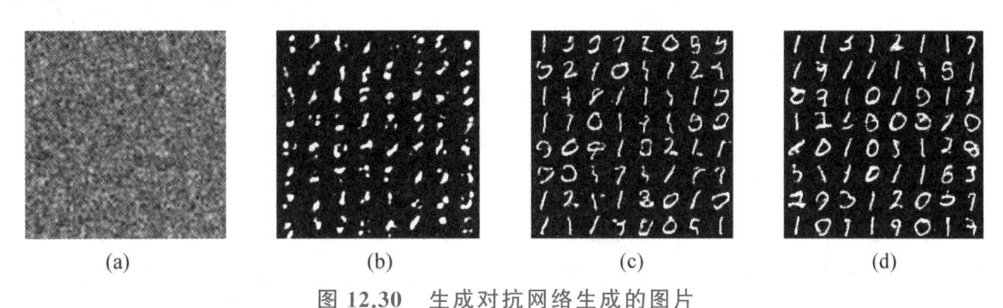

(a) (b) (c) (d)

图 12.30 生成对抗网络生成的图片

程序 12.6 会生成多张图片,这个程序一共训练了 10 轮(程序 12.6 第 66 行),每一轮训练 937 次(程序 12.6 第 69 行,Mnist 训练集共有 60000 个数据,60000/64=937.5)。图 12.30 显示了几张训练结果,图 12.30(a)是第一次生成的图像(随机分布的噪声)。图 12.30(b)是经过 200 次训练生成的图像(第 1 轮第 200 次),可以看出虽然没有生成数字,但是生成的图片有 8×8 效果,生成器已经知道用户想要生成 8×8 的图片。图 12.30(c)显示了经过 6 轮 900 次的训练后的生成结果,可以看到基本已经能够看到数字模样,图 12.30(d)是经过 10 轮 900 次的训练结果,虽然不完美,但是有一些数字看起来已经像模像样了。如果通过人工反馈,利用前一节介绍的 RLHF,那样,就可以生成逼真的 Mnist 数据了。

12.5.4 结构分析

为了分析程序 12.6,这里需要知道几个新的概念,批量归一化、重构和上采样。

1. 批量归一化

所谓批量归一化(batch normalization),即对于一批数据,求得它的均值 μ 和方程 σ^2,然后用归一化方法将数据标准化($\hat{x}=(x-\mu)/\sqrt{\sigma^2}$),最后还可以通过训练学习参数,对数据进行缩放或平移。批量归一化是一种规范化手段,能够将数据规范到均值附近。可以想

象，在进行梯度下降算法调优时，随着层数的增多，很容易出现梯度消失或者梯度爆炸现象（可以想象为一摞盘子，如果每个盘子都偏一点，那么这摞盘子就容易倾倒，批量归一化层相当于将这一层重新调整回中心位置）。在神经网络中，增加批量归一化层有如下好处[25]。

（1）批量归一化允许神经网络使用饱和激活函数，如 Sigmoid()、tanh()等，使用批量归一化，能够缓解梯度消失或者梯度爆炸问题。

（2）批量归一化能够使用较大的学习率，具有加速收敛的作用。

（3）批量归一化对初始值也不敏感，而且使得层中数据分布相对稳定，使得学习过程也较为稳定。

（4）另外，批量归一化还具有一定的正则化效果，可以避免过拟合。因为在批量归一化过程中，使用 mini-batch 的均值和方差作为整体训练样本均值与方差的估计，尽管每一个 mini-batch 中的数据都是总体样本的无偏估计，但不同 mini-batch 的均值与方差会有所不同，相当于在网络的学习过程中增加了随机噪声。文献[25]介绍，使用批量归一化在一定程度上对模型起到了正则化的效果，因此通常在使用批量归一化层时，可以不使用 Dropout 层。

2. 重构

Reshape 层理解起来并不复杂，就是将上一层的输出结果重新排列构造即重构（reshape），形成一个新的保持同样元素数量但是不同维度尺寸的结果。

3. 上采样

上采样（up sampling 2D）和池化过程相反，对图片数据在长与宽的方向进行数据插值倍增，插值方式可以为 nearest（最近邻插值，默认情况使用该方法，这里将数据的行和列分别重复 2 次）、bilinear（双线性插值）或者自定义的其他方式，例如 Gaussian（高斯插值）等。

4. 程序 12.6 结构分析

程序 12.6 结构并不复杂。程序第 10～20 行为生成器神经网络，每一层的作用都有相应的注释。程序第 22～31 行为判别器神经网络，关键部分也有注释。程序第 33～38 行是一个辅助函数，将前面定义的生成器架构和判别器架构拼接成一个大的神经网络，作用是把 D 固定去调整 G。

程序第 40～50 行为生成图片函数，因为生成器最后输出结果其实是一个矩阵，并不是图片，该函数将输出的矩阵构建为图片。生成的图片宽度为 BATCH_SIZE 的平方根，例如，如果 BATCH_SIZE＝64，就会生成宽度为 8，高度也为 8 的图片，即 8 行 8 列的数字；如果 BATCH_SIZE＝32，就会生成宽度为 5，高度为 7 的图片，即一共有 32 个数字，7 行 5 列，最后一行只有 2 个数字。

函数 train()是生成对抗网络的训练过程。第 53～56 行装载训练数据，本书在前面已经介绍过。第 57～65 行构建整个网络。第 66～87 行是训练过程，这个程序一共训练 10 轮（epoch）；程序从第 69 行开始在每一轮中进行批量训练；程序 70 行首先生成一组完全随机的数据，同时取一批真实数据（程序第 71 行），并将生成数据与真实数据拼接在一起（程序第 77 行），作为训练数据 X，同时生成图片真假标签作为训练标签 y（程序第 78 行）；程序第 80

行与第 85 行分别是判别器与生成器的训练，在训练过程中，每 100 次生成一张图片（程序第 73～76 行）。

生成对抗网络的出现，大大扩展了人工智能的应用范围。虽然此前也有各种机器生成内容的尝试，但是生成对抗网络提供了一种范式，将人工智能生成内容（AIGC）呈现在人们面前。

12.6 大模型

12.6.1 从名字说起

大模型这个名字在 2023 年之后，彻底得火了起来，按照本书惯例，本节还是从名字说起。当然，大模型本身这个名字没什么特别的，就是特别大的模型，或者说特别大的神经网络，所以不如从引爆大模型的 ChatGPT 这个名字说起。

ChatGPT 是 GPT 家族中的代表性模型，GPT 是 OpenAI 公司开发的一系列应用，包括 GPT 1.0、GPT 2.0、GPT 3.0、ChatGPT、GPT 4.0。在 GPT 家族中，关注 GPT 1.0 的人较少；从 GPT 2.0 开始，就有很多研究人员开始关注；GPT 3.0 能够做到的事情很多，实际上，已经在小规模内引起了轰动。一直到 ChatGPT 彻底火出圈，以至于 ChatGPT 的出现让很多人认为，属于人工智能的时代到了。

ChatGPT 中的 Chat 就是聊天的意思，换句话说，你可以和 ChatGPT 对话，目前看来，它无所不知道，会给你的问题一个不错的答案。从标准来说，它已经通过了图灵测试这个黄金标准（这是一个悖论，第 1.2 节图灵测试中介绍，图灵认为，70%的人都分辨不出来是人还是机器，那么对方就算通过了图灵测试，虽然现在每个使用 ChatGPT 的人都知道对方是机器，但是用过的人都认为对方通过了图灵测试）。

GPT 是 Generative Pre-Trained Transformer（生成式预训练 Transformer 模型）的缩写，G 代表 Generative，在生成式对抗网络中刚刚介绍过，这是一个生成式模型，也就是说它能够无中生有地创造一些东西。那么 P 代表的预训练与 T 代表的 Transformer 模型又是什么？

12.6.2 预训练

要把预训练的全部概念都讲清楚，需要一个较长的篇幅。大家可以通过下面的例子理解这个概念：大型神经网络能够做很多事情，例如，它能够识别一张图片中到底是老虎还是大象，但是，现在的问题是，全世界的老虎和大象都差不多，有人将模型训练好了之后，其他人能不能拿他的模型来判断某张图片里面是否是老虎或大象？

当然，这里所说的拿别人的模型不是把别人的程序拿过来，而是只拿模型的参数，本书在神经网络中已经介绍过，需要训练的其实就是神经网络的连接权重（这些连接权重是一堆浮点数），或者说，这些连接权重就代表了这个神经网络的能力。如果把别人训练后的神经网络权重参数拿过来，是不是可以直接使用，或者稍加修改，就能够为自己所用呢？这些别人训练好的模型，对于其他应用来说，就是预训练模型。

以一个别人已经训练好的模型，ResNet50 为例，看看如何利用这个预训练模型，见程序 12.7。

程序 12.7　使用 ResNet50 识别自己的图片

```
1	from tensorflow.keras.applications.resnet50 import ResNet50
2	from tensorflow.keras.preprocessing import image
3	from tensorflow.keras.applications.resnet50 import preprocess_input,
	decode_predictions
4	import numpy as np
5
6	def load_image(img_path):
7	    img = image.load_img(img_path, target_size=(224, 224))
8	    test_img = image.img_to_array(img)
9	    test_img = np.expand_dims(test_img, axis=0)
10	    test_img = preprocess_input(test_img)
11	    return test_img
12
13	model=ResNet50(weights='imagenet')
14	test_img=load_image('海豹.jpg')
15	preds = model.predict(test_img)
16	print(预测结果为:', decode_predictions(preds, top=5)[0])
```

ResNet50 是一个训练好的神经网络，它的输入是(224,224,3)的图片，224×224 表示图片像素规格，3 表示 RGB 三原色；它的输出是 1000 个类别。如果以一张“海豹”的图片为例(海豹图片见图 9.4，图 9.4 中的图片均来自百度百科对应词条，大家可以自行下载图片)，运行程序 12.7，看看 ResNet50 能够将这张图片识别成什么。这个程序输出了最有可能的 5 个分类结果(top5)，输出结果如下。

```
[('n02398521', 'hippopotamus', 0.79280293), ('n02077923', 'sea_lion', 0.19619657),
 ('n02113978', 'Mexican_hairless', 0.0033741035), ('n02074367', 'dugong',
 0.0033231555), ('n02504013', 'Indian_elephant', 0.0010976248)]
```

可以看出，这个预训练模型认为图片中最有可能是河马(hippopotamus)，其次是海狮(sea_lion)，然后是墨西哥无毛犬(Mexican_hairless)等。

如果依次把图 9.4 中的四张图片使用程序 12.7 识别一下(只需要修改程序第 14 行文件名称即可，别处不需要任何更改)，识别的结果如表 12.5 所示(原始输出结果为英文，这里翻译为中文)。

表 12.5　预训练模型识别海豹、海狮、海象、海狗结果

图片真实内容	识别结果				
	rank1	rank2	rank3	rank4	rank5
海豹	河马	海狮	墨西哥无毛犬	儒艮	亚洲象
海狮	海狮	水獭	水貂	帝企鹅	埃及猫
海象	鹈鹕	河马	琵鹭	海湾寻回犬	招潮蟹
海狗	海狮	水獭	科莫多巨蜥	水貂	普通鬣蜥

在表 12.5 中，rank1 表示该预训练模型认为最有可能的结果，rank2 表示第二有可能的结果，依次类推。可以看出，没有经过任何调整，该预训练模型已经能够识别一些动物，这几种动物是普通人很难分辨出来的。

不止是动物，用这个预训练模型识别图 7.2 中的古早机器人，这个训练模型给出的最有可能的 5 个结果如下(已翻译为中文)。

火炉，书桌，电视机，直立物(原文为 upright)，台式计算机

可以看出，预训练模型不用加任何修改，即可进行识别，当然这种识别的准确率一般不高。例如，使用该程序识别本书封面的图片，结果如下。

雨伞，沉船，军用飞机，射电望远镜，三脚架

虽然封面这幅图看起来有些抽象(它使用遗传算法生成)，但是人类还是很容易看出这是一张鸟的图片，不过不加修改的原始模型并没有认出来。

目前大部分预训练神经网络都使用了卷积神经网络或者循环神经网络结构，前文分析过，这种神经网络已经抓住了处理对象的很多底层特征，因此，如果你希望得到更准确的结果，在这些预训练结果上进行微调 (fine tuning)即可。所谓微调，即自己准备若干数据，下载对应的预训练神经网络，然后在此预训练神经网络上训练自己的数据。这种训练，比起从头开始训练，无论是训练时间，还是训练所需要的资源，都要小得多。

对于 GPT 系列来说，它当然不是在别人的模型上进行微调，它的预训练是指它会通过大量的资料(ChatGPT 和 GPT 4.0 的训练集规模未公布，GPT 3.0 公布的训练数据量是 45TB[26])进行训练，这些资料已经包含了大量的知识信息。通过这些大量资料上的训练，可以看作是 GPT 系列的预训练。这些预训练结果再经过人类反馈，可以得到更精确的结果。对于所有任务，应用 GPT 系列不需要进行任何梯度更新或微调，仅需要展示少量训练结果进行演示即可。

也正是这个原因，GPT 系列的回答是不受控的，3.0 以前的 GPT 系列虽然大部分时候都能给你正确的结果(它的训练量实在是太大了)，但是它经常也会给你莫名其妙的答案。ChatGPT 以后的 GPT 系列利用人类反馈来挑选更好的回答结果，虽然偶尔也会有莫名其妙的答案，但是出现次数少多了。

12.6.3　Transformer

Transformer 是一个神经网络架构，2017 年被提出，是一个相对较新的模型[27]，所以目前 Transformer 一词还没有合适的中文翻译，这个单词的原意有“变压器、变形金刚”的意思。文献[27]的作者并未透露为什么把这样一个神经网络架构起名为 Transformer，笔者认为，虽然 Transformer 功能强大，但是它应该不是“变形金刚”的意思。事实上，Transformer 这个架构和变压器倒是真的很像，变压器的输入部分和输出部分有不同匝数的线圈，根据电磁感应，能够实现变换电压的效果。图 12.31(a)是一个变压器的工作原理图，图 12.31(b)是 Transformer 架构。

图 12.31(b)中的模型看起来非常复杂(因为它确实复杂)，但是整体看来，Transformer 架构有 Encoder 和 Decoder 两部分(左右两个灰框)，通过它们之间的连接，能够实现 seq2seq 的效果。

1. seq2seq

seq2seq 是 sequence to sequence 的缩写，可以翻译为“序列到序列”，这是一类问题的统

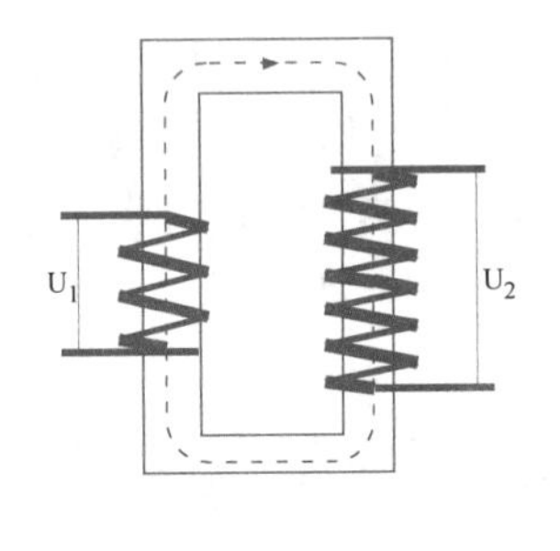

(a) 变压器

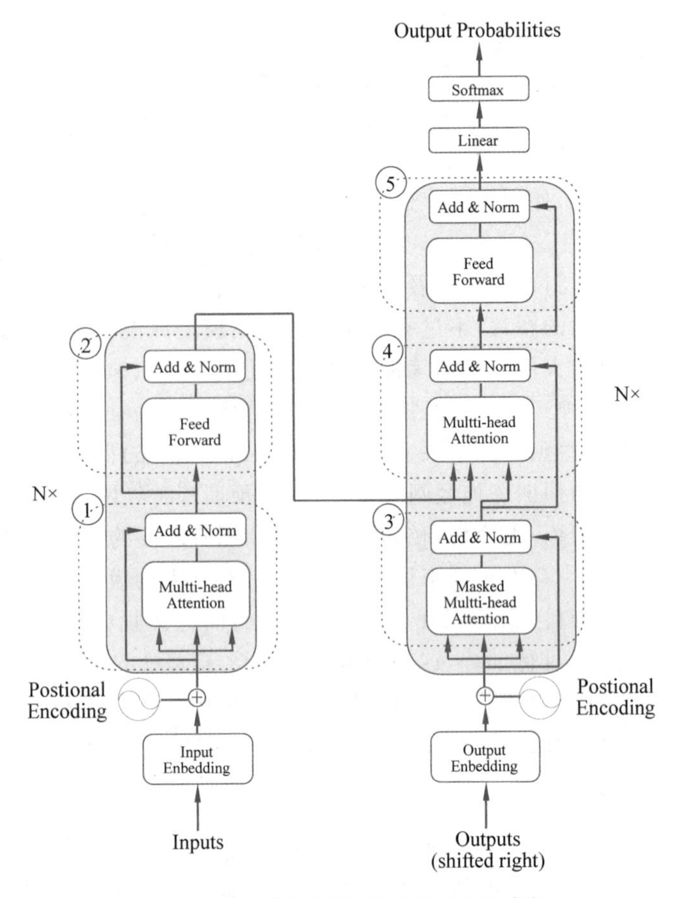

(b) Transformer模型架构(根据文献[26]图1重绘)

图 12.31 两个 Transformer

称。什么叫序列到序列问题，回忆前文所讲的机器学习的输出，它或者是一个值，例如回归分析中，预测一种动物的寿命；或者是一个分类结果，例如判断鸢尾花到底属于哪一类。但是 ChatGPT 所能做的事情是和人类聊天，人类的问题长度和 ChatGPT 回答的长度都是不确定的，问题和回答都是语句，也就是序列，这类问题就是典型的序列到序列问题。事实上，好多问题都是序列到序列问题，例如机器翻译或者根据一篇文章生成摘要，这些问题都是 seq2seq 问题。

2. Encoder 和 Decoder

Encoder 和 Decoder 分别是编码器和解码器。在解决 seq2seq 问题中，Encoder 和 Decoder 模型是常见的一种模型，Transformer 架构就是 Encoder 和 Decoder 模型的一种具体实现。以机器翻译为例，Encoder 和 Decoder 模型如图 12.32 所示。

图 12.31(b)中的 Transformer 架构，左右的灰框分别对应了模型的 Encoder 和 Decoder 部分。在图 12.32 中，输入“人工智能”这样一个序列，注意，此处的输入并不是把人工智能这四个字的编码①直接输入，而是每个文字对应的向量，这样的向量可能是 one-hot 编码，也

① 见本书 2.3 节，“文字的编码”的中文编码部分。

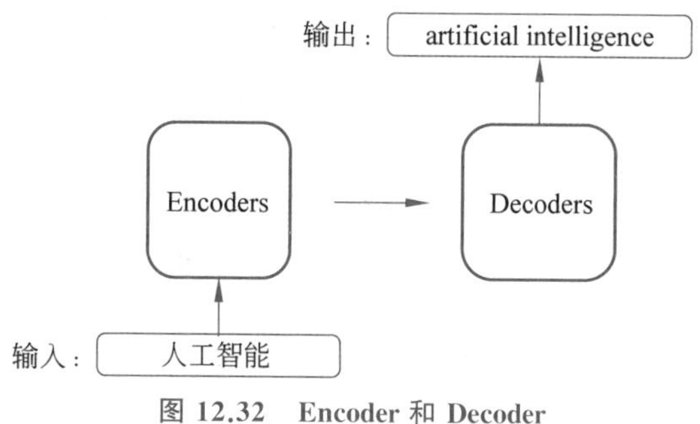

图 12.32 Encoder 和 Decoder

可能是 word2vec 编码(或者是 GloVe 或 fastText 之类的词嵌入)。

中文的 one-hot 编码是如下形式编码[①]：把字典中所有的字作为向量的长度，假设《新华字典》一共收录了 10000 个字，字典中第一个字是'吖'(对应的向量是[1,0,…,0,0])，最后一个字是'做'(对应的向量是[0,0,…,0,1])，'人'字对应的向量是[0,0,…,1,…,0,0]，这三个字对应的向量长度都是 10000，每个向量只有一项是 1，只不过它们为 1 的位置不同。

这样的表示可以对文字进行计算，但是这个表示方法的向量太长，而且文字之间的相似性没有体现出来。因此，人们提出了词嵌入方法。典型的词嵌入是 word2vec 向量表示，它将所有的文字都嵌入到一个指定维度(例如 300 维)的向量空间中，这样，每个文字都变成了一个 300 维的向量。

在文字嵌入中，还有两个重要的符号，BOS 和 EOS，分别表示序列的开始和序列的结束，它们用和文字一样长度的向量表示。

词嵌入还有 GloVe 或 fastText 以及其他方式，相信还会有其他的词嵌入方式出现。该主题不是本书关注的重点，只需要理解 one-hot 编码，你就能理解本书词汇的输入或输出方式。

图 12.32 的输出是英文，英文表示方法和汉语一样，也需要词嵌入，嵌入单元可以是字母、单词或者是词根。为方便理解，假设这类的词嵌入单元是单词。最后一层的输出其实本质上是一堆概率值(在手写体数字识别中已经介绍过了)，每一个概率值代表该单词出现的可能性。

在使用大模型时，经常会出现一个词 token，使用大模型的付费方式也是按 token 计数。这是因为训练大模型的基本单位就是一个个 token。不过 token 的计算比较复杂，例如，根据 OpenAI 官方网站的 token 计算器，"chatgpt"是 7 个字符，有 3 个 token，分别为"chat""g""pt"；英文的"artificial intelligence"有 23 个字符，也是 3 个 token，分别是"art""ificial""intelligence"；而汉语"人工智能"是 4 个字符，8 个 token，并不是每一个汉字有两个 token，这 4 个汉字中，"人""工""智""能"分别是 1 个、2 个、3 个、2 个 token。

---

① 见本书 3.3.3 节，"维数"的词嵌入部分。

ChatGPT 使用 BPE 编码，是自然语言处理领域内一个常用的编码，也是一种变长编码。一般来说，出现频率越高的字，token 越短。例如，“人”是非常常见的汉字，是 1 个 token，相对而言，“智”不那么常见，所以是 3 个 token。

为方便理解，在本书讲解中，汉语以一个汉字（包含标点符号）为一个输入或输出向量，英语以一个单词（包含标点符号）为一个输入或输出向量，例如“人工智能”是 4 个向量，每个汉字一个向量。

3. Transformer

有了以上的概念之后，就可以介绍大模型了。大模型的关键点在于“大”，例如，GPT3 的参数量为 1750 亿个，而 ChatGPT 并没有公布参数个数（一般认为比 GPT3 要大）。如何让模型做大，关键就是让计算能够并行起来。

并行能够大大加快训练速度。现在的神经网络训练需要使用 GPU，理想情况下，n 块 GPU 的运算速度是 1 块 GPU 的 n 倍。这个理想的比值当然达不到，这里假设这个比值是 $0.5n$（这个比值也应该达不到，这里只是做这样一个假设）。假设使用 10 万块 GPU，那么速度是 1 块 GPU 的 5 万倍。如果大家对这个比值没有一个直观概念，可以这样类比，使用 10 万块 GPU 半个月能完成的任务，1 块 GPU 需要从秦始皇时代就开始训练。

能否让神经元并行计算，和网络结构有关。卷积神经网络可以并行计算，回忆一下，卷积神经网络的卷积核彼此是独立的，因此它们可以并行计算。但是循环神经网络和长短期记忆网络就不能并行计算，因为它们输入的是序列，如果输入不完成，无法计算结果。但是，大模型很重要的一个任务就是完成 seq2seq 问题，因此，能够让序列问题也并行化非常重要。

卷积神经网络虽然能够并行计算，但是卷积神经网络只能够关注局部信息，当然，你可以让卷积核更大一点，使其能够关注更多的信息，但是 seq2seq 问题中，输入的长度是不定的，并没有办法确定卷积核的大小，而且卷积核变大了，势必让计算量变得巨大。

那么，到底是什么机制，让 Transformer 架构能够并行起来呢？Transformer 架构的核心单元使用了 self-attention 结构（自注意力结构，随着 Transformer 的流行，一般把自注意力简称为注意力）。

1）注意力结构

为了解什么是注意力，不妨先看一看下面这个例子。

只要它足够大，神经网络可以模拟任何函数。

这并不是一个复杂的句子，人类都知道句子中的“它”指的就是神经网络。但是当输入从左向右依次读入时，模型怎么知道“它”表示的是什么呢？模型可以做的就是依次计算“它”这个向量和其他向量之间的相关性，根据计算结果来决定“它”到底代表什么。

注意力机制，就是计算某个输入向量与其他向量之间的相关性，如图 12.33 所示。

在图 12.33(a)中，$\boldsymbol{a}^1$、$\boldsymbol{a}^2$、$\boldsymbol{a}^3$、$\boldsymbol{a}^4$ 是四个输入向量，$\boldsymbol{b}^1$ 是输出向量（输出向量可能有多个，

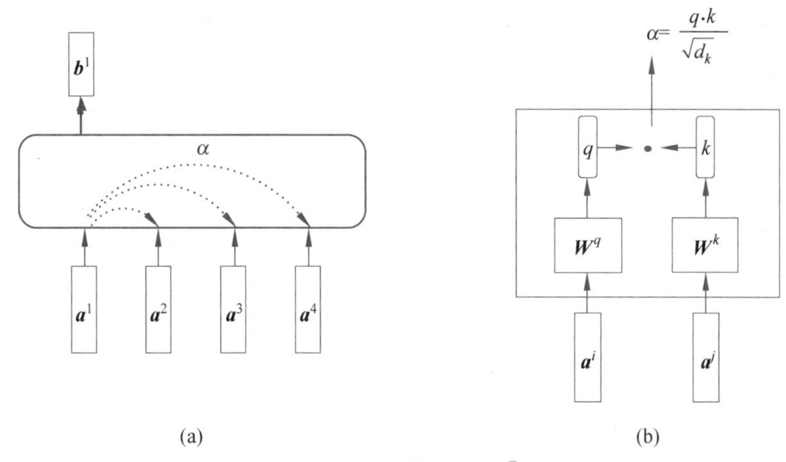

图 12.33　计算相关性①

这里只绘制出一个)。四个输入向量可以是原始输入,例如“人工智能”四个字对应的向量,也可以是中间某一层的输出结果。以向量 $\boldsymbol{a}^1$ 为例,它依次要和剩余的三个向量计算相关性,即图 12.33 中的 α。在计算相关性的过程中,有三个关键隐藏向量,分别是查询(query)、键(key)和值(value),可以这样形象地理解,给定一个 query,计算 query 和 key 的相关性,然后根据相关性得到最终的 value。

两个向量的相关性有很多计算方法,在文献[27]中,给出的计算方法如图 12.33(b)所示。这里以向量 $\boldsymbol{a}^i$ 和 $\boldsymbol{a}^j$ 为例,先将 $\boldsymbol{a}^i$ 和矩阵 $\boldsymbol{W}^q$ 相乘,得到向量 $\boldsymbol{q}$(query 的首字母);然后将 $\boldsymbol{a}^j$ 和矩阵 $\boldsymbol{W}^k$ 相乘,得到向量 $\boldsymbol{k}$(key 的首字母);接着将 $\boldsymbol{q}$ 和 $\boldsymbol{k}$ 做点积操作,最后结果除以 $\sqrt{d_k}$($\boldsymbol{q}$ 和 $\boldsymbol{k}$ 有相同的维数,d_k 表示这个维数),得到 $\boldsymbol{a}^i$ 对于 $\boldsymbol{a}^j$ 的查询结果。这个结果值越高,也意味着它们的相关性越高。注意,$\boldsymbol{q}$ 和 $\boldsymbol{k}$ 是输入向量乘以对应矩阵后得到的结果,而这些矩阵($\boldsymbol{W}^q$ 和 $\boldsymbol{W}^k$)是通过数据学习到的,学习结果就隐含了输入向量之间的相关性。

另外,任意两个输入向量都要计算相关性(包括向量自己与自己),如图 12.34 所示。

在图 12.34 中,给出了向量 $\boldsymbol{a}^1$ 与其他向量相关性的计算过程。注意,$\boldsymbol{a}^1$ 也要与自己计算相关性(self-attention),计算的结果为 $\boldsymbol{\alpha}_{ii}$,结果 $\boldsymbol{\alpha}_{ii}$ 还要经过 Softmax()激活函数计算,最终结果为 $\boldsymbol{\alpha}'_{ii}$。图 12.34 只绘制向量 $\boldsymbol{a}^1$ 与其他向量相关性的计算,每一个输入向量都需要计算与其他向量(包括自己)的相关性,只是图 12.34 中并未绘出。

在文献[27]中,相关性使用点积方式计算,最后的激活函数使用 Softmax(),后续其他研究也有使用其他计算方式和其他激活函数,也都取得了不错的结果。

注意,$\boldsymbol{q}$ 和 $\boldsymbol{k}$ 的乘积并不是这一层的输出,计算输入向量两两之间的 $\boldsymbol{\alpha}'_{ii}$ 之后,$\boldsymbol{\alpha}'_{ii}$ 与向量 $\boldsymbol{v}$ 的乘积之和是这一层的输出。以图 12.35 输出向量 $\boldsymbol{b}^1$ 为例,每个输入向量 $\boldsymbol{a}^i$ 分别和矩阵 $\boldsymbol{W}^v$(该矩阵的值也是通过训练习得)做乘积操作,得到向量 $\boldsymbol{v}^1$、$\boldsymbol{v}^2$、$\boldsymbol{v}^3$、$\boldsymbol{v}^4$(这四个向量的含义表示从数据中抽取到的信息),然后 $\boldsymbol{\alpha}'_{1i}$ 与 $\boldsymbol{v}^i$ 加权求和,得到输出向量 $\boldsymbol{b}^1$,如图 12.35 所示。

---

① 图 12.33～图 12.39 根据李宏毅老师“机器学习与深度学习”课程讲义重绘(有部分修改),本书 Transformer 架构讲解,也主要参考了李宏毅老师的讲解。

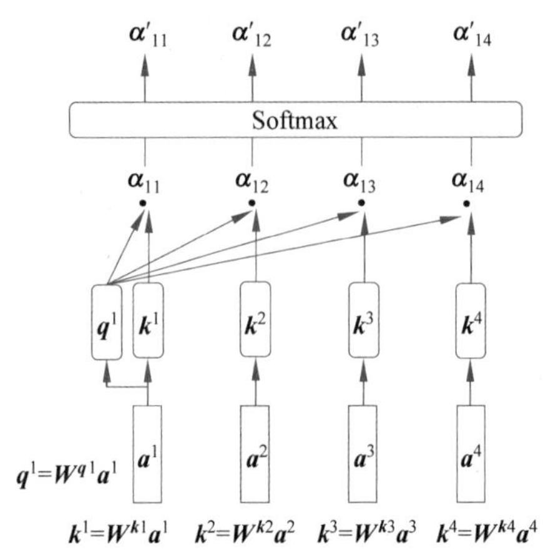

图 12.34 计算 a^1 与其他向量的相关性

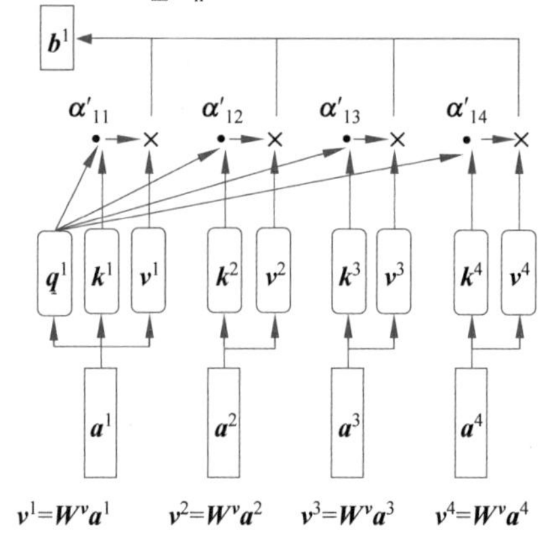

图 12.35 基于相关性抽取 a^1 与其他向量的信息值

图 12.35 中的 $\boldsymbol{b}^1$ 即图 12.33(a)的输出向量 $\boldsymbol{b}^1$，其他输出的计算方式与 $\boldsymbol{b}^1$ 类似，以 $\boldsymbol{b}^2$ 为例，计算公式为 $\boldsymbol{b}^2=\sum\boldsymbol{\alpha}'_{2i}\times\boldsymbol{v}^i$。

看起来注意力结构也太麻烦了吧？实际上，图 12.33～图 12.35 只是为了让大家理解注意力结构的运行过程，这些过程本质上只是一些矩阵的计算。每一个输入向量，都会和 $\boldsymbol{W}^q$、$\boldsymbol{W}^k$、$\boldsymbol{W}^v$ 这三个矩阵相乘，得到 $\boldsymbol{q}^i$、$\boldsymbol{k}^i$、$\boldsymbol{v}^i$ 三个向量，换句话说，这些结果可以写成如下分块矩阵形式，如图 12.36 所示。

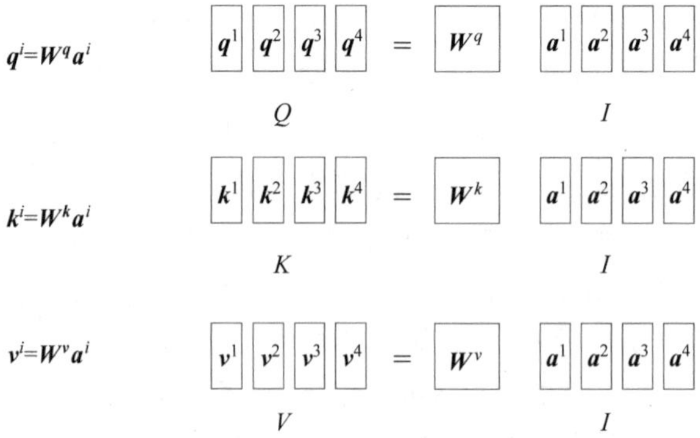

$\boldsymbol{q}^i=\boldsymbol{W}^q\boldsymbol{a}^i$　　$[\boldsymbol{q}^1\ \boldsymbol{q}^2\ \boldsymbol{q}^3\ \boldsymbol{q}^4]=\boldsymbol{W}^q\,[\boldsymbol{a}^1\ \boldsymbol{a}^2\ \boldsymbol{a}^3\ \boldsymbol{a}^4]$　　Q　　I

$\boldsymbol{k}^i=\boldsymbol{W}^k\boldsymbol{a}^i$　　$[\boldsymbol{k}^1\ \boldsymbol{k}^2\ \boldsymbol{k}^3\ \boldsymbol{k}^4]=\boldsymbol{W}^k\,[\boldsymbol{a}^1\ \boldsymbol{a}^2\ \boldsymbol{a}^3\ \boldsymbol{a}^4]$　　K　　I

$\boldsymbol{v}^i=\boldsymbol{W}^v\boldsymbol{a}^i$　　$[\boldsymbol{v}^1\ \boldsymbol{v}^2\ \boldsymbol{v}^3\ \boldsymbol{v}^4]=\boldsymbol{W}^v\,[\boldsymbol{a}^1\ \boldsymbol{a}^2\ \boldsymbol{a}^3\ \boldsymbol{a}^4]$　　V　　I

图 12.36 q^i、k^i、v^i 向量的矩阵计算形式

三个向量 $\boldsymbol{q}^i$、$\boldsymbol{k}^i$、$\boldsymbol{v}^i$ 是中间的计算结果，有了这三个向量之后，如何得到最后的输出 $\boldsymbol{b}^i$ 呢？

先看看图 12.33～图 12.35 中的 $\boldsymbol{\alpha}_{ii}$ 和 $\boldsymbol{\alpha}'_{ii}$ 如何计算，$\boldsymbol{\alpha}'_{ii}$ 是 $\boldsymbol{\alpha}_{ii}$ 经过 Softmax 激活函数计算得到，因此，得到 $\boldsymbol{\alpha}_{ii}$ 即相当于得到 $\boldsymbol{\alpha}'_{ii}$。$\boldsymbol{\alpha}_{ii}$ 对应的矩阵 $\boldsymbol{A}$ 的计算方式如图 12.37 所示。

在图 12.37 中，根据点积的计算方式，$\boldsymbol{k}^i$.T 表示向量 $\boldsymbol{k}^i$ 的转置。有了矩阵 $\boldsymbol{A}$ 之后，就可以计算最后的输出 $\boldsymbol{O}$ 了。

输出 $\boldsymbol{O}$ 包含了四个向量 $\boldsymbol{b}^1$、$\boldsymbol{b}^2$、$\boldsymbol{b}^3$、$\boldsymbol{b}^4$，它们最后的计算形式如图 12.38 所示。

因为注意力结构确实很复杂，这里总结一下。上述的讲解分为两部分，图 12.33～图 12.35 主要介绍为了实现注意力结构，中间需要计算哪些结果，这个过程也讲解了注意力结构是如何抽取向量之间的相关性信息的。而图 12.36～图 12.38 主要介绍了注意力结构真正的实

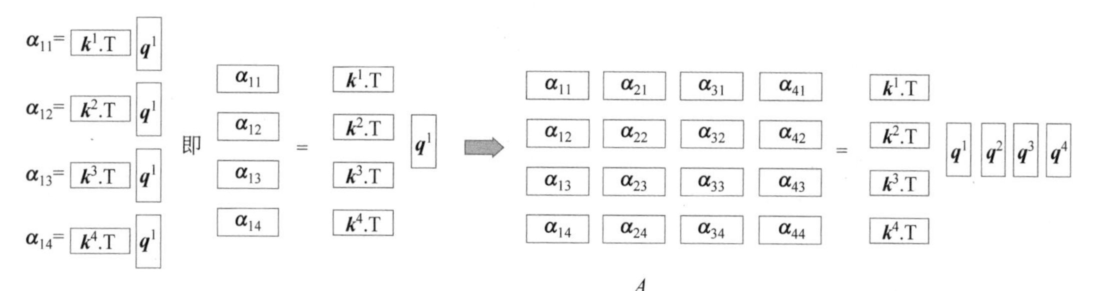

图 12.37　矩阵 A 的计算形式

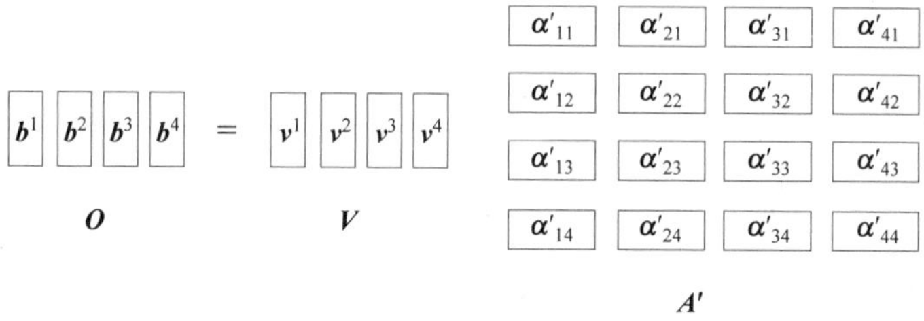

图 12.38　输出矩阵 O 的计算形式

现方式，也就是矩阵计算方法，注意，这样的矩阵是分块矩阵，这也意味着，这种计算是可以并行的。

总结起来，在注意力结构中，最后的输出由式(12.31)计算(文献[27]，公式(1))。

$$\text{Attention}(\boldsymbol{Q},\boldsymbol{K},\boldsymbol{V})=\text{Softmax}\left(\frac{\boldsymbol{Q}\boldsymbol{K}^{\mathrm{T}}}{\sqrt{d_k}}\right)\boldsymbol{V} \tag{12.31}$$

所以，注意力结构虽然看起来很复杂，但是其实真正实现的时候，不过如式(12.31)中所描述，上述讲解只是为了大家对这个结构有更深的认知。式(12.31)中的 $\boldsymbol{Q}$、$\boldsymbol{K}$、$\boldsymbol{V}$ 通过输入向量和 $\boldsymbol{W}^q$、$\boldsymbol{W}^k$、$\boldsymbol{W}^v$ 三个矩阵的乘积得到，d_k 是维数，确定了矩阵之后，也是可以看作是已知量。因此中间需要训练学习的，其实就是 $\boldsymbol{W}^q$、$\boldsymbol{W}^k$、$\boldsymbol{W}^v$ 三个矩阵。

2）多头注意力

在实际应用中，可以使用多头注意力(multi-head attention)。前面所讲的注意力结构是单头的，也就是抽取一个相关信息，其实从不同角度看，输入向量有不同角度的相关性，因此可以设计多头注意力结构，多头注意力就是将多个单头注意力结构合并起来，如图 12.39 所示。

图 12.39 给出了一个计算双头注意力的例子。多头注意力和单头注意力原理一样，只不过每个头的注意力都会分别计算。如果图 12.39 中，下标为 1 的结果第一头的注意力，下标为 2 的结果表示第二头的注意力，只有属于同一个头的变量才能互相计算，最后的结果是把所有的头的注意力连接起来。

3）位置编码

有了注意力结构之后，还不能直接处理序列数据，因为这里面丢失了一个重要信息，序列中数据的顺序。

在前述注意力结构中，不同位置的向量的地位是一样的。而序列数据中，不同位置的数据有不同的意义，例如“人咬狗”与“狗咬人”这样的序列，表达了完全不同的意思。因此，在

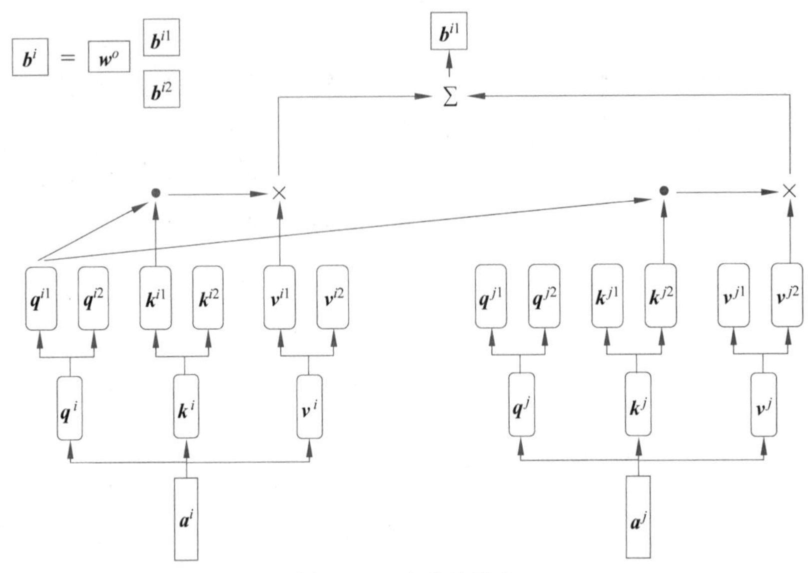

图 12.39 多头注意力

Transformer 架构中，还加入了位置编码(Positional Encoding)。

位置编码技术即每一个位置都有一个唯一的位置向量 e^i，把 e^i 和输入向量 a^i 连接起来作为该向量的输入。如何设置更好的位置编码现在是一个开放问题，在文献[27]中，使用正弦和余弦函数设置位置编码，因此，在图 12.31(b)中 Positional Encoding 处，有正弦符号。

在文献[27]中，位置编码是手工设计的，由如下两个公式生成：

$$\text{Positional Encoding}_{(\text{pos},2i)}=\sin\left(\frac{\text{pos}}{10000^{\frac{2i}{d_{\text{model}}}}}\right)$$

$$\text{Positional Encoding}_{(\text{pos},2i+1)}=\cos\left(\frac{\text{pos}}{10000^{\frac{2i}{d_{\text{model}}}}}\right)$$

事实上，如何设计位置编码是一个开放问题，已经有一些研究关注于如何设计位置编码。

4) Transfromer 架构的 Encoder 部分

有了前面的基本概念之后，看看 Transfromer 架构到底是怎么回事。先看看图 12.31(b)这个架构，左侧灰框中是架构的 Encoder 部分，从下向上，依次是输入向量，然后做一个输入嵌入(如果是文本数据即是词嵌入)，最后加上位置编码，作为 Encoder 的输入。虚线框的①和②两部分分别是一个多头注意力结构和一个全连接网络。①和②两部分可能会重复 N 遍，所以 Encoder 部分左侧有个“$N\times$”标记。

注意，在①和②两部分中，并不只是单纯的多头注意力和全连接结构，这两个结构都加入了 residual 连接。residual 的英文是“残余的”，因此，这种连接一般称为残差连接(也可称为跳连接)，实现方式如图 12.40 所示。

图 12.40 描述了残差连接和规范化。残差连接即输入向量经过对应结构(注意力结构或全连接结构)有一个输出，并且输入向量也直接传到下一层，和对应的输出求和之后作为输出。这个输出还要经过规范化(norm)操作，这里的规范化和本节前面讲的规范化操作一

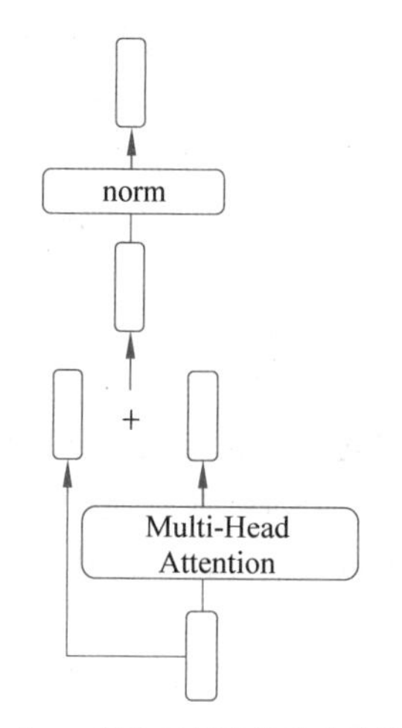

(a) Transformer架构①部分的残差结构和规范化

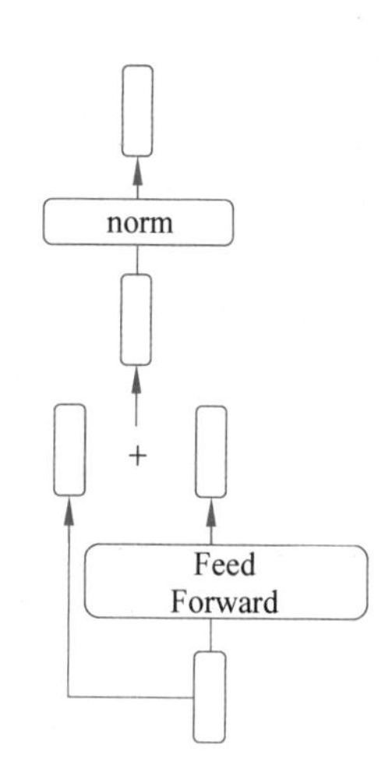

(b) Transformer架构②部分的残差结构和规范化

图 12.40 残差连接和规范化

样，只不过这里是层规范化，也就是每个输出都按照自己的方差和均值进行规范化，而不是一个批次整体规范化。图 12.31 中的 Add&Norm 就是指图 12.40 中的残差连接和规范化操作。

5）Transfromer 架构 Decoder 部分

观察图 12.31(b)会发现，Transfromer 架构的 Decoder 部分有很多和 Encoder 类似部分。例如，③、④部分和①部分类似，⑤部分和②部分类似。

在 Transfromer 架构的 Decoder 部分中，最下面是 Decoder 的输入(outputs)，这个并不是翻译错误。为什么这里的输入是输出呢？这是因为，这部分的输入方式是逐个右移的(shifted right)。

以机器翻译英译汉为例，假设最后的正确结果是“人工智能”。Decoder 部分首先接收一个 BOS 作为起始输入，这时 Decoder 部分的输出为“人”，表示在当前输入下，结果是“人”的概率最大。

然后 Decoder 部分把 BOS、“人”字作为输入，这时又输出一个汉字，“工”，表示在所有已知输入情况下，“工”字是最有可能的结果；

然后 Decoder 部分把 BOS、“人”和“工”作为输入，这时又输出一个汉字，“智”；

然后 Decoder 部分把 BOS、“人”、“工”和“智”作为输入，这时又输出一个汉字，“能”；

然后 Decoder 部分把 BOS、“人”、“工”、“智”和“能”作为输入，这时 Decoder 会输出一个符号 EOS，表示序列结束，表示在所有已知输入情况下，EOS 可能性最大，输出结束。

在输入之上是词嵌入，然后是位置编码，输入进入③部分，Masked Multi-Head Attention，这部分也叫屏蔽多头注意力。它的工作机制和前文的多头注意力结构一样，只不过在计算注意力分数时，它只管前面出现过的数据而不管未来的数据，例如，有四个输入向量 $\boldsymbol{a}^1$、$\boldsymbol{a}^2$、$\boldsymbol{a}^3$、$\boldsymbol{a}^4$，$\boldsymbol{a}^1$ 只计算自己的注意力分数，$\boldsymbol{a}^2$ 要计算其和 $\boldsymbol{a}^1$、$\boldsymbol{a}^2$ 的注意力分数，以此类推。因为在处理序列中某段数据时，未来的数据是当前所不知道的，所以，这里使用了屏蔽多头注意力。

④部分看起来和②部分一样，但实际上，仔细观察就会发现，④部分有两个输入来自②

部分。换句话说，④部分是交叉注意力结构（文献[27]原文为"Encoder-Decoder attention"）。回忆本书在介绍注意力结构的时候，有三个向量，分别是 ***q***、***k***、***v***，***q*** 表示查询向量，询问其他向量与自己的相关性；***k*** 表示关键字向量，与 ***q*** 做点积操作；***v*** 表示信息值，最后的结果是相关性的值。在交叉注意力结构中，***q*** 来自 Decoder 部分，***k*** 和 ***v*** 来自 Encoder 部分，它们共同构成了④部分的输入。

⑤是全连接结构。这个结构比较简单，它和 Encoder 的②部分一样。

> Transformer 架构如此成功，以至于它及其变种已经成为自然语言处理的主力模型了。在 Transformer 模型发布以后，自然语言处理文献被各种各样的新架构淹没，不约而同地，这些架构或者使用了《芝麻街》[①]里的人物名字，或者以 former 结尾的单词命名。

大模型还有额外好处，文献[26]指出，对于所有任务，GPT3 都可以在不进行任何梯度更新或微调的情况下使用，仅需要通过与模型的文本交互指定任务和少量演示即可。斯坦悖论[②]即介绍过，表面上风马牛不相及的事物，可能内在会有隐藏的联系。

4. 怎么做

利用 Transformer 大模型，这里完成了本书最后一个程序，中英文翻译见程序 12.8。

程序 12.8　大模型中英文翻译

```
1    from transformers import pipeline
2    translator = pipeline("translation", model="Helsinki-NLP/opus-mt-zh-en")
3    translator('人工智能')
```

这个程序也是本书最短的一个程序，你没有看错，它只有三行。它是一个单机程序，只有在程序首次运行时，它才会从网络下载模型（一个训练好的中英文翻译模型，Helsinki-NLP/opus-mt-zh-en，300M 多一点），然后，不需要联网，不用字典，它就能完成翻译。

从 1956 年达特茅斯会议开始，用机器进行翻译一直是研究目标之一。今天，人们终于可以说，“我们做到了”。

再次强调一点，程序 12.8 能进行翻译，不是因为它访问网络，也不是因为它存储了字典，翻译就是由一个神经网络大模型完成的。

程序 12.8 的输出如下。

```
[{'translation_text': 'Artificial intelligence'}]
```

如果你觉得翻译成功是因为“人工智能”四个字太简单，下面看一些更复杂的例子。笔者用程序 12.8 把本书所有的题注进行翻译，结果如表 12.6 所示。

这个翻译结果优秀得让人吃惊，对于现代汉语的翻译，它几乎都是准确的。表 12.6 再次证明了，这个模型里面用的不是字典。这里面的翻译不管正确与否，都没有明显的语法错误，显然字典做不到这点。而且，没有字典能够存储这么多长句。

---

① 美国一档儿童教育节目，里面有动画、木偶和真人表演。BERT 和 ELMO 是著名的自然语言处理架构，这两个名字也是芝麻街里面的人物名称。

② 见本书 8.9.3 节“统计数据会说谎”的斯坦悖论。

表 12.6 大模型翻译本书题注结果

章	章题目	题注原文	翻译结果
1	人工智能	以你现在的速度你只能逗留原地。如果你要抵达另一个地方,你必须以双倍于现在的速度奔跑	You can only stay where you are now. If you are to reach another place,you must run twice as fast as you are now
2	编码	一阴一阳之谓道	It's called a chord
3	数学	一种科学只有在成功地运用数学时,才算达到了真正完善的地步	A science is truly perfect only when mathematics is successfully applied
4	算法	很多我曾经认为永远回答不了的组合问题已经被解决了,这些突破是因为算法的改进,而不是处理器性能的提升	Many of the combination questions I once thought could never be answered have been solved,and these breakthroughs were due to improved algorithms rather than to improved processor performance
5	博弈	知己知彼,百战不殆	You know each other, you'll never get away with it
6	知识	知识就是力量	Knowledge is power
7	行为	知行合一	Know-it-all
8	机器学习(一)	所有的模型都是错误的,但其中有些是可用	All models are wrong, but some of them are available
9	机器学习(二)	To be,or not to be,that is the question	原文为英文,不需要翻译
10	机器学习(三)	无师禅自解	No teacher self-confession
11	神经网络	Cells that fire together,wire together	原文为英文,不需要翻译
12	深度学习	大型神经网络是非常强大的计算设备	Large neural networks are very powerful computing devices

但是它也存在明显的问题,对于本书的古文题注,例如"一阴一阳之谓道""知己知彼,百战不殆""知行合一"等,它的翻译还算在线,但是并不准确,主要的原因是这个模型缺少对古文数据的训练。这也是本书的一个困境,作为一本入门书籍,读者可以通过本书掌握人工智能技术的概要,但是要想深入完美地学会某一种技术,读者还需要更多"训练"。

赛尔在提出中文屋思想实验①时,他否认这个神秘的东西具有智能,可是今天,当这个神秘的东西就在我们面前,机器变得越来越聪明,那么,是否能够认为机器从此就获得了智能?

12.7 Intelligence

Intelligence 是"智能"的意思,凭借人类自己的智慧,创造出一个和人类一样的智能体,实现通用人工智能,一直是人工智能的圣杯。

① 见图 1.4,中文屋思想实验。

Intelligence来自拉丁文legere，原意是采集（特别是水果采集）、搜集、组合，由此引申为选择和形成一种印象。Intelligence的意思是从中选择，由此引申为理解、领会和认识[1]。

不过，和20世纪五六十年代相比，很长一段时间内，因为通用人工智能的实现太困难，人们反而不那么热衷于实现这个目标了。也许ChatGPT的横空出世又让人看到了希望，虽然现在可以认为ChatGPT通过了图灵测试，但是机器文明是否来到了奇点时刻，还需要更多的时间去验证。

12.7.1 智能在哪里

如果认为ChatGPT具有智能的话，那么事实可能有点让人类沮丧，人类的智能其实也没有那么高不可攀，其本质可能就是大规模连接产生的顿悟。

顿悟（emergence）在一些资料中翻译为涌现，更多的地方直接使用英文原文。在考虑了“涌现”“质变”等一系列翻译之后，本书觉得顿悟更能体现这个英文单词的本意。

本书不止一次见到了顿悟，More Is Different的哲学基础是顿悟，Complexity这门科学研究顿悟，connection会产生顿悟。

其实，不管ChatGPT是否具有智能、如何产生智能，对于人类的智能，普遍认为人类智能产生自神经元的连接。实际生物的神经元多种多样，但是单个神经元的结构已经被科学家研究地比较清楚了（人类有860亿个神经元，当然不会每一个都研究清楚，但是神经元的结构和大致功能，科学家是清楚的）。

仔细观察图11.1(b)，可以看到左侧神经元下方有一个长长的尾巴，这个叫作轴突；还有很多像树枝一样的分叉，叫作树突。树突是突触的接收端，它们的膜上含有受体分子；轴突则是发送端，它们分泌神经递质（neurotransmitter），向其他神经元传递信号。神经递质是一类分子，大家可以理解为让神经兴奋（或者抑制兴奋）的物质，最为人知的神经递质就是多巴胺了。一般来说，信号的传输都是从轴突传到树突（但是也有轴突向胞体、树突到树突、轴突到轴突以及所有能想象到的变化）[28]。

生物的各种感知信号在神经元之间传播。在神经元受到刺激之后，会产生电信号（主要由钠、钾离子浓度差产生），轴突上的电信号是一种称为动作电位（action potential）的脉冲信号，也称为电峰（spike）。一个电峰信号传输到突触的一侧，触发神经递质的分泌，在另一侧的神经元突触感受到神经递质。

几乎所有的突触信号都很弱，不足以产生一个动作电位，但是多个突触聚合起来就能够做到。大家可以把动作电位是否激活想象成一个投票模型，只要票数达到了阈值电位（threshold potential），这个神经元就会产生新的动作电位，继续传输。

这样描述信号在神经网络中的传输，当然是大大简化了，实际工作起来比上述描述要复杂得多。但是，这种简化版描述也大致反映了真实的生物过程，看来人工智能中的神经网络，确实很好地（部分）模拟了生物的神经网络。

当然,如果神经元真的只是传输这些电信号,那么“缸中之脑”的实验,理论上是可以实现的。

智能依托在神经网络上,这个已经被部分证实。因为通过在大脑中植入设备,就可以控制身体或者读取想法。很多科学家一直试图在计算机与人脑之间建立连接。例如,部分科研人员和企业家在进行“脑机接口”实验(马斯克旗下公司曾经通过向活体猪脑中植入芯片,进而读取大脑活动)。“脑机接口”即通过侵入式和非侵入式在脑中植入芯片,这样就可以实现意念控制机器,或者可以复制大脑海马体记忆密码,或者改善大脑运行。关于人类神经运行机制目前了解得不多,图 11.1(a)由卡哈尔在 19 世纪末绘制,一百多年过去了,在认识神经工作原理方面,有了很多进展,但是整体还是懵懂的状态。也许人工智能技术的发展,可以从另外一个角度帮人类更好地认识自己。

另外,脑机接口(“增强人”)、克隆技术(“克隆人”)、基因编辑(“设计人”)的出现,可能会引发各种伦理道德问题,人类对此绝对应该保持足够的警惕。

难道人类的智能和思想,真的就是依靠这些电信号传来传去?除了这些就没有别的了?有没有凌驾于这些实体之上的一些东西,比如说,灵魂(soul)?

神经科学家的回答是,没有了。虽然依然有很多人反对这个观点,认为有别的东西“存储”了人类的智能。但是神经科学家普遍相信,人类的智能就藏在连接之中,只不过人们还没发现其中的奥秘而已。也许,借助人工智能的帮助,人们可以更好地认知人类智能本身。

但是,如果真的这样发展下去,机器智能真的替代了人类智能怎么办?倒也不用太害怕,因为,机器有“芯”,人类有“心”。

12.7.2 Peak-End

人类肯定是有智能的,但是人类并不是只有智能。

虽然智能是什么并没有定义,但是,智能并不等于理性。人类的行为很多是不理性的,这种不理性,在合取谬误(第 3.2.1 节)和因果性分析(第 8.9.1 节)中,本书都已经介绍过。这里再介绍人类的另外一个不理智,Peak-End,译为峰终定律。

卡尼曼在《思考,快与慢》中曾经介绍过这样一个实验:第一次,让受试者在 14℃的水中浸泡 60 秒,14℃对于人类是一个很冷的温度,但是还能接受;第二次,让受试者在 14℃的水中浸泡 60 秒,然后将水温调整为 15℃,继续浸泡 30 秒。15℃依然是一个很冷的温度,当然,它比 14℃要暖和一些,可以让受试者的痛苦略有缓解。

第二次实验明明时间更长,也很痛苦(14℃、15℃都很冷),但是受试者都觉得第二次的感觉更好,也许因为与第一次相比,第二次有一个稍微好一点的结尾。人类的记忆其实是有选择的,人们更容易记住某次体验的高峰(peak)和结尾(end)。事实上,结尾的感受比高峰还重要。这样的案例还有很多,例如,在《思考,快与慢》中卡尼曼还提到一个人聚精会神地使用光盘听了 40 分钟交响乐,但是因为光盘有划痕,所以在音乐要结尾的时候产生了让人厌恶的声音,结果,这个糟糕的结尾“毁了全部的体验”,这个人忽略了 40 分钟音乐带给他的快乐。

当笔者知道了峰终定律之后,并没有让自己生活中做决策变得更加理性,但是却让笔者更加确认一个事实:

一个漂亮的结尾，对一本书太重要了。

就个人经验来说，有太多活生生的例子了。一部剧情平淡的电影，整整两个小时都让人昏昏欲睡，但是如果它有个画龙点睛般的结尾，那就不一样了，坚持到最后的观众会觉得这两个小时没有白花，电影中的一切细节都变成伏笔，剧情刹那间变得合理且精妙；一部非常优秀的连续剧，播出的时候万众空巷，观众毫不吝惜地在评分页面打出五颗星，但是如果它烂尾了，会让评分急剧下降，观众会纷纷把五颗星改为一颗星。

笔者没有能力给本书写出一个漂亮的结尾。面对人工智能可能要替代人类文明的奇点时刻，这里借用丘吉尔（他可是诺贝尔文学奖得主）的名句放在本书结束处。1942 年，阿拉曼战役成为第二次世界大战的转折点，盟军胜利，第二次世界大战即将结束，人类也即将迎来新的时代，丘吉尔在这次战役庆祝午宴的演讲中，说出了如下名言：

Now this is not the end. It is not even the beginning of the end. But it is, perhaps, the end of the beginning.

这不是结尾，甚至不是结尾的序幕，但或许，这是序幕的结尾。

参考文献

说明：本书参考文献可以扫描如上二维码观看，每章正文中标注的参考文献标号与二维码中每章中的文献标号对应。

中外文人名对照

前言

费马 Pierre de Fermat：法国数学家
费曼 Richard Phillips Feynman：美国物理学家，诺贝尔奖获得者

第1章

卡罗尔 Lewis Carroll：英国作家、数学家
哥德尔 Kurt Gödel：奥地利-美国数学家，逻辑学家，20世纪最伟大的哲学家
赛尔 John Searle：美国哲学家，“中文屋”思想实验提出者
普鲁塔克 Plutarchus：古代哲学家，“忒休斯之船”思想实验提出者
霍布斯 Thomas Hobbes：英国哲学家，扩展“忒休斯之船”思想实验
普特南 Hilary Putnam：美国哲学家，“缸中之脑”思想实验提出者
麦卡锡 John McCarthy：美国计算机学者，图灵奖得主
明斯基 Marvin Minsky：美国计算机学者，图灵奖得主
司马贺 Herbert Simon：美国计算机学者，诺贝尔经济学奖得主、图灵奖得主，这个经历历史唯一。很多资料翻译为赫伯特·西蒙，司马贺是他自己起的中文名字
所罗门诺夫 Ray Solomonoff：美国计算机学者，提出所罗门诺夫复杂度概念
纽厄尔 Allen Newell：美国计算机学者，图灵奖得主
怀特海 Alfred Whitehead：英国哲学家，《数学原理》作者
罗素 Bertrand Russell：英国哲学家，诺贝尔文学奖获得者，《数学原理》作者
莱特希尔 James Lighthill：英国数学家，曾担任剑桥大学卢卡斯教授
巴贝奇 Charles Babbage：英国数学家，计算机先驱人物
帕斯卡 Blaise Pascal：法国伟大数学家、物理学家
莱布尼茨 Gottfried Wilhelm Leibniz：德国哲学家、数学家，与牛顿共享“微积分之父”称号
卡斯帕罗夫 Garry Kasparov：俄国国际象棋大师
李世石(이세돌)Lee Sedol：韩国围棋大师
费根鲍姆 Edward Albert Feigenbaum：美国计算机学者，图灵奖得主
莱德伯格 Joshua Lederberg：美国生物学家，诺贝尔奖获得者
皮茨 Walter Pitts：美国数学家，M-P神经网络模型提出者
麦卡洛克 Warren McCulloch：美国神经科学家，M-P神经网络模型提出者

维纳 Norbert Wiener：美国数学家，以天才著称，控制论之父
罗森布拉特 Frank Rosenblatt：美国计算机学者，早期神经网络专家
派珀特 Seymour Papert：美国计算机学者，与明斯基合著《感知机》
霍普菲尔德 John Hopfield：美国物理学家，计算机学者
辛顿 Geoffrey Hinton：英国计算机学者，图灵奖得主
本吉奥 Yoshua Bengio：加拿大计算机学者，图灵奖得主
杨立昆 Yann LeCun：法国计算机学者，图灵奖得主
凯佩克 Karel Capek：捷克作家，"机器人"一词提出者
阿什比 William Ross Ashby：美国计算机学者，控制论先驱人物
布鲁克斯 Rodney Brooks：美国计算机学者，制作多个有影响力的机器人
狄拉克 Paul Dirac：英国物理学家，诺贝尔奖获得者，对量子力学的研究作出巨大贡献
平克 Steven Pinker：加拿大心理学家、语言学家
库兹韦尔 Ray Kurzweil：美国学者、作家
阿西莫夫 Isaac Asimov：美国科幻小说作家
狄更斯 Charles Dickens：英国著名作家
洛克菲勒 John Davison Rockefeller：美国富豪
卡内基 Andrew Carnegie：美国富豪
范德比尔特 Jarred Vanderbilt：美国富豪
特朗普 Donald Trump：曾任美国总统
皮凯蒂 Thomas Piketty：法国经济学家、作家，《21 世纪资本论》作者
克鲁格曼 Paul Krugman：美国经济学家，诺贝尔奖获得者
斯蒂格利茨 Joseph Stiglitz：美国经济学家，诺贝尔奖获得者
凯恩斯 John Maynard Keynes：英国经济学家，宏观经济学之父

第 2 章

海森堡 Werner Heisenberg：德国物理学学家，诺贝尔奖获得者，对量子力学的研究做出巨大贡献

薛定谔 Erwin Schrodinger：奥地利物理学家，诺贝尔奖获得者，对量子力学的研究做出巨大贡献

摩根斯特恩 Oskar Morgenstern：德国裔美国经济学家，与冯・诺依曼合著《博弈论与经济行为》

萨缪尔森 Paul Samuelson：美国经济学家，诺贝尔奖获得者

维格纳 Eugene Paul Wigner：匈牙利裔美国物理学家，诺贝尔奖获得者

冯・卡门 Theodore von Karman：匈牙利裔美国航天科学家，钱伟长、钱学森、郭永怀是他的亲传弟子

埃尔德什 Paul Erdos：匈牙利数学家

波利亚 George Polya：匈牙利裔美国数学家

贝特 Hans Bethe：美国物理学家，诺贝尔奖获得者

恩利克・费米 Enrico Fermi：意大利裔美国物理学家，诺贝尔奖获得者，原子能之父

戴森 Freeman Dyson：英国裔美国物理学家、数学家、作家

布尔 George Boole：英国数学家，逻辑学家，计算机中布尔运算以他命名

康托尔 Cantor,Georg Ferdinand Ludwig Philipp：德国数学家，集合论之父

希尔伯特 David Hilbert：德国数学家，近代形式公理学派的创始人

奈奎斯特 Harry Nyquist：美国电信科学家，奈奎斯特采样定理发明人

安德森 Philip W. Anderson：美国物理学家，诺贝尔奖获得者

菲兹杰拉德 Francis Scott Key Fitzgerald：美国作家

海明威 Ernest Miller Hemingway：美国作家，诺贝尔奖获得者

第 3 章

阿蒂亚 Michael Francis Atiyah：英国数学家，菲尔兹奖得主

霍金 Stephen William Hawking：英国物理学家，科普作家

萨金特 Thomas J. Sargent：美国经济学家，诺贝尔奖获得者

卡尼曼 Daniel Kahneman：美国行为经济学家，诺贝尔奖获得者

乌拉姆 Stanisław Ulam：波兰犹太裔美国数学家

塞勒 Richard Thaler：美国行为经济学家，诺贝尔奖获得者

蒙提·霍尔 Monty Hall：美国主持人

卡诺 Sadi Carnot：法国工程师

克劳修斯 Rudolph Clausius：德国物理学家、数学家，热力学主要奠基人之一

开尔文 Lord Kelvin or William Thompson：英国物理学家、数学家

玻尔兹曼 Ludwig Edward Boltzmann：奥地利物理学家、哲学家，热力学主要奠基人之一

普朗克 Max Planck：德国著名物理学家，量子力学的重要创始人之一

小仲马 Alexandre Dumas Fils：法国作家，代表作《茶花女》

马可尼 Guglielmo Marconi：意大利工程师，诺贝尔奖获得者，无线电之父

高德纳 Donald E. Knuth：美国计算机学者，图灵奖得主，很多地方将其翻译为唐纳德·克努特，高德纳是作者自己起的中文名字

黎曼 Georg Friedrich Bernhard Riemann：德国天才数学家，在数学很多分支留下了黎曼的名字

第 4 章

彭罗斯 Roger Penrose：英国数学物理学家，诺贝尔奖获得者

佩雷尔曼 Grigory Perelman：俄罗斯数学家，曾拒领菲尔兹奖

约翰·列侬 John Winston Lennon：英国歌手，披头士乐队成员

保罗·麦卡特尼 Paul McCartney：英国歌手，披头士乐队成员

乔治·哈里森 George Harrison：英国歌手，披头士乐队成员

林戈·斯塔尔 Ringo Starr：英国歌手，披头士乐队成员

迪杰斯特拉 Edsger Wybe Dijkstra：荷兰计算机学者，图灵奖得主

克林顿 Bill Clinton：曾任美国总统

阿德曼 Leonard M. Adleman：美国计算机学者，图灵奖得主

怀尔斯 Andrew Wiles：英国数学家，菲尔兹特别奖得主（菲尔兹特别奖要求获得者不超过 40 岁，他当时超龄）

塞缪尔 Aithur Samuel：美国计算机科学家，提出启发式搜索，也是机器学习一词的发明人

珀尔 Judea Pearl：美国计算机学者，图灵奖得主

霍兰德 John Holland：美国计算机学者，遗传算法之父

米歇尔 Melanie Mitchell：计算机科学家，科普作家

费舍尔 Ronald Fisher：英国数学家，现代统计奠基人之一

第 5 章

约翰·纳什 John Nash：美国数学家、经济学家，诺贝尔奖获得者

道金斯 Richard Dawkins：英国著名演化生物学家、科普作家，著有《自私的基因》

第 6 章

培根 Francis Bacon：英国哲学家

皮尔斯 Charles Sanders Peirce：美国哲学家，总结出三个推理模式

杜威 John Dewey：胡适的老师

尼克松 Richard Nixon：曾任美国总统

丘奇 Alonzo Church：美国数学家，提出 λ 算子

波斯特 Emil Leon Post：美国数学家

蒂姆·伯纳斯·李 Tim Berners-Lee：英国学者，图灵奖得主，他提出了 World Wide Web 概念

莱纳特 Douglas Lenat：美国计算机学者 Cyc 工程创建者

科德 Edgar F. Codd：英国计算机学者，图灵奖得主，关系数据库之父

格雷 James Gray：美国计算机学者，图灵奖得主，关系数据库奠基人之一，提出“四个范式”概念

庞加莱 Jules Henri Poincaré：法国伟大数学家

外尔 Hermann Klaus Hugo Weyl：德国数学家

柯尔莫哥洛夫 Andreyii Nikolaevich Kolmogorov：俄国伟大数学家，创建现代概率体系

拉普拉斯 Pierre-Simon Laplace：法国伟大数学家

格罗滕迪克 Grothendieck：出生于德国，伟大的数学家

第 7 章

布鲁克斯 Rodney Brooks：美国机器人专家，包容式体系结构提出者

孔多塞 marquis de Condorcet：法国哲学家、数学家

阿罗 Kenneth J.Arrow：美国经济学家，诺贝尔奖获得者

施温格 Julian Schwinger：美国物理学家，诺贝尔奖获得者

朝永振一郎 Sinitiro Tomonaga：日本物理学家，诺贝尔奖获得者
哈代 Godfrey Harold：英国数学家，曾指导过华罗庚
笛卡儿 Rene Descartes：法国伟大学者
法拉第 Michael Faraday：英国物理学家，电学之父
卢瑟福 Ernest Rutherford：英国物理学家，原子核物理学之父
玛丽·居里 Marie Curie(居里夫人)：波兰物理学家、化学家，两次获得诺贝尔奖

第 8 章

麦克斯韦 James Clerk Maxwell：英国伟大的物理学家，经典电动力学创始人，统计物理学奠基人之一
高尔顿 Francis Galton：英国科学家，回归分析提出者
尼采 Friedrich Wilhelm Nietzsche：德国著名哲学家
安格里斯特 Joshua D. Angrist：美国经济学家，诺贝尔奖获得者
因本斯 Guido W. Imbens：美国经济学家，诺贝尔奖获得者
格兰杰 Clive W.J.Granger：美国经济学家，诺贝尔奖获得者

第 9 章

昆兰 Ross Quinlan
布莱曼 Leo Breiman
瓦普尼克 Vladimir Naumovich Vapnik：苏联数学家，SVM 提出者
康德 Immanuel Kant：德国作家和古典哲学创始人
夏皮尔 Robert Schapire
弗罗因德 Yoav Freund
奥卡姆的威廉 William of Occam：英国哲学家，逻辑学家
托勒密 Claudius Ptolemy：古希腊数学家、天文学家，地心说代表人物

第 10 章

真锅淑郎 Syukuro Manabe：日本裔美国物理学家，诺贝尔奖获得者
哈塞尔曼 Klaus Hasselmann：德国物理学家，诺贝尔奖获得者
帕利西 Giorgio Parisi：意大利物理学家，诺贝尔奖获得者
爱德华·洛伦兹 Edward N.Lorenz：美国气象学家，“蝴蝶效应”提出者
泽范兰杰斯 Alexey Chervonenkis：俄罗斯数学家，SVM 提出者

第 11 章

赫布 Donald Hebb：加拿大认知心理学家，赫布法则提出者
坎德尔 Eric Kandel：奥地利裔美国生物学家，诺贝尔奖获得者
卡哈尔 Santiago Ramón y Cajal：西班牙生物学家，诺贝尔奖获得者
谢诺夫斯基 Terrence J. Sejnowski：美国科学家
鲁梅尔哈特 David Everett Rumelhart：美国心理学家、数学家

雷尼 Alfred Renyi：匈牙利数学家，和埃尔德什共同提出随机图概念
索普 Edward Thorp：美国数学家、投资家
帕累托 Vilfredo Pareto：意大利经济学家，提出帕累托最优概念

第 12 章

休伯尔 David Hunter Hubel：加拿大裔美国神经科学家，诺贝尔奖获得者
维厄瑟尔 Torsten Nils Wiesel：瑞典裔美国神经科学家，诺贝尔奖获得者
福岛邦彦 Kunihiko Fukushima：日本科学家，最早提出了卷积神经网络
西蒙斯 James Harris Simons：美国数学家，投资家
乔丹 Michael I. Jordan：美国计算机学者，机器学习专家
埃尔曼 Jeffrey L. Elman：美国认知科学家
霍克赖特 Sepp Hochreiter：德国计算机科学家，LSTM 神经网络提出者
施米德胡贝 Jürgen Schmidhuber：德国计算机科学家，LSTM 神经网络提出者
巴甫洛夫 Ivan Petrovich Pavlov：俄罗斯生理学家、心理学家，诺贝尔奖获得者
马斯克 Elon Reeve Musk：美国企业家
丘吉尔 Winston Churchill：英国政治家、文学家，诺贝尔奖获得者，曾任英国首相

后记

林纳斯·托瓦兹 Linus Torvalds：芬兰软件工程师，Linux 之父
沃森 James Dewey Watson：诺贝尔奖获得者，DNA 结构主要发现者

后记——书名也内卷

通常，一本书的后记少有人读，因此，这里多写一些废话也无妨。

写作本书，参考了很多书籍，其中的一本叫作《人工智能全传》。这本书的名字看起来像是一本地摊书，但是，不要被它的名字所蒙蔽，它是我看过的所有关于人工智能历史中最好的书籍。我现在还能回忆起我初见这本书时的场景：在图书馆中，我抱着八本书，看到这本书的名字，一脸嫌弃，因为这个名字会让我不自觉地联想起机场、地摊那种夸张式的读物，但是不知道为什么，我莫名其妙地拿起这本书（当你手中已经有八本厚书的时候，不太可能去拿起一本听名字就觉得挺烂的书）。简单看了几眼就知道这本书不简单，最后，它成了本书一个重要的参考资料来源。

这本书的英文名字是 *The Road To Conscious Machines*：*The Story of Artificial Intelligence*，很正常的一个英文名字。书名翻译为《人工智能全传》，板子不应该打在译者身上，事实上，这本书翻译传神，译文流畅；也不应该打在编辑或出版社身上，这本书印刷精美，装帧漂亮，看起来就是一本精心设计的好书。但是我深深理解译者或者是编辑起名时的无奈，他们不是不懂这么简单的英文，而是人工智能书籍内卷太严重了。我猜测如果翻译为《通向意识机器之路：人工智能的故事》，估计销量会很差，所以，在人工智能书籍汗牛充栋的情况下（岂止是汗牛充栋，简直已经泛滥成灾），简单起一个《人工智能的故事》这样的名字，读者是不会买单的，没办法，最后还是要叫《人工智能全传》。

这也是我写这本书面临的困境，首先，关于人工智能的书太多了，甚至连名字都被人抢光了！如果这本书的名字叫《人工智能基础》《人工智能导论》《人工智能技术》，必然会和别的很多书名撞车，加剧内卷。无奈之下，才起名叫《人工智能：是什么、为什么、怎么做》。我读过一篇文章，里面建议过，如果图书的名字里面含有数字，书籍的销售量会大大增加，不过这个建议被我否定了，我从来没想过把这本书起名为《24 小时教会你人工智能》《人工智能，会这 12 招就够了》。

《人工智能全传》的作者是迈克尔·伍尔德里奇，他是牛津大学计算机学院的院长，其专业能力保证了这本书的权威性，同时，这本书还有不错的趣味性。我只是好奇他写《人工智能全传》的目的，毕竟这不是一本专著。也许在国外，写一本书会有不错的好处，或者能得到名声，或者有不错的版税收入，或者，他只是单纯地热爱人工智能。

但是在国内，写人工智能相关书籍能得到的好处不多，也难逃内卷。但是，我还是花费了很大的精力写完本书。或许是希望大家在学习人工智能道路上少走弯路，因为我在学习相关技术的时候就走了很多弯路，深知一本好书对于学习的重要性；或者冠冕堂皇一点，是一种作为教师的使命感吧。希望在人工智能时代，每个人都能够利用好这个武器，不至于被时代淘汰。不是有句流行语，“时代抛弃你的时候，连招呼都不打一声。”

这本书从开始动笔到最后出版，历经五年。五年，这并不是夸耀，毕竟，在当今时代，日更大家都嫌慢，很多 App 恨不得一天升级两次。五年并不会让人觉得你在精心打磨，而是会让人觉得这是拖延症犯了；同样，五年，也不是抱怨诉苦，诚然，五年时间，确实有诸多辛苦甚至不愿再提之处，很多次想起《红楼梦》的"字字看来皆是血，十年辛苦不寻常"，曹雪芹的"批阅十载，增删五次"，这本书当然无法和《红楼梦》相提并论，本人更是与曹雪芹有天差地别。不抱怨是因为五年时间固然有辛苦，但是同时也得到了写书的乐趣。例如，阐述清楚一个难题，合理谋篇布局全书，都会使人感到"文章本天成，妙手偶得之"的小确幸。而且，卡尼曼团队用八年才出版了教材，沃森的《细胞分子生物学》写了九年，所以五年并不算长。

五年后终于决定将本书付梓，并不是因为觉得这本书不需要打磨了，事实上，这本书缺点太多了，每次重读都会发现诸多问题。但丑媳妇总要见公婆，一方面，压力来自 ChatGPT，ChatGPT 的出现，让我意识到永远不会有完美的人工智能书籍出现了，我从 GPT 2.0 开始关注 ChatGPT，从 GPT 2.0 到 GPT 4.0，简直是从低维进化到高维，而我虽然也在拼命学习，可生性愚鲁，进步甚慢；另一方面，即使没有 ChatGPT，本书也在 2022 年冬基本完成定稿，只是 ChatGPT 的出现让我缩短了打磨时间。

既然是后记，可以多写一些废话。例如，读书时如何抓住书的脉络。《人工智能全传》这本书就有很好的脉络，在写本书的"行为"一章时，我找不到更好的写作脉络，就参考了《人工智能全传》的架构。

如果大家没有读过《人工智能全传》，相信大家总会读过四大名著，《水浒传》《西游记》《三国演义》《红楼梦》。这四本书中，我最喜欢的是《水浒传》（因此，我也赞同金圣叹评点的六才子书[①]，而不是他和李渔后来评点的十才子书[②]）。这里不讲《水浒传》的思想价值，只是从一个文学爱好者的角度说说我对《水浒传》的看法。

首先，《水浒传》文字精美。林教头风雪山神庙，漫漫朔雪，衬托了他的悲惨命运；景阳冈武松打虎，铺垫好之后，打虎过程只有简洁几句，紧张、有力；鲁提辖拳打镇关西，一拳下去，郑屠好像开了油酱铺，二拳下去，郑屠好像开了彩帛铺，三拳下去，郑屠好像做了一个道场，锣鼓齐鸣。这些比喻，欢乐而充满戏谑。

除了文字优美，《水浒传》一个更大的优点是布局恰当。《水浒传》有一百单八将，主要人物也有四五十位，那么如何写好这么多人？当然可以一个一个介绍，晁盖的生平、宋江的生平、卢俊义的生平，但是这样写起来，也不会被称为名著了。三十年前读的《水浒传》，现在依然能回忆故事梗概，因为它有一条线，把故事穿了起来。

故事从高俅发迹讲起，高俅为了报仇，逼得王进出走，王进遇到史进；史进拜师王进学武，学成之后，闯荡江湖，遇到鲁智深；鲁智深拳打镇关西，因命案逃到京师，遇到林冲；林冲也被高俅陷害，被逼投奔梁山；梁山要林冲递投名状，林冲无奈下山抢劫，遇到杨志；杨志奔赴京师，落魄卖刀，误杀牛二，杨志被抓后，被赏识押运生辰纲，结果被晁盖一干人劫走；朝廷发怒，捉拿晁盖等人，这些人为宋江所救；宋江怒杀阎婆惜，之后逃跑，逃到柴进庄上，偶遇武松；故事又转到武松，来到水浒故事中著名的"武十回"（书中着重描写武松的文本），武松景

---

① 六才子书是：《庄子》《离骚》《史记》《杜工部集》《水浒传》《西厢记》。

② 十才子书是：《三国演义》《好逑传》《玉娇梨》《平山冷燕》《水浒传》《西厢记》《琵琶记》《花笺记》《捉鬼传》《驻春园》。

阳冈打虎、怒杀西门庆，之后被判发配，途中醉打蒋门神、怒杀张督监……

一切读起来如此之自然，其实，这是作者的精心安排。这些人的故事虽然发生在不同的时空，但是好像是连续发生的，这就是《水浒传》的叙事技巧。另外三本名著虽然故事情节也很连贯，但是叙事一直围绕几个主角，按顺序讲好故事即可。

为了将人工智能技术串联起来，本书的整体架构修改3次。人工智能有多种技术，好多技术之间的关联并不直接。对于这些技术，讲什么不讲什么、如何安排它们之间的讲解顺序、在什么时候介绍不同技术的先导知识，这些都在本书写作的考虑范围之内。本书希望将知识讲解得又连贯又独立，连贯是希望读者读完整本书之后对人工智能领域会有自己的洞见，独立是希望读者从某一章读起而不感觉突兀。另外，本书也希望读者读起来能有兴趣，毕竟学习是件枯燥的事情。可以说，以上的问题，本书都进行过尝试，虽然都没有解决好。

本书的内容对不起本书的名字。“是什么”，是介绍人工智能书籍中的必备要求，连“是什么”都讲不清楚，那书籍可就一点含金量也没有了（但是，这个门槛也不低，有些书籍讲不清楚“是什么”）；“为什么”的要求要高很多，把知识的来龙去脉讲清楚并不容易；“怎么做”是本书标题的第3部分，编过程序的人知道，“魔鬼在细节中”，差了一个字符，程序都无法运行。Linux之父托瓦兹也说过，“Talk is cheap，show me the code”（光说不练嘴把式）。想让人工智能技术落地，还是要落实到程序上。本书的大部分算法和绘图都给出了程序代码，为了不影响大家的阅读，将这些程序放到“怎么做”部分。除了第1章，其余每章都在“怎么做”部分给出代码，这些代码都已经经过运行测试，可以正常运行。这五年，其实也有不少时间花在编程序、调程序上。虽然现在ChatGPT已经能写程序，但是，目前看来这种程序还是不受控的，也就是它写的程序只能完成功能，不能对应细节。本书的所有程序和书中的算法都是对应的，如果大家在内容理解方面遇到障碍，可以和代码对应起来。费曼办公室的黑板上写着这样一句话，“What I cannot create，I do not understand”（凡我不能创造的，我就不理解）。本书的代码尽量做到简洁易懂，没有做任何异常处理，也没有加入什么编程技巧，这些代码更多是为了方便大家深入理解相关的技术，因此，这些代码在实际场合不能直接应用。

本书是一本入门书籍，主要希望能够降低学习人工智能技术的门槛，让更多人从技术上知道人工智能是什么。人工智能作为一门技术，虽然很难，但是真的想要学习的话，当然可以学会，毕竟网络上有那么多资料。不过，很可能要走很多弯路，花费很长的时间。而时间，才是人人平等且宝贵的东西。

这并不是说人工智能领域缺乏好书，只是它们大多都对初学者不友好。《人工智能：一种现代的方法》是一本好书，但是它太厚了，中文版918页，看一眼就没有阅读的欲望（我至今没有读完全书，我把它当作字典，每当有知识点讲不清楚的时候，我都会去参考这本书）；《机器学习》（人称“西瓜书”）是一本好书，但是它只讲解了机器学习的知识（这里为周志华教授点赞，这是一本中国人写的好书）；同样，《深度学习》（人称“花书”）是一本好书，但是它并不适合初学者，它同样也是一本字典书。大家如果对人工智能感兴趣，想进一步深入学习，可以参考这几本书。当然，网络上的资料更多，不过网络的资料更加碎片化，如果对人工智能有了总体的认识，在学习某种具体技术时，网络是很好的帮手。

本书的前言以费马、费曼开始，这里以费米作这篇后记的结尾（这是一个冷笑话，希望不要太尴尬）。

费米不止是著名的物理学家，他在多个领域都有建树，他甚至提出过关于外星人的“费米悖论”。费米是速算高手，他通过速算估计出，人类通过发展技术，用100万年时间就有能力飞往银河系各个星球，所以理论上，只要外星人比地球人早100万年进化，它们就能造访地球了。所以，费米悖论就是：为什么至今地球上没看到过外星人，它们在哪？

费米悖论的答案是：事实上，外星人已经来过地球了，不过它们看了《人工智能：是什么、为什么、怎么做》这本书的评分页面之后，又飞走了。

它们看到了一颗星。